LIFSCHITZ · ASBEL · KAGANOW

Elektronentheorie der Metalle

I. M. LIFSCHITZ
M. JA. ASBEL
M. I. KAGANOW

Elektronentheorie der Metalle

In deutscher Sprache herausgegeben von

Dr. sc. nat. R. Herrmann

O. Professor an der Humboldt-Universität zu Berlin

Mit 110 Abbildungen und 1 Tabelle

AKADEMIE-VERLAG · BERLIN
1975

И. М. Лифшиц · М. Я. Азбель · М. И. Каганов
ЭЛЕКТРОННАЯ ТЕОРИЯ МЕТАЛЛОВ

Erschienen im Verlag Nauka, Moskau

Übersetzung aus dem Russischen von

Dr. rer. nat. H. Dittmann, Berlin
Prof. Dr. sc. nat. R. Herrmann, Berlin
Dr. rer. nat. H. Krüger, Berlin

Erschienen im Akademie-Verlag, 108 Berlin, Leipziger Str. 3—4

Lizenznummer: 202 · 100/436/75
Gesamtherstellung: VEB Druckerei „Thomas Müntzer" 582 Bad Langensalza
Bestellnummer: 761 738 2 (6036) · LSV 1175
Printed in GDR
EVP 78,–

Vorwort zur deutschen Ausgabe

Die Festkörperphysik und insbesondere die elektronische Struktur fester Körper haben in der Vergangenheit stets ein großes Interesse gefunden, da die Anwendungsmöglichkeiten festkörperphysikalischer Eigenschaften für die Materialwissenschaften und die Elektronik eine sehr wichtige Rolle spielen. Hieraus ergibt sich auch das Interesse an der mathematisch exakten Formulierung einer einheitlichen Theorie dieser Erscheinungen.

Daher sind sowohl die theoretischen Arbeiten als auch die experimentellen Untersuchungen auf diesem Gebiet sehr intensiv. Die theoretischen Untersuchungen stark idealisierter Strukturen sind hierbei besonders weit fortgeschritten, was in dem vorliegenden Buch demonstriert wird.

Mit der Monographie „Elektronentheorie der Metalle" wird eine Variante der Theorie elektronischer Eigenschaften von Metallen vorgelegt, die das Dispersionsgesetz der Leitfähigkeitselektronen, das die Individualität der Elektronen in den einzelnen Metallen sehr genau charakterisiert, in den Mittelpunkt stellt. Die quasiklassische und quantenmechanische Darstellung der Bewegung von Teilchen mit kompliziertem Dispersionsgesetz unter dem Einfluß äußerer Felder, d. h. hauptsächlich die Bewegung von Kristallelektronen im Magnetfeld, bilden die Grundlagen der Betrachtungen.

Der eingehenden Untersuchung der thermodynamischen und kinetischen Eigenschaften sowie des Resonanzverhaltens der Ladungsträger in Metallen wird eine ausführliche Betrachtung der Topologie der FERMI-Flächen sowie der Bewegung der Ladungsträger auf diesen Energieflächen vorangestellt. Diese Aussagen bilden zusammen mit den im Anhang ausgewiesenen quantitativen Angaben über die FERMI-Flächen einer Reihe von Metallen eine umfassende Darstellung der Bandstruktureigenschaften der Metalle.

Die Beziehungen zwischen den charakteristischen Eigenschaften der einzelnen Metalle und dem Dispersionsgesetz ihrer Leitfähigkeitselektronen werden dargelegt, und es wird formuliert, wie sich die Energiespektren der Elektronen aus den experimentellen Ergebnissen aufstellen lassen, wobei jedoch schon von einem theoretischen Modell ausgegangen werden muß.

Der Umfang der Monographie und die in ihr dargestellten Probleme werden wesentlich durch den Beitrag der Autoren und anderer sowjetischer Wissenschaftler zur Theorie der Elektronen in Metallen bestimmt. Diese Arbeiten haben zur Konzeption der Quasiteilchen für die Leitfähigkeitselektronen geführt und wesentlich zur Formulierung der modernen Elektronentheorie der Metalle beigetragen.

Die Autoren haben die Monographie aus ihren Originalarbeiten zusammengestellt. In der Übersetzung wird deshalb auf Erläuterungen und Anmerkungen verzichtet. Auftretende Fragen und Probleme können wesentlich besser durch Einsicht in die Originalarbeiten geklärt werden, die ausführlich zitiert sind.

Kollektive Erscheinungen wie Supraleitung und Ferromagnetismus werden nicht betrachtet, und die Autoren weisen darauf hin, daß diese Erscheinungen traditionsgemäß gesondert behandelt werden. Das gleiche gilt für die mechanischen Eigenschaften wie Elastizität und Plastizität.

Von den Autoren wird die Vermutung ausgesprochen, daß die mechanischen Eigenschaften durch relativ kleine, selbständige Bereiche der FERMI-Flächen, die in den meisten Metallen vorhanden sind, bestimmt werden. Diese Bereiche der FERMI-Flächen, die meist nur 10^{-3} bis 10^{-5} Elektronen pro Atom enthalten, können in den Halbmetallen, in denen nur diese Elektronengruppen vorhanden sind, gut untersucht werden.

Die große Aufmerksamkeit, die den Halbmetallen entgegengebracht wird, beruht auch darauf, daß ihre kleinen FERMI-Flächen mit heute schon experimentell erreichbaren äußeren Einwirkungen, wie Magnetfelder und hohe Drucke, stark beeinflußt werden können.

Trotz der Geschlossenheit, mit der die Elektronentheorie der Metalle hier vorgestellt wird, weisen die Autoren abschließend darauf hin, daß mit der Bestimmung des Energiespektrums der Elektronen die Untersuchung der Metalle bei weitem nicht zu Ende geführt ist: „Viel eher muß angenommen werden, daß nur die ersten Schritte getan wurden. Es stehen noch die Aufstellung der Korrelationsfunktionen, die detaillierte Untersuchung der Wechselwirkungsprozesse der Elektronen mit anderen Quasiteilchen und vor allem die Erforschung der Metalleigenschaften aus, die nur durch die Kenntnis des Energiespektrums der Elektronen vorausgesagt und berechnet werden können.“

Der Herausgeber

Vorwort

Bei der inhaltlichen Gestaltung unseres Buches ,,Elektronentheorie der Metalle" waren wir zu allererst bestrebt, die Gedanken darzulegen, die wir bei dem Wort ,,Metall" assoziieren, ohne die Randbedingungen (wie Umfang des Buches, Vorkenntnisse des Lesers usw.) näher festzulegen. Das Metall wird als eine geladene Flüssigkeit in einem Ionengerüst aufgefaßt, die durch ihre Existenz dem Gerüst Stabilität verleiht. Die Flüssigkeitsteilchen sind die Leitfähigkeitselektronen. Nimmt man sie aus dem Metall heraus, so verhalten sie sich wie gewöhnliche Elektronen mit der Ladung e, dem Spin 1/2 und der Masse m. Trotzdem unterscheiden sich die Leitfähigkeitselektronen des Kupfers wesentlich von denen des Eisens. Als Maß ihrer Individualität dient das Dispersionsgesetz — die komplizierte Abhängigkeit ihrer Energie vom Impuls. Das Dispersionsgesetz der Leitfähigkeitselektronen offenbart sich in allen Metalleigenschaften. Es bestimmt das unterschiedliche Verhalten der verschiedenen Metalle und spielt eine besondere Rolle in allen Quantenerscheinungen, die zur Zeit in erster Linie untersucht werden. Die genaue Kenntnis der Dispersionsgesetze ist für die Beschreibung eines Metalls genauso wichtig wie z. B. die Kenntnis der Energieniveaus der Atome für die Berechnung der Eigenschaften eines Gases. Für viele Metalle ist das Dispersionsgesetz der Leitfähigkeitselektronen bekannt. Diese Ergebnisse sind am Schluß des Buches im Anhang III, der freundlicherweise von Herrn Yu. P. Gaidukow zusammengestellt wurde, nebst kurzen Erläuterungen und einer umfangreichen Bibliographie zusammengefaßt.

Die Analyse der experimentellen Daten mit Hilfe mehr oder weniger zuverlässiger Modelle, d. h. das Auffinden quantitativer Beziehungen zwischen den Meßgrößen und den Parametern des Dispersionsgesetzes, ist ohne eine Theorie der strukturempfindlichen Erscheinungen (wie die der magnetischen, galvanomagnetischen usw.) unmöglich. Deshalb wurde in diesem Buch sehr viel Wert darauf gelegt, diese Effekte in einer für die Interpretation der Energiespektren besonders günstigen Form theoretisch darzulegen.

Die Aufgabe der Theorie der Metalle erschöpft sich natürlich nicht darin, Entschlüsselungsrezepte für Dispersionsgesetze zu liefern, und die vorliegende Monographie soll auch nicht als Sammlung solcher Rezepte betrachtet werden. Die hier diskutierten Effekte sind für sich allein schon höchst interessant, denn gerade sie stellen das dar, was man heute allgemein als elektronische

Eigenschaften der Metalle bezeichnet. Es sollen hier nicht alle in die Monographie aufgenommenen Fragestellungen aufgezählt werden, da der Inhalt des Buches anhand der Kapitelüberschriften eingesehen werden kann. Wir möchten aber an dieser Stelle auf die Probleme hinweisen, die nicht in das Buch aufgenommen wurden bzw. denen geringere Aufmerksamkeit geschenkt wurde.

Stil und Aufgaben des Buches, die in der Einleitung erläutert werden, zwingen uns zu Kürzungen. Darunter fällt vor allem die Temperaturabhängigkeit der Transportkoeffizienten (elektrische Leitfähigkeit, Wärmeleitvermögen usw.). Des weiteren werden keine Näherungsmethoden von Elektronenstrukturberechnungen für Metalle behandelt, da bereits einige Bücher zu dieser speziellen Thematik erschienen sind. Schließlich fehlt die Theorie von Elektronenensembles (wie Ferro- und Antiferromagnetismus, Supraleitung usw.), da das traditionsgemäß ein besonderes Stoffgebiet ist.

Selbstverständlich dachten wir beim Schreiben des Buches auch an diejenigen, die es lesen werden, und teilten unsere Leser in zwei Gruppen ein: in „Experimentatoren" und „Theoretiker". Während sich die ersteren für den physikalischen Gehalt eines Effektes und dessen Zusammenhang mit den Eigenschaften der Leitfähigkeitselektronen interessieren, müssen die letzteren auch wissen, wie die Formeln abgeleitet werden. Deshalb sollte der Theoretiker wenigstens die Kapitel vollständig lesen, in denen die ihn interessierenden Fragen behandelt werden. Der Experimentator findet, nachdem er das Buch aufmerksam durchgesehen hat, in der Regel am Anfang jedes Paragraphen die ihn interessierenden Angaben.

Es ist uns eine angenehme Pflicht, allen Kollegen, die an diesem Buch mitgearbeitet haben, unseren Dank auszusprechen, besonders denken wir hierbei an I. N. Adamenko und A. A. Shapiro, die an der Fertigstellung des Manuskriptes wesentlichen Anteil hatten.

Die Autoren

Inhaltsverzeichnis

Einleitung

Der wesentlichste Fortschritt im Verständnis der Physik des metallischen Zustands wurde zu dem Zeitpunkt erreicht, als klar wurde, daß es im Metall freie Elektronen gibt und (als nachfolgende Etappe) daß sich diese freien Elektronen wie ein hochentartetes Quantengas verhalten. In der weiteren Entwicklung wurde von dieser Vorstellung nicht mehr abgegangen, sondern sie wurde vervollständigt und vertieft.

§ 1 Ein einfaches Modell

Ausgehend von der Voraussetzung, daß im Metall freie Elektronen existieren, kann man eine strenge Theorie des metallischen Zustands aufbauen. Der Unterschied eines Metalls gegenüber einem anderen ist nach dieser Theorie durch die Zahl der freien Elektronen und die Unterschiede der Kristallgitter bestimmt. Wenn man auch den rein historischen Wert dieser primitiven Vorstellungen über die Metallelektronen in Betracht ziehen muß, ist es dennoch aufschlußreich, einige charakteristische Merkmale eines solchen hypothetischen Metalls aufzuzählen. Diese Aufzählung gestattet, eine Reihe wichtiger Abschätzungen und Überlegungen zu machen, die für das Weitere sehr nützlich sind.

Gewöhnlich betrachtet man die Valenzelektronen als frei. Das bedeutet, daß für die Elemente der ersten Gruppe des MENDELEJEWschen Systems die Zahl der freien Elektronen pro Atom eins beträgt. Für die Atome der 2. Gruppe zwei usw. Dadurch wird die Dichte n der Elektronen in einem solchen Modell nur wenige Elektronen pro Elementarzelle betragen, d. h. $n \approx 1/a^3$ (a ist der Abstand zwischen den Atomen). Die FERMI-Energie ε_F eines solchen Gases ist von der Größenordnung 10^{11} erg oder 10^5 K, wodurch die hochgradige Entartung des Elektronengases bei allen vorkommenden Temperaturen T ($T \ll \varepsilon_F$) bestimmt wird.[1]) Die Verteilung der Elektronen ist im Impulsraum unstetig. Die Elektronen besetzen eine Kugel mit dem Radius $p_F \approx \hbar/a$, wobei

[1]) In allen Formeln wird die Temperatur in energetischen Einheiten eingesetzt. Die BOLTZMANN-Konstante ist damit Eins. Im Text wird die Temperatur jedoch in Grad angegeben.

sich mit der Erhöhung der Temperatur diese Verteilung nur unwesentlich ändert. Für die meisten Metalleigenschaften spielen die Elektronen mit einer Energie nahe der FERMI-Energie (FERMI-Elektronen) die entscheidende Rolle. Ihre Geschwindigkeit beträgt $v_F \approx 10^8$ cm/sec und ihre DE BROGLIE-Wellenlänge λ_B hat die Größenordnung der Atomabstände ($\lambda_B \approx a \approx 3 \cdot 10^{-8}$ cm).

Die hochgradige Entartung des Elektronengases führt zu einer quadratischen Abhängigkeit der thermodynamischen Potentiale von der Temperatur, und folglich wird der elektronische Anteil der spezifischen Wärme im Metall eine lineare Funktion der Temperatur.

$$C_{el}\,(1/\mathrm{cm}^3) = \frac{\pi^2}{2}\, n\, \frac{T}{\varepsilon_F}\,. \tag{1.1}$$

Bei genügend niedrigen Temperaturen wird die spezifische Wärme eines Metalls dann natürlich durch die Elektronen bestimmt, da sich der Gitteranteil (Phononen) bedeutend schneller als der der Elektronen verkleinert ($C_{\mathrm{Gitter}} \sim T^3$).

Die Wechselwirkung der Elektronen mit den Kristallstörungen, insbesondere mit den Schwingungen des Kristallgitters, beschränkt sich im Modell der freien Elektronen auf die Streuung der Elektronen. Sie kann durch die Einführung einer freien Weglänge l_p beschrieben werden. Die elektrische Leitfähigkeit σ ergibt sich dabei zu

$$\sigma = \frac{ne^2 l_p}{p_F}, \tag{1.2}$$

wobei die Temperaturabhängigkeit der Leitfähigkeit nur durch die Abhängigkeit der freien Weglänge von der Temperatur beschrieben wird ($l_p = l_p(T)$). Der Index p der freien Weglänge deutet darauf hin, daß der Streumechanismus mit einer Impulsdissipation verbunden ist.

Das Modell des entarteten Elektronengases gestattet nicht nur die Erklärung des WIEDEMANN-FRANZschen Gesetzes

$$\frac{\varkappa}{\sigma T} = \frac{\pi^2}{3e^2} \tag{1.3}$$

(wobei $\varkappa$ das Wärmeleitvermögen des Metalls ist), sondern auch die Abweichungen von ihm. Ein allgemeiner Ausdruck, der ebenfalls durch die Theorie gegeben wird, ist

$$\frac{\varkappa}{\sigma T} = \frac{\pi^2}{3e^2}\,\frac{l_\varepsilon}{l_p}, \tag{1.4}$$

wobei l_ε die mittlere freie Weglänge bezogen auf die Energiedissipation ist. In Übereinstimmung mit dem Experiment sagt die Theorie voraus, daß bei Temperaturen, die in der Nähe und unterhalb der DEBYE-Temperatur liegen, $l_\varepsilon \neq l_p$ ist.

Obwohl dieses Modell die galvanomagnetischen und thermomagnetischen Effekte nicht beschreiben kann, gestattet es jedoch die HALL-Konstante R abzuschätzen:

$$R = 1/nec\,. \tag{1.5}$$

Das Elektron bewegt sich im Magnetfeld auf einer Schraubenbahn, die sich um die Kraftlinien des Magnetfeldes windet. Der Radius r_H des Umlaufs eines Elektrons in der Bahnebene ist gleich $cp_\perp/eH$, wobei $p_\perp$ die Impulskomponente ist, die senkrecht auf dem Magnetfeld steht.[1] Wie die Anschauung zeigt, spielen die FERMI-Elektronen, für die $p_\perp = p_F$ ist, bei den beobachtbaren Effekten die dominierende Rolle. Für sie gilt (die Impulskomponente in Magnetfeldrichtung ist Null)

$$r_H = cp_F/eH\,. \tag{1.6}$$

Der finite Charakter der Elektronenbewegung in der Ebene senkrecht zum Magnetfeld führt zu einer Energiequantelung in einzelne Niveaus

$$\varepsilon = (n + 1/2)\,\hbar\omega_H + \frac{p_z^2}{2m} + \sigma\mu_B H\,, \tag{1.7}$$

$$n = 0, 1, 2, \ldots; \qquad \sigma = \pm 1\,.$$

Hier ist ω_H die Zyklotronfrequenz der Elektronen bei ihrer Rotation im Magnetfeld

$$\omega_H = eH/mc\,, \tag{1.8}$$

m — Elektronenmasse, p_z — Impulsprojektion auf die Richtung des Magnetfeldes.

Der dritte Summand in Formel (1.7) wird durch den Spin des Elektrons bedingt (wobei μ_B das BOHRsche Magneton $\mu_B = e\hbar/2mc$ ist).

Die Größe des Magnetfeldes kann man auf verschiedene Weise abschätzen, z. B. durch das Verhältnis des Umlaufradius des Elektrons r_H zur DE BROGLIE-Wellenlänge λ_B.

Da $p_F \approx \hbar/a$ und $\lambda_B \approx a$ ist, folgt aus Formel (1.6)

$$\lambda_B/r_H = H/H_a; \qquad H_a = c\hbar/ea^2 \approx 10^8 - 10^9\ \text{Oe}\,. \tag{1.9}$$

Praktisch ist die Bedingung $H \ll H_a$ immer erfüllt, und damit gilt stets $\lambda_B \ll r_H$. Wenn man berücksichtigt, daß durch die Bedingung $H \ll H_a$ auch die Energieabstände der einzelnen Niveaus im Verhältnis zur FERMI-Energie klein sind ($\hbar\omega_H \ll \varepsilon_F$), so wird offensichtlich, daß in real erreichbaren Magnetfeldern die Bewegung von Leitfähigkeitselektronen mit Hilfe der quasiklassi-

[1]) Entgegen der üblichen Schreibweise, in der die Wirkungen des Magnetfeldes durch die Induktion **B** beschrieben werden, wird entsprechend dem russischen Original das Magnetfeld nur durch seine Feldstärke **H** charakterisiert. Sie ist in dem gewählten Maßsystem dimensionsgleich mit der Induktion. Wo es unumgänglich ist, wird im Text zwischen **B** und **H** unterschieden (d. Red.).

schen Näherung behandelt werden kann. Dieser Umstand, der sehr charakteristisch für die Dynamik der Leitfähigkeitselektronen ist, wird im weiteren noch oft ausgenutzt. Es ist jedoch zu unterstreichen, daß die Möglichkeit, die Bewegung von FERMI-Elektronen in äußeren (nicht nur magnetischen) Feldern quasiklassisch zu beschreiben, nur an die große Elektronendichte ($n \approx 1/a^3$) und folglich an die Kleinheit der DE BROGLIE-Wellenlänge ($\lambda_B \approx a$) gebunden ist. Wenn hier von äußeren Magnetfeldern gesprochen wird (d. h. Feldern, die von außen an den Kristall angelegt werden), so sind darunter Felder zu verstehen, die die Struktur des Kristalls nicht wesentlich verändern. Es sind also solche äußeren Einwirkungen, bei denen die zugehörigen Kräfte klein im Verhältnis zu den Atom- bzw. Kristallkräften bleiben. Die äußeren Felder sind dabei immer ausreichend glatt (fast homogen), wodurch die Bahn eines Elektrons in einem solchen Feld bedeutend größer als die atomaren Abmessungen bleibt. Gerade dieser Umstand ermöglicht ein quasiklassisches Herangehen. Obwohl diese Bemerkungen etwas trivial erscheinen mögen, ist es doch notwendig, ausführlicher darauf einzugehen, da bei entsprechend komplizierten Modellen ohne quasiklassische Näherung theoretische Berechnungen der Bestimmungsgrößen eines Metalls kaum durchführbar wären.

Bezüglich der Größe des Magnetfeldes bedeutet Formel (1.9) durchaus nicht, daß das Magnetfeld immer als klein anzusehen ist. So kann der Radius der Elektronenbahn r_H verhältnismäßig leicht vergleichbar mit der mittleren freien Weglänge gemacht werden

$$l_p/r_H = H/H_l\,; \qquad H_l = H_a a/l_p\,. \tag{1.10}$$

Bei niedrigeren Temperaturen und genügend reinen Metallproben ist die mittlere freie Weglänge einige hunderttausend Mal größer als die Gitterkonstanten, und damit wird $H_l \ll H_a$. Der Abstand zwischen den Energieniveaus, der immer bedeutend kleiner als die FERMI-Energie ist, kann schon bei verhältnismäßig schwachen Feldern von der Größenordnung der Temperatur (in energetischen Einheiten) sein:

$$\hbar\omega_H/T = H/H_T\,; \qquad H_T = mcT/e\hbar = H_a\,\frac{T}{\varepsilon_F} \approx 10^4\,T\,(\mathrm{K})\,. \tag{1.11}$$

Natürlich könnte man noch andere Beispiele anführen, so z. B. das Verhältnis zwischen r_H und der Skintiefe δ. Dabei zeigt es sich, daß schon bei durchaus erreichbaren Magnetfeldern und Frequenzen der Radius des Elektronenumlaufs und die Skintiefe die gleiche Größenordnung haben ($\delta \approx r_H$).

Wie aus den angeführten Beispielen ersichtlich ist, sind die makroskopischen Charakteristika des Elektronengases (l, T, δ usw.) so beschaffen, daß, wenn man sie mit den Parametern (r_H, $\Delta\varepsilon$) vergleicht, die die Bewegung der Elektronen im Magnetfeld beschreiben, das Magnetfeld als stark ansehen muß, obwohl dasselbe Feld, bezogen auf die individuellen Charakteristika der FERMI-Elektronen ($\varepsilon_F, \lambda_B \approx \hbar/a$), als schwach betrachtet werden kann. Diese Situation ist die Ursache einer Vielzahl unterschiedlichster interessanter Effekte, die an Metallen beobachtet werden, die sich in einem genügend starken Magnetfeld befinden. Obwohl der Begriff „starkes Magnetfeld“ im weiteren oft gebraucht wird, ist jedoch darunter immer zu verstehen, daß $H \ll H_a$ bleibt. Damit ist das äußere Magnetfeld klein im Verhältnis zu den atomaren Feldern.

Der Charakter der Bewegung von Elektronen in einem Magnetfeld ist wesentlich durch ihr energetisches Spektrum bedingt, und die Erforschung der elektronischen Eigenschaften von Metallen in einem starken Magnetfeld ist deshalb eine der Hauptmethoden für die Untersuchung des Energiespektrums der Elektronen. Beim Übergang zu einem realistischeren Modell des Metalls müssen viele Abschätzungen natürlich verbessert werden; die Grundidee, daß die Bewegung der Elektronen in einem Magnetfeld durch ein quasiklassisches Verfahren beschreibbar ist, bleibt jedoch vollständig erhalten.

*

* *

Beim Aufbau einer strengen Theorie des metallischen Zustands sind zwei fundamentale Tatsachen, nämlich die Wechselwirkung der Elektronen mit dem periodischen Feld des Kristallgitters und die Wechselwirkung der Elektronen untereinander, unbedingt zu berücksichtigen.

Die quantenmechanische Behandlung der Elektronenbewegung im periodischen Feld führte zur Bändertheorie, deren grundlegende Aussagen ihre Bedeutung bis heute nicht verloren haben. Beschreibt man den Charakter des wahren Energiespektrums von Metallen (d. h. unter Berücksichtigung der Wechselwirkung der Elektronen untereinander), so werden gewöhnlich die Vorstellungen und die Terminologie der Bändertheorie auch weiterhin verwendet. Der Grund dafür ist, daß durch die Berücksichtigung der Elektronenwechselwirkung das Hauptresultat der Bändertheorie — der Charakter der stationären Zustände in einer periodischen Struktur — nicht berührt wird.

Bekanntlich führt die Periodizität des Kristallfeldes U

$$U(\boldsymbol{r} + \boldsymbol{a}) = U(\boldsymbol{r}) \tag{1.12}$$

($\boldsymbol{a} = s_1\boldsymbol{a}_1 + s_2\boldsymbol{a}_2 + s_3\boldsymbol{a}_3$, $\boldsymbol{a}_i$ — Basisvektoren des Gitters, s_i — ganze Zahlen) zur Translationsvarianz des HAMILTON-Operators $\hat{\mathscr{H}}$. Dieser Umstand gestattet es, die Elektronenzustände nach dem Translationsverhalten der Wellenfunktionen ($\boldsymbol{r} \to \boldsymbol{r} + \boldsymbol{a}$) zu klassifizieren. Man kann leicht zeigen, daß die Wellenfunktion $\psi(\boldsymbol{r})$ (Lösung der SCHRÖDINGER-Gleichung) folgender Bedingung genügen muß (BLOCHsches Theorem):

$$\psi(\boldsymbol{r} + \boldsymbol{a}) = e^{i\boldsymbol{pa}/\hbar}\psi(\boldsymbol{r}) \,, \tag{1.13}$$

wobei $\boldsymbol{p}$ ein beliebiger reeller Vektor ist. Er wird als *Quasiimpuls* bezeichnet. Ein Elektronenzustand ist damit am einfachsten durch Angabe des Quasiimpulses $\boldsymbol{p}$ zu beschreiben. Eine solche Zustandsangabe ist jedoch nicht eindeutig, denn eine Funktion, die dem BLOCHschen Theorem genügt, hat folgendes Aussehen:

$$\psi(\boldsymbol{r}) = e^{i\boldsymbol{p}\boldsymbol{r}/\hbar} u(\boldsymbol{r}) . \tag{1.14}$$

Dabei ist $u(\boldsymbol{r})$ eine gitterperiodische Funktion $u(\boldsymbol{r} + \boldsymbol{a}) = u(\boldsymbol{r})$, deren explizite Form sich aus der Lösung der Gleichung ergibt, die nach Einsetzen von (1.14) in die SCHRÖDINGER-Gleichung erhalten wird:

$$\hat{\mathcal{H}}_{\boldsymbol{p}} u_{\boldsymbol{p}}(\boldsymbol{r}) = \varepsilon(\boldsymbol{p})\, u_{\boldsymbol{p}}(\boldsymbol{r}); \qquad \hat{\mathcal{H}}_{\boldsymbol{p}} = e^{-i\boldsymbol{p}\boldsymbol{r}/\hbar} \hat{\mathcal{H}} e^{i\boldsymbol{p}\boldsymbol{r}/\hbar} . \tag{1.15}$$

Bei einem vorgegebenen Wert $\boldsymbol{p}$ hat diese Gleichung eine unendliche Mannigfaltigkeit unterschiedlicher Lösungen $u_{s\boldsymbol{p}}(\boldsymbol{r})$, wodurch

$$\psi_{s\boldsymbol{p}}(\boldsymbol{r}) = e^{i\boldsymbol{p}\boldsymbol{r}/\hbar} u_{s\boldsymbol{p}}(\boldsymbol{r}) \tag{1.16}$$

wird. Die zugehörigen Energieeigenwerte der Elektronen ergeben sich dann zu

$$\varepsilon = \varepsilon_s(\boldsymbol{p}) , \qquad s = 1, 2, \ldots \tag{1.17}$$

Den Index s, der die Lösungen der SCHRÖDINGER-Gleichung durchnumeriert, bezeichnet man als Bandindex und die Abhängigkeit der Energie vom Quasiimpuls bei festgehaltenem Bandindex als Dispersionsgesetz.[1])

Entsprechend der Definition des Bandindexes s ist er die Nummer einer Lösung irgendeiner Dispersionsgleichung, die bei der Untersuchung der Ausgangsgleichung (SCHRÖDINGER-Gleichung) erhalten wird. Aus dem Gesagten wird klar, daß die verschiedenen Funktionen $\varepsilon_s(\boldsymbol{p})$ unterschiedliche Zweige einer analytischen Funktion eines komplexen Vektors $\boldsymbol{p}$ sein müssen. Die Aufgabenstellung entscheidet in der Regel darüber, welche Komponente des Vektors als komplex zu betrachten ist. Ein solches Herangehen an das Dispersionsgesetz der einzelnen Bänder erleichtert das Verständnis jener Effekte, die mit Band–Band-Übergängen verbunden sind.

Alle Funktionen $\psi_{s\boldsymbol{p}}$ mit unterschiedlichen s und $\boldsymbol{p}$ sind natürlich orthogonal zueinander. Bei entsprechender Normierung erhält man

$$\int u^*_{s'\boldsymbol{p}}(\boldsymbol{r})\, u_{s\boldsymbol{p}}(\boldsymbol{r})\, dv = \delta_{ss'} ; \tag{1.18}$$

integriert wird hierbei über eine Elementarzelle des Kristallgitters.

Die Funktion (1.16) hat eine gewisse Ähnlichkeit mit den Wellenfunktionen eines freien Elektrons $\psi = \text{const}\, e^{i\boldsymbol{p}\boldsymbol{r}/\hbar}$, wobei besonders augenfällig die Verwandtschaft des Quasiimpulses mit dem Impuls des freien Elektrons hervortritt. Auf dieses entscheidende Problem wird später noch eingegangen, und es wird ausführlich erörtert, in welchen Fällen der Unterschied zwischen Impuls und Quasiimpuls völlig zu vernachlässigen ist. Aus Formel (1.13) ist zu entnehmen, daß der so eingeführte Quasiimpuls nicht eindeutig bestimmt ist. Quasiimpulse,

[1]) Das Energieband (oder Band) ist der Wertebereich der Energie zwischen Minimalwert und Maximalwert bei festgehaltenem s. Diese Intervalle können natürlich überlappen (§ 2).

die sich um einen Vektor $2\pi\hbar\boldsymbol{b}$ unterscheiden (wobei $\boldsymbol{b}$ ein beliebiger Vektor des reziproken Gitters ist), sind physikalisch äquivalent, weil sie zu einem gleichartigen Verhalten der Wellenfunktion gegenüber Translationen führen ($\boldsymbol{ab}$ ist eine ganze Zahl!). Das bedeutet, daß die Wellenfunktion $\psi_{s\boldsymbol{p}}(\boldsymbol{r})$ bezüglich des Indexes $\boldsymbol{p}$ periodisch sein muß:

$$\psi_{s,\boldsymbol{p}+2\pi\hbar\boldsymbol{b}}(\boldsymbol{r}) = \psi_{s\boldsymbol{p}}(\boldsymbol{r}) \,. \tag{1.19}$$

Hierbei ist besonders hervorzuheben, daß auch die Energie eine periodische Funktion des Quasiimpulses ist:

$$\varepsilon_s(\boldsymbol{p} + 2\pi\hbar\boldsymbol{b}) = \varepsilon_s(\boldsymbol{p}) \,. \tag{1.20}$$

Die Translationseigenschaften der Wellenfunktion im $\boldsymbol{r}$- und $\boldsymbol{p}$-Raum werden deutlich sichtbar, wenn man die Bloch-Wellen (1.16) nach ebenen Wellen entwickelt (d. h. nach Zuständen mit bestimmten Impulsen). Die Berücksichtigung der Bedingung (1.19) führt zu einer sehr speziellen Abhängigkeit der Fourier-Koeffizienten von $\boldsymbol{p}$ und $\boldsymbol{b}$:

$$\psi_{s\boldsymbol{p}}(\boldsymbol{r}) = \sum_{\boldsymbol{b}} a_s(\boldsymbol{p} + 2\pi\hbar\boldsymbol{b})\, \mathrm{e}^{i(\boldsymbol{p}+2\pi\hbar\boldsymbol{b})\boldsymbol{r}/\hbar} \,. \tag{1.21}$$

Hervorzuheben ist, daß die Zerlegung (1.21) eine unmittelbare Folge der Periodizität der potentiellen Energie $U(\boldsymbol{r})$ ist (vergleiche Formel (1.12)). Sie wird erhalten, wenn die potentielle Energie in eine Fourier-Reihe zerlegt wird.

Die Periodizität des Quasiimpulsraumes zeigt, daß die Wahl der Elementarzelle, d. h. des Gebiets, das alle nichtäquivalenten Zustände nur einmal enthält, bedingt ist. Sie wird nur durch Zweckmäßigkeitsgründe bestimmt. Sehr oft, besonders, wenn die Bewegung von Elektronen in äußeren Feldern untersucht wird, ist es bequem, den unendlich periodischen $\boldsymbol{p}$-Raum zu benutzen. Die Willkür in der Wahl der Elementarzelle in diesem Raum drückt sich in der Relativität der Lage des reziproken Gitters aus.

In einigen Fällen (besonders bei der Analyse der Elektronenbewegung unter dem Einfluß äußerer Kräfte) ist es bequem, nicht die Bloch-Wellen (1.16) zu benutzen, sondern eine Linearkombination derselben — die Wannier-Funktionen

$$a_s(\boldsymbol{r} - \boldsymbol{R}) = \frac{1}{\sqrt{N}} \sum_{\boldsymbol{p}} \mathrm{e}^{-i\boldsymbol{pR}/\hbar}\, \psi_{s\boldsymbol{p}}(\boldsymbol{r}) \,. \tag{1.22}$$

$\boldsymbol{R}$ ist ein Vektor mit ganzzahligen Komponenten, der mit den Koordinaten des Zentrums einer Elementarzelle des Kristalls zusammenfällt, N ist die Zahl der Elementarzellen des Kristalls.

Die Summierung in der letzten Formel erfolgt über alle physikalisch nichtäquivalenten Zustände. Mit anderen Worten, bei einer Integration nach den Impulsen $\boldsymbol{p}$ muß diese nur in einer Elementarzelle des reziproken Gitters vorgenommen werden (d. h. in einer Zelle mit den Seitenkanten $2\pi\hbar\boldsymbol{b}_1$, $2\pi\hbar\boldsymbol{b}_2$, $2\pi\hbar\boldsymbol{b}_3$; die $\boldsymbol{b}_j$ sind die Basisvektoren des reziproken Gitters). Die Periodizität des Faktors $\mathrm{e}^{-i\boldsymbol{pR}/\hbar}$ und der Funktion $\psi_{s\boldsymbol{p}}(\boldsymbol{r})$ bezüglich $\boldsymbol{p}$ gestatten es, die

Integration auf den gesamten Raum auszudehnen, wenn zusätzlich ein Normierungsfaktor eingeführt wird. Im weiteren wird noch speziell darauf eingegangen, wie das Bestimmungsgebiet des Quasiimpulses auszuwählen ist und welche Vorteile insbesondere bei der Benutzung des gesamten $\boldsymbol{p}$-Raumes entstehen.

Die WANNIER-Funktionen sind ein orthonormiertes Funktionssystem, wobei zu bemerken ist, daß nicht nur die Funktionen orthogonal zueinander sind, die zu unterschiedlichen Bändern ($s \neq s'$) gehören, sondern auch solche eines Bandes, die auf unterschiedliche Elementarzellen zentriert sind ($\boldsymbol{R} \neq \boldsymbol{R}'$).

Die WANNIER-Funktionen (1.22) beschreiben Elektronenzustände, die zum s-ten Band gehören und die in der Umgebung der $\boldsymbol{R}$-ten Elementarzelle lokalisiert sind. Die Energie eines solchen Elektrons hat natürlich keinen bestimmten Wert. Ein Elektron in einem Zustand mit einem bestimmten Quasiimpuls ist über das gesamte Gitter „verschmiert". Die Wahrscheinlichkeit $W_{s\boldsymbol{p}}$, ein Elektron im Punkt $\boldsymbol{r}$ zu finden, ist eine periodische Funktion. Nach Formel (1.16) gilt $W_{s\boldsymbol{p}}(\boldsymbol{r}) = |u_{s\boldsymbol{p}}(\boldsymbol{r})|^2$.

Die Einelektronennäherung (bis jetzt wurde die Wechselwirkung zwischen den Elektronen nicht berücksichtigt) ist konzeptionell sehr einfach und gestattet im Prinzip, die Struktur des Energiespektrums und den Charakter der Quantenzustände für die Elektronen zu erklären. Das Hauptresultat dieser Betrachtungen ist zweifelsohne die Einführung des Quasiimpulses. Die unmittelbare Berechnung des Dispersionsgesetzes und der Wellenfunktionen ist jedoch mit großen mathematischen Schwierigkeiten verbunden, die man nur durch sehr spezielle Voraussetzungen umgehen kann (starke Bindung, fast freie Elektronen usw.). Die Erklärung der Quantenzustände der Elektronen im Gitter und ihres energetischen Spektrums ist dem Wesen nach nicht die Vollendung der Elektronentheorie der Metalle, sondern ihr Anfang — die Begründung. Bei der Lösung von konkreten Aufgaben in der Theorie der Metalle ist es oft notwendig, die Elektronenbewegung in von außen an den Kristall gelegten Feldern, insbesondere in Magnetfeldern, zu untersuchen. Die strenge Lösung der SCHRÖDINGER-Gleichung ist in diesen Fällen nicht nur aus praktischen Gründen unmöglich, sondern größtenteils ist sogar der Quantenzustand eines Elektrons nicht angebbar, auf das außer den periodischen Kräften durch die Gitterionen noch eine äußere aperiodische Kraft einwirkt. Die Möglichkeit, doch noch die Eigenschaften der Leitfähigkeitselektronen zu untersuchen, ist durch den schon angeführten Umstand begründet, daß die äußeren Felder immer schwach und räumlich schwach veränderlich sind und damit ein quasiklassisches Herangehen erlaubt ist.

Dieses Konzept wird im weiteren bei der Betrachtung der Elektronenbewegung angewandt.

Die Lösung $\psi(\boldsymbol{r}, t)$ der nichtstationären SCHRÖDINGER-Gleichung

$$-\frac{\hbar^2}{2m}\Delta\psi + U\psi + V\psi = i\hbar\frac{\partial\psi}{\partial t} \tag{1.23}$$

für ein Elektron, das sich im Kristallfeld $U(\boldsymbol{r})$ und in einem äußeren elektrischen Feld V ($-\operatorname{grad} V = e\boldsymbol{E}$) bewegt, kann in Form eines Reihenansatzes aus WANNIER-Funktionen gesucht werden:

$$\psi(\boldsymbol{r}, t) = \sum_{s,\boldsymbol{R}} f_s(\boldsymbol{R}, t)\, a_s(\boldsymbol{r} - \boldsymbol{R})\,. \tag{1.24}$$

Durch Einsetzen des Reihenansatzes (1.24) in die SCHRÖDINGER-Gleichung (1.23) erhält man ein unendliches Gleichungssystem für die Koeffizienten $f_s(\boldsymbol{R}, t)$:

$$i\hbar\,\frac{\partial f_s(\boldsymbol{R}, t)}{\partial t} = \sum_{s',\boldsymbol{R}'} \{\delta_{ss'}\varepsilon_{s'}(\boldsymbol{R} - \boldsymbol{R}') + V_{ss'}(\boldsymbol{R}, \boldsymbol{R}')\}\, f_{s'}(\boldsymbol{R}', t)\,, \tag{1.25}$$

wobei

$$V_{ss'}(\boldsymbol{R}, \boldsymbol{R}') = \int a_s^*(\boldsymbol{r} - \boldsymbol{R})\, V(\boldsymbol{r})\, a_{s'}(\boldsymbol{r} - \boldsymbol{R}')\, \mathrm{d}\boldsymbol{r} \tag{1.26}$$

das Matrixelement des Potentials der äußeren Kräfte und

$$\varepsilon_s(\boldsymbol{R}) = \frac{1}{N} \sum_{\boldsymbol{p}} \varepsilon_s(\boldsymbol{p})\, \mathrm{e}^{-i\boldsymbol{pR}/\hbar} \tag{1.27}$$

die FOURIER-Darstellung der Energie ist.

Die Gleichung (1.25), die noch streng gilt, kann formell so umgeschrieben werden, daß ihre Ähnlichkeit mit der SCHRÖDINGER-Gleichung noch deutlicher hervortritt. Man führt dazu die stetige Funktion $f_s(\boldsymbol{r}, t)$ ein, die so beschaffen ist, daß die Bedingung $f_s(\boldsymbol{r}, t)|_{\boldsymbol{r}=\boldsymbol{R}} = f_s(\boldsymbol{R}, t)$ erfüllt ist. Danach wird Gleichung (1.25) in folgender Form erhalten:

$$\left[\hat{\varepsilon}_s\left(\frac{\hbar}{i}\nabla\right) f_s(\boldsymbol{r}, t) - \frac{\hbar}{i}\,\frac{\partial f_s(\boldsymbol{r}, t)}{\partial t}\right]_{\boldsymbol{r}=\boldsymbol{R}} + \sum_{s'\boldsymbol{R}'} V_{ss'}(\boldsymbol{R}', \boldsymbol{R})\, f_{s'}(\boldsymbol{R}', t) = 0\,. \tag{1.28}$$

Der Operator $\hat{\varepsilon}_s\left(\frac{\hbar}{i}\nabla\right)$ erhält in seiner FOURIER-Darstellung folgendes Aussehen[1]):

$$\hat{\varepsilon}_s\left(\frac{\hbar}{i}\nabla\right) = \sum_{\boldsymbol{R}} \varepsilon_s(\boldsymbol{R})\, \mathrm{e}^{-i\boldsymbol{R}\nabla}\,. \tag{1.29}$$

Dieser Ausdruck kann nun noch durch einige Annahmen vereinfacht werden, die darauf beruhen, daß das angelegte Feld $V(\boldsymbol{r})$ schwach ist und sich stetig ändert. Die Wahrscheinlichkeit eines Übergangs zwischen den Bändern ist ursächlich mit der Größe des Potentials V verknüpft. Wenn die Bedingung $|V| \ll \varepsilon_a$ erfüllt ist, wobei ε_a eine Energie in der Größenordnung der atomaren Bindungsenergie ist, so ist diese Wahrscheinlichkeit sehr klein, und man kann alle die Matrixelemente vernachlässigen, für die $s \neq s'$ ist. Wenn sich außerdem

[1]) Der Übergang von Gleichung (1.25) nach (1.28) bedarf bezüglich der analytischen Eigenschaften von $\varepsilon_s(\boldsymbol{p})$ spezieller Voraussetzungen. Hier wird jedoch darauf nicht näher eingegangen. Eine ausführliche Ableitung wurde in der Arbeit [1] gegeben.

das Feld von Gitterpunkt zu Gitterpunkt nur schwach ändert, so kann man alle Matrixelemente außer $V_{ss}(\boldsymbol{R}, \boldsymbol{R})$ vernachlässigen, das definitionsgemäß gleich $V(\boldsymbol{R}) = V(\boldsymbol{r})|_{r=R}$ ist. Für die hier interessierenden Fälle erhält man somit

$$\left\{\hat{\varepsilon}_s\left(\frac{\hbar}{i}\nabla\right) + V(\boldsymbol{r}) - \frac{\hbar}{i}\frac{\partial}{\partial t}\right\} f_s(\boldsymbol{r}, t) = 0\,, \tag{1.30}$$

wobei $\boldsymbol{r} = \boldsymbol{R}$ gesetzt werden muß. Natürlich kann man diese Gleichung auf alle Raumpunkte ausdehnen. Die Funktion $f_s(\boldsymbol{r}, t)$ beschreibt näherungsweise die Bewegung eines Elektrons in äußeren Feldern und spielt die Rolle einer Wellenfunktion für ein Elektron im s-ten Band. Die Struktur der Gleichung zeigt, daß $\hat{\varepsilon}_s\left(\frac{\hbar}{i}\nabla\right)$ als Operator der kinetischen Energie angesehen werden muß und $V(\boldsymbol{r})$ als der der potentiellen. Die Genauigkeit der Bewegungsbeschreibung eines Elektrons mit Hilfe der Funktion $f_s(\boldsymbol{r}, t)$ wird natürlich durch die Genauigkeit der Interpolation bestimmt, d. h. durch die Gitterkonstante a. Folglich ist die Anwendung der Gleichung (1.30) nur dann zulässig, wenn das Gebiet, in dem sich die Funktion $f_s(\boldsymbol{r}, t)$ wesentlich ändert, bedeutend größer als die Gitterkonstante ist. Da andererseits die DE BROGLIE-Wellenlänge der FERMI-Elektronen auch ungefähr gleich a ist, gestattet diese Bedingung, die quasiklassische Näherung bei der Beschreibung der Bewegung eines Leitfähigkeitselektrons in äußeren Feldern anzuwenden und sich oft nur auf das klassische Herangehen zu beschränken.[1])

Der Übergang zur klassischen Form der Aufgabenstellung geschieht mit Hilfe der HAMILTON-Funktion

$$\mathcal{H}(\boldsymbol{p}, \boldsymbol{r}) = \varepsilon_s(\boldsymbol{p}) + V(\boldsymbol{r})\,. \tag{1.31}$$

Dieses Vorgehen entspricht der Anwendung des Korrespondenzprinzips. Beim Übergang zur Quantenmechanik wird dabei der HAMILTON-Operator durch Einsetzen von $\frac{\hbar}{i}\nabla$ an die Stelle des Impulses $\boldsymbol{p}$ erhalten. Umgekehrt gelangt man von der quantenmechanischen zur klassischen Form, wenn man an Stelle des Operators $\frac{\hbar}{i}\nabla$ den Impuls $\boldsymbol{p}$ einsetzt.

Die HAMILTON-Gleichungen schreibt man üblicherweise in folgender Form:

$$\dot{\boldsymbol{r}} = \frac{\partial\mathcal{H}}{\partial\boldsymbol{p}}\,; \qquad \dot{\boldsymbol{p}} = -\frac{\partial\mathcal{H}}{\partial\boldsymbol{r}}\,. \tag{1.32}$$

[1]) Weiter unten wird noch ein Kreis von Aufgaben umrissen, bei dessen Lösung man sich nicht auf das klassische Herangehen beschränken kann.

Die erste Gleichung dient zur Bestimmung der Geschwindigkeit[1])

$$\boldsymbol{v} = \frac{\partial \varepsilon}{\partial \boldsymbol{p}} \tag{1.33}$$

und die zweite ist dem ersten NEWTONschen Axiom äquivalent:

$$\dot{\boldsymbol{p}} = \boldsymbol{F}\,; \qquad \boldsymbol{F} = -\frac{\partial V}{\partial \boldsymbol{r}}. \tag{1.34}$$

Hervorzuheben sind zwei Besonderheiten: 1. Geschwindigkeit und Impuls sind nicht durch die „übliche" Beziehung $\boldsymbol{v} = \boldsymbol{p}/m$ verknüpft. Die Geschwindigkeit ist eine komplizierte periodische Funktion des Impulses $\boldsymbol{p}$, die durch das Dispersionsgesetz (1.17) bestimmt wird. 2. In das NEWTONsche Axiom (1.34) gehen nicht die Gesamtkräfte ein, die auf das Elektron wirken, sondern nur die von außen an den Kristall angelegten Kräfte.

Wenn die äußere Kraft durch ein elektrisches Feld mit der Feldstärke $\boldsymbol{E}$ verursacht wird, so gilt $\dot{\boldsymbol{p}} = e\boldsymbol{E}$.

Den Einfluß eines Magnetfeldes kann man berücksichtigen, wenn man die rechte Seite der Gleichung (1.34) durch die LORENTZ-Kraft ersetzt:

$$\dot{\boldsymbol{p}} = e\left\{\boldsymbol{E} + \frac{1}{c}\,[v\boldsymbol{H}]\right\}. \tag{1.35}$$

Die strenge Herleitung der Gleichung (1.35), zu der ZIMAN [1] meinte, daß sie zu schön ist, um völlig wahr zu sein, ist eine ziemlich langwierige Rechnung.

Die Gleichung (1.35) kann jedoch nach Übergang zur klassischen Rechnung nach der üblichen Methode abgeleitet werden, wenn von den LAGRANGE-Funktionen ausgegangen wird (vergleiche z. B. L. LANDAU und E. LIFSCHITZ „Feldtheorie"). In die LAGRANGE-Funktionen ist jedoch der Ausdruck $\frac{e}{c}\boldsymbol{A}v - e\varphi$ (rot $\boldsymbol{A} = \boldsymbol{H}$) einzusetzen, da das Produkt $\boldsymbol{Ap}$ bei Verschiebung um eine Gitterperiode des reziproken Gitters keine vollständige zeitliche Ableitung ergibt. Dieses Ergebnis ist außerdem auf der Unveränderbarkeit der Elektronenladung begründet, was eine Folge der Gleichheit zwischen der Zahl der Elektronen und der Zahl der Quasiteilchen bei Berücksichtigung ihrer Wechselwirkung als FERMI-Flüssigkeit ist. Auf diesen Umstand wird später noch genauer eingegangen.

Der kinematische Impuls $\boldsymbol{p}$ wird gewöhnlich durch den kanonisch-konjugierten Impuls $\boldsymbol{P}$ und das Vektorpotential $\boldsymbol{A}$ bestimmt:

$$\boldsymbol{p} = \boldsymbol{P} - \frac{e}{c}\boldsymbol{A}\,; \qquad \operatorname{rot}\boldsymbol{A} = \boldsymbol{H}. \tag{1.36}$$

[1]) In allen Fällen, wo es nicht zur Verwirrung führt, wird der Bandindex s fortgelassen.

Die HAMILTON-Funktion eines Teilchens, dessen kinetische Energie $\varepsilon(\boldsymbol{p})$ ist, hat im Magnetfeld die Form

$$\mathcal{H}(\boldsymbol{P}, \boldsymbol{r}) = \varepsilon\left(\boldsymbol{P} - \frac{e}{c}\boldsymbol{A}\right) + V(\boldsymbol{r}) \; ; \qquad V = e\varphi \, . \tag{1.37}$$

Stellt man jetzt die HAMILTON-Gleichungen in den Variablen $\boldsymbol{P}$ und $\boldsymbol{r}$ auf und geht zu den kinematischen Impulsen $\boldsymbol{p}$ über, so erhält man die Gleichung (1.35), wenn man die Verknüpfung der Potentiale φ und $\boldsymbol{A}$ und dementsprechend der Feldstärken $\boldsymbol{E}$ und $\boldsymbol{H}$

$$\boldsymbol{E} = -\frac{1}{c}\frac{\partial \boldsymbol{A}}{\partial t} - \nabla\varphi \; ; \qquad \boldsymbol{H} = \operatorname{rot} \boldsymbol{A}$$

berücksichtigt und die Bestimmung der Geschwindigkeit durch Formel (1.33) ausnutzt. Bei dieser Überlegung ist jedoch zu unterstreichen, daß der Umstand, daß die LORENTZ-Kraft mit der Formel für freie Elektronen übereinstimmt, nicht an ein quadratisches Dispersionsgesetz gebunden ist. Wie im folgenden gezeigt wird, wird die Elektronenbewegung im Magnetfeld im Falle eines komplizierten Dispersionsgesetzes wesentlich von diesem Gesetz bestimmt. Treten Quantenerscheinungen hervor, so haben sie sehr spezifischen Charakter, wobei das Abweichen von der klassischen Mechanik durch die Struktur des Energiespektrums der Elektronen verursacht, d. h. völlig durch die komplizierte Abhängigkeit der Energie ε vom Impuls $\boldsymbol{p}$ bestimmt wird.

Die Bandtheorie erklärt somit die Quantenzustände der Elektronen (d. h. die Zustände mit einem bestimmten Quasiimpuls $\boldsymbol{p}$ und einem Bandindex s; vergleiche (1.16)), liefert fernerhin den prinzipiellen Algorithmus für die Berechnung des Dispersionsgesetzes $\varepsilon_s(\boldsymbol{p})$ unter Vernachlässigung der Elektronenwechselwirkung und begründet schließlich das quasiklassische Herangehen. Dessen Kernpunkte sind, daß der Quasiimpuls durch den Impuls ersetzt, die Funktion $\varepsilon_s(\boldsymbol{p})$ als kinetische Energie betrachtet und die klassische Bewegungsgleichung (1.35) unter Berücksichtigung der komplizierten periodischen Abhängigkeit der Geschwindigkeit vom Impuls ($\boldsymbol{v} = \boldsymbol{v}(\boldsymbol{p})$) benutzt werden kann. Wenn man dann noch als Tatsache hinzunimmt, daß die Elektronen der FERMI-DIRAC-Statistik unterworfen sind, d. h., sich wie ein ideales FERMI-Gas verhalten, so hat man sich eine Ausgangsplattform für die Behandlung aller Gleichgewichtseigenschaften eines Metalls (sowohl der kalorischen als auch der magnetischen) geschaffen. Die Einführung der Elektronenstöße mit den Gitterschwingungen, den anderen Elektronen und beliebigen Störungen der Kristallperiodizität (Fremdatome, Fehlstellen usw.) gestatten es, eine Theorie der kinetischen Eigenschaften des Metalls zu entwickeln (Strom- und Wärmeleitung, galvano- und thermomagnetische Erscheinungen).

Wie weiter unten gezeigt wird, ist es begründet, auch bei der Berücksichtigung der Wechselwirkung zwischen den Elektronen die Vorstellungen der Bandtheorie zu benutzen. Es ist jedoch so, daß man — wenigstens in der jetzigen

Entwicklungsstufe der Elektronentheorie — von der Berechnung der Wellenfunktionen des Leitfähigkeitselektrons[1]) und von seinem Dispersionsgesetz Abstand nehmen muß. Das Dispersionsgesetz wird deshalb in der noch zu entwickelnden Theorie als gegeben vorausgesetzt, bzw. es wird die Aufgabe gestellt, es aus dem Vergleich von Theorie und Experiment zu bestimmen.

*

* *

Gedanklich ist es am schwersten, bei der Behandlung der Elektronentheorie der Metalle die Wechselwirkung der Elektronen untereinander streng zu berücksichtigen. Die verschiedenartigen Versuche, die Wellenfunktion eines Elektronenensembles unmittelbar zu berechnen, führten jedoch zu keinerlei konstruktiven Resultaten. Sehr produktiv erwies sich, das von LANDAU [2] für die Untersuchung der Eigenschaften des leichten Heliumisotops He^3 angegebene Verfahren — das Konzept der FERMI-Flüssigkeit — auf die Elektronen anzuwenden.

Entsprechend der LANDAUschen Theorie liegt der Berechnung des Spektrums eines Teilchenensembles vom Typ einer FERMI-Flüssigkeit die Annahme zugrunde, daß im Maße des allmählichen „Einschaltens" der Wechselwirkung zwischen den Elektronen, d. h. beim Übergang vom Gas zur Flüssigkeit, die Klassifikation der Niveaus unverändert bleibt. Der Zustand eines Elektrons im Kristall kann auch weiterhin durch die Angabe des Quasiimpulses $\boldsymbol{p}$ und des Bandindexes s beschrieben werden.[2]) Die Rolle der Gasteilchen übernehmen in dieser Klassifikation die Elementaranregungen — die Quasiteilchen. Jedes Quasiteilchen besitzt einen bestimmten Quasiimpuls. Sie unterliegen der FERMI-Statistik, und ihre Zahl ist gleich der Zahl der Teilchen in der Flüssigkeit. Das Quasiteilchen kann man im obigen Sinne als Teilchen auffassen, das sich im Feld der anderen befindet, die sich in seiner Nähe aufhalten. Es ist damit selbstverständlich, daß die Energie eines Teilchens vom Zustand der es umgebenden abhängt — also die Energie des Gesamtsystems nicht die Summe der Energien der einzelnen Teilchen, sondern ein Funktional der Verteilungsfunktion ist. Die letzte Feststellung ist die Grundidee der Theorie der FERMI-Flüssigkeit.

Als Begründung für die Näherung in der FERMI-Flüssigkeitstheorie dient die Tatsache, daß die Abweichung des Systems vom Grundzustand nur gering ist. Der Grundzustand wird in Analogie zum idealen Gas dadurch gekennzeichnet, daß alle Zustände mit einer Energie unterhalb einer Grenzenergie (FERMI-Energie) besetzt sind, während die übrigen unbesetzt bleiben. Ein angeregter Zustand entsteht, wenn ein Teilchen von einem besetzten Zustand unterhalb

[1]) Genauer natürlich die GREENsche Funktion für das Einteilchenproblem.

[2]) Natürlich nur, wenn bei Einschalten der Wechselwirkung keine Veränderung der Systematik der Zustände stattfindet (z. B., wenn das Metall nicht in den supraleitenden Zustand übergeht. Hierbei ändert sich nicht nur die Systematik der Zustände, sondern es entsteht eine verbotene Zone (Spalt) in der Nähe der FERMI-Energie).

der FERMI-Energie in einen unbesetzten übergeht. Um jedem Quasiteilchen einen bestimmten Quasiimpuls zu geben, ist zu fordern, daß die Unschärfe des Quasiimpulses sowohl im Verhältnis zu seiner Größe als auch zur Größe der „Verschmierung" der FERMI-Verteilung $\Delta \boldsymbol{p}$ klein bleibt. Es ist leicht einzusehen, daß diese Bedingung offensichtlich eingehalten wird, wenn das Gebiet der „Verschmierung" genügend klein ist. Durch das PAULI-Prinzip wird ja gerade die Streuwahrscheinlichkeit und damit die Impulsunschärfe proportional $(\Delta \boldsymbol{p})^2$. Damit folgt, daß bei genügend kleinem $\Delta \boldsymbol{p}$, d. h. bei kleiner „Verschmierung", die Impulsschärfe nicht nur im Verhältnis zum Impuls, sondern auch zu $\Delta \boldsymbol{p}$ selbst klein bleibt. Außer den Stößen der Elektronen untereinander verursacht die Wechselwirkung der Elektronen mit den Phononen eine zusätzliche Impulsunschärfe. Man kann zeigen [3], daß auch dieser Prozeß keinesfalls die Zuordnung eines bestimmten Quasiimpulses zu jedem Quasiteilchen verhindert, da hier die Größe Θ/ε_F als kleiner Parameter angesehen werden kann, wobei Θ die DEBYE-Temperatur des Kristalls ist.

Wenn man den Zustand eines Metalls durch seine Abweichung vom Grundzustand charakterisieren will, so kann man natürlich den angeregten Zustand durch die Zahl der Elektronen beschreiben, die sich „über" der FERMI-Fläche befindet. Die Anzahl der Leerstellen (freie Plätze) „unter" der FERMI-Fläche ist natürlich dann gleich groß. Wie aus dem Vorangegangenen folgt, ist diese Zahl bedeutend kleiner als die Gesamtmenge der Elektronen pro Volumeneinheit. Im weiteren werden derartige Beschreibungen nicht mehr angewandt, wenn auch bei der Behandlung einer Reihe von physikalischen Erscheinungen zur Verdeutlichung des Sachverhalts ausgenutzt wird, daß die Zahl der beweglichen, d. h. der nicht durch das PAULI-Prinzip „eingefrorenen", Elektronen klein ist.

Als Grundcharakteristiken einer FERMI-Flüssigkeit dienen das Dispersionsgesetz der Quasiteilchen $\varepsilon(\boldsymbol{p})$ und die Korrelationsfunktion $\Phi(\boldsymbol{p}, \boldsymbol{p}')$. Sie werden durch folgende Gleichung eingeführt, die jedoch nur für kleine Abweichungen des Systems vom Grundzustand richtig ist¹):

$$\left.\begin{aligned} E &= E_0 + \int \varepsilon f_1(\boldsymbol{p})\, \mathrm{d}\Gamma + \tfrac{1}{2} \int\int \Phi(\boldsymbol{p}, \boldsymbol{p}')\, f_1(\boldsymbol{p})\, f_1(\boldsymbol{p}')\, \mathrm{d}\Gamma\, \mathrm{d}\Gamma', \\ \mathrm{d}\Gamma &= \frac{2}{(2\pi\hbar)^3}\, \mathrm{d}p_x\, \mathrm{d}p_y\, \mathrm{d}p_z . \end{aligned}\right\} \quad (1.38)$$

Hier ist E die Energiedichte des Systems, E_0 die Energiedichte des Grundzustandes, $f_1(\boldsymbol{p})$ die Abweichung der Verteilungsfunktion gegenüber der FERMI-Verteilung bei $T = 0$ (FERMI-Stufe). Aus Gleichung (1.38) ist zu ersehen, daß $\varepsilon(\boldsymbol{p})$ die Variationsableitung der Energie nach der Verteilungsfunktion ist. Sie entspricht der Energieänderung des Systems bei Hinzufügen eines Teilchens mit dem Impuls $\boldsymbol{p}$. $\varepsilon(\boldsymbol{p})$ spielt damit die Rolle der HAMILTON-Funktion eines Quasiteilchens im Feld der anderen Teilchen.

¹) Aus Vereinfachungsgründen werden keine Spinvariablen berücksichtigt und auch die Bandindizes fortgelassen.

Hervorzuheben ist, daß die Funktion $\varepsilon(\boldsymbol{p})$ sowohl die Wechselwirkung der Elektronen untereinander als auch ihre Wechselwirkung mit dem Ionengerüst des Kristallgitters mit einschließt. Ein Quasiteilchen mit einem Dispersionsgesetz $\varepsilon(\boldsymbol{p})$ bezeichnet man als Leitfähigkeitselektron oder einfach als Elektron.

Den Umstand, daß die Einführung des Quasiimpulses nur mit der Translationsinvarianz des Systems verknüpft ist, kann man verdeutlichen, wenn man die Eigenzustände eines HAMILTON-Operators betrachtet, der translationsinvariant ist, aber infolge der Elektronenwechselwirkung im allgemeinen nicht lokal sein kann:

$$\hat{\mathcal{H}} = \hat{\mathcal{H}}(\boldsymbol{r}, \boldsymbol{r}') . \tag{1.39}$$

An Stelle der Koordinate $\boldsymbol{r}$, die stetig jeden Wert annehmen kann, ist es zweckmäßig, die ganzzahlige Koordinate $\boldsymbol{R}$ einzuführen, die die Nummer der Kristallzelle bestimmt, und eine Koordinate ϱ, die sich stetig in den Grenzen einer Kristallzelle bewegen kann:

$$\boldsymbol{r} = \boldsymbol{R} + \boldsymbol{\varrho} \; ; \qquad \boldsymbol{R} = s_1\boldsymbol{a}_1 + s_2\boldsymbol{a}_2 + s_3\boldsymbol{a}_3 . \tag{1.40}$$

Die $\boldsymbol{a}_j$ sind die Basisvektoren des Gitters, die s_j sind beliebige ganze positive und negative Zahlen.

Infolge der Translationsinvarianz kann der HAMILTON-Operator unabhängig von seiner Struktur nur von der relativen Anordnung der Zellen zueinander abhängen, nicht aber von ihrer absoluten Lage:

$$\hat{\mathcal{H}} = \hat{\mathcal{H}}(\boldsymbol{R} - \boldsymbol{R}', \boldsymbol{\varrho}, \boldsymbol{\varrho}') . \tag{1.41}$$

Diese Folgerung der Translationssymmetrie gestattet es, $\boldsymbol{R}$ und $\boldsymbol{\varrho}$ zu trennen. Die SCHRÖDINGER-Gleichung für die Wellenfunktion $\psi(\boldsymbol{R}, \boldsymbol{\varrho})$ hat eine Lösung vom Typ

$$\psi(\boldsymbol{R}, \boldsymbol{\varrho}) = \mathrm{e}^{i\boldsymbol{p}\boldsymbol{R}/\hbar}\, \psi_{\boldsymbol{p}}(\boldsymbol{\varrho}) , \tag{1.42}$$

wobei $\boldsymbol{p}$ der Quasiimpuls ist und die Funktion $\psi_{\boldsymbol{p}}(\boldsymbol{\varrho})$ der Gleichung

$$\hat{\mathcal{H}}_{\boldsymbol{p}}\psi_{\boldsymbol{p}} = \varepsilon\psi_{\boldsymbol{p}} \; ; \qquad \hat{\mathcal{H}}_{\boldsymbol{p}} = \sum_{\boldsymbol{R}'} \mathrm{e}^{-i\boldsymbol{p}\boldsymbol{R}'/\hbar}\, \hat{\mathcal{H}}(\boldsymbol{R}', \boldsymbol{\varrho}, \boldsymbol{\varrho}') \tag{1.43}$$

genügt. Im allgemeinen hat die Gleichung (1.43), die nur innerhalb einer Zelle gültig ist, einen diskreten Satz von Lösungen, die durch den Index (Bandindex) durchnumeriert werden:

$$\psi(\boldsymbol{R}, \boldsymbol{\varrho}) = \mathrm{e}^{i\boldsymbol{p}\boldsymbol{R}/\hbar}\psi_{s\boldsymbol{p}}(\boldsymbol{\varrho}) . \tag{1.44}$$

Andererseits kann die Wellenfunktion eines Elektrons als Funktion einer einheitlichen Koordinate $\boldsymbol{r} = \boldsymbol{R} + \boldsymbol{\varrho}$ betrachtet werden. $\psi_{s\boldsymbol{p}}(\boldsymbol{\varrho})$ muß deshalb folgende Struktur haben: $\psi_{s\boldsymbol{p}}(\boldsymbol{\varrho}) = \mathrm{e}^{i\boldsymbol{p}\boldsymbol{\varrho}/\hbar}u_{\boldsymbol{p}s}(\boldsymbol{\varrho})$. $u_{\boldsymbol{p}s}$ ist eine periodische Funktion. Folglich ist die Wellenfunktion eines Elektrons mit einem bestimmten Quasiimpuls eine BLOCH-Welle (s. Formel (1.14) und folgende). Damit ist die

Möglichkeit, den Quasiimpuls einzuführen, nur eine Folge der Translationssymmetrie der Aufgabe und hängt weder von der Natur der Wechselwirkungskräfte noch von dem konkreten Aussehen des HAMILTON-Operators ab.

Wie schon gesagt wurde, basiert die Mehrzahl der Ergebnisse der Elektronentheorie der Metalle in ihrer heutigen Form darauf, daß es gelingt, die Energieniveaus der Leitfähigkeitselektronen $\varepsilon_s(\boldsymbol{p})$ mit einem hohen Genauigkeitsgrad als kinetische Energie eines freien Teilchens zu behandeln und den Quasiimpuls als gewöhnlichen Impuls anzusehen. Im folgenden soll noch einmal auf dieses Problem eingegangen werden, wobei alle Überlegungen in einer Form abgehandelt werden, die keine Zweifel darüber bestehen läßt, daß die angewandten Näherungen nicht von der speziellen Form des HAMILTON-Operators (für die Einelektronennäherung) abhängen.

Für die Untersuchung der Elektronenbewegung in äußeren Feldern ist der Ortsoperator in der $\boldsymbol{p}, s$-Darstellung zu bestimmen:

$$\hat{\boldsymbol{r}} = \hat{\boldsymbol{R}} + \hat{\boldsymbol{\varrho}} . \tag{1.45}$$

Aus der Struktur der Wellenfunktion (1.42) ist ersichtlich, daß

$$\hat{\boldsymbol{R}} = -\frac{\hbar}{i} \frac{\partial}{\partial \boldsymbol{p}} \tag{1.46}$$

gesetzt werden muß. Das bedeutet, daß der Quasiimpuls $\boldsymbol{p}$ und die diskrete Koordinate $\boldsymbol{R}$ kanonisch konjugiert sind. Der Quasiimpuls $\boldsymbol{p}$ ist, entsprechend der in der Mechanik üblichen Terminologie, der Impuls bezüglich der verallgemeinerten diskreten Koordinate $\boldsymbol{R}$.

Der Operator $\hat{\boldsymbol{\varrho}}$ ist diagonal bezüglich des Quasiimpulses $\boldsymbol{p}$ und durch seine Matrixelemente

$$\boldsymbol{\varrho}_{ss'}(\boldsymbol{p}) = (\psi^*_{\boldsymbol{p}s} \boldsymbol{\varrho} \psi_{\boldsymbol{p}s'}) \tag{1.47}$$

bestimmt.

Weil in der $\boldsymbol{p}, s$-Darstellung der HAMILTON-Operator (1.41) durch die Matrixelemente von $\varepsilon_s(\boldsymbol{p})$ gegeben wird, folgt aus den Formeln (1.45) bis (1.47), daß der Operator der Elektronengeschwindigkeit folgende Matrixelemente hat:

$$v_{ss'} = \frac{\partial \varepsilon_s}{\partial p} \delta_{ss'} + \frac{\varepsilon_s - \varepsilon_{s'}}{\hbar} \boldsymbol{\varrho}_{ss'} . \tag{1.48}$$

Damit ist der mittlere Wert der Geschwindigkeit natürlich gleich $\frac{\partial \varepsilon_s}{\partial \boldsymbol{p}}$ in Übereinstimmung mit Formel (1.33).

Für die zusätzliche Begründung des Übergangs zu den klassischen Verfahren (s. Formel (1.32) bis (1.35)) wird nun die Bewegung der Leitfähigkeitselektronen unter der Wirkung äußerer Felder $\boldsymbol{F} = -\frac{\partial V}{\partial \boldsymbol{r}}$ untersucht. Der HAMILTON-Operator eines Leitfähigkeitselektrons besteht aus dem Operator der kinetischen Energie $\varepsilon_s(\boldsymbol{p})$ und dem Operator der potentiellen Energie $\hat{V}(\boldsymbol{r})$:

$$\hat{\mathscr{H}} = \varepsilon_s(\boldsymbol{p}) + \hat{V}(\boldsymbol{r}) . \tag{1.49}$$

Kommutiert man nun den Quasiimpuls $\boldsymbol{p}$ mit dem HAMILTON-Operator (1.49) und berücksichtigt dabei, daß die Kommutierungsbeziehung einer Koordinate mit dem Quasiimpuls $\boldsymbol{p}$ dieselbe ist wie die einer Koordinate mit einem richtigen Impuls, so erhält man eine dem EHRENFESTschen Theorem analoge Beziehung

$$\hat{\dot{\boldsymbol{p}}} = -\frac{\partial \hat{V}}{\partial \boldsymbol{r}}. \tag{1.50}$$

Hierbei ist noch einmal hervorzuheben, daß in der letzten Gleichung (1.50) (wie auch in Gleichung (1.34)) nur die von außen an den Kristall angelegten Felder gemeint sind. Diese Felder sind, wie oben schon angemerkt wurde, klein gegenüber den Kristallfeldern. In diesem Falle bedeutet das, daß $V(\boldsymbol{r}) \equiv V(\boldsymbol{R} + \boldsymbol{\varrho})$ bezüglich seines Arguments hinreichend glatt und damit nach $\boldsymbol{\varrho}$ in eine Potenzreihe entwickelbar ist. Wenn man davon ausgeht, daß die Matrixelemente $\boldsymbol{\varrho}_{ss'}$ von der Größenordnung des Atomabstands sind (s. (1.47)), kann man bereits die Glieder vernachlässigen, die ϱ enthalten. Dadurch erscheint bei der etwas „groben“ Beschreibung der Elektronenbewegung in der Bewegungsgleichung nur die Koordinate $\boldsymbol{R}$, deren diskreter Charakter nicht berücksichtigt zu werden braucht, und folglich ist der Quasiimpuls als gewöhnlicher Impuls anzusehen. Genau genommen, müssen natürlich noch die Nichtdiagonalelemente im Geschwindigkeitsoperator (1.48) vernachlässigt werden. Diese besitzen jedoch die gleiche Größenordnung wie die Diagonalelemente. Die Vernachlässigung der Nichtdiagonalelemente wird durch die im Verhältnis zu den Gitterparametern geringe Ortsabhängigkeit der äußeren Felder ermöglicht, wodurch Band–Band-Übergänge sehr unwahrscheinlich werden. Es liegen also, wie schon gesagt, fast immer die Bedingungen der quasiklassischen Bewegung eines Leitfähigkeitselektrons vor.

Zum Abschluß der etwas ausgedehnten Einleitung werden einige Sachverhalte formuliert, die im folgenden noch benutzt werden:

1. Das Spektrum der Ladungsträger im Metall ist ein Spektrum vom FERMI-Typ. Das bedeutet, daß der Ladungstransport durch Quasiteilchen (Leitfähigkeitselektronen) verwirklicht wird, die der FERMI-Statistik unterworfen sind. Das hat zur Folge, daß die Gesamtheit der Valenzelektronen, die untereinander oder mit dem Feld des Kristallgitters in Wechselwirkung stehen in bezug auf ihre statistisch-thermodynamischen und ihre kinetischen Größen durch eine FERMI-Flüssigkeit ersetzt werden kann, deren Eigenschaften durch das Dispersionsgesetz $\varepsilon(\boldsymbol{p})$ und die Korrelationsfunktion $\Phi(\boldsymbol{p}, \boldsymbol{p}')$ beschrieben werden (s. Formel (1.38)). Die Ladung jedes Quasiteilchens ist eine Elektronenladung; die Zahl der Quasiteilchen ist gleich der der Elektronen. Ohne äußeres Magnetfeld ist bei magnetisch nichtgeordneten Substanzen jeder Zustand zweifach entartet. In diesem Zusammenhang muß jedem Leitfähigkeitselektron der Spin $\frac{1}{2}$ zugeordnet werden. Jedoch ist zu berücksichtigen, daß infolge der Spin–Bahn-Kopplung die Niveauaufspaltung $\delta\varepsilon_H$ im Magnetfeld nicht

$2\mu_B H$ ist. Diesem Umstand wird durch die Einführung eines g-Faktors Rechnung getragen, der von dem des freien Elektrons abweicht.

2. Außer den Zweigen des Energiespektrums vom FERMI-Typ existieren im Metall immer noch andere Zweige von Spektren des BOSE-Typs (z. B. Phonen). Jedoch auf der Grundlage des gesamten heute vorhandenen experimentellen Materials erscheint es sehr unwahrscheinlich, daß im nicht supraleitenden Zustand Zweige eines BOSE-Spektrums existieren, die mit einem Ladungstransport verknüpft sind.

3. In Übereinstimmung mit der Kristallsymmetrie muß die Energie der Quasiteilchen $\varepsilon(\boldsymbol{p})$ eine periodische Funktion des Quasiimpulses sein, die die Periode des reziproken Gitters besitzt (s. (1.20)). Im allgemeinen ist dieser Ausdruck mehrdeutig, was die Existenz der unterschiedlichen Bänder widerspiegelt. Dieses Ergebnis der Bändertheorie ist keine Folge des BLOCHschen Einelektronenmodells, sondern hat bedeutend allgemeineren Charakter.

4. Die Elektronenbewegung in äußeren Feldern trägt in der Regel quasiklassischen Charakter. Dadurch wird es möglich, häufig den Unterschied zwischen Quasiimpuls und Impuls zu vernachlässigen und $\varepsilon(\boldsymbol{p})$ als kinetische Energie eines Leitfähigkeitselektrons anzusehen.

*

* *

Oft wird bei der Behandlung der Elektronentheorie der Metalle die Ähnlichkeit zwischen einem Leitfähigkeitselektron im Metall mit einem freien Elektron hervorgehoben, und es werden nicht jene Besonderheiten im Verhalten des Elektrons präzisiert, die mit dem komplizierten Charakter seines Dispersionsgesetzes verknüpft sind. Wie die in den letzten Jahrzehnten durchgeführten Untersuchungen zeigen, kann eine Reihe wichtiger Metalleigenschaften nur erklärt werden, wenn von der Tatsache ausgegangen wird, daß das Energiespektrum der Metallelektronen kompliziert ist und sich wesentlich von dem freier Elektronen unterscheidet. Die Kompliziertheit des Dispersionsgesetzes wirkt sich vor allem auf den Charakter der Elektronenbewegung in äußeren Feldern aus. Aus diesem Grund empfiehlt es sich, die Behandlung der Elektronentheorie der Metalle mit dem Studium der Mechanik eines Elektrons mit einem komplizierten Dispersionsgesetz zu beginnen. Die Mechanik eines Leitfähigkeitselektrons zeichnet sich durch eine Reihe wesentlicher Besonderheiten aus, die in allgemeinsten Begriffen ohne detaillierte Bestimmung der Wellenfunktionen und des Dispersionsgesetzes der Elektronen erklärt werden können. Andererseits finden die Besonderheiten der Bewegung der Leitfähigkeitselektronen ihre Widerspiegelung in den sehr unterschiedlichen makroskopischen Eigenschaften der Metalle.

Das Gesagte führt zu folgender Idee: Man könnte die einzelnen Folgerungen untersuchen, die sich aus der Annahme ergeben, daß das Spektrum der Leitfähigkeitselektronen im Metall vom FERMI-Typ ist. Hierbei wird zunächst die Frage nach der Entstehung dieses Spektrums beiseite gelassen und auch kein konkretes Modell der Quasiteilchen angegeben, das das Spektrum realisiert. Wie es sich zeigt, kann der größte Teil der kinetischen und thermodynamischen statistischen Charakteristiken eines Metalls einschließlich seiner magnetischen Eigenschaften durch Parameter dargestellt werden, die die Quasiteilchen charakterisieren (ihre Zahl, ihr Dispersionsgesetz usw.). Außerdem kann auch die umgekehrte Aufgabe gestellt und gelöst werden — die Bestimmung des Energiespektrums der Quasiteilchen (Leitfähigkeitselektronen) aus experimentellen Ergebnissen, die aus unterschiedlichen makroskopischen Eigenschaften der Metalle gefolgert wurden. Dabei sind die empfindlichsten Verfahren zur Bestimmung des Energiespektrums die unterschiedlichen Eigenschaften der Metalle im Magnetfeld, wenn der Krümmungsradius der Elektronenbahn bedeutend kleiner als die freie Weglänge ist und das Elektron zwischen den Stößen in der Lage ist, seine dynamischen Eigenschaften zu offenbaren (Tieftemperaturoszillationen der Suszeptibilität, galvanomagnetische Erscheinungen in starken Feldern, Hochfrequenzeigenschaften der Metalle, Resonanzeffekte usw.). Die Berücksichtigung der Elektronenwechselwirkung mit dem Kristallfeld und auch untereinander verändert für den größten Teil der Metalle die Abschätzung der FERMI-Energie nicht wesentlich. Da ε_F in der Größenordnung 10^4 bis 10^5 K liegt, kann man die Temperatur immer als klein ansetzen, und die Ungleichung $T \ll \varepsilon_F$ gilt fast immer. Damit spielen die Teilchen, deren Energie ungefähr gleich der FERMI-Energie ($\varepsilon \approx \varepsilon_F$) ist, bei allen Effekten eine entscheidende Rolle. Das hat zur Folge, daß nur jene Seiten des Dispersionsgesetzes hervortreten, die mit dem Verhalten der Funktion $\varepsilon(\boldsymbol{p})$ nahe der Isoenergiefläche $\varepsilon(\boldsymbol{p}) = \varepsilon_F$ im Impulsraum verknüpft sind. Diese Oberfläche, die für $T = 0$ besetzte von unbesetzten Zuständen im Impulsraum trennt, nennt man die FERMI-Fläche, und ihre Eigenschaften bestimmen das Verhalten des Metalls. Neben der Form der FERMI-Fläche ist für das Energiespektrum die Größe der Ableitung $\partial\varepsilon/\partial\boldsymbol{p} = \boldsymbol{v}$ charakteristisch, die bekanntlich die Bedeutung einer Elektronengeschwindigkeit hat. Wenn im folgenden von der Bestimmung des energetischen Spektrums der Leitfähigkeitselektronen gesprochen wird, soll deshalb darunter immer die Bestimmung dieser beiden wichtigsten Charakteristika verstanden werden.

Die Korrelationsfunktion $\Phi(\boldsymbol{p}, \boldsymbol{p}')$ geht, wie später gezeigt wird, in die meisten statischen Größen eines Metalls nicht ein, wodurch man bei der Untersuchung seiner statischen bzw. quasistatischen Eigenschaften das Modell eines FERMI-Gases benutzen kann. Man muß jedoch immer im Auge haben, daß das Dispersionsgesetz $\varepsilon(\boldsymbol{p})$ im Grundzustand die Wechselwirkung zwischen den Elektronen berücksichtigt.

Wie aus dem Vorangegangenen klar wird, ist die gesamte Betrachtung darauf begründet, daß der Quantenzustand eines Elektrons durch die Vorgabe eines Quasiimpulses beschrieben werden kann. Diese Möglichkeit hat ihre Ursache in der Translationssymmetrie (Periodizität) des Kristallgitters.

Der Quantenzustand, der einem bestimmten Quasiimpuls entspricht, wird durch eine modulierte ebene Welle beschrieben. Eine ähnliche Systematik macht auch das statistische Bild der Elementaranregungen und den Mechanismus der kinetischen Erscheinungen, die mit den Anregungen gekoppelt sind, sehr anschaulich. So wird z. B. der Begriff des Teilchenstoßes und die freie Weglänge in der Kinetik in bezug auf eine Änderung des Quasiimpulses eingeführt. Da die gesamte Terminologie sich völlig auf diese Begriffe stützt, bezieht sich die Darlegung vom Wesen her nur auf kristalline Strukturen.

Die kinetischen Erscheinungen in amorphen Stoffen (ungeordnete feste Lösungen, flüssige Metalle) bewahren oft denselben Charakter wie auch in kristallinen Körpern. Das bedeutet, daß eine Reihe von Eigenschaften des Festkörpers im Prinzip auch in einer anderen Terminologie ausgedrückt werden könnte, die nicht eindeutig mit einer periodischen Struktur verknüpft ist. In der letzten Zeit sind eine große Zahl von Arbeiten erschienen, die der Erforschung des energetischen Spektrums von ungeordneten Strukturen gewidmet sind. Diese Fragen überschreiten jedoch die Zielstellung dieser Monographie.

*

* *

Das vorliegende Buch ist folgendermaßen gegliedert: Nach der Behandlung der Struktur des Energiespektrums von Elektronen wird im ersten Kapitel die Mechanik des Leitfähigkeitselektrons sowohl vom klassischen als auch vom quantenmechanischen Standpunkt dargelegt. Das zweite Kapitel ist der statistischen Thermodynamik des Elektronengases gewidmet. Es werden die kalorischen und magnetischen Eigenschaften der Metalle unter Gleichgewichtsbedingungen erläutert. Im dritten Kapitel werden die kinetischen Eigenschaften untersucht, wobei das Hauptgewicht auf die galvanomagnetischen Erscheinungen gelegt wird. Im vierten Kapitel werden die Hochfrequenzeigenschaften und insbesondere die Resonanzerscheinungen analysiert.

Die Auswahl des Materials erfolgte nach dem Gesichtspunkt, daß alle die Erscheinungen erfaßt wurden, die wesentlich durch das energetische Spektrum beeinflußt werden und dadurch als Methoden für seine Bestimmung dienen können.

In den letzten Jahren sind sehr viele Arbeiten erschienen, darunter auch solche mit Übersichtscharakter, die der Untersuchung des Energiespektrums der Leitfähigkeitselektronen gewidmet sind. Viele von ihnen basieren auf der Näherung für fast freie Elektronen, die sich als sehr effektiv für die Konstruktion der Fermi-Fläche von polyvalenten Metallen erwiesen hat (Harrison-Modell). In der vorliegenden Monographie werden keine Berechnungen der Fermi-Fläche konkreter Metalle durchgeführt, und es wird auch kein Vergleich mit experimentellen Daten vorgenommen. Lesern, die sich für diese Seite der modernen Theorie interessieren, ist die ausführliche Monographie von Harrison [4] zu empfehlen.

TEIL I

Klassische und quantenmechanische Beschreibung der Bewegung der Leitfähigkeitselektronen

Die Ladungsträger im Metall — die Leitfähigkeitselektronen — sind Quasiteilchen mit einer komplizierten periodischen Abhängigkeit der Energie vom Quasiimpuls. Das Leitfähigkeitselektron unterscheidet sich vom gewöhnlichen Elektron im Vakuum durch sein Verhalten in äußeren (von außen an den Kristall angelegten) Feldern. So braucht z. B. im Magnetfeld für einige Elektronen die Projektion des Bahnverlaufs auf eine Ebene senkrecht zum Feld keine geschlossene Kurve zu sein, d. h. die Elektronen vollführen eine infinite Bewegung.

Die Besonderheiten der klassischen und quasiklassischen Bewegung der Elektronen werden durch das Dispersionsgesetz formuliert. Durch strenge Anwendung der Bandvorstellungen, und zwar in einer Darstellung, in der der Quasiimpuls eine Zahl ist, entsteht die Quantenmechanik der Leitfähigkeitselektronen. Das schafft die Möglichkeit, im Prinzip jede beliebige Aufgabe zur Bewegung des Leitfähigkeitselektrons in äußeren Feldern zu lösen.

Die Darlegung wird so vorgenommen, daß jederzeit der Unterschied zwischen freien Elektronen und Elektronen im Metall deutlich hervortritt.

§ 2 Die Geometrie der Isoenergieflächen

Das Dispersionsgesetz für Leitfähigkeitselektronen unterscheidet sich wesentlich von dem freier Elektronen. Bei der analytischen Untersuchung des Energiespektrums für die Elektronen, oder genauer bei der konkreten Berechnung der Funktion $\varepsilon_s(\boldsymbol{p})$, was natürlich nur bei der einen oder anderen Modellvorstellung möglich ist, wird im allgemeinen der funktionelle Zusammenhang zwischen Energie und Größe des Quasiimpulses bei fixierter Richtung desselben als Ergebnis der Berechnungen angegeben. Für die gesamte weitere Darlegung ist es jedoch bequemer, nicht die Abhängigkeit der Energie vom Quasiimpuls, sondern die Isoenergiefläche $\varepsilon_s(\boldsymbol{p}) = \varepsilon$ zu betrachten, die das Dispersionsgesetz auch vollständig charakterisiert. Wenn man die Abhängigkeit der Energie vom Quasiimpuls kennt, kann die Isoenergiefläche konstruiert werden.

In der Regel ist ein solches Herangehen jedoch kompliziert und erfordert spezielle Betrachtungen, da meistens die Abhängigkeit $\varepsilon_s(\boldsymbol{p})$ nur für einige sehr spezielle Richtungen des Quasiimpulses vorliegt. Außerdem ist zu berücksichtigen, daß die Modelle, auf denen die analytischen Ausdrücke basieren, nicht sehr zuverlässig sind. Es ist daher günstiger, von allgemeineren topologischen Überlegungen bei der Untersuchung des Energiespektrums auszugehen. Dieses Herangehen wird sowohl in diesem Paragraphen als auch im größten Teil des Buches praktiziert.

Ein sehr wesentlicher Umstand, der bei der Analyse der Struktur der Isoenergiefläche hilft, ist, daß die Periodizität der Atomanordnung im Kristallgitter zu einer periodischen Abhängigkeit der Energie vom Quasiimpuls führt (vergleiche z. B. Formel (1.20) der Einleitung). Die Symmetrieelemente des Kristallgitters drücken der Funktion $\varepsilon_s(\boldsymbol{p})$ immer ihren Stempel auf. Es ist dabei zu berücksichtigen, daß das Dispersionsgesetz auch seine spezifischen Symmetrieelemente besitzt. So fordert die Invarianz der quantenmechanischen Bewegungsgleichungen gegenüber einer Zeitinversion, daß $\varepsilon_s(-\boldsymbol{p}) = \varepsilon_{s'}(\boldsymbol{p})$ sein muß. Wenn die Energiebänder nicht überlappen, wird diese Bedingung für $s = s'$ erfüllt und die Isoenergieflächen haben damit ein Inversionszentrum. Die Energiebänder können jedoch auch partiell überlappen (d. h. $\min \varepsilon_{s'} < \max \varepsilon_s < \max \varepsilon_{s'}$). Ihre Individualität bleibt aber erhalten, da jedes Band sein eigenes Dispersionsgesetz hat. Formal ist eine Bandüberlappung stets eine Entartung, weil unterschiedlichen Quantenzuständen ein und dieselbe Energie zugeordnet wird. Im allgemeinen führt das aber zu keinen Besonderheiten im Spektrum, da sich die Quasiimpulse unterscheiden. Betrachtet man dazu die Verhältnisse im Impulsraum, so ist zu sehen, daß sich bei der Bandüberlappung die entsprechenden Isoenergieflächen $\varepsilon_s(\boldsymbol{p}) = \varepsilon$ bzw. $\varepsilon_{s'}(\boldsymbol{p}) = \varepsilon$ in verschiedenen Gebieten des Impulsraumes befinden. Ein wichtiges und sehr interessantes Problem ist die Bandentartung, wenn sich mehrere Isoenergieflächen in ein und demselben Punkt des Impulsraumes schneiden. Die Gleichung $\varepsilon_s(\boldsymbol{p}) = \varepsilon$ hat für dieses $\boldsymbol{p}$ für verschiedene Bandindizes s eine Lösung. Im weiteren wird nur dieser Fall als Bandentartung bezeichnet. Er wird später noch ausführlich behandelt.

Im folgenden soll die Struktur der Isoenergieflächen innerhalb einer Zone untersucht werden. Für bestimmte Werte des Quasiimpulses nimmt die Energie ihren Maximal- bzw. Minimalwert an und kann in der Nähe der Extrema nach Potenzen der Differenz zwischen dem Impuls und dem Impulswert, bei dem das Extremum angenommen wird, entwickelt werden. Liegt keine Bandentartung vor, erhält man

$$\varepsilon(\boldsymbol{p}) = \varepsilon(\boldsymbol{p}_0) + \frac{1}{2}\left(\frac{\partial^2 \varepsilon}{\partial p_i\, \partial p_k}\right)_{\boldsymbol{p}=\boldsymbol{p}_0} (p_i - p_{i0})\,(p_k - p_{k0})\,. \tag{2.1}$$

Hier ist $\left(\frac{\partial^2 \varepsilon}{\partial p_i\, \partial p_k}\right)_{\boldsymbol{p}=\boldsymbol{p}_0}$ ein symmetrischer Tensor zweiten Ranges. Liegt bei $\boldsymbol{p}_0$ ein Minimum der Energie, so sind die Hauptwerte des Tensors positiv, im Falle des Maximums negativ. Die Komponenten des Tensors haben die Dimension einer inversen Masse, weshalb der Tensor als Tensor der inversen effektiven Massen bezeichnet wird. Man bezeichnet seine Elemente durch

m_{ik}^{-1}. Somit erhält man

$$\varepsilon(\boldsymbol{p}) = \varepsilon(\boldsymbol{p}_0) + \frac{1}{2} m_{ik}^{-1}(p_i - p_{i0})(p_k - p_{k0}) \,. \tag{2.1a}$$

In der Nähe der Extremalpunkte sind die Isoenergieflächen im Impulsraum geschlossen, und in der unmittelbaren Umgebung sind sie nach Formel (2.1) Ellipsoide.

Festzustellen ist, daß jede geschlossene Isoenergiefläche, die ein Minimum umgibt, ein Gebiet des Impulsraumes umschließt, in dem die Energie geringer ist als auf der Oberfläche. In der Nähe eines Maximums umfaßt jede geschlossene Fläche einen Bereich, in dem die Energie höher ist als auf der Oberfläche. Das bedeutet, daß im Falle des Minimums der Geschwindigkeitsvektor $\boldsymbol{v} = \frac{\partial \varepsilon}{\partial \boldsymbol{p}}$ in Richtung der nach außen zeigenden Normalen gerichtet ist und im Falle des Maximums in Richtung der nach innen zeigenden.

In einiger Entfernung vom Extremalpunkt deformieren sich die Isoenergieflächen etwas. Ist die Differenz $|\varepsilon - \varepsilon_{\min}|$ bzw. $|\varepsilon_{\max} - \varepsilon|$ klein genug, so bleiben sie geschlossen. Man darf jedoch nicht vergessen, daß infolge der Periodizität der Funktion $\varepsilon(\boldsymbol{p})$ diese Oberflächen sich im gesamten Impulsraum periodisch wiederholen.

Es ist offensichtlich, daß außer diesen im topologischen Sinne einfachen Flächen noch andere, kompliziertere existieren müssen, da sonst kein stetiger Übergang von Flächen, die ein Minimum umgeben, und anderen, die ein Maximum einschließen, innerhalb einer Zone möglich wäre. Diese Flächen durchdringen sich entweder gegenseitig oder sind offen, d. h., sie gehen durch das gesamte inverse Gitter.

In Abb. 1 sind als Beispiel die Isoenergieflächen für ein Dispersionsgesetz der Form

$$\varepsilon(\boldsymbol{p}) - A_1 \cos \frac{p_x a_x}{\hbar} + A_2 \cos \frac{p_y a_y}{\hbar}$$

dargestellt. (Im Zweidimensionalen entarten natürlich die Flächen zu Kurven.)

Wenn $A_1 = A_2$ gesetzt wird, ist eine offene „Fläche" möglich. Sie bildet das aus den dick ausgezogenen Geraden bestehende Gitter in Abb. 1a. Ist aber $A_1 \neq A_2$, so hat man es mit Schichten offener Isoenergieflächen zu tun (Abb. 1b).

Im dreidimensionalen Fall müssen derartige offene Isoenergieflächen sehr häufig auftreten. Z. B. führt ein „einfaches" Dispersionsgesetz wie

$$\varepsilon = \varepsilon_0 \left\{ 1 - \frac{1}{3} \left(\cos \frac{p_x a_x}{\hbar} + \cos \frac{p_y a_y}{\hbar} + \cos \frac{p_z a_z}{\hbar} \right) \right\} \tag{2.2}$$

schon zu Schichten offener Flächen, die etwa ein Drittel des Volumens des gesamten reziproken Gitters einnehmen (Abb. 2).

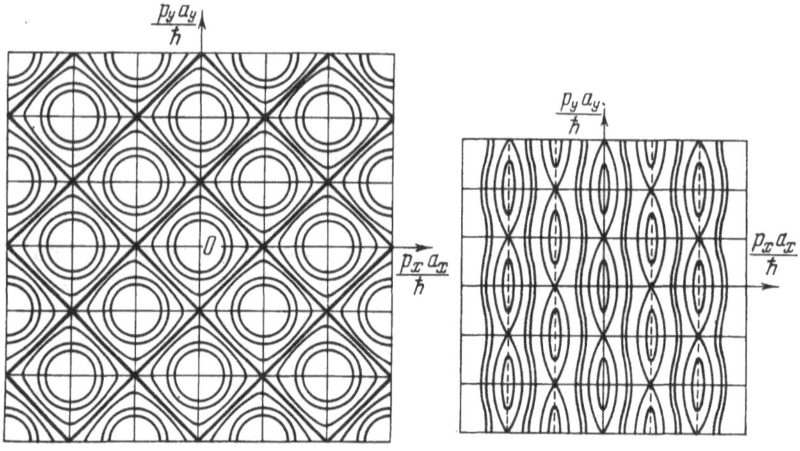

a) b)

Abb. 1. Linien gleicher Energie

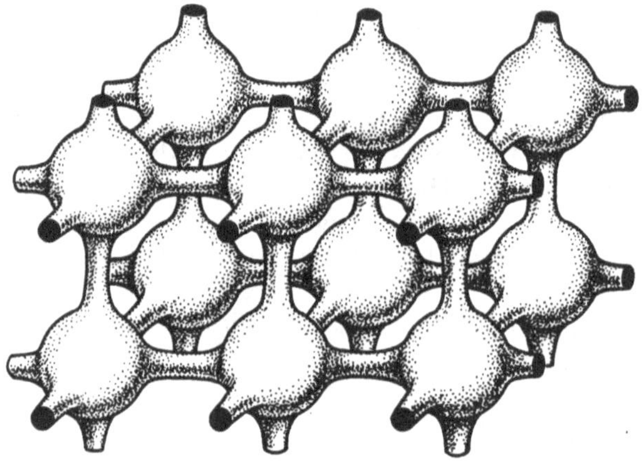

Abb. 2. Typische offene Isoenergieflächen (räumliches Netz)

Die Abhängigkeit der Energie vom Quasiimpuls wird durch Gleichung (2.2) bestimmt

Das Dispersionsgesetz der Form (2.2) kann man als erste Glieder einer FOURIER-Zerlegung eines allgemeinen Dispersionsgesetzes $\varepsilon = \varepsilon(\boldsymbol{p})$ ansehen. Für BLOCH-Elektronen in der Approximation starker Bindung spiegelt dieses Gesetz die Berücksichtigung der Wechselwirkung der Elektronen eines gegebenen Atoms mit den nächsten Nachbarn in einem einfach kubischen Gitter wider (vergleiche z. B. [1]). Wie in den Arbeiten [5, 6] gezeigt wurde, führt die Hinzunahme der nächsten FOURIER-Komponenten zu komplizierteren Isoenergieflächen. Physikalisch bedeutet das, daß auch die Wechselwirkung mit den etwas weiter angeordneten Atomen in der BLOCHschen Theorie berück-

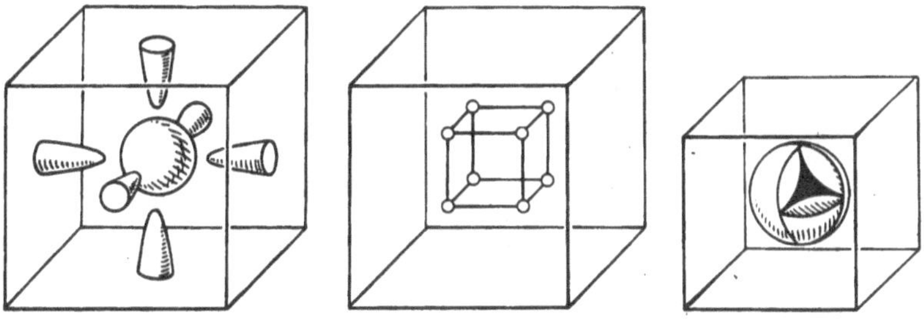

a) b) c)

Abb. 3. Isoenergieflächen bei unterschiedlichen Werten der Paraneter A_j und der Energie ε

In Abb. 3c ist der Spezialfall dargestellt, wenn ein Teil der Isoenergiefläche in der anderen enthalten ist. Zur Verdeutlichung wurde ein Teil der äußeren Fläche herausgeschnitten

sichtigt wird. Insbesondere treten sehr häufig die in Abb. 3 dargestellten kompliziert zusammenhängenden Isoenergieflächen auf. Sie werden durch ein Dispersionsgesetz der Form

$$\begin{aligned}\varepsilon = A_0 &+ A_1\left(\cos\frac{p_x a}{\hbar} + \cos\frac{p_y a}{\hbar} + \cos\frac{p_z a}{\hbar}\right)\\ &+ A_2\left(\cos\frac{p_x + p_y}{\hbar}a + \cos\frac{p_x + p_z}{\hbar}a + \cos\frac{p_y + p_z}{\hbar}a\right)\\ &+ A_3\left(\cos\frac{p_x + p_y - p_z}{\hbar}a + \cos\frac{p_x - p_y + p_z}{\hbar}a + \cos\frac{p_x - p_y - p_z}{\hbar}a\right)\\ &+ A_4\left(\cos\frac{2p_x}{\hbar}a + \cos\frac{2p_y}{\hbar}a + \cos\frac{2p_z}{\hbar}a\right)\end{aligned}$$

beschrieben, wobei die Größe der Parameter A_j und ε das Aussehen der Isoenergiefläche bestimmen. In Abb. 3c ist der Spezialfall dargestellt, wenn ein Teil der Isoenergiefläche in einer anderen enthalten ist. Zur besseren Verdeutlichung ist ein Stück der äußeren Fläche herausgenommen worden.

Einige Beispiele für offene Flächen sind in den Abbn. 2 und 4 dargestellt. Man unterscheidet dabei einfach und mehrfach zusammenhängende Strukturen.

Die Topologie der Isoenergieflächen, genauer der Charakter der Kurven, die sich beim Schnitt der Isoenergieflächen mit einer Ebene ergeben, bestimmen das dynamische Verhalten der Elektronen im Magnetfeld. Es ist daher zweckmäßig, die Isoenergieflächen nicht nur danach zu klassifizieren, ob sie offen oder geschlossen sind, sondern auch nach dem Verhalten der ebenen Kurven auf ihnen.

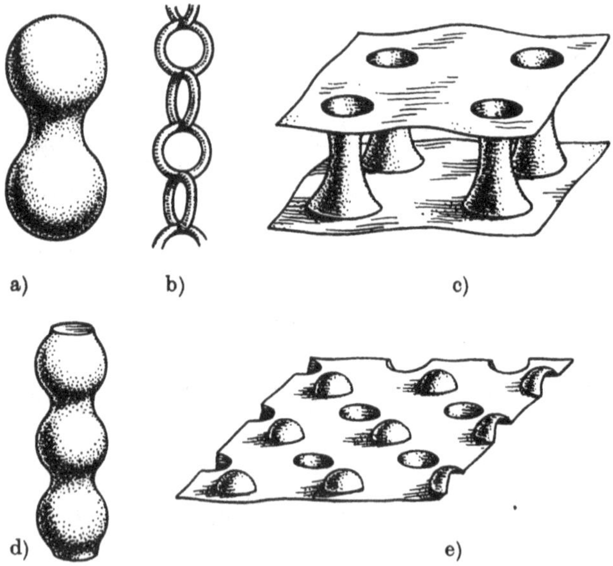

Abb. 4. Unterschiedliche Typen von Isoenergieflächen

Man erhält somit folgende Fälle:

1. Geschlossene sich nicht schneidende Isoenergieflächen

a) Geschlossene Flächen, auf denen es keine sich schneidenden ebenen Kurven (Bahnen) gibt (einfachstes Modell: Kugel).

b) Geschlossene Flächen, die sich schneidende ebene Kurven (Bahnen) zulassen (siehe Abb. 4a).

2. Geschlossene sich selbst durchdringende Isoenergieflächen

(Unter Vorwegnahme eines späteren Ergebnisses folgt, daß im allgemeinen Fall eine Selbstdurchdringung nur in einem Punkt möglich ist.)

3. Offene Isoenergieflächen

a) Offene Isoenergieflächen, die keine offenen Querschnitte enthalten[1]) (siehe z. B. Abb. 4b).

b) Offene Bahnen werden nur bei fixierten Richtungen der Normalen auf die schneidende Fläche erhalten (siehe Abb. 4c).

c) Es existiert eine eindimensionale Mannigfaltigkeit (ebener Winkel) von Richtungen der Normalen auf die schneidenden Flächen, die zu offenen Bahnen führen (Abb. 4d — „gewellter" Zylinder; der Winkel ist gleich 2π).

[1]) In Analogie zu den offenen Flächen durchsetzen offene Schnitte das gesamte reziproke Gitter.

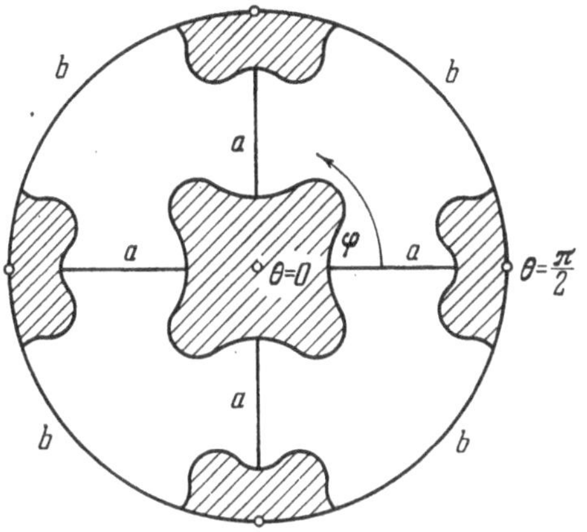

Abb. 5. Stereographische Projektion der Richtungen von Normalen auf die Schnittflächen, die zu offenen Schnitten in der Isoenergiefläche führen, die in Abb. 2 dargestellt ist. Die Richtungen liegen in den schraffierten Bereichen und auf den Linien *a* und *b*

d) Für eine zweidimensionale Mannigfaltigkeit (Raumwinkel) von normalen Richtungen liefern die zugehörigen Schnittebenen offene Bahnen (Abb. 4e — „gewellte" Fläche; der Winkel ist gleich 4π. Für das „räumliche Netz" in Abb. 2 ist der Raumwinkel kleiner als 4π.)

Im Falle komplizierter Isoenergieflächen kann man die Normalenrichtungen, die zu offenen Schnitten führen, am besten in Form eines Stereogrammes darstellen[1]) (Abb. 5).

Punkte im $\boldsymbol{p}$-Raum, in denen die Energie ihr Minimum $\varepsilon_{\min}$ und ihr Maximum $\varepsilon_{\max}$ annimmt, sind die einfachsten ausgezeichneten Punkte. In einer Zone des $\boldsymbol{p}$-Raumes bzw. in einem Energieband existiert immer eine Reihe ausgezeichneter Energiewerte. Man bezeichnet sie als kritische Energiewerte ε_k.

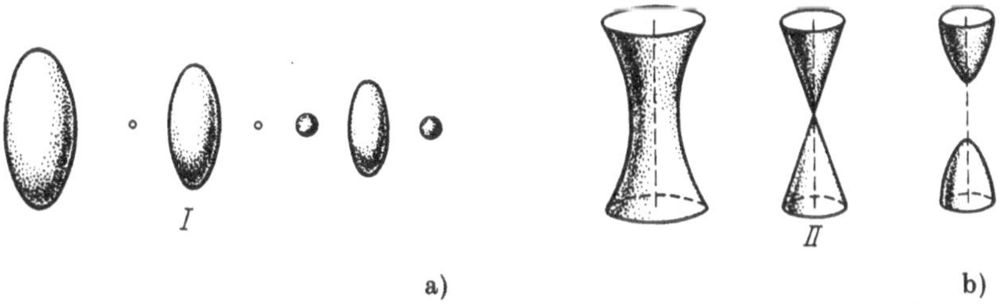

Abb. 6. Entstehen einer neuen Schar von Isoenergieflächen (a) und Abreißen der Verbindung einer Isoenergiefläche (b)

Die Flächen I und II entsprechen der kritischen Energie ε_k. Die Fläche II enthält einen konischen Punkt

[1]) Die stereografische Projektion ist die Abbildung einer Halbkugel mit Einheitsradius auf den Einheitskreis, auf dem die Lage der Punkte durch die Polarkoordinaten ϱ und χ angegeben wird. Die Umrechnung erfolgt vermittels der Gleichungen $\varrho = 2\Theta/\pi$, $\chi = \varphi$, wobei Θ und φ die Azimut- und Polwinkel ($0 \leqq \Theta \leqq \pi/2$, $0 \leqq \varphi \leqq 2\pi$) sind.

Für $\varepsilon = \varepsilon_k$ verändern die Isoenergieflächen ihre Topologie. Wie später noch gezeigt wird, besitzt die Zustandsdichte der Elektronen in allen kritischen Punkten, insbesondere für $\varepsilon = \varepsilon_{\min}$ bzw. $\varepsilon = \varepsilon_{\max}$, Singularitäten. Die Veränderung der Topologie kann auf unterschiedliche Weise vonstatten gehen. Einmal kann irgendein Punkt des $\boldsymbol{p}$-Raumes, für den $\varepsilon = \varepsilon_k$ ist, der Ausgangspunkt einer Schar von Isoenergieflächen sein, bzw. die Isoenergieflächen ziehen sich auf diesen Punkt zusammen (wachsendes ε als Parameter) (siehe Abb. 6a). Eine weitere Möglichkeit besteht darin, daß sich der Zusammenhang der Isoenergieflächen verändert. So zerfällt z. B. eine offene Fläche in eine Reihe geschlossener Flächen — ein Toroid in eine Reihe von Ellipsoiden usw. (Abb. 6b). Im Falle einer Veränderung des Zusammenhangs enthält die „kritische" Isoenergiefläche $\varepsilon(\boldsymbol{p}) = \varepsilon_k$ einen oder mehrere konische Punkte $\boldsymbol{p} = \boldsymbol{p}_k$. In der Nähe dieser Punkte kann das Dispersionsgesetz, solange die Verbindung noch nicht aufgebrochen ist, durch die Gleichung für ein einschaliges Hyperboloid angenähert werden und nach dem Abreißen durch die Gleichung für ein zweischaliges. Der Ausgangspunkt einer Schar bzw. der Punkt, auf den sich eine Schar von Isoenergieflächen zusammenzieht (Entstehen bzw. Verschwinden einer Teilfläche), liegt immer in einem Punkt $\boldsymbol{p} = \boldsymbol{p}_k$, in dem die Energie als Funktion des Quasiimpulses ihr Minimum bzw. ihr Maximum annimmt. Die Isoenergieflächen in der Nähe dieser Punkte lassen sich gut durch die Gleichung für ein Ellipsoid darstellen. Besitzt die Energie für $\boldsymbol{p} = \boldsymbol{p}_k$ ihr Minimum, so sind die Hauptwerte der zugehörigen effektiven Massen positiv und im Falle des Maximums negativ. In Abb. 7 ist das Entstehen und Verschwinden einer Teilfläche in einem zweidimensionalen Modell dargestellt. (Die „Fläche" entartet hier natürlich zu einer Linie.)

Im folgenden soll die Struktur von Isoenergieflächen im Falle der Entartung untersucht werden. Für einen bestimmten Punkt $\boldsymbol{p}_0$ des $\boldsymbol{p}$-Raumes soll also gelten

$$\varepsilon_1(\boldsymbol{p}_0) = \varepsilon\,, \qquad \varepsilon_2(\boldsymbol{p}_0) = \varepsilon\,. \tag{2.3}$$

(Die Indizes der miteinander entartenden Bänder werden dabei willkürlich 1 und 2 gesetzt.) Damit können sich im allgemeinen zwei Isoenergieflächen gegenseitig schneiden, wobei das jedoch strengen Gesetzen unterworfen ist. Gewöhnlich durchdringen sich zwei Isoenergieflächen in isolierten Punkten. Die Oberflächen passen sich so gut aneinander an, daß man sie besonders beim Studium der Dynamik der Elektronen gut als eine komplizierte, sich selbst durchdringende Fläche ansehen kann.

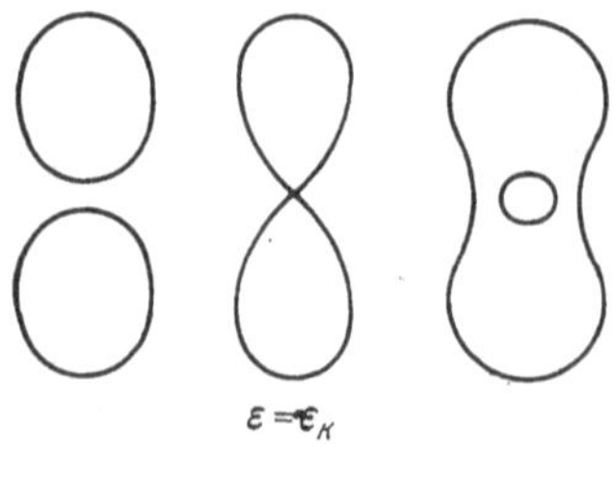

Abb. 7. Zweidimensionales Modell für das Entstehen bzw. Verschwinden eines Teils der Isoenergiefläche

Entsprechend Formel (1.43) hat die SCHRÖDINGER-Gleichung in der $\boldsymbol{p}$-Darstellung das Aussehen

$$\hat{\mathcal{H}}_{\boldsymbol{p}} \psi_{\boldsymbol{p}}(\varrho) = \varepsilon \psi_{\boldsymbol{p}}(\varrho) , \tag{2.4}$$

und die Bandentartung verlangt, daß im Punkt $\boldsymbol{p} = \boldsymbol{p}_0$ der HAMILTON-Operator zwei zusammenfallende Eigenwerte besitzen muß:

$$\mathcal{H}^{11}_{\boldsymbol{p}_0} = \mathcal{H}^{22}_{\boldsymbol{p}_0} = \varepsilon(\boldsymbol{p}_0) . \tag{2.5}$$

In der Umgebung des Punktes $\boldsymbol{p}_0$ gilt für einen Quasiimpuls $\boldsymbol{p}$

$$\mathcal{H}^{ss'}_{\boldsymbol{p}} \approx \varepsilon(\boldsymbol{p}_0)\, \delta_{ss'} + V^{ss'} . \tag{2.6}$$

Die Matrix $V^{ss'}$ ist eine Funktion der Differenz $\boldsymbol{p} - \boldsymbol{p}_0$, wobei $V^{ss'} \equiv 0$ für $\boldsymbol{p} - \boldsymbol{p}_0 = 0$ ist.

Zur Bestimmung der Energiekorrektur $\Delta\varepsilon$ dient die Gleichung, die durch Nullsetzen der Determinante aus Gleichung (2.4) erhalten wird:

$$\begin{vmatrix} \Delta\varepsilon - V^{11} & V^{12} \\ V^{21} & \Delta\varepsilon - V^{22} \end{vmatrix} = 0 . \tag{2.7}$$

Hieraus folgt

$$\Delta\varepsilon = \frac{V^{11} + V^{22}}{2} \pm \sqrt{\frac{(V^{11} + V^{22})^2}{4} + |V^{12}|^2} . \tag{2.8}$$

Ausgenutzt wurde hierbei, daß der HAMILTON-Operator hermitisch ist, also $V^{12} = (V^{21})^+$ gesetzt werden kann (das $+$-Zeichen dient hier zur Kennzeichnung des komplex-konjugierten Ausdrucks). Setzt man nun

$$\varepsilon(\boldsymbol{p}_0) + \frac{V^{11} + V^{22}}{2} = A(\boldsymbol{p}); \quad \frac{V^{11} + V^{22}}{2} = B(\boldsymbol{p}); \quad |V^{12}|^2 = C^2(\boldsymbol{p}) ,$$

so erhält der Ausdruck (2.8) folgendes Aussehen:

$$\varepsilon = A(\boldsymbol{p}) \pm \sqrt{B^2(\boldsymbol{p}) + C^2(\boldsymbol{p})} . \tag{2.9}$$

Für einen bestimmten Energiewert ε wird ein Entartungspunkt (Durchschnittspunkt $\boldsymbol{p}_0$ der Flächen) durch drei Gleichungen bestimmt:

$$A(\boldsymbol{p}) = \varepsilon; \qquad B(\boldsymbol{p}) = C(\boldsymbol{p}) = 0 . \tag{2.10}$$

Damit liegen im allgemeinen Fall die Entartungspunkte auf irgendeiner Linie im $\boldsymbol{p}$-Raum, wenn dies nicht spezielle Voraussetzungen verhindern. Das hat zur Folge, daß jedem Energiewert ε ein Impulswert $\boldsymbol{p}_0$ zugeordnet ist und die Entartungspunkte ausgezeichnete Punkte vom konischen Typ der sich durchdringenden Flächen (2.9) sind. Wenn die Reihenentwicklung der Matrix $V^{ss'}$ nach Potenzen von $\boldsymbol{p} - \boldsymbol{p}_0$ aus irgendwelchen Gründen (meist aus Forderungen der Symmetrie) nicht mit dem 1. Glied beginnt, so wird die Selbstdurchdringung von einer Berührung begleitet. Der Schnitt zweier Isoenergieflächen auf einer Linie oder der Schnitt von mehr als zwei Isoenergie-

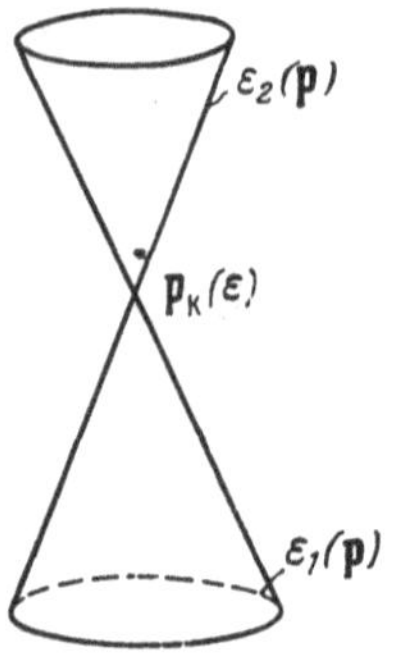

Abb. 8. Isoenergieflächen $\varepsilon = \varepsilon_{1,2}(\boldsymbol{p})$, die sich im Punkt $\boldsymbol{p} = \boldsymbol{p}_k(\varepsilon)$ schneiden

Außerhalb des Konus $\varepsilon_1(\boldsymbol{p}) = \varepsilon$ ist die Energie $\varepsilon_1(\boldsymbol{p}) > \varepsilon$; außerhalb des Konus $\varepsilon_2(\boldsymbol{p}) = \varepsilon$ ist die Energie $\varepsilon_2(\boldsymbol{p}) < \varepsilon$

flächen ist eine Folge spezieller Symmetrieeigenschaften des einen oder anderen Kristalltyps (wenn z. B. eine der Größen B oder C identisch Null wird).

Auf Abb. 8 ist die Umgebung eines Schnittpunktes dargestellt, wobei für jeden der Zweige des Ausdrucks (2.9), d. h. für jedes Band, aufgetragen ist, wo die Energie größer und wo sie kleiner als ε ist.

Abb. 9 stellt schematisch dar, wie sich eine Isoenergiefläche durchdringt. Die Flächen a und b sind die äußersten Flächen dieser Schar. Die Energiewerte, die diesen Flächen zukommen, sind der Maximal- bzw. Minimalwert der Energie in der Zone. Zunächst erscheint es verwunderlich, wieso sich zwei Isoenergieflächen mit unterschiedlicher Energie schneiden können. Es ist jedoch leicht einzusehen, daß diese sich schneidenden Flächen in unterschiedlichen Zonen des $\boldsymbol{p}$-Raumes liegen. Somit hat ein Elektron mit dem Quasiimpuls $\boldsymbol{p}'$ (vergleiche Abb. 9) entweder die Energie ε bzw. ε' in Abhängigkeit davon, in welchem Band es sich gerade befindet. Die Energie ist entweder $\varepsilon_{s'}(\boldsymbol{p}')$ oder $\varepsilon_s(\boldsymbol{p}')$. Gewöhnlich, wenn keine Entartung vorliegt, stellt man die Isoenergieflächen eines Bandes (für einen Bandindex s) in „seinem" $\boldsymbol{p}$-Raum dar. Im Falle der Bandentartung ist das nicht zweckmäßig. Hier ordnet man zwei Bändern („1" und „2") ein und denselben $\boldsymbol{p}$-Raum zu.

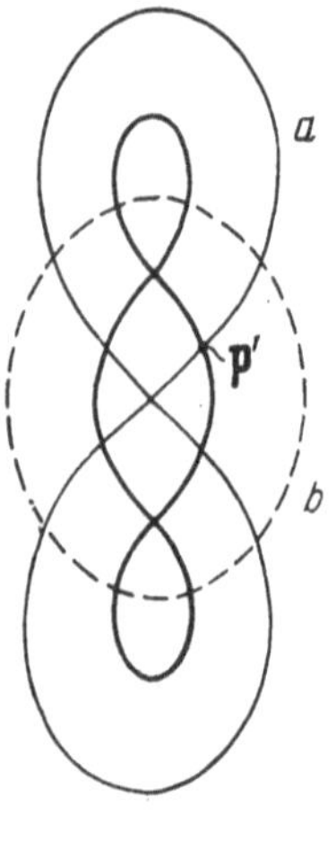

Abb. 9. Bild einer Isoenergie„fläche", die zwei Entartungspunkte enthält

Durch die dünne Linie a und die gestrichelte Linie b sind die Grenzflächen einer Schar von Isoenergieflächen dargestellt, die zwei Entartungspunkte enthält

Die Entartung ist sehr oft eine Folge der Kristallsymmetrie und gewöhnlich auf bestimmte ausgezeichnete Linien im $\boldsymbol{p}$-Raum beschränkt. Darüber hinaus kann die Gesamtheit der Punkte gefunden werden, für die notwendigerweise Entartung vorliegt, wenn man das Symmetrieverhalten dieses oder jenes Punktes im Impulsraum untersucht. Mit dieser Methode ist es sogar möglich, das Verhalten der Matrixelemente $V^{ss'}$ bezüglich der Impulsdifferenz $\boldsymbol{p} - \boldsymbol{p}_0$ zu bestimmen. Das gestattet, ohne Verwendung von Modellvorstellungen die Struktur der Isoenergiefläche in der Nähe der Entartungspunkte zu analysieren [7].

Häufig ist es der Fall, daß die Berücksichtigung verhältnismäßig kleiner Terme im HAMILTON-Operator eines Leitfähigkeitselektrons (z. B. Spin–Bahn-Wechselwirkung) das Symmetrieverhalten des HAMILTON-Operators wesentlich verändert und so die Entartung aufhebt. In diesem Fall bestehen dann die Isoenergieflächen wieder aus zwei dicht benachbarten Teilen.

Der Energiewert, bei dem eine Durchdringung der Isoenergieflächen vorliegt, ist nicht ausgezeichnet. In der Regel bilden diese Energieflächen eine ganze Schicht. Aber man darf hierbei nicht vergessen, daß jede sich durchdringende Isoenergiefläche einen ausgezeichneten (konischen) Punkt enthält. Wie im weiteren noch erläutert wird, ist es aber für die Klassifikation der ausgezeichneten Punkte wesentlich, ob in diesem Punkt die Geschwindigkeit Null wird. Die „kritischen“ Isoenergieflächen ($\varepsilon(\boldsymbol{p}) = \varepsilon_k$) enthalten immer einen Punkt, für den $\boldsymbol{v} = 0$ gilt. Im Durchdringungspunkt ist $\boldsymbol{v} \neq 0$. Die früher behandelten Typen von Spezialfällen (das Entstehen oder Verschwinden einer Schar von Isoenergieflächen in einem Punkt, der Abriß oder das Annähern am Verbindungspunkt, das Auftreten bzw. Verschwinden von sich durchdringenden Isoenergieflächen) erfassen deshalb alle Möglichkeiten ausgezeichneter Isoenergieflächen und damit auch alle Arten ausgezeichneter Punkte im $\boldsymbol{p}$-Raum.

Es sind jedoch auch Fälle möglich, bei denen in gewisser Näherung die ausgezeichneten Punkte im $\boldsymbol{p}$-Raum eine ganze Kurve bilden (Schleife von Extrempunkten). Für die Wurtzitstruktur ist diese Schleife ein Kreis, dessen Zentrum auf der Symmetrieachse liegt [8]. Analoge Bedingungen liegen auch bei anderen Kristallen vor (CdS, InSb u. a.).

In Abb. 10 ist das Energieschema für Kristalle der Wurtzitstruktur dargestellt. Nach [8] kann das Dispersionsgesetz für Elektronen, deren Energie etwa gleich der extremalen ist, in folgender Form dargestellt werden:

$$\varepsilon^{\pm} = a(p_{\perp} \pm p_0)^2 + b p_z^2 \,. \tag{2.11}$$

a, b, p_0 sind positive Konstanten, $p_{\perp} = \sqrt{p_x^2 + p_y^2}$, die Richtung von p_z fällt mit der Symmetrieachse des Kristalls zusammen.

Bei einer Energie, die kleiner als $a p_0^2$, aber größer als Null ist, existiert nur ein Zweig des Energiespektrums (die Gleichung (2.11) erlaubt nur das Minuszeichen). Die Isoenergieflächen sind Toroide mit einem elliptischen Querschnitt, wenn die Schnittflächen durch die Koordinatenachse p_z hindurchgehen. Die Kurve, auf der die Energie minimal ist, ist eine Schleife mit dem Radius p_0.

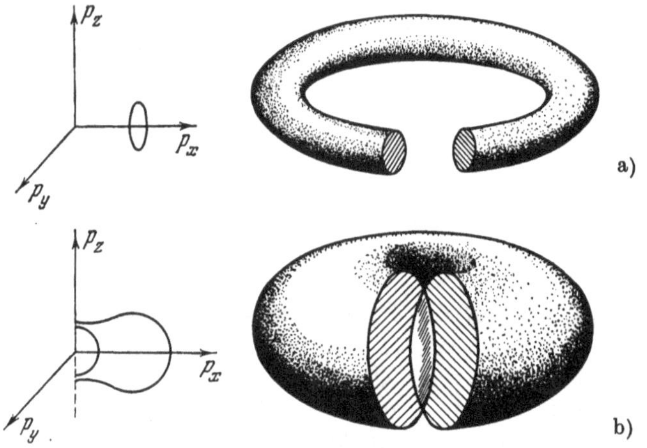

Abb. 10. Isoenergieflächen für Kristalle vom Wurtzittyp.
Sie werden erhalten: a) wenn man die Ellipse um die p_z-Achse rotieren läßt ($0 < \varepsilon < ap_0^2$; s. Formel (2.11)), b) bei Rotation der Figur b ($\varepsilon > ap_0^2$)

Es ist hierbei anzumerken, daß die Größe von p_0 mit dem Parameter β der Spin–Bahn-Kopplung der Elektronen verknüpft ist; $p_0 = \beta/2a$ (vgl. [8]). Die Minimalenergie (kritische) wird der Einfachheit halber Null gesetzt ($\varepsilon_k = \varepsilon_k^{(-)} = 0$). Das Dispersionsgesetz (2.11) liefert jedoch noch einen anderen kritischen Energiewert $\varepsilon_k = \varepsilon_k^{(+)} = ap_0^2 = \beta^2/4a$. Einmal ändert sich bei diesem Energiewert die Topologie der Fläche $\varepsilon^{(-)}(\boldsymbol{p}) = \varepsilon$. Die Öffnung des Toroids „wächst" zu. Andererseits entsteht eine neue Teilfläche, die dem Pluszeichen in Formel (2.11) entspricht. Sie bildet ein Ovaloid. Es ist ersichtlich, daß der Koordinatenursprung ($p_\perp = p_z = 0$) ebenfalls ein ausgezeichneter Punkt ist. In diesem Punkt ist jedoch, wie im weiteren noch klar wird, die Besonderheit schwächer als z. B. an der Abrißstelle einer Verbindung zweier Isoenergieflächen im Impulsraum. Untersucht man jedoch die Verhältnisse etwas detaillierter und berücksichtigt die in Formel (2.11) vernachlässigten kleinen Terme, so entsteht das neue Band aus einem System von Ellipsoiden, die sich mit wach-

Abb. 11. Übergang von Ellipsoidalen Isoenergieflächen zu „gewellten" Toroiden (Schnitt mit der Ebene $p_z = 0$)

sender Energie deformieren und zu einer toroidalen Fläche zusammenfließen [9] (Abb. 11).

Die Ausführungen basierten bisher zum größten Teil auf der Vorstellung eines unendlichen Impulsraumes. Bekanntlich füllen die physikalisch nicht äquivalenten Zustände jedoch nur eine Zelle dieses Raumes aus. Bei einigen Problemen spielt die Wahl dieser Zelle eine gewisse Rolle. In der Regel wird aus Gründen der Anschaulichkeit die Zelle so ausgewählt, daß geschlossene Flächen nicht auseinandergerissen werden. Dadurch kann es passieren, daß unterschiedlichen Bändern (ja sogar unterschiedlichen Energieintervallen in einem Band) unterschiedliche Zellen entsprechen können. Bei der konkreten Bestimmung des Energiespektrums benutzt man gewöhnlich die BRILLOUIN-Zone (genauer die 1. BRILLOUIN-Zone). Diese umfaßt ein Gebiet des $\boldsymbol{p}$-Raumes, das nur aus nicht äquivalenten $\boldsymbol{p}$-Vektoren besteht. Sie werden nach dem Prinzip ausgewählt, daß von allen $\boldsymbol{p}$-Vektoren, die äquivalente Zustände charakterisieren, der jeweils kürzeste genommen wird. Bei der Auswahl und dem Vergleich der Quasiimpulse müssen alle Symmetrieelemente der jeweils vorliegenden Kristallklasse berücksichtigt werden. Aus diesem Grund ist für die Mehrzahl der Kristalle die 1. BRILLOUIN-Zone kein Parallelepiped, sondern eine komplizierte Figur, die alle Symmetrieelemente widerspiegelt. Das Volumen der 1. BRILLOUIN-Zone ist gleich dem mit $(2\pi\hbar)^3$ multiplizierten Volumen der Elementarzelle des reziproken Gitters. Außerdem läßt sich der gesamte $\boldsymbol{p}$-Raum mit 1. BRILLOUIN-Zonen lückenlos überdecken.[1])

Die Form der BRILLOUIN-Zone ist für die Erklärung des Symmetrieverhaltens der Isoenergieflächen sehr wesentlich. Häufig beschränkt man sich völlig auf die 1. BRILLOUIN-Zone und nutzt die Periodizität von $\varepsilon(\boldsymbol{p})$ aus. Untersucht man jedoch die Elektronenbewegung in von außen an den Kristall angelegten Feldern, wo der Quasiimpuls keine Erhaltungsgröße ist, so ist diese Darstellung nicht sehr vorteilhaft. Natürlich entsteht sofort die Frage, was passiert mit dem Elektron, wenn es die Zonengrenze erreicht. Diese Schwierigkeit kann natürlich überwunden werden. In der Mehrzahl der Fälle ist es aber bequemer, den Quasiimpuls im gesamten reziproken Raum zu definieren und die Energie und andere Charakteristika (z. B. die Geschwindigkeit) als periodische Funktionen von $\boldsymbol{p}$ anzusehen.

§ 3 Die Zustandsdichte pro Energieeinheit

Eines der wichtigsten Charakteristika des Energiespektrums ist die Zustandsdichte $\nu(\varepsilon)$. Sie wird insbesondere benötigt, wenn die statistische Thermodynamik des Elektronengases entwickelt werden soll. Diese Größe ist auf das engste mit dem Dispersionsgesetz $\varepsilon_s(\boldsymbol{p}) = \varepsilon$ verknüpft.

[1]) Die BRILLOUINschen Zonen wurden in Verbindung mit der Untersuchung des Energiespektrums von fast freien Elektronen eingeführt. Die nächst höheren Zonen werden hier nicht betrachtet, da sie ziemlich eng mit den Eigenschaften der fast freien Elektronen verknüpft sind.

Die Zahl der Zustände in einem Kristall mit dem Volumen V, die von Elektronen des s-ten Bandes besetzt werden können, ist im Volumenelement des Impulsraumes gleich

$$dn_{\boldsymbol{p}}^{(s)} = \frac{2V}{(2\pi\hbar)^3} dp_x \, dp_y \, dp_z . \tag{3.1}$$

Häufig ist es bequemer, an Stelle des kartesischen Koordinatensystems im Impulsraum ein krummliniges System zu nehmen, bei dem die Isoenergieflächen die Koordinatenflächen bilden. In diesem System wird der Elektronenzustand durch seine Lage auf der Isoenergiefläche $\varepsilon_s(\boldsymbol{p}) = \varepsilon$ charakterisiert, und das Volumenelement $dp_x \, dp_y dp_z$ ist $dS \, d\varepsilon/v_s$; dS ist das Flächenelement auf der Isoenergiefläche, und v_s ist der Modul (Betrag) der Elektronengeschwindigkeit.[1])

Integriert man den Ausdruck (3.1) auf einer Fläche konstanter Energie, so erhält man, daß die Zahl der Elektronenzustände $dn_\varepsilon^{(s)}$ im Energieintervall $d\varepsilon$ gleich

$$dn_\varepsilon^{(s)} = \frac{2V}{(2\pi\hbar)^3} \oint\limits_{\varepsilon_s(\boldsymbol{p})=\varepsilon} \frac{dS}{v_s} d\varepsilon \tag{3.2}$$

ist. Damit ist die Zustandsdichte des s-ten Bandes

$$\nu_s(\varepsilon) = \frac{2V}{(2\pi\hbar)^3} \oint\limits_{\varepsilon_s(\boldsymbol{p})=\varepsilon} \frac{dS}{v_s} . \tag{3.3}$$

Unabhängig davon, ob eine geschlossene oder offene Isoenergiefläche vorliegt, wird in Formel (3.3) immer über eine Zelle des reziproken Gitters integriert (bzw. über eine BRILLOUIN-Zone). Wenn jedoch die Isoenergiefläche $\varepsilon_s(\boldsymbol{p}) = \varepsilon$ aus mehreren Teilen besteht, ist $\nu_s(\varepsilon)$ die Summe der entsprechenden Integrale.

Den Ausdruck (3.3) kann man in folgender Weise umschreiben:

$$\nu_s(\varepsilon) = \frac{2V}{(2\pi\hbar)^3} \frac{d}{d\varepsilon} \Delta_s(\varepsilon) , \tag{3.4}$$

wobei

$$\Delta_s(\varepsilon) = \int E[\varepsilon_s(\boldsymbol{p}) - \varepsilon] \, d\tau_p \tag{3.5}$$

gesetzt wird.

Die Funktion $E(x)$ wird folgendermaßen definiert:

$$E(x) = \begin{cases} 1 & x < 0 , \\ 0 & x > 0 . \end{cases}$$

Unabhängig von der Topologie der Isoenergieflächen $\varepsilon_s(\boldsymbol{p}) = \varepsilon$ stellt die Größe von $\Delta_s(\varepsilon)$ das Volumen jenes Teils der BRILLOUIN-Zone dar, wo die Energie kleiner als ε ist (Abb. 12).

[1]) $|\nabla_{\boldsymbol{p}} \varepsilon_s(\boldsymbol{p})|^{-1} = v_s^{-1}$ ist die JACOBI-Determinante für den Übergang von den Variablen p_x, p_y, p_z zu den Variablen ε, ξ, η, wobei ξ und η ein beliebiges orthogonales Koordinatensystem auf der Oberfläche $\varepsilon_s(\boldsymbol{p}) = \varepsilon$ bilden ($dS = d\xi \, d\eta$).

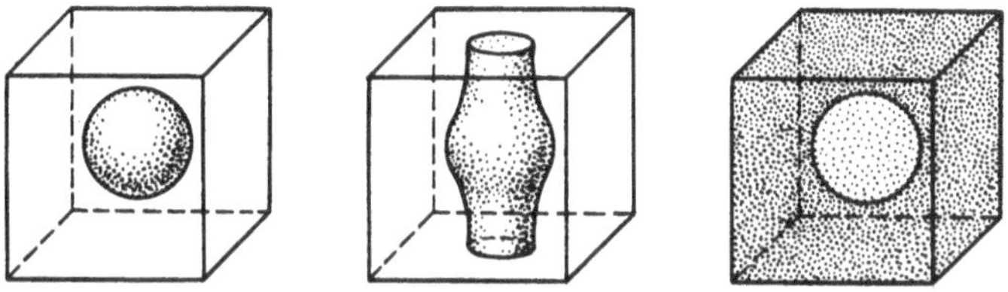

Abb. 12. Das Gebiet der BRILLOUIN-Zone, in dem die Energie kleiner als ε ist, wurde bei den jeweiligen Beispielen punktiert eingezeichnet

Die Größe von $\frac{2V}{(2\pi\hbar)^3}\,\Delta_s(\varepsilon)$ bestimmt die Zahl $N_s(\varepsilon)$ der Elektronenzustände im s-ten Band mit einer Energie kleiner als ε. Dann gilt

$$\nu_s(\varepsilon) = \frac{\mathrm{d}N_s(\varepsilon)}{\mathrm{d}\varepsilon}. \tag{3.6}$$

Die Dichte der Elektronenzustände $\nu_s(\varepsilon)$ ist eine komplizierte Funktion der Energie ε. Ihre explizite Form erhält man, wenn das Dispersionsgesetz der Leitfähigkeitselektronen bekannt ist.

Ohne spezielle Voraussetzungen über das Dispersionsgesetz zu machen, ist es möglich, eine Reihe von Schlußfolgerungen über die Besonderheiten der Funktion $\nu_s(\varepsilon)$ im Definitionsgebiet $(\varepsilon_0, \varepsilon_1)$ zu ziehen, wobei $\varepsilon_0 = \varepsilon_{\min}^{(s)}$, $\varepsilon_1 = \varepsilon_{\max}^{(s)}$ gesetzt wird. Wie schon in § 2 gezeigt wurde, sind die Isoenergieflächen in der Nähe des Minimums $(\varepsilon \gtrapprox \varepsilon_0)$ und des Maximums $(\varepsilon \lessapprox \varepsilon_1)$ Ellipsoide. Es gilt deshalb näherungsweise

$$\nu(\varepsilon) \approx \begin{cases} \frac{\sqrt{2}V}{\pi^2\hbar^3}\,(m_1m_2m_3)^{1/2}\,(\varepsilon - \varepsilon_0)^{1/2}\,, \\ \frac{\sqrt{2}V}{\pi^2\hbar^3}\,(m_1'm_2'm_3')^{1/2}\,(\varepsilon_1 - \varepsilon)^{1/2}\,. \end{cases} \tag{3.7}$$

Die wurzelabhängige Besonderheit[1]) von $\nu(\varepsilon)$, die für $\varepsilon \to \varepsilon_0$ bzw. $\varepsilon \to \varepsilon_1$ auftritt, ist für alle jene Energiewerte charakteristisch, bei denen sich die Topologie der Isoenergiefläche ändert. Von diesem Standpunkt aus ist ein Energieminimum ein Punkt, aus dem eine neue Teilfläche hervortritt, und ein Maximum ein Punkt, in dem eine Teilfläche verschwindet (bzw. sich das Volumen des von den Isoenergieflächen umschlossenen Körpers von Null vergrößert oder auf Null zusammenzieht). Wie schon gezeigt wurde, kann das Auftreten bzw. Verschwinden eines solchen Körpers im Zentrum der Zone bei bestimmten „kritischen" Energiewerten $\varepsilon = \varepsilon_k$ vor sich gehen. Für Energiewerte, die dicht neben der kritischen Energie liegen, kann die Zustandsdichte $\nu(\varepsilon)$ folgendermaßen angegeben werden:

$$\nu(\varepsilon) = \nu_0(\varepsilon) + \delta\nu(\varepsilon)\,, \tag{3.8}$$

[1]) Genau genommen geht die Ableitung von $\nu(\varepsilon)$ für $x \to 0$ wie $x^{-1/2}$ gegen Unendlich.

wobei $\nu_0(\varepsilon)$ eine glatte Funktion der Energie ist und $\delta\nu(\varepsilon)$ dann ungleich Null wird, wenn mit Veränderung der Energie die Zahl der umschlossenen Körper sich um Eins vergrößert. Für den Fall, daß mit Vergrößerung der Energie auch die Zahl der Körper zunimmt, gilt

$$\delta\nu(\varepsilon) = \begin{cases} 0 & (\varepsilon < \varepsilon_k)\,, \\ \dfrac{\sqrt{2}V}{\pi^2\hbar^3}(m_1 m_2 m_3)^{1/2}(\varepsilon - \varepsilon_k)^{1/2} & (\varepsilon \geqq \varepsilon_k)\,. \end{cases} \tag{3.9}$$

Wie schon im vorangegangenen Paragraphen gezeigt wurde, kann eine Vergrößerung der Zahl der von den Isoenergieflächen umschlossenen Körper nicht nur durch „Erzeugen" neuer Körper vonstatten gehen (siehe Abb. 6a), sondern auch durch das Aufreißen eines Verbindungspunktes[1]) (Abb. 6b), wodurch sich außerdem die Topologie ändert. Die Isoenergiefläche $\varepsilon(\boldsymbol{p}) = \varepsilon_k$ enthält einen ausgezeichneten Punkt vom konischen Typ $\boldsymbol{p} = \boldsymbol{p}_k$. In der Nähe von $\boldsymbol{p}_k$ kann für Energiewerte $\varepsilon < \varepsilon_k$ die Fläche daher durch ein zweischaliges und für $\varepsilon > \varepsilon_k$ durch ein einschaliges Hyperboloid approximiert werden. Wählt man ein geeignetes Koordinatensystem, so erhält man die Gleichung der Isoenergiefläche in der Nähe von $\boldsymbol{p}_k$ $(\varepsilon \approx \varepsilon_k)$:

$$\varepsilon = \varepsilon_k + \frac{p_1^2}{2m_1} + \frac{p_2^2}{2m_2} - \frac{p_3^2}{2m_3} \qquad (m_1, m_2, m_3 > 0)\,. \tag{3.10}$$

Berechnet man das Volumen, das durch die Oberfläche von (3.10) und die Fläche $p_3 = \text{const}$ begrenzt wird (p_3 entspricht der Verbindungsachse), so ergibt sich

$$\Delta(\varepsilon, p_3) = \begin{cases} \dfrac{2\pi p_3^3}{3}\dfrac{(m_1 m_2)^{1/2}}{m_3} + 4\pi(m_1 m_2)^{1/2}(\varepsilon - \varepsilon_k)\,p_3 & (\varepsilon < \varepsilon_k)\,, \\ \dfrac{2\pi p_3^3}{3}\dfrac{(m_1 m_2)^{1/2}}{m_3} + 4\pi(m_1 m_2)^{1/2}(\varepsilon - \varepsilon_k)\,p_3 & \\ \quad + \dfrac{8\pi}{3}(2m_1 m_2 m_3)^{1/2}(\varepsilon_k - \varepsilon)^{3/2} & (\varepsilon < \varepsilon_k)\,. \end{cases} \tag{3.11}$$

Aus diesem Ausdruck ist zu ersehen, daß die Zustandsdichte $\nu(\varepsilon) = \dfrac{2V}{(2\pi\hbar)^3}\dfrac{d}{d\varepsilon}\Delta(\varepsilon)$ in Form zweier Summanden $\nu_0(\varepsilon)$, $\delta\nu(\varepsilon)$ dargestellt werden kann. $\nu_0(\varepsilon)$ ist glatt, während $\delta\nu(\varepsilon)$ nicht regulär ist, eine wurzelförmige Besonderheit besitzt und sich nur von Null für die Energiewerte unterscheidet, für die sich die Zahl der umschlossenen Körper vergrößert (vgl. Fußnote auf dieser Seite). Der Ausdruck

[1]) Die Veränderung der Topologie von Isoenergieflächen kann auch ohne Änderung der Zahl der umschlossenen Körper vonstatten gehen. Z. B. kann eine Verbindungsstelle an einer toroidalen Fläche aufbrechen. In diesem Fall ändert sich der Zusammenhang der Fläche im Punkt $\varepsilon = \varepsilon_k$, wobei $\delta\nu(\varepsilon) \neq 0$ in dem Gebiet ist, wo der Zusammenhang geringer ist.

(3.9) behält dabei seine Gültigkeit. (Die Bedeutung der m_1, m_2 und m_3 ist aus Formel (3.10) ersichtlich.)

Im vorigen Paragraphen wurde ausführlich auf die Durchdringung von Isoenergieflächen eingegangen. Hervorzuheben ist, daß bei Energiewerten, wo sich die Fläche durchdringt, keine Besonderheit der Zustandsdichte $\nu(\varepsilon)$ vorliegt. Ausgezeichnet oder auch kritisch sind die Energiewerte, bei denen sich die Topologie der Isoenergiefläche ändert. So sind z. B. die in Abb. 9 dargestellten Flächen a und b in diesem Sinne ausgezeichnet. Es ist leicht zu zeigen, daß auch in diesen Fällen $\delta\nu \sim |\varepsilon - \varepsilon_k|^{1/2}$ ist und sich entweder nur für $\varepsilon < \varepsilon_k$ oder $\varepsilon > \varepsilon_k$ von Null unterscheidet. Liegt jedoch in einem ausgezeichneten Punkt $\boldsymbol{p} = \boldsymbol{p}_k$ Bandentartung vor, so ist die Gleichung der Isoenergiefläche in der Nähe dieses Punktes komplizierter als im vorangegangenen Beispiel:

$$\varepsilon = \varepsilon_k + (\boldsymbol{p} - \boldsymbol{p}_k)^2\, \varphi(\boldsymbol{n})\,,$$

$\varphi(\boldsymbol{n})$ ist hierbei eine Funktion des Vektors $\boldsymbol{n} = \dfrac{\boldsymbol{p} - \boldsymbol{p}_k}{|\boldsymbol{p} - \boldsymbol{p}_k|}$, die der Symmetrie des Punktes $\boldsymbol{p} = \boldsymbol{p}_k$ genügt. So hat z. B. das Energiespektrum in der Nähe des Maximums des Valenzbandes von Germanium und Silizium folgende Struktur:

$$\varepsilon_1 - \varepsilon = Ap^2 \pm \sqrt{B^2p^4 + C^2(p_x^2p_y^2 + p_x^2p_z^2 + p_y^2p_z^2)}\,.$$

A, B, C sind Konstanten, und der Quasiimpuls wird vom Punkt $\varepsilon(\boldsymbol{p} = 0) = \varepsilon_1$ aus gerechnet, in dem die Energie ihr Maximum annimmt.

Die vorstehend behandelten Sonderfälle schöpfen alle Möglichkeiten für isolierte ausgezeichnete Punkte im $\boldsymbol{p}$-Raum aus (Entstehen einer neuen Teilfläche, Abreißen einer Verbindungsstelle). Unter bestimmten gerechtfertigten Annahmen bilden die ausgezeichneten Punkte eine stetige Kurve – eine Schleife von Extrema. Es soll untersucht werden, wie in diesem Fall die Zustandsdichte in der Nähe des Extremalwerts der Energie aussieht. Zur Verdeutlichung wird wieder das Dispersionsgesetz (2.11) benutzt. Wie schon gezeigt wurde, existieren zwei kritische Energiewerte ($\varepsilon_k = 0$ und $\varepsilon_k = ap_0^2$). Bei der Bildung des Toroids ($\varepsilon_k = 0$) erleidet die Zustandsdichte einen Sprung

$$\nu^-(\varepsilon) = \begin{cases} 0 & \varepsilon < 0\,, \\ \nu_0 = \dfrac{\beta}{4\pi\hbar^3a^{3/2}b^{1/2}} & \varepsilon > 0\,. \end{cases} \tag{3.12}$$

Beim „Zusammenwachsen“ des Toroids ($\varepsilon_k = ap_0^2$) weist die Zustandsdichte des betrachteten Zweiges $\nu^-(\varepsilon)$ eine schwache Singularität auf:

$$\delta\nu^-(\varepsilon) \approx \frac{\nu_0}{3\pi}\left(\frac{\varepsilon - \varepsilon_k}{\varepsilon_k}\right)^{3/2} \qquad (\varepsilon \gtrless \varepsilon_k)\,.$$

Wie schon gezeigt wurde, beginnt bei der gleichen Energie eine neue Schar von Isoenergieflächen – das Ovaloid. Sein Erscheinen ist ebenfalls durch eine

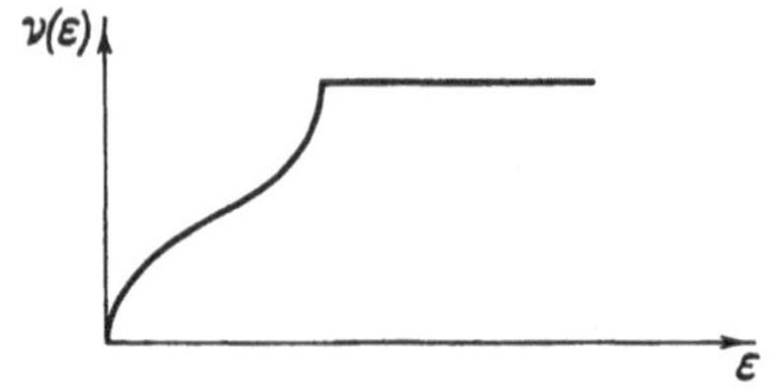

Abb. 13. Das Verhalten der Zustandsdichte bei einem Übergang von ellipsoidalen zu toroidalen Isoenergieflächen

schwache Singularität gekennzeichnet:

$$\delta\nu^{+}(\varepsilon) \approx \frac{\nu_0}{3\pi}\left(\frac{\varepsilon - \varepsilon_k}{\varepsilon_k}\right)^{3/2} \qquad (\varepsilon \gtrapprox \varepsilon_k).$$

Hieraus folgt dann

$$\delta\nu(\varepsilon) \approx \frac{2\nu_0}{3\pi}\left(\frac{\varepsilon - \varepsilon_k}{\varepsilon_k}\right)^{3/2} \qquad (\varepsilon \gtrapprox \varepsilon_k). \tag{3.13}$$

Führt man die Untersuchungen mit höherer Genauigkeit durch, so entsteht ein neues Band (Minusvorzeichen in Gleichung (2.11)) aus Ellipsoiden. Im zugehörigen kritischen Punkt besitzt die Zustandsdichte die übliche wurzelförmige Besonderheit. In einem sehr kleinen Energieintervall geht die Zustandsdichte $\nu(\varepsilon)$ zu Werten über, die einem Toroid entsprechen. Wenn sich die Ellipsoide zusammenschließen, hat $\nu(\varepsilon)$ noch eine wurzelabhängige Besonderheit (Abb. 13).

Faßt man das Gesagte zusammen, so kann festgestellt werden, daß die Zustandsdichte $\nu(\varepsilon)$ mindestens zwei Besonderheiten vom Wurzeltyp in jedem Band hat [10]. Die einfachste Struktur von $\nu(\varepsilon)$ ist in Abb. 14 dargestellt. Sicher ist, daß zwischen abgeschlossenen Isoenergieflächen mindestens eine offene Schicht liegen muß. Beim Übergang von abgeschlossenen zu offenen Isoenergieflächen ($\varepsilon = \varepsilon_{k1}$) geht $\frac{d\nu}{d\varepsilon}$ mit wachsender Energie gegen minus Unendlich und beim Übergang von offenen zu geschlossenen Isoenergieflächen ($\varepsilon = \varepsilon_{k2}$) gegen plus Unendlich. Wenn man noch berücksichtigt, daß $\nu(\varepsilon_0)$

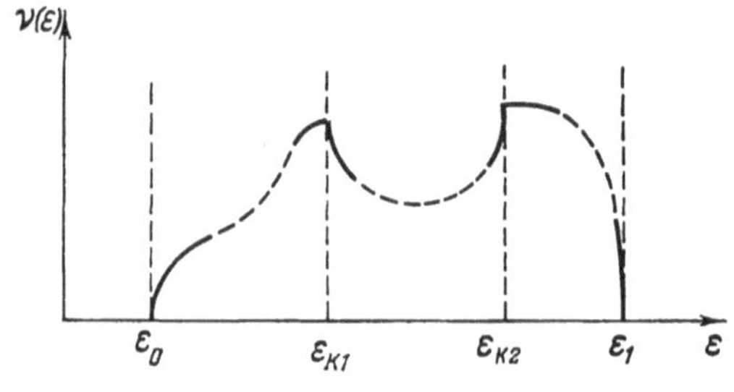

Abb. 14. Einfachste Abhängigkeit der Zustandsdichte von der Energie

$= \nu(\varepsilon_1) = 0$ und $\nu(\varepsilon) \geqq 0$ ist, so wird offensichtlich, daß in den Intervallen $(\varepsilon_0, \varepsilon_{k1})$ und $(\varepsilon_{k2}, \varepsilon_1)$ die Zustandsdichte maximal wird oder den allergrößten Wert annimmt und dazwischen mindestens ein Minimum hat, wenn nicht andere Besonderheiten vorliegen.

Die Gesamtzustandsdichte der Elektronen ist natürlich die Summe über alle Bänder

$$\nu(\varepsilon) = \sum_s \nu_s(\varepsilon)\,, \tag{3.14}$$

wobei das „Einschalten" neuer Bänder im Falle der Bandüberlappung von dem Erscheinen neuer umschlossener Körper in einem Band oder vom Abreißen eines Verbindungspunktes nicht zu unterscheiden ist (wenigstens vom Standpunkt einer Besonderheit in der Zustandsdichte).

In Übereinstimmung mit Formel (3.14) kann man die Gesamtzahl der Elektronen mit einer Energie angeben, die kleiner als ein vorgegebener Wert ist:

$$N(\varepsilon) = \sum_s N_s(\varepsilon)\,. \tag{3.15}$$

Abschließend soll noch die Zustandsdichte für ein freies Elektronengas angegeben werden:

$$\nu(\varepsilon) = \frac{\sqrt{2}V}{\pi^2\hbar^3} m^{3/2}\varepsilon^{1/2}\,. \tag{3.16}$$

Für die Zahl der Elektronen mit einer Energie, die einen vorgegebenen Wert nicht übersteigt, gilt dann

$$N(\varepsilon) = \frac{2\sqrt{2}V}{3\pi^2\hbar^3} m^{3/2}\varepsilon^{3/2}\,. \tag{3.17}$$

§ 4 Die Bewegung von Teilchen mit einem willkürlichen Dispersionsgesetz im klassischen Grenzfall

In der Einleitung wurde besonders auf die Möglichkeit, die klassischen Vorstellungen für die Untersuchung der Bewegung von Leitfähigkeitselektronen in äußeren Feldern auszunutzen, näher eingegangen. Das Resultat dieser Überlegungen führte dazu, daß man $\varepsilon(\boldsymbol{p})$ als kinetische Energie ansehen und die Bewegungsgleichung in elektrischen und magnetischen Feldern in der Standardform aufschreiben kann (modifizierte Anwendung des Korrespondenzprinzips):

$$\dot{\boldsymbol{p}} = \boldsymbol{F}, \qquad \boldsymbol{F} = e\left\{\boldsymbol{E} + \frac{1}{c}[\boldsymbol{v}\boldsymbol{H}]\right\}, \qquad \dot{\boldsymbol{r}} = \boldsymbol{v}\,, \qquad \boldsymbol{v} = \frac{\partial\varepsilon}{\partial\boldsymbol{p}}. \tag{4.1}$$

Diese Gleichungen dienen als Grundlage für die Entwicklung der klassischen Mechanik eines Elektrons mit einem komplizierten Dispersionsgesetz.

Um Unklarheiten vorzubeugen, soll noch einmal unterstrichen werden: Ein Leitfähigkeitselektron ist ein quantenmechanisches Objekt, d. h., sein Bewegungsgesetz kann nur auf der Basis quantenmechanischer Überlegungen erhalten werden. Insbesondere ist allein die Quantenmechanik in der Lage, die „Freiheit“ des Elektrons zu erklären — seine Fähigkeit, sich im Kristallgitter auf makroskopischen Strecken frei zu bewegen. Sie gestattet es, solche Begriffe wie Quasiteilchen, Quasiimpuls, Dispersionsgesetz usw. zu formulieren. Wenn jedoch diese Begriffe einmal formuliert sind und man das Elektron im Metall als Teilchen mit einem komplizierten Dispersionsgesetz betrachten kann, besteht die Möglichkeit, eine Reihe von Aufgaben rein klassisch zu lösen. Es soll jetzt aber nicht weiter darauf eingegangen werden, welche Bedingungen dafür erfüllt sein müssen (sie wurden auch schon in der Einleitung gebührend behandelt), und nur darauf hingewiesen werden, daß eine quasiklassische Behandlung der Bewegung von Elektronen mit einem bestimmten Dispersionsgesetz in äußeren Feldern nur dann möglich ist, wenn die Abmessungen der Elektronenbahn bedeutend größer als die zwischenatomaren Abstände sind. Mit anderen Worten: die von außen angelegten Felder müssen gegenüber den inner- und zwischenatomaren Feldern klein bleiben.

Im weiteren sollen nun die verschiedenen Fälle der Elektronenbewegung in äußeren Feldern untersucht werden. Obwohl praktisch die Gleichungen in der NEWTONschen Form nicht anwendbar sind, um die Besonderheiten der Bewegung von Teilchen mit einem komplizierten Dispersionsgesetz zu erläutern, sind sie dennoch nützlich. Wird die letzte Gleichung des Systems (4.1) differenziert, so ergibt sich

$$\ddot{x}_i = \frac{\partial^2 \varepsilon}{\partial p_i \, \partial p_k} F_k \,. \tag{4.2}$$

Die Schwierigkeit des vorliegenden Gleichungssystems besteht darin, daß der Tensor $\frac{\partial^2 \varepsilon}{\partial p_i \, \partial p_k}$ (Tensor der reziproken effektiven Masse) im allgemeinen impuls- und damit zeitabhängig ist. Damit wird natürlich die Integration des Gleichungssystems (4.2) stark verkompliziert. Kann man jedoch entsprechend den jeweiligen Bedingungen der Aufgabe die in den wirkenden Kräften nichtlinearen Glieder vernachlässigen, so werden die Komponenten des Tensors der reziproken effektiven Massen zu Konstanten. In einem willkürlichen Punkt des $\boldsymbol{p}$-Raumes besitzt dieser Tensor drei Hauptwerte, die weder in Größe noch Vorzeichen übereinstimmen. Für Impulswerte, in deren Nähe die Energie einen Extremwert annimmt, sind die Komponenten des Tensors der reziproken Massen Konstante, wobei seine Hauptwerte gleiches Vorzeichen besitzen (§ 2). In diesem Fall erhält die Benutzung von Gleichung (4.2) mit einem konstanten Tensor der effektiven Massen eine zusätzliche Begründung.

Schon beim einfachsten, d. h. linear von den Kräften abhängenden, Problem, kann die interessante Situation entstehen, daß eine Kraft entlang einer Richtung die Elektronen beschleunigt, sie jedoch in einer anderen Richtung abbremst.

Die Gleichung (4.2) zeigt anschaulich, daß die kinematischen Eigenschaften eines Elektrons mit einem komplizierten Dispersionsgesetz nicht durch eine Größe – die Masse – charakterisiert werden können. Die Geschwindigkeit $\boldsymbol{v}$ eines Leitfähigkeitselektrons braucht dem Impuls durchaus nicht proportional zu sein, sondern hängt über eine komplizierte periodische Funktion vom Impuls ab. Der Proportionalitätsfaktor zwischen Kraft und Beschleunigung ist ein Tensor zweiten Ranges, der selbst eine komplizierte Funktion des Impulses ist. Für Bewegungsprobleme im Magnetfeld spielt die effektive Masse eine entscheidende Rolle, auf die noch in diesem Paragraphen detailliert eingegangen wird. In einigen, jedoch sehr speziellen, Fällen muß auch die „gewöhnliche" schwere Masse eines Elektrons in Rechnung gestellt werden. Das ist immer dann notwendig, wenn der Effekt durch den wahren (relativistischen) Impuls des Elektrons $\boldsymbol{p}_r = \mathscr{E}\boldsymbol{v}/c^2$ bestimmt wird. Hier ist c die Lichtgeschwindigkeit und $\mathscr{E}$ die Gesamtenergie des Elektrons unter Berücksichtigung seiner Ruhemasse. Da die Wechselwirkungsenergie eines Elektrons mit dem Gitter und den anderen Teilchen bedeutend kleiner als die Ruheenergie m_0c^2 ist, ergibt sich $\boldsymbol{p}_r = m_0\boldsymbol{v}$ (§ 24).

Im folgenden sollen die Bewegungsgleichungen für den Fall einer Bewegung in einem homogenen konstanten elektrischen Feld behandelt werden. Sie vereinfachen sich zu

$$\dot{\boldsymbol{p}} = e\boldsymbol{E}\,, \qquad \dot{\boldsymbol{r}} = \boldsymbol{v}\,. \tag{4.3}$$

Hieraus folgt, daß sich das Elektron für $\boldsymbol{E} = \text{const}$ mit einer konstanten Geschwindigkeit im $\boldsymbol{p}$-Raum bewegt:

$$\boldsymbol{p} = \boldsymbol{p}_0 + e\boldsymbol{E}t\,. \tag{4.4}$$

Aus dem Energieerhaltungssatz

$$\varepsilon(\boldsymbol{p}) - e\boldsymbol{E}\boldsymbol{r} = \text{const} \tag{4.5}$$

ergibt sich, daß die Bewegung eines Leitfähigkeitselektrons in einem konstanten homogenen elektrischen Feld entlang der Feldrichtung finiten Charakter besitzt. Fällt die Feldrichtung mit einer der kristallografischen Richtungen zusammen, so vollführt das Elektron Schwingungen mit einer Frequenz $\omega_E = 2eE/\Delta p_E$. Δp_E ist die Periode der Funktion $\varepsilon(\boldsymbol{p})$ in Richtung des elektrischen Feldes. Da $\Delta p_E \approx 2\pi\hbar/a$ ist, erhält man für die Frequenz $\omega_E \approx eEa/\hbar$ (a ist der Gitterparameter). Die Schwingungsamplitude ist $\Delta\varepsilon/eE$ ($\Delta\varepsilon$ ist die energetische Breite des Bandes). Im allgemeinen Fall, wenn die Feldrichtung mit keiner kristallografischen Richtung zusammenfällt, ist die Bewegung nahezu periodisch. Bei vernünftigen Feldstärken ist die Schwingungsamplitude eines Elektrons im elektrischen Feld außerordentlich hoch. Sie ist millionenfach größer als die freie Weglänge ($\Delta\varepsilon/eE \approx 10^6$ cm bei $E = 10^{-8}$ CGS-Einheiten[1]) und $\Delta\varepsilon \approx 10^{-12}$erg). Aus diesem Grund brauchen der periodische Charakter der Elektronenbewegung bei der Berechnung des elektrischen Widerstandes eines Metalls und andere analoge Effekte nicht berücksichtigt zu werden. Auf kleinen Stücken des Weges bewegt sich das Elektron durchaus nach den Bewegungsgleichungen.

In Dielektrika kann jedoch der finite Charakter der Elektronenbewegung im elektrischen Feld durchaus auftreten. Er zeigt sich in einer Erhöhung der Wahrscheinlichkeit für Bandübergänge.

Schließlich ist noch festzustellen, daß der anisotrope Charakter des Dispersionsgesetzes dazu führt, daß sich das Elektron in den Flächen senkrecht zum angelegten Feld nicht wie ein freies Teilchen bewegt. Seine Geschwindigkeit in dieser Fläche ändert sich mit der Änderung der Impulsprojektion auf die Feldrichtung. Dieses Verhalten ist eine der elementaren Ursachen für die Anisotropie des elektrischen Widerstands, der Wärmeleitung und anderer kinetischer Koeffizienten.

Jetzt soll die Bewegung in einem konstanten homogenen Magnetfeld untersucht werden ($\boldsymbol{E} = 0$, $\boldsymbol{H} \neq 0$).

Die LORENTZ-Gleichung hat dann folgendes Aussehen:

$$\frac{\mathrm{d}\boldsymbol{p}}{\mathrm{d}t} = \frac{e}{c}[\boldsymbol{v}\boldsymbol{H}]. \tag{4.6}$$

Multipliziert man sie einmal skalar mit $\boldsymbol{v}$ und danach mit $\boldsymbol{H}$, so kann man schlußfolgern, daß, wie im Fall des freien Elektrons, die Energie ε eines Elektrons und die Impulsprojektion auf das Magnetfeld bei der Bewegung eines Leitfähigkeitselektrons im Magnetfeld Erhaltungsgrößen sind. Wird das Koordinatensystem so gewählt, daß $\boldsymbol{H}$ parallel zur z-Achse ist, so ergibt sich

$$\varepsilon = \text{const}, \qquad p_z = \text{const}. \tag{4.7}$$

Die Gleichungen (4.7) beschreiben die Elektronenbahn im Impulsraum. In Abhängigkeit von der Topologie der Isoenergieflächen kann sie entweder geschlossen sein (d. h. sie wird durch geschlossene Kurven dargestellt, von denen sich jede in den Grenzen einer Zelle des reziproken Gitters bewegt,[2]) oder sie ist offen (d. h., sie durchsetzt stetig das gesamte reziproke Gitter). Die Klassifikation der möglichen Bahnen wurde bereits in § 2 gegeben.

Die Lage des Elektrons auf seiner Bahn (4.7) im Impulsraum wird am besten durch die Umlaufzeit bestimmt, die von einem beliebigen Bahnpunkt aus abgetragen wird. Projiziert man die Gleichung (4.6) auf die x,y-Ebene, so erhält

[1]) Eine elektrische Feldstärke von $E = 10^{-8}$ CGS-Einheiten würde im Metall mit einem spezifischen Widerstand $\varrho = 10^{-8}\ \Omega\cdot$cm eine Stromdichte von $j = 10^2$ A/cm² hervorrufen.

[2]) In den Fällen, wo die x-y-Fläche nicht mit einer der kristallographischen Richtungen zusammenfällt, sind die in den unterschiedlichen Zellen des reziproken Gitters liegenden Kurven nicht identisch. Das widerspricht selbstverständlich nicht der Periodizität von $\varepsilon = \varepsilon(\boldsymbol{p})$.

man die Gleichung

$$\frac{dp_\perp}{dt} = -\frac{eH}{c} v_\perp . \tag{4.8}$$

$dp_\perp$ ist hier das Bogenelement auf der Bahnkurve (4.7), und für $v_\perp$ gilt: $v_\perp = \sqrt{v_x^2 + v_y^2}$. Die z-Achse wurde gerade so gewählt, daß sie parallel zum Magnetfeld liegt. Das Minuszeichen resultiert aus der Vereinbarung, daß die Elektronenladung e positiv ist $(-e > 0)$.

Durch Integration von Gleichung (4.8) ergibt sich

$$t = -\frac{c}{eH} \int \frac{dp_\perp}{v_\perp} . \tag{4.9}$$

Ist die Bahn (4.7) geschlossen, so vollführt das Elektron im Magnetfeld periodische Bewegungen mit der Periodendauer

$$T_H = -\frac{c}{eH} \oint \frac{dp_\perp}{v_\perp} . \tag{4.10}$$

Diesen Ausdruck kann man umformen, wenn man ausnutzt, daß der Vektor $\boldsymbol{v}_\perp$ (er besitzt die Komponenten v_x, v_y) die Normale auf die ebene Kurve (4.7) ist. $S(\varepsilon, p_z)$ sei die von der Kurve (4.7) abgegrenzte Fläche (für den Fall einer geschlossenen sich nicht durchdringenden Bahn). Dann erhält man

$$S(\varepsilon, p_z) = \iint dp_x \, dp_y = \int d\varepsilon \oint \frac{dp_\perp}{v_\perp}$$

und damit

$$\oint \frac{dp_\perp}{v_\perp} = \frac{\partial S}{\partial \varepsilon} .$$

Daraus folgt:

$$T_H = -\frac{c}{eH} \frac{\partial S}{\partial \varepsilon} . \tag{4.11}$$

Die Größe $(1/2\pi)\, \partial S/\partial \varepsilon = m^*$ ist die effektive Masse des Elektrons im Magnetfeld. m^* ist eine Funktion der Erhaltungsgrößen ε, p_z, und es ist natürlich bedeutend günstiger, mit ihr zu rechnen als mit dem Tensor der reziproken effektiven Massen, der im allgemeinen Fall von allen Komponenten des Vektors $\boldsymbol{p}$ abhängt.

Umlaufperiode und -frequenz (auch Larmor- oder Zyklotronfrequenz genannt) eines Elektrons werden durch Ausdrücke gegeben, deren Form mit der der Ausdrücke für ein freies Elektron übereinstimmt:

$$T_H = \frac{2\pi m^* c}{|e| H} ; \qquad \omega_H = \frac{|e| H}{m^* c} . \tag{4.12}$$

Es ist leicht zu zeigen, daß für ein freies Elektron $m^* = m$ ist. In diesem Fall gilt $\varepsilon = p^2/2m$, und die Kurve (4.7) wird durch einen Kreis dargestellt. Er umschließt eine Scheibe, deren Fläche gleich $S = \pi(2m\varepsilon - p_z^2)$ ist. Durch Differentiation folgt $\partial S/\partial \varepsilon = 2\pi m$.

Wie schon gezeigt wurde, hängt die effektive Masse m^* von ε und p_z ab. Sie besitzt damit für die einzelnen Leitfähigkeitselektronen unterschiedliche Werte. Somit rotiert das Gas der Leitfähigkeitselektronen im Gegensatz zu einem Gas freier Ladungsträger mit keiner einheitlichen Umlauffrequenz für alle Elektronen. Die einzelnen Elektronen vollführen unterschiedliche periodische Bewegungen. Elektronen, die sich im Impulsraum auf offenen Bahnen befinden, welche in einer Ebene senkrecht zum Magnetfeld verlaufen, vollführen eine infinite Bewegung.

Bis jetzt wurde der Bewegungsrichtung des Elektrons noch keine Aufmerksamkeit geschenkt. Offensichtlich muß sie von der Richtung der Vektoren $\boldsymbol{v}_\perp$ und $\boldsymbol{p}_\perp$ zueinander bestimmt werden. Aus Gleichung (4.6) ist leicht zu ersehen, daß die Bewegungsrichtung mit dem Vorzeichen der effektiven Masse verknüpft ist: Wenn nämlich $m^* > 0$ ist, bewegt sich das Elektron (wie auch ein freies Elektron) auf einer linksgewundenen Schraubenbahn, im anderen Fall auf einer rechtsgewundenen (wie ein positives Teilchen). Das Vorzeichen der effektiven Masse wird durch das Vorzeichen der Ableitung $\partial S/\partial \varepsilon$ bestimmt. Es hängt davon ab, ob die Energie innerhalb der betrachteten Isoenergiefläche $\varepsilon(p) = \varepsilon$ kleiner oder größer als ε ist. Im ersten Fall ist die Ableitung $\partial S/\partial \varepsilon$ und damit m^* positiv und im zweiten Fall negativ.

Für offene Bahnen kann natürlich der Begriff der effektiven Masse nicht durch eine Umlauffrequenz im Magnetfeld eingeführt werden. Es läßt sich jedoch eine Regel angeben, durch die die Bewegungsrichtung eines Elektrons bestimmt ist und die sowohl für offene als auch geschlossene Bahnen gilt. Ein Elektron bewegt sich stets so, daß rechts von der Bewegungsrichtung in jedem Bahnpunkt ein Gebiet mit einer kleineren Energie liegt.

Bis jetzt wurde nur die Elektronenbewegung im Impulsraum untersucht. Aus der LORENTZ-Gleichung ist aber sofort zu ersehen, daß die Bewegung im Impulsraum eng mit der Projektion der Bahn im Ortsraum auf eine zum Magnetfeld senkrechte Fläche verknüpft ist. Gleichung (4.6) zeigt, daß die Geschwindigkeit eines Elektrons im Ortsraum in jedem Moment senkrecht zur Geschwindigkeit $\dot{\boldsymbol{p}}$ im Impulsraum steht und damit die Projektion der Bahn im Ortsraum aus der Bahn im Impulsraum vermittels einer Drehung um $\pi/2$ und einer Maßstabsänderung um den Faktor c/eH erhalten werden kann. Speziell bedeutet das, daß im Ortsraum sowohl Umlaufdauer als auch Umlauffrequenz gleich T_H bzw. ω_H sind. Liegt der Fall einer Bewegung eines Leitfähigkeitselektrons im Magnetfeld auf einer offenen Isoenergiefläche vor, so treten noch einige interessante Besonderheiten auf. So kann z. B. die Bahn im Impulsraum offen sein, wodurch das Elektron in einer zum Magnetfeld senkrechten Ebene im Ortsraum eine infinite Bahn durchläuft.

Ein wesentlicher Unterschied zum freien Elektron kann in den durchaus nicht seltenen Fällen eintreten, in denen die Bahn eines Kristallelektrons im

Magnetfeld geschlossen ist, aber durch einen Sattelpunkt einer Isoenergiefläche geht. Bekanntlich ist die Geschwindigkeitsprojektion im Sattelpunkt auf die Tangentialfläche Null. Damit kann ein Elektron bei seiner Bewegung auf einer Bahn nach Gleichung (4.7), die formal durch den Sattelpunkt führt, sich diesem nur asymptotisch nähern. Ein Elektron, das sich im Sattelpunkt befindet, ändert seine Lage im Impulsraum überhaupt nicht. Daraus wird ersichtlich, daß Elektronen, die sich auf Bahnen bewegen, welche in die Nähe des Sattelpunktes gelangen, sich den größten Teil der Zeit auch in der Nähe dieses Punktes aufhalten. Die Umlaufperiode wird im wesentlichen durch den Bewegungsverlauf des Elektrons in der Nähe dieser Besonderheit bestimmt. Bei Anlegen eines äußeren Magnetfeldes wird die Bahn eines Elektrons im Impulsraum in der Nähe eines Sattelpunktes für ein entsprechendes Koordinatensystem durch den Ausdruck

$$\varepsilon - \varepsilon_0(p_z) = \frac{1}{2}\left(\frac{p_1^2}{m_1} - \frac{p_2^2}{m_2}\right) \tag{4.13}$$

gegeben. Hier ist $\varepsilon_0(p_z)$ der Energiewert im Sattelpunkt. Die Lage der Achsen 1 und 2 ist aus Abb. 15 ersichtlich. p_z liegt in Richtung des Magnetfeldes. $1/m_1$ bzw. $1/m_2$ sind die Werte der zweiten Ableitung nach ε von $\boldsymbol{p}$ im Sattelpunkt ($m_1, m_2 > 0$). Da in der Nähe des Sattelpunktes A die Geschwindigkeit im Verhältnis zu den übrigen Teilen der Bahn unendlich klein ist, ergibt sich

$$\begin{aligned} T_H &\cong \frac{c}{|e|H}\int\limits_{-p_0}^{p_0}\sqrt{\frac{1+\left(\frac{\mathrm{d}p_1}{\mathrm{d}p_2}\right)^2}{v_1^2+v_2^2}}\,\mathrm{d}p_2 \\ &= \frac{2c}{|e|H}\sqrt{\frac{m_1+m_2}{m_2}}\int\limits_0^{p_0}\frac{\mathrm{d}p_2}{\sqrt{\frac{p_1^2}{m_1^2}+\frac{p_2^2}{m_2^2}}} \end{aligned} \tag{4.14}$$

(p_0 ist der Wert von p_2, für den sich die Bahn schon genügend weit vom Sattelpunkt entfernt hat (vgl. Abb. 15)). Drückt man p_1 durch $\Delta\varepsilon = \varepsilon - \varepsilon_0(p_z)$

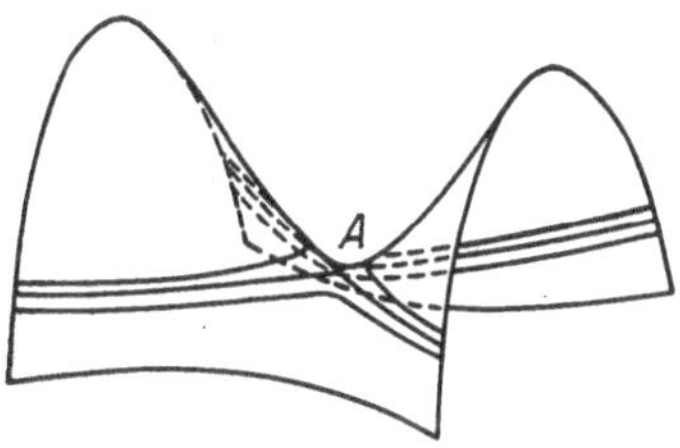

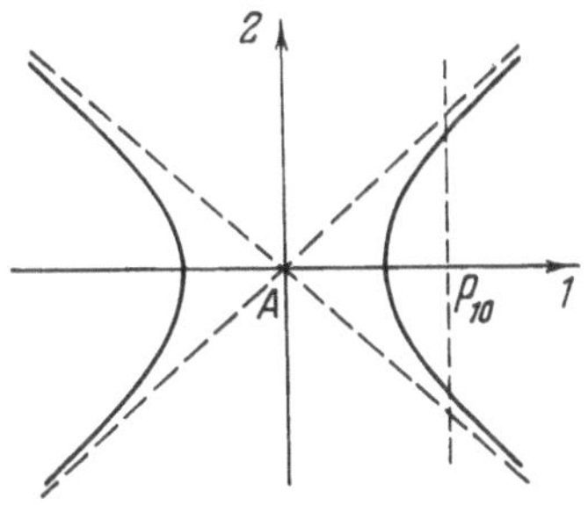

Abb. 15. Elektronentrajektorien in der Nähe eines Sattelpunktes

Im Punkt A (Sattelpunkt) ist die Geschwindigkeit Null

aus und integriert, so erhält man

$$T_H \cong \frac{2c}{|e|H} (m_1 m_2)^{1/2} \left| \ln \frac{\Delta\varepsilon}{\varepsilon_0} \right| . \tag{4.15}$$

In dem Maße, wie sich die Bahn dem Sattelpunkt nähert, wächst die Umlaufzeit in einem logarithmischen Verhältnis an. Die Annäherung kann, wie aus der Ableitung der Gleichung (4.15) ersichtlich ist, entweder durch eine Änderung der Energie ε oder der Impulskomponente p_z vorgenommen werden. Es ist jedoch der gleiche Effekt durch Änderung der Magnetfeldrichtung zu erzielen.

Das logarithmische Anwachsen der Periode kann durch eine entsprechend definierte effektive Masse

$$m^* = \frac{1}{\pi} (m_1 m_2)^{1/2} \ln \left| \frac{\varepsilon_0}{\Delta\varepsilon} \right| \tag{4.15a}$$

beschrieben werden, die für $\Delta\varepsilon = 0$ unendlich wird.

Eine Bewegung auf einer Bahn durch den Sattelpunkt ist ähnlich einer infiniten Bewegung, da das Teilchen unendlich viel Zeit braucht, um sie zu durchlaufen. Die hier behandelten Bahnen haben jedoch noch eine andere Eigenschaft. Sie trennen zwei unterschiedliche Bahnverläufe, was noch bei der Behandlung der Elektronenbewegung in langsam veränderlichen Magnetfeldern wesentlich hervortreten wird (vgl. den folgenden Paragraphen).

Offene Bahnen (oder Schnitte) sind nur für Elektronen auf offenen Isoenergieflächen möglich. Aber wie schon gesagt wurde, treten hier auch geschlossene Bahnen auf, je nachdem, wie das Manetfeld gerichtet ist und welchen Wert p_z hat. Es soll nun gezeigt werden, nach welchem Gesetz die Umlaufperiode gegen Unendlich geht, wenn die Bewegungsparameter sich so ändern, daß die Bahn von einer geschlossenen in eine offene übergeht. Zur Veranschaulichung soll eine Isoenergiefläche vom Typ eines „gewellten" Zylinders dienen, der in erster Näherung jede beliebige offene Fläche entlang ihrer Öffnungsrichtung modelliert. Zur Vereinfachung soll fernerhin angenommen werden, daß nur die Richtung des Magnetfeldes geändert wird. Für den geraden (nicht gewellten) Zylinder würde die Umlaufperiode bei einer Verringerung des Winkels $\varphi = \pi/2 - \theta$ (θ ist der Winkel zwischen Zylinderachse und Magnetfeld) proportional mit $1/\sin\varphi$ und in der Nähe der offenen Bahn mit φ zunehmen. Die Wellen des Zylinders verändern jedoch dieses Verhalten wesentlich. Dreht man das Magnetfeld aus der Achsenrichtung heraus, so tangiert die Bahn bei bestimmten Winkeln Sattelpunkte der Isoenergiefläche (Abb. 16). Bei der Annäherung geht die Umlaufperiode der jeweiligen Bahn logarithmisch gegen Unendlich. Es ergibt sich eine ziemlich komplizierte Abhängigkeit der Periode vom Magnetfeldwinkel θ. Sie ist schematisch in Abb. 17 dargestellt. Die Abszissenwerte φ, in denen die Periode gegen Unendlich geht, entsprechen Magnetfeldrichtungen, für die die Bahn bei fixierten ε und p_z durch Sattelpunkte verläuft.

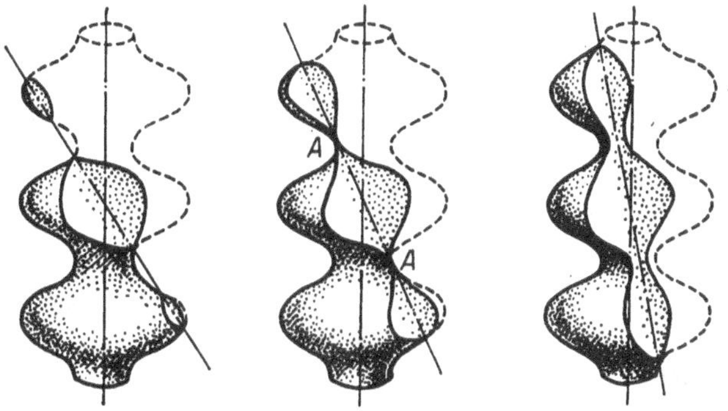

Abb. 16. Die Veränderung des Bahnverlaufs eines Elektrons in Abhängigkeit vom Winkel zwischen Magnetfeldrichtung und Achse des gewellten Zylinders

Die Punkte *A* sind Sattelpunkte

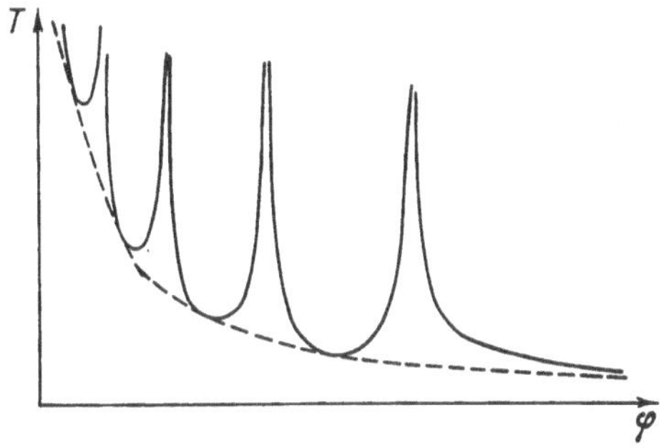

Abb. 17. Abhängigkeit der Umlaufperiode eines Elektrons als Funktion des Winkels zwischen Magnetfeld und Zylinderachse (s. Abb. 16)

Die gestrichelte Linie entspricht einem nichtgewellten Zylinder

Es soll nun noch auf eine interessante Besonderheit der Elektronenbewegung im Magnetfeld in der Nähe eines konischen Punktes auf einer sich selbst durchdringenden Isoenergiefläche eingegangen werden. Unter Ausnutzung von Formel (2.9) kann gezeigt werden [11], daß bei Annäherung an einen konischen Punkt die Umlaufperiode und folglich auch die effektive Masse gegen Null geht. Die Magnetfeldrichtung darf dabei nicht wesentlich von der Konusachse abweichen. Unter diesen Bedingungen geht die LARMOR-Frequenz der Elektronen gegen Unendlich, wodurch eine Reihe von Effekten verursacht wird.

Bekanntlich bleiben bei einer langsamen Veränderung der Bedingungen der Bewegung, die sogenannten adiabatischen Invarianten unverändert. Für Elektronen mit geschlossenen Bahnen ist die Projektion der Bewegung auf eine Fläche senkrecht zum Magnetfeld periodisch und damit das Integral $I = \frac{1}{2\pi} \oint \boldsymbol{P}_\perp \, d\boldsymbol{r}$, das über eine volle Umlaufperiode genommen wird, eine adiabatische

Invariante. $\boldsymbol{P}_\perp$ ist die Projektion des verallgemeinerten Impulses auf die Fläche senkrecht zum Magnetfeld (siehe Einleitung, Formel (1.36)).

Einen geschlossenen Ausdruck für die adiabatische Invariante kann man erhalten, ohne spezielle Aussagen über das Dispersionsgesetz machen zu müssen. Benutzt man das Vektorpotential

$$A_x = -Hy; \qquad A_y = A_z = 0\,, \tag{4.16}$$

so folgt für den verallgemeinerten Impuls

$$P_x = p_x - \frac{eH}{c}\,y\,, \qquad P_y = p_y; \qquad P_z = p_z\,. \tag{4.17}$$

Außerdem ist durch die Wahl des Vektorpotentials (4.16) die Variable x zyklisch und damit $P_x = \text{const}$ und

$$\mathrm{d}y = \frac{c}{eH}\,\mathrm{d}p_x\,.$$

Nutzt man diese Beziehungen aus, so erhält man

$$I = \frac{1}{2\pi}\,\frac{c}{eH}\oint p_y\,\mathrm{d}p_x\,.$$

Das Integral in dem vorstehenden Ausdruck bestimmt die Fläche $S(\varepsilon, p_z)$ des Schnittes einer senkrecht zum Magnetfeld liegenden Ebene mit der Isoenergiefläche. Damit erhält man

$$I = \frac{cS(\varepsilon, p_z)}{2\pi eH}. \tag{4.18}$$

Für ein quadratisches isotropes Dispersionsgesetz ist die Fläche $S(\varepsilon, p_z) = \pi p_\perp^2$ und damit

$$I = \frac{cp_\perp^2}{2eH}. \tag{4.19}$$

Die adiabatische Invariante ist der über die Umlaufperiode gemittelten Projektion des magnetischen Moments auf das Magnetfeld proportional.[1]) Hier ist natürlich das magnetische Moment gemeint, das infolge der Bahnenbewegung entsteht. Tatsächlich gilt, wenn man die Ähnlichkeit der Bahn im Impuls- und Ortsraum ausnutzt,

$$\boldsymbol{M}_z = \frac{e}{2c}\,\overline{[\boldsymbol{r}, \boldsymbol{v}]_z} = \frac{e}{2c}\,\overline{(xv_y - yv_x)} = -\,\frac{1}{2H}\,\overline{(v_xp_x + v_yp_y)}$$

[1]) Bei der Herleitung der Formeln (4.21)–(4.25) wurden die Ergebnisse der Arbeit [12] verwendet.

(der Strich deutet die Mittelung an). Andererseits kann leicht gezeigt werden (siehe § 27), daß

$$\overline{p_x v_x} = \overline{p_y v_y} = \frac{S(\varepsilon, p_z)}{2\pi m^*} \tag{4.20}$$

gilt, wodurch dann schließlich das gewünschte Resultat

$$M_z = \frac{e}{2m^*c}\, I \tag{4.21}$$

erhalten wird. Anzumerken ist, daß für die Bestimmung des magnetischen Moments die Koordinate stets vom „Zentrum" des Umlaufs abgetragen wird.

Wie sich im vorangehenden abgezeichnet hat, spielt $S(\varepsilon, p_z)$, die Querschnittsfläche einer Isoenergiefläche mit der Ebene $p_z = \text{const}$, eine entscheidende Rolle bei der Dynamik der Elektronen im Magnetfeld, und sie soll im folgenden etwas näher untersucht werden. Insbesondere wird im weiteren eine Reihe von Formeln benötigt, in die die Ableitung von $S(\varepsilon, p_z)$ eingeht.

Berechnet man $(\partial S/\partial p_z)_\varepsilon$, so gilt entsprechend der Definition

$$\left(\frac{\partial S}{\partial p_z}\right)_\varepsilon = \oint \left(\frac{\partial p_y}{\partial p_z}\right)_{p_x', \varepsilon} \mathrm{d}p_x' \,.$$

Andererseits muß aber, da $\varepsilon = \text{const}$ ist, $\mathrm{d}\varepsilon = 0$ sein, so daß $(\partial p_y/\partial p_z)_{p_x, \varepsilon} = -\, v_z/v_y$ folgt. Somit ist außerdem

$$\left(\frac{\partial S}{\partial p_z}\right)_\varepsilon = -\oint \frac{v_z}{v_y}\, \mathrm{d}p_x \,. \tag{4.22}$$

Durch ihre Bestimmung hängt die Größe von $S(\varepsilon, p_z)$ natürlich auch von der Richtung des Magnetfeldes $\boldsymbol{\xi} = \boldsymbol{H}/H$ ab. Man kann zeigen, daß die Veränderung der Querschnittsfläche δS, die durch eine Richtungsänderung um $\delta\xi$ verursacht wird, durch folgende Formel

$$\delta S - \oint \frac{v_z p\, \mathrm{d}\xi}{v_y}\, \mathrm{d}p_x \tag{4.23}$$

bestimmt wird. Tatsächlich gilt

$$\left(\frac{\partial S}{\partial \xi_i}\right)_{\varepsilon, p_z} = \oint \left(\frac{\partial p_y}{\partial \xi_i}\right)_{p_x', \varepsilon, p_z} \mathrm{d}p_x' \,. \tag{4.24}$$

Man kann jetzt ausnutzen, daß die Abhängigkeit $\varepsilon = \varepsilon(p_x, p_y, p_z, \boldsymbol{\xi})$ von $\boldsymbol{\xi}$ nur mit der Wahl des Koordinatensystems zusammenhängt, dessen Achse immer in Richtung des Magnetfeldes zeigt. Ein Übergang zu einer neuen Feldrichtung $\boldsymbol{\xi} + \mathrm{d}\boldsymbol{\xi}$ entspricht damit einer Drehung des Impulsraumes um den „Winkel" $\delta\boldsymbol{\varphi}$:

$$\delta \boldsymbol{p} = [\boldsymbol{p}, \delta\boldsymbol{\varphi}] \,.$$

$\delta\boldsymbol{\varphi}$ ist mit $\mathrm{d}\boldsymbol{\xi}$ durch eine analoge Beziehung verknüpft:

$$\mathrm{d}\boldsymbol{\xi} = [\boldsymbol{\xi}, \delta\boldsymbol{\varphi}] \,.$$

Aus der Bedingung der Konstanz der Energie

$$d\varepsilon = v_x\, dp_x + v_y\, dp_y + v_z\, dp_z + \frac{\partial \varepsilon}{\partial \xi_i}\, \delta\xi_i$$

und da $\frac{\partial \varepsilon}{\partial \xi_i} = \frac{\partial \varepsilon}{\partial p_i}\, \delta p_i$ gilt, folgt

$$\left(\frac{\partial p_y}{\partial \xi_y}\right)_{p_x,\varepsilon,p_z} = -\, p_z + \frac{v_z p_y}{v_y},$$

woraus man Formel (4.23) ableiten kann.

Eine weitere nützliche Beziehung ist

$$\bar{v}_z = \left(\frac{\partial \varepsilon}{\partial p_z}\right)_S. \tag{4.25}$$

Im folgenden soll kurz das Verhalten eines Leitfähigkeitselektrons in gekreuzten elektrischen und magnetischen Feldern behandelt werden, die der Einfachheit halber als senkrecht aufeinander stehend angesetzt werden. Ein freies Elektron, das sich in gekreuzten Feldern bewegt, driftet in eine Richtung, die sowohl senkrecht zum elektrischen als auch zum magnetischen Feld steht. Die Driftgeschwindigkeit, d. h. die mittlere Bewegungsgeschwindigkeit eines freien Elektrons ergibt sich in diesem Falle zu

$$\boldsymbol{v}_{EH} = \frac{c}{H^2}[\boldsymbol{E}, \boldsymbol{H}]. \tag{4.26}$$

Genau genommen, liefert Formel (4.26) die Größe der Geschwindigkeitskomponente senkrecht zu den Vektoren $\boldsymbol{E}$ und $\boldsymbol{H}$. Das Elektron bewegt sich natürlich auch noch in Richtung des Magnetfeldes, da die Impulskomponente und folglich die Geschwindigkeit in dieser Richtung eine Erhaltungsgröße ist. Damit bewegt sich das freie Elektron unter einem Winkel zum Magnetfeld in einer Ebene, die senkrecht zum elektrischen Feld steht. Im Falle eines Kristallelektrons mit einem beliebigen Dispersionsgesetz müssen diese Bedingungen modifiziert werden. Mit Hilfe von Gleichung (4.26) kann die Gleichung (4.1) folgendermaßen umgeformt werden:

$$\frac{d\boldsymbol{p}}{dt} = \frac{e}{c}[\boldsymbol{v} - \boldsymbol{v}_{EH}, \boldsymbol{H}]. \tag{4.27}$$

Mittelt man diese Gleichung nach der Zeit, so sieht man, daß in den Fällen, bei denen geschlossene Bahnen vorliegen, $\overline{d\boldsymbol{p}/dt} \neq 0$ ist und die mittlere Geschwindigkeit in einer senkrecht zum Magnetfeld stehenden Ebene wie bei einem freien Elektron mit $\boldsymbol{v}_{EH}$ zusammenfällt:

$$\bar{\boldsymbol{v}} = \boldsymbol{v}_{EH} + \boldsymbol{v}_{||}; \qquad \boldsymbol{v}_{||} = \frac{\boldsymbol{H}(\boldsymbol{v}\boldsymbol{H})}{H^2}.$$

In den Fällen, in denen eine offene Bahn vorliegt, wird $\overline{\mathrm{d}\boldsymbol{p}/\mathrm{d}t} \neq 0$ und damit $\boldsymbol{v}_\perp \neq \boldsymbol{v}_{EH}$. Es ist noch einmal darauf hinzuweisen, daß das nur für gekreuzte Felder gilt.

Wie aus Gleichung (4.27) zu entnehmen ist, kann man das Verhalten eines Teilchen mit einem Dispersionsgesetz $\varepsilon = \varepsilon(\boldsymbol{p})$ in gekreuzten Feldern wie das eines Teilchens mit einem Dispersionsgesetz

$$\varepsilon^*(\boldsymbol{p}) = \varepsilon(\boldsymbol{p}) - \boldsymbol{v}_{EH}\boldsymbol{p} \tag{4.28}$$

behandeln, das sich nur in einem Magnetfeld befindet. Die Bahngleichung im Impulsraum hat dann folgendes Aussehen:

$$\varepsilon(\boldsymbol{p}) - \boldsymbol{v}_{EH}\boldsymbol{p} = \text{const}; \qquad p_z = \text{const}\,. \tag{4.29}$$

Es ist leicht einzusehen, daß im Falle der gekreuzten Felder eine Bahn (4.29) offen sein kann, wenn sie bei abgeschaltetem elektrischen Feld geschlossen ist.[1]) Aus der Kenntnis der Bahn im Impulsraum soll nun die Bahn im Ortsraum konstruiert werden. Aus dem Energieerhaltungssatz

$$\frac{\mathrm{d}\varepsilon}{\mathrm{d}t} = \boldsymbol{v}\frac{\mathrm{d}\boldsymbol{p}}{\mathrm{d}t} = e\boldsymbol{v}\boldsymbol{E}$$

folgt, daß die Geschwindigkeit $\boldsymbol{v}$ immer senkrecht zum Vektor $\mathrm{d}\boldsymbol{p}^*/\mathrm{d}t$ ist, wobei zur Abkürzung $\boldsymbol{p}^* = \boldsymbol{p} - e\boldsymbol{E}t$ gesetzt wird. Ist die Bahn im Impulsraum geschlossen, so kann die Periodendauer T_{EH} berechnet werden. Aus Formel (4.28) ist zu ersehen, daß man einen analogen Ausdruck wie bei Anliegen nur eines Magnetfeldes erhält:

$$T_{EH} = -\frac{c}{eH}\frac{\partial S^*}{\partial \varepsilon^*}.$$

Hier ist S^* die Fläche, die durch die Kurve aus Gleichung (4.29) umschlossen wird. Im allgemeinen hängt der Wert von $\partial S^*/\partial\varepsilon^*$ vom elektrischen Feld ab. Interessant ist, daß bei einem quadratischen Dispersionsgesetz diese Abhängigkeit verschwindet. Da das elektrische Feld praktisch immer als klein gegenüber dem magnetischen anzusehen ist,[2]) sind Untersuchungen der Veränderung der Umlaufperiode unter Einwirkung eines schwachen elektrischen Feldes von Interesse (vor allem für Halbleiter und Halbmetalle des Wismuttyps). Berechnet man die Veränderung der Umlaufperiode, so brauchen nur die quadratischen Terme berücksichtigt zu werden, da bei der Mittelung über alle Elektronen die linear vom elektrischen Feld abhängenden Terme herauszufallen und bei konkreten Effekten keine Rolle spielen.

Zum Abschluß dieses Paragraphen soll noch unterstrichen werden, daß bei der Berechnung der elektrischen Leitfähigkeit (sowohl der statischen als auch

[1]) Nur die Existenz offener Bahnen erklärt die Tatsache, daß der Gesamtstrom völlig besetzter Energiebänder in gekreuzten Feldern Null ist.

[2]) Die Bedingung $E/H \ll 1$ ist notwendig, damit man die Formeln der klassischen (nicht relativistischen) Mechanik anwenden kann (vgl. z. B. [13]).

der hochfrequenten) in einem Magnetfeld das elektrische Feld als Störung angesehen werden kann. Deshalb werden für den Fall gekreuzter elektrischer und magnetischer Felder die makroskopischen Eigenschaften eines Metalls allein durch die Dynamik der Leitfähigkeitselektronen im Magnetfeld bestimmt.

§ 5 Die Bewegung von Leitfähigkeitselektronen in inhomogenen Feldern

Im vorangegangenen Paragraphen wurde die Bewegung der Quasiteilchen mit einem komplizierten Dispersionsgesetz in konstanten und homogenen elektrischen und magnetischen Feldern untersucht. Schon dort ergaben sich Besonderheiten, die nur für Teilchen mit einer komplizierten Abhängigkeit der Energie vom Quasiimpuls charakteristisch sind. Eine noch größere Vielfalt von Erscheinungen offenbart sich natürlich bei der Bewegung von Teilchen in inhomogenen Feldern [14–16].[1])

In diesem Paragraphen soll die Bewegung von Quasiteilchen in elektrischen und magnetischen Feldern untersucht werden, die sich „langsam" in Zeit und Raum ändern. Sie genügen den Bedingungen

$$T_H \ll T_0; \qquad r_H \ll L_0; \qquad E \ll \frac{v}{c} H \tag{5.1}$$

(T_0 und L_0 sind die charakteristische Zeit bzw. Länge der Feldänderung von $\boldsymbol{E}$ und $\boldsymbol{H}$). Praktisch sind diese Bedingungen bis zu sehr hohen Gradienten und Frequenzen erfüllt (z. B. für ein Magnetfeld von $H \approx 10^3$ Oe ist ein Gradient von $|\nabla H| \approx 10^5$ Oe/cm und eine Frequenz $\omega_c = 2\pi/T_0 \approx 10^8\ \mathrm{s}^{-1}$ zulässig).

Geht man davon aus, daß ein elektrisches Feld, das der Bedingung (5.1) genügt, als klein angesehen wird, so ist in diesem Paragraphen eine ungestörte Bewegung eine Bewegung in einem homogenen zeitlich konstanten Magnetfeld.

Die Bedingung (5.1) gestattet es, die wirkliche Bewegung eines Quasiteilchens in die Summe zweier Bewegungsabläufe zu zerlegen – einer schnellen Bewegung in einem mittleren Magnetfeld und einer langsamen Veränderung der Charakteristika der schnellen Bewegung. Besonders anschaulich wird das für die Bewegung auf einer geschlossenen Bahn im Impulsraum. Langsame Bewegungen sind hier die Drift, die Drehung und die Deformation der Umlaufbahn, auf der das Teilchen seine schnelle Bewegung vollführt.

Wenn die Isoenergiefläche nicht überall konvex ist, so tritt bei der Bewegung in einem elektromagnetischen Feld, das sich langsam in Raum und Zeit ändert, die eigentümliche Erscheinung einer „Streuung der Quasiteilchen an den Sattelpunkten der Oberfläche" auf, die mit keinerlei Streuzentren im Ortsraum gekoppelt ist. Die Streuung wird dadurch verursacht, daß der Sattelpunkt ein ausgezeichneter Punkt ist, denn in diesem Punkt hört die

[1]) Bis heute sind experimentell noch keine Effekte gefunden worden, die mit den hier beschriebenen Eigenschaften zusammenhängen. Man kann deshalb beim ersten Durchlesen der Elektronentheorie der Metalle diesen Paragraphen auslassen.

Bewegung eines Quasiteilchen in einem konstanten und homogenen Magnetfeld auf. Im Falle eines elektromagnetischen Feldes, das den Bedingungen (5.1) genügt, teilt dieser Punkt im $\boldsymbol{p}$-Raum Gebiete mit wesentlich unterschiedlichen Bewegungsabläufen. Wenn die Umlaufbahn durch solch einen Punkt verläuft, wird sich die Bewegungsart eines Teilchens stark verändern. Wohin es schließlich kommt, hängt dann von den genauen Anfangsbedingungen ab. Von besonderem physikalischem Interesse ist es, die Wahrscheinlichkeit zu bestimmen, mit der es in das eine oder andere Gebiet gelangt.

Am Anfang soll der Fall betrachtet werden, bei dem die schnelle Bewegung auf einer geschlossenen Bahn im Impulsraum verläuft. Für die Untersuchung ist es besser, an Stelle der kartesischen Impulskoordinaten die Größen p_ξ, ε und τ zu benutzen. p_ξ ist die Projektion des Impulses auf den Einheitsvektor des Magnetfeldes $\boldsymbol{\xi} = \boldsymbol{H}/H$, ε ist die Energie und τ ist eine Winkelvariable, die die Lage des Teilchens auf der Umlaufbahn bei seiner schnellen Bewegung mit $p_\xi = \text{const}$, $\varepsilon = \text{const}$ (s. vorangegangenen Paragraphen) bestimmt.

Schreibt man nun die Funktionen $\boldsymbol{r}(t)$, $p_\xi(t)$ und $\varepsilon(t)$ auf, nachdem man explizit die schnelle Bewegung abgetrennt hat, so ergibt sich

$$\boldsymbol{r}(t) = \bar{\boldsymbol{r}}(t) + \boldsymbol{\varrho}(t); \quad p_\xi(t) = \bar{p}_\xi(t) + \tilde{p}_\xi(t); \quad \varepsilon(t) = \bar{\varepsilon}(t) + \tilde{\varepsilon}(t). \tag{5.2}$$

Die Striche bedeuten eine Mittelung über eine Periode der schnellen Bewegung: $\bar{x} = \frac{1}{T_H}\int\limits_t^{t+T_H} x(t')\,\mathrm{d}t'$. Die „gemittelten" Werte $\boldsymbol{R}(t) = \bar{\boldsymbol{r}}(t)$, $P_\xi(t) = \bar{p}_\xi(t)$ und $\mathscr{E}(t) = \bar{\varepsilon}(t)$ widerspiegeln die langsame (allmähliche) Bewegung des Teilchens. $\boldsymbol{R}$ hat hierbei die Bedeutung der Zentrumskoordinaten der Umlaufbahn, der Einheitsvektor $\boldsymbol{\xi} = \boldsymbol{H}(\boldsymbol{R}, t)/H(\boldsymbol{R}, t)$ und auch die Größen $\mathscr{E}(t)$ und $P_\xi(t)$ bestimmen die Lage der Umlaufbahn im $\boldsymbol{p}$-Raum. Die Umlaufperiode $T_H = 2\pi m^* c/eH$ wird durch die augenblicklichen Werte von $\mathscr{E}$, P_ξ und $\boldsymbol{\xi}$ bestimmt, und die Funktionen $\boldsymbol{\varrho}$, $\tilde{p}_\xi$ und $\tilde{\varepsilon}$ sind oszillierende Zusatzterme, deren Mittelwert Null ist. Entsprechend der Bedingung (5.1) sind $|\tilde{p}_\xi|$ und $|\tilde{\varepsilon}|$ bedeutend kleiner als P_ξ und $\mathscr{E}$, und $|\boldsymbol{\varrho}|$ ist von der Größenordnung der linearen Abmessungen der LARMOR-Bahn ($|\boldsymbol{\varrho}| \approx r_H$). Die genauen Bewegungsgleichungen haben das übliche Aussehen (4.1). Sie müssen in die hier gewählten Variablen transformiert werden. Zu diesem Zweck wird die Gleichung

$$\cdot = e\boldsymbol{E} + \frac{e}{c}[\boldsymbol{vH}] \tag{5.3}$$

mit dem Einheitsvektor $\boldsymbol{\xi}(\boldsymbol{r}, t)$, der parallel zum Magnetfeld liegt, skalar multipliziert:

$$\boldsymbol{\xi}\dot{\boldsymbol{p}} = eE_\xi\,.$$

Benutzt man nun

$$\dot{p}_\xi = \frac{\mathrm{d}}{\mathrm{d}t}(\boldsymbol{\xi p}) = \dot{\boldsymbol{\xi}}\boldsymbol{p} + \boldsymbol{\xi}\dot{\boldsymbol{p}}$$

und

$$\frac{d\xi}{dt} = \frac{\partial \xi}{\partial t} + (\boldsymbol{v}\nabla)\,\xi\,,$$

so folgt

$$\dot{p}_\xi = eE_\xi + \boldsymbol{p}\left(\frac{\partial \xi}{\partial t} + (\boldsymbol{v}\nabla)\,\xi\right).$$

Da $\xi d\xi/dt = 0$ ist, ergibt sich schließlich

$$\dot{p}_\xi = \boldsymbol{p}_\perp(\boldsymbol{v}\nabla)\,\xi + \boldsymbol{p}_\perp \frac{\partial \xi}{\partial t} + eE_\xi\,, \tag{5.4}$$

wobei $\boldsymbol{p}_\perp = \boldsymbol{p} - (\boldsymbol{p}\xi)\,\xi$ die Projektion des Vektors $\boldsymbol{p}$ auf eine senkrecht zum Magnetfeld $\boldsymbol{H}(\boldsymbol{r}, t)$ stehende Ebene ist. Zur Gleichung (5.4) muß noch das Gesetz der Energieänderung zugefügt werden,

$$\dot{\varepsilon} = e\boldsymbol{E}\boldsymbol{v}\,, \tag{5.5}$$

und die Gleichung, die die Zeitabhängigkeit der Teilchenkoordinaten bestimmt:

$$\dot{\boldsymbol{r}} = \boldsymbol{v}_\perp + v_\xi \xi\,, \qquad \boldsymbol{v}_\perp = \boldsymbol{v} - (\boldsymbol{v}\xi)\,\xi\,. \tag{5.6}$$

Die Gleichungen (5.4) bis (5.6) sind ein vollständiges Gleichungssystem für die Teilchenbewegung in den aus Zweckmäßigkeitsgründen eingeführten Variablen.

Die Koordinaten ($\boldsymbol{r}$ und $\boldsymbol{p}$), die die Lage des Teilchens bestimmen, lassen eine Mittelwertsbildung folgender Form zu: $\overline{\dot{x}} = \dot{\overline{x}}$. Mit einem gleichen Genauigkeitsgrad kann dann aber auch bei der Mittelung die Integration über die wahre Zeit durch eine Integration über τ entlang der Umlaufbahn $\varepsilon = \mathscr{E}$, $p_\xi = P_\xi$ ersetzt werden (wobei leicht zu zeigen ist, daß $dt = d\tau$ mit einer Genauigkeit bis zu Größen $\approx cE/vH$ gesetzt werden kann; vgl. § 27). Bei der Mittelung nach τ, die im weiteren noch vorgenommen werden soll, muß die Funktion $\boldsymbol{p} = \boldsymbol{p}(\tau)$ bekannt sein. Zu ihrer Verdeutlichung benutzt man am besten die Bewegungsgleichung in einem gemittelten Feld

$$\frac{d\boldsymbol{p}}{d\tau} = \frac{e}{c}\,[\boldsymbol{v}\boldsymbol{H}]\,, \qquad \boldsymbol{H} = \boldsymbol{H}(\boldsymbol{R})\,,$$

wobei das Magnetfeld $\boldsymbol{H}$ als konstant angesetzt wird. Durch Umformung ergibt sich

$$v_{\underset{(y)}{x}} = (\mp)\,\frac{c}{eH}\,\frac{\partial p_{y(x)}}{\partial \tau}\,.$$

Die x- und die y-Achsen liegen in einer Ebene senkrecht zum Magnetfeld, womit $\overline{v}_\perp = 0$ ist. Außerdem gilt $\overline{v_x p_y} = \overline{v_y p_x} = 0$ und $\overline{v_x p_x} = \overline{v_y p_y}$. Dieser Ausdruck ist auch noch gleich $S/2\pi m^*$, wobei S und $m^* = \dfrac{1}{2\pi}\dfrac{\partial S}{\partial \varepsilon}$ Funktionen von $\mathscr{E}$ und P_ξ sind (siehe vorangegangenen Paragraphen).

Geht man nun zur Mittelung der Gleichungen (5.4) bis (5.6) über, so tritt in Gleichung (5.4) eine Schwierigkeit eigentlich nur bei der Mittelung des ersten Terms der rechten Seite auf. Für die Berechnung dieses Mittelwertes werden die Achsen x, y, z so gewählt, daß $\xi_z = 1$ und $\xi_x = \xi_y = 0$ wird. Damit ist $\nabla \xi_z = 0$, und es gilt

$$\overline{\boldsymbol{p}_\perp (\boldsymbol{v}\nabla)\,\xi} = \frac{S}{2\pi m^*}\left(\frac{\partial \xi_x}{\partial x} + \frac{\partial \xi_y}{\partial y}\right) + \overline{v_z\left(\boldsymbol{p}_\perp \frac{\partial \zeta}{\partial z}\right)}.$$

Dabei wurde ausgenutzt, daß $\overline{v_x p_x} = \overline{v_y p_y} = S/2\pi m^*$ ist. Den letzten Summanden kann man umformen, wenn man von der Integration nach τ zur Integration nach p_x übergeht:

$$\overline{v_z\left(\boldsymbol{p}_\perp \frac{\partial \xi}{\partial z}\right)} = \frac{1}{2\pi m^*}\oint \frac{v_z\left(\boldsymbol{p}_\perp \frac{\partial \xi}{\partial z}\right)}{v_y}\,dp_x\,.$$

Nun folgt aber aus Gleichung (4.24) auch

$$\overline{v_z\left(\boldsymbol{p}_\perp \frac{\partial \xi}{\partial z}\right)} = \frac{1}{2\pi m^*}\,(\xi\nabla)\,S\,.$$

Andererseits kann unter Berücksichtigung, daß $\operatorname{div} H = 0$ ist, gezeigt werden, daß

$$\frac{\partial \xi_x}{\partial x} + \frac{\partial \xi_y}{\partial y} = H(\xi\nabla)\frac{1}{H}$$

ist. Man erhält damit

$$\overline{\boldsymbol{p}_\perp (\boldsymbol{v}\nabla)\,\xi} = \frac{H}{2\pi m^*}\,(\xi\nabla)\,\frac{S}{H}, \tag{5.7}$$

und die gemittelte Gleichung (5.4) hat dann schließlich die Form

$$\dot{P}_\xi = \frac{H}{2\pi m^*}\,(\xi\nabla)\,\frac{S}{H} + \overline{\boldsymbol{p}}_\perp \frac{\partial \xi}{\partial t} + eE_\xi\,. \tag{5.8}$$

Bei der Mittelung der Gleichung (5.5) kann das elektrische Feld $\boldsymbol{E}(r)$ näherungsweise gleich $\boldsymbol{E}(\boldsymbol{R}) + (\varrho\nabla)\,\boldsymbol{E}$ gesetzt werden. Berücksichtigt man nun, daß $\tilde{v}_x = \tilde{v}_y = 0$ ist, so erhält man

$$\overline{e\boldsymbol{E}(\boldsymbol{r})\,\boldsymbol{v}} = eE_\xi \overline{\boldsymbol{v}}_\xi + e\overline{\tilde{v}_i \varrho_k}\,\frac{\partial E_i}{\partial x_k}.$$

Da $v_i = \dot{\varrho}_i$ ist, kann durch eine partielle Integration leicht gezeigt werden, daß $\overline{\tilde{v}_i \varrho_k}$ ein antisymmetrischer Tensor sein muß. Nutzt man das aus, so gelangt man zu

$$\overline{\tilde{v}_i \varrho_k}\,\frac{\partial E_i}{\partial x_k} = \frac{1}{2}\,\overline{\tilde{v}_i \varrho_k}\left(\frac{\partial E_i}{\partial x_k} - \frac{\partial E_k}{\partial x_i}\right) = \frac{1}{2}\,\overline{[\varrho\tilde{\boldsymbol{v}}]}_i\,(\operatorname{rot}\boldsymbol{E})_i\,.$$

Entsprechend den MAXWELLschen Gleichungen gilt

$$\operatorname{rot} \boldsymbol{E} = -\frac{1}{c}\frac{\partial \boldsymbol{H}}{\partial t},$$

und

$$\frac{e}{2c}\overline{[\varrho, \boldsymbol{v}]} = \boldsymbol{M}$$

ist, wie schon gezeigt wurde, das mittlere magnetische Moment des Umlaufs bezüglich des „Umlaufbahnzentrums" $\boldsymbol{R}$. Damit wird

$$\dot{\mathscr{E}} = eE_\xi \bar{v}_\xi - \boldsymbol{M}\frac{\partial \boldsymbol{H}}{\partial t}. \tag{5.9}$$

Die Gleichung (5.6) mittelt sich automatisch zu

$$\boldsymbol{R} = \bar{v}_\xi \xi . \tag{5.10}$$

Die Gleichungen (5.8) bis (5.10) stellen ein vollständiges System von gemittelten Bewegungsgleichungen eines Elektrons dar. Auf den rechten Seiten stehen Funktionen, die nur von P_ξ, $\mathscr{E}$ und $\boldsymbol{R}$ abhängen. Will man ihre explizite Form bestimmen, so muß man in einigen Fällen die Formeln benutzen, die im vorigen Paragraphen abgeleitet wurden.

Aus dem Gleichungssystem (5.8) bis (5.10) kann mit Hilfe der Beziehungen

$$\bar{v}_\xi = -\frac{1}{2\pi m^*}\frac{\partial S}{\partial P_\xi}; \qquad \frac{\partial S}{\partial \xi} = \oint \frac{\boldsymbol{p}_\perp v_\xi}{v_\perp}\, dp_l$$

(die Integration erfolgt entlang einer mittleren Bahn) leicht abgeleitet werden, daß das Verhältnis $S(P_\xi, \mathscr{E}, \xi)/H(\boldsymbol{R}, t)$ ein Bewegungsintegral ist. Insbesondere bedeutet das, daß im inhomogenen Magnetfeld das Aussehen der adiabatischen Invarianten dasselbe wie im konstanten Feld ist (vgl. Formel (4.18)).

Eine andere wichtige Eigenschaft der Bewegung in einem sich langsam in Zeit und Raum verändernden elektromagnetischen Feld besteht darin, daß die Geschwindigkeit des Umlaufbahnzentrums parallel zur Richtung des Magnetfeldes liegt (vgl. Formel (5.10)).

Die Kenntnis der gemittelten Gleichungen gestattet es, den Charakter der Bewegung und die Deformation der Umlaufbahn in sich langsam verändernden Feldern vollständig zu untersuchen. Besonders anschaulich ist der Bewegungsablauf in dem einfachen Spezialfall, in dem die Stärke des konstanten Magnetfeldes nur wenig vom Ort abhängt. Das Elektron bewegt sich auf der Isoenergiefläche so, daß das Verhältnis S/H konstant bleibt. Der Bahnmittelpunkt (Zentrum) bewegt sich entlang einer Kraftlinie. Insbesondere können interessante Oszillationen auftreten, die analog zu den Schwingungen von Teilchen in einer magnetischen Flasche sind. Im Metall kann jedoch die periodische Bewegung nicht nur durch die spezielle Form des Magnetfeldes, sondern auch durch Besonderheiten des Dispersionsgesetzes verursacht werden, wenn S dadurch eine periodische Funktion wird [14] (s. Abb. 18).

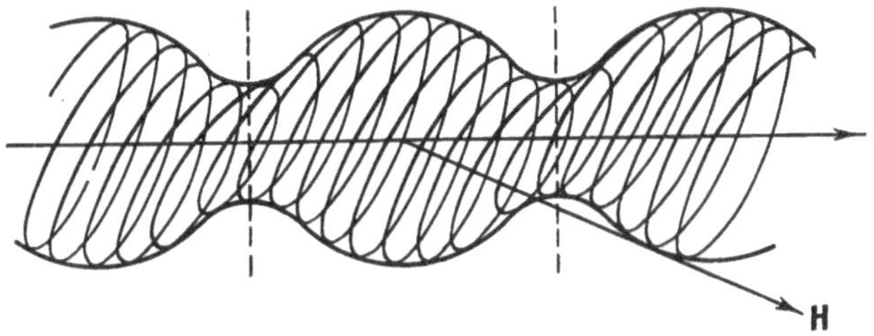

Abb. 18. Trajektorien von Elektronen in einem inhomogenen Magnetfeld

Wenn die Gleichungen $p_\xi = \text{const}$, $\varepsilon = \text{const}$ eine offene Bahnkurve beschreiben, so muß man zwei Fälle unterscheiden:

1. Die Bahnkurve ist eine periodische Kurve; die Öffnungsrichtung ist einem beliebigen Gittervektor des reziproken Gitters parallel. Der Hauptunterschied zum Fall eines geschlossenen Querschnitts besteht darin, daß der Geschwindigkeitsvektor nicht entlang einer magnetischen Kraftlinie liegt, wodurch S/H keine adiabatische Invariante mehr bleibt. Der generelle Charakter der Bewegung ist jedoch einer Bewegung auf einer geschlossenen Bahnkurve sehr ähnlich. Die Periodendauer wird durch die Zeit bestimmt, in der das Elektron durch eine Elementarzelle des inversen Gitters hindurchtritt.

2. Die Bahnkurve ist keine periodische Funktion; die Öffnungsrichtung fällt demzufolge mit keinem Vektor des reziproken Gitters zusammen. Für einen aperiodischen Bahnverlauf kann bei der Mittelung die Integration entlang einer offenen Bahn, die durch eine unendliche Menge von Elementarzellen führt,[1]) durch eine Summe von Integralen auf den äquivalenten Teilstücken innerhalb nur einer Zelle ersetzt werden (Abb. 19). Im Falle einer aperiodischen Bahn bedecken diese Teilstücke die Elementarzelle vollständig. Hieraus ist ersichtlich, daß die Mittelwerte, die die langsame Bewegung charakterisieren, nicht von p_H, der Projektion des Impulses auf das Magnetfeld, abhängen können. Es ist verständlich, daß man auch für periodische Bahnverläufe die Abhängigkeit der Mittelwerte von p_H vernachlässigen kann, wenn ihre Periode bedeutend größer als $\hbar/a$ ist (a — mittlerer Atomabstand). Dieser Umstand (die Unabhängigkeit der Mittelwerte von p_H) verändert den Charakter der langsamen Bewegung wesentlich (vgl. [15]).

[1]) Tatsächlich ist die Ableitung der Gleichungen, die eine langsame Bewegung (Drift usw.) beschreiben, mit der Mittelung über das Zeitintervall T verbunden, das der Ungleichung $T_0 \ll T \ll \tau$ genügt, wobei T_0 die Zeit ist, die das Teilchen benötigt, um durch eine Elementarzelle hindurchzufliegen, und τ die freie Flugzeit ist. Bei der Mittelung endlicher Größen kann man jedoch die Integration über die gesamte Bahn erstrecken, da die Differenz

$$\lim_{T' \to \infty} (2T')^{-1} \int_{-T'}^{T'} f(t')\, dt' - \frac{1}{T} \int_{t}^{t+T} f(t')\, dt'$$

eine schnell oszillierende Funktion der Ordnung fT_0/T ist.

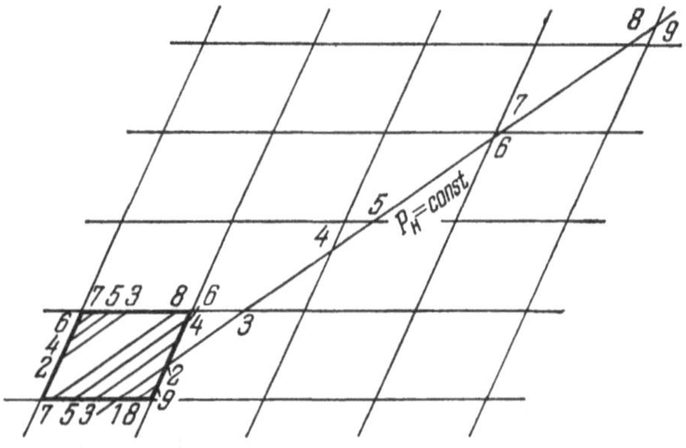

Abb. 19. Schnitt der Fläche $p_H = \text{const}$ mit einer der kristallographischen Ebenen des inversen Gitters (die äquivalenten Punkte sind gleich beziffert)

Eine besonders interessante Situation entsteht, wenn bei der Bewegung im Feld, das sich zeitlich und räumlich nur schwach ändert, ein Übergang von einem Bahntyp zu einem anderen erfolgt. Wie schon gezeigt wurde, treten hierbei Erscheinungen auf, die einer Streuung an einem Streuzentrum ähnlich sind [15, 16].

Gebiete im $\boldsymbol{p}$-Raum mit unterschiedlichen Bahntypen sind voneinander durch Bereiche mit sich selbst durchdringenden Bahnen getrennt, die durch den Schnitt einer Isoenergiefläche $\varepsilon = \text{const}$ mit einer Ebene gebildet werden, die einen hyperbolischen Punkt der Isoenergiefläche tangiert. Diese Punkte sind Haltepunkte bei der Bewegung im homogenen und konstanten Magnetfeld. Die Periode eines Teilchenumlaufs divergiert logarithmisch für $\boldsymbol{p}_H \to \boldsymbol{p}_H^k$, wobei $\boldsymbol{p}_H^k$ der den ausgezeichneten Punkt beschreibende Quasiimpuls ist (vgl. Formel (4.15) und (4.15a)).

Die Existenz dieser Streuung ist am einfachsten im schwach inhomogenen und zeitlich konstanten Magnetfeld mit geraden Feldlinien zu erklären. F sei ein Sattelpunkt der Isoenergiefläche $\varepsilon = \varepsilon_0$ im Impulsraum, dessen Normale in diesem Punkt parallel zu $\boldsymbol{H}$ ist. Der Schnitt $\varepsilon = \varepsilon_0$, $p_H = p_H^k$ bildet eine „Acht“, deren Kreuzungspunkt mit F zusammenfällt. Wenn die umlaufene Fläche bei der Bewegung im $\boldsymbol{p}$-Raum die Isoenergiefläche im Sattelpunkt berührt, so wird sie im weiteren in zwei Teilflächen, die Gebiete I und II, aufspalten, die durch einen ausgezeichneten Punkt getrennt sind (s. Abb. 20). In diesen Gebieten unterscheiden sich die Bahntypen wesentlich. Je nach seinen genauen „mikroskopischen“ Anfangsbedingungen gelangt ein Teilchen entweder in das Gebiet I oder II. Die mikroskopischen Anfangsbedingungen liegen dabei so, daß auf jedem makroskopischen Element der Isoenergiefläche sich Punkte befinden, von denen die Teilchen sowohl in das I. als auch in das II. Gebiet gelangen können. Das makroskopische Element wird durch gemittelte Werte der „Ko-

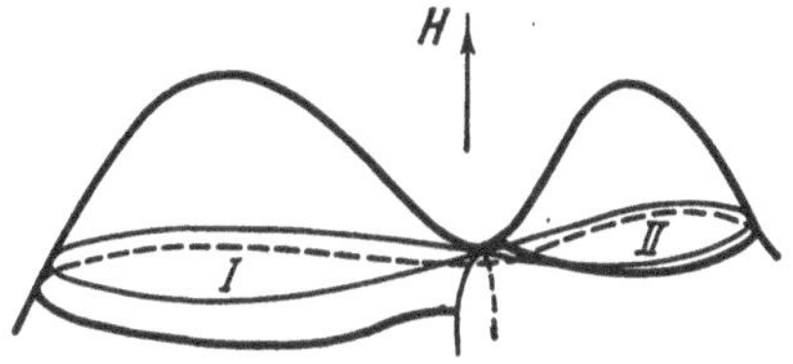

Abb. 20. Bewegung eines Elektrons in einem inhomogenen Magnetfeld in der Nähe eines Sattelpunktes der Isoenergiefläche (Aufspalten der umlaufenen Fläche)

ordinaten“ bestimmt. Es ist daher gerechtfertigt, das Erscheinen der Teilchen in jedem dieser Gebiete als Zufallsprozeß zu betrachten und von einer Streuung am ausgezeichneten Punkt zu sprechen. Hierbei hat die „Einfalls“-Wahrscheinlichkeit (W_I bzw. W_{II}) völlig bestimmte Werte.

Zur Bestimmung dieser Wahrscheinlichkeit soll ein klassisches Ensemble von Teilchen betrachtet werden, das nach irgendeinem Streuparameter sortiert sein soll, der im folgenden noch spezifiziert wird. Jedes Teilchen schneidet auf seinem letzten Umlauf, bevor es entweder in Gebiet I oder in Gebiet II gelangt, die Hauptkrümmungslinie, die durch den Punkt F geht, bei irgendeinem Wert $p_H(0)$. Nachdem es einen Umlauf um eine Schleife der „Acht“ vollführt hat, befindet sich das Teilchen erneut in der Nähe des Kreuzungspunktes. In Abhängigkeit vom Vorzeichen der Differenz $p_H(t) - p_H^k$ in diesem Augenblick gelangt das Teilchen entweder in das Gebiet I oder in das Gebiet II. Die Differenz $p_H(t) - p_H^k$ wird jedoch eindeutig durch den Wert $p_H(0)$ am Anfang des Umlaufs bestimmt, der sich damit ausgezeichnet als Streuparameter eignet. Den Gebieten I und II entsprechen die Intervalle δ_I und δ_{II} der Werte von $p_H(0)$, die das Auftreffen der Teilchen in den Gebieten bestimmen. Die Streuwahrscheinlichkeit W_I bzw. W_{II}, d. h. die relative Zahl der Teilchen, die in das Gebiet I bzw. II kommen, ist proportional dem Teilchenfluß durch δ_I bzw. δ_{II}. Für eine genügend schwach veränderliche Verteilungsfunktion sind diese Ströme bezüglich der Inhomogenität in erster Näherung proportional δ_I bzw. δ_{II}.

Die Intervalle δ_I bzw. δ_{II} werden mit Hilfe der Beziehung

$$p_H(t) = p_H(0) + \int_0^t \dot{p}_H \, dt'$$

bestimmt. Hieraus erhält man

$$\delta_I = \int_0^{T_1} \dot{p}_H \, dt' , \qquad \delta_{II} = \int_{T_1}^{T_2} \dot{p}_H \, dt' \tag{5.11}$$

(T_1 ist die Umlaufzeit um die erste Schleife der „Acht“, T_2 ist die Umlaufzeit um die gesamte „Acht“).

Den Hauptbeitrag für die Veränderung von p_H während des Umlaufs um die „Acht“ geben die Teile der Bahn, die vom ausgezeichneten Punkt weit entfernt sind. Das ist dadurch begründet, daß im betrachteten Fall unmittelbar am ausgezeichneten Punkt $\dot{p}_H = 0$ ist.

Durch Ausnutzen der Bewegungsgleichung der umlaufenen Fläche kann gezeigt werden [15], daß aus Gleichung (5.11)

$$W_I/W_{II} = \delta_I/\delta_{II} = S_I/S_{II} \tag{5.12}$$

folgt. S_I und S_{II} sind die Flächen der jeweiligen Schleifen der „Acht". Aus den Gleichungen (5.12) folgt dann

$$W_I = \frac{S_I}{S_I + S_{II}}; \qquad W_{II} = \frac{S_{II}}{S_I + S_{II}}.$$

Im allgemeinen existieren mehrere Typen von Übergängen von einem Bahntyp zu einem anderen, wobei Übergänge von einer geschlossenen in eine offene (periodisch—aperiodisch) oder von einer offenen in eine geschlossene Bahn möglich sind. Bei der Bewegung in einem beliebigen schwach inhomogenen und sich nur langsam mit der Zeit verändernden elektromagnetischen Feld ist natürlich die Wahrscheinlichkeitsberechnung für den einen oder anderen Bewegungstyp etwas komplizierter als für den oben behandelten Spezialfall. In der Arbeit [15] konnten jedoch ausgehend von einer allgemeinen Formel Ausdrücke für die entsprechenden Wahrscheinlichkeiten der interessierenden Spezialfälle angegeben werden. Für die Bewegung in einem elektrischen Feld, das parallel zu einem zeitlich konstanten und homogenen Magnetfeld gerichtet ist, wurde folgender Ausdruck erhalten:

$$\frac{W_I}{W_{II}} = \left(\frac{\mathrm{d}S_I/\mathrm{d}p_H}{\mathrm{d}S_{II}/\mathrm{d}p_H}\right)_{p_H = p_H^k}. \tag{5.13}$$

§ 6 Stoßprozesse von Quasiteilchen, Streuung

In den vorstehenden Paragraphen wurde die klassische Bewegung des Leitfähigkeitselektrons in elektrischen und magnetischen Feldern behandelt. Die Felder wurden dabei so vorausgesetzt, daß die charakteristischen Bahnabmessungen der Quasiteilchen bedeutend größer als die atomaren Dimensionen blieben. Dieses gestattet es ja gerade, von einem bestimmten Bahnverlauf eines Leitfähigkeitselektrons zu sprechen. Aber in solchen Bewegungen erschöpfen sich natürlich nicht alle Bewegungsmöglichkeiten der Leitfähigkeitselektronen. Infolge der Wechselwirkung mit den unterschiedlichsten Kristallstörungen, deren Abmessung von der Größenordnung der charakteristischen Parameter a der Elementarzelle sind, verändert das Elektron abrupt (auf Längen der Größenordnung a) seinen Zustand, d. h., es ändert sich sein Impuls und seine Energie. In solchen Fällen spricht man von einer Streuung, die durch einen Stoß eines Elektrons mit einer lokalen Störung der Kristallperiodizität verursacht wird. Da die DE BROGLIE-Wellenlänge eines Leitfähigkeitselektrons von der Größenordnung des Abstandes zwischen den einzelnen Atomen ist, muß die Streuung an lokalen Kristallperfektionsstörungen notwendigerweise im wesentlichen quantenmechanischen Charakter tragen. Einige wichtige

Schlußfolgerungen über die Elektronenstreuung kann man jedoch auch ziehen, wenn man allein die Erhaltungssätze benutzt. Das Problem des effektiven Streuquerschnitts kann im allgemeinen Fall so nicht gelöst werden. Er hängt wesentlich von der Struktur der lokalen Störung ab, d. h. von der Art der Wechselwirkungsenergie des Elektrons mit der Störung.

Sogar bei klassischer Beschreibung der Streuung eines Teilchens kann der effektive Streuquerschnitt nur im einfachsten Fall des Zentralfeldes bis zu Ende gerechnet werden. Hier macht zusätzlich die Anisotropie des Kristalles die Sache wesentlich komplizierter.[1])

In der Regel sind die lokalen Kristallstörungen Beimischungsatome (evtl. Isotope) oder Störungen vom Typ einer Leerstelle oder einer Versetzung. Ihre Beweglichkeit ist bedeutend geringer als die Beweglichkeit der Elektronen (sie sind also schwerer). Man kann deshalb die Streuung an solchen Kristallfehlern als Streuung an einem Kraftzentrum ansehen. Ist die Streuung elastisch (es werden im weiteren nur solche Fälle behandelt), so ändert sich zwar der Quasiimpuls, die Energie bleibt jedoch konstant. Liegt ein kompliziertes Dispersionsgesetz vor, so tritt die interessante Erscheinung auf, für die der Streuwinkel durch die Geschwindigkeitsrichtung (und nicht durch die Impulsrichtung) nach dem Stoß bestimmt wird. Ist die Isoenergiefläche im Impulsraum konvex, so entspricht jedem Geschwindigkeitswert nur ein Impulswert. (Wie man ihn findet, geht aus Abb. 21 hervor.) Ist jedoch die Geometrie der Isoenergiefläche etwas komplizierter, so existieren unbedingt solche Richtungen, für die für ein und denselben Streuwinkel einige Impulswerte für das Elektron möglich sind (Abb. 22). Dieser Effekt wäre für ein freies Elektron undenkbar. Was für einen Impuls das gestreute Elektron am Ende tatsächlich besitzt, kann nur aus der Analyse des Streuprozesses selbst, d. h. aus der Untersuchung des Bewegungscharakters im Feld der Beimengung ermittelt werden. Es ist dabei zu beachten, daß diese Analyse noch zusätzlich durch den periodischen Charakter des Dispersionsgesetzes verkompliziert wird. Das Elektron kann nach einem

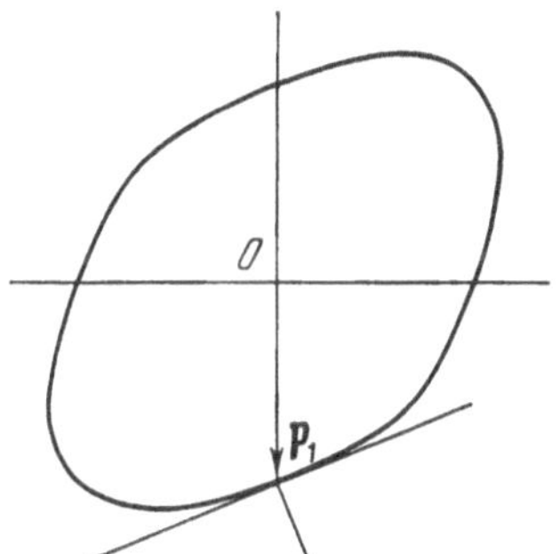

Abb. 21. Ermittlung des Impulswertes für ein Elektron, das in die Richtung $\boldsymbol{n}$ gestreut wurde

Der Punkt $\boldsymbol{p}_1$ ist der Berührungspunkt der zu $\boldsymbol{n}$ senkrecht liegenden Tangentialfläche mit der Isoenergiefläche $\varepsilon = \varepsilon(\boldsymbol{p})$

[1]) Das quantenmechanische Problem einer Streuung von Teilchen mit einem beliebigen Dispersionsgesetz wird in § 9 behandelt.

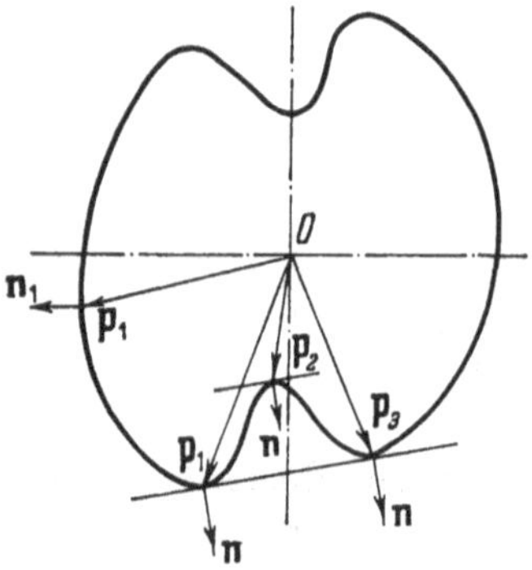

Abb. 22. Ermittlung des Impulswertes für Elektronen, die in die Richtungen $\boldsymbol{n}$ und $\boldsymbol{n}_1$ gestreut werden

Es ist zu sehen, daß die kompliziertere Geometrie der Isoenergiefläche für bestimmte vorgegebene Streurichtungen zu mehreren möglichen $\boldsymbol{p}$-Werten führt

elastischen Streuprozeß auch auf eine andere isoenergetische Teilfläche übergehen, die sich in einer der benachbarten Zellen des Impulsraumes befindet.[1]) Geht man klassisch (genauer natürlich quasiklassisch) an das Problem heran, so ist nach Vorgabe der genauen Anfangsbedingungen auch exakt zu bestimmen, in welchen Endzustand das Elektron übergeht. Im allgemeinen ist eine solche Aufgabenstellung nicht nötig, und es genügt, den effektiven Streuquerschnitt zu berechnen. Jedoch in einer Reihe von physikalischen Aufgaben (Ionenübertragung, elektromechanische Effekte usw.) entsteht gerade die Frage nach der Quasiimpulsänderung bei einem einzelnen Streuakt [17].

Wenn nur eine Streuung um kleine Winkel vorliegt, ist es möglich, ohne spezielle Forderungen an das Dispersionsgesetz zu stellen, analytische Ausdrücke für die Impulsänderung im Streuprozeß anzugeben [17]. Wenn sich das Elektron quasiklassisch verhält, kann man hier in guter Näherung die Berechnung mit Hilfe der klassischen Bewegungsgleichungen vornehmen (s. Einleitung), weil die Streuung um kleine Winkel bei genügend großen Werten des Streuparameters ϱ ($\varrho \gg a$) vor sich geht. Für die Berechnung wird jetzt vereinfachend vorausgesetzt, daß die auf das Elektron wirkende Kraft als Zentralkraft angesehen werden kann. Die Änderung des Quasiimpulses bei einem Streuakt kann dann folgendermaßen beschrieben werden:

$$\boldsymbol{p}' - \boldsymbol{p} = \boldsymbol{n}\delta_{||} + \boldsymbol{\nu}\delta_{\perp} \tag{6.1}$$

($\delta_{||}$ und $\delta_{\perp}$ sind die Impulsänderungen parallel zur Geschwindigkeitsrichtung $\boldsymbol{n} = \boldsymbol{v}/v$ bzw. senkrecht dazu: $\boldsymbol{\nu} = \boldsymbol{\varrho}/\varrho$). Bei einem elastischen Stoß bleibt die Energie erhalten:

$$\varepsilon(\boldsymbol{p} + \boldsymbol{n}\delta_{||} + \boldsymbol{\nu}\delta_{\perp}) = \varepsilon(\boldsymbol{p})\,. \tag{6.2}$$

Zerlegt man ε in eine Potenzreihe nach $\delta_{||}$ und $\delta_{\perp}$, so erhält man mit einer Genauigkeit bis zu Gliedern zweiter Ordnung

$$0 = \boldsymbol{v}(\boldsymbol{n}\delta_{||} + \boldsymbol{\nu}\delta_{\perp}) + \tfrac{1}{2}\,(m^{-1})_{ik}\,(n_i\delta_{||} + \nu_i\delta_{\perp})\,(n_k\delta_{||} + \nu_k\delta_{\perp})\,. \tag{6.3}$$

[1]) Quantenmechanisch bedeutet das, daß die Streuung von einem Umklappprozeß begleitet wird (s. u.).

Hier ist $(m^{-1})_{ik} = \partial^2\varepsilon/\partial p_i\,\partial p_k$ der Tensor der inversen effektiven Massen (§ 4). Das Skalarprodukt der Vektoren $\boldsymbol{v}$ und $\boldsymbol{\nu}$ ist Null, aber es gilt $\boldsymbol{vn} = v$. Terme, die $\delta_{||}^2$ und $\delta_\perp\delta_{||}$ enthalten, können vernachlässigt werden, da sie im Verhältnis zu dem in $\delta_{||}$ linearen Term klein sind. Man kommt somit zu

$$\boldsymbol{v}\delta_{||} = -\tfrac{1}{2}\,(m^{-1})_{ik}\,\nu_i\nu_k\delta_\perp^2\,. \tag{6.4}$$

Bei der Betrachtung eines Elektronenstroms muß man sehr häufig die mittlere Impulsänderung bestimmen. Wird der Ausdruck (6.4) nach dem Azimutwinkel gemittelt und dabei berücksichtigt, daß $\overline{\nu_i\nu_k} = 1/2\,\delta_{ik}$ ist ($i, k = x, y$; die z-Achse zeigt entlang der Elektronenbahn), so erhält man

$$\delta_{||} = -\frac{1}{4v}\,(m_{xx}^{-1} + m_{yy}^{-1})\,\delta_\perp^2(\varrho)\,. \tag{6.5}$$

$\delta_{||}v$ ist die Änderung des mittleren Impulswertes eines Einheitsflusses von Elektronen mit dem Streuparameter ϱ pro Zeiteinheit. Den Wert von $\delta_\perp$ kann man unmittelbar aus den Bewegungsgleichungen bestimmen:

$$\delta_\perp = \int_{-\infty}^{\infty} F_\varrho\,\mathrm{d}t = \frac{1}{v}\int_{-\infty}^{\infty} F_\varrho\,\mathrm{d}z\,. \tag{6.6}$$

Mit gleicher Genauigkeit gilt

$$\delta_\perp = -\frac{\varrho}{v}\int_{-\infty}^{\infty}\frac{\partial V}{\partial z}\,\frac{\mathrm{d}z}{r}\,; \qquad r = \sqrt{z^2+\varrho^2}\,. \tag{6.7}$$

Ein anderer Grenzfall, der ebenfalls verhältnismäßig einfach zu analysieren ist, ist der Frontalstoß eines Elektrons mit einer Beimischung. Sogar bei diesem einfachen Fall gelingt es zu zeigen, daß das Elektron, bei dem Streuprozeß von einer Teilfläche auf eine andere übergehen kann. Besitzt das Elektron ein Dispersionsgesetz vom Typ $\varepsilon = p^2/2m$ (freies Elektron), so kann im Fall eines Frontalstoßes zweierlei passieren: Existiert im Ortsraum ein Umkehrpunkt, so geht es in den gegenüberliegenden Punkt der Isoenergiekugel über (Abb. 23a). Existiert kein Umkehrpunkt, so geht das Elektron im Impulsraum in seine Ausgangslage zurück (Abb. 23b). Für ein Elektron, dessen Dispersionsgesetz eine periodische Funktion ist, verkompliziert sich natürlich die Situation insofern, als das Elektron nicht nur von Punkten reflektiert werden kann, in denen die Energie ein Minimum erreicht, sondern auch von Punkten, in denen sie maximal wird, da die Geschwindigkeit dort auch Null wird. In Abb. 24 sind einige Bewegungsformen von Elektronen im Feld einer Beimengung dargestellt. Aus Anschaulichkeitsgründen wurde ein unkompliziertes Dispersionsgesetz zugrunde gelegt. Analysiert man die Bewegung im Impulsraum, so ist zu beachten, daß in den Fällen, wo ein Haltepunkt vorliegt (s. Abb. 23a) auf das Elektron die Kraft immer mit gleichen Vorzeichen ein-

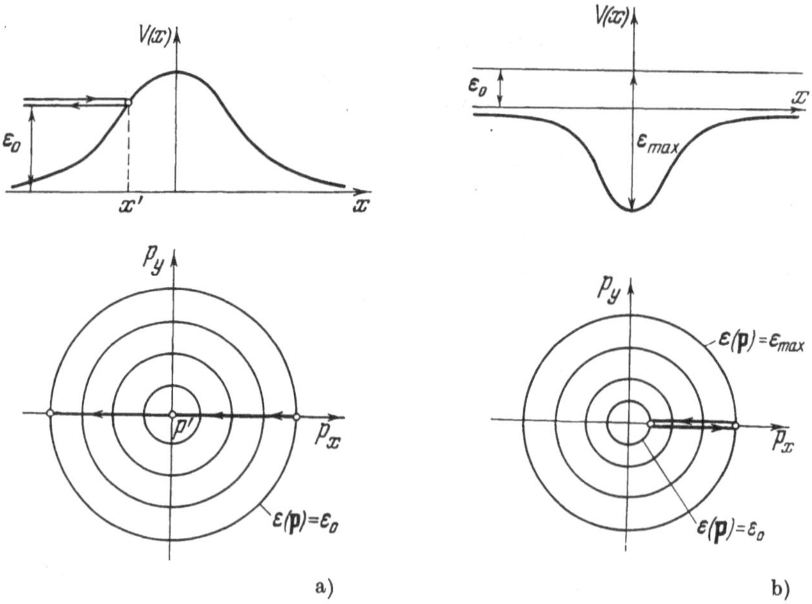

Abb. 23. Streuung eines Elektrons mit einem isotropen quadratischen Dispersionsgesetz (a) von einem abstoßenden Pontential und (b) von einem anziehendem Potential

ε_0 — kinetische Energie des Elektrons im Unendlichen; x' — Haltepunkt in x-Raum; ihm entspricht der Punkt p' im Impulsraum. Im Falle (a) geht das Elektron auf die entgegengesetzte Seite der Isoenergiefläche über; für (b) kehrt es an den Ausgangspunkt zurück

wirkt (im Impulsraum fehlt der Haltepunkt). In den Fällen, wo kein Haltepunkt vorliegt (s. Abb. 23b), muß die Kraft ihr Vorzeichen wechseln und $\dot{\boldsymbol{p}}$ irgenwo Null werden. Damit liegt ein Haltepunkt im $\boldsymbol{p}$-Raum vor. Wie aus Abb. 24 folgt, gehen recht häufig Teilchen während eines Streuprozesses in die benachbarte Zelle des reziproken Gitters über.

Außer den Stößen mit den lokalen Störungen sind für die Leitfähigkeitselektronen im Metall auch „Stoßprozesse" mit anderen Quasiteilchen (Elektronen, Phononen, Spinwellen usw.) möglich. Natürlich müssen bei diesen Prozessen die Erhaltungssätze für den Quasiimpuls und die Energie erfüllt bleiben:

$$\boldsymbol{p}_i = \boldsymbol{p}_e + 2\pi\hbar \boldsymbol{b}\,, \qquad \varepsilon_i = \varepsilon_e$$

($\boldsymbol{b}$ ist ein beliebiger Vektor des reziproken Gitters, $\boldsymbol{p}_i$ und $\boldsymbol{p}_e$ ist die Summe der Quasiimpulse der Teilchen vor und nach dem Stoßprozeß. Z. B. gilt für zwei Elektronen $\boldsymbol{p}_i = \boldsymbol{p}_{1i} + \boldsymbol{p}_{2i}$. $\varepsilon_i, \varepsilon_e$ ist die Teilchenenergie vor bzw. nach dem Stoß).

Unter den möglichen Stoßprozessen ist es üblich, zwischen Normalprozessen ($\boldsymbol{b} = 0$) und Umklappprozessen ($\boldsymbol{b} \neq 0$) zu unterscheiden. Da aber die Wahl

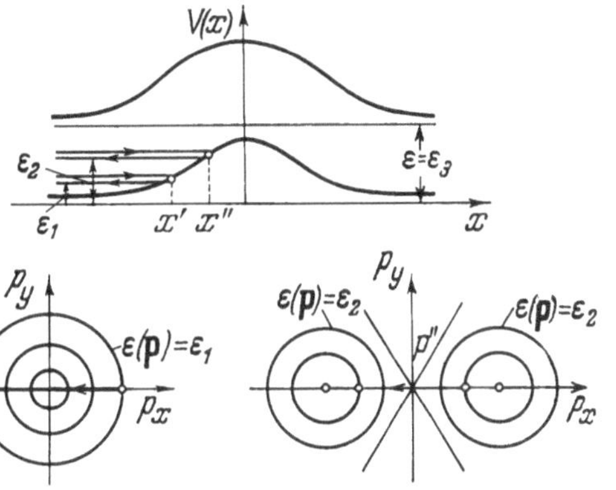

a)

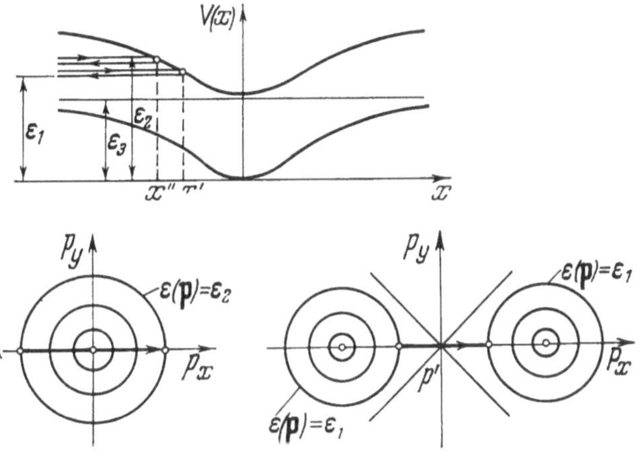

b)

Abb. 24. Streuung eines Elektrons mit einem Dispersionsgesetz $\varepsilon(\boldsymbol{p}) = \varepsilon$ im Feld eines a) abstoßenden und b) anziehenden Potentials (Streuung am oberen Rand eines Bandes)

a) Wenn die Elektronenenergie weit entfernt vom Streuzentrum fast minimal ist ($\varepsilon = \varepsilon_1$), so bleibt das Elektron in der Zelle des reziproken Gitters. Ist sie jedoch fast maximal ($\varepsilon = \varepsilon_2$), geht das Elektron in die benachbarte Zelle über. Ist die Energie so groß, daß kein Haltepunkt vorliegt ($\varepsilon = \varepsilon_3$), kehrt das Elektron natürlich in den Ausgangspunkt des $\boldsymbol{p}$-Raums zurück

b) Wenn die Energie fast minimal ist ($\varepsilon = \varepsilon_1$), geht das Elektron in die andere Zelle über. Ist die Energie fast maximal ($\varepsilon = \varepsilon_2$), bleibt das Elektron in seiner Zelle. Bei hinreichend kleinen Energiewerten (z. B. $\varepsilon = \varepsilon_3$) hat das Elektron keine Haltepunkte im Ortsraum (vgl. Abb. 23b)

der Elementarzelle willkürlich ist (s. Seite 7 und 32), trägt diese Einteilung natürlich nur relativen Charakter. Betrachtet man nur einen einzelnen Stoß, dann ist es durch eine entsprechende Wahl der Zelle offensichtlich immer möglich, die Umklappprozesse zu „liquidieren". In der Praxis ist man jedoch oft gezwungen, eine Vielzahl von unterschiedlichen Stößen zu betrachten (z. B. die Stöße des jeweiligen Elektrons mit allen Phononen usw.). Hierbei sind natürlich alle Stoßprozesse bei einer fixierten Lage des reziproken Gitters zu untersuchen. Am günstigsten legt man dann die Elementarzelle so, daß die Normalprozesse maximale Wahrscheinlichkeit besitzen. Die Periodizität der Wellenfunktionen im $\boldsymbol{p}$-Raum gewährleistet bei der Berechnung die Eindeutigkeit aller Größen, die beobachtbare Erscheinungen charakterisieren (elektrische Leitfähigkeit, Wärmeleitfähigkeit usw.).

Die Zahl der Bosonen vor und nach dem „Stoß" kann unterschiedlich sein: Erzeugungs- und Vernichtungsprozesse von Phononen, Spinwellen und anderen Quasiteilchen sind möglich. Die Zahl der Elektronen ist jedoch bei solchen Wechselwirkungen eine Erhaltungsgröße, wenn im Metall keine Fermionen mit anderen Vorzeichen („Löcher") vorhanden sind. Sie spielen für die Elektronen die Rolle eines Antiteilchens. Besitzt das Metall „Löcher" oder können sie erzeugt werden, so werden die „Löcher" und Elektronen als Paare erzeugt und vernichtet, so daß die Differenz zwischen der Anzahl der Elektronen und der der „Löcher" konstant bleibt.

Da der Begriff „Loch" in der Elektronentheorie der Metalle nicht völlig eindeutig ist, muß die letzte Aussage noch weiter präzisiert werden. In § 4 wurde gezeigt, daß Elektronen, die sich in der Nähe des Energiemaximums des jeweiligen Bandes aufhalten, eine negative effektive Masse besitzen. Diese Elektronen verhalten sich in einer Vielzahl von Erscheinungen wie Teilchen mit einer positiven Ladung. (Sie rotieren im Magnetfeld in einer Richtung, die entgegengesetzt zu der freier Elektronen ist; sie werden in einem elektrischen Feld abgebremst, das freie Elektronen beschleunigen würde usw.) In der Regel geht in die Endformeln (für die Leitfähigkeit, die Hall-Konstante usw.) nicht die Zahl der Elektronen mit einer negativen effektiven Masse, sondern die Zahl der freien Zustände mit einer negativen effektiven Masse ein. Diese ist dann gerade die Anzahl der „Löcher". Es ist jedoch zu bemerken, daß alle diese Überlegungen durchaus auch ohne die Einführung von „Löchern" durchgeführt werden können, wenn man nur den Charakter des Dispersionsgesetzes in der Nähe des Energiemaximums streng berücksichtigt.[1]) Geht nun ein Elektron aus einem Zustand mit positiver effektiver Masse infolge eines Stoßprozesses in einen anderen mit negativer effektiver Masse über, so kann man das natürlich als eine Vernichtung (Annihilation) eines Elektrons und eines „Lochs" ansehen. Aber es ist möglich (und hier sogar zweckmäßiger), nicht noch weitere Begriffe einzuführen, sondern bei der Rechnung, wenn es not-

[1]) Vgl. § 27, wo, gerade darauf aufbauend, die Theorie der galvanomagnetischen Erscheinungen in Metallen mit einem komplizierten Dispersionsgesetz entwickelt wird.

wendig wird, einfach davon auszugehen, daß das Elektron im Endzustand eine negative effektive Masse hat.

Der Terminus „Loch“ wird oft noch in einem anderen Sinn gebraucht. Bekanntlich sind am absoluten Nullpunkt alle Zustände mit einer Energie, die kleiner als eine bestimmte Grenzenergie ist, besetzt, während die anderen leer sind. Ausgehend von diesem Grundzustand des Metalls, kann ebenfalls eine Theorie entwickelt werden. Die freien Zustände werden hierbei als „Vakuum“ bezüglich der Elementaranregungen betrachtet. Dann ist jede Anregung des Elektronensystems gleichzeitig mit einem Auftreten besetzter Zustände oberhalb der Grenzenergie und einer Leerung von Zuständen unterhalb der Grenzenergie verbunden. Es ist einleuchtend, daß diese Anregungen nur als Paare auftreten können. Teilchen, deren Energie größer als die Grenzenergie ist, werden gewöhnlich als Elektronen und die leeren Zustände als „Löcher“ bezeichnet. Bei diesem Herangehen sind natürlich Vernichtungsprozesse zwischen Löchern und Elektronen nicht zu umgehen. Obwohl eine solche Beschreibung eine Reihe von Vorteilen bietet (man braucht sich insbesondere nicht um das Gesetz der Teilchenzahlerhaltung zu kümmern, da es automatisch erfüllt ist), wird sie in diesem Buch nicht angewendet. Das bedeutet: wenn hier der Begriff „Loch“ benutzt wird, ist darunter ein freier Zustand mit einer negativen effektiven Masse zu verstehen.

§ 7 Quasiklassische Energieniveaus

Die Untersuchung der Bewegung von Elektronen mit einem komplizierten Dispersionsgesetz zeigt, daß das Elektron in einer Reihe von Fällen eine endliche periodische Bewegung ausführt. Das hat zur Folge, daß der Teil der Energie, der mit dieser Bewegung verknüpft ist, quantisiert ist. Wenn die Bedingungen für eine quasiklassische Näherung erfüllt sind — und das ist, wie in der Einleitung dargelegt wurde, gerade für die Mehrzahl der Fälle gegeben —, kann man die Quantenniveaus berechnen, ohne eine strenge Quantenmechanik des Leitfähigkeitselektrons zu entwickeln.

Für die Metalltheorie ist der wichtigste Fall einer Energiequantelung die Bewegung von Elektronen im Magnetfeld. Die Bedingungen für die quasiklassische Näherung für dieses Problem wurden schon in der Einleitung abgehandelt, wo auch gezeigt wurde, daß obere Begrenzungen für die Magnetfeldstärken praktisch kaum existieren, da das Magnetfeld H nur kleiner als das atomare sein muß, das von der Größenordnung $H_a \approx 10^8 - 10^9$ Oe ist (vgl. Formel (1.9)). Man muß dabei jedoch berücksichtigen, daß diese Abschätzung für Elektronen erhalten wurde, deren Energie gleich der Fermi-Energie $\varepsilon_F \approx 10^{-12} - 10^{-11}$ erg ist. Für eine Reihe von Metallen (z. B. für Wismut) ist die Elektronendichte ziemlich klein (bei Wismut liegt sie in der Größenordnung von 10^{-5} pro Elementarzelle des Kristallgitters). Damit verkleinert sich natürlich auch die Fermi-Energie, und die Bedingungen für ein quasiklassisches Herangehen sind schon bei erreichbaren Feldern ($H \approx 10^4 - 10^5$ Oe) nicht mehr erfüllt. Man muß deshalb die im folgenden abgeleiteten Ausdrücke mit Vorsicht betrachten, besonders dann, wenn charakteristische Eigenschaften von Metallen des Wismuttyps berechnet werden sollen.

Für die Berechnung der quasiklassischen Energieniveaus kann man die Bohrsche Quantisierungsbedingung

$$\frac{1}{2\pi} \oint \boldsymbol{P}_\perp \, d\boldsymbol{r} = n\hbar \tag{7.1}$$

benutzen (n ist eine ganze Zahl).

Da die adiabatische Invariante $\oint \boldsymbol{P}_\perp \, d\boldsymbol{r}$ schon in § 4 berechnet wurde, erhält man mit Formel (4.18):

$$S(\varepsilon, p_z) = \frac{2\pi\hbar eH}{c} n \, . \tag{7.2}$$

Den Ausdruck (7.2) kann man als Gleichung bezüglich der Energie ε ansehen, durch deren Lösung die einzelnen Niveaus $\varepsilon_n(p_z)$ bestimmt werden. Manchmal ist, je nach Aufgabenstellung, der Energiewert ε vorgegeben. Gleichung (7.2) legt in diesem Fall die Quantisierung der Impulskomponente $p_{zn}(\varepsilon)$ fest. Die Berechnung der Energieniveaus ist natürlich nur dann durchführbar, wenn man das Dispersionsgesetz $\varepsilon = \varepsilon(\boldsymbol{p})$ kennt, das es gestattet, die Querschnittsfläche $S(\varepsilon, p_z)$ in Abhängigkeit von der Energie und von der in Richtung des Magnetfeldes liegenden Impulskomponente zu bestimmen. In vielen Fällen (s. z. B. § 15) ist jedoch die Kenntnis von Formel (7.2) ausreichend, um die thermodynamischen und kinetischen Eigenschaften des Metalls zu berechnen.

Gleichung (7.2) ist eigentlich nur für $n \gg 1$ anwendbar, aber viele Probleme der Elektronentheorie der Metalle lassen sich auch ohne Berücksichtigung der nachfolgenden Glieder in den Ausdrücken für die quasiklassischen Energieniveaus lösen. In einigen Fällen jedoch ist die erste Korrektur der quasiklassischen Energieniveaus bereits wesentlich, die auch mit den Mitteln der quasiklassischen Näherung berechnet werden kann. Die Berücksichtigung der nächsten Terme der Näherung führt gewöhnlich dazu, daß in Formel (7.1) n durch $n + \frac{1}{2}$ zu ersetzen ist. Eine Analyse zeigt, daß das in den meisten Fällen sogar für Elektronen mit einem beliebigen Dispersionsgesetz möglich ist. Hieraus folgt:

$$S(\varepsilon, p_z) = \frac{2\pi\hbar eH}{c} (n + 1/2) \, . \tag{7.3}$$

Aber auch schon in dieser Näherung ist die Quantisierung der Energie zu berücksichtigen, die durch den Spin des Elektrons verursacht wird. Wenn die Spin-Bahn-Kopplung fehlt, ist die Berechnung der Spin-Aufspaltung sehr einfach.

Jedes Niveaus spaltet in zwei Niveaus auf, deren Energiedifferenz gleich $\frac{e\hbar}{m_0 c} H$ ist (m_0 ist die Masse des freien Elektrons).[1]) Damit erhält man

$$\varepsilon_{n\sigma}(p_z) = \varepsilon_n(p_z) + \sigma \frac{e\hbar}{2m_0 c} H \qquad (\sigma = \pm 1)\,. \tag{7.4}$$

$(\varepsilon_n p_z)$ sind die Wurzeln der Gleichung (7.3).

Liegt ein Dispersionsgesetz der Form $\varepsilon = p^2/2m_0$ vor, so wird $S(\varepsilon, p_z) = \pi(2m_0\varepsilon - p_z^2)$, und man erhält die bekannte LANDAU-Formel (1930):

$$\varepsilon_{n\sigma}(p_z) = \left(n + \frac{1}{2}\right) \hbar\omega_H + \sigma\mu_0 H + \frac{p_z^2}{2m_0} \tag{7.5}$$

($\omega_H = eH/m_0 c$; $\mu_0 = e\hbar/2m_0 c$ — BOHRsches Magneton).

Führt man in das Dispersionsgesetz die effektive Masse ein, d. h. berücksichtigt, daß $\varepsilon = p^2/2m^*$ gilt, so ist in Formel (7.5) im ersten und dritten Summanden m_0 durch m^* zu ersetzen. Es ist hierbei zu unterstreichen, daß für $m^* \neq m_0$ die Zweifachentartung aufgehoben ist, die durch das Zusammenfallen der Energieeigenwerte mit $\sigma = 1$ und $\sigma = -1$ für zwei benachbarte Hauptquantenzahlen n bedingt war.

Wenn das Dispersionsgesetz quadratisch, aber anisotrop ist ($\varepsilon = p_1^2/2m_1 + p_2^2/2m_2 + p_3^2/2m_3$), so verkompliziert sich der Ausdruck infolge des Unterschieds zwischen der longitudinalen und transversalen Masse:

$$\varepsilon_{n\sigma}(p_z) = \left(n + \frac{1}{2}\right) \hbar\omega_H + \sigma\mu_0 H + \frac{p_z^2}{2m_{||}}, \qquad \hbar\omega_H = \frac{eH}{m_\perp c}. \tag{7.6}$$

$m_\perp$ und $m_{||}$ hängen von der Richtung des Magnetfeldes ab:

$$m_\perp = \left(\frac{\alpha_1^2}{m_2 m_3} + \frac{\alpha_2^2}{m_1 m_3} + \frac{\alpha_3^2}{m_1 m_2}\right)^{-1/2}, \qquad m_{||} = m_1\alpha_1^2 + m_2\alpha_2^2 + m_3\alpha_3^2\,. \tag{7.7}$$

Die α_j sind die Richtungskosinus des Magnetfeldes, bezogen auf die Hauptachsen der effektiven Massen $\left(\sum_{j=1}^{3} \alpha_j^2 = 1\right)$.

Benutzt man Gleichung (7.3), so kann man die Energieabstände $\Delta\varepsilon$ zwischen den einzelnen Niveaus berechnen. Da $n \gg 1$ ist, folgt $\Delta\varepsilon \ll \varepsilon$ (Bedingung für

[1]) Bei der Spin–Bahn-Wechselwirkung hängt die Größe der Niveauaufspaltung wesentlich von ε und p_z, ab und die Quantisierungsbedingung kann folgendermaßen formuliert werden:

$$\frac{c}{e\hbar H} S(\varepsilon, p_z) \pm \frac{\pi}{2} g(\varepsilon, p_z) = 2\pi(n + 1/2)\,.$$

Die Funktion $g(\varepsilon, p_z)$ spielt die Rolle des g-Faktors. Sie ist 2 für ein freies Elektron, wenn $S = \pi(2m_0\varepsilon - p_z^2)$ ist. Die Funktion $g(\varepsilon, p_z)$ kann für eine Reihe konkreter Fälle berechnet werden (s. [18], wo diese Berechnung für Bi durchgeführt wurde).

die quasiklassische Näherung), und damit ergibt sich aus Formel (7.3)

$$\Delta\varepsilon = \frac{2\pi\hbar eH}{c\,\dfrac{\partial S}{\partial \varepsilon}} = \frac{\hbar eH}{m^*(\varepsilon, p_z)\,c}\,.$$

Definitionsgemäß ist $m^* = (1/2\pi)\,\partial S/\partial\varepsilon$ (vgl. S. 43). Wie auch zu erwarten war, ist damit der Energieabstand zwischen den einzelnen Niveaus gleich der klassischen Umlauffrequenz, multipliziert mit dem PLANCKschen Wirkungsquantum $\hbar$:

$$\Delta\varepsilon = \hbar\omega_H\,. \tag{7.8}$$

Die letzte Formel bedeutet durchaus nicht, daß die Energieniveaus unbedingt äquidistant sind. Sie sind nur quasiäquidistant oder lokal äquidistant. Die effektive Masse hängt von der Energie ε und von der Impulsprojektion p_z auf das Magnetfeld ab, was zu einer komplizierten Abhängigkeit der Energie von der Quantenzahl n führt. Für Energie- bzw. Impulswerte, in deren Nähe sich der Querschnittcharakter wesentlich ändert, ist das Letztgesagte von ausschlaggebender Wichtigkeit. Für den Fall einer Bahn mit Selbstdurchdringung soll im folgenden die Abhängigkeit der Energieniveaus von der Quantenzahl n etwas genauer untersucht werden. Wie weiter oben gezeigt wurde, geht die Umlaufszeit auf solch einer Bahn logarithmisch gegen Unendlich, da der Schnittpunkt ein Haltepunkt ist. Zur Vereinfachung wird angenommen, daß die Energie fixiert ist, wodurch die Quantisierung der Impulskomponente p_z bezüglich n zu bestimmen ist. Dem ausgezeichneten Bahnverlauf (dick ausgezogene Linie in Abb. 25) entspricht der Impuls $p_z = p_{zk}$.

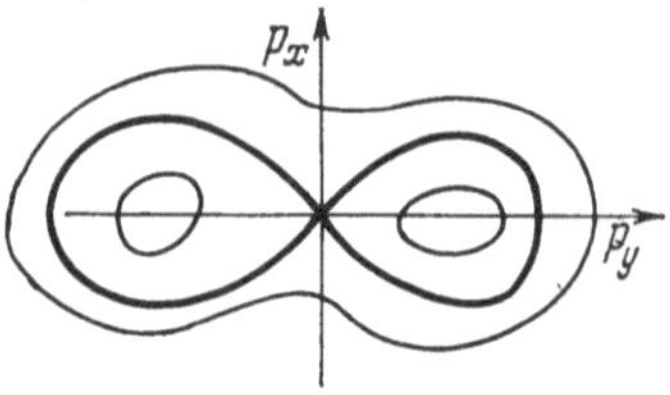

Abb. 25. Trajektorie eines Eektrons in der Nähe eines Punktes mit Selbstdurchdringung

Die quasiklassischen Energieniveaus können mit einer ausreichenden Genauigkeit aus der gewöhnlichen Bedingung für die Quantisierung des Flächeninhalts bestimmt werden. Bei der Ermittlung der Energieniveaus muß man jedoch berücksichtigen, daß im Punkt $p_z = p_{zk}$ die Fläche S eine Besonderheit vom Typ $\Delta p_z \ln \Delta p_z$ hat, wobei $\Delta p_z = p_z - p_{zk}$ ist. Auf der einen Seite der Fläche $p_z = p_{zk}$ liegen zwei Systeme quasiäquidistanter Niveaus vor, die durch die Gleichungen

$$S_1(\varepsilon, p_z) = \frac{2\pi\hbar eH}{c}\,n_1\,, \qquad S_2(\varepsilon, p_z) = \frac{2\pi\hbar eH}{c}\,n_2 \tag{7.9}$$

bestimmt werden. Auf der anderen Seite dagegen hat man es nur mit einem System zu tun, das der Gleichung

$$S(\varepsilon, p_z) = \frac{2\pi\hbar eH}{c}\, n \tag{7.10}$$

gehorcht. Das „Umformieren“ der Niveaus geschieht in der Nähe des Punktes $p_z = p_{zk}$ und wird durch das Gleichungssystem

$$\left.\begin{aligned} S_{1k} + p_0\,\Delta p_z \ln\left|\frac{\Delta p_z}{p_0}\right| &= \frac{2\pi\hbar eH}{c}\, n_1\,, \\ S_{2k} + p_0\,\Delta p_z \ln\left|\frac{\Delta p_z}{p_0}\right| &= \frac{2\pi\hbar eH}{c}\, n_2\,, \\ S_k + p_0\,\Delta p_z \ln\left|\frac{\Delta p_z}{p_0}\right| &= \frac{2\pi\hbar eH}{c}\, n \end{aligned}\right\} \tag{7.11}$$

beschrieben (wobei $p_0 = 2v_z(p_{zk})\sqrt{m_1 m_2}$ ist). Setzt man

$$\frac{cS_{1k}}{2\pi\hbar eH} = n_{1k}\,, \qquad \frac{cS_{2k}}{2\pi\hbar eH} = n_{2k}\,, \qquad \frac{cS_k}{2\pi\hbar eH} = n_k\,,$$

so erhält man aus dem Gleichungssystem (7.11) folgende Ausdrücke

$$\left.\begin{aligned} \Delta p_z &= \frac{2\pi\hbar eH}{cp_0}\,\frac{n_1 - n_{1k}}{\ln\dfrac{2\pi\hbar eH}{cp_0}(n_1 - n_{1k})}\,, \\ \Delta p_z &= \frac{2\pi\hbar eH}{cp_0}\,\frac{n_2 - n_{2k}}{\ln\dfrac{2\pi\hbar eH}{cp_0}(n_2 - n_{2k})}\,, \\ \Delta p_z &= \frac{2\pi\hbar eH}{cp_0}\,\frac{n - n_k}{\ln\dfrac{2\pi\hbar eH}{cp_0}(n - n_k)}\,. \end{aligned}\right\} \tag{7.12}$$

Interessant ist, daß in der Nähe von p_{zk} die Abstände zwischen den Energieniveaus nicht äquidistant sind. Die Veränderung der Topologie der Querschnittsfläche führt zu einem nicht analytischen Verhalten der Abhängigkeit der Energie (bzw. von p_z bei konstanter Energie) von der Quantenzahl n. Das hier abgeleitete Resultat folgt schon aus der klassischen Quantisierungsvorschrift, die sogar Terme der Größenordnung $1/n$ gegenüber 1 vernachlässigt. (Die Anomalien, die durch Änderung der Topologie der Querschnittsfläche verursacht werden, treten in Gliedern der Größenordnung $\ln n/n \gg 1/n$ auf.) Das Gleichungssystem (7.11) ist natürlich nur für $n_1, n_2, n \gg 1$ anwendbar und seine Lösung (7.12) entsprechend nur, wenn $n_1, n_2, n \gg |n - n_{1k}|$ ist. Eine strenge quantenmechanische Untersuchung auf einer Bahn von der Form einer Acht in quasiklassischer Näherung führt zu analogen Resultaten (vgl.

[19] bzw. die wesentlich ausführlichere Arbeit [20]). Eine Präzisierung der Energiewerte der quasiklasssischen Niveaus (etwa vom Typ einer Berücksichtigung des 1/2 unter den Bedingungen der BOHRschen Quantelung) zeigt, daß im vorliegenden Fall eine interessante oszillatorische Abhängigkeit der Abstände zwischen den Niveaus vom Magnetfeld vorliegt [20], die auch zur Berechnung der oszillierenden Anteile der unterschiedlichen thermodynamischen Größen benötigt wird (§ 15).

Die letzten Formeln demonstrieren deutlich den wesentlichen Unterschied zwischen der Struktur eines Spektrums freier Elektronen (mit einem Dispersionsgesetz $p^2/2m$) und von Elektronen mit einem komplizierten Dispersionsgesetz $\varepsilon = \varepsilon(\boldsymbol{p})$ im Magnetfeld. Besonders augenfällig wird dieser Unterschied dann, wenn offene Isoenergieflächen und offene Querschnittsflächen auftreten. Hier wird durchaus nicht die Bewegung aller Elektronen im Metall quantisiert, sondern nur die Elektronen unterliegen einer Quantelung, die eine endliche periodische Bewegung in einer Ebene senkrecht zum Magnetfeld vollführen. Dabei wird das Auftreten oder Fehlen von diskreten Energieniveaus (bei festgehaltenem p_z) nicht nur durch die Art der Isoenergiefläche bestimmt, sondern auch durch die Magnetfeldrichtung. Bei fixiertem Feld hingegen entscheidet die Größe von p_z. Der Übergang von geschlossenen zu offenen Bahnen wurde ausführlich in § 4 behandelt. Aus den dort durchgeführten Überlegungen ist deutlich, daß bei einem Übergang von gewöhnlich geschlossenen zu offenen Querschnittsflächen die Struktur des energetischen Spektrums sehr kompliziert ist. Zur allgemeinen Tendenz einer Verringerung der Abstände zwischen den Niveaus, die durch die Vergrößerung der Umlaufperiode hervorgerufen wird, kommt noch eine logarithmische Besonderheit hinzu, die durch die Annäherung an die Sattelpunkte verursacht wird (s. Abb. 17).

Die hier abgeleiteten Formeln für die Energie eines Elektrons im Magnetfeld zeigen, daß die unendlichfache Entartung, die bei den freien Elektronen vorliegt (Unabhängigkeit der Energieniveaus von der Impulskomponente P_x, die eine Erhaltungsgröße ist), auch bei einem Elektron mit einem beliebigen Dispersionsgesetz in quasiklassischer Näherung auftritt. Man muß jedoch dabei stets berücksichtigen, daß die quasiklassische Behandlung nur für das freie Elektron die genauen Energieniveaus liefert. Diese Eigenschaft, die durch die streng äquidistanten Abstände der Energieniveaus des Oszillators verursacht wird, liegt bei Elektronen mit einem komplizierten Dispersionsgesetz nicht vor. Insbesondere hebt deshalb die Berücksichtigung höherer Korrekturglieder die Entartung bezüglich P_x auf [21], was zu einer Verschmierung der Energieniveaus (7.3) führt. Gewöhnlich ist die Größe der Verschmierung sehr klein: $\Delta\varepsilon/\varepsilon \approx (H/H_a)^2$ (s. (1.9)). Die Abhängigkeit der Energie ε vom Impuls P_x und folglich auch die Verschmierung der Energieniveaus wird dadurch verursacht, daß P_x die Lage der Umlaufbahn im Raum festlegt. Im Falle des freien Elektrons ist cP_x/eH das Zentrum der Umlaufbahn in der x,y-Ebene, auf der das Elektron rotiert. Wenn im freien Raum (für ein freies Elektron) alle Punkte des Raumes äquivalent sind (das Magnetfeld wird als homogen vorausgesetzt), ist natürlich diese Homogenität in einer periodischen Struktur, wie etwa einem Kristall, nicht mehr vorhanden.

In jenen Fällen, wo die Umlaufbahn im Impulsraum bei Anliegen eines Magnetfeldes offen ist, führt die quasiklassische Näherung zu keiner Quantisierung der Energie. Eine genaue Betrachtung [21] zeigt jedoch, daß infolge der periodischen Abhängigkeit der Energie vom Quasiimpuls eigenartige Risse im stetigen Energiespektrum des Elektrons auftreten. Die Stellen für diese Risse werden durch eine Gleichung bestimmt, die an die Quantisierungsbedingung (7.2) erinnert:

$$S(\varepsilon, p_z) = \frac{2\pi\hbar e H}{c} n \tag{7.13}$$

(n ist eine ganze Zahl). Hier ist S jedoch der Teil der durch das Elektron umlaufenen Fläche, der auf eine Zelle des Impulsraumes kommt. Die relative Breite des Risses bei nicht zu engen „Verbindungshälsen" ist exponentiell klein ($\Delta\varepsilon/\varepsilon \approx \mathrm{e}^{-\beta H_0/H}$; $\beta \approx 1$).

Einen sehr eigenwilligen Charakter haben Niveaus in der Nähe von Umlaufbahnen, die das gesamte Kristallgitter durchsetzen. Hierbei entsteht ein System von aufspaltenden Niveaus, Unterniveaus usw.

Außer der schon vorher angedeuteten Niveauverbreiterung infolge der Abhängigkeit der Energie ε von P_x existiert noch ein anderer „Verbreiterungs"-Mechanismus, der auf dem Übergang der Elektronen von einer klassischen Bahn auf eine andere beruht. Dieser Erscheinung, die als magnetischer Durchbruch bezeichnet wird, ist speziell § 10 gewidmet.[1]) Hier soll nur angemerkt werden, daß die Verschmierungsbreite gewöhnlich sehr klein ist. (Die Niveaubreite, die durch Übergänge verursacht wird, ist exponentiell klein: $\Delta\varepsilon/\varepsilon \approx \mathrm{e}^{-\beta' H_0/H}$; $\beta' \approx 1$.) Die Verschmierung spielt demzufolge kaum eine Rolle. Jedoch im Falle offener Isoenergieflächen bei einem Übergang von geschlossenen zu offenen Schnitten ist der Verbreiterungseffekt infolge der Übergänge recht bedeutsam, da infolge dieses Effektes die Breite des verschmierten Gebietes sich allmählich vergrößert und das diskrete Spektrum in ein kontinuierliches übergeht.

In § 4 ist gezeigt worden, daß die Bewegung in gekreuzten elektrischen und magnetischen Feldern als Bewegung eines Teilchens allein im Magnetfeld behandelt werden kann, wobei das Dispersionsgesetz die Form

$$\varepsilon^*(\boldsymbol{p}) = \varepsilon(\boldsymbol{p}) - \boldsymbol{V}_{EH}\boldsymbol{p} \tag{7.14}$$

besitzt. Ist der Bahnverlauf im Impulsraum geschlossen, so vollführt das Teilchen entlang der y-Achse eine finite Bewegung. (Das Magnetfeld zeigt dabei wie üblich in die z-Richtung, das elektrische Feld in die x-Richtung.) Damit ist es möglich, die früher erhaltenen Resultate auch für den Fall der gekreuzten Felder anzuwenden. Tatsächlich erhält man, wenn man analog vor-

[1]) Dort wird insbesondere der magnetfeldinduzierte Übergang zwischen unterschiedlichen Bändern betrachtet.

geht, die Quantisierungsvorschrift in der Form

$$S^*(\varepsilon^*, p_z) = \frac{2\pi |e| \hbar H}{c} n . \tag{7.15}$$

S^* ist die Querschnittsfläche der Isoenergiefläche $\varepsilon^*(\boldsymbol{p}) = \text{const}$ mit der Fläche $p_z = \text{const}$. Wie man sich unmittelbar überzeugen kann, ist der Abstand zwischen den Niveaus $\Delta\varepsilon$ gleich der Frequenz ω_{EH}, multipliziert mit der PLANCKschen Konstanten $\hbar$:

$$\Delta\varepsilon = \hbar\omega_{EH} = \frac{2\pi |e| \hbar H}{c \dfrac{\partial S^*}{\partial \varepsilon^*}} . \tag{7.16}$$

Es ist jedoch anzumerken, daß die Frequenz ω_{EH} im Falle eines beliebigen Dispersionsgesetzes von der Größe des angelegten elektrischen Feldes abhängt. (Für ein quadratisches Dispersionsgesetz trifft das nicht zu.) Damit werden auch in gekreuzten Feldern die Abstände zwischen den diskreten Energieniveaus von der elektrischen Feldstärke abhängen (analog zum STARK-Effekt).

Bei Vernachlässigung der Band-Band-Übergänge vollführt ein Leitfähigkeitselektron in einem homogenen elektrischen Feld auch eine finite Bewegung (§ 4). Dieser Bewegung müssen ebenfalls quantisierte Energieniveaus entsprechen, deren Abstände durch Anwendung des Korrespondenzprinzips erhalten werden können:

$$\Delta\varepsilon = \hbar\omega_E .$$

Offensichtlich kann man keine Effekte beobachten, die als Resultat dieser Quantisierung auftreten. Sogar unter der Voraussetzung, daß Bandübergänge wenig wahrscheinlich sind, durchläuft das Elektron schon deshalb keine volle Schwingung, weil es vorher mit den Gitterdefekten zusammenstößt.

Das Kristallgitter, in dem sich das Elektron bewegt, ist immer durch die Größe der Probe begrenzt. Die Abmessungen sind jedoch gewöhnlich immer so groß, daß man sie als unendlich ansehen kann. Trotzdem gibt es natürlich Fälle, bei denen die endlichen Abmessungen des Metalls zu berücksichtigen sind (z. B. bei der Behandlung der Eigenschaften von dünnen Schichten). Die Oberfläche eines Metalls ist immer etwas deformiert, d. h., in ihrer Nähe ist die Periodizität des Kristallgitters gestört. Die Untersuchung des Verhaltens eines Elektrons in der Oberflächenschicht ist eine komplizierte Aufgabe, die nicht immer klar formuliert werden kann.

Oft sieht man die Grenze einer Probe als unendliche Potentialbarriere an (manchmal sogar, ohne es genügend begründen zu können). Mit anderen Worten heißt das, daß das Elektron im Metall als Teilchen in einem Potentialtopf angesehen wird.

In den letzten Jahren wurde eine Reihe von Experimenten durchgeführt, die man als Beweis der spiegelnden Reflexion von Elektronen an inneren Grenzflächen im Metall ansehen kann [22]. Offensichtlich liegt dann spiegelnde

Reflexion vor, wenn entweder die DE BROGLIE-Wellenlänge gegenüber den zwischenatomaren Abständen groß ist (z. B. bei Wismut und anderen Halbmetallen) oder die zu reflektierenden Elektronen sich unter einem kleinen Winkel zur Oberfläche bewegen, d. h. für streifenden Einfall. Bei diesen Elektronen ist die Impulsprojektion, die die charakteristische Länge der DE BROGLIE-Welle bestimmt, auch klein (s. weiter unten). Wie außerdem in der Arbeit [23] gezeigt wurde, existiert für Metalle vom Wismuttyp noch eine zusätzliche Ursache für eine spiegelnde Reflexion — die Bandverbiegung auf Abständen der Größenordnung des DEBYE-HÜCKEL-Radius, der bei diesen Metallen anomal groß ist (bedeutend größer als die Gitterkonstante).

Ein freies Elektron verändert bei der Reflexion an einer unendlichen Potentialbarriere das Vorzeichen der Normalkomponente des Impulses (spiegelnde Reflexion). Für ein Elektron mit einem komplizierten Dispersionsgesetz ist der Reflexionscharakter sogar in einer unendlichen Potentialbarriere bedeutend komplizierter. Bei der Reflexion bleiben bekanntlich die Energie ε und die Impulskomponenten parallel zur Metalloberfläche $\boldsymbol{p}_\perp$ Erhaltungsgrößen. Wenn man die Reflexion eines Elektrons als Prozeß betrachtet, bei dem man zuerst die kinetische Energie verringert, um sie danach wieder auf ihren alten Wert zu vergrößern, kann man die Veränderung der Normalprojektion des Impulses bei der Reflexion bestimmen.

Offensichtlich muß die z-Projektion vor und nach dem Stoß (die z-Achse steht senkrecht auf der Oberfläche) die Bedingung

$$\varepsilon(\boldsymbol{p}_\perp, p_z) = \varepsilon \tag{7.17}$$

erfüllen, wobei der Anfangswert des Impulses $p_z^{(i)}$ durch die natürliche Bedingung $v_z^{(i)} > 0$ und der Endwert $p_z^{(f)}$ durch die Bedingung $v_z^{(f)} < 0$ bestimmt ist.

Die Gleichung (7.17) kann mehr als zwei Wurzeln haben. Die Wurzeln lassen sich jedoch so zu Paaren ordnen, daß bei dem Übergang von $p_z^{(i)}$ nach $p_z^{(f)}$ die kinetische Energie immer kleiner als die Anfangsenergie bleibt (etwa vergleichbar mit der Streuung eines Elektrons im Feld eines Gitterdefekts, die im vorigen Paragraphen untersucht wurde). Für eine kugelförmige FERMI-Fläche gilt dann $\Delta p_z = p_z^{(i)} - p_z^{(f)} = 2\sqrt{2m\varepsilon - p_\perp^2}$.

Die quasiklassische Quantelung, die durch die endlichen Abmessungen der Probe verursacht wird, kann nach der Standardmethode durchgeführt werden, nach der man die adiabatische Invariante I einem ganzzahligen Vielfachen des PLANCKschen Wirkungsquantums $\hbar$ gleichsetzt. Im vorliegenden Fall ergibt sich dann

$$I = \frac{1}{2\pi} \oint p_z \, dz = \frac{1}{2\pi} |p_z^{(i)} - p_z^{(f)}| \, L = \frac{L|\Delta p_z|}{2\pi}.$$

L ist die Dicke der Probe. Dadurch ergibt sich

$$\Delta p_z = |p_z^{(i)} - p_z^{(f)}| = \frac{2\pi\hbar n}{L} \qquad (n = 0, 1, 2, \ldots). \tag{7.18}$$

Diese Gleichung muß als Bestimmungsgleichung für die Energie bei festgehaltener Impulskomponente $p_\perp$ betrachtet werden. Durch ihre Lösung gelangt man zu

$$\varepsilon = \varepsilon_n(p_\perp) \,, \tag{7.19}$$

dem System der Energieniveaus. Wenn Gleichung (7.17) mehrere Paare von Lösungen besitzt, so erhält man auch mehrere (entsprechend der Anzahl der Paare) Systeme von Energieniveaus. Eine analoge Situation liegt im Falle einer quasiklassischen Quantelung im Magnetfeld vor, wenn die Isoenergiefläche einen Sattelpunkt besitzt (s. Gleichung (7.12)).

Es gelingt sogar, in dem Fall eine geschlossene Gleichung für die Bestimmung der Energieniveaus anzugeben, wenn auf das Elektron im homogenen und zeitlich konstanten Feld eine Kraft wirkt, die senkrecht zum Magnetfeld steht. Das Magnetfeld zeige wie üblich in die z-Richtung, die Kraft wird in Form eines Potentialfeldes $U(y)$ eingeführt. Das Vektorpotential des Magnetfeldes wird zweckmäßigerweise in der Form $A_x = -Hy$, $A_y = A_z = 0$ gewählt (vgl. Gleichung (4.16)). In diesem Fall ist x eine zyklische Koordinate und der Impuls P_x eine Erhaltungsgröße. Benutzt man nun wieder die BOHRsche Quantisierungsbedingung, so kann die Gleichung zur Bestimmung der Energieniveaus $\mathscr{E}$ in folgender Form angegeben werden:

$$S(\mathscr{E}, p_z, P_x) = \frac{2\pi\hbar\, |e|\, H}{c}\, n \,. \tag{7.20}$$

$S(\mathscr{E}, p_z, P_x)$ ist hier die Fläche, die von der Elektronenbahn im Raum der kinetischen Impulse umlaufen wird. Sie wird durch folgende Bewegungsintegrale bestimmt:

$$\varepsilon(p_x, p_y, p_z) + U\left[\frac{c}{eH}(p_x - P_x)\right] = \mathscr{E} \,, \quad p_z = \text{const} \,, \quad P_x = \text{const} \,. \tag{7.21}$$

Die Gleichungen (7.20) und (7.21) legen fest, wie die Energie von der Quantenzahl n, von den Impulskomponenten p_z und P_x und auch von der Größe des Magnetfeldes abhängt. Bedingung ist natürlich, daß die Bahn (7.21) geschlossen ist.

Wegen des Feldes $U(y)$ ist die Entartung bezüglich P_x aufgehoben, und unterschiedliche Bahnen mit gleichen Werten $\mathscr{E}$ und p_z sind nicht äquivalent. Aus den Gleichungen (7.20) und (7.21) kann durch spezielle Wahl des Potentials die Abhängigkeit der Energieniveaus eines Elektrons im Magnetfeld von den Abmessungen der Probe berechnet werden. Die Grenzflächen sollen hierbei parallel zum Magnetfeld liegen, und die Reflexion an der Oberfläche wird als spiegelnd vorausgesetzt. Das Feld hat dann folgende Struktur

$$U(y) = \begin{cases} 0 & |y| < d \,, \\ \infty & |y| \geqq d \,. \end{cases} \tag{7.22}$$

Mit anderen Worten, das Volumen des Metalls wird als unendlich tiefer Potentialtopf angesetzt. Die Gleichung (7.22) ist äquivalent mit der Voraussetzung, daß $|y|$ keine Werte annehmen kann, die größer als d sind. Da $y = \frac{c}{eH}(p_x - P_x)$ ist, stellt sich im Impulsraum der Bahnverlauf eines Elektrons in folgender Form dar:

$$\left.\begin{aligned} \varepsilon(p_x, p_y, p_z) &= \mathscr{E}\,, \qquad |p_x - P_x| < \frac{|e|\,Hd}{c}\,. \\ P_x &= \text{const}\,, \qquad p_z = \text{const}\,. \end{aligned}\right\} \tag{7.23}$$

Mit $p_x^{(\min)}(\mathscr{E}, p_z)$ und $p_x^{(\max)}(\mathscr{E}, p_z)$ werden die linke bzw. die rechte äußerste p_x-Koordinate der Kurve $\varepsilon(p_x, p_y, p_z) = \mathscr{E}$, $p_z = \text{const}$ bezeichnet. Wenn

$$p_x^{(\max)}(\mathscr{E}, p_z) - \frac{|e|\,Hd}{c} < P_x < p_x^{(\min)}(\mathscr{E}, p_z) + \frac{|e|\,Hd}{c} \tag{7.24}$$

ist, verläuft die Bahn völlig im Innern der Probe (Schicht), und das Elektron „spürt" die Oberfläche nicht. Die Energieniveaus eines solchen Elektrons fallen natürlich mit denen eines Elektrons im massiven Metall zusammen. Wenn die Bahn nicht vollständig in die Probe hineinpaßt, wird die Fläche in Gleichung (7.20) durch die Kurve $\varepsilon(p_x, p_y, p_z) = \mathscr{E}$, $p_z = \text{const}$ bestimmt, von der durch eine bzw. beide Geraden $p_x = P_x \mp \frac{|e|\,Hd}{c}$ Teile abgeschnitten werden. Für ein genügend großes Magnetfeld verläuft die Mehrzahl der geschlossenen Bahnen völlig im Innern der Probe. Die Elektronen auf ihnen „merken" praktisch nichts von den Grenzflächen. Anders sieht es für die Elektronen auf offenen Bahnen aus: Selbst in beliebig großen Feldern stoßen sie noch mit den Wänden zusammen. Dieser Umstand ist die Ursache für die Energiequantelung dieser Elektronen.

In der letzten Zeit wurde geklärt, daß Oberflächenniveaus von Elektronen, die im Magnetfeld entstehen, sich in den Hochfrequenzeigenschaften von Metallen widerspiegeln. Wenn auch die Betrachtung der Hochfrequenzeigenschaften Teil IV (§ 46) vorbehalten ist, so sollen doch schon hier einige Ausdrücke für die Oberflächenniveaus eingeführt werden, wobei aus Vereinfachungsgründen das Magnetfeld parallel zur Oberfläche gelegt wird.

Selbstverständlich spielt bei der Untersuchung der Oberflächenzustände der Charakter der Elektronenstreuung an der Oberfläche des Leiters eine wesentliche Rolle. Der Streucharakter wird durch das Verhältnis der DE BROGLIE-Wellenlänge λ_B der auf die Oberfläche fallenden Ladungen zu den charakteristischen Abmessungen der Kristallstörungen an der Oberfläche bestimmt. Bei guten Metallen ist λ_B von der Größenordnung der Atomabstände. Bei nicht allzu kleinen Einfallswinkeln wird deshalb die diffuse Reflexion bei weitem überwiegen. Die natürliche Niveaubreite hat dann die gleiche Größenordnung wie auch der Abstand zwischen den Niveaus — sie wird durch die gleiche Frequenz

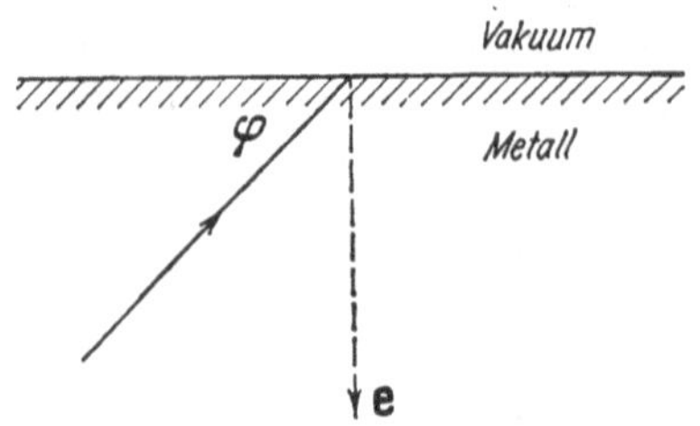

Abb. 26. Einfall eines Elektrons auf die Grenzfläche Metall—Vakuum

bestimmt —, und eine Energiequantelung liegt nicht vor. Mit Verringerung des Einfallwinkels φ wächst die DE BROGLIE-Wellenlänge in Richtung senkrecht zur Oberfläche proportional mit φ^{-1} (Abb. 26), so daß bei genügend kleinen Winkeln die Reflexion als spiegelnd angesehen werden kann. Im weiteren sollen deshalb nur die Elektronen untersucht werden, die die Oberfläche fast streifen, (da sie in den Hochfrequenzeigenschaften die entscheidende Rolle spielen).

In der quasiklassischen Näherung wird die Energiequantelung der Elektronen, die mit der Oberfläche zusammenstoßen, mit denselben Methoden ermittelt, wie die Quantelung in der unendlichen Probe. Für ein parallel zur Oberfläche liegendes Magnetfeld gelangt man zu dem analogen Resultat

$$S(\varepsilon, p_z, P_x) = \frac{2\pi\hbar\,|e|\,H}{c}\,n\,. \tag{7.25}$$

S ist die Fläche der Bahn eines Elektrons im Impulsraum, das mit der Oberfläche zusammenstößt. Sie hängt natürlich vom Erhaltungswert der Impulskomponente P_x ab, der die Lage der Bahn bestimmt: $y = \frac{c}{eH}(p_x - P_x)$, $e < 0$. Auf Abb. 27 ist die von der Bahn im Ortsraum umfaßte Fläche gestrichelt eingezeichnet. Die Bahn ergibt sich aus den Gleichungen

$$\varepsilon(p_x, p_y, p_z) = \varepsilon\,, \qquad p_z = \text{const}\,, \qquad p_x \leqq P_x\,. \tag{7.26}$$

Die von der Bahn umschlossene Fläche im Impulsraum unterscheidet sich von der im Ortsraum nur um den Faktor $(eH/c)^2$. Aus den Bewegungsgleichungen folgt, daß $y = cp_xe/H + y_0$ und $x = -\frac{cp_y}{eH} + x_0$ ist. Für kleine Winkel φ

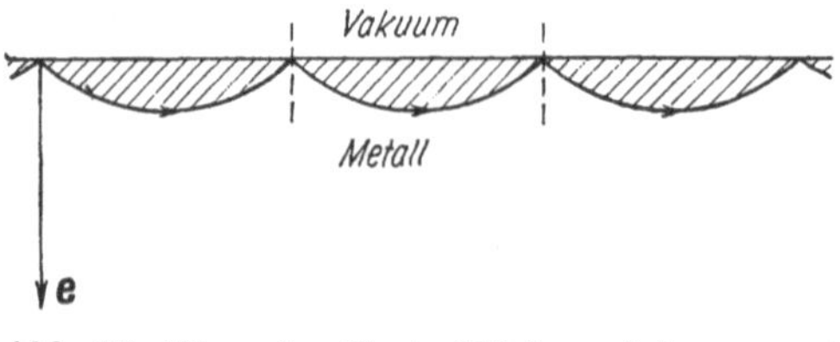

Abb. 27. Die schraffierte Fläche wird gequantelt (zwischen den gestrichelten Begrenzungslinien)

ergibt sich dann

$$y = y_{\max} - \frac{x^2}{R}, \qquad y_{\max} = x_{\max}\varphi \tag{7.27}$$

(R ist der Krümmungsradius im Punkt $y = y_{\max}$). Man gelangt dann zu

$$y_{\max} = R\varphi^2, \qquad x_{\max} = R\varphi .$$

Die Quantisierung der umlaufenden Fläche führt zu einer Quantisierung der Winkel φ:

$$\frac{2}{3} R^2\varphi^3 = \frac{nch}{eH}, \qquad \varphi_n = \left(\frac{3}{2}\,\frac{nch}{eHR^2}\right)^{1/2}. \tag{7.28}$$

Da R von der Größenordnung des LARMOR-Radius ist und die Energie etwa gleich der FERMI-Energie gesetzt werden kann ($\varepsilon = \varepsilon_F, p \approx p_F$), erhält man

$$\varphi_n \sim \left(\frac{eHh}{cp_F^2}\,n\right)^{1/3} \sim \left(\frac{\hbar\omega_H}{\varepsilon_F}\right)^{1/3} n^{1/3}. \tag{7.29}$$

Setzt man nun noch $x = v_x^0 t \approx v_F t$, so sind die Umlaufsperiode $T_\varphi = 2\Delta x_{\max}/v_x^0 = 2R\varphi_n/v_x^0$ und die Umlaufsfrequenz ω_n auf solchen Bahnen

$$\omega_n(\varepsilon_F, p_z) = \frac{\pi v_x^0}{R\varphi_n} \sim \omega_H \left(\frac{\varepsilon_F}{\hbar\omega_H}\right)^{1/3} \frac{1}{n^{1/3}}. \tag{7.30}$$

Der Abstand zwischen den entsprechenden Niveaus ist

$$\Delta\varepsilon_n = \hbar\omega_n . \tag{7.31}$$

Die natürliche Niveaubreite $\delta\varepsilon$ wird durch die mittlere freie Flugzeit im Volumen ($\delta\varepsilon_\tau \sim \hbar/\tau$) und durch die Abweichungen von der idealen Spiegelreflexion bestimmt. Wenn bei jedem Stoß die Wahrscheinlichkeit einer diffusen Streuung q ist ($q \ll 1$), so gilt für die Zahl der Stöße N, die praktisch zur diffusen Streuung führt, $(1 - q)^N \approx 1/2$ und damit $N \approx 1/q$. Für die Energieunschärfe ergibt sich damit $\delta\varepsilon_q \approx \hbar\omega_N/q$. Für die Existenz quasistationärer Niveaus (7.31) sind damit folgende Bedingungen notwendig:

$$q(\varphi_N) \ll 1\,; \qquad \omega\tau\left(\frac{\varepsilon_F}{\hbar\omega}\right)^{1/3} \frac{1}{N^{1/3}} \gg 1 . \tag{7.32}$$

Das ist für schwache Felder H durchaus zu erfüllen, wenn $q(\omega\tau)^{-1/2} \ll 1$ ist.

Alle hier betrachteten Energiequantelungen sind Spezialfälle eines sehr allgemeinen Verfahrens der quasiklassischen Quantelung, das darin besteht, daß eine adiabatische Invariante I_j dem Produkt einer ganzen Zahl n_j mit dem PLANCKschen Wirkungsquantum $\hbar$ gleichgesetzt wird. Die Energieniveaus, die auch über die Invariante I_j ausdrückbar wären, haben dann folgende Struktur:

$$\varepsilon_{n_1, n_2, n_3} = \varepsilon(n_1\hbar\,;\, n_2\hbar\,;\, n_3\hbar) . \tag{7.33}$$

Dieser Ausdruck ist richtig, wenn die Bewegung in allen drei Freiheitsgraden finiten Charakter trägt. Wenn in einem oder zwei Freiheitsgraden die Bewegung infinit ist, so hängt die Energie nur von zwei bzw. einer Quantenzahl ab.

§ 8 Die Quantenmechanik von Elektronen mit einem beliebigen Dispersionsgesetz

Obwohl bei der Behandlung konkreter Aufgaben der Elektronentheorie der Metalle in der Regel die quasiklassische Näherung ausreichend ist, ist doch die Herleitung einer strengen Quantenmechanik für die Leitfähigkeitselektronen von prinzipiellem Interesse. Geht man davon aus, daß das komplizierte Dispersionsgesetz bei der Betrachtung der Bewegung eines Einzelelektrons im periodischen Feld entstand, so ist man natürlich geneigt, einfach die äußeren Felder in die SCHRÖDINGER-Gleichung einzusetzen und das sich dann ergebende Problem zu lösen. Das Leitfähigkeitselektron ist jedoch, wie auch schon in der Einleitung angedeutet wurde, komplizierter. Das Dispersionsgesetz berücksichtigt auch die Wechselwirkung aller Elektronen untereinander. Darum muß man bei der Entwicklung einer Quantentheorie für die Leitfähigkeitselektronen zu allererst verabreden, in welchen Begriffen man sie formulieren will. Die Quantenmechanik kann nicht in dem Begriffsgebäude des Dispersionsgesetzes formuliert werden, obwohl die $\boldsymbol{p}$-Darstellung zweifelsohne die zweckmäßigste ist. Tatsächlich gibt man gewöhnlich die SCHRÖDINGER-Gleichung in der Koordinatendarstellung an, da hier der Operator der kinetischen Energie sich auf den Differentialoperator vereinfacht. Außerdem ist die SCHRÖDINGER-Gleichung eine lineare partielle Differentialgleichung, deren Theorie genügend ausgearbeitet ist. Für ein Elektron im Metall dient als kinetische Energie $\varepsilon(\boldsymbol{p})$ eine komplizierte periodische Funktion des Quasiimpulses. Andererseits jedoch hängen die äußeren Felder in der überwiegenden Mehrzahl der Fälle äußerst einfach von den Koordinaten ab. Diese Umstände stimulieren das Bestreben, die Quantenmechanik eines Leitfähigkeitselektrons, ausgehend von dem HAMILTON-Operator, in $\boldsymbol{p}$-Darstellung zu formulieren:

$$\hat{\mathcal{H}} = \varepsilon(\boldsymbol{p}) + \hat{\mathcal{U}} . \tag{8.1}$$

$\hat{\mathcal{U}}$ ist der Operator der potentiellen Energie, die mit den äußeren Feldern verknüpft ist. Eine solche Darstellung gilt ihrem Wesen nach nicht streng, da bei dem Übergang vom quasiklassischen Herangehen zum exakt quantenmechanischen nicht nur der Operatorencharakter der potentiellen Energie zu berücksichtigen ist, was heißt, daß die Koordinate $\boldsymbol{r}$ (deren Funktion $\hat{\mathcal{U}}$ ist) durch den Operator $-\frac{\hbar}{i}\frac{\partial}{\partial \boldsymbol{p}}$ ersetzt wird, sondern auch der Unterschied zwischen dem Operator $\boldsymbol{p}$ und dem wahren Impuls in Betracht zu ziehen ist. Entsprechend den Formeln (1.45) und (1.46) hat der Operator der Koordinate $\hat{\boldsymbol{r}}$ dann das Aussehen

$$\hat{\boldsymbol{r}} = -\frac{\hbar}{i}\frac{\partial}{\partial \boldsymbol{p}} + \hat{\boldsymbol{\Omega}} . \tag{8.2}$$

Der Operator $\hat{\boldsymbol{\Omega}}$, der bezüglich des Quasiimpulses $\boldsymbol{p}$ diagonal ist, wird durch seine Matrixelemente bestimmt, die mit den Bandübergängen zusammenhängen (s. Formel (1.47)). Der HAMILTON-Operator muß also schließlich als Summe von Operatoren dargestellt werden: der „kinetischen" Energie $\hat{\mathcal{K}}$ und der potentiellen $\hat{\mathcal{U}}$:

$$\mathcal{H} = \hat{\mathcal{K}} + \hat{\mathcal{U}} . \tag{8.3}$$

Der Operator $\hat{\mathcal{K}}$ ist in seiner Matrixform in der $\boldsymbol{p}$-Darstellung angebbar:

$$\mathcal{K}_{ss'}^{(\boldsymbol{p})} = \varepsilon_s(\boldsymbol{p})\, \delta_{ss'} , \tag{8.4}$$

und der Operator $\hat{\mathcal{U}}$ durch seine Abhängigkeit vom Operator der Ortskoordinate $\boldsymbol{r}$ (s. Gleichung (8.2)). Die Kenntnis des HAMILTON-Operators eines Leitfähigkeitselektrons im äußeren Feld gestattet es, prinzipiell eine beliebige Aufgabe der Quantenmechanik eines Elektrons mit einem komplizierten Dispersionsgesetz zu lösen. Die Resultate werden dabei natürlich nicht nur in den Begriffen des Dispersionsgesetzes ausgedrückt, das heißt, durch die Funktionen $\varepsilon_s(\boldsymbol{p})$ und ihre Ableitungen, sondern es werden auch die Matrixelemente $\varrho_{ss'}(\boldsymbol{p})$ in die Lösung mit eingehen. Eine solche Konstruktion, die auf dem Dispersionsgesetz und den Matrixelementen $\varrho_{ss'}(\boldsymbol{p})$ basiert, ist völlig exakt. Im allgemeinen geht man jedoch nicht von $\varrho_{ss'}(\boldsymbol{p})$ direkt aus, sondern von den Eigenfunktionen des nicht durch äußere Felder gestörten HAMILTON-Operators eines Elektrons $\psi_{s\boldsymbol{p}}(\boldsymbol{r})$. Die Matrixelemente $\varrho_{ss'}(\boldsymbol{p})$ lassen sich natürlich nach diesem Funktionensystem entwickeln. Benutzt man die Definitionsgleichung (1.47) und die explizite Form der Wellenfunktion (1.16), so erhält man

$$\varrho_{ss'}(\boldsymbol{p}) = i\hbar \int u_{s\boldsymbol{p}}^*(\boldsymbol{r})\, \frac{\partial}{\partial \boldsymbol{p}}\, u_{s'\boldsymbol{p}}(\boldsymbol{r})\, \mathrm{d}v . \tag{8.5}$$

Diesem Ausdruck kann man ein anderes Aussehen geben, wenn man die BLOCH-Welle (1.16) in eine FOURIER-Reihe (1.21) zerlegt:

$$\varrho_{ss'}(\boldsymbol{p}) = i\hbar \sum_{\boldsymbol{b}} a_s^* \,(\boldsymbol{p} + 2\pi\hbar \boldsymbol{b})\, \frac{\partial}{\partial \boldsymbol{p}}\, a_{s'}(\boldsymbol{p} + 2\pi\hbar \boldsymbol{b}) . \tag{8.6}$$

Der letzte Ausdruck ist gut bei der Lösung konkreter Aufgaben anzuwenden, wenn als Ausgangspunkt die Näherung der schwachen Bindung vorausgesetzt wird. $\psi_{s\boldsymbol{p}}(\boldsymbol{r})$ sind die Wellenfunktionen des Leitfähigkeitselektrons in der Koordinatendarstellung. Die Koeffizienten der Reihenentwicklung einer beliebigen Zustandsfunktion $\psi(\boldsymbol{r}, t)$ nach den Wellenfunktionen $\psi_{s\boldsymbol{p}}(\boldsymbol{r})$ sind die Wellenfunktionen in $\boldsymbol{p}$-Darstellung. Sie sollen im weiteren mit $g(s, \boldsymbol{p}, t)$ bezeichnet werden. Somit ist die Wellenfunktion in einem Zustand mit einem bestimmten Wert des Quasiimpulses ($\boldsymbol{p} = \boldsymbol{p}_0$) in einem bestimmten Band ($s = s_0$)

$$\left.\begin{aligned} g(s, \boldsymbol{p}, t) &= \mathrm{e}^{-i\varepsilon_{s_0}(\boldsymbol{p}_0)\, t/\hbar}\, g(s, \boldsymbol{p}) , \\ g(s, \boldsymbol{p}) &= A \delta_{ss_0}\, \delta(\boldsymbol{p} - \boldsymbol{p}_0) \end{aligned}\right\} \tag{8.7}$$

(A = Normierungskonstante).

Wenn man die Definition des HAMILTON-Operators (8.3) benutzt, kann der Geschwindigkeitsoperator im Ortsraum $\hat{\dot{\boldsymbol{r}}} = \hat{\boldsymbol{v}}$ und im Quasiimpulsraum $\hat{\dot{p}}$ leicht berechnet werden. Die Geschwindigkeitsoperatoren wurden schon in der Einleitung beschrieben (vgl. Formel (1.48) und (1.50)). Durch die angeführten Ausdrücke besteht wenigstens im Prinzip die Möglichkeit, die zeitliche Zustandstransformation eines Leitfähigkeitselektrons zu erklären, das sich unter der Einwirkung äußerer Felder befindet. Aufgaben solchen Typs — die Untersuchung der zeitlichen Zustandsänderung — können natürlich auch mit Hilfe von Wellenfunktionen gelöst werden. Vereinfacht dargestellt, sucht man dabei die Zeitabhängigkeit der Wellenfunktionen. Das soll an einem einfachen Beispiel illustriert werden, bei dem auf das Elektron die konstante und nicht vom Ort abhängende Kraft $\boldsymbol{F} = e \cdot \boldsymbol{E}$ einwirkt ($\boldsymbol{E}$ Feldstärke des elektrischen Feldes). Nach den Gleichungen (8.3), (8.4) und (8.2) erhält das Gleichungssystem für die Funktionen $g(s, \boldsymbol{p}, t)$ folgendes Aussehen:

$$-\frac{\hbar}{i}\frac{\partial g(s, \boldsymbol{p}, t)}{\partial t} = \varepsilon_s g_s + \frac{e\hbar}{i}\boldsymbol{E}\frac{\partial g(s, \boldsymbol{p}, t)}{d\boldsymbol{p}} - e\boldsymbol{E}\sum_{s'} \boldsymbol{\varrho}_{ss'}(\boldsymbol{p})\, g(s', \boldsymbol{p}, t)\,. \tag{8.8}$$

In einer Reihe von Fällen (bei Metallen fast immer) kann diese Gleichung mit Hilfe der Methode der sukzessiven Approximation gelöst werden, wobei der letzte Summand der rechten Seite von (8.8) als kleine Störung betrachtet wird. Das ist im Endeffekt auch richtig, da das angelegte Feld klein gegen die atomaren Felder ist. Bei der Abschätzung des dimensionslosen kleinen Parameters muß man darauf achten, daß die Matrixelemente $\varrho_{ss'}^{x,y,z} \approx a$ sind (vgl. Einleitung). Bevor man mit dem sukzessiven Näherungsverfahren beginnt, ist es zweckmäßig, Gleichung (8.8) durch Einführen der neuen Variablen $\xi = p_x - eEt$ an Stelle der Zeit t etwas umzuformen. (Die x-Achse liegt dabei in Richtung des elektrischen Feldes, p_x wird im weiteren einfach durch p abgekürzt.) Man erhält dann

$$-\frac{\hbar}{i}\, eE \left(\frac{\partial g_s}{\partial p}\right)_\xi = \varepsilon_s g_s - eE \sum_{s'} \varrho_{ss'}^x g_{s'}\,. \tag{8.9}$$

(Das diskrete Argument s wird in Form eines Indexes geschrieben.) Die Projektionen des Quasiimpulses p_y und p_z gehen in die letzte Gleichung als Parameter ein. Als Lösungsansatz für $g_s(p, \xi)$ wählt man zweckmäßigerweise

$$g_s(p, \xi) = \mathrm{e}^{-\frac{i}{eE\hbar}\int \varepsilon_s(p')\,\mathrm{d}p'}\, \varphi_s(p, \xi)\,. \tag{8.10}$$

Das Gleichungssystem für die Funktionen $\varphi_s(p, \xi)$ sieht besonders einfach aus:

$$\left(\frac{\partial \varphi_s}{\partial p}\right)_\xi = \sum_{s'} q_{ss'}\varphi_{s'}(p, \xi)\,, \tag{8.11}$$

wobei

$$q_{ss'} = \frac{i}{\hbar}\, \mathrm{e}^{\frac{i}{eE\hbar}\int \varepsilon_s \mathrm{d}p'}\, \varrho_{ss'}^x\, \mathrm{e}^{-\frac{i}{eE\hbar}\int \varepsilon_{s'} \mathrm{d}p'} \tag{8.12}$$

gesetzt wird. Man benutzt jetzt die Methode der sukzessiven Approximation. In nullter Näherung, die der Vernachlässigung von Bandübergängen entspricht, erhält man dann

$$\left(\frac{\partial \varphi_s^{(0)}}{\partial p}\right)_\xi = 0\,, \tag{8.13}$$

d. h.

$$\varphi_s^{(0)} = \varphi_s^{(0)}(\xi) \equiv \varphi_s^{(0)}(p - eEt)\,. \tag{8.14}$$

Zunächst sollen die Anfangsbedingungen der Aufgabe erfüllt werden. Wenn für $t = 0$ die Wellenfunktion eines Elektrons $g_s(p, 0) = g_s(p)$ ist, so folgt nach den Gleichungen (8.14) und (8.10)

$$g_s^{(0)}(p, t) = g_s(p - eEt)\, \mathrm{e}^{-\frac{i}{eE\hbar}\int \varepsilon_s(p')\,\mathrm{d}p'}\,. \tag{8.15}$$

Die Größe $|g_s(p, t)|^2$ bestimmt die Wahrscheinlichkeit, mit der ein Elektron des s-ten Bandes zur Zeit t einen Quasiimpuls zwischen p und $p + \mathrm{d}p$ annimmt.

Die letzte Gleichung zeigt, daß sich in nullter Näherung (es wurden die Bandübergänge vernachlässigt) die Wahrscheinlichkeitsverteilung als Ganzes im Quasiimpulsraum mit der Geschwindigkeit $\dot{p} = eE$ bewegt. Insbesondere ist das natürlich auch für eine Verteilung vom Typ einer δ-Funktion richtig. Hatte ein Elektron zum Anfangszeitpunkt einen bestimmten Quasiimpuls, so wird es auch in jedem beliebigen anderen Augenblick t einen bestimmten Quasiimpulswert haben, der aus der klassischen Bewegungsgleichung bestimmt werden kann:

$$\frac{\mathrm{d}\boldsymbol{p}}{\mathrm{d}t} = e\boldsymbol{E}\,. \tag{8.16}$$

Diese Schlußfolgerung ist natürlich auch ein Beweis für die Berechtigung des klassischen bzw. quasiklassischen Herangehens.

Setzt man nun die nullte Näherung in den rechten Teil des Gleichungssystems (8.11) ein, so kann die Funktion $g_s(p, t)$ in erster Näherung für den Fall eines elektrischen Feldes berechnet und damit die Wahrscheinlichkeit eines Band-Band-Überganges der Elektronen bestimmt werden [24]. Hier kann jedoch darauf nicht näher eingegangen werden.

Im folgenden soll zur Bewegungsgleichung, für die die Gleichung (8.16) einen Spezialfall darstellt,

$$\frac{\mathrm{d}\boldsymbol{p}}{\mathrm{d}t} = -\frac{\partial \hat{U}(\boldsymbol{r})}{\partial \boldsymbol{r}}\,,$$

eine Anmerkung gemacht werden. Die Möglichkeit, die Bewegungsgleichung (und auch ihre Lösung) zu benutzen, gründet sich auf die Unendlichkeit des $\boldsymbol{p}$-Raums. Die Rückkehr des Quasiimpulses in eine ausgewählte Zone des reziproken Gitters ist in diesen Gleichungen nicht enthalten. Die physikalische Äquivalenz der Zustände in den unterschiedlichen Zellen des reziproken Gitters, die durch die Periodizität der Wellenfunktionen gewährleistet wird, welche die Zustände mit einem bestimmten Quasiimpuls beschreiben, führt zur Eindeutigkeit der Resultate.

Andererseits ist bei der Wahrscheinlichkeitsberechnung der einzelnen Prozesse ein vollständiger (aber nicht überbestimmter) Satz von Eigenfunktionen zu benutzen. D. h., nachdem man eine bestimmte Zelle des reziproken Gitters ausgewählt hat, wird man nur die Wellenfunktionen dieser Zelle benutzen.[1]) Dabei können natürlich auch Prozesse plötzlich erlaubt sein (d. h. eine von Null verschiedene Wahrscheinlichkeit besitzen), die mit einem Bandübergang verbunden sind (U-Prozesse).

Die Beschreibung ein und desselben Prozesses unter Verwendung der Bewegungsgleichung und das Wahrscheinlichkeitsbild tragen ergänzenden Charakter. Die Wahl der Beschreibung wird meist von der Aufgabenstellung bestimmt.

Bis jetzt wurde noch nicht auf die Quanteneigenschaften des Elektrons im Magnetfeld eingegangen. Die interessanten Fragen, die mit dem Übergang eines Elektrons von einer klassischen Bahn auf eine andere verbunden sind („magnetischer Durchbruch“) werden in einem speziellen Paragraphen behandelt (§ 10). Hier sollen nur einige Bemerkungen gemacht werden.

Die Komponenten des Operators des kinetischen Impulses[2])

$$\boldsymbol{p} = \boldsymbol{P} - \frac{e}{c}\boldsymbol{A} \tag{8.17}$$

kommutieren nicht miteinander, da das Vektorpotential von der Ortskoordinate $\boldsymbol{r}$ abhängt ($\operatorname{rot}\boldsymbol{A} = \boldsymbol{H}$). Nutzt man die Kommutierungsregel zwischen der Ortskoordinate $\boldsymbol{r}$ und dem konjugierten Impuls $\boldsymbol{P}$ aus, kann man eine Kommutierungsregel für die Komponenten des kinetischen Impulses aufstellen („kinetischer Quasiimpuls“):

$$\{p_i, p_k\} = \frac{e\hbar}{ic}\,\varepsilon_{ikl}H_l\,. \tag{8.18}$$

ε_{ikl} ist ein antisymmetrischer Tensor dritten Ranges, und die geschweiften Klammern deuten die Kommutierung an. Es ist festzustellen, daß in dieser Formel das Magnetfeld H und das PLANCKsche Wirkungsquantum $\hbar$ in Form eines Produkts eingehen, d. h. je stärker das Magnetfeld ist, um so deutlicher treten auch die Quantenerscheinungen hervor. Ein ähnliches Ergebnis wurde schon erhalten, als der Radius der Umlaufbahn mit der DE BROGLIE-Wellenlänge verglichen wurde. Aus der Kommutierungsregel (8.18) ist fernerhin zu

[1]) Wenn es notwendig ist, können für den Anfangs- und Endzustand unterschiedliche Zellen benutzt werden.

[2]) Genau genommen, ist der Zusammenhang zwischen $\boldsymbol{P}$ und $\boldsymbol{p}$ nur für den wahren Impuls richtig. Man kann jedoch zeigen, daß er auch für den Quasiimpuls erhalten bleibt, jedenfalls für Elektronen im periodischen Kristallgitter [21] (vgl. S. 11).

entnehmen, daß das Ergebnis nicht vom Bahncharakter im Magnetfeld abhängt und daß bis auf einen Zahlenfaktor die Komponenten des kinetischen Impulses zueinander kanonisch konjugiert sind.

Geht man nun vom Dispersionsgesetz $\varepsilon_s(\boldsymbol{p})$ aus und bemüht sich, den HAMILTON-Operator eines Leitfähigkeitselektrons im Magnetfeld anzugeben, so entsteht sofort die Frage, wie die Funktion $\varepsilon_s(\boldsymbol{p})$ von den nichtkommutierenden Variablen $\hat{p}_x$, $\hat{p}_y$, und $\hat{p}_z$ abhängen kann. Die Situation wird dann noch weiterhin verkompliziert, da die Koordinate $\boldsymbol{r}$ keine Erhaltungsgröße ist. Formal kann das dadurch beschrieben werden, daß der kinetische Impuls nicht mit dem „Operator des Bandindexes" kommutiert. (Der Operator des Bandindexes $\hat{s}$ ist der Operator, dessen Eigenwerte das Energieband bestimmen.) Benutzt man für das Vektorpotential den Ausdruck $\boldsymbol{A} = \frac{1}{2}[\boldsymbol{H}\boldsymbol{r}]$, so kann man zeigen, daß

$$\{\hat{s}, \hat{\boldsymbol{p}}\}_{ss'} = -\frac{e}{2c}(s - s')[\boldsymbol{H}, \boldsymbol{\varrho}_{ss'}(\boldsymbol{p})] \qquad (8.19)$$

ist.

Das Aufstellen des HAMILTON-Operators für ein Elektron im Magnetfeld kann im allgemeinen Fall nicht durchgeführt werden, wenn man nur von der Form des Dispersionsgesetzes ausgeht. Die Struktur des HAMILTON-Operators ist wesentlich mit dem Entstehen eines Zweiges des energetischen Spektrums vom FERMI-Typ verknüpft. Vernachlässigt man jedoch die Bandübergänge[1]) (d. h. $\boldsymbol{\varrho}$ gegenüber $\boldsymbol{R}$ in Formel (1.45), so kann der Charakter der Symmetriesierung der Funktion $\varepsilon(\boldsymbol{p})$ aus ziemlich allgemeinen Überlegungen heraus erklärt werden. Ausgangspunkt ist die Zerlegung der Funktion $\varepsilon(\boldsymbol{p})$ in eine FOURIER-Reihe:

$$\varepsilon(\boldsymbol{p}) = \sum_{\boldsymbol{a}} A_{\boldsymbol{a}}\, e^{i\boldsymbol{a}\boldsymbol{p}/\hbar}\,. \qquad (8.20)$$

Die Summation wird über alle Perioden $\boldsymbol{a}$ des Kristallgitters vorgenommen. Beim Übergang zum HAMILTON-Operator, d. h. bei Ersetzen der Komponenten des kinetischen Impulses durch Operatoren mit den Kommutierungsregeln (8.18), muß man natürlich von der Zerlegung (8.20) ausgehen, wobei man jeden Summanden als Funktion (Exponenten) eines Operators $\boldsymbol{a}\boldsymbol{p}$ zu verstehen hat. Anders gesagt, wenn man die Bandübergänge vernachlässigt, folgt

$$\varepsilon(\hat{\boldsymbol{p}}) = \sum_{\boldsymbol{a}} A_{\boldsymbol{a}}\, e^{i\boldsymbol{a}\hat{\boldsymbol{p}}/\hbar}\,. \qquad (8.21)$$

Der Ausdruck (8.21) entspricht einer „vollständigen Symmetrisierung" des HAMILTON-Operators nach den Operatoren der Komponenten des kinetischen Impulses. Der Schluß über die Notwendigkeit einer vollständigen Symmetrisierung kann noch durch folgende Überlegungen weiter untermauert werden. Die

[1]) Man kann keine hinreichend genauen Kriterien für die Vernachlässigung angeben. Offensichtlich dürfen sich die Bänder nicht überlappen und der Abstand zwischen ihnen muß genügend groß sein.

Komponente des kinetischen Impulses in Richtung des Magnetfeldes ist eine Erhaltungsgröße und kommutiert mit $\hat{p}_x$ und $\hat{p}_y$. In der Ebene, die senkrecht zum Magnetfeld steht, sind die Achsen nicht fixiert, und für die kanonisch konjugierten Variablen können beliebige Linearkombinationen von p_x und p_y benutzt werden. Den Vektor $\boldsymbol{a}$ kann man immer in Form einer Summe $\boldsymbol{a} = \boldsymbol{a}_\perp + \boldsymbol{a}_{||}$ darstellen, wobei $\boldsymbol{a}_{||} = (\boldsymbol{aH})\, \boldsymbol{H}/H^2$ ist. Wenn jetzt die x-Achse in Richtung von $\boldsymbol{a}_\perp$ zeigt, wird im Zähler des Exponenten nur ein Operator stehen. Die hier angeführten Überlegungen werden durch die Untersuchungen in der Arbeit [21] bestätigt, auf die der Leser an dieser Stelle verwiesen werden soll.

Die Kommutierungsregeln (8.18), die hier als Kommutierungsregeln zwischen den Komponenten des wahren kinetischen Impulses (und nicht des Quasiimpulses) angesehen werden, zeigen, daß mit Zunahme des Magnetfeldes der Quantencharakter der Aufgabe steigt. Ohne zusätzliche Voraussetzungen kann streng genommen nur in zwei Fällen die Struktur der Quantenzustände des Elektrons im Magnetfeld formuliert werden.

1. Für schwache Felder: Es liegt die quasiklassische Situation vor. Das Elektron bewegt sich auf einer klassischen Umlaufbahn, die durch das Dispersionsgesetz für den magnetfeldfreien Fall bestimmt wird. Die Quantisierung sondert bestimmte Querschnitte auf den Isoenergieflächen aus (s. Formeln (7.2) und 7.3)).

2. Für starke Felder: Die Wirkung der Kristallfelder kann vernachlässigt werden. Das Elektron hört auf, das Feld des Kristallgitters zu „merken". Die Energieniveaus des Elektrons werden durch die LANDAUsche Formel (s. Formel (7.5)) bestimmt. Dieser Grenzfall kann natürlich in praxi kaum verwirklicht werden (es würden ja im allgemeinen Felder von 10^8—10^9 Oe benötigt werden). Bei einigen Metallen können die FERMI-Elektronen jedoch ihre „Freiheit" schon bei nicht sehr großen Feldstärken infolge spezifischer Besonderheiten des Energiespektrums offenbaren (d. h. die Kristallfelder „vergessen") (vgl. § 10).

Zum Abschluß dieses Paragraphen sollen noch die Oberflächenzustände in einem Magnetfeld mit Hilfe der Quantentheorie berechnet werden. Dies erweist sich als notwendig, da in den Hochfrequenzeigenschaften, auf die in § 46 eingegangen werden soll, die ersten Niveaus die entscheidende Rolle spielen deren Berechnung mit den Gleichungen (7.25) bis (7.31) nur ziemlich grob möglich ist.

Im vorliegenden Fall ist die SCHRÖDINGER-Gleichung, die man durch Ersetzen der klassischen Größen durch Operatoren erhält, ziemlich einfach, da die Bewegung senkrecht zur Oberfläche der Probe klein ist (streifender Einfall). Folglich kann eine Entwicklung von $\varepsilon(p_x, p_y, p_z)$ in der Nähe des Punktes $\varepsilon(p_x^0, p_y^0, p_z^0) = \varepsilon_0$, $v_y(p_x^0, p_y^0, p_z^0) = 0$ $(\dot{v}_y < 0)$ benutzt werden. Man erhält

$$\left\{-\alpha \left(\frac{c\hbar}{eH}\right)^2 \frac{\partial}{\partial y} + (y - y_{\max})\right\} \psi = 0\,, \qquad y_{\max} = y(0) \tag{8.22}$$

wobei

$$\alpha \equiv \alpha(\varepsilon, p_z) = -\left.\frac{\partial^2 y}{\partial x^2}\right|_{x=0} = -\frac{eH}{c}\left.\frac{\partial^2 p_x(\varepsilon, p_z, p_y)}{\partial p_y^2}\right|_{\substack{p_y = p_y^0(\varepsilon, p)\\ v_y = 0,\ \dot v_y < 0}} \tag{8.23}$$

gesetzt wird.

Bei spiegelnder Reflexion der Elektronen gilt

$$\psi|_{y=0} = 0\,, \qquad \psi|_{y=\infty} = 0\,. \tag{8.24}$$

Substituiert man für

$$\psi = \psi_1\left(\frac{eH}{c\hbar}\,(y - y_{\max})\right) \tag{8.25}$$

und setzt in Gleichung (8.22) ein, so erhält man die Gleichung für die Airy-Funktionen. Der Randwert (8.24) bestimmt $y_{\max}$. Nun ist aber $y_{\max} = \frac{p_x^{\max}(\varepsilon, p_z) - P_x}{eH/c}$, so daß hieraus $\varepsilon = \varepsilon_n(p_z, p_x)$ bestimmt werden kann. Zur Bestimmung der expliziten Form von ε_n wird die Entwicklung von $\varepsilon(p_x, p_y)$ benutzt. Als Resultat erhält man dann

$$\varepsilon_n = \hbar v_x^0(p_z)\left(\frac{eH}{\hbar}\right)^{2/3}(2\,R(p_z))^{-1/3}\,a_n\,, \qquad Ai(-\,a_n) = 0\,, \tag{8.26}$$

wobei die $Ai(x)$ die Airy-Funktionen sind.

Die Formel (8.26) bestimmt die Energieniveaus der Oberflächenzustände für Elektronen in einem parallel zur Oberfläche angelegten Magnetfeld.

§ 9 Die Quantentheorie der Streuung von Elektronen mit einem beliebigen Dispersionsgesetz

Die Entwicklung der Streutheorie ist mit der Berechnung der effektiven Streuquerschnitte der unterschiedlichen Prozesse und mit der Untersuchung der Form der Wellenfläche des gestreuten Teilchens in großen Entfernungen vom Streuzentrum verbunden. Wenn der erste Teil der Aufgabe (die Berechnung des effektiven Querschnitts) auch nicht ohne Kenntnis über die Struktur der Inhomogenität gelöst werden kann, so kann doch der zweite Teil (die Untersuchung der Form der Wellenfläche in großen Entfernungen) schon bei sehr allgemeinen Voraussetzungen über den Charakter der Inhomogenität formuliert und gelöst werden. Wie sich zeigt, wird das asymptotische Verhalten der Wellenfunktion eines Elektrons durch die Form seiner Isoenergiefläche bestimmt.

Im weiteren soll jetzt die Streuung eines Elektrons, das sich im Zustand (s_0, p_0) befindet, d. h. durch die Wellenfunktion $\psi_{s_0\boldsymbol{p}_0}^{(0)}(\boldsymbol{r}) = e^{i\boldsymbol{p}_0\boldsymbol{r}/\hbar}\,u_{s_0\boldsymbol{p}_0}(\boldsymbol{r})$ beschrieben wird, an einer lokalen Inhomogenität betrachtet werden. Setzt man das streuende Teilchen als unendlich schwer voraus (Fremdatom, Leerstelle usw.), so kann die gestörte Wellenfunktion des Elektrons folgendermaßen dargestellt werden:

$$\psi_{s_0 \boldsymbol{p}_0}(\boldsymbol{r}) = \psi^{(0)}_{s_0 \boldsymbol{p}_0}(\boldsymbol{r}) - \sum_s \int \frac{C^{s\boldsymbol{p}}_{s_0 \boldsymbol{p}_0} \, \mathrm{e}^{i\boldsymbol{p}\boldsymbol{r}/\hbar} \, \mathrm{d}\tau_{\boldsymbol{p}}}{\varepsilon_s(\boldsymbol{p}) - \varepsilon_{s_0}(\boldsymbol{p}_0)} . \tag{9.1}$$

Die Größen $C^{s\boldsymbol{p}}_{s_0 \boldsymbol{p}_0}$ werden durch den Charakter des Streuzentrums bestimmt, das im Punkt $\boldsymbol{r} = 0$ angenommen wird. Wenn die Kristallinhomogenität durch den Störoperator $\hat{\Lambda}$ charakterisiert wird, so ergibt sich in den Fällen, wo die Störung vom δ-Typ ist [25],

$$C^{s\boldsymbol{p}}_{s_0 \boldsymbol{p}_0} = \frac{\Lambda^{s\boldsymbol{p}}_{s_0 \boldsymbol{p}_0} u_{s\boldsymbol{p}}(\boldsymbol{r})}{1 + \sum_s \int \frac{\Lambda^{s\boldsymbol{p}}_{s_0 \boldsymbol{p}_0}}{\varepsilon_s(\boldsymbol{p}) - \varepsilon_{s_0}(\boldsymbol{p}_0)} \, \mathrm{d}\tau_{\boldsymbol{p}}} .$$

Die $\Lambda^{s\boldsymbol{p}}_{s_0 \boldsymbol{p}_0}$ sind die Matrixelemente des Operators $\hat{\Lambda}$.

Jedoch in den Fällen, in denen man die Störungstheorie benutzen kann, ist

$$C^{s\boldsymbol{p}}_{s_0 \boldsymbol{p}_0} = \Lambda^{s\boldsymbol{p}}_{s_0 \boldsymbol{p}_0} u_{s\boldsymbol{p}}(\boldsymbol{r}) .$$

Man kann nun

$$I_s(\boldsymbol{r}) = \int \frac{C^{s\boldsymbol{p}}_{s_0 \boldsymbol{p}_0} \, \mathrm{e}^{i\boldsymbol{p}\boldsymbol{r}/\hbar}}{\varepsilon_s(\boldsymbol{p}) - \varepsilon} \, \mathrm{d}\tau_{\boldsymbol{p}} , \qquad \varepsilon \equiv \varepsilon_{s_0}(\boldsymbol{p}_0) , \tag{9.2}$$

setzen. Die spezifische Struktur der Integrale $I_s(\boldsymbol{r})$ gestattet es, die gestreute Welle in großen Entfernungen von dem streuenden Hindernis zu untersuchen.

Die Integration (9.2) kann sowohl über die Energie als auch über Flächen konstanter Energie vorgenommen werden. Dann erhält man

$$I_s(\boldsymbol{r}) = \int \frac{I_s(\boldsymbol{r}, \varepsilon') \, \mathrm{d}\varepsilon'}{\varepsilon' - \varepsilon} , \tag{9.3}$$

wobei

$$I_s(\boldsymbol{r}, \varepsilon') = \int\limits_{\varepsilon_s(\boldsymbol{p}) = \varepsilon'} \frac{C^{s\boldsymbol{p}}_{s_0 \boldsymbol{p}_0} \, \mathrm{e}^{i\boldsymbol{p}\boldsymbol{r}/\hbar} \, \mathrm{d}S_{\varepsilon'}}{|\nabla \varepsilon_s(\boldsymbol{p})|} \tag{9.4}$$

ist. Hier ist $\mathrm{d}S_{\varepsilon'}$ das Flächenelement auf der Isoenergiefläche $\varepsilon_s(\boldsymbol{p}) = \varepsilon'$, und die Integration in (9.3) wird in den Grenzen durchgeführt, die für das s-te Band als Energiewerte erlaubt sind (von $\varepsilon_{s\,\min}$ bis $\varepsilon_{s\,\max}$).

Für die Berechnung der asymptotischen Werte der Integrale (9.4) (für große $\boldsymbol{r}$) ist es bequem, auf der Isoenergiefläche $\varepsilon_s(\boldsymbol{p}) = \varepsilon'$ ein neues Koordinatensystem einzuführen. Die Koordinatenlinien werden durch die Schnittlinien der Isoenergiefläche mit den Flächen $\boldsymbol{n}\boldsymbol{p} = \mathrm{const}$ ($\boldsymbol{n} = \boldsymbol{r}/r$) gebildet. Setzt man $\boldsymbol{p}\boldsymbol{n} = u$, so kann man die Integration zuerst auf Streifen zwischen u und $u + \mathrm{d}u$ auf der Fläche vornehmen und danach über die Variable u integrieren (s. Abb. 28).

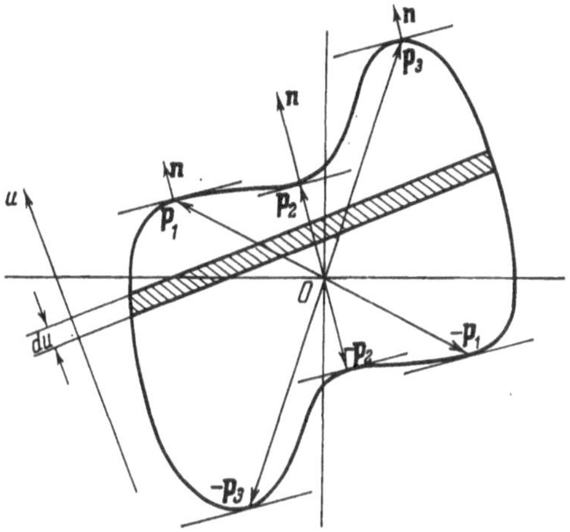

Abb. 28. Schnitt der Fläche $\varepsilon_s(\boldsymbol{p}) = \varepsilon'$ mit der Fläche $\boldsymbol{np} = \text{const}$

$\boldsymbol{p}_\nu$, $-\boldsymbol{p}_\nu$ ($\nu = 1, 2, 3$) sind die Berührungspunkte der Tangentialfläche, die senkrecht zur Ausbreitungsrichtung liegt

Das liefert

$$\left.\begin{aligned} I_s(\boldsymbol{r}, \varepsilon') &= \int f_s(u)\, e^{iur/\hbar}\, du\,, \\ f_s(u) &= \int\limits_{\substack{\varepsilon_s(\boldsymbol{p}) = \varepsilon' \\ u < \boldsymbol{pn} < u + du}} \frac{C^{s\boldsymbol{p}}_{s_0\boldsymbol{p}_0}}{|\nabla \varepsilon_s(\boldsymbol{p})|}\, dS_{\varepsilon'}\,. \end{aligned}\right\} \tag{9.5}$$

Aus dem vorliegenden Ausdruck wird klar, daß die Glieder der Ordnung $1/r$, die auseinanderlaufenden, d. h. gestreuten Wellen entsprechen, bei der Integration in der Nähe der Sprungstellen der Funktion $f_s(u)$ entstehen. Wie man sich leicht überlegen kann, sind die Sprungstellen der Funktion $f_s(u)$ an Punkten, wo die Isoenergiefläche $\varepsilon_s(\boldsymbol{p}) = \varepsilon'$ die Grenzfläche tangiert, die senkrecht zur Ausbreitungsrichtung $\boldsymbol{n}$ liegt (s. Abb. 28). Bezeichnet man diese Grenzpunkte mit $\boldsymbol{p}_\nu$, so erhält man

$$I_s(\boldsymbol{r}, \varepsilon') \approx \sum_\nu \frac{2\pi C^{s\boldsymbol{p}}_{s_0\boldsymbol{p}_0} e^{i\boldsymbol{p}_\nu \boldsymbol{r}/\hbar}}{|\nabla \varepsilon_s(\boldsymbol{p}_\nu)|\, \sqrt{K_\nu}}\, \frac{1}{r}\,. \tag{9.6}$$

K_ν ist die Gausssche Krümmung der Isoenergiefläche $\varepsilon_s(\boldsymbol{p}) = \varepsilon'$ im Punkt $\boldsymbol{p} = \boldsymbol{p}_\nu$.

Die Grenzpunkte werden offensichtlich durch die Gleichungen

$$\varepsilon_s(\boldsymbol{p}_\nu) = \varepsilon'\,, \qquad [\boldsymbol{n}, v_s(\boldsymbol{p}_\nu)] = 0 \tag{9.7}$$

bestimmt. Setzt man den Ausdruck (9.6) in die Formel (9.3) ein, so überzeugt man sich, daß für $r \to \infty$ die Integrale bezüglich der Energie endlich bleiben, solange die Werte $\varepsilon \equiv \varepsilon_{s0}(p_0)$ im Bereich der zulässigen Energiewerte des s-ten Bandes liegen. In diesem Fall sind die Integrale (9.3) als Grenzwerte der Integrale

$$I_s(\boldsymbol{r}) = \int \frac{I_s(\boldsymbol{r}, \varepsilon')\, d\varepsilon'}{\varepsilon' - \varepsilon + i\gamma} \tag{9.8}$$

für unendlich kleine Dämpfung ($\gamma \to +0$) zu verstehen.

Den wesentlichsten Beitrag zu den Integralen (9.3) und (9.8) erhält man durch Integration in der Nähe des Pols $\varepsilon' = \varepsilon$.

Wird das berücksichtigt, so erhält man abschließend den asymptotischen Ausdruck für die gestörte Wellenfunktion

$$\psi_{s_0\boldsymbol{p}_0}(\boldsymbol{r}) \approx \psi^{(0)}_{s_0\boldsymbol{p}_0} - \frac{(2\pi)^{3/2}\, i}{r^{1/2}} \sum_{s,\nu} \frac{C^{s\boldsymbol{p}}_{s_0\boldsymbol{p}_0}\, e^{i\boldsymbol{p}_\nu \boldsymbol{r}/\hbar}}{|\nabla\varepsilon_s(\boldsymbol{p}_\nu)|\, \sqrt{K_\nu}}\,. \tag{9.9}$$

Die Werte von $\boldsymbol{p}_\nu$ werden durch die Gleichungen (9.7) bestimmt, wenn an Stelle von ε' $\varepsilon \equiv \varepsilon_0(\boldsymbol{p}_0)$ eingesetzt wird.

Die sich hier ergebenden Resultate stimmen mit den Schlußfolgerungen überein, die auf der Basis der klassischen (korpuskularen) Betrachtungen in § 6 erhalten wurden. Tatsächlich besteht das Verfahren zur Bestimmung von $\boldsymbol{p}_\nu$ (Gleichung (9.7)) darin, unbedingt die Punkte auf der Isoenergiefläche zu finden, wo die Geschwindigkeit des Elektrons $\boldsymbol{v}_s = \nabla\varepsilon_s(\boldsymbol{p})$ richtungsmäßig mit der vorgegebenen Streurichtung $\boldsymbol{n}$ zusammenfällt.

Der für die gestörte Wellenfunktion gefundene Ausdruck gestattet es, eine Reihe von Schlußfolgerungen über den Charakter der gestreuten Wellen zu ziehen.

In der Mehrzahl der Fälle wird die Wellenfunktion eines Elektrons, das an einem einzelnen Streuzentrum gestreut wurde, durch eine Superposition mehrerer Wellen dargestellt. Ihre Zahl ist gleich der Zahl der möglichen Lösungen der Gleichung (9.7) für $\varepsilon' = \varepsilon_{s_0}(\boldsymbol{p}_0)$. Jede dieser Wellen hat ihre Form

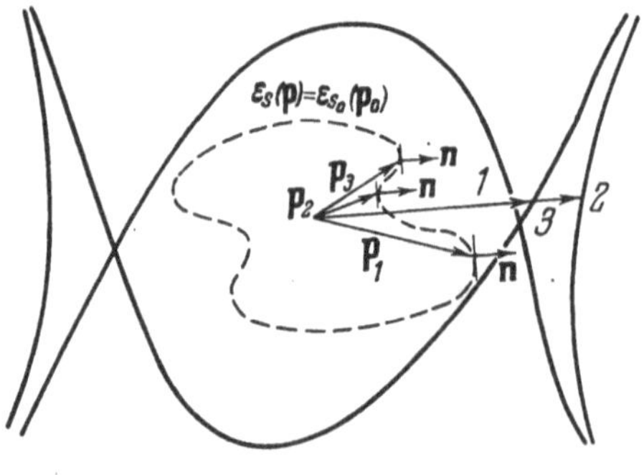

Abb. 29. Schnitt der Wellenfläche eines gestreuten Elektrons (dick ausgezogene Linien)

Mit der gestrichelten Linie ist der Schnitt der Isoenergiefläche dargestellt und ihre Ausbreitungsgeschwindigkeit (Abb. 29). Sogar in den Fällen, in denen die Energie des gestreuten Elektrons nur zu einem Band gehört, ist in der Regel die Zahl der gestreuten Wellen größer als Eins, da die Isoenergieflächen gewöhnlich nicht konvex sind, sondern eine kompliziertere Form besitzen. Die Amplitude jeder der gestreuten Wellen wird nicht nur durch das Dispersionsgesetz bestimmt, sondern auch durch die Besonderheiten des streuenden Zentrums (vermittels der Größen $C^{s\boldsymbol{p}}_{s_0\boldsymbol{p}_0}$, die mit der durch das Streuzentrum verursachten Störung verknüpft sind). Die Phase der Welle, d. h. die Form der Wellenfläche, wird nur durch das Dispersionsgesetz bestimmt. Hierbei ist die Wellenfläche jeder Welle bezüglich der Isoenergiefläche des Elektrons $\varepsilon_s(\boldsymbol{p}) = \varepsilon$ eine polare Fläche.

Die Kenntnis der Wellenfunktion des gestreuten Elektrons gestattet es, den effektiven Streuquerschnitt in Richtung $\boldsymbol{n}$ innerhalb des Raumwinkels do zu berechnen:

$$d\sigma(\boldsymbol{n}) = \frac{16\pi^4}{|\nabla\varepsilon_{s_0}(\boldsymbol{p}_0)|} \sum_{s,\nu} \frac{|B^{s\boldsymbol{p}_\nu}_{s_0\boldsymbol{p}_0}|^2}{|K_\nu|\,|\nabla\varepsilon_s(\boldsymbol{p}_\nu)|}\, do\,. \tag{9.10}$$

Die Größen $B^{s\boldsymbol{p}_\nu}_{s_0\boldsymbol{p}_0}$ sind auf einfache Art mit den Koeffizienten $C^{s\boldsymbol{p}_\nu}_{s_0\boldsymbol{p}_0}$ verknüpft.

Jeder Summand in Formel (9.10) bestimmt einen Schnitt des Prozesses, bei dem das gestreute Elektron einen bestimmten Quasiimpulswert besitzt und zu einem bestimmten Band gehört.

Eine spezielle Besonderheit besitzen offene Isoenergieflächen, da für diese Richtungen existieren können, in denen keine Elektronenbewegung möglich ist. In Abb. 30 ist das Gebiet der nichtzugänglichen Winkel für eine Oberfläche vom Typ eines „gewellten“ Zylinders dargestellt. Es ist klar, daß ein Elektron in diesem Fall nicht in die verbotene Richtung gestreut werden kann. Genauer gesagt, ein Streuprozeß geht nur in dieser Richtung vonstatten, wenn das Elektron auf eine andere Teilfläche der Isoenergiefläche übergeht (sofern eine solche existiert).

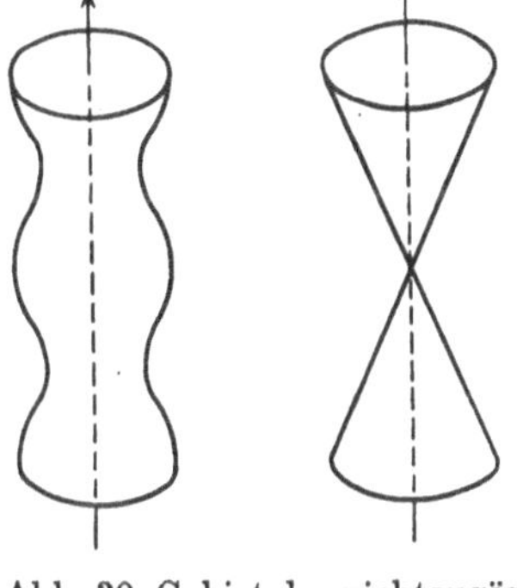

Abb. 30. Gebiet der nichtzugänglichen Winkel für eine Fläche des Typs „gewellter“ Zylinder

§ 10 Der magnetische Durchbruch

Eine der interessantesten Erscheinungsformen des Quantencharakters der Elektronenbewegung im Magnetfeld ist zweifellos die Möglichkeit, daß das Elektron von einer klassischen Bahn auf eine andere übergehen kann (magnetischer Durchbruch). Die Ursache dieser Erscheinung ist die gleiche, wie bei dem normalen Tunneleffekt — die Wellennatur des Elektrons. In der zu beschreibenden Erscheinung offenbaren sich jedoch die Spezifika der Bewegung im Magnetfeld. Insbesondere verstärkt sich mit wachsendem Feld der Quantencharakter der Elektronenbewegung (§ 7). Damit wächst auch die Wahrscheinlichkeit des magnetischen Durchbruchs. Zunächst sollen, bevor die strenge Theorie abgehandelt wird, einige Grundzüge dieser Erscheinung dargelegt werdern. Der Übergang von einer klassischen Umlaufbahn auf eine andere besitzt eine nicht verschwindende kleine Wahrscheinlichkeit W natürlich nur dann, wenn die Bahnverläufe dicht beieinander liegen und die Potentialbarriere zwischen ihnen nicht allzu hoch ist. Dicht benachbarte Bahnverläufe können von unterschiedlicher Natur sein. Entweder gehören beide zu einem Band (Abb. 31a) oder zu unterschiedlichen Bändern (Abb. 31b). Die Existenz dicht benachbarter Bahnen, die zu einem Band gehören, braucht nicht näher begründet zu werden. Hier genügt es, z. B. eine Isoenergiefläche zu betrachten, die einen Sattelpunkt besitzt. Dann sind für Werte von p_z ($H_z = H$, $H_x = H_y = 0$) in der Nähe des kritischen Wertes $p_z = p_{zk}$ (für $p_z = p_{zk}$ hat die Bahn die Form einer Acht) die beiden Umlaufbahnen nur unwesentlich voneinander entfernt (s. Abb. 31a). Im zweiten Fall, wenn die dicht benachbarten Bahnen zu unterschiedlichen Bändern gehören, ist ihre Nachbarschaft immer durch die Nähe zu einem Entartungspunkt bedingt. Genau genommen, kann manchmal eine Entartung auch aufgehoben sein. Unterschiedliche Möglichkeiten dicht benachbarter Bahnen sind in Abb. 31 dargestellt.

Vergleicht man Abb. 31a mit Abb. 31b, so ist auf die Bewegungsrichtung des Elektrons in dem einen und dem anderen Fall zu achten. Der Übergang

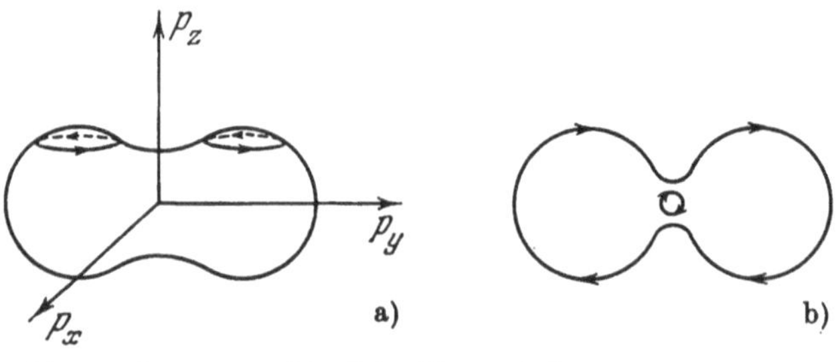

Abb. 31. Die unterschiedliche Natur dicht benachbarter Bahnen:

a) Isoenergiefläche mit einem Verbindungshals; b) innerhalb einer Fläche ist eine zweite angeordnet (die dichtbenachbarten Bahnen gehören zu unterschiedlichen Zonen; die Bewegungsrichtung ist durch Pfeile angedeutet.)

eines Elektrons von einer klassischen Bahn auf eine andere, wenn sie zu einem Band gehören, ist immer mit einem Wechsel der Bewegungsrichtung verbunden. Beim Bandübergang ändert sich die Bewegungsrichtung nicht, wenn die Bahn verlassen wird. Es scheint so, als ob das Elektron seine Bewegung auf einer klassischen Bahn fortsetzen würde. Ein besonders anschauliches Bild ergibt sich in der Näherung für fast freie Elektronen. Vernachlässigt man die Wechselwirkung der Elektronen mit dem Gitter vollständig, so sind die Isoenergieflächen Kugeln (Abb. 32). Die Berücksichtigung des periodischen Gitterpotentials fordert, bei der Klassifikation der Zustände vom Impuls zum Quasiimpuls überzugehen. Damit werden Punkte im $\boldsymbol{p}$-Raum, die sich um $2\pi\hbar\boldsymbol{b}$ unterscheiden, physikalisch äquivalent. Das hat zur Folge, daß die Kugeln nicht nur vom Koordinatenursprung gezeichnet werden können, sondern von jedem beliebigen Punkt $\boldsymbol{p} = 2\pi\hbar\boldsymbol{b}$ (s. Abb. 32). Wenn der Energiewert so klein ist, daß die benachbarten Kugeln sich nicht gegenseitig durchschneiden, ist die Rolle des Gitters völlig unbedeutend. Schneiden sie sich jedoch, so liegt eine Bandentartung vor, die infolge des periodischen Potentials aufgehoben wird. In Abb. 32 ist der Fall einer zweifachen Entartung dargestellt. Im Resultat der Aufhebung der Bandentartung entstehen zwei Isoenergieflächen, die natürlich zu zwei unterschiedlichen Bändern gehören. Es ist anzumerken, daß weit entfernt von den Entartungspunkten die Oberflächen gut mit der ursprünglichen Kugelform übereinstimmen. In Abb. 32 ist die Richtung der Elektronenbewegung in einem Magnetfeld dargestellt, das senkrecht zur Zeichenebene steht. In einem genügend starken Magnetfeld „merkt" das Elektron die Potentialbarriere nicht und bewegt sich auf einer Kreisbahn. In schwächeren Feldern ist der Bahnverlauf weit von einer Kreisbahn entfernt. In dem hier behandelten Beispiel bewegt sich das Elektron auf einer offenen Bahn.

Vergleicht man den magnetischen Durchbruch zwischen zwei Bändern mit dem innerhalb eines Bandes, so erhält man im letzteren Fall als Ergebnis, daß die Durchbruchswahrscheinlichkeit W mit wachsendem Magnetfeld gegen $\frac{1}{2}$ strebt. Im Ultraquantengebiet „spaltet" das Elektron im Punkt maximaler Annäherung auf. Im Falle des Band-Band-Durchbruchs geht die Wahrschein-

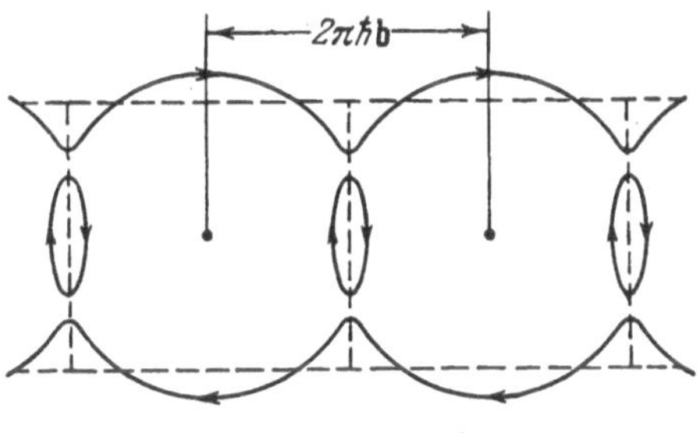

Abb. 32. Das Entstehen dicht benachbarter Bahnen im Modell fast freier Elektronen

lichkeit W mit wachsendem Magnetfeld gegen 1. (Das ist die strenge Formulierung der Behauptung, daß das Elektron die Potentialbarriere nicht „merkt".) Schließlich soll noch darauf hingewiesen werden, daß die charakteristischen Magnetfelder H_D sich in beiden Fällen wesentlich unterscheiden. Im Falle des Durchbruchs innerhalb eines Bandes gilt

$$H_D = = \Delta\varepsilon/\mu\,, \tag{10.1}$$

wobei $\Delta\varepsilon$ die Höhe der Potentialbarriere und μ das BOHRsche Magneton ist. Für den Band–Band-Durchbruch gilt

$$H_D = (\Delta\varepsilon)^2/\varepsilon\mu \ll \Delta\varepsilon/\mu\,. \tag{10.2}$$

Mit anderen Worten, der Band–Band-Durchbruch tritt schon bei bedeutend kleineren Magnetfeldern auf als der innerhalb eines Bandes. Die Abschätzung (10.1) ist völlig natürlich. Sie besagt nichts weiter, als daß für $H \approx H_{DIB}$ die Verschmierung der Bahn, die durch die Unbestimmtheitsrelation bedingt ist, von der Größenordnung des Abstands der beiden Bahnen sein muß. Aus Formel (8.18) folgt $\Delta p_x \, \Delta p_y \sim e\hbar H/c$. Die Unbestimmtheit einer Komponente des Quasiimpulses ist durch die Bahnabmessungen $\Delta p_x \sim p$ und $\Delta p_y \sim \Delta\varepsilon/v$ gegeben, wobei v die Elektronengeschwindigkeit ist. Da aber $p/v \sim m$ und $\mu \approx e\hbar/mc$ ist, erhält man aus der Unbestimmtheitsrelation eine Abschätzung des Feldes, das für den Durchbruch innerhalb eines Bandes notwendig ist (10.1). Das Ergebnis, daß der Band–Band-Durchbruch bei bedeutend kleineren Feldern auftritt, folgt aus der genauen Theorie dieses Durchbruchs, der im folgenden behandelt werden soll.[1])

Zunächst soll die Struktur des energetischen Spektrums mit einer kleinen Energielücke zwischen den Bändern präzisiert werden. Für die Bänder gilt die Dispersionsbeziehung $\varepsilon_1(\boldsymbol{p})$ bzw. $\varepsilon_2(\boldsymbol{p})$. Ferner wird

$$\Delta(\boldsymbol{p}) = |\varepsilon_1(\boldsymbol{p}) - \varepsilon_2(\boldsymbol{p})| \tag{10.3}$$

gesetzt. Interessant ist hier jener Bereich des $\boldsymbol{p}$-Raumes, wo $\Delta \ll \varepsilon$ ($\varepsilon \approx \varepsilon_{1,2}$). Man kann nun durch ähnliche Überlegungen wie in § 2, wo die Struktur des Spektrums in der Nähe eines Entartungspunktes untersucht wurde, das Dispersionsgesetz im Punkt $\boldsymbol{p}$ berechnen. Der Punkt $\boldsymbol{p}$ soll hierbei zu $\boldsymbol{p}'$, für den $\Delta(\boldsymbol{p}') \ll \varepsilon(\boldsymbol{p}')$ gilt, dicht benachbart bleiben. Man erhält dann

$$\varepsilon_{1,2}(\boldsymbol{p}) = \frac{1}{2}\,(\varepsilon_1 + \varepsilon_2) + \boldsymbol{A}\,\delta\boldsymbol{p} \pm \sqrt{\frac{(\Delta + \boldsymbol{B}\,\delta\boldsymbol{p})^2}{4} + |\boldsymbol{C}\,\delta\boldsymbol{p}|^2}\,, \tag{10.4}$$

woraus ersichtlich ist, daß die Dispersionsgesetze in den einzelnen Bändern unterschiedliche Zweige einer analytischen Funktion sind. Für die Parameter in Formel (10.4) gilt dann

$$\boldsymbol{A} = \tfrac{1}{2}\,(\boldsymbol{v}_1 + \boldsymbol{v}_2)\,, \quad \boldsymbol{B} = \boldsymbol{v}_1 - \boldsymbol{v}_2\,, \quad \boldsymbol{C} = \boldsymbol{v}_{12} = \boldsymbol{v}_{21}^*\,, \quad \delta\boldsymbol{p} = \boldsymbol{p} - \boldsymbol{p}'\,.$$

[1]) Es wird nach der Arbeit [26] vorgegangen. Die erste Wahrscheinlichkeitsberechnung eines Banddurchbruchs wurde von BLOUNT [27] vorgenommen. Eine ausführliche Darlegung der Theorie des magnetischen Durchbruchs ist in der kürzlich erschienenen Übersicht [28] enthalten.

Alle Größen ε_1, ε_2, $\boldsymbol{A}$, $\boldsymbol{B}$ usw. werden im Punkt $\boldsymbol{p}'$ genommen. Das Vorhandensein des kleinen Parameters Δ unter der Wurzel in Formel (10.4) zeigt, daß in der Umgebung des Punktes $\boldsymbol{p}'$ die Dispersionsgesetze $\varepsilon_{1,2}(\boldsymbol{p})$ scharfe Funktionen ihres Arguments sind. Das charakteristische Intervall ist von der Größenordnung $\Delta 2\pi\hbar \boldsymbol{b}/\varepsilon_0$, wobei ε_0 von der Größenordnung der Breite des Bandes ist. Die Raumgruppe aller Kristallgitter von Metallen enthält ein Inversionszentrum. Man kann zeigen [26][1]), daß damit der Vektor $\boldsymbol{C}$ in allen Punkten des $\boldsymbol{p}$-Raumes reell sein muß. Im weiteren wird davon ausgegangen, daß $\operatorname{Im} \boldsymbol{C} = 0$ ist. Man muß nun zwei topologisch unterschiedliche Fälle unterscheiden.

1. Die Vektoren $\boldsymbol{B}$ und $\boldsymbol{C}$ sind parallel. In der Nähe von $\boldsymbol{p}'$ fehlt die Entartung. Die Differenz $\Delta(\boldsymbol{p})$ ist von Null verschieden, wobei das Minimum $\min \Delta(\boldsymbol{p})$ auf einer Fläche erreicht wird, die senkrecht zu den Vektoren $\boldsymbol{B}(\boldsymbol{p}')$ (bzw. $\boldsymbol{C}$) steht und dicht am Punkt $\boldsymbol{p}'$ vorbeigeht. Es gilt

$$\boldsymbol{B}\,\delta\boldsymbol{p} = -\frac{B^2}{B^2 + 4C^2}\,\Delta\,. \tag{10.5}$$

Mit anderen Worten, es sind Punkte, für die $\Delta \ll \varepsilon_0$ ist, in der Nähe der Fläche der allergrößten Annäherung der Bänder angeordnet. Diese Fläche wird als M-Fläche bezeichnet. Auf der M-Fläche und in ihrer Nähe ist $\Delta(\boldsymbol{p}) \neq 0$. Aus Formel (10.4) folgt, daß das Spektrum in der Nähe der M-Fläche durch die Formel

$$\varepsilon_{1,2}(\boldsymbol{p}) = \frac{1}{2}\left[\varepsilon_1(\boldsymbol{p}_M) + \varepsilon_2(\boldsymbol{p}_M)\right] + \frac{1}{2}\left[v_1^n(\boldsymbol{p}_M) + v_2^n(\boldsymbol{p}_M)\right]\delta p_n \pm \sqrt{\frac{\Delta^2(\boldsymbol{p}_M)}{4} + (\delta p_n v_{12}^n)^2} \tag{10.6}$$

bestimmt wird. Hier ist $\delta p_n = \boldsymbol{n}(\boldsymbol{p} - \boldsymbol{p}_M)$, $\boldsymbol{n}$ ist ein Einheitsvektor, normal zur M-Fläche im Punkt $\boldsymbol{p}_M$, der ein Punkt dieser Fläche ist; $v_{12}^* = \boldsymbol{n}\boldsymbol{v}_{12}(\boldsymbol{p}_M)$. (Formel (10.6) gilt mit einer Genauigkeit bis zu Gliedern von $\approx \Delta_M$, Δ_M charakteristischer Wert des Parameters Δ auf der M-Fläche). Wie aus Formel (10.6) folgt, wird der allerkleinste Abstand zwischen den klassischen Bahnen im Magnetfeld $\varepsilon_1(\boldsymbol{p}) = \varepsilon$, $p_z = p_{z0}$ und $\varepsilon_2(\boldsymbol{p}) = \varepsilon$, $p_z = p_{z0}$ in den Schnittpunkten der Bahnen mit der M-Fläche erreicht. Der minimale Abstand zwischen den einzelnen Bahnen ist hierbei eine sich schwach verändernde Funktion der Energie ε und der Projektion p_{z0} des Quasiimpulses auf das Magnetfeld ($p_{\min} \cong \Delta_M 2\pi\hbar \boldsymbol{b}/\varepsilon_0$).

Im Modell fast freier Elektronen fällt die M-Fläche mit den Grenzen der Brillouin-Zone zusammen, und durch die geringe Wechselwirkung des Elektrons mit dem Kristallgitter wird gewährleistet, daß auch der Parameter Δ klein bleibt.

[1]) Dieser Hinweis gilt nicht für magnetisch geordnete Metalle.

2. Die Vektoren $\boldsymbol{B}$ und $\boldsymbol{C}$ sind nicht parallel. Die Differenz $\Delta(\boldsymbol{p})$ wird auf einer Linie zu Null, die unweit des Punktes $\boldsymbol{p}'$ verläuft und durch den Schnitt der Fläche $\Delta(\boldsymbol{p}') + \boldsymbol{B}(\boldsymbol{p}')\,\delta\boldsymbol{p} = 0$ und $\boldsymbol{C}(\boldsymbol{p}')\,\delta\boldsymbol{p} = 0$ gebildet wird. Dadurch wird ein solches Spektrum durch die Existenz von Linien aus Punkten $\boldsymbol{p}_0$ ($\boldsymbol{p}_0$-Linien) im $\boldsymbol{p}$-Raum charakterisiert, auf denen $\Delta(\boldsymbol{p}_0) = 0$ ist. D. h., es liegt eine zweifache Bandentartung vor: $\varepsilon_1(\boldsymbol{p}_0) = \varepsilon_2(\boldsymbol{p}_0) = \varepsilon(\boldsymbol{p}_0)$.

Man kann zeigen (vgl. § 2 und [26]), daß die Isoenergiefläche $\varepsilon_s(\boldsymbol{p}) = \mathscr{E}$, die durch den Punkt $\boldsymbol{p}_0(\mathscr{E})$ verläuft, ein elliptischer Konus ist, dessen Achse mit der $\boldsymbol{p}_0$-Linie zusammenfällt (vgl. Abb. 8). Die beiden Teilflächen des Konus, die durch den Punkt $\boldsymbol{p}_0(\mathscr{E})$ voneinander getrennt sind, entsprechen den Isoenergieflächen im ersten und zweiten Band. Wie schon gezeigt wurde, kann die hier beschriebene Situation infolge einer notwendigen Bandentartung auftreten, die durch den Symmetrietyp des Kristallgitters verursacht ist. Z. B. muß eine solche Entartung bei allen Metallen mit einer hexagonal-dichten Kugelpackung der Atome auftreten. Solche Metalle sind sehr häufig (Zn, Cd, Mg u. a.).

Das Auftreten eines solchen Spektrums bei einem Experiment hängt jedoch davon ab, ob die Fermi-Fläche (s. Einleitung) durch eine $\boldsymbol{p}_0$-Linie hindurchgeht oder nicht. Beim Graphit ist das der Fall. Andererseits liegt auch bei einer Reihe von Metallen die Fermi-Fläche in der Nähe einer Entartungslinie (es ist sogar möglich, daß sie sie schneidet).

Anzumerken ist, daß in beiden Fällen der klassische Bahnverlauf auf den Teilstücken der größten Annäherung durch die Zweige einer Hyperbel beschrieben werden kann (Abb. 33).

Als Grundlage der weiter unten angeführten Rechnung dient die Möglichkeit, die Elektronenbewegung quasiklassisch zu behandeln, da auf dem größten Teil der Bahn die Bandübergänge zu vernachlässigen sind. Das gestattet es, in einiger Entfernung vom Gebiet der maximalen Annäherung die stationäre Schrödinger-Gleichung mit einem Hamilton-Operator zu benutzen, der nach dem in § 8 dargelegten Verfahren erhalten wurde. Hierbei werden die kinematischen Komponenten durch Operatoren mit den Kommutierungsregeln (8.18) ersetzt und der erhaltene Ausdruck noch weiter symmetrisiert. In der

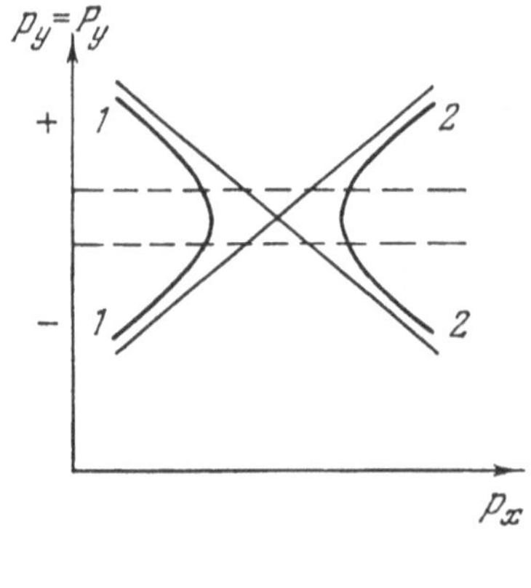

Abb. 33. Die Bahnen eines Elektrons in der Nähe eines Punktes maximaler Annäherung

Darstellung, in der der Operator $\hat{p}_y$ diagonal ist, kann die SCHRÖDINGER-Gleichung in folgender Form aufgeschrieben werden[1]):

$$\varepsilon_s\left(P_x + i\sigma \frac{\partial}{\partial p_y}; p_y; p_z\right) g_s(\boldsymbol{p}) = \mathscr{E}\, g_s(\boldsymbol{p})\,. \tag{10.7}$$

Der Parameter $\sigma = e\hbar H/c$, dessen Wurzel ($\sqrt{\sigma}$) immer klein im Verhältnis zur charakteristischen Veränderung des Quasiimpulses ist, dient dabei als Parameter, inwieweit die quasiklassische Näherung anwendbar ist [21].

Die quasiklassische Lösung der Gleichung (10.7), die der klassischen Bewegung auf der Bahn $\varepsilon_s(\boldsymbol{p}) = \mathscr{E}$, $p_z = p_{z0}$ entspricht, kann folgendermaßen dargestellt werden:

$$\left.\begin{aligned} g_s^{\pm}(\boldsymbol{p}) &= \sum f_{s\nu}^{(\pm)}(p_y)\, \delta(p_x - P_{x0})\, \delta(p_z - p_{z0})\,,\\ f_{s\nu}^{(\pm)}(p_y) &= \frac{C_{\nu s}^{(\pm)}}{\sqrt{\left|\dfrac{\partial \varepsilon_s}{\partial P_x}\right|}} \exp\left\{\frac{i}{\sigma}\left(P_{x0}p_y + \int^{p_y} p_x^{(\nu,s)}(p_y')\, dp_y'\right)\right\}. \end{aligned}\right\} \tag{10.8}$$

Der Index ν bezeichnet eine der Lösungen der Gleichung

$$\varepsilon_s(p_x(p_y), p_y, p_z) = \mathscr{E}\,. \tag{10.9}$$

Das Zeichen $\pm$ bezieht sich auf die quasiklassischen Bereiche der Werte von p_y, die durch ein kleines Intervall getrennt sind. In diesem ist die Gleichung (10.7) nicht anwendbar, da hier die Bandübergänge dominieren. Die konstanten Koeffizienten $C_{s\nu}^{(\pm)}$ müssen durch die genäherte Lösung der SCHRÖDINGER-Gleichung innerhalb des Gebietes, wo die Bewegung stark von der klassischen abweicht, miteinander verknüpft werden. Dieses Verfahren ist für die quasiklassische Näherung typisch.

Auf Abb. 33 ist dieser Bereich durch gestrichelte Geraden begrenzt. Zur Beschreibung des Zusammenhangs zwischen den Amplituden $C_{s\nu}^{(\pm)}$ ist es üblich, spezielle „Anpassungsmatrizen" $\tau_{ss'}^{(\nu)}$ einzuführen:

$$C_{s\nu}^{(+)} = \sum_{s'=1,2} \tau_{ss'}^{(\nu)} C_{s'\nu}^{(-)}\,. \tag{10.10}$$

Das Verkoppeln erfolgt für jedes Bahnpaar unabhängig (die unterschiedlichen ν werden nicht vertauscht).

Somit führt die Untersuchung der Dynamik eines Leitfähigkeitselektrons unter den Bedingungen des magnetischen Durchbruchs zum Aufstellen einer $\hat{\tau}$-Matrix, deren Elemente Funktionen des Magnetfeldes $\boldsymbol{H}$ und der Erhaltungsgrößen sind. Dazu gehören die Energie ε und die Impulsprojektion p_{z0} auf die Magnetfeldrichtung.

1. Spezialfall: Da hier die lokalen Eigenschaften interessieren, kann man ohne Beschränkung der Allgemeinheit annehmen, daß die M-Fläche eine Ebene

[1]) Es wurde das Vektorpotential in der üblichen Form (s. Formel (4.16)) angesetzt.

ist, auf der der Koordinatenursprung liegen soll. Die Achse p_x liege in der Fläche, und die p_z-Achse (parallel zum Magnetfeld) bilde mit der Fläche den Winkel θ.

Man kann zeigen [26], daß in der Nähe der Schnittlinie der Ebene $p_z = p_{z0}$ mit der M-Fläche das Gleichungssystem für die Wellenfunktionen $g_s(\boldsymbol{p})$ in folgender Form aufgeschrieben werden kann:

$$\left\{\varepsilon_s\left(P_x + i\sigma\frac{\partial}{\partial p_y}, \bar{p}_y, p_z\right) - \mathscr{E}\right\} g_s(\boldsymbol{p})$$
$$+ \delta p_y \sum_{s'=1,2} v_{ss'}^{(y)}\left(P_x + i\sigma\frac{\partial}{\partial p_y}, \bar{p}_y, p_z\right) g_{s'}(\boldsymbol{p}) = 0\,. \tag{10.11}$$

Hierbei ist

$$\delta p_y = p_y - \bar{p}_y\,, \qquad \delta p_y \ll \bar{p}_y = p_{z0}\,\mathrm{tg}\,\theta\,.$$

Bei der Ableitung dieser Gleichung wurde der quasiklassische Charakter der Bewegung berücksichtigt, d. h., es wurde ausgenutzt, daß der Parameter σ klein ist. Natürlich wurden dabei nicht die Terme vernachlässigt, die mit dem magnetischen Durchbruch verknüpft sind (d. h. Terme, die $v_{ss'}$ für $s \neq s'$ enthalten). Ferner wurde wesentlich die Struktur des Energiespektrums in der Nähe des Annäherungspunktes ausgenutzt. Löst man dieses Gleichungssystem in derselben Näherung und paßt die Lösungen an die Funktionen (10.8) an, so erhält man nach längerer komplizierter Rechnung die Ausdrücke für die Elemente der Matrix

$$\hat{\tau}^{(\nu)} = \begin{pmatrix} \tau_\nu e^{i\omega_\nu} & -\varrho_\nu \\ \varrho_\nu & \tau_\nu e^{-i\omega_\nu} \end{pmatrix}, \qquad \tau_\nu^2 + \varrho_\nu^2 = 1\,, \tag{10.12}$$

wobei

$$\varrho_\nu = e^{-\pi\gamma_\nu/2}\,; \qquad \gamma_\nu = \frac{c\bar{\Delta}_\nu^2(\mathscr{E}, p_{z0})}{e\hbar H|\bar{v}_x^\nu \bar{v}_{12}^{n\nu}|\cos\theta} \tag{10.13}$$

und

$$\omega_\nu = \left[\frac{\pi}{4} + \frac{\gamma_\nu}{2} - \frac{\gamma_\nu}{2}\ln\frac{\gamma_\nu}{2} + \arg\Gamma\left(\frac{i\gamma_\nu}{2}\right)\right]\mathrm{sign}\,\bar{v}_x^\nu \tag{10.14}$$

ist.

Die Striche über Δ_ν und v bedeuten, daß sie in einem Punkt genommen werden, der auf der M-Fläche (Ebene) zwischen den beiden Bahnen $\varepsilon_{1,2}(\boldsymbol{p}) = \mathscr{E}$, $p_z = p_{z0}$ liegt; $\Gamma(z)$ ist die RIEMANNsche Gammafunktion. Da die Matrix $\hat{\tau}$ unitär ist, ist das Gesetz der Erhaltung der Teilchenzahl — die Stetigkeit der Wahrscheinlichkeitsflußdichte — gewährleistet. Die Größe ω_ν bestimmt den Phasensprung der Wellenfunktion bei dem magnetischen Durchbruch, dessen Wahrscheinlichkeit W durch den Parameter des Band–Band-Durchbruchs γ_ν bestimmt wird. Für $\gamma_\nu \to 0$ (d. h., wenn die Durchbruchswahrscheinlichkeit gegen 1 geht) geht der Phasensprung gegen Null. Es gilt definitionsgemäß:

$$W_\nu = |\tau_{12}^\nu|^2 = |\tau_{21}^\nu|^2 = \varrho_\nu^2 = e^{-H_{nM}^\nu/H}\,, \tag{10.15}$$

wobei

$$H^{\nu}_{nM} = H^{\nu}_{nM}(\mathscr{E}, p_{z0}) = \frac{c\pi\overline{\Delta}^2_{\nu}}{e\hbar|\overline{v^{\nu}_x v^{n,\nu}_{12}}| \cos\theta} \tag{10.16}$$

ist.

Die Formel (10.16) bestätigt die Abschätzung (10.2). Die erhaltenen Formeln sind bei beliebigen Werten des Magnetfeldes richtig. Nach Formel (10.15) und (10.16) verringert sich die Wahrscheinlichkeit W_{ν} mit Vergrößerung des Winkels θ zwischen dem Magnetfeld $\boldsymbol{H}$ und der $\boldsymbol{M}$-Fläche. Für $\theta \to \pi/2$ geht $H^{\nu}_{nM} \to \infty$ und $W_{\nu} \to 0$. Ist jedoch das Magnetfeld fast senkrecht zur $\boldsymbol{M}$-Fläche, so nähern sich die klassischen Bahnen auf dem kleinen Abschnitt nicht, und die oben angeführte Berechnungsmethode ist nicht anwendbar. Die Analyse dieser Ableitung zeigt, daß die Formeln (10.12) bis (10.16) nur für $\Delta\theta \gg \mu H/\varepsilon_0$ anwendbar sind ($\Delta\theta = \pi/2 - \theta$). Berücksichtigt man jedoch, daß die angelegten Magnetfelder immer klein gegenüber den inneratomaren sind, so sieht man, daß die angeführten Formeln in ihrer Anwendung kaum begrenzt sind.

2. Spezialfall: Die Werte von p_y, bei denen Übergänge wesentlich sind, sind in der Nähe der Punkte $p_0^{(y)}(p_{z0})$ angeordnet. Stellt man ein angenähertes Gleichungssystem auf, das für kleine $\delta p_y = p_y - p_0^{(y)}(p_{z0})$ richtig ist, und löst es in quasiklassischer Näherung, so erhält man nach der Anpassung die Matrix $\hat{\tau}$. Sie kann in der Form (10.12) aufgeschrieben werden. Die „Frequenz" ω und der Durchbruchsparameter γ haben jedoch in diesem Fall die Form

$$\omega = \frac{\pi}{4} + \frac{\gamma}{2} - \frac{\gamma}{2} \ln \frac{\gamma}{2} + \arg \Gamma\left(\frac{i\gamma}{2}\right), \qquad \gamma = B\,\delta p_z^2/\sigma\,. \tag{10.17}$$

Hier ist $\delta p_z = p_0^z(\mathscr{E}) - p_{z0}$ und B ein dimensionsloser Parameter, der von der Richtung des Magnetfeldes und von dem Aussehen des elliptischen Konus in der Nähe des Entartungspunktes abhängt. Die Formel (10.17) ist nur dann richtig, wenn die Richtung des Magnetfeldes so liegt, daß die klassischen Bahnkurven in der Nähe des Entartungspunktes zwei Zweige besitzen und folglich ein magnetischer Durchbruch möglich ist. In diesem Gebiet von Magnetfeldrichtungen ist der Parameter B ungefähr 1. Bei Annäherung an die Grenze dieses Gebiets strebt der Parameter B gegen Unendlich ($W \to 0$). Die zweite Formel in (10.17) zeigt, daß die Wahrscheinlichkeit des Band–Band-Durchbruchs für $\delta p_z \sim \sqrt{\sigma}$ ungefähr 1 ist. Das bedeutet, daß im vorliegenden Fall am Band–Band-Durchbruch Elektronen teilnehmen, die sich auf Bahnkurven bewegen, welche in einer dünnen Schicht in der Nähe des Entartungspunktes liegen. Das spiegelt sich im makroskopischen Verhalten wider. Genauso wie die Formeln (10.12) bis (10.16) ist der Ausdruck (10.17) bei beliebigen Werten des Magnetfeldes richtig. Es ist jedoch daran zu erinnern, daß der magnetische Durchbruch nur dann deutlich hervortritt, wenn die Wahrscheinlichkeit, infolge von Stößen von einer Bahn auf eine andere zu springen, im Verhältnis zu W klein bleibt. Anders gesagt, der magnetische Durchbruch kann nur bei tiefen Temperaturen in guten Metallproben beobachtet werden.

Die in § 7 beschriebene Struktur des Energiespektrums der Elektronen im Magnetfeld ist hauptsächlich mit dem Charakter der klassischen Elektronenbahnen verknüpft. In quasiklassischer Näherung führen geschlossene Bahnen zu diskreten, unendlich entarteten Energieniveaus, und die offenen Bahnen sind nicht gequantelt. Die Aufgabe, das Energiespektrum der Elektronen unter Berücksichtigung des magnetischen Durchbruchs zu berechnen, ist noch nicht völlig gelöst. Die Schwierigkeit einer geschlossenen Lösung besteht darin, daß bei einer beliebigen Magnetfeldrichtung, sogar wenn die Durchbruchswahrscheinlichkeit fast 1 ist, aperiodische Bahnverläufe entstehen. (Die letzte Bemerkung bezieht sich auf den Fall, in dem sich infolge eines Durchbruchs geschlossene in offene Bahnen umwandeln; vgl. z. B. Abb. 32.) Für bestimmte Magnetfeldrichtungen gelingt es jedoch, diese Aufgabe zu lösen. Das Magnetfeld soll parallel zu einer der einfachen kristallographischen Richtungen gewählt werden und die Bahn im ersten Band offen und im zweiten geschlossen sein (s. Abb. 32). Die Richtung, in der die Öffnung erfolgt (p_y-Achse), ist einem Vektor des reziproken Gitters parallel. Die Periode in dieser Richtung ist $2\pi\hbar b$. Die Bahn ist bezüglich der Achse P_y symmetrisch. Die Energieniveaus können in diesem Fall (1. Spezialfall der hier vorgenommenen Unterteilung) aus der Periodizitätsbedingung der Wellenfunktion entlang der p_y-Achse erhalten werden:

$$g_s(p_y) = g_s(p_y + 2\pi\hbar b)\,. \tag{10.18}$$

Läßt man die aufwendigen Rechnungen fort (man findet sie in der zitierten Arbeit [26]), so erhält man als Endresultat die Gleichung für die Bestimmung der Energieniveaus des Elektrons

$$\frac{S_2}{2\sigma} - \omega = \pi n - \arccos \frac{\varrho^2 \sin \Phi_1}{\sqrt{[2\tau \cos \varphi - (1 + \tau^2) \cos \Phi_1]^2 + p^4 \sin^2 \Phi_1}}\,, \tag{10.19}$$

wobei

$$\Phi_1 = \frac{S_1}{2\sigma} + \omega\,, \qquad \varphi = \frac{2\pi\hbar b P_x}{\sigma}$$

gesetzt wird. Hier ist n eine ganze Zahl, $S_2(\mathcal{E}, p_z)$ die Fläche, die durch die geschlossene Bahn $\varepsilon_2(\boldsymbol{p}) = \mathcal{E}$, $p_z = \text{const}$ umschlossen wird, und $S_1(\mathcal{E}, p_z)$ die Fläche der Figur, die von zwei offenen Bahnen in der ersten Zone und den Grenzen der Zelle im reziproken Gitter gebildet wird. Die Größen ω, $\varrho^2 = W$, $\tau^2 = 1 - W$ sind durch die Gleichungen (10.13) und (10.14) bestimmt. Bei fixierten n und p_z liefert Gleichung (10.19) die eindeutige in φ periodische Funktion $\varepsilon = \varepsilon_n(p_z, \varphi)$. Es entsteht eine neue Bandstruktur, wobei die Breite des „magnetischen" Bandes von der Größenordnung $\hbar\omega_H \sqrt{1 - W^2}$ und der Abstand zwischen den Bändern größenordnungsmäßig $W\hbar\omega_H$ (ω_H ist die Zyklotronfrequenz) ist. Die Struktur des Spektrums wird aus der Betrachtung der Grenzfälle deutlich. Am besten beginnt man mit dem Fall sehr starker

Magnetfelder. Wenn das Magnetfeld genügend groß ist, ist der Durchbruchsparameter γ sehr klein, und W strebt mit wachsendem Magnetfeld gegen 1. Weil für $\gamma \to 0$ die „Frequenz" ω gegen Null strebt, nimmt Gleichung (10.19) folgendes Aussehen an:

$$S_1(\varepsilon, p_z) + S_2(\varepsilon, p_z) = 2\pi\sigma(n + 1/2)\,, \qquad \sigma = e\hbar H/c\,. \tag{10.20}$$

Diese Gleichung bestimmt die diskreten Energieniveaus (bei fixiertem p_z), die einer Bewegung auf einer klassischen Bahn entsprechen. Diese Bahn setzt sich aus Stücken in der ersten und zweiten Zone zusammen. Mit Verringerung des Magnetfeldes verbreitern sich die Energieniveaus allmählich. Im entgegengesetzten Grenzfall ($\gamma \to \infty$, $W \to 0$) zerfällt Gleichung (10.19) in zwei Teile. Der erste beschreibt die infinite Bewegung auf einer offenen Bahn in der ersten Zone (Band), und der zweite bestimmt die diskreten Energieniveaus, die den geschlossenen Bahnen in der zweiten Zone zukommen.

Der Zustand, der durch Gleichung (10.19) bestimmt wird, fließt. Die mittlere Geschwindigkeit entlang der x-Achse ist von Null verschieden und kann in den bisherigen Genauigkeitsgrenzen durch $\partial\varepsilon_n/\partial P_x \sim v_0 \sqrt{1 - W^2}$ beschrieben werden, wobei $v_0 = \varepsilon_0/2\hbar b$ eine im Band charakteristische Geschwindigkeit für $H = 0$ ist.

Die Behandlung des 2. Spezialfalles kann ebenfalls für speziell gewählte Magnetfeldrichtungen durchgeführt werden. In Abb. 34 ist eine Konfiguration dargestellt, die eine völlige Berechnung des Energiespektrums der Elektronen zuläßt. Das Magnetfeld steht senkrecht zur $\boldsymbol{p}_0$-Linie, auf der sich in periodischen Abständen Entartungspunkte befinden. Jede Isoenergiefläche enthält für ein fixiertes p_z eine sich selbst durchdringende offene Bahn. Die übrigen Bahnen (für andere p_z-Werte) zerfallen in ein System von geschlossenen Kurven. Die Berücksichtigung des magnetischen Durchbruchs führt dazu, daß die diskreten Niveaus, die einer Bewegung auf geschlossenen Bahnen entsprechen, sich im Band verbreitern, in welchem der Zustand durch den Wert von P_x bestimmt wird.

Das bedeutet, daß die mittlere Geschwindigkeit in der Fläche senkrecht zum Magnetfeld entlang der x-Achse sich von Null unterscheidet (und von der Größenordnung Wv_0 ist). Im Gegensatz zum 1. Spezialfall hängt die Geschwindigkeit stark von der Größe p_z ab. Sie verkleinert sich exponentiell mit der Entfernung von der kritischen Bahnkurve.

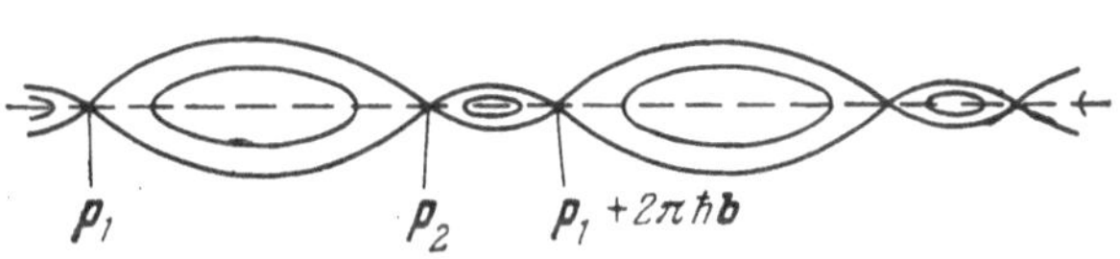

Abb. 34. Jede Isoenergiefläche enthält bei fixiertem p_z eine sich selbst durchdringende Bahn. Die Durchdringungspunkte sind periodisch angeordnet

Es wurden zwei der einfachsten Umstrukturierungen des Energiespektrums von Elektronen als Folge des magnetischen Durchbruchs behandelt: das Verschwinden und Auftreten offener Bahnen. In einem realen Kristall können die verschiedenartigsten Situationen auftreten. Mit wachsendem Magnetfeld können immer breitere Verbindungsstellen „durchschlagen" werden. Das führt zu wesentlichen Abweichungen vom einfachen quasiklassischen Bild, das in § 7 beschrieben wurde. Im folgenden wird noch einmal bei der Behandlung des Verhaltens von Metallen in starken Magnetfeldern die Rolle des magnetischen Durchbruchs unterstrichen.

TEIL II

Statistische Mechanik der Leitfähigkeitselektronen

Der II. Teil befaßt sich mit den Gleichgewichtseigenschaften von Metallen bei tiefen Temperaturen. Entsprechend dem Anliegen des Buches wurde besondere Aufmerksamkeit auf die Erscheinungen und Eigenschaften gelegt, die auf das Dispersionsgesetz der Leitfähigkeitselektronen empfindlich reagieren.

Die Darlegung basiert auf dem „Gasmodell“, d. h., wenn nicht etwas anderes vereinbart wurde, wird überall angenommen, daß die Leitfähigkeitselektronen ein ideales Gas geladener Quasiteilchen bilden. Ein solches Herangehen besticht nicht nur durch seine Einfachheit, sondern auch dadurch, daß in den interessantesten Fällen (tiefe Temperaturen, starke Magnetfelder) die Resultate aus dem FERMI-Flüssigkeitsmodell (vgl. Einleitung) mit den Resultaten, die in der Näherung eines FERMI-Gases erhalten wurden, übereinstimmen. Die Fälle, in denen Ergebnisse beider Modelle nicht äquivalent sind, werden besonders behandelt. Es muß aber daran erinnert werden, daß genau genommen der Begriff des Leitfähigkeitselektrons als Elementaranregung mit einem bestimmten Quasiimpuls nur einen Sinn für Anregungen von der Größe der FERMI-Energie hat (vgl. Einleitung). Bei den folgenden Betrachtungen wird die Terminologie eines Gases auch oft für Zustände benutzt, die weit von der FERMI-Fläche entfernt sind. Die überwiegende Mehrzahl der hier angeführten Resultate wird jedoch durch Elektronen bestimmt, deren Energie ungefähr gleich der FERMI-Energie ist. In einige Formeln geht das Volumen der FERMI-Fläche ein. Entsprechend dem Theorem von LANDAU und LUTTINGER [1] ist diese Größe gegenüber dem Einschalten einer Wechselwirkung invariant. Deshalb besitzen solche Begriffe wie „Elektronenzahl“, „Löcherzahl“ völlig zuverlässigen Charakter.

§ 11 Kriterien für Metalle und Dielektrika. Fermi-Energie. Fermi-Fläche. Elektronenzahl

In Teil I wurde die allgemeine Struktur eines Energiespektrums für Elektronen beschrieben und auch das Verhalten eines einzelnen Elektrons in äußeren Feldern betrachtet. Jetzt sollen die Elektronen als statistisches Ensemble untersucht werden. Die Eigenschaften eines solchen Ensembles hängen wesentlich davon ab, ob der Kristall ein Metall bzw. ein Dielektrikum ist. Die Bandstruktur des Energiespektrums von Elektronen, die der vorliegenden Betrachtung zugrunde liegen, gestattet es, die Kriterien für ein Metall (Leiter) und ein Dielektrikum (Nichtleiter bzw. Isolator) zu formulieren. Das Vorhandensein von Bändern, die am absoluten Nullpunkt nur teilweise mit Elektronen gefüllt sind, ist für Metalle typisch. Bei den Dielektrika existieren nur vollständig gefüllte und vollständig leere Bänder.

Einer vollständigen Auffüllung eines Energiebandes entspricht eine homogene Besetzung des gesamten Quasiimpulsraumes (oder kürzer des $\boldsymbol{p}$-Raumes). Weil sich in jeder Zelle des Phasenraumes nicht mehr als zwei Elektronen aufhalten können (die natürlich unterschiedliche Spins besitzen), ist es verständlich, daß sich in jedem Band nicht mehr als $2\boldsymbol{N}$ Elektronen befinden können, wobei $\boldsymbol{N}$ die Zahl der Elementarzellen im Kristall ist. Wenn sich die Energiebänder nicht überlappen würden, wären alle Kristalle mit einer geraden Elektronenzahl pro Elementarzelle Dielektrika und alle mit einer ungeraden Metalle. Die Bandüberlappung macht eine solche Einteilung völlig unzuverlässig und erklärt den Fakt, daß die Mehrzahl der Elemente im Kristallzustand Metalle sind.

In der Regel liegen im Metall einige teilweise gefüllte Bänder vor. Man bezeichnet sie als Leitfähigkeitsbänder. Und diese Bänder sind es, die für das metallische Verhalten verantwortlich sind, insbesondere für die Leitfähigkeit. Die Elektronen, die gleichmäßig die tiefliegenden Bänder des $\boldsymbol{p}$-Raumes besetzen, nehmen praktisch an der Wärmebewegung nicht teil.[1]) Für ihre Anregung, d. h. für den Übergang in das Leitfähigkeitsband, wäre auch eine Anregungsenergie von einigen Elektronenvolt aufzuwenden. Deshalb ist eines der wesentlichsten Charakteristika des Metalls die Elektronenzahl in den teilweise besetzten Bändern (N). Sie hängt, wie aus dem Vorangegangenen deutlich geworden ist, nur sehr schwach von der Temperatur ab. Die Gesamtzahl der Elektronen in den teilweise besetzten Bändern muß demnach gleich dem Produkt aus einer ganzen Zahl multipliziert mit der Zahl der Atome im Kristall sein.

Das gesamte Elektronensystem hat ein einheitliches chemisches Potential ζ, das am absoluten Nullpunkt die Höhe der Auffüllung der Energiebänder mit Elektronen bestimmt. Oft trägt man das chemische Potential von der Unterkante (Boden) des entsprechenden Bandes ab. Dadurch hat natürlich jedes Band sein eigenes chemisches Potential $\zeta_i = \zeta - \varepsilon_{0i}$, wobei ε_{0i} die Energie ist, die der energetischen Lage der Unterkante des jeweiligen Bandes entspricht. Die Energie, unterhalb der bei $T = 0$ alle Elektronenzustände besetzt sind, heißt FERMI-Energie (ε_F) und die ihr entsprechende Isoenergiefläche — FERMI-Fläche.

[1]) Genau genommen bewegen sie sich als Teil des Ions mit dem Gitter. Die Aufspaltung des gesamten Elektronen–Ionen-Systems in unabhängige Untersysteme: Elektronen bzw. Ionen (Gitter) ist auf den wesentlich unterschiedlichen Geschwindigkeiten von Ionen und Elektronen begründet, die durch die unterschiedlichen Massen bedingt sind (adiabatische Näherung).

Im Metall befindet sich die FERMI-Energie in einem der Energiebänder. Die FERMI-Fläche ist eine komplizierte periodische Fläche, die bei der Mehrzahl der Metalle stetig das gesamte reziproke Gitter durchsetzt (nach § 2 also eine offene Fläche darstellt). Eine geschlossene FERMI-Fläche würde sich demnach in jeder Zelle des $\boldsymbol{p}$-Raumes wiederholen.

Da bei $T = 0$ die Elektronen nur die Bereiche des $\boldsymbol{p}$-Raumes besetzen, in denen $\varepsilon < \varepsilon_F$ ist, ist die Zahl der Leitfähigkeitselektronen pro Elementarzelle gleich

$$n = 2\,\frac{\Delta_F}{\Delta}\,; \qquad \Delta_F = \int\limits_{(\Delta)} E(\varepsilon - \varepsilon_F)\,\mathrm{d}\tau_p\,. \tag{11.1}$$

Integriert wird hierbei über das Volumen Δ der Elementarzelle im $\boldsymbol{p}$-Raum, und die Funktion $E(x)$ ist 1 für $x > 0$ und Null für $x \leqq 0$ (§ 3).

Die Elektronendichte N/V (N Zahl der freien Elektronen in dem Kristall mit dem Volumen V) kann folgendermaßen dargestellt werden:

$$N/V = 2\Delta_F/(2\pi\hbar)^3\,. \tag{11.2}$$

Benutzt man die Definition der Zustandsdichte (§ 3), folgt

$$N = \int\limits_0^{\varepsilon_F} \nu(\varepsilon)\,\mathrm{d}\varepsilon\,. \tag{11.2a}$$

Für eine geschlossene FERMI-Fläche ist Δ_F das Volumen, das durch die FERMI-Fläche umschlossen wird. Diese Fläche kann auch mehrere Körper umschließen, die innerhalb einer Zone des reziproken Gitters liegen.

In den Fällen, in denen das Metall mehrere teilweise gefüllte Bänder besitzt, zerfällt die FERMI-Fläche in einzelne Teilflächen (entsprechend der Zahl der teilweise besetzten Bänder). Dabei wird der Charakter der Schnitte dieser Flächen untereinander (sofern das überhaupt vorliegt) streng durch das Prinzip der Nichtüberschneidbarkeit der Terme (§ 2) bestimmt. Die Größe Δ_F^s bestimmt für jede dieser Flächen die Zahl der Elektronen pro Elementarzelle im entsprechenden Band

$$n_s = 2\Delta_F^s/\Delta\,. \tag{11.3}$$

Natürlich ist

$$\sum_s n_s = n\,. \tag{11.4}$$

Die theoretische Berechnung der Form der FERMI-Fläche aller Metalle ist in der heutigen Zeit eine nicht zu verwirklichende Aufgabe. Deshalb ist es günstiger, die Form der FERMI-Fläche aus experimentellen Werten zu bestimmen. Eine solche Aufgabe kann jedoch nicht ohne Hinzuziehung von Modellvorstellungen gelöst werden. Für ihre Bestimmung benutzt man am häufigsten entweder die Näherung für fast freie Elektronen (BRILLOUIN) bzw. die Näherung für starke Bindung, die auf BLOCH zurückgeht [2]. Das Hauptprinzip dieser beiden Modelle ist die genaue Beachtung der Kristallsymmetrie;

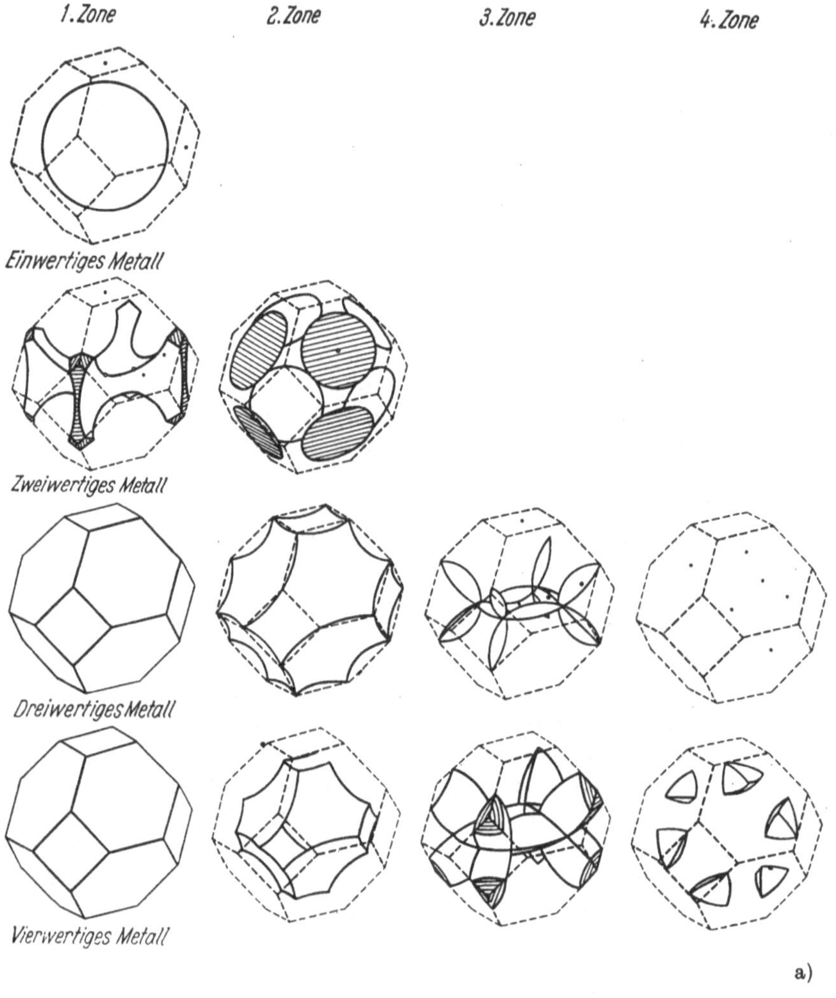

Abb. 35. FERMI-Flächen nach dem HARRISON-Modell [3]
a) Für kubisch flächenzentrierte Kristalle; b) für kubisch raumzentrierte Kristalle

es gestattet zum einen, die allgemeinen Konturen der Fläche zu ermitteln, und zum anderen, die Entartungspunkte zu finden. Dadurch wird es möglich, die Struktur der einzelnen abgeteilten Gebiete der FERMI-Fläche zu bestimmen (s. z. B. [3]).

Die Idee der ersten Methode (fast freie Elektronen) ist kurz in § 10 dargelegt. Die grundlegende Folgerung besteht darin, daß die gesamte Anisotropie der FERMI-Fläche ein Resultat der Kristallperiodizität ist. In nullter Näherung

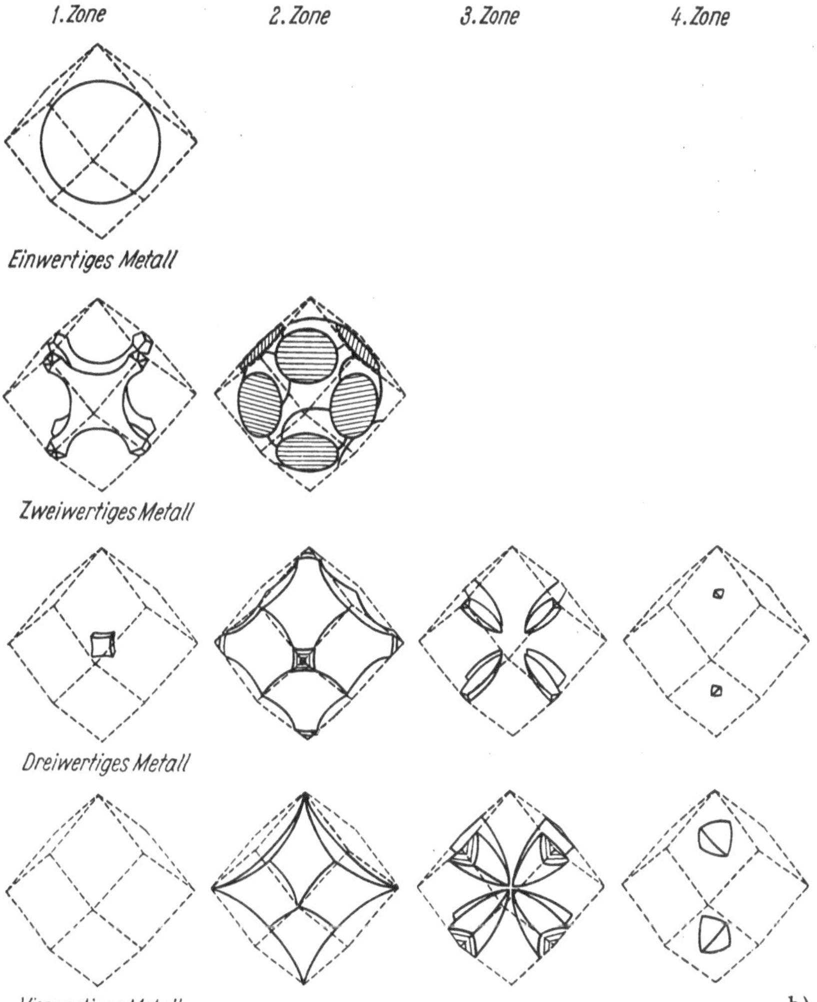

b)

ist die FERMI-Fläche eine Menge von Kugeln mit dem Radius $2\pi\hbar\left(\frac{3N}{8\pi V}\right)^{1/3}$ in Punkten des $\boldsymbol{p}$-Raumes, die dem Punkt $\boldsymbol{p} = 0$ äquivalent sind (d. h. $\boldsymbol{p} = 2\pi\hbar\boldsymbol{b}$, wobei $\boldsymbol{b}$ ein beliebiger Vektor des reziproken Gitters ist). Die Berücksichtigung der Wechselwirkung führt zur Aufhebung der Entartung, falls die Durchmesser der Kugeln größer als die Zellen des reziproken Gitters sind. Das führt zu einer wesentlichen Umstrukturierung der FERMI-Fläche (z. B. können offene Bahnen entstehen). Die Benutzung der Näherung für fast freie Elektronen zur Bestimmung der FERMI-Fläche [3] findet noch dadurch eine zusätzliche Berechtigung, daß bei den polyvalenten Metallen die Fermi-Energie sehr hoch ist und das Feld des Gitters in seinem größten Teil durch die Leitfähigkeitselektronen kompensiert wird. Hier ist auch eine gute Übereinstimmung zwischen experimentellen und theoretischen Ergebnissen zu finden. In Abb. 35 sind die Fermi-Flächen einer Reihe polyvalenter Metalle dargestellt. Verwunderlich scheint zunächst die Formenvielfalt zu sein. Es ist jedoch daran zu erinnern, daß diese Flächen nur durch Kugel-„Abschnitte“ gebildet werden.

In der Näherung für stark gebundene Elektronen wird eine Zerlegung der Energie in eine Fourier-Reihe vorgenommen. Der Modellcharakter dieser Methode besteht nun gerade darin, daß nicht die gesamte Reihe, sondern nur die Glieder benutzt werden, die ausreichen, um allen Symmetrieelementen des Kristalls zu genügen. Die möglichen Typen von Fermi-Flächen einer Reihe von Metallen (Ag, Au u. a.) wurden in [4] (aber auch in [5]) behandelt. Die ermittelten Fermi-Flächen lassen sich gut mit den experimentellen Resultaten in Einklang bringen (vgl. z. B. [6]). In einer Reihe von Fällen sind sie den Flächen, die aus der Näherung für fast freie Elektronen erhalten wurden, sehr ähnlich. Die gute Übereinstimmung der Ergebnisse, die mit unterschiedlichen Methoden erhalten wurden, erklärt sich selbstverständlich dadurch, daß beide Methoden alle Symmetrieelemente des Kristalls berücksichtigen.

In einigen Fällen kann man die Form der Fermi-Fläche oder eines Teils davon untersuchen, ohne spezielle Modellvorstellungen zu Hilfe nehmen zu müssen. Das ist immer dann möglich, wenn die Fermi-Fläche in der Nähe von ausgezeichneten Punkten im $\boldsymbol{p}$-Raum liegt (§ 2, 3). Das einfachste Beispiel liegt vor, wenn die Fermi-Fläche in der Nähe der Unter- bzw. Oberkante eines Bandes angeordnet ist. Mit anderen Worten, die Fermi-Fläche befindet sich in der Nähe der $\boldsymbol{p}$-Werte, wo die Energie eines Bandes ihr Maximum bzw. Minimum annimmt. Betrachtet man jedoch die Fermi-Fläche als Ganzes, so kann eine solche Situation nur für sehr kleine Bandüberlappungen vorliegen. Beispiel dafür sind die Metalle der V. Gruppe (Sb, As, Bi). Die Kristallgitter dieser Metalle sind vom gleichen Typ. Sie gehören zum rhomboedrischen System und besitzen zwei Atome pro Elementarzelle. Die Besonderheit besteht darin, daß ihr Gitter aus einem einfach kubischen Gitter mit einem Atom pro Elementarzelle durch eine unwesentliche Verschiebung der Atome erhalten werden kann. Kristalle mit einer ungeraden Zahl von Elektronen pro Elementarzelle (As, Sb und Bi besitzen eine ungerade Anzahl von Elektronen pro Atom, da sie zur V. Gruppe gehören) müßten gute Metalle sein. Ihre Fermi-Energie sollte etwa irgendwo in der Mitte eines Bandes liegen, da pro Band zwei Elektronen je Elementarzelle prinzipiell unterzubringen sind. Die Veränderung der Translationssymmetrie jedoch, die zu einer Verdoppelung des Volumens der Elementarzelle führt, verringert die Elektronenzahl im Leitfähigkeitsband beträchtlich. Sie kann im Prinzip sogar ein Metall in ein Dielektrikum umwandeln. Es ist darauf hinzuweisen, daß sich bei einer Verdoppelung des Volumens der Elementarzelle das Volumen der Zelle im $\boldsymbol{p}$-Raum auf die Hälfte verkleinert.

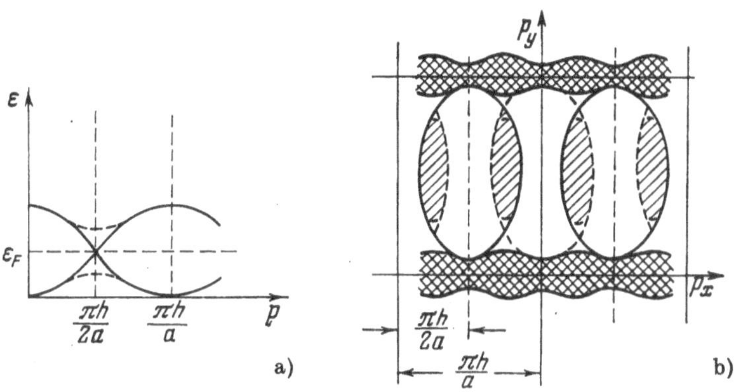

Abb. 36. Die Veränderung des Energiespektrums der Elektronen als Folge einer Verdopplung der Periode:

a) — eindimensionales Modell: Durch die Verdopplung der Periode geht das „Metall", dessen Elektronen nur die Hälfte einer Zone besetzten, in ein Dielektrikum über; b) — zweidimensionales Modell: Durch Verdopplung der Periode entlang der x-Achse verringert sich die Zahl der Leitfähigkeitselektronen im „Metall", die anfänglich eine Zone zur Hälfte besetzten; es entsteht eine kleine Elektronen- (einfach schraffiertes Gebiet) und eine kleine Löcherfläche (doppelt schraffiertes Gebiet)

In Abb. 36 ist als Beispiel die Verdoppelung der Periode im Fall eines eindimensionalen und eines zweidimensionalen Modells betrachtet. In der Arbeit [7] konnte auf der Basis einer gruppentheoretischen Analyse gezeigt werden, daß unter einigen sehr allgemeinen Voraussetzungen das Auftreten kleiner (aber endlicher) innerer Deformationen im kubischen System energetisch günstig ist. Sie führen zur Verringerung der Symmetrie und zur Verdoppelung der Elementarzelle (s. [7a]). Eine der Bedingungen einer solchen Umwandlung besteht darin, daß sich die FERMI-Fläche dieses Urmetalls (kubische Ausgangsmodifikation) im $\boldsymbol{p}$-Raum einem Punkt einer notwendigen Entartung genügend nähert. Es besteht offensichtlich nicht die Notwendigkeit, irgendwelche speziellen physikalischen Begründungen dafür anzugeben, warum die FERMI-Fläche in der Nähe dieser Punkte vorbeiläuft (die auf der Grenze der BRILLOUIN-Zone liegen), da die Oberfläche einer Kugel mit einem Volumen, das der Zahl der Elektronen pro Elementarzelle entspricht, immer in der Nähe (wenigstens zahlenmäßig) der Grenze der BRILLOUIN-Zone vorbeiführt. Da das Modell schwacher Bindung, wie schon gezeigt wurde, eine gute Näherung bezüglich der experimentell bestimmten Form der FERMI-Fläche von polyvalenten Metallen darstellt, besitzt die Argumentation auf der Basis dieses Modells genügend Überzeugungskraft.[1])

Die in der Arbeit [7] berechneten Spektren der Metalle der V. Gruppe sind durch die Berücksichtigung der Entartung sehr kompliziert (§ 2 und 10). Wenn

[1]) Eine genaue Theorie der Energiestruktur der Elektronen in Wismut und der Vergleich mit den experimentellen Ergebnissen findet der Leser in der Arbeit [7b].

man aber die Entartung nicht berücksichtigt, so ist die FERMI-Fläche, die in der Nähe des Punktes $\boldsymbol{p} = \boldsymbol{p}_0$ liegt, an dem die Energie in diesem Band ihr Minimum $\varepsilon(\boldsymbol{p}_0) = \varepsilon_0$ annimmt, ein Ellipsoid. Seine Halbachsen sind $\sqrt{2m_1(\varepsilon_F - \varepsilon_0)}$, $\sqrt{2m_2(\varepsilon_F - \varepsilon_0)}$, $\sqrt{2m_3(\varepsilon_F - \varepsilon_0)}$. m_1, m_2 und m_3 sind die Hauptwerte des Tensors der effektiven Massen $(\partial^2\varepsilon/\partial p_i\, \partial p_k)_{\boldsymbol{p}=\boldsymbol{p}_0}$. Aus Formel (11.3) erhält man

$$\varepsilon_F - \varepsilon_0 = \left(\frac{3N}{8\pi V}\right)^{2/3} \frac{(2\pi\hbar)^2}{2(m_1 m_2 m_3)^{1/3}} . \tag{11.5}$$

Wenn die FERMI-Fläche in der Nähe des Wertes $\boldsymbol{p} = \boldsymbol{p}_1$ entlangführt, wo $\varepsilon(\boldsymbol{p})$ sein Maximum annimmt, so ist sie ebenfalls ein Ellipsoid. Seine Halbachsen $\sqrt{2m_1'(\varepsilon_1 - \varepsilon_F)}$, $\sqrt{2m_2'(\varepsilon_1 - \varepsilon_F)}$, $\sqrt{2m_3'(\varepsilon_1 - \varepsilon_F)}$ werden durch die Hauptwerte des Tensors der effektiven Massen m_1', m_2' und m_3' bestimmt, die mit entgegengesetzten Vorzeichen genommen werden. Die Größe $\varepsilon_1 - \varepsilon_F$ wird oft mit der Zahl der freien Elektronenzustände in dem jeweiligen Band (N') verknüpft:

$$\varepsilon_1 - \varepsilon_F = \left(\frac{3N'}{8\pi V}\right)^{2/3} \frac{(2\pi\hbar)^2}{2(m_1' m_2' m_3')^{1/3}} . \tag{11.6}$$

Zur geringen Bandüberlappung ist noch eine Bemerkung notwendig [8]. Wie schon gezeigt wurde, haben die Elektronen in der Nähe des Maximums eines Bandes eine negative effektive Masse, wodurch ihr Verhalten an das positiver Teilchen erinnert. Insbesondere ziehen sie Elektronen mit positiver Masse an. Die COULOMB-Anziehung kann zur Bildung eines Quasiatoms aus zwei Elektronen (mit positiver und negativer Masse) führen. Sie offenbart sich in der Aufhebung der Bandüberlappung und im Auftreten einer verbotenen Zone, d. h. eines Spalts zwischen den erlaubten Bändern. Die Bedingung dafür, daß dieses Verhalten nicht auftritt, hat folgendes Aussehen:

$$n^{1/3}/m^* > 2e^2/(3\pi^2)^{2/3}\,\hbar^2 .$$

Man kann sie aus der Bedingung erhalten, daß die FERMI-Energie (kinetisch) größer als die Energie der COULOMB-Anziehung ist. Für eine geringe Überlappung (kleine n) müssen deshalb die Elektronen (oder Löcher) sehr kleine Massen haben. Die Ladungsträger im Wismut und den anderen Metallen der V. Gruppe erfüllen diese Bedingung.

Bisher wurden Fälle behandelt, bei denen die gesamte FERMI-Fläche ein Ellipsoid ist. Es ist möglich, daß das Ellipsoid nur ein kleiner Teil einer komplizierten FERMI-Fläche ist. Wie aus dem Vorangegangenen ersichtlich, liegt dieser Fall dann vor, wenn die FERMI-Energie ε_F nahezu gleich einem der drei kritischen Energiewerte ε_k ist, bei denen eine neue Teilfläche entsteht. Der Teil der FERMI-Fläche, der sich in der Nähe des Punktes $\boldsymbol{p} = \boldsymbol{p}_k$ befindet, d. h. in einem Punkt, in dem der neue Körper entsteht, kann gut durch eine Ellipsoidgleichung approximiert werden. Es ist anzumerken, daß die Zahl der Elektronen innerhalb des Ellipsoides (wenn $\varepsilon_F > \varepsilon_k$ ist) oder die Zahl der freien Zustände innerhalb des Ellipsoides (wenn $\varepsilon_F < \varepsilon_k$ ist) mit der Größe $(\varepsilon_F - \varepsilon_k)$

im ersten Fall durch Formel (11.5) und im zweiten durch Formel (11.6) verknüpft ist. Wenn in der Nähe der FERMI-Fläche ein konischer Punkt ε_k liegt, d. h. die FERMI-Fläche nahezu gleich einem der kritischen Werte ε_k ist, bei denen eine Veränderung der Topologie der Isoënergieflächen vonstatten geht, kann die Form der gesamten FERMI-Fläche aus allgemeinen Überlegungen nicht gefolgert werden. Aber der Teilabschnitt in der Nähe von $\boldsymbol{p}_k$ kann gut durch ein zweischaliges Hyperboloid approximiert werden. Wie aus dem Folgenden noch deutlich werden wird, spielt aber gerade dieser Abschnitt der FERMI-Fläche die entscheidende Rolle, weil im Punkt $\boldsymbol{p} = \boldsymbol{p}_k$ die Geschwindigkeit Null wird (§§ 2, 13).

In § 2 (und auch in § 10) wurde die Struktur des Energiespektrums in der Nähe von Entartungspunkten untersucht. Der sehr spezielle Charakter des Schnitts von isoenergetischen Bändern gestattet es, die Isoenergieflächen, die durch einen Entartungspunkt hindurchgehen, als eine sich selbst durchdringende Isoenergiefläche aufzufassen. Wenn man auch das Zusammenfallen der FERMI-Energie ε_F mit einem der isolierten kritischen Energiewerte ε_k, bei dem sich die Topologie ändert, als Zufälligkeit auffassen muß (vgl. § 13), so ist es doch bei dem Schnitt von Bändern sehr wahrscheinlich, daß die FERMI-Fläche

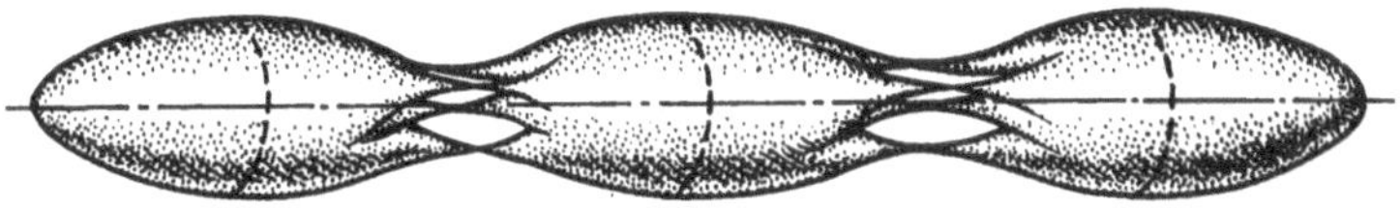

Abb. 37. FERMI-Fläche von Graphit

auch eine sich schneidende Fläche ist. Hier liegt die Entartung bei Energiewerten, die in der Regel ein endliches Intervall ausfüllen. Man kann nun noch hinzufügen, daß für eine Reihe von Kristallen auf ausgezeichneten Linien und Flächen im $\boldsymbol{p}$-Raum eine notwendige Entartung vorliegen muß. Wenn also die FERMI-Fläche einen Entartungspunkt enthält, kann man festlegen, daß beide Teile der FERMI-Fläche (des einen und des anderen Bandes) in ein und demselben $\boldsymbol{p}$-Raum angeordnet sind, wobei ein Teil des $\boldsymbol{p}$-Raumes doppelt mit Elektronen besetzt ist. Es ist noch festzustellen, daß die Elektronen, die den $\boldsymbol{p}$-Raum homogen ausfüllen, d. h. die Elektronen der völlig besetzten Bänder, dabei überhaupt nicht berücksichtigt werden. In Abb. 37 ist die FERMI-Fläche von Graphit dargestellt (nach [9]). Der gesamte $\boldsymbol{p}$-Raum außerhalb der „Löcher"-fläche ist mit Elektronen besetzt, wobei der Teil des $\boldsymbol{p}$-Raumes innerhalb der Elektronenschale zweifach besetzt ist. Hierbei ist darauf hinzuweisen, daß Formel (11.3), die das Volumen, das von der FERMI-Fläche eingeschlossen wird, mit der Zahl der Elektronen n_s im Band verknüpft, im Fall der Entartung keiner Verbesserung oder Verallgemeinerung bedarf.

Der ausgezeichnete Charakter des Quasiimpulswertes, für den die Entartung beobachtet wird, führt dazu, daß bei eben denselben Werten in der Regel die Energie ihren minimalen bzw. maximalen Wert annimmt. Wenn zwei Bänder ein gemeinsames Minimum besitzen, so ist die Zahl der Elektronen in diesen

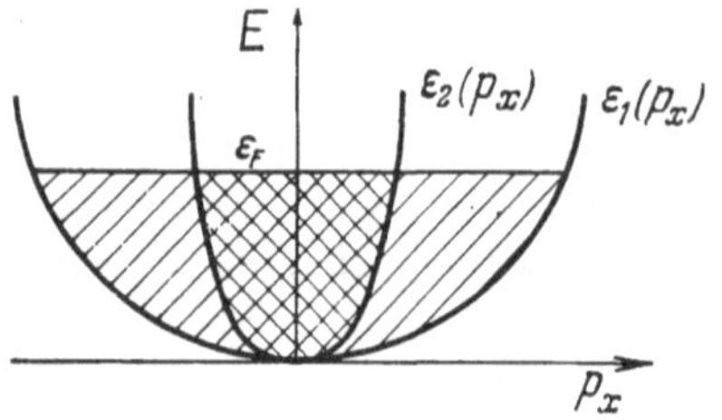

Abb. 38. Die Auffüllung von Energiebändern mit einem gemeinsamen Minimum. Bei gleichem Auffüllungsniveau ($\varepsilon_{1,2} < \varepsilon_F$) ist die Elektronenzahl in den Zonen unterschiedlich

Bändern natürlich nicht gleich, obwohl die Grenzenergie für beide Bänder gleich ist (Abb. 38).

Jetzt soll noch auf die FERMI-Energie von Dielektrika (Isolatoren) eingegangen werden. Wenn man annimmt, daß das Dielektrikum durch Verringerung der Zahl der Elektronen oder Löcher aus einem Metall erhalten wurde (z. B. durch Einführen von Akzeptoren oder Donatoren), zieht sich die FERMI-Fläche mit Verkleinerung der Ladungsträgerzahl auf einen Punkt zusammen. Im Grenzfall ist dann die FERMI-Energie der Extremwert des Bandes. Üblicherweise versteht man unter der FERMI-Energie eines Dielektrikums[1]) jedoch das chemische Potential der Elektronen, wenn die Temperatur gegen Null strebt. Bei einer solchen Bestimmung liegt die FERMI-Energie in der verbotenen Zone zwischen dem letzten besetzten und dem ersten leeren Band (im Falle zweier Bänder genau in der Mitte).

§ 12 Thermodynamik der Leitfähigkeitselektronen

Die Kenntnis des Dispersionsgesetzes und folglich auch der Dichte der Elektronenzustände (§ 3) gestattet es, die Thermodynamik der Leitfähigkeitselektronen zu entwickeln.

Wie schon früher gezeigt wurde, ist die Struktur des energetischen Spektrums der Elektronen im nichtsupraleitenden Zustand so beschaffen, daß die geladenen Elementaranregungen, die die Leitfähigkeitselektronen sind, ein Gas bilden, das der FERMI-DIRAC-Statistik unterworfen ist. Das bedeutet, daß die Gleichgewichtsfunktion der Elektronenverteilung die FERMI-Funktion

$$n_F(\varepsilon) = \frac{1}{e^{\frac{\varepsilon-\zeta}{T}} + 1} \tag{12.1}$$

ist. T ist die Temperatur, die in erg zu messen ist, ζ ist das chemische Potential, das durch die Normierungsbedingung

$$N = \int \frac{\nu(\varepsilon)\, d\varepsilon}{e^{\frac{\varepsilon-\zeta}{T}} + 1} \tag{12.2}$$

bestimmt wird.

[1]) Ein Dielektrikum sieht man bei der Behandlung der elektronischen Eigenschaften gewöhnlich als Eigenhalbleiter an.

Die Integration kann über die gesamte Energieskala vorgenommen werden, da die Bandstruktur durch die Funktion $\nu(\varepsilon)$ berücksichtigt wird (in den verbotenen Zonen ist $\nu(\varepsilon) \equiv 0$).

Die Entwicklung der Thermodynamik ist am besten mit dem thermodynamischen Potential [10]

$$\Omega = -T \int \nu(\varepsilon) \ln \left[1 + e^{\frac{\zeta - \varepsilon}{T}}\right] d\varepsilon \tag{12.3}$$

zu beginnen, dessen Ableitung nach dem chemischen Potential gleich der Gesamtteilchenzahl N $\left(-\frac{\partial \Omega}{\partial \zeta} = N\right)$ ist.

Nach einer partiellen Integration erhält man

$$\Omega = -\int \frac{N(\varepsilon)\, d\varepsilon}{e^{\frac{\varepsilon - \zeta}{T}} + 1}. \tag{12.4}$$

Andererseits ist die Gesamtenergie des Elektronengases gleich

$$E = \int \frac{\varepsilon \nu(\varepsilon)\, d\varepsilon}{e^{\frac{\varepsilon - \zeta}{T}} + 1}. \tag{12.5}$$

Der Vergleich der Formeln (12.4) und (12.5) zeigt, daß die bekannte Beziehung $PV = \frac{2}{3} E$ nur für freie Elektronen richtig ist (P ist der Druck, und es gilt $\Omega = -PV$). Für diese gilt

$$\nu(\varepsilon) = dN/d\varepsilon \sim \varepsilon^{1/2}$$

(s. Formeln (3.16) und (3.17)).

Da $\Omega = -PV$ ist, kann man die Gleichungen (12.2) und (12.4) als Parameterdarstellung der Zustandsgleichung der Leitfähigkeitselektronen ansehen. Der Parameter ist das chemische Potential ζ. Wie aus den Formeln ersichtlich ist, hängt die Zustandsgleichung wesentlich von der Zustandsdichte $\nu(\varepsilon)$, also vom Dispersionsgesetz ab.

Im weiteren soll nun der wichtige Fall tiefer Temperaturen behandelt werden, d. h., es wird angenommen, daß das Elektronengas stark entartet ist.

Die Entartungsbedingung kann für den Fall freier Elektronen sehr einfach formuliert werden: $T \ll \varepsilon_F$. Im Fall von Leitfähigkeitselektronen, also von Elektronen mit einem komplizierten Dispersionsgesetz, bedeutet die Entartungsbedingung, daß

$$T \ll \min |\varepsilon_F - \varepsilon_k| \tag{12.6}$$

sein muß. ε_k ist ein ausgezeichneter (kritischer, extremaler) Energiewert.

Wenn Gleichung (12.6) gilt, kann man bei der Berechnung der Integrale, die die Fermi-Funktion $n_F(\varepsilon)$ enthalten, die bekannte Zerlegung nach Potenzen der Temperatur anwenden:

$$\int \varphi(\varepsilon)\, n_F(\varepsilon)\, d\varepsilon \approx \int\limits_0^{\zeta} \varphi(\varepsilon)\, d\varepsilon + \frac{\pi^2}{6} T^2 \left(\frac{\partial \varphi}{\partial \varepsilon}\right)_{\varepsilon=\zeta} + \cdots . \tag{12.7}$$

Aus den Gleichungen (12.4), (12.7) und (12.6) erhält man

$$\Omega = \Omega_0 - \frac{\pi^2}{6} \nu(\zeta)\, T^2 + \cdots . \tag{12.8}$$

Hier ist Ω_0 der Wert des thermodynamischen Potentials Ω für $T = 0$:

$$\Omega_0 = - \int\limits_0^{\zeta} N(\varepsilon)\, d\varepsilon . \tag{12.8a}$$

Ist der zweite Term in Gleichung (12.8) klein gegen Ω_0 und drückt man in ihm ζ durch die Elektronendichte in nullter Näherung aus (d. h., ersetzt man einfach das chemische Potential ζ durch die Grenzenergie ε_F, die mit der Elektronendichte durch Formel (11.2) verknüpft ist), so erhält man für die freie Energie

$$F = F_0 - \frac{\pi^2}{6} \nu(\varepsilon_F)\, T^2 + \cdots , \qquad F_0 = \int\limits_0^{\varepsilon_F} \nu(\varepsilon)\, d\varepsilon . \tag{12.9}$$

Hieraus bestimmt man die Entropie S_e und die spezifische Wärme C_e des Leitfähigkeitselektrons¹):

$$S_e = \frac{\pi^2}{3} \nu(\varepsilon_F)\, T , \qquad C_e = \frac{\pi^2}{3} \nu(s_F)\, T . \tag{12.10}$$

Damit hängt die spezifische Wärme der Elektronen für tiefe Temperaturen (s. Gleichung (12.6)) linear von der Temperatur ab. Dieses Ergebnis wird nicht durch den speziellen Typ des Dispersionsgesetzes der Leitfähigkeitselektronen beeinflußt.

Darüber hinaus bleibt Formel (12.10) sogar richtig, wenn die Wechselwirkung der Elektronen untereinander in Form der Landauschen Fermi-Flüssigkeitstheorie berücksichtigt wird [11].

Aus den Formeln (12.8) bis (12.10) sind leicht die angenäherten Ausdrücke für die Energie E und für das thermodynamische Potential Φ eines Gases von Leitfähigkeitselektronen anzugeben:

$$E \approx E_0 + \frac{\pi^2}{6} \nu(\varepsilon_F)\, T^2 , \qquad E_0 = \int\limits_0^{\varepsilon_F} \nu(\varepsilon)\, \varepsilon\, d\varepsilon ; \tag{12.11}$$

$$\Phi \approx \Phi_0 - \frac{\pi^2}{6} \nu(\varepsilon_F)\, T^2 , \qquad \Phi_0 = N \varepsilon_F . \tag{12.12}$$

¹) Bei der hier benutzten Temperaturskala (in erg) ist die spezifische Wärme eine dimensionslose Größe.

Der letzte Ausdruck gestattet es, den thermischen Ausdehnungskoeffizienten α zu bestimmen. Er ist gleich $-\frac{1}{V}\left(\frac{\partial V}{\partial T}\right)_P$: Und damit gilt

$$\alpha \approx \frac{\pi^2}{3} \dot{V}^{-1} \frac{\partial}{\partial P} [\nu(\varepsilon_F)]\, T\,. \tag{12.13}$$

Formel (12.13) hat keine geringere Allgemeingültigkeit als Formel (12.10). Insbesondere gilt Formel (12.13) auch bei Berücksichtigung der Elektronenwechselwirkung. Tatsächlich ist $\alpha \sim \partial^2\Phi/\partial T\,\partial P = \partial^2\Phi/\partial P\,\partial T = \partial S/\partial P$. Die Entropie der Elektronen, die einen kombinatorischen Inhalt besitzt, wird durch die Systematik der Zustände bestimmt, die sich jedoch nicht bei einem Übergang vom FERMI-Gas zur FERMI-Flüssigkeit ändert.

Bei der Mehrzahl der Metalle ist die Entartungsbedingung praktisch für alle Temperaturen erfüllt. Die Leitfähigkeitselektronen tragen deshalb nur sehr gering zu den thermodynamischen Größen des Metalls wie spezifische Wärme, innere Energie usw. bei. Für tiefe Temperaturen, wo die innere Energie der Schwingungen mit T^4 gegen Null strebt, nimmt die Rolle der Leitfähigkeitselektronen stark zu. Für Temperaturen[1]) $T \ll \Theta\sqrt{\Theta/\varepsilon_F}$ bestimmen die Elektronen die thermodynamischen Eigenschaften des Metalls (Θ = DEBYE-Temperatur). Insbesondere bedeutet das, daß die spezifische Wärme des Metalls und auch sein Ausdehnungskoeffizient im Bereich hinreichend tiefer Temperaturen linear von der Temperatur abhängen. Diese Tatsache ist sowohl aus experimentellen als auch aus theoretischen Untersuchungen gut bekannt.

Die Konstante γ im GRÜNEISEN-„Gesetz", das die Temperaturabhängigkeit des Verhältnisses vom Ausdehnungskoeffizienten α zur spezifischen Wärme C zum Inhalt hat, wird für Metalle in diesem Temperaturintervall durch die Abhängigkeit der Elektronenzustandsdichte vom Druck bestimmt[2]):

$$\gamma \approx \frac{\partial}{\partial P} \ln \nu(\varepsilon_F)\,. \tag{12.14}$$

Wie aus Formel (12.10) zu ersehen ist, gestattet die Messung der spezifischen Wärme von Metallen bei tiefen Temperaturen, die Zustandsdichte der Elektronen an der FERMI-Kante zu bestimmen. Die Messung der Konstanten γ liefert die Änderung der Zustandsdichte in Abhängigkeit vom Druck (Formel (12.16)).

Aus Untersuchungen mit Hilfe des DE HAAS-VAN ALPHEN-Effekts und anderer verwandter Effekte (§§ 15—17) wurde deutlich, daß die Mehrzahl der Metalle entweder anomal gering oder fast vollständig besetzte Bänder hat, d. h., die

[1]) Zur Abschätzung setzt man $\nu(\varepsilon_F) \approx N/\varepsilon_F$ und $N \approx \mathbf{N}$.

[2]) Die GRÜNEISEN-Konstante wird als Verhältnis des gesamten thermischen Ausdehnungskoeffizienten zur gesamten spezifischen Wärme des Körpers bestimmt. Bei Temperaturen $\Theta\sqrt{\Theta/\varepsilon_F} \ll T \ll \Theta$ wird die GRÜNEISEN-Konstante durch die Abhängigkeit der DEBYE-Temperatur vom Druck bestimmt.

FERMI-Fläche verläuft in einem oder mehreren Bändern in der Nähe der Extremalpunkte des $\boldsymbol{p}$-Raumes.

Ein Band, in dem die Elektronenzahl oder die Zahl der freien Plätze N_a bedeutend geringer als die Zahl der Elementarzellen im Kristall $\boldsymbol{N}$ ist, $(N_a \ll \boldsymbol{N})$ soll im folgenden als anomales Band bezeichnet werden. Die Existenz solcher Bänder führt zu einem eigentümlichen Temperaturverhalten der thermodynamischen Größen des Metalls, was durch die starke Temperaturabhängigkeit der Elektronenzahl in einem anomalen Band bedingt ist. Es gilt

$$N_a(T) = \int \frac{\nu_a(\varepsilon)\,\mathrm{d}\varepsilon}{\mathrm{e}^{\frac{\varepsilon-\zeta(T)}{T}} + 1}, \tag{12.15}$$

wobei die Temperaturabhängigkeit des für alle Bänder gleichen chemischen Potentials sehr gering ist:

$$\zeta(T) \approx \varepsilon_F - \frac{\pi^2}{6} \frac{\nu'(\varepsilon_F)}{\nu(\varepsilon_F)} T^2 . \tag{12.16}$$

$\nu(\varepsilon)$ ist die über alle Bänder summierte Elektronenzustandsdichte und $\nu_a(\varepsilon)$ die Zustandsdichte im anomalen Band. Die Anomalie offenbart sich darin, daß $|\varepsilon_{\text{extr}}^{(a)} - \varepsilon_F| \ll \nu(\varepsilon_F)/\nu'(\varepsilon_F)$ ist, $\varepsilon_{\text{extr}}^{(a)}$ ist der Minimalwert der Energie im fast leeren Band bzw. der Maximalwert bei fast vollständig besetztem. $\nu(\varepsilon_F)/\nu'(\varepsilon_F)$ charakterisiert den „Abstand" der FERMI-Energie ε_F von den kritischen Energiewerten ε_k in den unteren (nicht anomalen) Bändern.

Aus den Formeln (12.16), (12.15) und (12.7) erhält man

$$N_a(T) \approx \begin{cases} N_a(0) + \dfrac{\pi^2}{6} \nu_a(\varepsilon_F) \dfrac{\mathrm{d}}{\mathrm{d}\varepsilon_F} \left[\ln \dfrac{\nu_a(\varepsilon_F)}{\nu(\varepsilon_F)}\right] T^2 , \\ \qquad T \ll |\varepsilon_F - \varepsilon_{\text{extr}}^{(a)}| , \\ N_a(0) \dfrac{3(\sqrt{2}-1)}{4\sqrt{2}} \sqrt{\pi}\, \zeta\left(\dfrac{3}{2}\right) \left\{\dfrac{T}{|\varepsilon_F - \varepsilon_{\text{extr}}^{(a)}|}\right\}^{3/2} , \\ \qquad \dfrac{\nu(\varepsilon_F)}{\nu'(\varepsilon_F)} \gg T \gg |\varepsilon_F - \varepsilon_{\text{extr}}^{(a)}| . \end{cases} \tag{12.17}$$

Bei der Berechnung der letzten Formeln wurde ausgenutzt, daß nach (3.7) $\nu_a(\varepsilon) \sim |\varepsilon - \varepsilon_{\text{extr}}^{(a)}|^{1/2}$ gesetzt werden kann.

Die Entwicklung der spezifischen Wärme eines Metalls nach der Temperatur beginnt mit einem linearen Glied. Wenn im Metall anomale Bänder vorhanden sind, folgt nach dem linearen Glied nicht ein Glied mit T^3, sondern ein Glied mit $T^{3/2}$ [12]. Für andere Bestimmungsgrößen des Metalls kann die anomale Temperaturabhängigkeit von $N_a(T)$ noch wesentlicher sein. Es sind Fälle möglich, in denen die Eigenschaften eines Metalls gänzlich oder zum größten Teil durch die Elektronen in den anomalen Bändern bestimmt werden. Dann ist die gesamte Temperaturabhängigkeit der betrachteten Eigenschaft eine Folge der Temperaturabhängigkeit der Elektronenzahl im anomalen Band.

Bisher wurden die endlichen Abmessungen der Metallproben nicht berücksichtigt. Das ist jedoch völlig berechtigt, wenn bei der Behandlung von Volumeneffekten die Abmessungen der Probe viel größer als die Gitterkonstanten sind.

Die physikalischen Eigenschaften von Metallproben mit kleinen Abmessungen (besonders von dünnen Schichten und Drähten) wurden bei unterschiedlichsten Bedingungen ausführlich untersucht. Eine Abhandlung dieser Arbeiten würde den Rahmen der vorliegenden Monographie sprengen. Es gibt jedoch einige Probleme, die von ihrer Aufgabenstellung her mit den hier behandelten Fragestellungen verwandt sind. In diesem und im folgenden Paragraphen soll kurz darauf eingegangen werden. Ausführliche Darlegungen findet der Leser in der zitierten Literatur.

Unter Berücksichtigung der Energiequantelung des Elektrons in einer dünnen Schicht (§ 7) kann gezeigt werden [12], daß jede Metalloberfläche einen Beitrag zur Elektronenzustandsdichte liefert:

$$\nu_\sigma(\varepsilon) = -\frac{2\sigma}{(2\pi\hbar)^2} \oint\limits_{C(\varepsilon,\boldsymbol{e})} \frac{dl}{v}. \tag{12.18}$$

σ ist die Größe der Oberfläche. Die Integration wird über den Weg $C(\varepsilon, \boldsymbol{e})$ vorgenommen. $C(\varepsilon, \boldsymbol{e})$ ist die Projektion der Kurve, die sich aus den Gleichungen

$$\varepsilon(\boldsymbol{p}) = \varepsilon; \qquad \boldsymbol{e}\boldsymbol{v} = 0 \tag{12.19}$$

ergibt, auf eine Ebene mit der Normalen $\boldsymbol{e}$ ($\boldsymbol{e}$ — Einheitsvektor senkrecht zur Oberfläche)[1]).

Für eine Probe beliebiger Form kann Formel (12.18) verallgemeinert werden, solange der Krümmungsradius R bedeutend größer als die DE BROGLIE-Wellenlänge der Elektronen bleibt (d. h. für $R \gg \lambda_B$).

$$\nu_\sigma(\varepsilon) = -\frac{2}{(2\pi\hbar)^2} \int d\sigma \int\limits_{C(\varepsilon,\boldsymbol{e})} \frac{dl}{v}. \tag{12.20}$$

Die Integration wird über die gesamte Metalloberfläche vorgenommen ($\boldsymbol{e}$ wird eine Funktion der Koordinaten auf der Oberfläche).

Die Berücksichtigung der Oberflächenzustandsdichte gestattet es, die Korrektur für alle thermodynamischen Charakteristika des Metalls (spezifische Wärme, thermischer Ausdehnungskoeffizient usw.) zu berechnen. Diese Korrektur ist klein und wird durch das Verhältnis a/L bestimmt, wobei L die kleinste Abmessung der Probe ist. Ein interessantes Problem ist dabei die Berechnung des Elektronenanteils der Oberflächenspannung eines Metalls,

[1]) Für eine konvexe Fläche ist die Kurve (12.19) die Schattengrenze auf der Oberfläche $\varepsilon(\boldsymbol{p}) = \varepsilon$, die von einem parallelen Lichtstrahlenbündel entlang der Richtung $\boldsymbol{e}$ bestrahlt wird.

$\varkappa_e = -\,\partial F_e/\partial\sigma$, der durch folgenden Ausdruck [12] gegeben wird:

$$\varkappa_e = \frac{1}{8\pi^2\hbar^2}\int\limits_0^{\varepsilon_F} S(\varepsilon, \boldsymbol{e})\, d\varepsilon\,, \tag{12.21}$$

wobei

$$S(\varepsilon, \boldsymbol{e}) = \int E[\varepsilon - \varepsilon_0(\boldsymbol{p}_\perp)]\, d\boldsymbol{p}_\perp\,, \qquad \boldsymbol{p}_\perp = \boldsymbol{p} - (\boldsymbol{p}\boldsymbol{e})\,\boldsymbol{e}$$

ist und $\varepsilon_0(\boldsymbol{p}_\perp)$ durch die Formeln (7.19) und (7.18) bestimmt wird.

In Formel (12.21) wurden die temperaturabhängigen Summanden fortgelassen, die wie gewöhnlich mit einem in T^2 proportionalen Glied beginnen $\left(\varkappa_e(T) \approx \varkappa_e(0)\,[1 + \beta(T/\varepsilon_F)^2],\ \beta \approx 1\right)$. Es ist noch einmal zu unterstreichen, daß der elektronische Anteil der Oberflächenspannung eines Metalls, wie auch die anderen thermodynamischen Größen, durch das Dispersionsgesetz $\varepsilon = \varepsilon(\boldsymbol{p})$ bestimmt wird.

§ 13 Die anomalen elektronischen Eigenschaften eines Metalls im Gebiet hoher Drücke

Wie schon in § 3 gezeigt wurde, führt die Veränderung der Topologie der Isoenergieflächen zu Besonderheiten in der Zustandsdichte $\nu(\varepsilon)$. Im allgemeinen können der Wert von ε_k, wenn er genügend weit von der Fermi-Energie ε_F entfernt ist, und die Existenz von ausgezeichneten Punkten ε_k nur aus Röntgenspektren abgeschätzt werden. Hat man jedoch einen stetig veränderbaren Parameter, durch dessen Änderung die Differenz $\varepsilon_F - \varepsilon_k$ durch Null geht (d. h., kann man damit die Topologie der Fermi-Fläche verändern), so führt die Besonderheit in der spektralen Dichte $\nu(\varepsilon)$ und der Dynamik der Elektronen in der Nähe der kritischen Fläche zu spezifischen Anomalien der thermodynamischen und kinetischen Charakteristika des Elektronengases im Metall [14].

Ein solcher stetiger Parameter ist die Gitterdeformation, insbesondere die allseitige Kompression vermittels hoher Drucke. Es ist bekannt, daß sich bei hohen Drucken die Anisotropie der meisten Eigenschaften verringert. Man kann deshalb erwarten, daß sich z. B. das für eine offene Fermi-Fläche charakteristische Modell eines „gewellten" Zylinders allmählich deformieren muß und in eine geschlossene Fläche übergeht, sogar wenn die Gesamtzahl der Elektronen im Leitfähigkeitsband erhalten bleibt (Abb. 39). Selbstverständlich sind auch andere Veränderungen der Topologie der Fermi-Flächen möglich. Es ist jedoch zu unterstreichen, daß sie nicht mit einer Änderung der Gittersymmetrie verbunden sind und deshalb nicht als Phasenübergang zweiter Art angesehen werden können.

Andererseits kann das Ausgangsgitter aufhören, thermodynamisch stabil zu sein, bevor die kritische Fermi-Fläche erreicht ist, so daß ein Phasenübergang erster Art früher eintritt als die Anomalie, die durch die Veränderung der

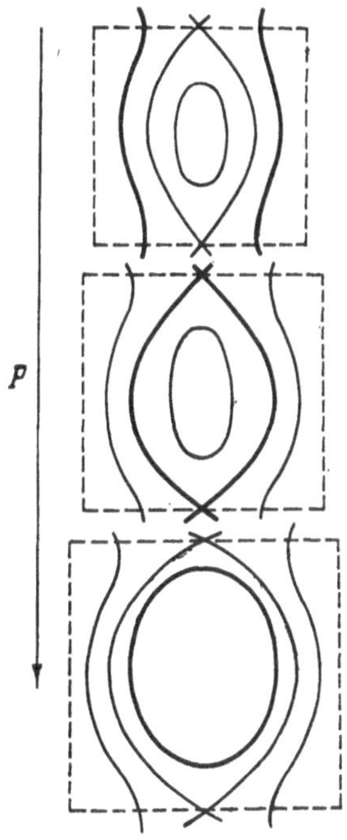

Abb. 39. Allmählicher Übergang einer offenen FERMI-Fläche (hervorgehoben durch die dicke Linie auf der Zeichnung) in eine geschlossene. Es ist darauf zu achten, daß mit Vergrößerung des Drucks P die Zelle des inversen Gitters sich etwas vergrößert

Topologie verursacht wird.[1]) Infolge der sehr kleinen „elektronischen Einstellzeit" bei der Deformation des Metalls im Verhältnis zu der des Gitters beim Phasenübergang können derartige Erscheinungen kurzzeitig in einem metastabilen Zustand beobachtet werden. Aus diesem Grund wird die Stabilität oder Metastabilität eines Zustandes in der Nähe einer Topologieänderung der FERMI-Fläche nicht behandelt.

Andere Parameter sind die Konzentration der Fremdatome oder der Komponenten in einer Legierung. Es hat den Anschein, als ob diese das chemische Potential ζ und die FERMI-Fläche stärker verändern. Für ein ungeordnetes Gitter verliert aber der Begriff der FERMI-Fläche seine strenge Bedeutung, da die Translationssymmetrie fehlt, wodurch sich die Besonderheit von $\nu(\varepsilon)$ verschmiert und faktisch fehlt.[2])

Im folgenden soll nun untersucht werden, welche Eigenschaften ein Metall in der Nähe eines Elektronenüberganges hat, der durch eine Veränderung der Topologie der FERMI-Fläche verursacht wird.

[1]) Solch ein Fall kann offensichtlich insbesondere bei den sogenannten isomorphen Übergängen eintreten, wo sich die Gitterparameter bei Beibehaltung des Gittertyps sprungartig ändern.

[2]) Diese Bemerkung trifft nicht für Wismutlegierungen zu, wo man wesentliche Veränderungen der FERMI-Fläche verfolgen kann, wenn man Akzeptor- oder Donatoratome hinzufügt [15].

Wenn das chemische Potential ζ in der Nähe von ε_k liegt, so hat nach Formel (12.4) und (3.8) das thermodynamische Potential Ω folgendes Aussehen:

$$\Omega(\zeta, T) = \Omega_0(\zeta, T) + \delta\Omega\,, \tag{13.1}$$

wobei

$$\delta\Omega = -\int\limits_0^\infty \frac{\delta N(\varepsilon)\,\mathrm{d}\varepsilon}{\mathrm{e}^{\frac{\varepsilon-\zeta}{T}}+1} \tag{13.2}$$

und

$$\delta N = \begin{cases} 0 & (\varepsilon < \varepsilon_k)\,, \\ \frac{2}{3}\alpha(\varepsilon-\varepsilon_k)^{3/2} & (\varepsilon > \varepsilon_k) \end{cases} \tag{13.3}$$

ist. Die Größe des Parameters α ergibt sich aus den Formeln (3.9) und (3.6). Es soll noch einmal daran erinnert werden, daß vereinbarungsgemäß der neue Körper für $\varepsilon > \varepsilon_k$ entsteht. Setzt man $\zeta - \varepsilon_k = z$, so ergibt sich, daß für tiefe Temperaturen ($T \ll z$) in der Umgebung von $z = 0$ die Änderung des thermodynamischen Potentials Ω folgendermaßen dargestellt werden kann:

$$\delta\Omega = \begin{cases} -\frac{\sqrt{\pi}}{2}\alpha T^{5/2}\,\mathrm{e}^{-\frac{|z|}{T}}\,, & \text{(I)} \\ -\frac{4}{15}\alpha|z|^{5/2} - \frac{\pi^2}{6}\alpha T^2|z|^{1/2}\,. & \text{(II)} \end{cases} \tag{13.4}$$

Der Übergang von Gebiet I nach Gebiet II entspricht dem Auftreten einer neuen Teilfläche der Isoenergiefläche $\varepsilon(\boldsymbol{p}) = \zeta$ (oder dem Aufbrechen eines Verbindungspunkts).

Beide Formeln (13.4) sind für $T \ll |z|$ richtig. Am absoluten Nullpunkt gilt

$$\delta\Omega = \begin{cases} 0\,, & \text{(I)} \\ -\frac{4}{15}\alpha|z|^{5/2}\,. & \text{(II)} \end{cases} \tag{13.5}$$

Das bedeutet, daß die zweite Ableitung von Ω im Punkt $z = 0$, der ein Punkt einer Elektronenanomalie ist, einen vertikalen Knick besitzt und die dritte Ableitung wie $z^{-1/2}$ gegen Unendlich geht.

Da die Elektronenzahl im Leitfähigkeitsband konstant ist, wird zweckmäßigerweise für die Bestimmung der Anomalie der thermodynamischen Größen nicht das Potential Ω, sondern die freie Energie $F(T, V, N)$ benutzt. Hierbei ist das Volumen V der Parameter, der mit dem angelegten Druck verknüpft ist. Die kritische Energie ε_k wird dabei unmittelbar eine Funktion des Volumens $\varepsilon_k = \varepsilon_k(V)$. Das gilt wegen der Konstanz der Teilchenzahl

$$N(\zeta, V) = N \tag{13.6}$$

ebenfalls für das chemische Potential ζ. [1]

[1] Im Falle mehrerer überlappender Bänder ist $N(\zeta, V)$ die Gesamtzahl der Teilchen aller Bänder.

V_k ist das Volumen, bei dem die Veränderung der Topologie der FERMI-Fläche vonstatten geht, d. h.

$$\zeta(V_k) = \varepsilon_k(V_k)\,. \tag{13.7}$$

Nach den Formeln (13.6) und (13.7) ist der Absolutbetrag von z, der in die Formeln (13.4) und (13.5) eingeht, durch $|V - V_k|$ bestimmt:

$$z = \gamma|V - V_k|\,; \qquad \gamma = \left|\nu^{-1}(\varepsilon_k)\left\{\frac{\partial N}{\partial V} + \nu(\varepsilon_k)\,\frac{\partial \varepsilon_k}{\partial V}\right\}\right|. \tag{13.8}$$

Dabei wurde ausgenutzt, daß $\dfrac{\partial N}{\partial \zeta} = \nu(\zeta)$ ist.

Man kann nun die freie Energie in der Form

$$F = F_0 + \delta F$$

ansetzen, wobei F_0 der glatte Teil der Energie ist, der mit Hilfe der Zustandsdichte $\nu_0(\varepsilon)$ berechnet wird. Es ist leicht einzusehen, daß δF quantitativ gleich der nichtregulären Korrektur $\delta\Omega$ ist, die jetzt in den Variablen V und T ausgedrückt werden muß. δF ist damit durch die Formeln (13.4) und (13.5) bestimmt, wenn man dort $|z|$ nach Formel (13.8) ersetzt:

$$\delta F = \begin{cases} -\dfrac{\sqrt{\pi}}{2}\,\alpha T^{5/2}\,\mathrm{e}^{-\frac{|z|}{T}}\,, & \text{(I)} \\[2ex] -\dfrac{4}{15}\,\alpha|z|^{5/2} - \dfrac{\pi^2}{6}\,\alpha T^2|z|^{1/2} & \text{(II)} \end{cases} \qquad (T \ll |z|,\ |z| = \gamma|V - V_k|)\,.$$

Hieraus erhält man, wenn man die Temperatur gegen den absoluten Nullpunkt gehen läßt,

$$\delta\,\frac{C_e}{T} = -\,\delta\,\frac{\partial^2 F}{\partial T^2} = \begin{cases} 0, & \text{(I)} \\ \dfrac{\pi^2}{3}\,\alpha|z|^{1/2}\,, & \text{(II)} \end{cases} \tag{13.9}$$

$$\delta\,\frac{\partial P}{\partial V} = -\,\delta\,\frac{\partial^2 F}{\partial V^2} = \begin{cases} 0, & \text{(I)} \\ \alpha\gamma^2|z|^{1/2}\,, & \text{(II)} \end{cases} \tag{13.10}$$

$$\delta\left(\frac{\partial P}{\partial T}\bigg/T\right) = -\,\frac{1}{T}\,\delta\,\frac{\partial^2 F}{\partial T\,\partial V} = \begin{cases} 0, & \text{(I)} \\ \dfrac{\pi^2}{3}\,\alpha\gamma|z|^{-1/2}\,. & \text{(II)} \end{cases} \tag{13.11}$$

Ausdruck (13.9) beschreibt die Anomalie der spezifischen Elektronenwärme, Ausdruck (13.10) die Anomalie des elektronischen Kompressibilitätskoeffizienten.

Der Gesamtdruck im Metall setzt sich aus dem Druck der Elektronen und dem ihn teilweise kompensierenden Druck des Gitters der Atomrümpfe zusammen. Da jedoch der Gitteranteil der Kompressibilität $\partial P_g/\partial V$ im Punkt

$z = 0$ stetig ist, wird die Singularität des Gesamtkompressibilitätskoeffizienten durch dieselbe Gleichung bestimmt.[1])

Wie aus Gleichung (13.11) zu entnehmen ist, besitzt der thermische Druckkoeffizient $\partial P/\partial T$ die größte Singularität. Berücksichtigt man, daß bei tiefen Temperaturen der elektronische Anteil des Druckkoeffizienten die entscheidende Rolle spielt, so erhält man für den glatten Teil

$$\left(\frac{\partial P}{\partial T}\right)_V = AT\,, \qquad A = \frac{\pi^2}{3}\frac{\partial \nu}{\partial V}.$$

Im Gebiet der Anomalie gilt deshalb

$$\left(\frac{\partial P}{\partial T}\right)_V = \frac{\pi^2}{3}\,T\left\{\frac{\partial \nu}{\partial V} \pm \frac{1}{2}\,\alpha\gamma|z|^{-1/2}\right\}, \tag{13.12}$$

wobei das Pluszeichen dann genommen wird, wenn im Gebiet II $V - V_k > 0$ ist, und das Minuszeichen benutzt wird, wenn $V - V_k < 0$ ist. Auch der thermische Ausdehnungskoeffizient hat diese Singularität:

$$\left(\frac{\partial V}{\partial T}\right)_P = -\left(\frac{\partial P}{\partial T}\right)_V\Big/\left(\frac{\partial P}{\partial V}\right)_T = \frac{\pi^2 T}{3\varkappa_0}\left\{\frac{\partial \nu}{\partial V} \pm \frac{1}{2}\,\alpha\gamma|z|^{-1/2}\right\}, \tag{13.13}$$

wobei

$$\varkappa_0 = -\left(\frac{\partial P}{\partial V}\right)_{T=0}$$

ist.

Entsteht bei Erhöhung des Drucks im Punkt $P = P_k$ eine neue Teilfläche der Isoenergiefläche, so ist der thermische Ausdehnungskoeffizient in der Nähe von $P = P_k(V = V_k)$ auf der Seite höherer Drucke negativ, und sein Betrag strebt für $P \to P_k$ gegen Unendlich (Abb. 40).

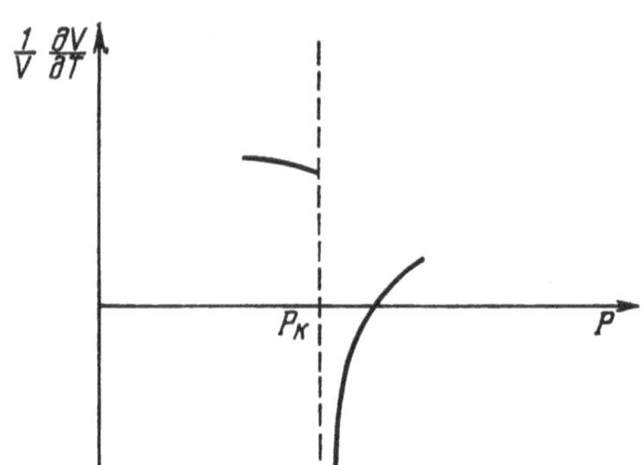

Abb. 40. Das Verhalten des thermischen Ausdehnungskoeffizienten (bei $T = 0$) in der Nähe des kritischen Drucks P_k, wenn bei $P = P_k$ sich die Zahl der von der FERMI-Fläche umschlossenen Körper vergrößert

[1]) Es kann sich als notwendig erweisen, daß der Teil der „Gitterbindungsenergie“, der durch die Leitfähigkeitselektronen bedingt wird, in einem Punkt eine Singularität gleichen Charakters hat wie das thermodynamische Potential der Elektronen. Das würde eine unbedeutende Zunahme von $\partial P/\partial V$ hervorrufen, aber das Resultat qualitativ nicht ändern.

Um in allen Formeln (13.9) bis (13.11) die Anomalien in Abhängigkeit vom Druck zu behandeln, genügt es zu berücksichtigen, daß $P - P_k = -\varkappa_0(V - V_k)$ gilt und folglich

$$|z| = \gamma |V - V_k| = \frac{\gamma}{\varkappa_0} |P - P_k| \tag{13.14}$$

ist.

Es ist dabei zweckmäßig, die Koeffizienten γ, $\gamma/\varkappa_0$ und den kritischen Druck P_k abzuschätzen, indem man sie durch die Ausgangsenergiedifferenz $z_0 = (\zeta - \varepsilon_k)_{P=0}$ (bei Nulldruck) und durch die kritische Deformation $(V - V_k)/V_0$ ausdrückt, bei der der Übergang erfolgt:

$$|z| = \frac{|z_0|\,|P - P_k|}{P_k}, \qquad P_k = \varkappa_0 |V - V_k|, \qquad \gamma = \frac{z_0}{|V_0 - V_k|}. \tag{13.15}$$

Die Ausdrücke (13.15) besitzen nur den Charakter einer Abschätzung, da in einem größeren Deformationsintervall der lineare Zusammenhang zwischen P und $V - V_0$ nicht gilt. Setzt man für die kritische Deformation $(V_0 - V_k)/V_0 \approx 0{,}05 \div 0{,}1$, so benötigt man Drücke $P_k \approx 5 \cdot 10^4 \div 10^5$ kp/cm². [1])

Genau genommen, sind die Formeln (13.9) bis (13.11) nur am absoluten Nullpunkt richtig. Bei endlichen Temperaturen verschmieren sich die Besonderheiten aller thermodynamischen Größen. Die Breite der Temperaturverbreiterung der Anomalien ist $\Delta z \sim T$. Auf der Druckskala ist dann das Intervall

$$\frac{\Delta P}{P_k} \sim \frac{T}{|z_0|} = \frac{T}{|\zeta - \varepsilon_k|_{P=0}}. \tag{13.16}$$

Wie aus Formel (13.10) zu entnehmen ist, bekommt im Gebiet der Anomalie die negative Größe $(\partial P/\partial V)_0 = -\varkappa_0$ einen positiven Zusatzterm von der Größe $\approx z^{1/2}$. Wenn dadurch $P(V)$ keine monotone Funktion mehr ist und auf irgendeinem Abschnitt $\partial P/\partial V$ positiv wird, liegt ein isomorpher Phasenübergang erster Art mit einem Sprung im Volumen vor. Zerlegt man $\partial P/\partial V$ für kleine positive z und für Temperaturen, die gegen Null streben, in eine Reihe:

$$\frac{\partial P}{\partial V} = -\varkappa_0 + \alpha\gamma^2 z^{1/2} - \varkappa_1 z,$$

kann man sich überzeugen, daß ein Gebiet der Labilität $\partial P/\partial V > 0$ nur für $\alpha\gamma^2 > 2\sqrt{\varkappa_0\varkappa_1}$ rechts vom Punkt $z = 0$ im Intervall

$$\alpha\gamma^2 - \sqrt{\alpha(\alpha\gamma^2)^2 - 4\varkappa_0\varkappa_1} < 2\varkappa_0 z < \alpha\gamma^2 + \sqrt{(\alpha\gamma^2)^2 - 4\varkappa_0\varkappa_1}$$

[1]) Man kann sich vorstellen, daß eine weniger symmetrische Deformation (z. B. einseitiger Druck oder Zug) die Geometrie der FERMI-Fläche stärker ändert und daher weniger Spannungen erfordern. Insbesondere kann eine Störung der Ausgangssymmetrie des Kristalls bei beliebig kleinen Deformationen zu Aufspaltungen der Fläche in Punkten unbedingter Selbstdurchdringung führen.

vorliegt. Dabei liegt der Punkt des Elektronenübergangs $z = 0$ selbst im Gebiet der Metastabilität bzw. Stabilität.

Da bei endlicher Temperatur die Besonderheit im Punkt $z = 0$ verschmiert ist, empfiehlt es sich nicht, den Elektronenübergang in diesem Punkt als Phasenübergang zu bezeichnen. Deshalb wurde auch stets nur von „Anomalien" im Punkt $z = 0$ gesprochen. Man könnte solche Anomalien bei $T = 0$ nach der Terminologie von EHRENFEST bedingt als Übergänge 2 1/2 ter Art bezeichnen, da die zweiten Ableitungen der thermodynamischen Potentiale eine Besonderheit vom Typ $\sim z^{1/2}$ und die dritte Ableitung eine vom Typ $\sim z^{-1/2}$ besitzt.

In § 2 wurde gezeigt, daß Fälle möglich sind, in denen die Zustandsdichte der Elektronen bei irgendeiner Energie $\varepsilon = \varepsilon_k$ einen endlichen Sprung erfährt (jedenfalls in grober Näherung; s. Formel (3.12)). Wenn infolge eines allseitigen Drucks (oder irgendeiner anderen Kristalldeformation) die FERMI-Energie mit der kritischen Energie zusammenfällt, muß sich das in einem Sprung der spezifischen Elektronenwärme und in den anderen zweiten Ableitungen des thermodynamischen Potentials bemerkbar machen. In diesem sehr speziellen Fall erinnert die Elektronenanomalie an einen Phasenübergang zweiter Art.

Die Abschätzung des kritischen Drucks, die weiter oben angegeben wurde, kann sich als übertrieben hoch herausstellen. Die Untersuchungen der letzten Jahre zeigten, daß die FERMI-Flächen der meisten Metalle dünne Verbindungsstellen und sehr kleine Teilflächen als Feinstruktur des Energiespektrums der Elektronen enthalten. Eine Veränderung der Topologie, die mit der Feinstruktur der FERMI-Fläche verknüpft ist, ist demzufolge schon bei verhältnismäßig geringen Drucken zu erwarten. Die unterschiedlichsten experimentellen Untersuchungen bestätigen diesen Standpunkt [15a]. Die Elektronenanomalien, die durch die Veränderung der Topologie der FERMI-Fläche bedingt sind, brauchen sich nicht nur in den Fällen zu zeigen, die durch die Formeln (13.9) bis (13.11) beschrieben werden. Auch die magnetischen Eigenschaften der Metalle sind gegenüber diesen Anomalien empfindlich (s. nachfolgenden Paragraphen). Besonders deutlich müssen sie bei der Abhängigkeit der galvanomagnetischen Eigenschaften vom Druck hervortreten (§ 27). Schließlich spricht noch besonders die Sprungtemperatur von Supraleitern auf die Änderung der Topologie der FERMI-Fläche an [16].

Die Veränderung der Topologie der FERMI-Fläche führt, wie aus dem Vorangegangenen klar wurde, zu einem nicht analytischen Verhalten der Abhängigkeit des chemischen Potentials von äußeren Parametern (im angeführten Beispiel vom Druck). Eine starke Veränderung des chemischen Potentials kann in der Abhängigkeit des chemischen Potentials (und demzufolge aller thermodynamischer Größen) vom Magnetfeld beobachtet werden. Der Umstand, daß die Anomalien in der Abhängigkeit vom Magnetfeld schon bei durchaus erreichbaren Feldern vorkommen, ist natürlich mit der Existenz einer Feinstruktur des Energiespektrums der Elektronen verknüpft (§ 19).

Die Oberflächenzustandsdichte, die durch die Reflexion der Elektronen an der Grenzfläche verursacht wird, reagiert noch empfindlicher auf eine Topologieänderung als die normale Zustandsdichte. Formel (12.18) (oder (12.20)) gestattet, die Abhängigkeit der Zustandsdichte $\nu_\sigma(\varepsilon)$ in der Nähe eines kritischen Energiewertes ε_k zu analysieren. Dabei zeigt es sich, daß die Singularität von $\nu_\sigma(\varepsilon)$ noch ausgeprägter ist als die des Volumenanteils. So ist das Auftreten einer neuen Fläche bei $\varepsilon = \varepsilon_k$ von einem Sprung der Oberflächenzustandsdichte begleitet. Reißt bei $\varepsilon = \varepsilon_k$ eine Verbindungsstelle auf (d. h., besitzt die Fläche $\varepsilon(\boldsymbol{p}) = \varepsilon_k$ einen konischen Punkt), so hat $\nu_\sigma(\varepsilon)$ eine logarithmische Singularität $(\delta\nu_\sigma(\varepsilon) \sim \ln|\varepsilon - \varepsilon_k|)$. Es ist natürlich, daß die Verstärkung der Singularität in der Zustandsdichte (gegenüber der Änderung des Volumens) zu einer Verstärkung der Singularität in den thermodynamischen Größen im Gebiet hoher Drucke führt, wenn sich die Topologie der FERMI-Fläche ändert (s. oben). Z. B. erleidet der Koeffizient C_σ des Oberflächenanteils der spezifischen Elektronenwärme C_σ/T einen Sprung, wenn bei $P = P_k$ ein FERMI-Körper entsteht bzw. verschwindet. Reißt jedoch bei $P = P_k$ eine Verbindungsstelle auf, so hat C_σ/T eine logarithmische Singularität [12].

§ 14 Para- und Diamagnetismus (schwache Magnetfelder)

Legt man an ein Metall ein Magnetfeld an, dann ändern sich viele seiner Eigenschaften. So erhöht sich z. B. in reinen Metallproben in Magnetfeldern von einigen Kilooersted bei tiefen Temperaturen der elektrische Widerstand um einige Größenordnungen. In der Regel erleiden vor allem die kinetischen Koeffizienten (elektrisches und Wärmeleitvermögen usw.) besonders starke Veränderungen. Unter der Einwirkung eines Magnetfeldes ändern sich jedoch auch die thermodynamischen Gleichgewichtscharakteristika eines Metalls. Insbesondere haben alle Metalle im Magnetfeld ein magnetisches Moment, das bei tiefen Temperaturen und starken Feldern sehr kompliziert von Größe und Richtung des Magnetfeldes abhängt.

Wie bekannt ist [17], wird die Abhängigkeit der thermodynamischen Größen vom Magnetfeld durch die Energiequantelung der Elektronen und Kerne verursacht. Bezüglich der Elektronen ist diese Feststellung auch für die Leitfähigkeitselektronen anwendbar, die Elektronen mit einem komplizierten Dispersionsgesetz sind. Bei der klassischen Betrachtungsweise entspricht die Berücksichtigung des Magnetfeldes einem Übergang zu den Impulsen $\boldsymbol{p} = \boldsymbol{P} - (e/c)\,\boldsymbol{A}$ (vgl. §§ 1, 4). Bei der Berechnung der thermodynamischen Potentiale wird über den gesamten $\boldsymbol{P}$-Raum integriert. Durch eine Variablensubstitution (d. h. dadurch, daß man von $\boldsymbol{P}$ zu $\boldsymbol{p}$ übergeht) kann man sich überzeugen, daß die thermodynamischen Potentiale nicht vom Magnetfeld abhängen.

Bei der quantenmechanischen Behandlung wird die Abhängigkeit vom Magnetfeld durch zwei Ursachen bedingt: Erstens besitzen die Elektronen und Kerne eigene magnetische Momente (Spins), und zweitens wird die räumliche

Bewegung der geladenen Teilchen auf Umlaufbahnen quantisiert. Das Vorhandensein eigener magnetischer Momente ist die Ursache des Paramagnetismus und der mit ihm verwandten Erscheinungen. Die Quantisierung der Bahnbewegung ist die Ursache des Diamagnetismus.

Die Grundgröße, die in diesem Paragraphen behandelt werden soll, ist das statische magnetische Moment des Metalls. Zum magnetischen Moment des Metalls tragen nicht nur die Leitfähigkeitselektronen bei (d. h. nicht nur die Elektronen aus den teilweise gefüllten Bändern). Vernachlässigt man den Anteil der Kerne, deren Beitrag infolge der Kleinheit der Kernmomente sehr gering ist, bleiben die vollständig besetzten Bänder, die auch ihren Beitrag zum diamagnetischen Moment liefern.[1])

Es gelingt, die diamagnetische Suszeptibilität der Leitfähigkeitselektronen, ausgehend vom Gasmodell, mit dem Dispersionsgesetz zu bestimmen [18]. Die erhaltenen Ausdrücke sind jedoch erstens höchst kompliziert, und zweitens hängen sie von den Eigenschaften aller Elektronen und nicht nur von den Elektronen mit $\varepsilon \sim \varepsilon_F$ ab. Andererseits ist, wie schon in der Einleitung gezeigt wurde, der Begriff des Dispersionsgesetzes selber nur in der Nähe der Fermi-Energie anwendbar. Man braucht deshalb dem in der Arbeit [18] erhaltenen Ergebnis nicht allzu große Bedeutung beizumessen. Beim Übergang zu einem quadratischen und isotropen Dispersionsgesetz stimmt der Wert der diamagnetischen Suszeptibilität natürlich mit dem durch Landau [19] gefundenen Ausdruck überein:

$$\varkappa_d = \frac{1}{16 \cdot 3^{2/3} \pi^{4/3}} \frac{N^{1/3}}{m^* c^2} \tag{14.1}$$

(m^* — effektive Masse).

Die Spins der vollbesetzten Bänder sind selbstverständlich kompensiert.[2]) Das Fehlen freier Zustände in den besetzten Bändern führt zu einer exponentiellen Abhängigkeit des paramagnetischen Moments dieser Bänder von der Temperatur. Deshalb spielen die Leitfähigkeitselektronen die entscheidende Rolle im Paramagnetismus eines Metalls (Pauli-Paramagnetismus).

Wie bekannt ist [20], hängt die paramagnetische Suszeptibilität $\varkappa_p$ eines Metalls nur schwach von der Temperatur ab. Sie wird bei tiefen Temperaturen $T \ll \varepsilon_F$ durch die Elektronendichte pro Einheitsenergieintervall für $\varepsilon = \varepsilon_F$ bestimmt:

$$\varkappa_p = \mu^2 \nu(\varepsilon_F) \, . \tag{14.2}$$

[1]) Die Aufspaltung des magnetischen Moments in paramagnetisches und diamagnetisches ist nur in schwachen Feldern möglich, solange das Moment linear vom Magnetfeld abhängt.

[2]) Solche Bandstruktur ist typisch für Diamagnetika. Bei Paramagnetika gibt es in den besetzten Bändern Elektronen mit nichtkompensierten Spins (Analogon zu den paramagnetischen Atomen, bei denen die inneren Elektronen nichtkompensierte Spins haben). Die Austauschwechselwirkung zwischen den Spins führt in der Regel zu ihrer Ausrichtung, d. h. bei genügend tiefen Temperaturen zum Entstehen von Ferro- bzw. Antiferromagnetismus.

Diese Formel wurde aus dem „Gasmodell" des Metalls abgeleitet, d. h. ohne Berücksichtigung der Wechselwirkung der Elektronen untereinander. Die Berücksichtigung der Wechselwirkung verändert Formel (14.2) in dem Sinne, daß der Koeffizient vor $\nu(\varepsilon_F)$ nicht mehr gleich μ^2 ist.

Das Problem der paramagnetischen Suszeptibilität verkompliziert sich noch durch die Notwendigkeit, in einer Reihe von Fällen die Spin-Bahn-Wechselwirkung berücksichtigen zu müssen. Sie kann den Wert des effektiven Magnetons wesentlich verändern (für Bi liegt eine solche Situation vor [21]). Faktisch kann man dabei die diamagnetische und paramagnetische Suszeptibilität schon nicht mehr getrennt berechnen. Die Aufgabenstellung kann nur die strenge Berechnung des magnetischen Moments des Metalls sein. Dem Wesen nach ist die Unterteilung der magnetischen Suszeptibilität in para- und diamagnetische sowieso nicht sehr sinnvoll, weil im Metall beide von gleicher Größenordnung sind.¹) Z. B. für ein Gas freier Elektronen ist die diamagnetische Suszeptibilität ein Drittel der paramagnetischen. Die größenordnungsmäßige Übereinstimmung von diamagnetischer und paramagnetischer Suszeptibilität ist eine unmittelbare Folge der Entartung des Elektronengases ($T \ll \varepsilon_F$).

Auf jeden Fall ist ein Teil der magnetischen Suszeptibilität eines Metalls (in der elementaren Theorie gerade der paramagnetische Anteil) proportional der Zustandsdichte der Elektronen pro Einheitsenergieintervall für $\varepsilon = \varepsilon_F$. Das bedeutet, daß der Spinparamagnetismus die Anomalie bei einer Änderung der Topologie der FERMI-Fläche unter Druckeinwirkung widerspiegelt (vgl. § 13 und auch Arbeit [14]). Im folgenden soll der Charakter dieser Anomalie erklärt werden.

Aus Vereinfachungsgründen wird das Modell eines idealen FERMI-Gases benutzt. Dann gilt

$$M_p = \tfrac{1}{2}\,\mu\{N(\zeta + \mu H) - N(\zeta - \mu H)\}\,,$$

wobei $N(\varepsilon)$ die Zahl der Elektronen mit einer Energie kleiner ε_F ist (§ 3). Damit hat die paramagnetische Suszeptibilität $\varkappa_p$ in der Nähe der Anomalie die Form

$$\varkappa_p = \varkappa_p^{(0)} + \tfrac{1}{2}\,\mu^2\{\delta\nu(\zeta + \mu H) + \delta\nu(\zeta - \mu H)\}\,,$$

wobei

$$\delta\nu(z) = \begin{cases} 0 & (z < 0)\,, \\ \alpha z^{1/2} & (z > 0) \end{cases}$$

ist. Die Bedeutung des Parameters α wird aus Formel (3.9) deutlich. Damit erhält der nichtreguläre Teil der paramagnetischen Suszeptibilität $\delta\varkappa_p$ fol-

¹) Wismut stellt hier wieder eine Ausnahme dar. Für Wismut und seine Legierungen ist die diamagnetische Suszeptibilität wegen des geringen Bandabstandes anomal groß [18].

gendes Aussehen:

$$\delta\varkappa_p = \begin{cases} 0, & z \pm \mu H < 0\,, \\ \frac{1}{2}\alpha\mu^2(z + \mu H)^{1/2}\,, & z + \mu H > 0,\quad z - \mu H < 0\,, \\ \frac{1}{2}\alpha\mu^2(z - \mu H)^{1/2}\,, & z + \mu H < 0,\quad z - \mu H > 0\,, \\ \frac{1}{2}\alpha\mu^2\{(z + \mu H)^{1/2} + (z - \mu H)^{1/2}\} & z \pm \mu H > 0\,. \end{cases}$$

Obwohl das tatsächliche Bild der Anomalie der magnetischen Suszeptibilität eines Metalls sich durch die Überlagerung des Diamagnetismus noch etwas verkompliziert, bleibt die qualitative Aussage erhalten. Insbesondere ist die Aufmerksamkeit auf die starke nichtreguläre Abhängigkeit der magnetischen Suszeptibilität vom Magnetfeld in der Nähe des kritischen Drucks zu richten. Leider ist dieses nichtreguläre Verhalten nur in einem sehr engen Druckintervall $\Delta P \sim (\mu H/\varepsilon_F)\, P_k$ zu beobachten. Die Abhängigkeit von $\delta\varkappa_p$ von z und dem Magnetfeld ist in Abb. 41 dargestellt.

Die Existenz einer Besonderheit der magnetischen Suszeptibilität bei hohen Drucken ist nicht der einzige Fall, in dem sich der spezifische Charakter des Energiespektrums der Elektronen im Verhalten der Metalle in schwachen Feldern offenbart. Z. B. kann die Temperaturabhängigkeit der magnetischen Suszeptibilität einer Reihe von Metallen nur verstanden werden [13], wenn man von der Annahme einer Feinstruktur im Elektronenspektrum dieser Metalle ausgeht (anomal schwach besetzte Bänder, geringe Abstände zwischen den Bändern usw.). Zu ähnlichen Schlüssen kann man gelangen, wenn man die Abhängigkeit der magnetischen Suszeptibilität von der Zusammensetzung von Legierungen untersucht [22], [15].

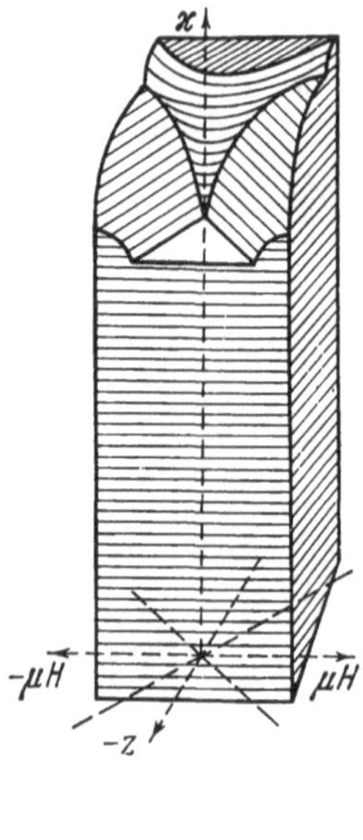

Abb. 41. Anomalie der paramagnetischen Suszeptibilität in der Nähe des Punktes $P = P_k$

§ 15 De Haas-van Alphen-Effekt (starke Magnetfelder)

Das Studium von Dia- und Paramagnetismus der Metalle (s. vorigen Paragraphen) hat gezeigt, daß der Aufbau einer strengen Theorie des Magnetismus in schwachen Feldern eine komplizierte Aufgabe ist, die nicht ohne spezielle Modellvorstellungen gelöst werden kann; denn die magnetische Suszeptibilität wird wesentlich von der Wechselwirkung der Elektronen untereinander bestimmt und kann prinzipiell nicht nur mit Hilfe des Dispersionsgesetzes dargestellt werden. Außerdem ist die Größe der magnetischen Suszeptibilität der Leitfähigkeitselektronen allgemein von der gleichen Größenordnung wie die der tiefer liegenden Elektronen (Elektronen gefüllter Bänder), was die experimentelle Untersuchung der Leitfähigkeitselektronen erschwert.

In starken Feldern ($\mu H \gtrsim T$) sind die Verhältnisse vollkommen anders. An allen Metallen wird eine spezifische Oszillationsabhängigkeit des magnetischen Momentes und anderer charakteristischer Parameter vom Magnetfeld beobachtet, die bei Dielektrika und Halbleitern nicht auftritt. Dabei sind die grundlegenden Charakteristika der Oszillationen so eng mit den Parametern der Fermi-Fläche verknüpft, daß die Ausmessung der Fermi-Fläche nach experimentellen Daten möglich ist.

Experimentell ist die Oszillationsabhängigkeit des magnetischen Momentes vom Magnetfeld (de Haas-van Alphen-Effekt) am ausführlichsten untersucht worden. Jedoch ist das bei weitem nicht der einzige Oszillationseffekt. Die spezifische Wärme, der elektrische Widerstand (Schubnikow-de Haas-Effekt) und andere physikalische Größen ändern sich ebenfalls periodisch mit dem Magnetfeld. Die Natur dieser Oszillationen ist allerdings dieselbe wie die der Oszillationen des magnetischen Momentes. Daher nennt man auch die Gesamtheit dieser Erscheinungen de Haas-van Alphen-Effekt.

In letzter Zeit ist eine Reihe von Oszillationserscheinungen im Magnetfeld von wesentlich anderer Natur entdeckt worden (Zyklotronresonanz, geometrische Resonanz bei Ultraschallabsorbtion u. a.). Am Ende dieses Paragraphen sind Kriterien formuliert, die es erlauben, den de Haas-van Alphen-Effekt von anderen Oszillationseffekten zu unterscheiden.

Zunächst sollen nun die Bedingungen der Beobachtbarkeit des de Haas-van Alphen-Effekts präzisiert werden. Erstens wird er nur an hinreichend reinen einkristallinen Proben beobachtet. Die erforderliche Reinheit wird dabei durch das Verhältnis von mittlerer freier Weglänge l der Ladungsträger und dem Bahnradius im Magnetfeld r_H bestimmt. Es muß $l \gg r_H$ gelten (inwieweit die Probe einkristallin sein muß, wird weiter unten abgeschätzt). Zweitens muß das Magnetfeld hinreichend groß ($\mu H \gtrsim T$), jedoch nicht zu groß sein. Es muß folgenden Bedingungen genügen:

$$T \lesssim \mu H \ll \varepsilon_F , \tag{15.1}$$

wobei die zweite Ungleichung erlaubt, die Größe $\mu H/\varepsilon_F$ (s. Einführung) als kleinen Parameter zu benutzen. Zu bemerken ist, daß die Oszillationen nicht irgendein besonderer Zustand des Metalles sind und daß prinzipiell der DE-HAAS VAN ALPHEN-Effekt stets auftritt. Die oben formulierten Bedingungen geben lediglich das Gebiet an, in dem er am deutlichsten zu beobachten ist; außerhalb dieses Gebietes ist die Amplitude der Oszillationen äußerst schwach.

Bevor die exakte Theorie des DE HAAS-VAN ALPHEN-Effektes dargelegt wird, soll die Natur dieser Erscheinung qualitativ erklärt werden. Wie alle magnetischen Erscheinungen hat der DE HAAS-VAN ALPHEN-Effekt Quantencharakter. Er wird durch die Quantisierung der geschlossenen Bahnen bedingt, auf denen sich die Leitungselektronen im Magnetfeld bewegen. Die Quantisierung der Energie führt dazu, daß sich die Zahl besetzter Energieniveaus bei fixierter Projektion des Impulses auf die Magnetfeldrichtung p_z um Eins ändert, wenn sich das reziproke Magnetfeld $\Delta(1/H)$ um die Größe $2\pi|e|\hbar/cS(\varepsilon_F, p_z)$ ändert (s. Quantisierungsbedingung (7.3)). Die Abhängigkeit der Größe $\Delta(1/H)$ von p_z verwäscht etwas die scharfe Abhängigkeit vom Magnetfeld. Bei den Oszillationseffekten spielen hauptsächlich Elektronen mit solchen Impulswerten p_z eine Rolle, für die $S(\varepsilon_F, p_z)$ nur schwach von p_z abhängt, d. h., für die $S(\varepsilon_F, p_z)$ ein Extremum annimmt. Daher wird der wesentlichste Parameter des DE HAAS-VAN ALPHEN-Effektes — die Oszillationsperiode — durch die Extremalquerschnitte der FERMI-Fläche bestimmt (Abb. 42):

$$\Delta \frac{1}{H} = \frac{2\pi|e|\hbar}{cS_{\text{extr}}(\varepsilon_F)}. \tag{15.2}$$

Die komplizierte Form der FERMI-Fläche (viele verschiedene Extremalquerschnitte) führt bei der Mehrzahl der Metalle dazu, daß das magnetische Moment eine komplizierte Funktion des Magnetfeldes ist, deren Analyse sich als äußerst schwierig erweist.

Es soll jetzt die strenge Theorie des DE HAAS-VAN ALPHEN-Effektes dargelegt werden. Ausgangspunkt ist die Berechnung des thermodynamischen Potentials Ω, mit dessen Hilfe die interessierenden physikalischen Größen — das magnetische Moment, die spezifische Wärme u. a. — bestimmt werden. Die Berechnung erfolgt in der Näherung des freien Elektronengases. In einem speziellen Paragraphen (§ 16) wird gezeigt, daß die Berücksichtigung einer FERMI-Flüssigkeitswechselwirkung das Bild nicht ändert. Gemäß allgemeinen Formeln gilt

$$\Omega = -T \sum_{(s)} \ln \left\{1 + \exp \frac{\zeta - \varepsilon(s)}{T}\right\}. \tag{15.3}$$

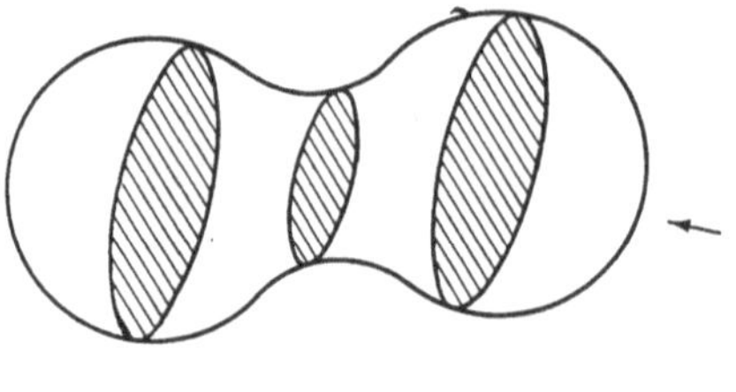

Abb. 42. Beispiel von Extremalquerschnitten der FERMI-Fläche

Die Richtung des Magnetfeldes ist durch den Pfeil angedeutet

Die Summation erfolgt über alle Zustände des Elektrons[1]): über die Quantenzahl n (s. Formel (7.3)), über die zwei Projektionen des Spins σ ($\sigma = \pm 1$), über alle Werte der z-Projektion des Quasiimpulses p_z und über die Nummer s teilweise gefüllter Bänder. Da sich p_z stetig ändert, kann man die Summation über p_z durch eine Integration ersetzen.

Die Zahl der Zustände dn_{p_z} im Intervall $(p_z, p_z + dp_z)$ bei fixierten Werten der übrigen Parameter (s, n, σ) kann man leicht berechnen, wenn man berücksichtigt, daß gilt:

$$dn_{p_z} = \frac{V}{(2\pi\hbar)^3} \left\{ \iint dp_x \, dp_y \right\} dp_z \,. \tag{15.4}$$

Dabei muß über alle Werte p_x und p_y integriert werden, die zwischen benachbarten klassischen Trajektorien des Elektrons im Impulsraum liegen, d. h. zwischen Trajektorien, die sich bezüglich der Werte n um Eins unterscheiden. Nach Formel (7.3) ist die interessierende Fläche gleich $2\pi|e|\hbar H/c$. Daher wird

$$dn_{p_z} = \frac{|e| H V}{(2\pi\hbar)^2 c} \, dp_z \,. \tag{15.5}$$

Die Benutzung der quasiklassischen Quantisierung bedeutet nicht, daß der Ausdruck (15.5) nur in quasiklassischer Näherung richtig ist. Nach (15.4) wird die Zustandsdichte dn_{p_z}/dp_z durch die „Zellenfläche" im p_x, p_y-Raum ($\iint dp_x \, dp_y = \Delta p_x \, \Delta p_y$) bestimmt, die nur von den Kommutierungsbedingungen der Operatoren p_x und p_y abhängt. Benutzt man die Kommutierungsregel (8.18), erhält man wieder Formel (15.5).

Allerdings muß man folgendes beachten: Bei der Ableitung von Formel (15.5) wurde angenommen, daß das Elektronenenergiespektrum durch das Magnetfeld nicht verändert wird. Das schränkt natürlich die Größe des Magnetfeldes ein. Jedoch erfolgt für die Mehrzahl der Metalle eine wesentliche Umstrukturierung des Spektrums erst in experimentell unerreichbaren Magnetfeldern $H \gtrsim 10^7 - 10^8$ Oe. Eine Ausnahme bilden die Metalle vom Wismuttyp (Näheres s. § 19).

Benutzt man die Formel der quasiklassischen Quantisierung (7.3) und den Ausdruck für die Zustandsdichte (15.5), kann man die Zustandsdichte $\nu_H(\varepsilon)$ bezüglich des Energieintervalles $d\varepsilon$ im quantisierenden Magnetfeld berechnen:

$$\nu_H(\varepsilon) = \frac{|e| H V}{(2\pi\hbar)^2 c} \frac{dp_z}{d\varepsilon} \,.$$

Bei der Berechnung von $dp_z/d\varepsilon$ muß man über alle Landau-Niveaus summieren. Jedes Niveau wird durch den Wert der Magnetquantenzahl n bestimmt, und das Dispersionsgesetz ergibt sich als Lösung der Gleichung (7.3) bezüglich ε: $\varepsilon = \varepsilon_n(p_z)$. Aus (7.3) folgt, daß die Funktion $\varepsilon_n(p_z)$ für solche Werte $p_z^{(n)}$

[1]) Die Integration über die Koordinaten, die zu einer Multiplikation mit dem Volumen V des Metalles führt, wird bei der Betrachtung ausgelassen.

extremal wird, für die $S(\varepsilon_n, p_z^{(n)}) = \dfrac{2\pi\hbar e H}{c}\left(n + \dfrac{1}{2}\right)$, $\dfrac{\partial S(\varepsilon_n, p_z^{(n)})}{\partial p_z} = 0$ gilt. Wenn $S(\varepsilon_n, p_z)$ für $p_z = p_z^{(n)}$ einen Maximalwert besitzt, so hat $\varepsilon_n(p_z)$ ein Minimum und umgekehrt. Folglich müssen sich die Singularitäten der Zustandsdichte in jedem LANDAU-Niveau bei extremalen Energiewerten befinden. Man kann sich leicht überzeugen (s. § 3), daß die Zustandsdichte $\nu_n(\varepsilon)$ für $\varepsilon = \varepsilon_n$ gegen Unendlich strebt gemäß $\nu_n(\varepsilon) \sim |\varepsilon - \varepsilon_n|^{-1/2}$. Die vom Magnetfeld abhängigen Singularitäten der Zustandsdichte führen zur periodischen Abhängigkeit thermodynamischer Größen vom reziproken Magnetfeld (s. Formel (15.2)).

Benutzt man den Ausdruck für die Zustandsdichte $\mathrm{d}n_{p_z}/\mathrm{d}p_z$, kann man Formel (15.3) folgendermaßen umschreiben:

$$\Omega = \sum_{n=0}^{\infty} \varphi(n)\,, \tag{15.6}$$

wobei

$$\varphi(n) = \frac{V|e|HT}{(2\pi\hbar)^2 c} \sum_{(\sigma,s)} \int_{-\infty}^{\infty} \ln\left\{1 + \exp\frac{\zeta - \varepsilon_{s\sigma}(p_z, n)}{T}\right\} \mathrm{d}p_z\,. \tag{15.7}$$

Für das Weitere ist es bequem, die POISSONsche Formel zu benutzen [23][1]):

$$\sum_{n_0}^{\infty} \chi(n) = \int_a^{\infty} \chi(n)\,\mathrm{d}n + 2\,\mathrm{Re} \sum_{k=1}^{\infty} \int_a^{\infty} \chi(n)\,\mathrm{e}^{2\pi i k n}\,\mathrm{d}n\,. \tag{15.8}$$

Hierbei bedeuten $\chi(n)$ eine willkürliche Funktion und a eine Zahl zwischen $n_0 - 1$ und n_0. Für $n_0 = 0$ und $a = -1/2$ folgt dann aus (15.6) und (15.8)

$$\Omega = \int_{-1/2}^{\infty} \varphi(n)\,\mathrm{d}n + 2\,\mathrm{Re} \sum_{k=1}^{\infty} \int_{-1/2}^{\infty} \varphi(n)\,\mathrm{e}^{2\pi i k n}\,\mathrm{d}n\,. \tag{15.9}$$

Für die weiteren Rechnungen reicht es aus, lediglich die Abhängigkeit der Energie des Elektrons von den Quantenzahlen zu kennen. Die Energieniveaus werden durch die Gleichungen (7.4) und (7.3) gegeben. Man muß nur beachten, daß bei Berücksichtigung der Spin–Bahn-Wechselwirkung der g-Faktor des Elektrons von Zwei verschieden ist.

Die Benutzung quasiklassischer Energieniveaus wird dadurch gerechtfertigt, daß nur Elektronen mit großen Quantenzahlen n wesentliche Beträge zum oszillierenden Teil des thermodynamischen Potentials liefern, wenn das Magnetfeld nicht zu hohe Werte annimmt. Das bedeutet, daß nur solche ε und p_z

[1]) Die POISSON-Formel kann man leicht erhalten, wenn man die Beziehung

$$\sum_{(n)} \delta(x - n) = \sum_{(k)} \mathrm{e}^{2\pi i k x}\,.$$

benutzt. Summiert wird über alle positiven und negativen Werte von n und k. Diese Gleichung ist eine Zerlegung der periodischen Funktion $\sum_{n=-\infty}^{\infty} \delta(x - n)$ in eine FOURIER-Reihe.

wesentlich sind, für die folgende Bedingung erfüllt ist:

$$cS/2\pi|e|\hbar H \gg 1\,. \tag{15.10}$$

Der erste Summand in Gleichung (15.9) beschreibt die monotone Abhängigkeit des thermodynamischen Potentials vom Magnetfeld. Die oszillatorische Abhängigkeit ist in den übrigen Gliedern enthalten, die im weiteren unterucht werden sollen; dazu werden alle monotonen Summanden vernachlässigt. Der oszillierende Teil des Potentials Ω wird mit $\tilde{\Omega}$ bezeichnet. Gemäß (15.8) und (15.9) gilt dann

$$\tilde{\Omega} = \sum_\sigma \tilde{\Omega}_\sigma\,, \qquad \tilde{\Omega}_\sigma = 2\,\mathrm{Re}\sum_{k=1}^{\infty} I_k\,, \tag{15.11}$$

wobei

$$I_k = \frac{V|e|HT}{(2\pi\hbar)^2\,c}\int_{-1/2}^{\infty} \mathrm{d}n \int_{-\infty}^{\infty} \mathrm{d}p_z \ln\left\{1 + \exp\frac{\zeta_\sigma - \varepsilon_n(p_z)}{T}\right\} \mathrm{e}^{2\pi i k n} \tag{15.12}$$

und

$$\zeta_\sigma = \zeta - \sigma\mu H\,, \qquad \mu = \frac{e\hbar}{4m_0c}\,g\,. \tag{15.13}$$

Den Ausdruck (15.12) kann man umformen, indem man die Integrationen über n und p_z mit Hilfe der Gleichung (7.3) durch Integrationen über die Energie und n ersetzt. Man erhält

$$I_k = \frac{2\pi V}{(2\pi\hbar)^3}\int_0^{\infty}\frac{\mathrm{d}\varepsilon}{\exp\left(\dfrac{\varepsilon-\zeta_\sigma}{T}\right)+1}\int_0^{\varepsilon}\mathrm{d}\varepsilon'\sum\int_{n_{\min}}^{n_{\max}}\frac{m^*(\varepsilon',n)}{\left|\dfrac{\partial n}{\partial p_z}\right|}\mathrm{e}^{2\pi i k n}\,\mathrm{d}n\,. \tag{15.14}$$

Das Summenzeichen bedeutet hier Summation über Intervalle monotoner Änderung der Funktion $n(\varepsilon, p_z)$ bei festem ε.

Die Trennung der Oszillationsabhängigkeit wird nun dadurch ermöglicht, daß sich alle Größen im Integral (15.14) außer $\exp\left(\dfrac{\varepsilon-\zeta_\sigma}{T}+1\right)^{-1}$ und $\mathrm{e}^{2\pi i k n}$ nur schwach mit ε und n ändern. Für $\varepsilon \sim \zeta_\sigma$ sind die Größen $n_{\min}$ und $n_{\max}$ in der Regel wesentlich größer als Eins[1]), d. h. $cS_{\mathrm{extr}}/2|e|\hbar H \gg 1$. Das entspricht der Tatsache, daß sich ein Elektron mit einer Energie nahe der FERMI-Energie auf Bahnen bewegt, die wesentlich größere Flächen als das Quadrat

[1]) Bei jedem Energiewert ist $n_{\min} = 0$ (bei demjenigen Wert p_z, bei dem die Ebene $p_z = \mathrm{const}$ die Isoenergiefläche berührt). Diese Punkte sind nicht interessant, da in ihrer Nähe die Integration keinen Beitrag zum oszillierenden Teil des Potentials gibt [24]. Im Falle eines quadratischen, isotropen Dispersionsgesetzes gilt

$$\frac{cS_{\mathrm{extr}}}{2\pi|e|\hbar H} = \frac{\varepsilon_F}{2\pi\mu H_k}\,.$$

zwischenatomarer Abstände einschließen. Die letzte Bedingung bedeutet die Anwendbarkeit der quasiklassischen Näherung.

Wegen $n \gg 1$ kann man zeigen, daß die Integration in der Umgebung extremaler Punkte $n_m(\varepsilon')$ den Hauptbeitrag zum inneren Integral liefert. Man erhält

$$I_k \approx \frac{VeHe^{-i\pi/2}}{2\pi c(2\pi\hbar)^2\, k^{3/2}} \sum_m e^{\pm i\pi/4} \int\limits_0^\infty \frac{\exp\left(2\pi ikn_m)(\varepsilon)\right)}{\exp\left(\dfrac{\varepsilon-\zeta_\sigma}{T}\right)+1} \left|\frac{\partial^2 n}{\partial p_z^2}\right|_{p_{zm}}^{-1/2} d\varepsilon\,. \tag{15.15}$$

Die Summation erfolgt über alle Extremalpunkte der Funktion $n(\varepsilon, p_z) = cS(\varepsilon, p_z)/2\pi|e|\hbar H$ bei festem ε, während Punkte, für die $n_m = 0$ gilt, nicht berücksichtigt werden. Das Pluszeichen im Ausdruck $e^{\pm i\pi/4}$ entspricht einem Minimum, das Minuszeichen einem Maximum.

Berücksichtigt man noch, daß die Integration in der Nähe des Punktes $\varepsilon = \zeta_\sigma$ den Hauptbeitrag zum Oszillationsteil I_k gibt, kann man den letzten Ausdruck folgendermaßen umschreiben:

$$I_k \approx \frac{V|e|He^{-i\pi/2}}{2\pi c(2\pi\hbar)^2\, k^{3/2}} \sum_m \exp\left(-2\pi ikn_m(\zeta_\sigma) \pm \frac{i\pi}{4}\right)$$
$$\times \left|\frac{\partial^2 n}{\partial p_z^2}\right|_{\substack{\varepsilon=\zeta_\sigma \\ p_z=p_z^m}}^{-1/2} \int\limits_0^\infty \frac{\exp\left\{2\pi ik\left(\dfrac{\partial n_m}{\partial\varepsilon}\right)_{\varepsilon=\zeta_\sigma}(\varepsilon-\zeta_\sigma)\right\}}{\exp\left(\dfrac{\varepsilon-\zeta_\sigma}{T}\right)+1} d\varepsilon\,.$$

Führt man die neue Integrationsvariable $x = \dfrac{\varepsilon-\zeta_\sigma}{T}$ ein und beachtet $T \ll \zeta_\sigma$, kann man die Integration von $-\infty$ bis $+\infty$ erstrecken. Führt man die Integration aus und setzt das Ergebnis in (15.11) ein, so ergibt sich

$$\tilde{\Omega} \approx \frac{V}{2\pi^3\sqrt{2\pi\hbar^3}} \left(\frac{e\hbar H}{e}\right)^{5/2} \sum_m \left|\frac{\partial^2 S}{\partial p_z^2}\right|_{\substack{\varepsilon=\zeta \\ p_z=p_z^m}}^{-1/2} \frac{1}{m^*(\zeta, p_z^m)}$$
$$\times \sum_{k=1}^\infty \frac{\psi(k\lambda)}{k^{5/2}} \cos\left\{k\left(\frac{cS_m}{e\hbar H} - \pi \pm \frac{\pi}{4}\right)\right\} \cos\left(\pi k\frac{m^*}{m_0}\right), \tag{15.16}$$

wobei

$$\psi(z) = \frac{z}{\operatorname{sh} z}, \quad \lambda = 2\pi^2\frac{T}{\hbar\omega_H}; \quad \omega_H = \frac{eH}{m^*c}.$$

Bei der Summation über die zwei Spinrichtungen wurde ζ_σ überall, außer im Argument des Cosinus, durch ζ ersetzt, da $\mu H \ll \zeta$. Im Argument des Cosinus muß man $S_m(\zeta_\sigma)$ in eine Reihe nach Potenzen von μH entwickeln und sich auf das Glied erster Ordnung beschränken. Schwache Änderungen von S_m müssen berücksichtigt werden, da gemäß der Bedingung $cS/2\pi e\hbar H \gg 1$ auch eine geringfügige Änderung von S_m zu einer wesentlichen Änderung des Argumentes führt.

Da $\psi(z)$ eine monoton fallende Funktion der Größenordnung Eins oder kleiner Eins ist $\left(\psi(z) = 1 \text{ für } z = 0, \text{ und } \psi(z) \approx 2ze^{-z} \text{ für } z \gg 1\right)$ und $\partial^2 S/\partial p_z^2 \approx 1$, wird die Größenordnung von $\tilde{\Omega}$ bei nicht zu hohen Temperaturen durch den Faktor $(V/\hbar^3)\,(|e|\hbar H/c)^{5/2}\, 1/m^*$ bestimmt. Der monotone Teil des thermodynamischen Potentials ist bei nicht zu hohen Magnetfeldern ($\mu H \ll \varepsilon_F$) von der Größenordnung seines klassischen Wertes, d. h. von der Ordnung $\int_0^\zeta N(\varepsilon)\, d\varepsilon$ (s. Formel (12.8a)). Wenn die FERMI-Fläche nicht zu anisotrop ist, so ist der letzte Ausdruck $\sim V S^{5/2}/\hbar^3 m^*$. Deshalb ist der Oszillationsteil des Potentials ein kleiner Zusatzterm $\sim (e\hbar H/cS)^{5/2}$ zu seinem regulären (klassischen) Wert. Hieraus folgt, daß der Oszillationsteil der freien Energie F zahlenmäßig gleich $\tilde{\Omega}$ wird, wenn man in Formel (15.16) das chemische Potential ζ durch die vollständige Zahl der Elektronen N und das Volumen V in nullter Näherung bezüglich Magnetfeld und Temperatur ausdrückt. Das aber bedeutet, daß man statt ζ einfach die FERMI-Energie ε_F einzusetzen hat.

Es sei bemerkt, daß das chemische Potential vom Magnetfeld abhängt (sogar bei nicht zu hohen Werten, s. Bedingung (15.1)). Diese Abhängigkeit muß man bei der Berechnung solcher Größen wie Kontaktpotential oder Emissionsstrom im Magnetfeld (§ 22) berücksichtigen.

Man kann also Formel (15.16) unmittelbar zur Berechnung der interessierenden, beobachtbaren Größen benutzen: Der oszillierende Teil der z-Komponente des magnetischen Momentes[1]) ist $\tilde{M}_z = -\,\partial\tilde{\Omega}/\partial H$, und der entsprechende Teil der spezifischen Wärme ist gleich $\tilde{C} = -\,T\partial^2\tilde{\Omega}/\partial T^2$.

Formel (15.16) gilt für beliebige Werte $\hbar\omega_H = |e|\hbar H/m^* c$ und für beliebige Temperaturen T, falls nur $T, \hbar\omega_H \ll \varepsilon_F$. Für $T = 0$ ergibt sich

$$\tilde{\Omega} \approx \frac{V}{2\pi^3\sqrt{2\pi\hbar^3}} \left(\frac{e\hbar H}{c}\right)^{5/2} \sum_m \frac{1}{m^*} \left|\frac{\partial^2 S}{\partial p_z^2}\right|_m^{-1} \times \sum_{k=1}^{\infty} k^{-5/2} \cos\left\{k\left(\frac{cS_m}{e\hbar H} - \pi\right) \pm \frac{\pi}{4}\right\} \cos\left(\pi k \frac{m^*}{m_0}\right). \tag{15.17}$$

Bei relativ hoher Temperatur ($\lambda = 2\pi^2 T/\hbar\omega_H \gg 1$) kann man die Summation über k durch den einen Term für $k = 0$ ersetzen:

$$\tilde{\Omega} = \frac{V}{\hbar^3}\sqrt{\frac{2}{\pi^3}} \left(\frac{e\hbar H}{c}\right)^{3/2} T \sum_m \left|\frac{\partial^2 S}{\partial p_z^2}\right|_m^{-1/2} \exp\left(-\frac{2\pi^2 T}{\hbar\omega_H}\right) \times \cos\left(\frac{sS_m}{e\hbar H} - \pi \pm \frac{\pi}{4}\right) \cos\left(\pi \frac{m^*}{m_0}\right). \tag{15.18}$$

1) Berechnet man die x- und y-Projektion des magnetischen Momentes, muß man bei der Differentiation von $\tilde{\Omega}$ berücksichtigen, daß m^* und S_m von der Richtung des Magnetfeldes abhängen (s. S. 73 f.).

Formel (15.18) bleibt dabei sogar bei relativ niedrigen Temperaturen gültig, da wegen des Faktors $2\pi^2$ auch für kleine T noch die Bedingung $\lambda \gg 1$ erfüllt ist.

Nach den Formeln (15.16) bis (15.18) ist $\tilde{\Omega}$ eine komplizierte oszillierende Funktion des Magnetfeldes, wobei der Abstand zwischen den Nulldurchgängen dieser Funktion (ihre „Periode“) durch die Extremalquerschnitte der FERMI-Fläche bestimmt werden:

$$\Delta\left(\frac{1}{H}\right) = \frac{2\pi|e|\hbar}{cS_m}. \tag{15.19}$$

Trägt man Ω in Abhängigkeit vom reziproken Magnetfeld auf, so hängen die Perioden bemerkenswerterweise nicht vom Magnetfeld ab, und $\Delta(1/H)$ ist außerdem temperaturunabhängig.

Wenn $\Delta H \ll H$, so wird

$$\Delta H = \frac{2\pi e\hbar}{cS_m} H^2 , \tag{15.20}$$

d. h., in starken Feldern ist die Periode proportional dem Quadrat des Magnetfeldes.

Die Temperaturabhängigkeit von $\tilde{\Omega}$ wird durch die Größe der effektiven Masse $m^*(\varepsilon_F, p_z^m)$ bestimmt. Man muß allerdings beachten, daß die Wechselwirkung der Elektronen mit Störstellen, Gitterschwingungen und anderen Störungen der Kristallperiodizität zu einer Verringerung der Oszillationsamplitude führt. Diejenige Dämpfung der Oszillationsamplitude, die durch die Streuung der Elektronen an den Störstellen hervorgerufen wird, kann man berücksichtigen, indem man die Temperatur T durch eine effektive Temperatur $T + \hbar/\tau$ ersetzt, wobei τ größenordnungsmäßig mit der mittleren freien Flugzeit des Elektrons übereinstimmt ([25, 26]. Die Formeln, die in [25, 26] unter der Voraussetzung eines quadratischen Dispersionsgesetzes der Leitfähigkeitselektronen abgeleitet worden sind, eignen sich gut für eine Größenabschätzung der Amplitude.

Es sei betont, daß die magnetische Suszeptibilität ohne Berücksichtigung der Streuung für $T = 0$ unendlich werden würde. Daher muß man bei hinreichend tiefen Temperaturen unbedingt die endliche Lebensdauer der Elektronenzustände beachten.[1])

Es soll nun ein Ausdruck für die Komponente des magnetischen Momentes in Richtung des Magnetfeldes angegeben werden. Da $cS_m/|e|\hbar H \gg 1$ ist, braucht man nur den Cosinus, nicht aber die sich langsam ändernde Amplitude vor

[1]) Eine qualitative Betrachtung kann den Einfluß der Stöße in den Oszillationseffekten nicht vollständig berücksichtigen. Speziell unterscheidet sich die Größe $\frac{\partial M_z}{\partial H}$, die in [25] exakt berechnet wurde, wesentlich von der Größe $\frac{\partial M_z}{\partial H}$, die aus qualitativen Überlegungen abgeleitet wurde [26].

dem Cosinus zu differenzieren:

$$\tilde{M}_z \approx -\frac{V}{\hbar^3}\frac{1}{2\pi^3\sqrt{2\pi}}\left(\frac{e\hbar}{c}\right)^{3/2}\sqrt{H}\sum_m \frac{S_m}{m^*\left|\frac{\partial^2 S}{\partial p_z^2}\right|_m^{1/2}}$$

$$\times \sum_{k=1}^{\infty}\frac{\psi(k\lambda)}{k^{3/2}}\sin\left[k\left(\frac{cS_m}{e\hbar H}-\pi\right)\pm\frac{\pi}{4}\right]\cos\left(\pi k\frac{m^*}{m_0}\right). \tag{15.21}$$

Der Oszillationsteil des Momentes ist in relativ starken Feldern und bei tiefen Temperaturen, d. h. für $\psi \approx 1$, wesentlich größer als der monotone Teil. Tatsächlich kann man zeigen [24], daß der monotone Teil des Momentes für weite Bereiche des Magnetfeldes ($\mu H \ll \varepsilon_F$) von der Größenordnung des diamagnetischen Wertes ist, d. h. $M \sim \frac{V}{\hbar^3}\left(\frac{e\hbar}{c}\right)^2\frac{S^{1/2}}{m^*}H$ und folglich $\frac{\tilde{M}}{M} \approx \left(\frac{cS}{e\hbar H}\right)^{1/2} \gg 1.$

Es darf nicht verwundern, daß der Oszillationsteil des Momentes wesentlich größer als der monotone Teil ist, da das gesamte Moment quantenmechanischen Charakter hat (auch der monotone Teil). Formal äußert sich das darin, daß die Funktion bei jeder Differentiation nach dem Magnetfeld mit dem großen Faktor $cS/e\hbar H$ multipliziert wird.

Abb. 43a zeigt die typische Abhängigkeit des magnetischen Momentes vom Magnetfeld. Bei den meisten Metallen stellt diese Abhängigkeit eine Superposition verschiedener Harmonischer mit gewöhnlich stark unterschiedlichen Perioden dar (Abb. 43b). Das bedeutet, daß bei den meisten Metallen die FERMI-Fläche sehr kompliziert ist. Zahlenmäßige Abschätzungen zeigen, daß alle Metalle, außer den Metallen der ersten Gruppe, relativ kleine Querschnitte der FERMI-Fläche besitzen; diese Querschnitte sind wesentlich kleiner als $(\hbar/a)^2$ (a bedeutet die Gitterkonstante; $S_0 = 4\pi(3/8\pi)^{2/3}(2\pi\hbar)^2/a^2$ ist der maximale Querschnitt der FERMI-Kugel für ein freies Elektronengas mit der Dichte $1/a^3$). Bei der Auswertung der experimentellen Ergebnisse nimmt man gewöhnlich an, daß die kleinen Querschnitte auch kleinen, einzelnen Zweigen oder feinen Verbindungshälsen der FERMI-Fläche entsprechen.[1]) Eine Volumenabschätzung solcher Gebiete zeigt, daß sich in ihnen etwa 10^{-5} Elektronen oder „Löcher" pro Atom befinden können. Eine Abschätzung der Amplitude, d. h. des Faktors vor dem Cosinus, führt zu überaus kleinen Werten für die effektiven Massen derjenigen Elektronen, die sich in den Gebieten kleiner Querschnitte befinden ($m^* \approx (10^{-3}-10^{-2})\,m_0$; hierbei bedeutet m_0 die Masse des freien Elektrons).

Die große Zahl der Extremalquerschnitte, d. h. die große Zahl der Harmonischen in der Abhängigkeit des magnetischen Momentes vom Magnetfeld, erschwert die Auswertung der experimentellen Kurven bedeutend. Mißt man

[1]) Nach [27] kann die Existenz besonders kleiner Querschnitte nicht nur mit Gebieten zusammenhängen, die sich abgespalten haben, sondern auch mit Auswölbungen und Eindellungen der FERMI-Fläche.

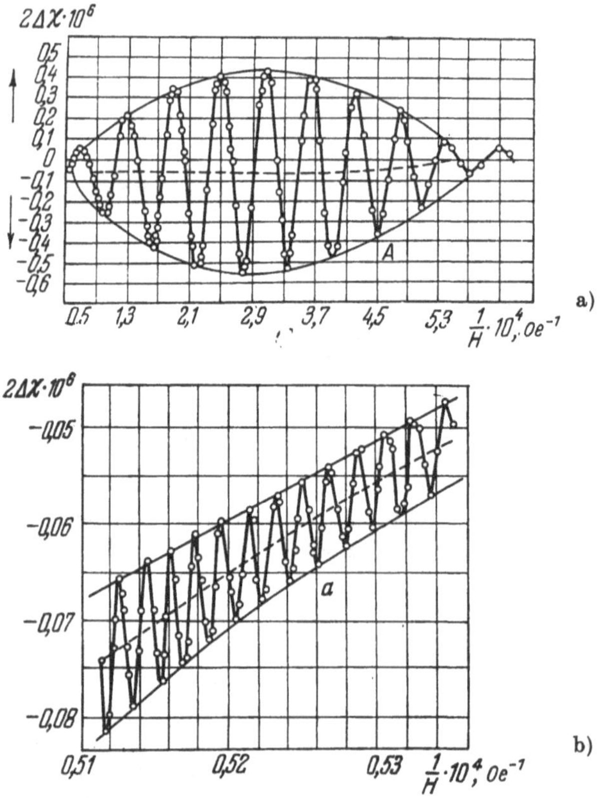

Abb. 43. *a*) Typische Abhängigkeit der magnetischen Suszeptibilität vom reziproken Magnetfeld. *b*) Feinstrukturerscheinung des DE HAAS-VAN ALPHEN-Effektes

Die Kurve *a* stellt das in beiden Koordinatenachsen gedehnte Anfangsstück der Kurve *A* dar (Zinnkristall bei $T = 4{,}2$ K)

jedoch in verschiedenen Magnetfeldbereichen und mißt man sorgfältig die Winkelabhängigkeit der Perioden, so ist es möglich, die Kurven $\tilde{M} = \tilde{M}(H)$ auszuwerten. Die Form der FERMI-Fläche einer Reihe von Metallen ist auf diese Art und Weise bestimmt worden (§ 17).

Mit Hilfe der Formeln (15.16)—(15.21) kann man Kriterien für den DE HAAS-VAN ALPHEN-Effekt formulieren, die ihn von anderen Oszillationseffekten unterscheiden:

1. Die Periode hängt im reziproken Feld nur von der Richtung des Magnetfeldes ab und ist bei fester Richtung eine Konstante des gegebenen Metalles;
2. die Oszillationsamplitude verringert sich mit steigender Temperatur und mit wachsender Verunreinigung der Probe.

Oben wurde erwähnt, daß die Beobachtung des DE HAAS-VAN ALPHEN-Effektes nur an einkristallinen Proben möglich ist. An polykristallinen Proben verschwindet der Effekt, da die Phase der periodischen Funktion sehr empfindlich von der Richtung abhängt; eine geringe Änderung von S_m führt zu einer Änderung der Phase von der Größenordnung π.

Die oben abgeleiteten Formeln, insbesondere Formel (15.16), beschreiben nur den Hauptbeitrag zum oszillierenden Teil des thermodynamischen Potentials. Ihre Herleitung erfolgte unter Berücksichtigung lediglich der ersten nichtverschwindenden Terme in der Entwicklung nach Potenzen des kleinen Parameters $\mu H/\varepsilon_F$ oder genauer $e\hbar H/cS_{\text{extr}}$. Die Analyse des Ausdruckes (15.14) zeigt, daß die oszillierenden Anteile durch solche Werte p_z bestimmt werden, für die $S(\zeta, p_z)$ extremal wird oder $S(\varepsilon, p_z)$ als Funktion von p_z eine Unstetigkeit aufweist. Darüber hinaus existieren in der Nähe eines jeden Sattelpunktes der Fermi-Fläche in weiten Bereichen der Magnetfeldrichtung besondere Querschnitte – die „achtförmigen" Querschnitte, für die $S(\zeta, p_z)$ eine Unstetigkeit vom Typ $\Delta p_z \ln \Delta p_z$ besitzt (§ 7). Die Integration in der Nähe eines solchen Querschnittes liefert einen endlichen Beitrag zum Oszillationsteil des Potentials Ω, wobei nach [27] die Amplitude der oszillierenden Terme, die durch „achtförmige" Querschnitte bedingt werden, um $cS/e\hbar H$ mal kleiner sind als die Oszillationsamplituden, die durch Extremalquerschnitte bedingt werden.

Beim de Haas-van Alphen-Effekt kann der „magnetische Durchbruch" eine Rolle spielen. Wie schon mehrmals erwähnt wurde, ist die Wahrscheinlichkeit, daß ein Elektron bei der Bewegung auf einer quasiklassischen Bahn auf eine andere Trajektorie übergeht, gewöhnlich sehr klein. Eine Ausnahme stellt der Fall dar, daß im $\boldsymbol{p}$-Raum quasiklassische Trajektorien, die zu verschiedenen Energiebändern gehören, dicht beieinander liegen. Dann wird sich das Elektron in relativ schwachen Feldern ungeachtet der Potentialbarrieren auf einer Trajektorie bewegen, die aus Teilen gewisser verschiedener Trajektorien besteht (Abb. 44). Dadurch können unter den Harmonischen beim de Haas-van Alphen-Effekt Perioden erscheinen, die Flächen entsprechen, die größer als die Querschnitte der Brillouin-Zonen sind (sogar bei Metallen

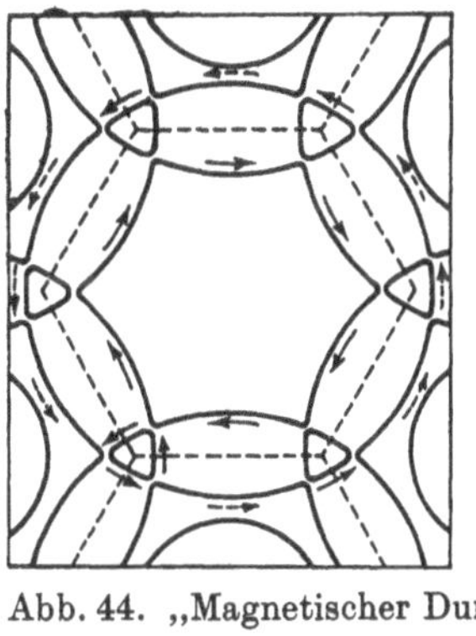

Abb. 44. „Magnetischer Durchbruch"

Die ausgezogenen Pfeile bezeichnen die Trajektorie eines Elektrons im nicht zu starken Magnetfeld, die gestrichelten im starken; die gestrichelten Linien stellen die Brillouinschen Zonengrenzen dar

mit geschlossener FERMI-Fläche). Auf diese Art und Weise gelang die Entdeckung des magnetischen Durchbruches an Magnesium [29].

Das Energiespektrum der Elektronen im Magnetfeld ist unter Berücksichtigung des magnetischen Durchbruches nur für gewisse ausgezeichnete Magnetfeldrichtungen bekannt (s. § 10 sowie [28]). Es existieren jedoch genug Vorstellungen über die Bewegung von Elektronen im Magnetfeld, um eine Theorie der Oszillationseffekte zu schaffen, die die Übergangswahrscheinlichkeit des Elektrons von einer klassischen Trajektorie auf eine andere berücksichtigt. Das wichtigste Kennzeichen des DE HAAS-VAN ALPHEN-Effektes beim magnetischen Durchbruch ist die abnehmende Amplitude einfacher Trajektorien sowie mit wachsender Durchbruchwahrscheinlichkeit die Vergrößerung der Amplitude zusammengesetzter Trajektorien.

Die exakte Herleitung des oszillierenden Teils des Potentials unter Berücksichtigung des magnetischen Durchbruches findet man in der Arbeit [29a].

Abschließend soll die Größenordnung der oszillierenden Teile des magnetischen Momentes $\tilde{M}$ und der differentiellen magnetischen Suszeptibilität $\tilde{\varkappa} \approx (\partial \tilde{M}/\partial H)/V$ abgeschätzt werden. Nach Formel (15.21) gilt für $T = 0$

$$\tilde{M} \approx N\mu^* \left(\frac{\mu^* H}{\varepsilon_F}\right)^{1/2} \left(\mu^* = \frac{e\hbar}{m^* c},\ \varepsilon_F \approx \frac{S}{m^*}\right), \tag{15.22}$$

und

$$\tilde{\varkappa} \approx \frac{\mu^{*2} N}{\varepsilon_F} \left(\frac{\varepsilon_F}{\mu^* H}\right)^{3/2}.$$

Bei der Abschätzung wurde die periodische Funktion vernachlässigt. Obwohl die paramagnetische Suszeptibilität eines Metalles $\mu^{*2}N/\varepsilon_F$ klein ist, kann die Größe $\tilde{\varkappa}$ wegen des Faktors $(\varepsilon_F/\mu^* H)^{3/2}$ Werte der Größenordnung Eins annehmen. Dieses nicht erwartete Resultat (die diamagnetische Suszeptibilität ist von der Größenordnung Eins und je größer, desto kleiner das Magnetfeld ist) hat, wie in §§ 20, 21 gezeigt wird, bemerkenswerte Folgen, was die Stabilität eines Elektronenzustandes im Magnetfeld betrifft.

§ 16 De Haas-van Alphen-Effekt und Theorie der Fermi-Flüssigkeit

Wie schon erwähnt, gelten die im vorigen Paragraphen erhaltenen Ergebnisse auch dann, wenn man von der Theorie des FERMI-Gases zur Theorie der FERMI-Flüssigkeit übergeht. Man muß allerdings beachten, daß das Dispersionsgesetz von Elementaranregungen auch die Wechselwirkung zwischen den Elektronen in sich einschließt. Darin besteht das Wesen der Theorie der FERMI-Flüssigkeit von LANDAU (s. Einführung). Es soll nun geklärt werden, wie die Formeln für den DE HAAS-VAN ALPHEN-Effekt aussehen, die ohne Wechselwirkung zwischen den Elektronen abgeleitet werden.

Die Berücksichtigung der Stöße von Elektronen mit Störstellen und Phononen zeigt, daß die Existenz einer endlichen mittleren freien Weglänge der Elektronen nicht zu einer Änderung der Oszillationsperioden führt, sondern nur deren Amplitude verringert. Die Wechselwirkung zwischen den Elektronen macht sich auf kompliziertere Art bemerkbar. Erstens verringern die Stöße zwischen den Elektronen, die den Elektronenanteil des Widerstandes bedingen, etwas die Oszillationsamplitude. Zweitens geht die Wechselwirkung zwischen den Elektronen im Sinne der FERMI-Flüssigkeitstheorie in das Dispersionsgesetz der Quasiteilchen (die oben Leitfähigkeitselektronen genannt wurden) ein. Aber gerade dieses die Elektronenwechselwirkung einschließende Dispersionsgesetz geht in die Quantisierungsbedingung (7.3) ein und bestimmt folglich die Oszillationsperioden. Die Wechselwirkung zwischen den Elektronen geht also nur über das Dispersionsgesetz in die Perioden ein. Der Beweis der letzten Behauptung folgt aus der Tatsache, daß der Abstand zwischen den Energieniveaus wechselwirkender Leitfähigkeitselektronen im Magnetfeld nach wie vor durch die bekannte Formel[1])

$$\Delta\varepsilon = \hbar\omega_H \qquad \left(\omega_H = \frac{eH}{m^*c};\ m^* = \frac{1}{2\pi}\frac{\partial S}{\partial \varepsilon}\right) \tag{16.1}$$

bestimmt wird (in quasiklassischer Näherung).

Es sei nochmals betont: Der Beweis von Formel (16.1) bedeutet nicht, daß die Wechselwirkung zwischen den Elektronen aus der Quantisierungsbedingung „herausfällt", sondern daß sie in die Quantisierungsbedingung nur über das Dispersionsgesetz $\varepsilon = \varepsilon(\boldsymbol{p})$ eingeht, das diese Wechselwirkung einschließt.

Zum Beweis von Formel (16.1) wird die in quasiklassischer Näherung gültige Relation

$$\varepsilon_{n+1} - \varepsilon_n = \Delta\varepsilon = \hbar\omega \tag{16.2}$$

benutzt; ω bedeutet die Frequenz der klassischen Bewegung. Man muß daher die Frequenzen der klassischen Bewegung von Elektronen im Magnetfeld bestimmen. Dazu werden die Schwingungen der Elektronenflüssigkeit im Magnetfeld betrachtet.

Die Elektronenzustände werden durch die Verteilungsfunktion $f(\boldsymbol{r}, \boldsymbol{p}, t)$ beschrieben, die der kinetischen Gleichung

$$\frac{\partial f}{\partial t} + \frac{\partial f}{\partial \boldsymbol{r}}\boldsymbol{v} + \frac{\partial f}{\partial \boldsymbol{p}}\boldsymbol{F} = 0 \tag{16.3}$$

genügt. Hierbei ist $\boldsymbol{v}$ die Geschwindigkeit des Teilchens

$$\boldsymbol{v} = \frac{\partial \varepsilon}{\partial \boldsymbol{p}} + \frac{\partial}{\partial \boldsymbol{p}}\int \Phi(\boldsymbol{p}, \boldsymbol{p}')\, f_1(\boldsymbol{p}')\, d\tau_{p'} \,.$$

[1]) Damit die Ergebnisse von „Gas"- und „Flüssigkeits"-Betrachtung zusammenfallen, müssen nicht nur die Spektren, sondern auch die Zustandsdichte gleich sein. Der Umstand, daß die Zustandsdichte einer FERMI-Flüssigkeit mit der Zustandsdichte eines FERMI-Gases zusammenfällt, wird gleichzeitig mit Formel (16.1) bewiesen.

Alle Bezeichnungen sind in § 1 eingeführt worden. Das Stoßintegral wurde vernachlässigt, da nur der Fall $r_H \ll l$ interessant ist; dieser Fall entspricht der Bedingung $\omega_H \tau_0 \gg 1$, wobei τ_0 die Relaxationszeit ist.

Die auf das Elektron wirkende Kraft ist die LORENTZ-Kraft

$$\boldsymbol{F} = \frac{e}{c} [\boldsymbol{v}\boldsymbol{H}] . \tag{16.4}$$

Linearisiert man die Gleichung (16.3) und berücksichtigt die räumliche Homogenität, so erhält man

$$\frac{\partial f_1}{\partial t} + \frac{e}{c} [\boldsymbol{v}_0 \boldsymbol{H}] \frac{\partial f_1}{\partial \boldsymbol{p}} = - \frac{\partial n_F}{\partial \varepsilon} \frac{e}{c} \int \boldsymbol{v}_0 \left[\frac{\partial}{\partial \boldsymbol{p}} \Phi(\boldsymbol{p}, \boldsymbol{p}') \, f_1(\boldsymbol{p}'), \boldsymbol{H} \right] \mathrm{d}\tau_{p'} , \tag{16.5}$$

wobei $\boldsymbol{v}_0 = \partial \varepsilon / \partial \boldsymbol{p}$ die Geschwindigkeit des Teilchens für $f_1 \equiv 0$ ist; $f_1(\boldsymbol{p}) = f(\boldsymbol{p}) - n_F(\varepsilon(\boldsymbol{p}))$.

Führt man als neue gesuchte Funktion χ ein ($f_1 = - (\partial n_F / \partial \varepsilon) \, \chi$) und geht man von den Veränderlichen p_x, p_y, p_z zu den Variablen ε, p_z und τ über, wobei τ die Zeit bei der Bewegung längs einer quasiklassischen Trajektorie ist, so kann man die kinetische Gleichung in folgender Form schreiben[1]):

$$\frac{\partial \chi}{\partial t} + \frac{\partial \chi}{\partial \tau} = \iint F(p_z, \tau; p_z', \tau') \, \chi(p_z', \tau') \, \mathrm{d}p_z \, \mathrm{d}\tau' . \tag{16.6}$$

Die Funktion $F(p_z, \tau; p_z', \tau')$ bestimmt man durch Vergleich mit dem Integralteil der Gleichung (16.5). Integriert wird in (16.6) über die FERMI-Fläche, da $\partial n_F / \partial \varepsilon = - \delta(\varepsilon - \varepsilon_F)$ gilt. Zur Lösung der Gleichung (16.6) wird folgender Ansatz gemacht:

$$\chi(p_z, \tau; t) = i e^{-i\omega t} \sum_n \chi_n(p_z) \, e^{i n \omega_H(p_z) \tau} . \tag{16.7}$$

Dieser Ansatz wird durch die periodische Abhängigkeit der Verteilungsfunktion von τ gerechtfertigt (natürlich werden hier nur geschlossene Querschnitte der FERMI-Fläche betrachtet). Wenn man die Entwicklung (16.7) in die Gleichung (16.6) einsetzt, so ergibt sich

$$|\omega - \omega_H(p_z)] \, \chi_n(p_z) = \sum_{n'} \int F_{nn'}(p_z, p_z') \, \chi_{n'}(p_z') \, \mathrm{d}p_z' . \tag{16.8}$$

Zur Vereinfachung wird der Operator $F_{nn'}$ als entartet angenommen, d. h.

$$F_{nn'} = \delta_{nn'} g_n(p_z) \, g_n^*(p_z') . \tag{16.9}$$

[1]) Die einfache Form des linken (Feld) Teils der kinetischen Gleichung in den Variablen ε, p_z, τ hängt damit zusammen, daß ε und p_z im konstanten und homogenen Magnetfeld Erhaltungsgrößen sind und τ kanonisch konjugiert zu ε ist. (Diese Variablen werden bei der Theorie galvanomagnetischer Erscheinungen benutzt; s. § 27.)

Wie aus dem Weiteren hervorgeht, beeinträchtigt diese vereinfachende Annahme nicht die grundlegenden Ergebnisse. Aus (16.9) und (16.8) erhält man

$$[\omega - \omega_H(p_z)]\, \chi_n(p_z) = g_n(p_z)\, \langle \chi_n, g_n \rangle\,, \tag{16.10}$$

wobei

$$\langle \chi_n, g_n \rangle = \int g_n^*(p_z')\, \chi_n(p_z')\, \mathrm{d}p_z' \tag{16.11}$$

das Skalarprodukt der Funktionen $g_n(p_z)$ und $\chi_n(p_z)$ ist. Da nur der Abstand zwischen benachbarten Energieniveaus interessiert, wird der Fall $n = 1$ betrachtet:

$$[\omega - \omega_H(p_z)]\, \chi_1(p_z) = g_1 \langle \chi_1, g_1 \rangle\,.$$

Aus der letzten Gleichung ergibt sich

$$\langle \chi_1, g_1 \rangle = \int \frac{|g_1|^2\, \mathrm{d}p_z}{\omega - \omega_H(p_z)} \langle \chi_1, g_1 \rangle\,,$$

woraus die Dispersionsgleichung zur Bestimmung der Schwingungsfrequenz ω folgt:

$$1 = \int \frac{|g_1|^2\, \mathrm{d}p_z}{\omega - \omega_H(p_z)}\,. \tag{16.12}$$

Zur Analyse dieser Gleichung ist es zweckmäßig, die Quantisierung des Impulses zu berücksichtigen, die durch die Grenzen des Metalles bedingt wird, und von kontinuierlichen Impulswerten zu diskreten überzugehen. Dann nimmt Gleichung (16.12) die Form an:

$$1 = \sum \frac{|g_1|^2\, \Delta p_z}{\omega - \omega_H(p_z)}\,, \tag{16.13}$$

p_z durchläuft einen Satz diskreter Werte $p_z^{(k)}$. In Abb. 45 ist die graphische Lösung der Gleichung (16.13) dargestellt. Man sieht, daß die Wurzeln von (16.13) zwischen den Werten $\omega_H(p_z^{(k)})$ liegen; außerdem kann eine „abgespal-

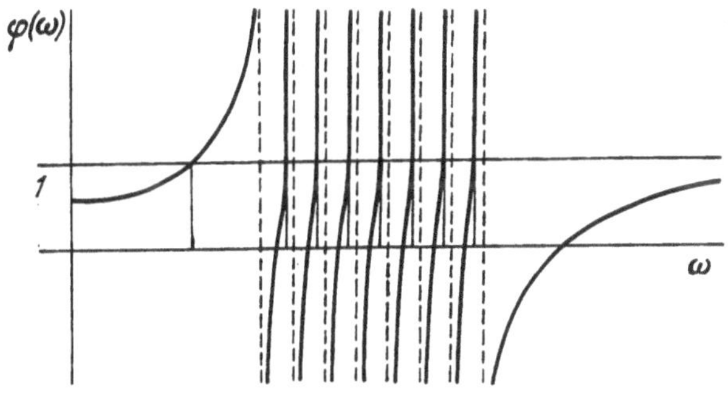

Abb. 45. Graphische Darstellung der Dispersionsgleichung

$$\varphi(\omega) = 1 = \sum \frac{|g_1|^2\, \Delta p_z}{\omega - \omega_H(p_z)}$$

tete" Wurzel existieren (s. Abb. 45). Beim Übergang zum kontinuierlichen Spektrum (wenn z. B. die Probendimensionen gegen Unendlich streben) streben die Schwingungsfrequenzen gegen die Werte $\omega_H(p_z)$; außerdem kann eine „abgespaltete" Frequenz auftreten [30]. Da sich die Frequenzen ω streng zwischen den Werten $\omega_H(p_z^{(k)})$ befinden, ist die spektrale Dichte (die Anzahl der Frequenzen im Intervall $(p_z, p_z + \mathrm{d}p_z)$) der FERMI-Flüssigkeit dieselbe wie beim FERMI-Gas.

Für ein quadratisches Dispersionsgesetz hängt ω_H nicht von p_z ab; die Schwingungsfrequenz ist daher natürlich gleich eH/mc.

Formel (16.1) bestimmt also die quasiklassische Quantisierung der Energieniveaus einer FERMI-Flüssigkeit im Magnetfeld. Damit ist gezeigt, daß die Formeln des vorigen Paragraphen (bzw. der Oszillationsperiode) nicht nur für ein FERMI-Gas gültig sind, sondern auch für eine FERMI-Flüssigkeit, wenn man unter $\varepsilon(\boldsymbol{p})$ ein Dispersionsgesetz versteht, das die Wechselwirkung zwischen den Elektronen im Grundzustand einschließt.¹)

§ 17 Die Bestimmung des Elektronenenergiespektrums mit Hilfe des de Haas-van Alphen-Effektes

Zur Bestimmung des Energiespektrums kondensierter Systeme benutzt man die verschiedenartigsten Methoden (Ultraschallabsorption, Zyklotronresonanz, galvanomagnetische Erscheinungen, anomaler Skineffekt, DE HAAS-VAN ALPHEN-Effekt, nichtelastische Streuung von Neutronen, charakteristische Verluste von Elektronen u. a.). Diesen Fragen ist § 48 gewidmet. Der Paragraph beschäftigt sich mit der Bestimmung des Elektronenenergiespektrums der Metalle, d. h. mit der Bestimmung der Form der FERMI-Fläche und der Geschwindigkeitsverteilung mit Hilfe des DE HAAS-VAN ALPHEN-Effektes [36]. Ausgangspunkt sind die hauptsächlichen Oszillationsterme des magnetischen Momentes, d. h. diejenigen Terme, die durch Extremalquerschnitte der FERMI-Fläche bedingt werden (§ 15). Aus Formel (15.21) folgt, daß die Abhängigkeit der Periode jeder Harmonischen $\Delta(1/H)$ von der Magnetfeldrichtung die Abhängigkeit der Extremalquerschnitte vom Winkel bestimmt. Durch Messung der Amplitude der Harmonischen und ihrer Temperaturabhängigkeit ist es möglich, die Werte der Ableitung $\partial S_m/\partial\zeta = 2\pi m^*(\zeta, p_{zm})$ zu erhalten. Bei der Bestimmung der effektiven Massen muß man jedoch den Einfluß von Wechselwirkungen auf die Größe der Oszillationsamplitude berücksichtigen (s. § 15 und § 16). Da die Oszillationsperiode bei Berücksichtigung von Wechselwirkungen durch das Dispersionsgesetz bestimmt wird, die Amplitude aber nicht, eignet sich der DE HAAS-VAN ALPHEN-Effekt besonders gut zur Bestimmung der Form der FERMI-Fläche, gibt aber für die Geschwin-

¹) Dieser Fakt wird durch direkte Berechnung in Arbeit [31] bestätigt.

digkeitsverteilung auf ihr weniger zuverlässige Werte (über den Zusammenhang von effektiver Masse und Geschwindigkeit $\boldsymbol{v} = \partial\varepsilon/\partial\boldsymbol{p}$ s. unten).

ξ sei der Einheitsvektor in Richtung des Magnetfeldes und $\sigma(\xi) = [S_m[\zeta])_\xi$ der Extremalquerschnitt der FERMI-Fläche $\varepsilon(\boldsymbol{p}) = \zeta$ senkrecht zu ξ. Dann gilt nach (15.21)

$$\sigma(\xi) = \frac{2\pi e\hbar}{c\Delta_\xi}, \tag{17.1}$$

wobei Δ_ξ die Periode (in reziproken Feldern) der entsprechenden Harmonischen bedeutet.

Es wird nun angenommen, daß die zu bestimmende FERMI-Fläche ein Symmetriezentrum besitzt und jede vom Zentrum ausgehende Gerade die FERMI-Fläche nur in einem Punkt schneidet. Falls die FERMI-Fläche aus mehreren geschlossenen Flächen besteht, gelten die folgenden Überlegungen für jede einzelne von ihnen.

Für Flächen mit solchen Eigenschaften ist ein Extremalquerschnitt zentral. Bezeichnet man die Länge des Radiusvektors vom Zentrum der Fläche in Richtung $\boldsymbol{e}$ mit $\varrho(\boldsymbol{e})$, so ist

$$\sigma(\xi) = \tfrac{1}{2} \int \varrho^2(\boldsymbol{e})\, \delta(\boldsymbol{e}\xi)\, \mathrm{d}\Omega_e\,, \tag{17.2}$$

wobei $\delta(x)$ die DIRACsche δ-Funktion und $\mathrm{d}\Omega_e$ das Flächenelement der Einheitskugel sind. Mit anderen Worten, es ist

$$\sigma(\xi) = \pi\overline{\varrho^2(\boldsymbol{e})}|_{e\xi=0}\,, \tag{17.3}$$

d. h., $\sigma(\xi)$ ist der Mittelwert vom Quadrat des Radiusvektors $\varrho(\boldsymbol{e})$ über den Äquator, für den $\boldsymbol{e}\xi = 0$ gilt.

Die Konstruktion der FERMI-Fläche bedeutet also, die Funktion $\pi\varrho^2(\boldsymbol{e})$ ($\varrho(-\boldsymbol{e}) = \varrho(\boldsymbol{e})$) aus ihren Mittelwerten auf dem Äquator $\boldsymbol{e}\xi = 0$ für beliebiges ξ zu bestimmen.

Diese Aufgabe kann man mit Hilfe der folgenden Relation lösen, die für eine beliebige Funktion $\psi(\xi) = \psi(-\xi)$ auf der Einheitskugel gültig ist:

$$\int \bar{\psi}(\xi)\, \mathrm{d}\Omega - \int\limits_{z^2>\lambda^2} \frac{\bar{\psi}(\xi)\, z}{\sqrt{z^2-\lambda^2}}\, \mathrm{d}\Omega = \int\limits_{z^2>1-\lambda^2} \psi(\xi)\, \mathrm{d}\Omega\,, \qquad z = (\boldsymbol{e}\xi)\,, \qquad \lambda^2 < 1\,. \tag{17.4}$$

Hierbei bezeichnet $\bar{\psi}(\xi)$ den Mittelwert der Funktion $\psi(\boldsymbol{e})$ auf dem Äquator $\boldsymbol{e}\xi = 0$; das Integrationsgebiet ist durch die angegebenen Ungleichungen gekennzeichnet.

Setzt man nun $\psi(\xi) = \pi\varrho^2(\xi)$, $\bar{\psi}(\xi) = \sigma(\xi)$, so ergibt sich für hinreichend kleine λ

$$\pi\varrho^2(\boldsymbol{e}) = \left\{\int \sigma(\xi)\, \mathrm{d}\Omega - \int\limits_{z^2>\lambda^2} \frac{\sigma(\xi)\, z}{\sqrt{z^2-\lambda^2}}\, \mathrm{d}\Omega\right\}\bigg/\pi\lambda^2\,, \qquad z = \boldsymbol{e}\xi\,. \tag{17.5}$$

Der Grenzübergang $\lambda \to 0$ liefert

$$\pi\varrho^2(\boldsymbol{e}) = \chi_e(0) - \int_0^1 [\chi_e(u) - \chi_e(0)] \frac{\mathrm{d}u}{u^2}, \tag{17.6}$$

wobei

$$\chi_e(u) = \overline{\sigma(\xi)}|_{\xi e = u} = \frac{1}{2\pi} \int \sigma(\xi)\, \delta(\xi \boldsymbol{e} - u)\, \mathrm{d}\Omega_\xi\,.$$

Wählt man die Richtung $\boldsymbol{e}$ als polare Achse eines Koordinatensystems, führt man den Winkel $\cos\theta = \boldsymbol{e}\xi$ ein, ebenso den Polarwinkel φ in der Ebene senkrecht zu $\boldsymbol{e}$, und bezeichnet man $\sigma(\xi)$ durch $\sigma_e(\cos\theta, \varphi)$, so kann man mittels partieller Integration den oben angeführten Ausdruck in folgender Form schreiben:

$$\pi\varrho^2(\boldsymbol{e}) = \sigma(\boldsymbol{e}) - \frac{1}{2\pi} \int_0^{2\pi} \mathrm{d}\varphi \int_0^1 \frac{\partial\sigma_e(\cos\theta, \varphi)}{\partial\cos\varphi} \frac{\mathrm{d}\cos\theta}{\cos\theta}. \tag{17.7}$$

Die erhaltene Formel löst die gestellte Aufgabe. Für zahlenmäßige Rechnungen ist es allerdings vorteilhafter, Formel (17.5) zu benutzen und dabei einen endlichen Wert $\lambda \ll 1$ auszuwählen.

Wie man aus Formel (17.6) sieht, ist die erhaltene Lösung stabil; der mittlere Fehler bei der Bestimmung der Form der FERMI-Fläche hängt dabei vom Fehler der Flächenbestimmung ab (d. h. vom Fehler der Periode $\Delta(1/H)$). Größenordnungsmäßig gilt $\delta\varrho^2 \approx \delta\sigma$.

Konstruiert man die Form der FERMI-Fläche, erhält man dadurch auch die Größe $\partial^2 S(\zeta, p_z)/\partial p_z^2$, die damit also kein unabhängiger Parameter ist. Unabhängig ist vielmehr die Größe $\partial S_m/\partial\zeta$, die man durch Messung der Oszillationsamplituden oder deren Temperaturabhängigkeit bestimmen kann. Kennt man die Größe $\partial S_m/\partial\zeta$ als Funktion der Magnetfeldrichtung ξ, kann man die Geschwindigkeiten der Elektronen auf der FERMI-Fläche angeben.

Die Geschwindigkeit $\boldsymbol{v}$ wird durch die Gleichung $\boldsymbol{v} = \partial\varepsilon/\partial\boldsymbol{p}$ bestimmt. Betrachtet man neben der FERMI-Fläche eine benachbarte Isoenergiefläche $\varepsilon(\boldsymbol{p}) = \zeta + \delta\zeta$, so wird

$$v = |\nabla\varepsilon| = \frac{\delta\zeta}{\delta n},$$

wobei δn den Abstand zwischen beiden Flächen in Richtung der Normalen bezeichnet. Andererseits gilt für den Extremalquerschnitt der benachbarten Energiefläche

$$S_m(\zeta + \delta\zeta) = S_m(\zeta) + \frac{\partial S_m}{\partial\zeta} \delta\zeta\,.$$

Für die hier betrachteten Energieflächen stimmen die extremalen Querschnitte mit den zentralen $p_z = 0$ überein. Daher erfolgt die Ableitung nach dem chemischen Potential bei konstantem p_z, d. h. $\partial S_m/\partial\zeta = 2\pi m^*$, oder in früheren Bezeichnungen

$$\delta\sigma(\xi) = \delta\zeta \left.\frac{\partial S_m}{\partial\zeta}\right|_\xi .$$

Nach Formel (17.6) ist es möglich, $\delta\varrho^2(\boldsymbol{e})$ zu berechnen und folglich auch $\delta n = \delta\varrho(\boldsymbol{en})$. Daher erhält man als Lösung des Problems:

$$\frac{1}{v(\boldsymbol{e})} = \frac{(\boldsymbol{en})}{\varrho(\boldsymbol{e})} \left\{ m^*(\boldsymbol{e}) - \frac{1}{2\pi} \int_0^{2\pi} \mathrm{d}\varphi \int_0^1 \frac{\partial m^*(\cos\theta, \varphi)}{\partial \cos\theta} \frac{\mathrm{d}\cos\theta}{\cos\theta} \right\}. \tag{17.8}$$

Kennt man die Form der Energieflächen $\varrho(\boldsymbol{e})$, kann man das von ihr eingeschlossene Volumen berechnen und folglich auch die Zahl der Elektronen in dem entsprechenden Band.

Die in diesem Paragraphen abgeleiteten Formeln (17.7) und (17.8) gestatten es, das Elektronenenergiespektrum nur mit Hilfe experimenteller Daten des DE HAAS-VAN ALPHEN-Effektes zu bestimmen. Allerdings braucht man dazu eine Fülle von Messungen: Periode und Amplitude der Oszillationen für alle Richtungen des Magnetfeldes. Außerdem gelten die Formeln (17.7) und (17.8) nur unter der Voraussetzung, daß die FERMI-Fläche einfache Form hat (s. oben). Daher geht man bei der Bestimmung des Energiespektrums mit Hilfe von Oszillationseffekten fast immer von gewissen Modellen aus, die durch eine Reihe von Parametern charakterisiert sind. In letzter Zeit benutzt man dazu meistens eine Variante der Theorie fast freier Elektronen [37].

§ 18 Allgemeine Theorie der Oszillationserscheinungen

Die Oszillationen thermodynamischer Größen im Magnetfeld (§ 15) beruhen auf der Oszillation der Zustandsdichte; die Rolle des Magnetfeldes besteht dabei nur in der Quantisierung der Energieniveaus. Offenbar muß ein analoger Effekt immer dann auftreten, wenn Bedingungen vorliegen, die zur Quantisierung der Energie führen. Dann muß sich eine oszillatorische Abhängigkeit derjenigen Parameter zeigen, die von der Lage der Energieniveaus bestimmt werden; das trifft jedoch nur zu, wenn der Abstand zwischen den Energieniveaus größer als die thermische, aber wesentlich kleiner als die FERMI-Energie ist [38].

Eine allgemeine Theorie der Oszillationserscheinungen kann man aufstellen, wenn man die bekannten Bedingungen der quasiklassischen Quantisierung benutzt, daß die adiabatischen Invarianten I_i eines Systems, das eine endliche Bewegung ausführt, gleich einem halbzahligen Vielfachen der PLANCKschen Konstanten sind:

$$I_i = (n_i + \tfrac{1}{2})\,\hbar\,, \qquad n_i = 0, 1, 2, \ldots \tag{18.1}$$

Wenn das Problem der Bewegung eines Elektrons mit beliebigem Dispersionsgesetz „klassisch" gelöst ist, kann seine Energie durch die adiabatischen Invarianten ausgedrückt werden:

$$\varepsilon = \varepsilon(I_1, I_2, I_3)\,.$$

Mit Hilfe der Bedingungen (18.1) erhält man die quantisierten Energieniveaus (s. (7.33)):

$$\varepsilon(\boldsymbol{n}) = \varepsilon\,[(n_1 + \tfrac{1}{2})\,\hbar;\ (n_2 + \tfrac{1}{2})\,\hbar;\ (n_3 + \tfrac{1}{2})\,\hbar]\,. \tag{18.2}$$

Der Vektor $\boldsymbol{n}$ bezeichnet die Gesamtheit der drei ganzen Zahlen n_1, n_2, n_3.

Die gesamte Theorie ist wegen der Verwendung quasiklassischer Energieniveaus nur dann gültig, wenn der Abstand zwischen den Niveaus wesentlich kleiner als die FERMI-Energie ε_F ist. Diese Näherung ist allerdings ausreichend, da (wie schon mehrfach erwähnt) die Oszillationen nur in diesem Grenzfall auftreten.

Die früher benutzte Quantisierungsbedingung (7.3) ist natürlich ein Spezialfall von (18.2); denn die adiabatische Invariante für ein Elektron, das sich im Magnetfeld bewegt, ist gerade die Größe $cS/2\pi eH$ (4.18).

Kennt man die quantisierten Energieniveaus (18.2), kann man den oszillierenden Teil des thermodynamischen Potentials berechnen:

$$\Omega = -\,T\sum_{\boldsymbol{n}} \ln\left\{1 + \exp\frac{\zeta - \varepsilon(\boldsymbol{n})}{T}\right\}.$$

Benutzt man das dreidimensionale Analogon zur POISSON-Formel, so findet man

$$\Omega = -\,T\int \ln\left\{1 + \exp\frac{\zeta - \varepsilon(\boldsymbol{n})}{T}\right\}\mathrm{d}\boldsymbol{n} + 2\,\mathrm{Re}\sum_{\boldsymbol{k}} L_{\boldsymbol{k}} + \cdots\,, \tag{18.3}$$

wobei

$$L_k = -\,T\int \ln\left\{1 + \exp\frac{\zeta - \varepsilon(\boldsymbol{n})}{T}\right\}\exp\,(2i\pi\boldsymbol{kn})\,\mathrm{d}\boldsymbol{n}$$

und der Vektor $\boldsymbol{k}$ die Gesamtheit der drei ganzzahligen Indizes k_1, k_2, k_3 bezeichnet; summiert wird über alle positiven Werte k_i ($i = 1, 2, 3$), mit Ausnahme von $k_i = 0$.

Da die Integration über $\boldsymbol{n}$ nur im ersten Oktanten ausgeführt wird ($0 \leqq n_i \leqq \infty$, $i = 1, 2, 3$) und der Integrand an den Integrationsgrenzen einen Sprung erleidet, gehen neben den dreidimensionalen Integralen $L_{\boldsymbol{k}}$ zwei- und eindimensionale Integrale in die Rechnungen ein, deren genaue Form hier nicht angegeben wird.

Analog zu den Berechnungen im § 15 erhält man für den oszillierenden Teil $\tilde{L}_k$ folgende Form:

$$\tilde{L}_k = \frac{1}{(2\pi)^2}\,\frac{1}{\sqrt{k_1^2 + k_2^2 + k_3^2}}\sum_{\nu} \frac{\psi(\lambda_k)\exp\,[2\pi i\boldsymbol{k}\boldsymbol{n}_\nu(\boldsymbol{k}, \zeta) + i\varphi_\nu]}{\left(\boldsymbol{k}\,\dfrac{\partial \boldsymbol{n}_\nu}{\partial\zeta}\right)^2 |\nabla\varepsilon(\boldsymbol{n}_\nu)|\,\sqrt{|K_\nu(\zeta)|}}\,. \tag{18.4}$$

Durch $\boldsymbol{n}_\nu = \boldsymbol{n}_\nu(\boldsymbol{k}, \zeta)$ werden im $\boldsymbol{n}$-Raum die Radiusvektoren derjenigen Punkte auf der Fläche $\varepsilon(\boldsymbol{n}) = \zeta$ bezeichnet, in denen die Richtung der Flächennormalen parallel zum Vektor $\boldsymbol{k}$ ist; $K_\nu(\zeta)$ ist die GAUSSsche Krümmung der Fläche in diesen Punkten, $\lambda_k = 2\pi^2 \left(\boldsymbol{k} \frac{\partial \boldsymbol{n}_\nu}{\partial \zeta}\right) T$, $\varphi_\nu = \pm \pi/2$, wenn $\boldsymbol{n}_\nu$ ein elliptischer Punkt ist. Dabei entspricht das Minuszeichen dem Fall, daß die Wölbung der Fläche im gegebenen Punkt in Richtung von $\boldsymbol{k}$ weist, das Pluszeichen entspricht dem entgegengesetzten Fall (für einen hyperbolischen Punkt ist $\varphi_\nu = 0$). Zwei- und eindimensionale Terme sind wieder weggelassen worden.

Setzt man die asymptotischen Ausdrücke für die $\tilde{L}_k$ (18.4) (und ebenso die zwei- und eindimensionalen Terme) in Formel (18.3) ein, erhält man den oszillierenden Teil des Potentials Ω. Zur Untersuchung der Oszillationsperiode muß man die Abhängigkeit $\boldsymbol{n}_\nu$, d. h. der adiabatischen Invarianten I_i, von den Parametern kennen, die die Lage der quantisierten Energieniveaus bestimmen. Aus Formel (18.4) ist ersichtlich, daß die Oszillationsperiode durch die Bedingung

$$\Delta I_i^{(\nu)} = \hbar$$

bestimmt wird, wobei ΔI_i die Änderung der i-ten adiabatischen Invarianten bezeichnet. Man muß beachten, daß $\tilde{\Omega}$ die Summe einer großen Zahl von Termen gleicher Ordnung ist, von denen jeder seine eigene Periode hat. Da die Verhältnisse dieser Perioden allgemein beliebig sind, können die Oszillationen sehr komplizierte Formen haben.

Man kann die Ergebnisse dieses Paragraphen konkretisieren, wenn man z. B. die Oszillationen thermodynamischer Größen betrachtet, die durch quantisierte Energieniveaus der Elektronen in dünnen Schichten hervorgerufen werden. In diesem Falle zeigt die Analyse des Oszillationsteiles von thermodynamischen Charakteristika eines Elektronengases mit beliebigem Dispersionsgesetz [32, 33], daß die Oszillationsperiode gleich

$$\Delta L = \frac{2\pi\hbar}{P_c^{\mathrm{extr}}(\varepsilon_F)} \tag{18.5}$$

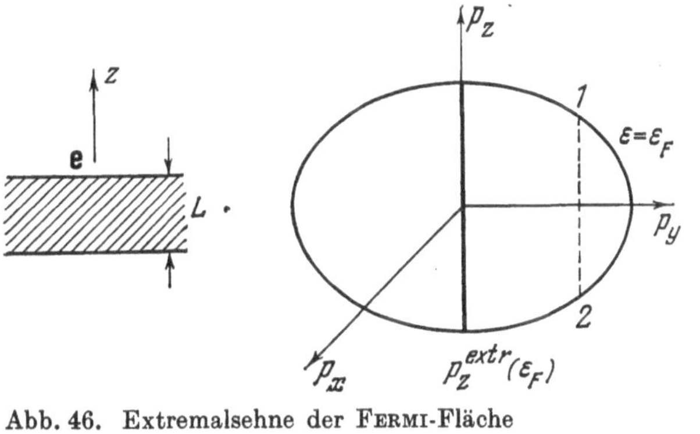

Abb. 46. Extremalsehne der FERMI-Fläche

ist. L ist die Schichtdicke und $P_e^{\text{extr}}(\varepsilon_F)$ bedeutet die Extremalsehne der FERMI-Fläche, die parallel zur Flächennormalen der Schicht ist (Abb. 46). Die Temperaturabhängigkeit der Amplitude jeder Harmonischen wird für $T \gtrsim \Delta\varepsilon$ durch den Faktor $\exp(-2\pi^2 T/\Delta\varepsilon)$ bestimmt, wobei $\Delta\varepsilon = \frac{2\pi\hbar}{L} \times \left(\frac{1}{v_1} + \frac{1}{v_2}\right)^{-1}$, und v_j der Betrag der Geschwindigkeitsprojektion auf die Sehne im Punkte j ($j = 1, 2$) ist. Man kann also mit Hilfe von Größenoszillationseffekten die Werte der Extremalsehnen von FERMI-Flächen bestimmen und die Summe der reziproken Geschwindigkeiten in den Schnittpunkten der Extremalsehne mit der FERMI-Fläche. Im Falle einer zentralsymmetrischen Fläche erhält man unmittelbar die Größe des Radiusvektors der FERMI-Fläche für eine gegebene Richtung und die Projektion der Geschwindigkeit auf diese Richtung. Wenn die FERMI-Fläche aus mehreren Teilen besteht, so können sich die Größenoszillationseffekte als sehr empfindlich bezüglich der gegenseitigen Lage der einzelnen Teile erweisen.

Die Oszillationsabhängigkeit der Zustandsdichte führt zu einem komplizierten Verlauf von thermodynamischen Größen als Funktion des Druckes in der Nähe von Anomalien [32]. Statt einer Singularität (§ 13) erscheint ein System von Unstetigkeiten, die außerordentlich temperaturempfindlich sind.

Abb. 47 zeigt die Anomalie der elektronischen spezifischen Wärme einer Metallschicht in der Nähe eines Phasenüberganges „2 1/2ter Art" für $T = 0$ und für von Null verschiedene Temperatur.[1]) Die Anomalie der elektronischen Charakteristika wird durch die Oszillation der Zustandsdichte mit der Proben-

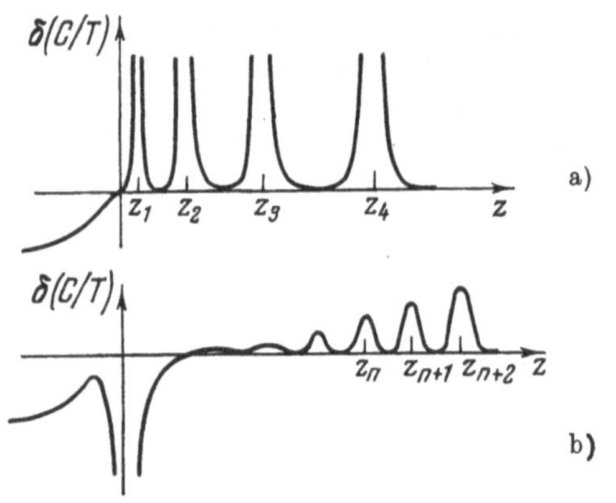

Abb. 47. Anomalien der elektronischen spezifischen Wärme einer dünnen Metallschicht in der Nähe des Übergangspunktes ($z \sim \gamma(V - V_0)$): a) bei $T = 0$ K; b) bei $T/\Delta\varepsilon \gtrsim 1$, $T/|z| \ll 1$

[1]) Eine Analyse zum Verhalten der verschiedenen Größen mit dem Druck und ihre Temperaturabhängigkeit sind in der zitierten Arbeit [32] enthalten.

dicke und den Phasenübergang 2 1/2-ter Art verstärkt. Da die Amplitude der Oszillationen in diesem Fall groß ist (im angeführten Beispiel ist sie sogar unendlich), spricht man von „gigantischen Oszillationen".

Gigantische Oszillationen können nicht nur bei einer Änderung der Topologie der Fermi-Fläche auftreten, sondern auch, wenn die Fermi-Fläche einen Sattelpunkt besitzt und die Fläche $p e =$ const den Sattelpunkt berührt [32].

Die statistisch-thermodynamischen Eigenschaften eines Elektronengases in endlichem Volumen kann man auch mit Hilfe von Magnetfeldern untersuchen [32, 34]. Hier sei lediglich darauf hingewiesen, daß bei nicht zu hohen Magnetfeldern die Oszillationsperiode von den Probendimensionen abhängen muß; diese Abhängigkeit verschwindet, wenn die Extremalbahnen vollständig innerhalb der Probe verlaufen.

Bei der Untersuchung der Wechselwirkung der Elektronen mit der Oberfläche wurde nur der Fall spiegelnder Reflexion betrachtet (s. S. 75). Bei diffuser Streuung der Elektronen an den Grenzflächen werden die Verhältnisse wesentlich komplizierter. Die oszillierenden Abhängigkeiten, die von der Energiequantisierung der reflektierten Elektronen herrühren, treten nur in sehr verwaschener Form oder überhaupt nicht auf. So muß sich z. B. die Amplitude solcher Harmonischen beim de Haas-van Alphen-Effekt stark vermindern, die Trajektorien entspricht, die nicht in die Proben passen [35]. Dieser Umstand ist eine zusätzliche Möglichkeit, unmittelbar die Abmessungen der Fermi-Fläche zu bestimmen.

§ 19 Starker Magnetismus der Leitfähigkeitselektronen. Anomalien thermodynamischer Größen in starken Magnetfeldern

Es ist mehrfach darauf hingewiesen worden, daß man die experimentell erreichbaren Magnetfelder in der Regel als klein betrachten kann, da die Abstände zwischen den quantisierten Energieniveaus $\Delta\varepsilon$ erst bei Feldern $H \approx 10^8 - 10^9$ Oe von der Größenordnung inneratomarer Energien e^2/a oder der Fermi-Energie ε_F werden. Daher konnte bei allen Rechnungen die quasiklassische Näherung benutzt werden. Andererseits wurde in § 15 (s. Formel (15.22)) gezeigt, daß die magnetische Suszeptibilität aufgrund des Oszillationsanteils des magnetischen Momentes von der Ordnung Eins oder größer sein kann. Das bedeutet, daß in Metallen ein starker elektronischer Magnetismus auftreten kann, der erst in den letzten Jahren theoretisch untersucht worden ist. Die erste Frage, die sich aus der Möglichkeit des starken Magnetismus ergibt, hängt mit den Leitfähigkeitselektronen zusammen: Geht die magnetische Induktion $\boldsymbol{B}$ oder die magnetische Feldstärke $\boldsymbol{H}$ in den Ausdruck für den oszillierenden Teil des thermodynamischen Potentials sein?

Die Untersuchung des Verhaltens geladener Quasiteilchen — der Leitfähigkeitselektronen im Magnetfeld — ist eine typische Aufgabe der Feldtheorie für ein System freier Ladungen im Vakuum. Daher ist, strenggenommen, nur das mikroskopische magnetische Feld zu betrachten, das in einem gegebenen Punkt von allen Ladungen erzeugt wird, die sich auf Bahnen mit einem Radius von der Größenordnung des LARMOR-Radius r_H bewegen. Wenn der Abstand a zwischen den Ladungen klein gegen r_H ist, wie das gewöhnlich in Metallen der Fall ist ($a \approx 10^{-8}$ und $r_H \approx 10^{-3}$ cm für $B \approx 10^4$ Oe), wird das mikroskopische magnetische Feld im gegebenen Punkt durch $4\pi(r/a)^2$ Elektronen bestimmt und mittelt sich daher selbst.

Ein solches selbstkonsistentes, gemitteltes Feld ist, per Definition, die magnetische Induktion $\boldsymbol{B}$. Nur sie wirkt auf die Elektronen, und nur sie bestimmt auch das magnetische Moment $\boldsymbol{M}$ [39] (Beweis s. [40]). Der Zusammenhang zwischen $\boldsymbol{M}$ und $\boldsymbol{B}$ ist nichtlokal; $\boldsymbol{M}$ wird in einem gegebenen Punkt durch $\boldsymbol{B}$-Werte in allen Punkten bestimmt, die weniger als $4r_{\max}$ vom gegebenen Punkt entfernt sind (daß in alle Formeln $\boldsymbol{B}$ eingehen muß, folgt auch sofort daraus, daß $\boldsymbol{p} = \boldsymbol{P} - e/c\boldsymbol{A}$ und $\operatorname{rot} \boldsymbol{A} = \boldsymbol{B}$, da $\operatorname{div} \boldsymbol{B} = 0$ ist).

Den Faktor vor der periodischen Funktion im Ausdruck für den Oszillationsterm des thermodynamischen Potentials kann man in folgender Form darstellen: $V \dfrac{H^2}{8\pi} \left(\dfrac{v_F}{c}\right)^2 \left(\dfrac{\hbar\omega_H}{\varepsilon_F}\right)^{1/2}$. Hieraus folgt erstens die relativistische Quantennatur des Diamagnetismus eines entarteten Elektronengases und zweitens, daß der Oszillationsterm des Potentials klein gegen die Energie des Magnetfeldes $VH^2/8\pi$ ist. Der oben erwähnte starke Magnetismus wird nicht durch eine Änderung der energetischen Struktur des Metalles bedingt (wie z. B. bei der ferromagnetischen Ordnung der Spins), sondern nur durch die Existenz der Oszillationen.

Es gibt jedoch einen Fall (vollständig anderer Natur), bei dem schon relativ schwache Magnetfelder ($H \ll 10^8 - 10^9$ Oe) zu einer grundlegenden Umstrukturierung des Energiespektrums der Leitfähigkeitselektronen führen.

Bei vielen Metallen existieren nämlich anomal schwach besetzte Bänder mit Entartungstemperaturen der Größenordnung 100 K. Elektronen solcher Bänder haben in der Regel auch anomal kleine effektive Massen von der Größenordnung 0,1—0,01 der Masse eines freien Elektrons. Gemäß [8] (§ 11) sind kleine Massen mit einer geringen Ladungsträgerkonzentration verbunden. Bei den Halbmetallen vom Wismuttyp (Bi, Sb, As) existieren nur Ladungsträger dieser Art. Für Elektronen schwach gefüllter Bänder verlieren die quasiklassischen Formeln schon bei Magnetfeldern von $10^4 - 10^5$ Oe ihre Gültigkeit.

Untersuchungen in starken Magnetfeldern (Quanten- oder Ultraquantenfall[1])) sind von besonderem Interesse, weil dadurch Verschiebungen der Bandkanten, wesentliche Änderungen der FERMI-Energie und der Ladungsträgerkonzentration sowie Anomalien beim Durchgang des FERMI-Niveaus durch besondere kritische Energiewerte (§ 3, 13) beobachtet werden können.

[1]) Der Ultraquantenfall liegt vor, wenn die Abstände zwischen den magnetischen Niveaus der Bedingung $\Delta\varepsilon \gg \varepsilon_F \gg T$ genügen.

Es sei noch einmal betont: Das Elektronenenergiespektrum der Metalle (auch das der Metalle vom Wismuttyp) wird durch Energien von der Größenordnung der Coulomb-Wechselwirkungswirkungsenergie der Elektronen mit den Ionen ($U = e^2/a$) bestimmt. Daher ist ein Magnetfeld im oben definierten Sinne immer schwach, falls $H \ll 10^8 - 10^9$ Oe ist. Manchmal jedoch hängen die Eigenschaften der Leitfähigkeitselektronen wesentlich von der Feinstruktur des Spektrums ab (schwache Bandüberlappung in Metallen vom Wismuttyp, geringe energetische Barrieren bei mehrwertigen Metallen gemäß dem Harrison-Modell u. ä.). Daher wird die Anwendbarkeit der quasiklassischen Näherung oft nicht durch die Coulomb-Energie, sondern durch eine charakteristische Energie der Feinstruktur des Elektronenspektrums bestimmt. Daher kann schon in relativ schwachen Magnetfeldern ($H \approx 10^4 - 10^5$ Oe) eine wesentliche Umstrukturierung des Spektrums erfolgen. In einigen Fällen kann das entstehende „neue" Dispersionsgesetz mit Hilfe des „alten" beschrieben werden, wie z. B. für bestimmte Magnetfeldrichtungen beim magnetischen Durchbruch (§ 10). In der Regel kann jedoch dieses komplizierte Problem nicht ohne grobe Modellvorstellungen gelöst werden. Daher erweist sich folgender Weg als sinnvoll: Man setzt das Quantendispersionsgesetz der Elektronen im Magnetfeld als bekannt voraus und versucht, die charakteristischen Parameter dieses neuen Dispersionsgesetzes mit den experimentell beobachtbaren Größen zu verbinden.

Aus allgemeinen Überlegungen folgt, daß sich die Quantenzahlen nicht ändern. Da das Vektorpotential (4.16) nicht von den Koordinaten x und z abhängt, existieren zwei Bewegungsintegrale $-p_z$ und P_x, und die unendlichdimensionale Entartung bezüglich P_x bleibt erhalten. Die Annahme einer endlichen klassischen Bewegung im betrachteten Magnetfeld sichert die Existenz der diskreten Quantenzahl n. Da das Magnetfeld die zweifache Spinentartung aufhebt, gibt es zwei Zweige des Spektrums (bezeichnet durch die Indizes $(+)$ und $(-)$, wobei $\varepsilon^{(+)} > \varepsilon^{(-)}$):

$$\varepsilon = \varepsilon_n^{(\pm)}(p_z) , \tag{19.1}$$

deren Abstand durchaus nicht $2\mu H$ ist ($\mu = e\hbar/2mc$), da die Spin-Bahn-Wechselwirkung im allgemeinen nicht vernachlässigbar ist (s. [21]; § 14).

Das Dispersionsgesetz (19.1) enthält das Magnetfeld als Parameter; die Wellenfunktionen des Elektrons (oder die Matrixelemente) sind ebenfalls bekannt.

Die Aufgabe besteht nun darin festzustellen, welche physikalischen Ergebnisse nicht von der Form des Dispersionsgesetzes abhängen und wie das Dispersionsgesetz experimentell bestimmt wird. Die Problematik ist analog den theoretischen Untersuchungen im Falle eines beliebigen „klassischen" Dispersionsgesetzes $\varepsilon = \varepsilon(\boldsymbol{p})$.

Als Beispiel soll nun das magnetische Moment eines Elektronengases im Ultraquantengebiet für den Fall eines Bandes berechnet werden [41]. Da der Abstand der Niveaus bei gegebenem p_z nach Voraussetzung sehr groß ist, sind nur Zustände mit minimaler Energie wesentlich. Daher spielt nur ein einziger

Zweig des Spektrums (19.1) eine Rolle, der zur Abkürzung $\varepsilon(p_z)$ bezeichnet wird. Das Problem läuft darauf hinaus, die Tieftemperatur-Thermodynamik eines gewissen „eindimensionalen" Gases mit einem Dispersionsgesetz

$$\varepsilon = \varepsilon(p_z) \tag{19.2}$$

zu untersuchen.

Durch das Dispersionsgesetz (19.2) kann man die Zustandsdichte bezüglich p_z, die durch die Relation (15.5) gegeben ist, in die Zustandsdichte bezüglich der Energie $\nu_H(\varepsilon)$ überführen:

$$\nu_H(\varepsilon) = \frac{2|e|HV}{(2\pi\hbar)^2\, cv(\varepsilon)}, \tag{19.3}$$

wobei $v = \left|\frac{\mathrm{d}\varepsilon}{\mathrm{d}p_z}\right|$. Der Faktor Zwei im Zähler von (19.3) ist eine Folge der Richtungsinvarianz bezüglich des Magnetfeldes.

Mit Hilfe des Ausdruckes für $\nu_H(\varepsilon)$ kann man alle Formeln der statistischen Thermodynamik für ein Elektronengas benutzen (s. Formeln (12.2) bis (12.5)). Man hat jedoch zu beachten, daß mit wachsendem Magnetfeld auch die Zustandsdichte zunimmt und sich das FERMI-Niveau daher der minimalen Energie $\varepsilon_{\min} = \varepsilon_H$ nähert. Demzufolge kann man das Dispersionsgesetz nach Potenzen von p_z entwickeln und sich auf die ersten Terme der Entwicklung beschränken:

$$\varepsilon(p_z) = \varepsilon_H + \frac{p_z^2}{2m_H}, \tag{19.4}$$

wobei $1/m_H = (\partial^2\varepsilon/\partial p_z^2)_{p_z=0}$ die effektive Masse des Elektrons ist (bestimmt mit Hilfe des „neuen" Dispersionsgesetzes).

Benutzt man die Ausdrücke (19.3), (19.4) sowie die Formeln aus § 12, so kann man die freie Energie des Elektronengases bei Temperaturen angeben, bei denen die thermische Energie klein gegen die Niveauabstände ist.

$$F = N\left\{\varepsilon_H + \frac{(2\pi\hbar)^4 c^2}{2e^2 m_H H^2}\left(\frac{N}{V}\right)^2\left[\xi - 2\int_0^\infty \frac{\sqrt{u}\,\mathrm{d}u}{\left(\mathrm{e}^{\frac{u-\xi}{\tau}} + 1\right)}\right]\right\}. \tag{19.5}$$

Die Funktion $\xi = \xi(\tau)$ wird aus der Normierungsbedingung

$$1 = \int_0^\infty \frac{\mathrm{d}u}{\sqrt{u}\left(\mathrm{e}^{\frac{u-\xi}{\tau}} + 1\right)} \tag{19.6}$$

bestimmt, wobei der Parameter τ eine reduzierte Temperatur ist:

$$\tau = \frac{2e^2 m_H H^2}{(2\pi\hbar)^4 c^2}\left(\frac{V}{N}\right)^2 T. \tag{19.7}$$

Die Formeln (19.5) bis (19.7) beschreiben in weiten Bereichen die Abhängigkeit aller thermodynamischen Größen von Magnetfeld und Temperatur. Auf die Diskussion der verschiedenen Grenzfälle soll hier nicht eingegangen werden. Aus Formel (19.5) folgt, daß in hinreichend starken Magnetfeldern $F \approx N\varepsilon_H$

gilt und folglich $\boldsymbol{M} \approx -N\partial\varepsilon_H/\partial\boldsymbol{H}$. Die Größe $-\partial\varepsilon_H/\partial\boldsymbol{H}$ wird durch $\boldsymbol{\mu}H$ bezeichnet. Dann ist

$$\boldsymbol{M} = N\boldsymbol{\mu}_H\,. \tag{19.8}$$

Diese Größe erinnert an das magnetische Moment eines Ferromagnetikums — es entsteht ein „induzierter" Ferromagnetismus. Im gegebenen Falle ist es einfach, den Einfluß der Leitfähigkeitselektronen gegenüber den Rumpfelektronen abzuschätzen, da das magnetische Moment der Ionen $M_i \ll M$ ist. Tatsächlich ist für Ionen das Magnetfeld gering, und M_i hat daher die übliche Größenordnung[1]): $\varkappa_i H \approx \mu N_i \dfrac{\mu H}{\varepsilon_a}$. Obwohl $N_i \gg N$, ist jedoch $\mu_H \gg \mu$, da die effektive Masse sehr gering ist und in Formel (19.8) der sehr kleine Faktor $\mu H/\varepsilon_a$ fehlt; ε_a ist von der Größenordnung einer Atomenergie $\varepsilon_a \approx e^2/a$. Man kann also durch Messung des magnetischen Momentes unter den angegebenen Bedingungen die minimale Energie im Band (19.4) in Abhängigkeit vom Magnetfeld bestimmen; die Temperaturabhängigkeit ermöglicht es, die effektive Masse bzw. die Zustandsdichte an der Bandkante anzugeben. Bemerkenswert ist, daß im betrachteten Falle das chemische Potential ein Maximum bezüglich der Temperatur besitzt.

Das angeführte Beispiel (Näherung eines Bandes) eignet sich lediglich zur Illustration der Grundidee: Ein einziges anomal schwach besetztes Band kommt in einem reinen Metall niemals vor. Entweder existieren mehrere solcher Bänder mit gleichen Konzentrationen von Elektronen und „Löchern" (Halbmetalle vom Wismuttyp), oder außer diesen anomal schwach besetzten Bändern existieren weitere Bänder mit hoher Ladungsträgerkonzentration. Natürlich wird die Verschiebung von Energieminima und -maxima im Magnetfeld von einer Umverteilung der Elektronen zwischen den Bändern begleitet. Das kann entweder, wenn sich die Bandüberlappung vergrößert, zum Anwachsen der Ladungsträgerkonzentration führen oder zur „Entleerung" bestimmter Bänder, wobei man Anomalien der elektronischen Eigenschaften des Metalles in dem Moment zu erwarten hat, wenn das Band vollständig leer ist. Im Falle der Halbmetalle tritt eine vollständige Füllung eines Bandes auf, und das Halbmetall geht in einen Eigenhalbleiter über.[2])

[1]) Es wird angenommen, daß $\varkappa_i$ von der Größenordnung der gewöhnlichen, paramagnetischen Suszeptibilität des Metalles ist.

[2]) Auf die prinzipielle Möglichkeit, Wismut in sehr starken Magnetfeldern in einen Eigenhalbleiter zu überführen, ist erstmalig in Arbeit [42] hingewiesen worden; experimentelle Untersuchungen, einen solchen Übergang an Antimon zu finden, sind in der Arbeit [43] unternommen worden; eine Änderung der Ladungsträgerkonzentration beim Wismut wurde in den Arbeiten [44] beobachtet; Anomalien der elektronischen Charakteristiken sind in [45] vorhergesagt und untersucht worden. In späteren Experimenten [46] wurde an dotiertem Wismut der Übergang „Dielektrikum—Metall" im starken Magnetfeld beobachtet. Ein starker Abfall des Widerstandes mit wachsendem Magnetfeld (Übergang „Dielektrikum—Metall") wurde in der Arbeit [46a] beobachtet und eine Änderung des Charakters der Temperaturabhängigkeit des Magnetowiderstandes in Arbeit [46b].

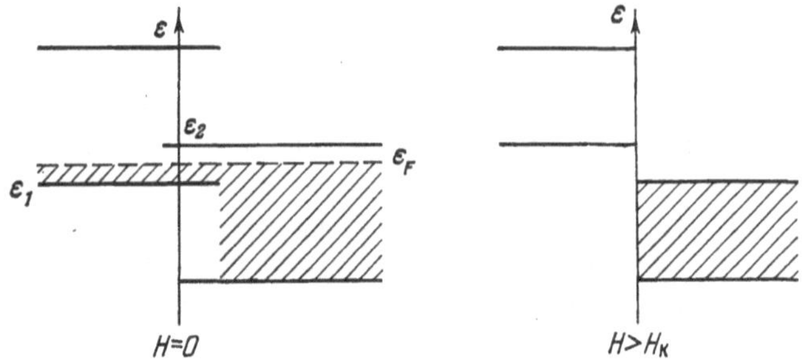

Abb. 48. Übergang eines Metalles in ein Dielektrikum im starken Magnetfeld

Es sollen nun die Anomalien der elektronischen Charakteristiken am Beispiel eines Metalles mit zwei Bändern — eines Elektronen- und eines Lochbandes — mit gleichen Ladungsträgerkonzentrationen betrachtet werden. Das Magnetfeld möge die „Bandüberlappung" verringern, d. h., die Größe $\delta\varepsilon = \varepsilon_2 - \varepsilon_1$ nimmt mit wachsendem Magnetfeld ab (mit anderen Worten, die entscheidende Rolle spielt der Diamagnetismus). Dann wird für $H = H_k$ die Größe $\delta\varepsilon$ gleich Null, und für $H > H_k$ geht das Metall bei der Temperatur $T = 0$ in ein Dielektrikum über (Abb. 48).

Für $|H_k - H| \ll H_k$ kann man alle Größen nach Potenzen der Differenz des Magnetfeldes vom kritischen Wert entwickeln. Berücksichtigt man die Singularität der Zustandsdichte an der Bandkante, erhält man

$$n_1 = n_2 \sim (H_k - H)^{1/2} ; \qquad (19.9)$$

außerdem ist der zusätzliche Summand zu den thermodynamischen Potentialen, der von den Elektronen und Löchern herrührt, proportional $(H_k - H)^{3/2}$. Diese Ergebnisse gelten nur für hinreichend tiefe Temperaturen.

Für $H > H_k$ und bei $T = 0$ ist die Ladungsträgerkonzentration gleich Null, und folglich verschwinden auch die zusätzlichen Summanden zu den thermodynamischen Potentialen. Bei tiefen, aber endlichen Temperaturen hängt die Ladungsträgerkonzentration exponentiell von der Temperatur ab.

Aus dem Angeführten geht hervor, daß für $T = 0$ das magnetische Moment $M_H = -\partial F/\partial H$ unstetig ist, während die magnetische Suszeptibilität $\varkappa = \partial M_H/\partial H$ bei $H = H_k$ einen unendlichen Sprung erleidet. In Analogie zu § 13 kann man sagen, daß bezüglich des Magnetfeldes ein sogenannter Phasenübergang „2 1/2ter Art" stattfindet (bei $T = 0$). Bei endlichen Temperaturen treten allerdings nur gewisse Anomalien der elektronischen Charakteristiken auf.[1])

Elektronische Anomalien treten auch beim Durchgang der Fermi-Grenze durch gewisse ausgezeichnete Energiewerte auf, bei denen eine neue Isoenergiefläche

[1]) Bei hinreichend geringer Ladungsträgerkonzentration kann ein Phasenübergang erster Art zu einem Dielektrikum erfolgen (s. Arbeit [8], ebenfalls § 11).
Da der elektronische Anteil zu $\partial P/\partial V$ negativ sein kann, wenn er hinreichend groß ist, ist ein isomorpher Phasenübergang möglich.

auftaucht oder ein Übergang von einer geschlossenen FERMI-Fläche zu einer offenen vor sich geht u. ä. Diese besonderen Erscheinungen erinnern an die Eigenarten bei hohen Drucken, die in der Arbeit [14] vorhergesagt und in § 13 beschrieben wurden.

Wenn die Bandüberlappung $\delta\varepsilon$ mit dem Magnetfeld zunimmt, sind nur Anomalien solchen Typs möglich. Diesen Fall kann man daher bequem zur Untersuchung des Dispersionsgesetzes und seiner Eigenarten in weiten Energiebereichen benutzen.

Es ist klar, daß sich die hier beschriebenen Anomalien auch in den kinetischen Eigenschaften eines Metalles zeigen müssen (speziell in galvanomagnetischen; s. §§ 27, 28).

§ 20 Domänen- und periodische Strukturen im Magnetfeld

In reinen Proben und bei hinreichend tiefen Temperaturen, wenn

$$\omega_H \gtrapprox \frac{2\pi^2}{\tau}, \quad \frac{2\pi^2 T}{\hbar} \tag{20.1}$$

ist (τ — Relaxationszeit), kann die magnetische Suszeptibilität $\varkappa$ beliebig große Werte annehmen gemäß den Abschätzungen, die am Ende des § 15 angeführt wurden (s. auch vorigen Paragraphen). Das entspricht, wie schon erwähnt, einem starken Magnetismus[1]). Damit $\varkappa \geqq 1$ wird, muß (bei Erfüllung der Bedingung (20.1))

$$\frac{\varepsilon_F}{\hbar\omega_H} \gtrapprox \left(\frac{c}{v_F}\right)^{4/3} \approx 10^3 \tag{20.2}$$

sein (c = Lichtgeschwindigkeit).

Eine spezifische Besonderheit des elektronischen Diamagnetismus besteht darin, daß er für $T = 0$ und $\tau = \infty$ um so stärker ist, je schwächer das Magnetfeld ist ($M/B \sim B^{-1/2}$, $\chi \sim B^{-3/2}$).

Der Terminus „Diamagnetismus" wird hier und im weiteren nur im Sinne der Herkunft des starken Magnetismus von der diamagnetischen LANDAU-Quantisierung benutzt. Die magnetische Suszeptibilität besteht nach § 15 allgemein aus einer Summe „diamagnetischer" und „paramagnetischer" Komponenten und kann sowohl starkem Diamagnetismus ($-\varkappa \geqq 1$) als auch starkem Paramagnetismus ($\varkappa \geqq 1$) entsprechen. Der letzte führt zur Instabilität eines homogenen Zustandes (s. unten).

Der nichtoszillierende zusätzliche Summand zum thermodynamischen Potential ist, wie man zeigen kann, bedeutend größer als der oszillierende, ändert sich jedoch gleichmäßig und trägt bei tiefen Temperaturen nur geringfügig zur vollständigen magnetischen Suszeptibilität $\varkappa$ und zum magnetischen Moment $\boldsymbol{M}$ bei.

[1]) Erstmals wurde darauf in Arbeit [39] eingegangen.

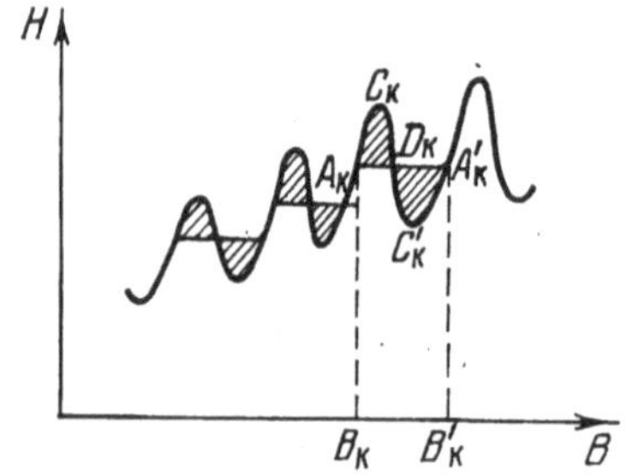

Abb. 49. Die Ursache der Entstehung diamagnetischer Domänen ist die oszillierende Abhängigkeit des Magnetfeldes H von der Induktion B

In hinreichend schwachen Feldern ($T = 0$, $\tau = \infty$) kann das magnetische Moment größer als das Magnetfeld sein ($|\boldsymbol{M}| > |\boldsymbol{B}|$). Abschätzungen zeigen jedoch, daß dieser Fall nur für $T \lesssim 10^{-5}-10^{-4}$ K, $l \gtrsim 10-10^3$ cm eintreten könnte, d. h. für praktisch nicht zu realisierende Bedingungen. Daher kann man ohne Beschränkungen der Allgemeinheit $|\boldsymbol{M}| \ll |\boldsymbol{B}|$ annehmen, obwohl $|\varkappa| \gtrsim 1$ ist.

Bekanntlich sind nur solche Zustände thermodynamisch stabil, für die $\partial H/\partial B > 0$ gilt (s. [47]), d. h. $4\pi\varkappa < 1$. Daher führt die Zunahme von $\varkappa$ zu schichtförmigen magnetischen Phasen mit verschiedenen $\boldsymbol{B}$-Werten (Abb. 49), d. h. zur Entstehung diamagnetischer Domänen[1]) [48].

Physikalisch folgt das aus der Änderung der Zustandsdichte bzw. der inneren Energie des Elektronengases durch ein Magnetfeld; für $4\pi\varkappa_{\max} > 1$ erweist sich eine Umstrukturierung der Zustandsdichte als energetisch günstiger; diese Umstrukturierung ist mit der Änderung von $\boldsymbol{B}$ bei der Entstehung der Schichtstruktur verbunden.

Da nach § 15 die Abhängigkeit $M(B)$ oszillierenden Charakter hat, besitzt die Gleichgewichtskurve eine Reihe von sich periodisch wiederholenden, geschichteten Abschnitten (in Abb. 49 punktiert gezeichnet).

Ein homogener Zustand eines Magnetikums kann sich auch dann als instabil erweisen, wenn die Bildung einer Domänenstruktur thermodynamisch noch ungünstig ist, wenn also in $\varkappa$ sowohl paramagnetisch als auch diamagnetische Komponenten enthalten sind ($\varkappa = \sum_\alpha \varkappa_\alpha$, wobei $4\pi\varkappa < 1$); für paramagnetische Komponenten jedoch würde bei fehlender Wechselwirkung schon eine Instabilität bezüglich der Schichtstruktur entstehen, da $4\pi\varkappa_0 = \sum_\nu 4\pi\varkappa_\nu > 1$

[1]) Die Berechnung einer Domänenwand ist in [49] durchgeführt worden.
Der unmittelbare experimentelle Beweis der Existenz diamagnetischer Domänen wurde in Arbeit [49a] gegeben: Es gelang, die Aufspaltung einer Kernresonanzlinie infolge verschiedener Werte des magnetischen Momentes in verschiedenen Domänen zu beobachten (die Resultate dieses Modelles und seine Diskussion sind in [49b] dargelegt).

(die ν bedeuten diejenigen α, für die $\varkappa_\nu > 0$ ist). Die Schichtstruktur entsteht nicht infolge einer selbstkonsistenten Wechselwirkung mit Komponenten, für die ein homogener Zustand stabil ist. Das bedeutet, daß die Wechselwirkung zu einer „Vermischung" führt, d. h. den Charakter einer effektiven Anziehung von diamagnetischen ($\varkappa_\alpha < 0$) und paramagnetischen ($\varkappa_\alpha > 0$) Komponenten hat.[1])

Daher bewirkt die Instabilität der Komponenten ν eine Tendenz zur Entstehung von Phasenschichten, und die Anziehung zwischen diesen führt zur Vermischung (negative Oberflächenenergie). In einem solchen Falle hat man eine Ordnung der Phasen zu erwarten, d. h. die Entstehung einer selbstkonsisten periodischen Struktur, die durch die Eigenschaften des thermodynamischen Systems bestimmt wird. Die Periode der Struktur erweist sich dabei als makroskopisch und von der Ordnung des „Wechselwirkungsradius" — des LARMOR-Radius r_H.

Man kann aus allgemeinen Überlegungen verstehen, wie der Übergang von einer homogenen Struktur zu einer periodischen vor sich geht.[2]) Die Forderung der thermodynamischen Stabilität führt zur Stetigkeit des entsprechenden thermodynamischen Potentials am Übergangspunkt (so bedeutet die positive spezifische Wärme C_v Stetigkeit und Monotonie der freien Energie als Funktion der Temperatur T). Das bedeutet, daß am Übergangspunkt entweder eine unendlich kleine Menge neuer Phasen mit wesentlich neuen Eigenschaften, d. h. mit einer endlichen Amplitude A der räumlichen Oszillationen, entsteht oder der neue Zustand selbst sich beliebig wenig vom alten unterscheidet (d. h., die Amplitude der Oszillationen ist unendlich klein).

Im ersten Falle ist das Auftreten der neuen Phase mit statistisch schwankenden Keimen verbunden, die hinreichend groß sein müssen, um thermodynamisch günstig zu sein (oder es existiert eine Oberflächenenergie an der Grenze verschiedener Phasen). Daher sind Überhitzung und Unterkühlung als

[1]) Die Aufspaltung in magnetische Phasen bei $(\partial H/\partial B)_T < 0$ ist der gewöhnlichen Phasenaufspaltung eines mehrkomponentigen Systems in Dampf—Flüssigkeit bei $(\partial P/\partial \varrho)_T < 0$ analog; der Druck entspricht der magnetischen Feldstärke, die gleich der Summe der Partialfeldstärken für die Komponenten ist, die verschiedenen Extremalquerschnitten oder Bändern entsprechen, und das spezifische Volumen $V = \varrho^{-1}$ entspricht der magnetischen Induktion. Die gesamte Wechselwirkung zwischen den Komponenten führt formal dazu, daß die „spezifischen Volumina" verschiedener Komponenten zusammenfallen ($\boldsymbol{B}$ hängt offenbar nur von den Koordinaten ab). Obwohl eine Phasenaufspaltung für die „Komponenten" ν in die Phasen mit $\boldsymbol{B}$ und $\boldsymbol{B}'$ vorteilhaft ist, ist sie für die übrigen Bänder, für die solche spezifischen Volumina unvorteilhaft sind, verboten. Bei inhomogener Induktion $\boldsymbol{B}$ jedoch ändern sich verschiedene $\varkappa_\alpha$ verschieden, und die vollständige Suszeptibilität $\varkappa$ kann zunehmen, was thermodynamisch günstig sein kann (s. unten).

[2]) Erstmals wurde die Möglichkeit des Auftretens von periodischen Strukturen in [50] gezeigt, wo eine Theorie solcher Strukturen entwickelt wurde. In [51] wurde das Auftreten einer periodischen Struktur bemerkt; die dort gefundene Lösung entspricht jedoch $4\pi\varkappa > 1$, ist thermodynamisch absolut instabil und kann daher physikalisch nicht realisiert werden (s. auch unten).

metastabile Zustände einer homogenen Phase möglich. Der Übergangspunkt ist folglich ein Schnittpunkt thermodynamischer Potentiale homogener Phasen und ist — dem Wesen nach — kein ausgezeichneter Punkt (s. [10], §§ 81, 83); es handelt sich hier um einen Phasenübergang erster Art.

Im zweiten Falle fehlt eine Oberflächenenergie, und daher sind Überhitzung oder Unterkühlung unmöglich; der neue Zustand entsteht sofort im ganzen Volumen, und der Übergangspunkt ist ein besonderer Punkt des thermodynamischen Potentials des Systems (Phasenübergang zweiter Art). Eine sofortige Zustandsänderung im makroskopischen Volumen muß offenbar „vorbereitet" sein: Die Abmessungen der statistisch entstehenden Gebiete eines instabilen Zustandes (Korrelationsradius r_c) müssen bei Annäherung an den Übergangspunkt unbeschränkt wachsen. Nach der Theorie von LANDAU geschieht das gemäß der Beziehung ([10], § 119)

$$r_c \approx a \left| \frac{T - T_k}{T_k} \right|^{-1/2}$$

(a ist der Abstand zwischen den Teilen und T_k die Übergangstemperatur). Solange der Korrelationsradius klein gegen den Wechselwirkungsradius ϱ ist — im gegebenen Fall gegen den LARMOR-Radius —, braucht man die statistische Inhomogenität der Oszillationsamplitude nicht zu berücksichtigen und kann diese Amplitude als homogen und aus den Bedingungen des thermodynamischen Gleichgewichtes bestimmbar ansehen. Die Ungleichung $r_c \ll r_H$ entspricht der Relation $T \gg (a/r_H)^2\, T_k$ ($a \approx 10^{-8}$ cm, $r_H \approx 10^{-3}$ cm in Magnetfeldern $H \approx 10^4$ Oe und $T_k \approx 1$ K — nur bei solchen Temperaturen sind Quantenoszillationen wesentlich), d. h. $|T - T_k| \gg 10^{-16}$ K. Die Verletzung dieser Ungleichung liegt außerhalb der experimentellen Möglichkeiten.

Wenn $(a/r_H)^2 \leqq N^{-1/2}$ (N — Teilchenzahl), so wird die Ungleichung $r_c \ll r_H$ im Rahmen der Thermodynamik stets erfüllt sein, da eine Temperaturmessung nur bis zu einer Genauigkeit $|(T_k - T)/T_k| \gg N^{-1/2}$ Sinn hat. (Hier ist $(a/r_H)^2 \sim n^{-4/3}$, wobei n die Dichte der FERMI-Teilchen ist.)

Bei Vernachlässigung der Schwankungen hängt der mit dem Magnetfeld verbundene Zusatz zu einem beliebigen thermodynamischen Potential (bezeichnet durch θ) von der „vollständigen" Induktion ab. Da der inhomogene Teil des Zusatzes in der Nähe eines Phasenüberganges 2. Art klein im Verhältnis zum homogenen Teil ist ($A \to 0$ für $\tau = (T_k - T)/T \to 0$), kann man θ in eine Reihe nach Potenzen dieses Zusatzes entwickeln. Bei gegebener Oszillationsperiode λ [1]) (d. h., wenn das thermodynamische Potential bei gegebener Amplitude der räumlichen Oszillationen A minimal ist) erhält man eine Entwicklung von θ nach Potenzen von A^2, analog der bekannten LANDAU-Zerlegung:

$$\theta = \theta_0 + \alpha A^2 + \beta A^4 + \gamma A^6 + \cdots . \tag{20.3}$$

[1]) Bei $T = T_k$ ist sie endlich. Nimmt man die Funktion $\lambda(T)$ als regulär an, erhält man in der Nähe von T_k eine lineare Ergänzung zu λ_k bezüglich der Temperatur. Der Beweis erfolgt unten.

Bei $\alpha = 0$, $\beta > 0$ ergeben sich Phasenübergänge zweiter Art vom LANDAU-Typ (s. [10], §§ 137, 138) mit endlichen Sprüngen der spezifischen Wärme (wenn der Übergang bei festem Magnetfeld und variabler Temperatur erfolgt) oder der magnetischen Suszeptibilität (wenn das Magnetfeld sich ändert und die Temperatur fest ist). Man kann zeigen, daß die relative Größe dieser Sprünge von der Ordnung $(\hbar\omega_H/\varepsilon_F)^{1/2}$ ist.

Die Kurve der Phasenübergänge zweiter Art kann begrenzt sein, wenn eine Überschneidung mit einer Kurve von Phasenübergängen erster Art im kritischen Punkt der Phasenübergänge zweiter Art vorliegt (s. [10], § 140); dann wird in Formel (20.3) $\alpha(T_0, B_0) = \beta(T_0, B_0) = 0$. Für $\alpha = a_1T_1 + b_1H_1$, $\beta = a_2T_1 + b_2H_1$ (wobei $T_1 = T - T_0, H_1 = H - H_0$; $|T_1/T| \ll 1, |H_1/H| \ll 1$) führt man die Minimumuntersuchungen der Form (20.3) bequemerweise im Koordinatensystem (α, β) durch; danach geht man zu den Koordinaten (T_1, H_1) über. Für $\gamma < 0$ zeigt sich, daß die unmittelbare Fortsetzung der Kurve von Phasenübergängen zweiter Art eine Linie absoluter Instabilität der homogenen Phase mit $A = 0$ ist (über die Untersuchung der Kurve, die das Gebiet der absoluten Instabilität einschließt, s. § 21); diese Linie wird im Punkt (T_0, H_0) von der Linie der Phasenübergänge erster Art (die einer Schichtstruktur aus einer homogenen ($A = 0$) und einer periodischen ($A \neq 0$) Phase entsprechen) und der Linie absoluter Instabilität der periodischen Phase mit $A \neq 0$ berührt

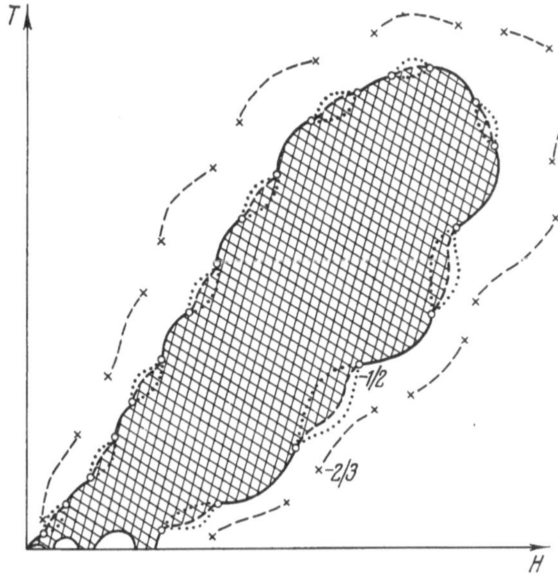

Abb. 50. Zustandsdiagramm

Die ausgezogene Linie entspricht den Phasenübergängen zweiter Art, die gestrichelte den Phasenübergängen erster Art. die punktierte entspricht der Kurve absoluter Instabilität; ○ — kritischer Punkt der Phasenübergänge zweiter Art, × — kritischer Punkt; das Gebiet räumlich-periodischer Strukturen ist schraffiert

(Abb. 50). Die spezifische Wärme C_H oder entsprechend die Suszeptibilität $\varkappa$ gehen auf der letzten Kurve gegen Unendlich wie $|T_1|^{-1/2}$ oder $|H_1|^{-1/2}$ (§ 21).

Ein Phasenübergang ist natürlich nicht nur von einer homogenen zu einer periodischen Struktur möglich, sondern auch, wenn sich neben einer inhomogenen Struktur mit endlicher Amplitude eine zusätzliche Struktur (endliche oder unendlich kleine) herausbildet mit einer neuen Periode, die sich von der alten um einen endlichen Wert unterscheidet.

Die periodische Abhängigkeit der Quantenoszillationen von B^{-1} im homogenen Fall führt zu wiederholten Übergängen bezüglich B^{-1} bei Änderung von B und gegebener Temperatur T.

Schwierigkeiten, eine Theorie der Phasenübergänge zweiter Art aufzustellen, ergeben sich, falls $r_c \gtrapprox \varrho$.

Phasenübergänge, die mit diamagnetischer Quantisierung verbunden sind, existieren auch bei Domänenstrukturen. In einem äußeren Magnetfeld H_0, parallel der Probenoberfläche, ist H unabhängige Veränderliche; ein Minimum besitzt das Potential

$$\delta\theta_t = -\frac{1}{4\pi}\boldsymbol{B}\,\delta\boldsymbol{H}\,. \tag{20.4}$$

Bei $H = H_k$ erfolgt ein Phasenübergang erster Art von B_k zu B_k'. Wenn das Feld H_0 senkrecht zur Oberfläche gerichtet ist (Abb. 51), fällt es mit dem über der Probenoberfläche gemittelten Wert der magnetischen Induktion $\overline{\boldsymbol{B}}$ zusammen:

$$\boldsymbol{H}_0 = \overline{\boldsymbol{B}}\,. \tag{20.5}$$

Diese Beziehung folgt aus der Stetigkeit des Integrales $\int B_n\,\mathrm{d}S$, genommen über der Oberfläche, die in Abb. 51 dargestellt ist, für $l_2/l_1 \to \infty$ und $l_1 \to \infty$. Aus (20.5) folgt $H_k = cB_k + (1-c)\,B_k'$, wobei c die Konzentration der Phase B_k ist. Die Punkte B_k und B_k' entsprechen $4\pi\varkappa < 1$ und ergeben sich aus dem Minimum des thermodynamischen Potentials. Da gemäß (20.5) $\overline{\boldsymbol{B}}$ gegeben ist, ist $\boldsymbol{B}$ unabhängige Variable, und man sucht unter der Nebenbedingung (20.5) das Minimum von Θ_t^* $\left(\theta_t^* = (1/4\pi)\,\boldsymbol{H}\,\delta\boldsymbol{B}\right)$. Für das Minimum ohne Nebenbedingung gilt daher $\theta_t = \theta_t^* + \zeta_H \int B\,\mathrm{d}v$. Bestimmt man die

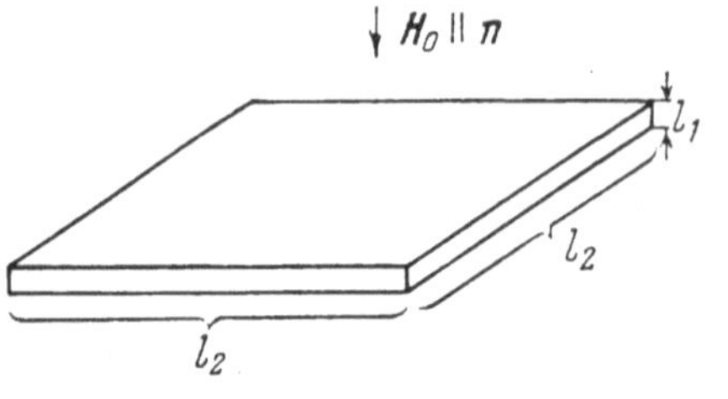

Abb. 51. Das äußere Feld ist senkrecht zur Probenoberfläche

Konstante ζ_H aus $\delta\theta_t/\delta B = 0$, findet man

$$\delta\theta_t = -\frac{1}{4\pi}\boldsymbol{B}\,\delta\boldsymbol{H} = -\boldsymbol{M}\,\delta\boldsymbol{B} + 2\pi(\delta M)^2 + \frac{1}{8\pi}(\delta H)^2\,. \tag{20.6}$$

Daher hat θ_t ein Minimum bezüglich der unabhängigen Variablen B, so daß (s. Abb. 49) die Punkte B_k und B_k' durch die Gleichheit der Flächen $A_kC_kD_k$ und $D_kC_k'A_k'$ bestimmt werden. Bei Änderung von H_0 im Intervall $B_k \leqq H_0 \leqq B_k'$ erfolgt eine „Verdampfung", die von einem Sprung der Suszeptibilität begleitet wird und mit einem Phasenübergang zweiter Art vom LANDAU-Typ verbunden ist. Die Situation ist also einer gewöhnlichen Phasenumwandlung im System Dampf—Flüssigkeit analog. (Bei konstantem Volumen ist die unabhängige Veränderliche das mittlere spezifische Volumen v. Die Mehrdeutigkeit der Funktion $v(P)$ gestattet, den Druck P bei gegebenem v zu variieren, und das Minimum hat das thermodynamische Potential Φ ($\mathrm{d}\Phi = v\,\mathrm{d}P$) als Funktion von v; der Wert von Φ pro Teilchen, d. h. das chemische Potential, stimmt in beiden Phasen überein.

Daher können sowohl Phasenübergänge erster als auch zweiter Art einem Übergang zu einer periodischen oder Domänenstruktur entsprechen.

Um Phasenübergänge zu unterscheiden, die mit der Entstehung von periodischen und Domänenstrukturen verbunden sind, muß man die Abhängigkeit der Domänenstruktur bzw. die Unabhängigkeit der periodischen Struktur von der Geometrie des massiven Materials benutzen. Wenn z. B. H_0 in einer Ebene gedreht wird, die senkrecht zu einer vierzähligen Achse ist (die Abmessungen der Probe seien L_1, L_2, $\sqrt{r_H L_1} \gg L_2 \gg r_H$), so werden die Phasenübergänge für die periodische Struktur bei $H_0 \| x$ und $H_0 \| y$ identisch sein, sich aber wesentlich für die Domänenstruktur unterscheiden (Phasenübergang erster Art für $H_0 \| x$ und zweiter Art für $H_0 \| y$).

Eine wichtige Besonderheit solcher Phasenübergänge ist der makroskopische Wechselwirkungsradius. Die endliche Ausdehnung der Probe führt dabei zu einer relativen Breite des Überganges bezüglich der Temperatur als auch des Magnetfeldes von der Größenordnung $(r_H/D)^2$; D sind die linearen Abmessungen der Probe. Innerhalb dieses Gebietes sind alle thermodynamischen Größen sich schnell ändernde, aber analytische Funktionen.

Die Abschätzungen (20.1) und (20.2) zeigen, daß inhomogene Strukturen in schwachen Magnetfeldern, bei tiefen Temperaturen und an reinen Proben entstehen (bei $T = 0$ und $\tau = \infty$ strebt die Suszeptibilität $\varkappa$ gegen Unendlich für $B \to 0$).

Eine Interferenz verschiedener Perioden führt zur Abnahme der magnetischen Suszeptibilität und zur Verschmierung der Übergangstemperatur oder allgemein zur Unmöglichkeit einer inhomogenen Struktur, falls $\varkappa$ zu kleine Werte annimmt. Daher sind eine überaus schwache Mosaikstruktur, eine hohe zeitliche Stabilität und räumliche Homogenität des Magnetfeldes nötig (räumliche Änderungen müssen klein sein gegen die Periode ΔB der Oszillationen von $\varkappa$, d. h. gegen die Größe $B\hbar\omega_H/\varepsilon_F \sim B^2$).

Die Entstehung eines inhomogenen magnetischen Momentes führt zur Entstehung eines inhomogenen elektrostatischen Potentials φ. Im thermodynamischen Gleichgewicht ist das chemische Potential ζ im gesamten System konstant. Um die Konstanz der Elektronendichte zu garantieren, die aus der Elektroneutralität folgt (s. z. B. [52]), ist die Existenz eines ortsabhängigen Potentials $\varphi(\boldsymbol{r})$ nötig. Da, wie aus dem Ergebnis folgt, $e\varphi(\boldsymbol{r}) \ll \hbar\omega_H$ ist, braucht man $\varphi(\boldsymbol{r})$ bei der Quantisierung nicht zu berücksichtigen. Wenn $N = N_0 + \Delta N$ ist ($\Delta N = -\,\partial \Delta \Omega / \partial \zeta$ ist der oszillierende Teil von N bei konstantem ζ, $\Omega(\boldsymbol{r})$ die Dichte des Potentials Ω, N_0 der im wesentlichen nicht vom Magnetfeld abhängende Teil der Elektronendichte), so ergibt sich

$$
\begin{aligned}
&N(\zeta) = N_0(\zeta + e\varphi) + \Delta N\{\boldsymbol{B}(\boldsymbol{r})\}\,,\\
&e\varphi(\boldsymbol{r}) = -\frac{1}{\nu(\varepsilon_F)}\,\Delta N\{\boldsymbol{B}(\boldsymbol{r})\} \sim \hbar\omega_H \left(\frac{\hbar\omega_H}{\varepsilon_F}\right)^{1/2} \exp\left(-\frac{2\pi^2 T}{\hbar\omega_H} - \frac{2\pi^2}{\omega_H \tau}\right),\\
&\nu = \frac{\mathrm{d}N_0}{\mathrm{d}\varepsilon_F}\,.
\end{aligned}
\tag{20.7}
$$

Die Größe ζ bestimmt sich aus der Konstanz der Elektronenkonzentration bei ein- und abgeschaltetem Magnetfeld. Kennt man ζ und $\varphi(\boldsymbol{r})$, kann man die Elektronendichte jedes Bandes bestimmen.

Benutzt man die abgeleiteten Formeln und die früher angegebene Abschätzung des Zusatztermes zum thermodynamischen Potential, so kann man sich leicht überzeugen, daß sich das Potential φ in der hier interessierenden Näherung weder auf die Quantisierung im Magnetfeld noch auf die magnetische Suszeptibilität auswirkt. Daher kann man alle Berechnungen ohne Berücksichtigung von φ durchführen, indem man die Ergebnisse in (20.7) zur Berechnung von $\varphi(\boldsymbol{r})$ einsetzt.

Die räumlich periodische Struktur äußert sich auch in anderen physikalischen Eigenschaften der Magnetika. Die Ausbreitung von elektromagnetischen und Ultraschallwellen ändert sich beim Auftreten einer periodischen Überstruktur; insbesondere ergeben sich bei hinreichend starker Amplitude der Welle Besonderheiten, die mit den zeitlich periodischen Phasenübergängen zusammenhängen. Es entstehen neue Resonanztypen auf Grund neuer Zweige des Schwingungsspektrums in der Überstruktur. Es entstehen räumliche Modulationen des spezifischen Volumens (Magnetostriktion im periodischen Feld).

Periodische Strukturen, diamagnetische Domänen und alle mit ihnen verbundenen Effekte können natürlich auch in Ferromagnetika auftreten, da sogar bei fehlendem äußeren Magnetfeld die magnetische Induktion $\boldsymbol{B} = 4\pi \boldsymbol{M}_0$ existiert, wobei $\boldsymbol{M}_0(T)$ das spontane magnetische Moment ist.

Es soll jetzt die Thermodynamik von Domänen- und periodischen Strukturen betrachtet werden.

Zur Vereinfachung wird angenommen, daß das Magnetfeld längs einer kristallographischen Hauptachse gerichtet ist, so daß $\boldsymbol{M} \| \boldsymbol{B} \| \boldsymbol{H} \| z$ gilt; außerdem wird nur die erste nicht verschwindende Näherung bezüglich der freien Weglänge betrachtet. Dann fehlt in z-Richtung eine charakteristische Länge und die Größen hängen nicht von der z-Koordinate ab. Wegen rot $\boldsymbol{H} = 0$ gilt

$$H = H_z = \text{const}\,, \qquad M = M_z(x, y)\,, \qquad B = B_z(x, y)\,. \tag{20.8}$$

Zur Bestimmung der Zustandsgleichung, der Abhängigkeit M von B, die allgemein nichtlokalen Charakter hat, muß man den durch die diamagnetische und Spinquantisierung bedingten Zusatzterm zum entsprechenden thermodynamischen Potential berechnen. (Da diese Ergänzung immer klein ist, fallen die Zusatzterme zu allen thermodynamischen Potentialen in den entsprechenden Variablen zusammen; s. [10]).

Es ist am einfachsten, das Potential Ω wie in § 15 zu berechnen:

$$\Omega = -T\sum_k \ln\left(\exp\frac{\zeta - \varepsilon_k}{T} + 1\right); \tag{20.9}$$

summiert wird über alle Zustände.

Im homogenen Fall sind die Energieniveaus bekannt. Ein inhomogener Zusatzterm ist nach (20.8) mit einem M verbunden, das immer klein im Verhältnis zu B ist (s. Anfang dieses Paragraphen). Daher kann man zur Berechnung der Energieniveaus für den inhomogenen Fall die Störungstheorie mit M als kleiner Störung benutzen. Die Entartung bezüglich P_x wird aufgehoben, da im inhomogenen Feld die Lage des Bahnzentrums, die durch P_x bestimmt wird, wesentlich wird. Im eindimensionalen Fall, wenn $\boldsymbol{B}$ nur von einer Koordinate abhängt und P_x nach wie vor Bewegungsintegral ist, ist die Berechnung elementar [53]; im zweidimensionalen Fall ist die Rechnung komplizierter, da P_x keine Erhaltungsgröße mehr ist und man passende Funktionen nullter Näherung bei unendlichfacher Entartung bestimmen muß [54].

Die Größenordnung von relativem Zusatz zum Abstand der Niveaus ist offenbar $M/H \lesseqgtr (v_F/c)^2\,(\varepsilon_F/\hbar\omega_H)^{1/2}$. Der kleine Zusatzterm hat keinen Einfluß auf die oben durchgeführten Abschätzungen und wirkt sich hauptsächlich auf das Argument der schnell oszillierenden Funktion aus, wobei die Anzahl der Niveaus nicht mehr $\varepsilon_F/\hbar\omega_H$ ist, sondern $(\varepsilon_F/\hbar\omega_H)\,(1 + bM/H)^{-1}$ mit $b \approx 1$. In linearer Näherung bezüglich M ergibt sich ein relativ großer Zusatzterm (von der Ordnung $\varkappa$) zur Phase; die nächste Näherung gibt nur noch die kleine Korrektur $(v_F/c)^2\,(\hbar\omega_H/\varepsilon_F)^{1/2}$. Daher kann man sich bei der periodischen Funktion auf die lineare Näherung bezüglich M beschränken, und man findet die erste Näherung der Quantisierungsregeln und der Wellenfunktionen.[1]) Allgemein haben die passenden Wellenfunktionen nullter Näherung und die Ener-

[1]) Gerade daher braucht man im inhomogenen Feld die Spin–Bahn-Wechselwirkung, die mit der Kraft $\mu_0\nabla(\sigma\boldsymbol{B})$ zusammenhängt, nicht zu berücksichtigen. Deshalb ist es auch möglich, das Korrespondenzprinzip zu benutzen, um die Quantisierungsregel abzuleiten. Um die klassische Frequenz im inhomogenen Fall zu finden, kann man in den klassischen Hamilton-Gleichungen die Störungstheorie bezüglich M benutzen; sie sind bei der Variation der Bewegungsperiode zweckmäßiger als die Newtonschen Gleichungen.

gieniveaus in erster Näherung folgendes Aussehen:

$$\left.\begin{aligned} \psi^{(0)} &= \int C(P_x)\, \psi^{(0)}_{np_zP_x}\, \mathrm{d}P_x\,, \\ C(P_x) &= \exp\left\{\frac{1}{\hbar}\int^{P_x} x(P_x')\, \mathrm{d}P_x'\right\}, \\ \varepsilon &= \varepsilon^{(0)}_{np_z} + \varepsilon'\,, \end{aligned}\right\} \tag{20.10}$$

wobei ε' eine stetige Quantenzahl ist, $x(Px)$ sich aus der Gleichung

$$\varepsilon' = \frac{1}{H\dfrac{\partial s}{\partial \varepsilon}} \oint p_y(p_x)\, \mathrm{d}p_x\, B_1\left(x, \frac{c(p_x - P_x)}{eH}\right),$$

$$\boldsymbol{B}_1 = 4\pi \boldsymbol{M} = \boldsymbol{B} - \boldsymbol{H}\,, \tag{20.11}$$

bestimmt und $\varepsilon^{(0)}_{np_z}$, $\psi^{(0)}_{np_zP_x}$ der nullten Näherung entsprechen ($\boldsymbol{B} = \boldsymbol{H}$).

Die Berechnung des thermodynamischen Potentials bei bekannten Energieniveaus kann in Analogie zum homogenen Fall durchgeführt werden (§ 15). Im eindimensionalen Fall hat das Ergebnis folgende Form [54]:

$$\Omega = \sum_\alpha \int \mathrm{d}P_x\, \Omega^{(\alpha)} \left\{\frac{cS_\alpha}{ehH} - \frac{2c}{ehH^2} \int_{p_{x\alpha}^{\min}}^{p_{x\alpha}^{\max}} p_y(p_x)\, M\left(\frac{p_x - P_x}{eH/c}\right) \mathrm{d}p_x\right\} \tag{20.12}$$

wobei $\sum_\alpha \Omega^{(\alpha)}(cS_\alpha/ehH)$ das Potential im eindimensionalen Magnetfeld ist, das in § 15 berechnet wurde (s. auch [55]).

Wie auch im homogenen Fall braucht man nur das chemische Potential durch die Fermi-Energie zu ersetzen.

Die abgeleiteten Formeln gelten nur für ein ideales Elektronengas und berücksichtigen z. B. nicht die Wechselwirkung vom Fermi-Flüssigkeitstyp (letztere hat keinen Einfluß auf die Oszillationsperiode und die Größenordnung ihrer Amplitude; s. § 16). Die konkrete Form von $\boldsymbol{M}(\boldsymbol{r})$ ist jedoch kaum wesentlich, und der Charakter dieser Funktion kann aus allgemeinen Überlegungen erhalten werden.

Wie zu Beginn dieses Paragraphen gezeigt wurde, sind im allgemeinen Falle alle Größen periodische Funktionen, deren Argument eine lineare Funktion des magnetischen Momentes ist. Daher muß die Dichte eines beliebigen thermodynamischen Potentiales $\theta_1(\boldsymbol{r})$ eines Magnetikums unter Berücksichtigung der Translationssymmetrie folgende Form haben ($\boldsymbol{B}$ sei längs einer kristallographischen Achse gerichtet):

$$\left.\begin{aligned} \theta_1(\boldsymbol{r}) &= \sum_\alpha f_\alpha\{\textstyle\int K(\boldsymbol{r} - \boldsymbol{r}')\, \boldsymbol{M}(\boldsymbol{r}')\, \mathrm{d}\boldsymbol{r}'\}\,, \\ \theta &= \textstyle\int \theta_1(\boldsymbol{r})\, \mathrm{d}\boldsymbol{r}\,, \end{aligned}\right\} \tag{20.13}$$

wobei die Zentralsymmetrie des Kristalles die Geradzahligkeit von $K_\alpha(\boldsymbol{r})$ sichert.

Bei Kenntnis des thermodynamischen Potentials kann man das Moment $\boldsymbol{M} = \delta\theta/\delta\boldsymbol{B}$ bestimmen und die zur Berechnung von $\boldsymbol{B}(x, y)$ grundlegende Gleichung

$$\boldsymbol{B} - 4\pi\boldsymbol{M}\{\boldsymbol{B}\} = \boldsymbol{H} = \text{const} \tag{20.14}$$

aufstellen. Man muß jedoch beachten, daß diese Gleichung an sich nicht nur Gleichgewichts-, sondern auch metastabile und absolut instabile Lösungen geben kann. In Wirklichkeit garantiert die Zustandsgleichung nur das Extremum des thermodynamischen Potentials, nicht seinen minimalen Wert, und ist daher nur eine notwendige (aber nicht hinreichende) Bedingung des Gleichgewichtes. Um die absolut instabilen Lösungen auszuschließen, benötigt man die zweite Variationsableitung eines vollständigen thermodynamischen Potentials, dessen magnetischer Zusatzterm nicht nur mit der Quantisierung, sondern auch mit einer Änderung der Felder im Magnetikum verbunden ist. Es ist gezeigt worden, daß das Potential θ eine solche Größe ist ($\delta\theta = -\frac{1}{4\pi}\boldsymbol{B}\delta\boldsymbol{H}$, die Überlegungen hängen offenbar nicht davon ab, ob eine Domänen- oder periodische Struktur vorliegt). Da H nicht variiert wird ($H = \text{const}$) und $-\boldsymbol{M}\,\delta\boldsymbol{B} = \delta\theta$, gilt

$$\theta_t = \theta + 2\pi \int M^2 \,\mathrm{d}\boldsymbol{r}\,, \quad \boldsymbol{M} = \frac{\boldsymbol{B} - \boldsymbol{H}}{4\pi} = -\frac{\delta\theta}{\delta\boldsymbol{B}}. \tag{20.15}$$

Mit Hilfe der Formeln (20.15), (20.13) und (20.14) kann man im Prinzip die gesamte Thermodynamik der betrachteten Magnetika sowohl im Gleichgewichts- als auch im magnetischen Zustand untersuchen. Da die thermodynamischen Potentiale sich in diesen Zuständen um endliche Größen voneinander unterscheiden und in beiden Fällen ein Minimum haben, liefert die Untersuchung der Variationsableitungen keine zusätzlichen Informationen; dem Gleichgewichtszustand wird der minimale Wert von θ_t entsprechen, den man ermitteln kann, wenn man den Wert θ_t für verschiedene Lösungen, die in (20.15) eingesetzt worden sind, vergleicht.

Metastabile Lösungen in Magnetika können sich infolge der Fernwirkung als äußerst stabil erweisen, da stets ein makroskopischer (von der Größenordnung r_H, d. h. $10^{-3}-10^{-4}$ cm) Keim der neuen Phase notwendig ist. (Bei der Verdampfung genügen bei relativ geringer Überhitzung schon Keime atomarer Abmessungen.) Allerdings muß z. B. eine Härtung durch Änderung eines Magnetfeldes äußerst schnell erfolgen, da die charakteristischen Relaxationszeiten durch Elektronen bestimmt werden und sehr gering sind (sogar in reinsten Metallen und bei Heliumtemperaturen ist $\tau \approx 10^{-9}$ sec).

Es soll nun das interessanteste Problem — die Entstehung einer inhomogenen Struktur — untersucht werden.

§ 21 Theorie der diamagnetischen Phasenübergänge

Zunächst wird der Fall betrachtet, daß eine diamagnetische räumliche Struktur durch einen Phasenübergang zweiter Art entsteht.

Die Grundgleichung der Theorie periodischer Strukturen ist, wie schon erwähnt, die Gleichung

$$\left.\begin{aligned} &\boldsymbol{B} - 4\pi \boldsymbol{M}\{\boldsymbol{B}\} = \boldsymbol{H} = \text{const}\,, \\ &\boldsymbol{B} = \boldsymbol{B}(\boldsymbol{R})\,, \qquad \boldsymbol{R} \equiv (x, y)\,. \end{aligned}\right\} \tag{21.1}$$

Gleichung (21.1) besitzt immer eine homogene Lösung $\boldsymbol{B}_0$:

$$\boldsymbol{B}_0 - 4\pi \boldsymbol{M}\{\boldsymbol{B}_0\} = \boldsymbol{H}\,, \tag{21.2}$$

die nicht die einzige zu sein braucht. Es wird nun eine nichthomogene Lösung betrachtet, die der homogenen beliebig nahe ist:

$$\boldsymbol{B} = \boldsymbol{B}_0 + \boldsymbol{B}_1\,. \tag{21.3}$$

Es gilt

$$\boldsymbol{B}_1 = 4\pi \hat{\chi} \boldsymbol{B}_1\,, \tag{21.4}$$

wobei $\hat{\chi}$ ein linearer Integraloperator ist (gemäß dem oben Gesagten). Aus der Homogenität des Raumes (die Verschiebung um eine Periode des Kristallgitters ist praktisch unendlich klein bezüglich r_H) folgt, daß dieser Operator von einer Differenz abhängen muß, und die Inversionsinvarianz des Kristalles sichert seine Geradzahligkeit. Daher kann man (21.4) in folgender Form schreiben

$$\boldsymbol{B}_1(\boldsymbol{r}) = \int \chi(\boldsymbol{R} - \boldsymbol{R}')\, \boldsymbol{B}_1(\boldsymbol{R}')\, \mathrm{d}\boldsymbol{R}'\,, \qquad \chi(-\boldsymbol{R}) = \chi(\boldsymbol{R})\,. \tag{21.5}$$

Macht man einen Ansatz der Form

$$B_1 = \operatorname{Re}\,(A \mathrm{e}^{-ikR})\,, \tag{21.6}$$

kommt man zu einer Gleichung für die Periode der räumlichen Oszillationen:

$$4\pi \tilde{\chi}(k_0) = 1\,, \qquad \tilde{\chi}(k) = \int \chi(\boldsymbol{R}) \cos(kR)\, \mathrm{d}R\,. \tag{21.7}$$

Die Lösbarkeit von (21.7) ist für $4\pi\chi < 1$ nicht nur notwendige, sondern auch hinreichende Bedingung für die Entstehung einer periodischen Struktur.

Zum Beweis wird $\theta(B)$ nach B_1 entwickelt. Beachtet man, daß die Gleichung (20.15) dabei mit (21.5) zusammenfallen muß, und berücksichtigt man die Kristallsymmetrie, findet man

$$\begin{aligned} \theta = \theta_0 &+ \frac{1}{8\pi} \int B_1^2(\boldsymbol{R})\, \mathrm{d}\boldsymbol{R} - \frac{1}{2} \int \chi(\boldsymbol{R} - \boldsymbol{R}')\, B_1(\boldsymbol{R})\, B_1(\boldsymbol{R}')\, \mathrm{d}\boldsymbol{R}\, \mathrm{d}\boldsymbol{R}' \\ &+ \frac{1}{12\pi} \int f(\boldsymbol{R} - \boldsymbol{R}'; \boldsymbol{R} - \boldsymbol{R}'')\, B_1(\boldsymbol{R})\, B_1(\boldsymbol{R}')\, B_1(\boldsymbol{R}'')\, \mathrm{d}\boldsymbol{R}\, \mathrm{d}\boldsymbol{R}'\, \mathrm{d}\boldsymbol{R}'' \\ &+ \frac{1}{16\pi} \int g(\boldsymbol{R} - \boldsymbol{R}'; \boldsymbol{R} - \boldsymbol{R}''; \boldsymbol{R} - \boldsymbol{R}''')\, B_1(\boldsymbol{R})\, B_1(\boldsymbol{R}')\, B_1(\boldsymbol{R}'') \\ &\times B_1(\boldsymbol{R}''')\, \mathrm{d}\boldsymbol{R}\, \mathrm{d}\boldsymbol{R}'\, \mathrm{d}\boldsymbol{R}''\, \mathrm{d}\boldsymbol{R}'''\,. \end{aligned} \tag{21.8}$$

Der lineare Term bezüglich B_1 in (21.8) fehlt, weil er infolge der Translationssymmetrie die Form $K_0(B_0) \int B_1(\boldsymbol{R})\, d\boldsymbol{R}$ haben muß und die Stabilität in bezug auf eine homogene Störung ($B_1 = \text{const}$) bedeutet, daß

$$\left(\frac{\partial\theta}{\partial B_1}\right)_{B_1=0} = K_0(B_0) = 0$$

$$\left(a\,\frac{\partial^2\theta}{\partial B_1^2}\bigg|_{B_1=0} = 1 - 4\pi\chi > 0 \text{ nach Voraussetzung}\right).$$

(21.8) kann man in folgender Form schreiben:

$$\theta_t = \theta_0 + \frac{\pi}{2}\int (1 - 4\pi\tilde{\chi})\boldsymbol{k})) \,|\tilde{B}_1(\boldsymbol{k})|\; d\boldsymbol{k} + \cdots \tag{21.9}$$

(durch die Tilde werden hier und im weiteren die FOURIER-Komponenten der entsprechenden Funktionen bezeichnet).

Wenn (21.7) eine Lösung besitzt, so ist $4\pi\tilde{\chi}_{\max} \geqq 4\pi\tilde{\chi}(k_0) = 1$, und der homogene Zustand ist instabil. Wie schon erwähnt, kann die Instabilität eines homogenen Zustandes sowohl mit der Entstehung einer periodischen Struktur verbunden sein als auch mit der Herausbildung einer Schichtstruktur aus diamagnetischen Domänen. Letzteres (s. Abb. 45) geschieht schon für $4\pi\chi < 1$ (d. h. $\partial H/\partial B > 0$); nur solche Werte χ werden auch realisiert. Daher ist für die Existenz einer periodischen Struktur notwendig[1]), daß $4\pi\tilde{\chi}_{\max} \geqq 1$ (das Maximum wird bezüglich k genommen) bei $4\pi\tilde{\chi} = 4\pi\tilde{\chi}(0) < 1$.

Bei Erfüllung dieser Bedingung liegt dann ein Phasenübergang zweiter Art vor, wenn Gleichung (21.7) zum ersten Male lösbar wird, d. h., wenn $4\pi\tilde{\chi}_{\max} = 1$ und folglich eine mehrfache Wurzel von Gleichung (21.7) vorliegt (Abb. 52). In der Nähe dieses Punktes ist das Intervall von k, in dem $1 - 4\pi\tilde{\chi} < 0$

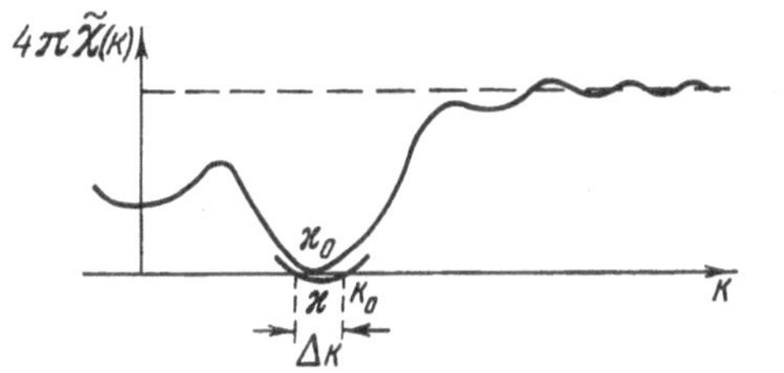

Abb. 52. Auftreten einer mehrfachen Wurzel

[1]) Man kann zeigen, daß für ein gegebenes Band und einen gegebenen Querschnitt $\chi_\mu(\boldsymbol{R})$ das Vorzeichen nicht wechselt und

$$\operatorname{sign}\chi_\mu(\boldsymbol{R}) = \operatorname{sign}\chi_\mu\,, \qquad 4\pi|\tilde{\chi}_\mu| \leqq 4\pi|\tilde{\chi}_\mu(0)| = 4\pi|\chi_\mu|\,.$$

Daher sind zur Realisierung einer periodischen Lösung mehrere Extremalquerschnitte und die Erfüllung der Bedingungen $4\pi\chi_0 > 1$ sowie $4\pi\chi < 1$ (χ_0 ist in § 20 definiert) notwendig.

ist, offenbar klein: $|\Delta k/k_0| \ll 1$. Daher muß (s. Abb. 48) für $|\Delta k| \gtrsim k_0$, wo $1 - 4\pi\tilde{\chi}(k) \gtrsim 1$ ist, der Wert von B_1 klein sein im Verhältnis zu seinem Wert im Intervall, wo $1 - 4\pi\tilde{\chi} < 0$ ist, da der Term (21.9) bei kleinen Werten von $\tilde{B}_1$ bestimmend und ein Zustand mit großem Δk energetisch ungünstig ist. Folglich kann B_1 sogar bei Berücksichtigung höherer Terme der Entwicklung in der Nähe des Übergangspunktes in folgender Form dargestellt werden:

$$B_1(\boldsymbol{R}) = A(\boldsymbol{R}) \exp(i\varkappa\boldsymbol{R}) + A^*(\boldsymbol{R}) \exp(-i\varkappa\boldsymbol{R}) + C(\boldsymbol{R}), \tag{21.10}$$

$$\left.\begin{aligned} &|C| \ll |A|, \\ &\tilde{\chi}(\varkappa) = \tilde{\chi}_{\max}, \qquad \nabla\tilde{\chi}(k) = 0, \end{aligned}\right\} \tag{21.11}$$

$A(\boldsymbol{R})$ bedeutet eine Funktion, die sich auf Entfernungen ändert, die groß im Verhältnis zum LARMOR-Radius r_H sind. Der Stern bezeichnet die konjugiert komplexe Größe; $C(\boldsymbol{R})$ kann beliebige Werte k annehmen, die Änderung von $C(\boldsymbol{R})$ ist willkürlich, aber klein im Verhältnis zu $A(\boldsymbol{R})$.

Mit Hilfe von (21.10) kann man durch sukzessive Approximation[1]) die nichtlineare Gleichung für $B_1(\boldsymbol{R})$ lösen, die aus der Bedingung $\delta\theta/\delta B_1 = 0$ folgt:

$$\begin{aligned} B_1(\boldsymbol{R}) = {} & 4\pi \int \chi(\boldsymbol{R} - \boldsymbol{R}')\, B_1(\boldsymbol{R}')\, d\boldsymbol{R}' \\ & + \int f(\boldsymbol{R}-\boldsymbol{R}'; \boldsymbol{R}-\boldsymbol{R}'')\, B_1(\boldsymbol{R}')\, B_1(\boldsymbol{R}'')\, d\boldsymbol{R}'\, d\boldsymbol{R}'' + \int g(\boldsymbol{R}-\boldsymbol{R}'; \\ & \boldsymbol{R}-\boldsymbol{R}''; \boldsymbol{R}-\boldsymbol{R}''')\, B_1(\boldsymbol{R}')\, B_1(\boldsymbol{R}'')\, B_1(\boldsymbol{R}''')\, d\boldsymbol{R}'\, d\boldsymbol{R}''\, d\boldsymbol{R}''' + \cdots. \end{aligned} \tag{21.12}$$

Setzt man (21.10) in (21.12) ein, findet man für die Größe C (in zweiter Näherung bezüglich A):

$$C = E \exp(2i\varkappa\boldsymbol{R}) + E^* \exp(-2i\varkappa\boldsymbol{R}) + 2D, \tag{21.13}$$

wobei

$$E = \frac{\tilde{f}(\varkappa, -\varkappa)}{1 - 4\pi\tilde{\chi}(\varkappa)} A^2, \qquad D = \frac{\tilde{f}(\varkappa, -\varkappa)}{1 - 4\pi\tilde{\chi}(0)} |A|^2. \tag{21.14}$$

In der nächsten Näherung erscheinen, außer dritten Harmonischen, vom Term dritter Ordnung bezüglich B_1 erste Harmonische. Die entsprechende Gleichung (die mit der Orthogonalität der „störenden" inhomogenen Terme in (21.12) und der Lösung der homogenen Gleichung zusammenfällt) hat die Form:

$$-2\pi \sum_{i=1}^{2} \frac{\partial^2 A}{\partial R_i^2} \frac{\partial^2\tilde{\chi}}{\partial\varkappa_1} + \tau A - 4\beta A|A|^3 = 0,$$

$$\tau = 4\pi\tilde{\chi}(\varkappa) - 1; \tag{21.15}$$

$$\alpha_i^{-1} = -2\pi \frac{\partial^2\tilde{\chi}}{\partial\varkappa_i^2} > 0. \tag{21.16}$$

[1]) Die Wahl der nullten Näherung in der Form (21.10) bestimmt bereits vollständig den Verlauf der nächsten Näherungen (natürlich bei Berücksichtigung der Lösbarkeitsbedingung der inhomogenen Gleichung für den Fall, daß die homogene Gleichung eine nichttriviale Lösung besitzt). Dabei hat die Lösung der Gleichung $\int h(\boldsymbol{R} - \boldsymbol{R}')\, \Phi(\boldsymbol{R}') \times d\boldsymbol{R}' = F(\boldsymbol{R}) \exp(i s\boldsymbol{R})$ mit der langsam veränderlichen Funktion $F(\boldsymbol{R})$ folgende Gestalt:

$$\Phi(\boldsymbol{R}) = H^{-1}\left(i \frac{d}{d\boldsymbol{R}}\right) F(\boldsymbol{R}), \qquad H(\xi) = \int \exp\{(i\boldsymbol{R}(\xi - s)\}\, h(\boldsymbol{R})\, d\boldsymbol{R}.$$

Der relativ umfangreiche Ausdruck für β wurde weggelassen. Hier ist $\alpha_i > 0$, da $\tilde{\chi}$ im Punkte $\varkappa$ ein Maximum besitzt; die Richtung der Achsen (x, y) wurde so gewählt, daß $\partial^2\tilde{\chi}/(\partial\varkappa_x\,\partial\varkappa_y) = 0$ ist.

Man führt nun einen Punkt $\varkappa_0$ ein mit

$$4\pi\tilde{\chi}(\varkappa_0) = 1\,, \qquad \nabla\tilde{\chi}(\varkappa_0) = 0\,. \tag{21.17}$$

Die Gleichungen (21.17) bestimmen außer $\varkappa_0$ auch noch den Zusammenhang zwischen T und H, d. h. die Kurven der Phasenübergänge von der homogenen zur periodischen Struktur in der (T, H)-Ebene. Wenn der Übergang bei festem H beobachtet wird, so ist $\tau \sim T - T_0(H)$ $\big(T_0(H)$ ist der Übergangspunkt$\big)$, wenn T fest ist, gilt $\tau \sim H - H_0(T)$.

Nimmt man in (21.15) $A = |A| \exp(i\psi)$ an, so findet man für $\psi \neq 0$, daß $\psi \sim |A|^{-2}$ und eine bezüglich $\boldsymbol{R}$ schnell oszillierende Funktion ist (da $|A|$ nach Voraussetzung klein ist), was jedoch nicht zutrifft, wie oben gezeigt wurde. Daher gilt $\psi = 0$ und A ist reell. Setzt man (21.10) bei reellem A in (21.9) ein, erhält man den Ausdruck

$$\theta_t - \theta_0 = \int \left\{- U(A) + \sum_{i=1}^{2} \frac{1}{2\alpha_i}\left(\frac{\partial A}{\partial R_i}\right)^2\right\} \mathrm{d}\boldsymbol{R} \equiv \int \theta_0\, \mathrm{d}\boldsymbol{R}\,, \tag{21.18}$$

wobei

$$U(A) = \tfrac{1}{4}\tau A^2 - \tfrac{1}{2}\beta A^4\,.$$

Da im Übergangspunkt, wie aus den oben angeführten Überlegungen folgt, eine periodische Struktur der Periode $2\pi\varkappa_i^{-1} \sim r_H$ entsteht, kann man die Form (21.18) der Zerlegung von θ_t nach dem langsam veränderlichen, kleinen Parameter A unmittelbar erhalten. Dazu hat man lediglich folgendes zu berücksichtigen: a) aus der Minimumbedingung für θ_t bezüglich A ergibt sich für den Übergangspunkt $\delta\theta_t/\delta A = 0$; b) $\delta H/\delta A \sim \tau$ $\big($da $4\pi\tilde{\chi}(\varkappa_0) = 1\big)$, woraus $\varrho^2\theta_t/\delta A^2 \sim \tau$ folgt; c) die Existenz eines Minimums von $\theta_t(A)$ für $T = T_0$ fordert $\delta^3\theta_t/\delta A^3 = 0$ und $\delta^4\theta_t/\delta A^4 = \beta > 0$; d) die Zerlegung nach dem kleinen Term ∇A kann infolge der langsamen Änderung von $A(\boldsymbol{R})$ und der Invarianz bezüglich der Ersetzung von $\boldsymbol{R}$ durch $-\boldsymbol{R}$ nur gerade Potenzen von A enthalten.

Der Sinn der Bedingung $\beta > 0$ besteht in Folgendem: Wenn $\beta < 0$ ist, so folgt aus (21.18), daß $\tau = 0$ kein ausgezeichneter Punkt ist; vielmehr existiert schon eine periodische Struktur mit endlicher Amplitude, wobei der Übergang früher erfolgte, und zwar bei endlichem A (da gerade der Übergang für $A \to 0$ untersucht wird), d. h., es liegt ein Phasenübergang erster Art vor.

Da $\alpha_i > 0$ (s. (21.16)), so ist $\theta_1 \geqq - U(A) \geqq U_{\max}$, wobei sich die Gleichung $\theta_1 = - U_{\max}$ für homogenes A ergibt. Dabei verschwindet der Term mit den Ableitungen in (21.18), und θ_1 nimmt eine Form an, die charakteristisch für einen Übergang zweiter Art vom Landau-Typ ist (s. (20.3)) und zu einem Übergang von $A = 0$ bei $\tau < 0$ zu $\pm A_0 = 1/2\sqrt{\tau/2\beta}$ bei $\tau < 0$ führt. Die Zustände mit $\pm A_0$ unterscheiden sich nur in der Phase; das kann für Proben endlicher Abmessungen wesentlich sein (wo solche Zustände den Domänen analog sind). Aus der Definition von $\varkappa$ und $\varkappa_0$ kann man leicht die Abhängigkeit der räumlichen Perioden $2\pi\varkappa_i^{-1}$ von τ finden: $\varkappa - \varkappa_0 \sim \tau$. Die Oszillationsperiode ändert sich also linear mit τ in der Nähe des Übergangspunktes, und die Amplitude ist proportional $\sqrt{\tau}$.

Alle oben angeführten Überlegungen sind besonders übersichtlich im eindimensionalen Fall $A = A(y)$. Dann kann man das Funktional (21.18) formal als Wirkung interpretieren für die eindimensionale Bewegung eines Teilchens der Masse α in der Zeit y bezüglich der Koordinate A (da B endlich sein muß, darf das Teilchen nicht ins Unendliche gelangen). Der Übergang zwischen den Zuständen mit $+A$ und $-A$ hat in diesem Falle Domänencharakter und wird bei $\tau > 0$ durch die Beziehung

$$A = A_0 \operatorname{th} \{\tfrac{1}{2} \sqrt{\tau\alpha}(y - y_0)\} \tag{21.19}$$

beschrieben. Aus der Definition (21.7) folgt, daß für $k \to \infty$ die oszillierende Funktion $\tilde{\chi}(k)$ gegen Null strebt. Daher können sich bei Änderung der Temperatur oder des Magnetfeldes neue Wurzeln der Gleichungen (21.11) und damit auch neue Phasenübergänge ergeben. Falls dabei ein Extremum von $\tilde{\chi}(k)$ für $k > 0$ entartet ist, kann eine Schichtstruktur aus Phasen verschiedener Perioden entstehen.

Bei allen bisherigen Überlegungen wurde vorausgesetzt, daß nur eine Lösung der Gleichung (21.11) existiert. Das gilt aber nur für ein rechteckiges Gitter in der Ebene (x, y); Achsen höherer Symmetrie bewirken eine entsprechende Anzahl von Lösungen der Gleichungen (21.11) — einen „Stern" von Vektoren $\varkappa$. Wenn die Summe dreier beliebiger Lösungen nicht verschwindet, bleiben alle Betrachtungen gültig. Falls die Summe irgendwelcher drei Lösungen Null ergibt, verschwindet in der Entwicklung $\theta_t(A)$ der Term dritter Ordnung nicht. Ein Phasenübergang zweiter Art ist nicht möglich, und die periodische Struktur entsteht durch einen Phasenübergang erster Art.

Bisher wurde vorausgesetzt, daß die Instabilität eines homogenen Zustandes für $\varkappa \neq 0$ eintritt. Im entgegengesetzten Fall, wenn $\tilde{\chi}_{\max} = \tilde{\chi}(0) \neq \chi$, kann man die Theorie benutzen, die im vorigen Abschnitt entwickelt wurde (der Punkt $\varkappa = 0$ entspricht unbedingt einem Extremum, und infolge der Zentralsymmetrie des Kristalles ist $\tilde{\chi}(-k) = \chi(k)$, $\nabla\tilde{\chi}(-k) = -\nabla\tilde{\chi}(k)$, woraus $\nabla\tilde{\chi}(0) = 0$ und wegen der Stabilität des homogenen Zustandes ein Maximum folgen). Man muß jedoch bemerken, daß sich bei $\varkappa_0 = 0$ die Größe B langsam ändert und daher $\theta_1(B)$ nach Potenzen von ∇B entwickelt werden kann. Im wesentlichen fällt θ_1 mit der „lokalen" homogenen Dichte $\theta_1^0(B)$ zusammen. In nächster Näherung gilt

$$\theta_1\{B\} = \theta_1^0(B) + \sum_{i=1}^{2} \frac{1}{2\alpha_i} \left(\frac{\partial B}{\partial R_i}\right)^2. \tag{21.20}$$

Überlegungen, wie sie weiter unten angeführt werden, zeigen, daß sich der kritische Punkt auf eine Schichtstruktur diamagnetischer Domänen bezieht, wobei der Übergang zwischen ihnen nach der Beziehung (21.19) erfolgt. Außerhalb der Domänenwand hat man in $\theta_1(B_1)$ die Ableitung wegzulassen.

Da $4\pi\chi = 1$ ist und folglich im homogenen Fall $\partial H/\partial B = 0$, folgen aus der Stabilität des homogenen Zustandes links oder rechts vom kritischen Punkt die Relationen $\partial^2 H/\partial B^2 = 0$ und $\partial^3 H/\partial B^3 = 0$. Setzt man $B = B_0 + B_1$, $T = T_0 + T_1$, $H = H_0 + H_1$ und berücksichtigt, daß

$$\delta\theta_t = -\boldsymbol{B}\,\delta\boldsymbol{H}\,, \tag{21.21}$$

findet man

$$\theta_t = \theta_0 + \left(a_2 T_1 - \frac{H_1}{4\pi}\right) B_1 + \frac{1}{3} a_3 T_1 B_1^2 + \frac{1}{4} a_4 B_1^4\,. \tag{21.22}$$

Diese Entwicklung (die Begründung erfolgt in § 20) ist analog der GIBBSschen Phasenregel in der Nähe eines gewöhnlichen kritischen Punktes eines Systems Flüssigkeit—Dampf (s. z. B. [10], § 84); nur spielt H die Rolle des Druckes p und B die Rolle des spezifischen Volumens v (natürlich ist in der Nähe eines „gewöhnlichen“ kritischen Punktes die experimentelle Untersuchung bei gegebenem Zusammenhang von p und v äußerst schwierig. Die Untersuchung des kritischen Punktes einer Domänenstruktur im geneigten Magnetfeld bereitet offenbar keine besonderen Schwierigkeiten). Daher kann man alle Resultate der GIBBSschen Betrachtung zum kritischen Punkt auf den gegebenen Fall übertragen. So erhält man in Analogie zu Formel (84.10) aus [10]

$$C_H \sim (a_3 T_1 + 3 a_4 B_1^2)^{-1}\,. \tag{21.23}$$

Insbesondere ist auf der Gleichgewichtskurve, wo $B_1 \sim |T_1|^{1/2}$, die spezifische Wärme $C_H \sim T_1^{-1}$, während bei einem „kritischen“ Magnetfeld ($H_1 = 0$), wenn aus dem Minimum von θ_t (d. h. aus $\partial\theta_t/\partial B_1 = 0$) $B_1 \sim T_1^{-1/3}$ folgt, die Formel (21.23) $C_H \sim T_1^{-2/3}$ ergibt.

Von besonderem Interesse ist die Klärung von Form und Abmessungen diamagnetischer Domänen. Am interessantesten und wichtigsten ist der Fall, wenn die charakteristischen linearen Abmessungen der Probe L groß im Verhältnis zum LARMOR-Radius r_H sind, so daß die Abmessungen der Domänen g wesentlich größer als die Dicke der Domänenwand d sind. In diesem Fall zerfällt die Lösung der Aufgabe in einen „mikroskopischen“ und „makroskopischen“ Teil. Die „mikroskopische“ Aufgabe besteht darin, die Form der Domänenwand zu klären, d. h. die Verteilung der Induktion in einer Schicht der Dicke d zu finden. Da $d \ll g$, kann man in erster nicht verschwindender Näherung bezüglich d/g die Wand als eben und die Aufgabe als eindimensional ansehen, so daß nach den MAXWELL-Gleichungen $B_n = \text{const}$, $H_t = \text{const}$ wird (die Normale n wird als y-Achse genommen).

Dabei gilt gemäß (21.1)

$$\left.\begin{aligned} H_t\{B_t(y), B_y\} &= H_t\,,\\ H_y\{B_t(y), B_y\} &= H_y(y)\,.\end{aligned}\right\} \tag{21.24}$$

Die Gleichungen (21.24) sind den „gewöhnlichen“ Zustandsgleichungen in der Nähe von Phasengrenzen koexistierender Phasen analog; nur hat man B_y als gegebenen Parameter zu betrachten (da an der Probenoberfläche B_n allgemein nicht mit dem Gleichgewichtswert im Volumen übereinstimmt). Daher fallen auch die Bedingungen für die Sättigung von B_t und H_y für $y \to \pm\infty$ (d. h. für $y \gg d$, aber $y \ll g$) mit der „gewöhnlichen" Bedingung der Flächengleichheit in der Kurve $H_t = H_t(B_t)$ bei gegebenem B_y zusammen. Diese Kurve entspricht der Abb. 49, in der H durch H_t und B durch B_t zu ersetzen sind. Für $y \to \pm\infty$ ergibt sich ein definierter Zusammenhang von H_t und B_y:

$$H_t = H_k(B_y)\,. \tag{21.25}$$

Besonders offensichtlich ist diese Bedingung im isotropen Fall, wenn $H_y = H_y(B_y) = 0$, H_t nicht von B_y abhängt und die Bedingung $H_t = H_K$ der gewöhnlichen Flächengleichheit in der Kurve $H_t = H_t(B_t)$ entspricht.

Die konkrete Form von $B_t(y)$ und $H_y(y)$ kann man in der Nähe des kritischen Punktes erhalten, wenn die Näherung (21.20) gilt. Die entsprechende Formel für den isotropen Fall wurde zum ersten Male in der Abreit [49] abgeleitet. Diese Formel ist natürlich (21.19) analog (die Dicke der Domänenwand insbesondere ist von der Größenordnung $r_H\mu^{-1/2}$) und gestattet es, die Oberflächenenergie Δ an der Grenze der Domänen zu erhalten:

$$\Delta = \frac{r_H\mu^{1/2}(B - B')^2}{24\sqrt{2\pi}}, \tag{21.26}$$

wobei $\mu = 1 - 4\pi\chi$ und r_H der maximale Larmor-Radius ist.

Die „makroskopische" Aufgabe besteht in der Klärung von Form und Abmessungen der Domänen in der Näherung $d/g \ll 1$, d. h. für $d = 0$. Gibt man zuerst die Periode der Domänenstruktur D vor, hat man eine magnetostatische Aufgabe zu lösen; dabei bestimmt Gleichung (21.25), die eine zusätzliche Bedingung auf den Grenzen der Domäne gibt, die Form der Grenzen (in einer Reihe von Spezialfällen sind solche Grenzflächen in der Arbeit [56] berechnet).

Durch Gleichung (20.5) kann man g_1 und g_2 durch D und H_0 ausdrücken:

$$g_1 = \frac{(H_0 - B')\,D}{B - B'}, \quad g_2 = D - g_1 = \frac{(B - H_0)\,D}{B - B'}. \tag{21.27}$$

Berechnet man schließlich bei bekannter Struktur der Felder das vollständige thermodynamische Potential, berücksichtigt man die Oberflächenenergie an den Domänengrenzen, so bestimmt man die Periode D aus der Minimumbedingung für D. Die Periode ist von der Größenordnung (s. [56]):

$$D \approx \sqrt{\mu r_H L}\,. \tag{21.28}$$

Aus (21.26)—(21.28) folgt die Gültigkeit der Näherung:

$$\frac{d}{g} \approx \frac{1}{\mu}\sqrt{\frac{r_H}{L}} \ll 1\,, \quad \frac{g}{L} \approx \sqrt{\frac{r_H}{L\mu}} \ll 1\,.$$

Bei hinreichender Entfernung vom kritischen Punkt und bei $\mu A \gg 1$ (und folglich $\varkappa_{\max} \ll 1/4\mu$) werden die Rechnungen [56] und die Form der Domänenwand wesentlich komplizierter; $B(y)$ oszilliert beim Übergang von A_k zu A_k' und besitzt eine Vielzahl allmählich abfallender schmaler und ausgeprägter

Maxima und entsprechend tiefer Minima. Die Oberflächenenergie und die Abmessungen einer Domäne werden größenordnungsmäßig durch die Formeln (21.26) und (21.28) bestimmt; nur muß man, da $\mu \gg 1$, $\mu^{1/2}$ durch $\mu^{1/3}$ ersetzen.

Die Zerlegung des thermodynamischen Potentials, die analog der LANDAU-Entwicklung in der Theorie der Phasenübergänge ist, hängt mit der Fernwirkung für $r \gg a$ zusammen und gestattet, Besonderheiten auf der Kurve absoluter Instabilität (wo im homogenen Fall $\partial H/\partial B = 0$ ist) zu untersuchen. Bei gegebenem H und $T = T_0$ habe die Gleichung für B, die symbolisch in der Form

$$\hat{L}\{H, T_0; B\} = 0 \tag{21.29}$$

geschrieben wird, die spezielle Lösung $B_0(\boldsymbol{R})$, so daß

$$\hat{L}\{H, T_0; B_0(\boldsymbol{R})\} = 0\,. \tag{21.30}$$

Im folgenden werden Charakter und Stabilität der Lösung $T = T_0 + T_1$ untersucht. Wenn $B = B_0 + \psi$, wird

$$\hat{L}_0\psi + T_1\hat{L}_2\{B_0(\boldsymbol{R})\} + \tfrac{1}{2}\,\hat{L}_3\psi^2 + \cdots = 0\,, \tag{21.31}$$

wobei

$$\hat{L}_1 = \frac{\delta\hat{L}}{\delta B_0}, \quad \hat{L}_2\{B_0(\boldsymbol{R})\} = \frac{\partial}{\partial T_0}\hat{L}\{H, T_0; B_0(\boldsymbol{R})\}\,, \quad \hat{L}_3 = \frac{\delta^2\hat{L}}{\delta B_0^2}. \tag{21.32}$$

Hierbei wurde T bei festem H variiert, bei Variation von H und festem T ist die Betrachtung völlig analog.

Lösung und Untersuchung der Gleichung (21.31) erfolgt in der gleichen Weise wie oben (21.12). Der Charakter der Lösung wird ebenfalls durch Existenz oder Nichtexistenz der Lösung der homogenen Gleichung $\hat{L}_1\psi = 0$ bestimmt. Die Werte T, bei denen zum ersten Male eine solche Lösung erscheint, liefern die Kurve $T_0 = T_0(H)$. Der Unterschied besteht lediglich darin, daß Terme mit kubischer Amplitude im thermodynamischen Potential entweder verschwinden können (infolge der Symmetrie oder in singulären Punkten bezüglich H) oder erhalten bleiben. Im Unterschied zu (21.12) brauchen die Kerne in Gleichung (21.31) nicht von einer Differenz abzuhängen, da die Inhomogenität von $B_0(\boldsymbol{R})$ allgemein die Translationssymmetrie im System aufhebt. Im letzten Fall hat die Zerlegung des thermodynamischen Potentials nach $A_1 = A - A_0$ (A_0 ist die Amplitude der periodischen Struktur auf der Kurve absoluter Instabilität) und $T_1 = T - T_0$ folgende Form:

$$\theta_t = \theta_0 + \alpha T_1 A_1 + \tfrac{1}{6}\,\beta A_1^3\,. \tag{21.33}$$

Bei $\alpha T_1/\beta < 0$ existiert kein Minimum von θ_t, für $\alpha T_1/\beta > 0$ existiert ein relatives Minimum bei

$$A_1 = (-2\alpha T_1/\beta)^{1/2} \qquad \text{und} \qquad \theta_t - \theta_0 \sim |T_1|^{3/2}\,.$$

Folglich strebt die spezifische Wärme bei Annäherung an die Kurve absoluter Instabilität bei gegebenem äußeren Feld gegen Unendlich wie $|T_1|^{-1/2}$. Bei isothermer Annäherung an diese Kurve ($H_0 = H + H_1$) strebt die Suszeptibilität wie $|H_1|^{-1/2}$ gegen Unendlich. Eine solche Besonderheit liegt speziell im kritischen Punkt der Phasenübergänge zweiter Art vor.

Abschließend soll die allgemeine Form des Zustandsdiagrammes im Magnetfeld unter Berücksichtigung der Entstehung periodischer und Domänenstrukturen geklärt werden. Bei hohen Temperaturen $T \gg (1/2\pi^2)\,\hbar\omega_H$ nimmt die Suszeptibilität, die durch den LANDAUschen Diamagnetismus und den PAULIschen Paramagnetismus bedingt ist, bei beliebigen Temperaturen nur kleine Werte an, und eine inhomogene Struktur ist sogar als metastabile Phase unmöglich. (Das ist mit Hilfe der Störungstheorie leicht zu zeigen.)

Bei Erniedrigung der Temperatur erscheint bei einem gewissen Wert zum ersten Male ein lokales Minimum für ein nicht homogenes Feld. Dabei sind prinzipiell einige verschiedene Fälle möglich.

Das lokale Minimum kann zum ersten Male bei endlicher Amplitude der Inhomogenität erscheinen, so daß der kleinste Wert von θ_t nach wie vor durch die homogene Induktion B gesichert wird. Dabei wird die Funktion $\theta(A)$ mindestens zwei Minima besitzen, zwischen denen sich ein relatives Maximum befinden muß. Daher besitzt die Funktion $\theta_t(A)$ (mit Ausnahme des Minimums bei homogener Induktion B, d. h. bei $A = 0$) sofort ein relatives Maximum und Minimum. Die „Entstehungstemperatur" des Minimums T_K entspricht dann einer dreifach entarteten Lösung: $\partial\theta_t/\partial A = \partial^2\theta_t/\partial A^2 = 0$, die auch die Temperatur T_K und die Amplitude in diesem Punkt bestimmt (Abb. 53a). Das Auftreten eines lokalen Minimums macht die Existenz einer entsprechenden Phase möglich (wenigstens als metastabile); verschwindet das lokale Minimum, wird diese Phase absolut instabil. Die „Entstehungskurve" der Minima begrenzt daher in der Ebene (T, H) ein Gebiet absoluter Instabilität des gegebenen Zustandes (analog der Kurve $(\partial p/\partial v)_T = 0$ für ein System Flüssigkeit—Dampf).

Wenn das Minimum von θ_t bei $T = T'_K$ denselben Wert erreicht wie beim „vorhergehenden" absoluten Minimum für $A = 0$, so erfolgt der Zerfall in eine homogene ($A = 0$) und eine inhomogene ($A \neq 0$) Phase — ein Phasenübergang zweiter Art.[1]) Bei $T < T'_K$ wird der inhomogene Zustand stabil und der homogene metastabil für $T''_K < T < T'_K$ und absolut instabil für $T < T''_K$ (im letzten Fall ist die Besonderheit in der Nähe von $T = T_K$ dieselbe wie oben; hierbei ist H_0 gegeben).

Es kann jedoch der Fall eintreten, daß noch vor der Entstehung eines Systems aus homogener und inhomogener Phase (wenn sie überhaupt vonstatten geht — das Minimum kann sich für $A \neq 0$ nach einer gewissen Temperatur

[1]) Hieraus ist ersichtlich, daß eine periodische Lösung mit endlicher Amplitude zuerst immer als metastabile Lösung entsteht, die im Verhältnis zur homogenen Lösung thermodynamisch unvorteilhaft ist.

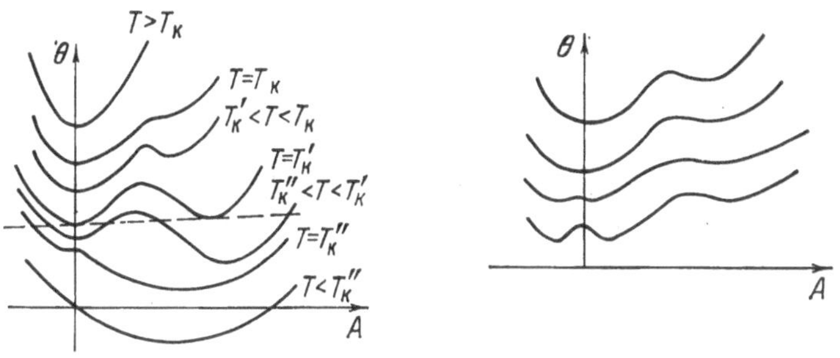

a) b)

Abb. 53. Die Abhängigkeiten θ von A beim Vorliegen eines Phasenüberganges erster (a) und zweiter (b) Art

aufwärts bewegen) eine Instabilität des homogenen Zustandes für $A = 0$ auftritt. Da die Zerlegung von $\theta_t(A)$ — wie oben gezeigt wurde — nur gerade Potenzen von A enthält, bedeutet das den schon betrachteten Phasenübergang zweiter Art (s. Abb. 53b); die Minima bei $\pm A$ entsprechen Phasen mit gleichen Perioden und verschiedenem „Koordinatenursprung". Wenn die Minima von $\theta_t(A)$ bei unterschiedlichem $A \neq 0$ zusammenfallen, entsteht ein System aus Strukturen mit verschiedenen Perioden.

Da sich die Minima der Kurven $\theta_t(A)$ bei Änderung äußerer Bedingungen sowohl „nach oben" als auch „nach unten" verschieben, können verschiedene Kombinationen der oben erwähnten Fälle auftreten.[1]) Insbesondere kann eine Struktur beim Übergang erster Art in nur einem Punkte (H_{00}, T_0) entstehen (s. Abb. 54).

In Abb. 50 ist in den Variablen (T, H) das Zustandsdiagramm der Diamagnetika dargestellt; der Übergang zu den Variablen (T, H_0) folgt aus der oben angegebenen Beziehung zwischen H_0 und H. In Abb. 50 wurde berücksichtigt, daß die Kurve der Phasenübergänge für eine periodische Struktur nicht

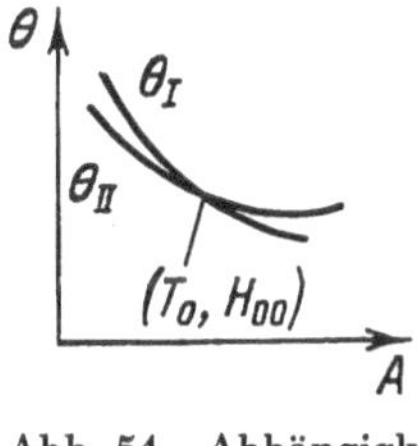

Abb. 54. Abhängigkeit θ von A für zwei Strukturen in der Nähe des Punktes (T_0, H_{00}), der ein Punkt des Phasenüberganges erster Art ist

[1]) Bei gegebener Temperatur T und bei Änderung des Magnetfeldes bewegen sich die Minima auf den Kurven $\theta_t(A)$ periodisch. Die Anzahl der Übergänge für $T < \hbar\omega_H/2\pi^2$ ist von der Größenordnung $(1/4)\,(\varepsilon_F/\hbar\omega_H)\,(v_F/c)^{4/3}$. Die Amplitude der räumlichen Oszillationen ist von der Größenordnung der Amplitude der Quantenoszillationen des magnetischen Momentes, d. h. $B(\hbar\Omega/\varepsilon_F)^{1/2}$.

abreißen kann und für eine Domänenstruktur im kritischen Punkt enden kann. Der Charakter des Überganges zur Domänenstruktur ist längs der gesamten Kurve gleich und hängt nur von der Orientierung von H_0 ab (in Abb. 50 ist H_0 senkrecht zur Probenoberfläche). Es wurde ebenfalls berücksichtigt (mit Ausnahme der Periodizität von χ_α bezüglich B^{-1}), daß entsprechend den Bedingungen für das Magnetfeld die Übergangskurve sowohl von oben als auch von unten bezüglich B beschränkt ist (bezüglich der Temperatur von oben).

Die Form des Zustandsdiagrammes würde sich in nächster Näherung bezüglich a/r_H wesentlich verkomplizieren (a ist der zwischenatomare Abstand), da a^2 und ehH/c von gleicher Größenordnung wären (s. auch [57]).

§ 22 Bemerkungen über Emissionseigenschaften der Metalle

Ausgehend vom Modell freier Elektronen kann man die qualitativen Gesetzmäßigkeiten der Emissionseigenschaften von Metallen klären (z. B. die exponentielle Abhängigkeit des thermoelektrischen Emissionsstromes von der Temperatur, die Abhängigkeit des Stromes bei kalter Emission vom elektrischen Feld, den Schwellencharakter des äußeren Photoeffektes u. a.). Untersuchungen, die den komplizierten Charakter des Dispersionsgesetzes der Leitfähigkeitselektronen berücksichtigen, haben die grundlegenden Resultate der Theorie freier Elektronen bestätigt. Außerdem jedoch sagt die Theorie, die frei von der Beschränkung auf das Dispersionsgesetz der Elektronen ist, eine Reihe von Effekten voraus. Die wichtigsten sind: a) die Anisotropie der Austrittsarbeit und b) die unterschiedlichen Austrittsarbeiten bei verschiedenen Effekten.

Obwohl sich die Untersuchung der Emissionseigenschaften der Metalle offenbar nicht zur Rekonstruktion des Dispersionsgesetzes der Leitfähigkeitselektronen eignet, kann sie in einer Reihe von Fällen Informationen liefern, die schwer aus anderen Experimenten zu erhalten wären (in einigen Fällen kann man z. B. zusätzliche Aussagen über die Lage der FERMI-Fläche im Impulsraum treffen [60]).

Im relativ stark quantisierenden Feld muß der Emissionsstrom vom Magnetfeld abhängen. Von größtem Interesse sind dabei die Oszillationen des Emissionsstromes, die durch die Oszillationen des chemischen Potentials der Elektronen hervorgerufen werden (§ 15) sowie durch die Abhängigkeit des Durchlässigkeitskoeffizienten der Elektronen durch die Potentialbarriere an der Oberfläche des Metalls [62, 63] vom Magnetfeld.

Die Quantisierung der Elektronenenergie im Magnetfeld führt zur Abhängigkeit des Kontaktpotentials zwischen zwei Metallen oder zwischen zwei Grenzflächen metallischer Einkristalle [63] vom Magnetfeld. Diese Erscheinung wurde experimentell beobachtet [64].

Eine weitere Möglichkeit, Oberflächenerscheinungen zu beobachten, besteht in der Messung des Stromes einer Tunneldiode in Abhängigkeit von der angelegten Potentialdifferenz φ. Der Tunnelstrom oszilliert, wie die Berechnungen zeigen [65], nicht nur mit dem Magnetfeld (die Natur dieser Oszillationen ist die gleiche wie beim DE HAAS-VAN ALPHEN-Effekt), sondern auch mit der Potentialdifferenz φ. Die Oszillationsperiode bezüglich φ ist dabei gleich

$$\Delta\varphi = 2\hbar\omega_H/e\,, \qquad \omega_H = eH/m^*c\,. \tag{22.1}$$

Daher kann man durch Beobachtung der Oszillationen des Tunnelstromes gleichzeitig die Extremalquerschnitte der FERMI-Fläche (aus der periodischen Abhängigkeit vom Magnetfeld) und die effektiven Massen bei diesen Querschnitten[1]) (aus der periodischen Abhängigkeit von der Potentialdifferenz) messen.

[1]) Die Bestimmung der effektiven Massen durch Messung von $\Delta\varphi$ (s. Formel (22.1)) ist frei von dem Mangel, der der Messung von m^* nach der Temperaturabhängigkeit der Amplitude des DE HAAS-VAN ALPHEN-Effektes anhaftet (§ 15, 17), da die Periode $\Delta\varphi$ unabhängig von der freien Weglänge der Elektronen ist. Die Resonanzmethode der Messung effektiver Massen wird mit Hilfe einer Tunneldiode realisiert (Teil IV).

TEIL III

Kinetische Eigenschaften der Elektronen im Metall

Dieser Teil ist den kinetischen Eigenschaften von Metallen, hauptsächlich bei tiefen Temperaturen, gewidmet. Dabei wird denjenigen Eigenschaften und Erscheinungen besondere Aufmerksamkeit geschenkt, die besonders empfindlich vom Energiespektrum der Leitfähigkeitselektronen abhängen. Der mathematische Apparat, der in diesem Teil benutzt wird, ist die BOLTZMANN-Gleichung.

Die Untersuchungen beschränken sich auf die Beschreibung statischer oder quasistatischer Eigenschaften. Daher kann man, wie in § 23 gezeigt wurde, die Näherung eines Elektronengases benutzen, da die Wechselwirkung vom FERMI-Flüssigkeitstyp nicht in die Endformeln eingeht.

Die Mehrheit der kinetischen Eigenschaften hängt außerordentlich empfindlich von der Wechselwirkung der Leitfähigkeitselektronen untereinander sowie mit Störstellen und Phononen ab. Speziell folgt aus dieser Wechselwirkung der Temperaturverlauf der kinetischen Koeffizienten.

In die Darlegung geht das umfangreiche theoretische Material, das zur Zeit zu dieser Problematik existiert, nicht ein, obwohl die wesentlichsten Resultate ihren Niederschlag in diesem Teil gefunden haben. Besondere Aufmerksamkeit finden solche Gesetzmäßigkeiten und Eigenschaften, die mehr oder weniger unabhängig vom Charakter der Wechselwirkung sind. Manchmal wird die Relaxationszeitnäherung benutzt, d. h., der integrale Stoßoperator wird durch einen Multiplikationsoperator bezüglich einer phänomenologischen Konstanten ersetzt; in allen Fällen wird speziell darauf hingewiesen.

In diesem Teil werden Fragen untersucht, die mit der Berechnung der elektrischen Leitfähigkeit, der Wärmeleitfähigkeit und der thermoelektrischer Koeffizienten verbunden sind. Dabei werden zunächst Effekte vernachlässigt, die durch die Quantisierung der Energie im Magnetfeld bedingt werden. Diesen Fragen ist § 31 gewidmet.

Die Mehrheit der kinetischen Quantenerscheinungen im Magnetfeld besitzt dieselbe Natur wie der DE HAAS-VAN ALPHEN-Effekt (§§ 15—17). Im Unterschiede zum DE HAAS-VAN ALPHEN-Effekt besteht das Wesen der kinetischen Quantenerscheinungen für $\mu H \ll \varepsilon_F$ in schwachen Oszillationen, die der Kurve für die relativ glatte Abhängigkeit der kinetischen Koeffizienten vom Magnetfeld überlagert sind (letztere wird durch die klassische Theorie beschrieben). Die Berechnung der kinetischen Koeffizienten kann man in zwei Teile gliedern:

in einen klassischen und einen quantenmechanischen, wobei im ersten Fall die Quantisierung der Energie durch das Magnetfeld in keiner Weise berücksichtigt wird.

Gewöhnlich hat man es in einem guten Metall wegen der großen Zahl der Ladungsträger mit linearen Abhängigkeiten zu tun; allerdings muß man beachten, daß ein „mittelbarer“ nichtlinearer Effekt möglich ist, wenn der Widerstand wesentlich vom Magnetfeld abhängt und zwar bei der Abhängigkeit des Widerstandes vom Magnetfeld des Meßstromes. Im weiteren werden solche Fragen nicht behandelt; es werden nur lineare Näherungen betrachtet.

§ 23 Die Boltzmann-Gleichung

Wenn man sich die Bewegung eines Leitfähigkeitselektrons im Kristallgitter mit Ausnahme vereinzelter Zusammenstöße als frei vorstellen kann[1]) (oder als Bewegung unter dem Einfluß äußerer Felder), so ist die Boltzmann-Gleichung gültig. Die mittlere freie Weglänge l — der mittlere Abstand zwischen den Zusammenstößen — wird sowohl durch die Eigenschaften der Elektronen (insbesondere durch ihr Dispersionsgesetz) als auch durch Störungen der periodischen Kristallstruktur bestimmt: durch chemische und physikalische Inhomogenitäten, Phononen, Elektron–Elektron-Wechselwirkung u. a.

Zur Aufstellung der kinetischen Gleichung besitzt das Stoßintegral fundamentale Bedeutung — derjenige Term in der Boltzmann-Gleichung, der die vereinzelten Zusammenstöße der Elektronen beschreibt.

Die Herleitung des Stoßintegrales ist mit der Kenntnis des Streumechanismus, d. h. mit der Kenntnis der Wechselwirkung der Elektronen untereinander sowie mit Phononen und Störstellen verknüpft. Die Entwicklung der Elektronentheorie der Metalle in den letzten Jahren hat jedoch gezeigt, daß eine große Anzahl kinetischer Nichtgleichgewichtseigenschaften der Metalle existiert, die kaum von der speziellen Form des Stoßintegrales abhängen und hauptsächlich durch die Kinematik der Leitfähigkeitselektronen, d. h. durch ihr Dispersionsgesetz bestimmt werden. In der Regel hängen gerade diese Eigenschaften wesentlich von der Struktur des Elektronenenergiespektrums ab. Daher kann man sich auf die Berechnung des Feldtermes der kinetischen Gleichung konzentrieren, ohne dem Stoßintegral wesentliche Aufmerksamkeit zu schenken.

Wie schon erwähnt wurde, sollen Quanteneffekte nicht berücksichtigt werden; genauer, die Quantisierung der Elektronenenergie (z. B. im Magnetfeld) wird zunächst vernachlässigt — der Quantencharakter kommt nur durch ein spezifiziertes Dispersionsgesetz der Leitfähigkeitselektronen und in ihrer Statistik zum Ausdruck. Zwischen den Stößen bewegt sich das Elektron nach

[1]) Um Mißverständnisse zu vermeiden, sei betont, daß es sich um Elektronen mit kompliziertem Dispersionsgesetz handelt, deren Mechanik in Teil I dargelegt ist.

Voraussetzung auf einer klassischen Bahn. Die Beschränkungen, die sich aus der Vernachlässigung des Quantencharakters der Bewegung ergeben, sind ausführlich in der Einführung dargelegt. Es ist bei klassischer Betrachtung z. B. nicht nötig, Interbandübergänge zu berücksichtigen, die durch äußere Felder hervorgerufen werden; dieser Effekt besitzt Quantennatur. Der Mehrbandcharakter des Elektronenenergiespektrums wird jedoch bei der Summation über alle Zustände berücksichtigt sowie bei der Berechnung der Wahrscheinlichkeit verschiedener Stöße. Letzteres muß man bei der konkreten Formulierung des Stoßintegrales beachten.

Der Zustand der Elektronen im Metall wird durch Verteilungsfunktionen der Elektronen $f_s(\boldsymbol{p}, \boldsymbol{r}, t)$ charakterisiert, die die Bedeutung einer Elektronendichte im s-ten Band haben $\left(2f_s/(2\pi\hbar)^3\,\mathrm{d}p_x\,\mathrm{d}p_y\,\mathrm{d}p_z\,\mathrm{d}x\,\mathrm{d}y\,\mathrm{d}z\right.$ ist die Zahl der Elektronen des s-Bandes im Volumenelement[1]), $\mathrm{d}p_x\,\mathrm{d}p_y\,\mathrm{d}p_z\,\mathrm{d}x\,\mathrm{d}y\,\mathrm{d}z$ des Phasenraumes$\left.\right)$. Hierbei bedeuten $\boldsymbol{r}$ die Ortskoordinate, t die Zeit und $\boldsymbol{p}$ den Impuls. Bei fehlendem Magnetfeld fällt der Impuls $\boldsymbol{p}$ mit dem zur Ortskoordinate kanonisch konjugierten Impuls $\boldsymbol{p}$ zusammen.[2]) Wenn das Magnetfeld von Null verschieden ist, so gilt

$$\boldsymbol{P} = \boldsymbol{p} + \frac{e}{c}\boldsymbol{A}\,, \tag{23.1}$$

wobei $\boldsymbol{A}$ das Vektorpotential des Magnetfeldes $\boldsymbol{H}$ (rot $\boldsymbol{A} = \boldsymbol{H}$) ist.

Alle interessierenden Größen — die Stromdichte $\boldsymbol{j}$, die Energiestromdichte $\boldsymbol{Q}$ u. ä. — können berechnet werden, wenn die Verteilungsfunktionen f_s bekannt sind. So gilt

$$\boldsymbol{j} = \frac{2e}{(2\pi\hbar)^3} \sum_s \int \boldsymbol{v}_s f_s(\boldsymbol{p}, \boldsymbol{r}, t)\,\mathrm{d}\boldsymbol{p} \equiv e \int \boldsymbol{v} f\,\mathrm{d}\Gamma\,, \tag{23.2}$$

$$\boldsymbol{Q} = \frac{2}{(2\pi\hbar)^3} \sum_s \int \varepsilon_s \boldsymbol{v}_s f_s(\boldsymbol{p}, \boldsymbol{r}, t)\,\mathrm{d}\boldsymbol{p} \equiv \int \varepsilon \boldsymbol{v} f\,\mathrm{d}\Gamma\,, \tag{23.3}$$

wobei $\boldsymbol{v}_s = \partial\varepsilon_s/\partial\boldsymbol{p}$ die Geschwindigkeit des Elektrons mit der Energie $\varepsilon_s(\boldsymbol{p})$ ist und die Integration über $\mathrm{d}\Gamma$ die Summation über alle teilweise gefüllten Bänder des Metalles einschließt.

Nach dem Liouvilleschen Theorem verschwindet die zeitliche Änderung der Verteilungsfunktion bei Vernachlässigung der Stöße, d. h.

$$\frac{\mathrm{d}f_s}{\mathrm{d}t} \equiv \frac{\partial f_s}{\partial t} + \dot{\boldsymbol{p}}\frac{\partial f_s}{\partial \boldsymbol{p}} + \dot{\boldsymbol{r}}\frac{\partial f_s}{\partial \boldsymbol{r}} = 0\,. \tag{23.4}$$

Die Gleichung (23.4) bedeutet die Konstanz der Teilchenzahl im Volumenelement des Phasenraumes bei der Bewegung der Elektronen längs der Phasen-

[1]) Wegen der Vernachlässigung von Quanteneffekten braucht man die Spinvariable nicht zu berücksichtigen: Jeder Elektronenzustand wird als zweifach entartet vorausgesetzt.

[2]) Bei klassischer Betrachtung sind die Begriffe „Quasiimpuls" und „Impuls" identisch.

trajektorien. Die Größen $\dot{\boldsymbol{p}}$ und $\dot{\boldsymbol{r}}$ müssen den Bewegungsgleichungen entnommen werden, nach denen $\dot{\boldsymbol{p}} = \boldsymbol{F}$ ist, wobei $\boldsymbol{F}$ die äußere Kraft ist, die auf das Elektron wirkt, und $\dot{\boldsymbol{r}} = \boldsymbol{v}_s$ ist.

Da $\boldsymbol{F} = -\,\partial\varepsilon_s/\partial\boldsymbol{r}$ gilt (hierbei ist ε_s die Gesamtenergie unter Berücksichtigung äußerer Felder), verschwindet $\mathrm{d}f_s/\mathrm{d}t$, wenn f_s eine beliebige Funktion der Energie ist.

Wenn auf das Elektron ein elektrisches Feld $\boldsymbol{E}$ und ein Magnetfeld $\boldsymbol{H}$[1]) wirken, so gilt

$$\boldsymbol{F} = e\left(\boldsymbol{E} + \frac{1}{c}\,[\boldsymbol{v}\boldsymbol{H}]\right). \tag{23.5}$$

Der letzte Ausdruck besitzt klassischen Charakter; insbesondere wurde die Wechselwirkung des magnetischen Momentes des Elektrons mit dem Magnetfeld nicht berücksichtigt. Das ist in der Mehrzahl der interessantesten Fälle gerechtfertigt (im homogenen Magnetfeld ist die auf ein magnetisches Moment wirkende Kraft in jedem Falle Null).

Die äußere Kraft, die auf ein Leitfähigkeitselektron wirkt, kann nicht immer durch die Feldstärken der makroskopischen Felder E und H ausgedrückt werden. So wirkt z. B. beim Durchgang einer Schallwelle durch ein Metall außer der LORENTZ-Kraft (23.5) eine zusätzliche Kraft auf das Leitfähigkeitselektron, die durch Deformationswechselwirkung des Elektrons mit dem Gitter entsteht.

Die Berücksichtigung von Stößen erfordert eine Korrektur der Bedingung (23.4); als Maß der Korrektur dient das „Stoßintegral"

$$\frac{\mathrm{d}f_s}{\mathrm{d}t} = \hat{\mathcal{I}}_{\mathrm{St}}\{f_s\}\,. \tag{23.6}$$

Das Stoßintegral ist ein kompliziertes, nichtlineares Funktional der Verteilungsfunktion, dessen Struktur und konkrete Form durch die Wechselwirkung der Elektronen untereinander, mit Störstellen oder mit anderen Quasiteilchen bestimmt werden. Im letzten Fall muß das System (23.6) durch zusätzliche kinetische Gleichungen für die Verteilungsfunktionen der entsprechenden Quasiteilchen (z. B. Phononen) erweitert werden. Die kinetische Gleichung kann nur dann in der Form (23.6) geschrieben werden, wenn man das Verhalten der Teilchen durch die Bewegung längs der Phasentrajektorien und durch Zusammenstöße beschreiben kann, die eine wesentliche Impulsänderung der Teilchen ohne merkbare Änderung der Ortskoordinate bewirken (vom makroskopischen Standpunkt aus). Hieraus folgt, daß das Stoßintegral ein Operator ist, der mit der Abhängigkeit der Verteilungsfunktion vom Impuls, aber nicht von der Ortskoordinate oder der Zeit verknüpft ist. Einige allge-

[1]) In den Ausdruck für die LORENTZ-Kraft geht die Induktion $\boldsymbol{B}$ ein und nicht das mikroskopische Feld $\boldsymbol{H}$. Bei der Berechnung von Oszillationseffekten kann es sich als notwendig erweisen, $\boldsymbol{B}$ von $\boldsymbol{H}$ zu unterscheiden (s. §§ 19—21). Trotzdem wird weiter $\boldsymbol{H}$ statt $\boldsymbol{B}$ geschrieben, wenn das nicht zu Fehlern führen kann.

meine Eigenschaften des Stoßintegrales werden in § 24 diskutiert; hier sei nur erwähnt, daß das Stoßintegral für den Fall der FERMI-Verteilungsfunktion mit beliebigen Werten der Temperatur T [1]) und des chemischen Potentials ζ Null wird; T und ζ können von der Ortskoordinate und der Zeit abhängen.

Die BOLTZMANN-Gleichung (23.6) ist ein System komplizierter nicht linearer Integro-Differentialgleichungen, die bei bekannten Randwerten und Anfangsbedingungen eindeutig den Zustand des festen Körpers bestimmen. Allgemein ist es unmöglich, dieses System zu lösen, und es bedarf einer Reihe von Vereinfachungen, die sich aus der physikalischen Aufgabenstellung ergeben.

Da das äußere elektrische Feld, das unmittelbar an das Metall angelegt wird oder durch äußere Einwirkungen (z. B. eine Schallwelle) entsteht, in der Regel klein im Verhältnis zu den inneren, zwischenatomaren elektrischen Feldern ist, sind auch die Abweichungen des Elektronensystems vom Gleichgewichtszustand überaus gering. Daher kann man das Gleichungssystem (23.6) linearisieren, indem man die Verteilungsfunktion f_s durch die Summe

$$f_s = n_F + f_1 \tag{23.7}$$

ersetzt; n_F ist die FERMIsche Gleichgewichtsfunktion (nullte Näherung). Die Kleinheit der Funktion f_1 (erste Näherung) resultiert aus der Geringfügigkeit der äußeren Einwirkung. Die Funktion f_1 ist also denjenigen äußeren Kräften proportional, die das System aus dem Gleichgewichtszustand bringen (z. B. ist f_1 dem elektrischen Feld proportional, wenn isotherm ein Strom fließt oder dem Temperaturgradienten proportional, wenn eine Metallprobe zur Wärmeleitung dient). Die Wahl der nullten Näherung bzw. die Wahl der Parameter T und ζ in der FERMI-Funktion wird durch die Aufgabenstellung bestimmt. Meistens geht man von der Vorstellung des lokalen Gleichgewichtes aus, indem man annimmt, daß die Parameter in der FERMI-Funktion derart gewählt sind, daß $T = T(\boldsymbol{r})$ die Temperatur im Punkte $\boldsymbol{r}$ bestimmt und $\zeta = \zeta(\boldsymbol{r})$ das chemische Potential. Daher werden die Elektronendichte im Punkte $\boldsymbol{r}$ und die mittlere Elektronenenergie durch die Funktion nullter Näherung n_F bestimmt, und es gelten

$$\int f_1 \, \mathrm{d}\Gamma = 0\,, \qquad \int \varepsilon f_1 \, \mathrm{d}\Gamma = 0\,. \tag{23.8}$$

Außerdem geht in die Energie $\varepsilon_s(\boldsymbol{p})$ nicht die Energie des äußeren elektrischen Feldes ein.

Wie schon erwähnt, ist der wesentliche Inhalt dieses Teiles, die Tensoren der elektrischen Leitfähigkeit, der Wärmeleitung und der thermoelektrischen Koeffizienten zu berechnen. Daher werden solche Fälle betrachtet, bei denen das System durch ein elektrisches Feld $\boldsymbol{E}$ und einen Temperaturgradienten ∇T

[1]) Wenn das Stoßintegral Stöße mit anderen Quasiteilchen beschreibt (z. B. mit Phononen), verschwindet es nur beim Einsetzen von allen Gleichgewichtsfunktionen: Für Elektronen — der FERMI-Funktion, für Phononen — der BOSE-Funktion u. ä. (bei gleicher Temperatur).

aus dem Gleichgewichtszustand gebracht wird, wobei nach Voraussetzung E und T so klein sind, daß die Linearisierung[1]) möglich ist.

Setzt man (23.7) in die Gleichung (23.6) ein, berücksichtigt man den Ausdruck für die LORENTZ-Kraft (23.5) und vernachlässigt quadratische Terme, so erhält man

$$\frac{\partial f_1}{\partial t} + \frac{\partial f_1}{\partial \boldsymbol{r}} \boldsymbol{v} + \frac{\partial f_1}{\partial \boldsymbol{p}} \frac{e}{c} [\boldsymbol{vH}] = - \frac{\partial n_F}{\partial \varepsilon} \boldsymbol{v}(e\boldsymbol{E} - \nabla\zeta) - \frac{\partial n_F}{\partial T} \boldsymbol{v}\nabla T + \left(\frac{\partial f_1}{\partial t}\right)_{\mathrm{St}} . \tag{23.9}$$

Hierbei ist $(\partial f_1/\partial t)_{\mathrm{St}}$ das linearisierte Stoßintegral:

$$\left(\frac{\partial f_1}{\partial t}\right)_{\mathrm{St}} = - \hat{W} f_1 ,$$

wobei $\hat{W}$ ein linearer Stoßoperator ist, der die Form

$$- \left[\frac{\delta \hat{\mathcal{L}}_{\mathrm{St}}\{f\}}{\delta f}\right]_{f=n_F}$$

besitzt.

Die Feldstärke $\boldsymbol{E}'$ im Leiter setzt sich aus der äußeren, an den Leiter angelegten Potentialdifferenz ($\boldsymbol{E} = - \nabla\varphi$) und der Größe $-(1/e)\nabla\zeta$ zusammen. Dabei ist ζ das chemische Potential der Elektronen (s. z. B. [1], § 25), d. h.

$$\boldsymbol{E}' = \boldsymbol{E} - \frac{1}{e} \nabla\zeta .$$

Im weiteren wird der Strich beim elektrischen Feld weggelassen; man muß nur beachten, daß die Ableitung der FERMI-Funktion nach der Temperatur bei festem chemischen Potential erfolgt ($\partial n_F/\partial T \equiv (\partial n_F/\partial T)_\zeta$).

Daher nimmt die Gleichung für f_1 folgende Form an:

$$\frac{\partial f_1}{\partial t} + \frac{\partial f_1}{\partial \boldsymbol{r}} \boldsymbol{v} + \frac{\partial f_1}{\partial \boldsymbol{p}} \frac{e}{c} [\boldsymbol{vH}] + \hat{W}\{f_1\} = - \frac{\partial n_F}{\partial \varepsilon} e\boldsymbol{vE} - \frac{\partial n_F}{\partial T} \boldsymbol{v}\nabla T . \tag{23.10}$$

Oft ersetzt man bei Abschätzungen, aber auch zur Lösung relativ komplizierter Aufgaben den linearen Stoßoperator durch den Operator der Multiplikation mit einer phänomenologischen Konstanten τ^{-1}, d. h., man setzt:

$$\hat{W}\{f_1\} = \frac{1}{\tau} f_1 . \tag{23.11}$$

[1]) Zur Linearisierung reicht es aus, wenn $l|\nabla T| \ll T$ und $eEl \ll T$. Beide Bedingungen legen dem elektrischen Feld und dem Temperaturgradienten in Metallen praktisch keine Beschränkungen auf.

Die positive[1]) Größe τ besitzt die Dimension einer Zeit und wird Relaxationszeit oder mittlere freie Flugzeit genannt; die Größe $l = v\tau$ heißt mittlere freie Weglänge und Gleichung (23.11) die τ-Näherung. Für ein anisotropes Dispersionsgesetz kann die τ-Näherung theoretisch nicht begründet werden, und der Ausdruck (23.11) kann nur zu Abschätzungen oder in solchen Fällen benutzt werden, wenn das Endresultat nicht von der Form des Stoßintegrales abhängt.

Die zeitliche Ableitung der Verteilungsfunktion $\partial f_1/\partial t$ berücksichtigt die zeitliche Dispersion der kinetischen Koeffizienten, d. h. Effekte, die mit der Reaktionsverzögerung des Elektronengases auf äußere Einwirkungen verbunden sind. Bei einer charakteristischen Frequenz des äußeren Feldes ω gilt $\partial f_1/\partial t \sim \omega f_1$. Dieser Term wird bei Frequenzen von der Größenordnung $\nu = 1/\tau$ wesentlich; für $\omega \ll \nu$ kann er vernachlässigt werden. Die Relaxationszeit ändert sich in sehr weiten Grenzen: von 10^{-14} s bei Zimmertemperatur bis zu 10^{-9} s für sehr reine metallische Proben bei der Temperatur des flüssigen Heliums ($T = 4{,}2$ K).

Die Ableitungen nach der Ortskoordinate (der Term $(\partial f_1/\partial \boldsymbol{r})\,\boldsymbol{v}$ in (23.10)) bedingen Effekte der räumlichen Dispersion der kinetischen Koeffizienten. Wenn sich die Verteilungsfunktion auf Entfernungen der Größenordnung d ändert, so gilt $(\partial f_1/\partial \boldsymbol{r})\,\boldsymbol{v} \sim (f_1/d)\,v$. Dieser Term wird wesentlich, wenn $v/d \gtrsim \nu$, d. h., wenn $l \gtrsim d$; für $l \ll d$ kann er vernachlässigt werden. Da selbst in reinsten Proben die mittlere freie Weglänge l $10^{-3}-10^{-1}$ cm nicht überschreitet, kann man bei der Berechnung der kinetischen Koeffizienten des massiven Metalls[2]) die räumlichen Ableitungen vernachlässigen. Wie in Teil IV gezeigt wird, muß bei der Berechnung der Hochfrequenzleitfähigkeit und der Schallabsorption unter bestimmten Bedingungen die räumliche Dispersion berücksichtigt werden.

Eine Inhomogenität der Probe kann sich nicht nur in einer Inhomogenität der Funktion f_1 äußern, sondern auch in der Verteilung der Leitfähigkeitselektronen (z. B. im geschlossenen Leiter). In Metallen führen jedoch diese real existierenden Störungen nicht zu beobachtbaren makroskopischen Effekten (im Unterschied zu Halbleitern), da der Debye-Radius r_D (als Maß für die Inhomogenität von Ladungsverteilungen) für ein entartetes Elektronengas[3]) außerordentlich klein ist ($r_D \lesssim 10^{-8}$ cm). Dieser Umstand erlaubt es, die Fermi-Funktion, die in Gleichung (23.10) eingeht, bei der Berechnung der kinetischen Koeffizienten als homogene Funktion anzunehmen, die nicht vom Ort abhängt.

[1]) $\tau > 0$ gewährleistet die Erfüllung des Entropiesatzes.

[2]) Bei tiefen Temperaturen können sich die Größeneffekte bei relativ dicken Proben als wesentlich erweisen ($d \lesssim 1$ mm).

[3]) Nach Definition ist $e^2/r_D = \hbar\omega_0$, wobei ω_0 die Plasmafrequenz des Elektronengases ist ($\omega_0^2 = 4\pi n e^2/m$, n ist die Elektronendichte, m die Masse des Elektrons); da $n \sim 1/a^3$ (a ist der zwischenatomare Abstand), so ist $r_D \approx a\sqrt{U_c/\varepsilon_F}$, wobei U_c die Coulomb-Energie der Elektronenwechselwirkung ist.

Im weiteren werden zur besseren Übersichtlichkeit folgende Bezeichnungen eingeführt:

$$\frac{\mathrm{d}}{\mathrm{d}t} \equiv \frac{\partial}{\partial t} + \boldsymbol{v}\,\frac{\partial}{\partial \boldsymbol{r}} + \frac{e}{c}\,[\boldsymbol{v}\boldsymbol{H}]\,\frac{\partial}{\partial \boldsymbol{p}}, \tag{23.12}$$

$$\hat{W}_{\boldsymbol{p}} = \left(\frac{\partial n_F}{\partial \varepsilon}\right)^{-1} \hat{W}\left\{\frac{\partial n_F}{\partial \varepsilon}\ldots\right\}, \tag{23.13}$$

$$\hat{W}_{\varepsilon} = \left(\frac{\partial n_F}{\partial T}\right)^{-1} \hat{W}\left\{\frac{\partial n_E}{\partial T}\ldots\right\}, \tag{23.14}$$

sowie statt der Funktion f_1 (bei homogenen $\boldsymbol{E}$ und ∇T) die zwei Vektoren $\boldsymbol{\psi}$ und $\boldsymbol{\varphi}$:

$$f_1 = -\,\mathrm{e}\boldsymbol{E}\boldsymbol{\psi}\,\frac{\partial n_F}{\partial \varepsilon} - \nabla T\cdot\boldsymbol{\varphi}\,\frac{\partial n_F}{\partial T}. \tag{23.15}$$

Für diese Vektoren ergeben sich folgende Gleichungen:

$$\frac{\mathrm{d}\boldsymbol{\psi}}{\mathrm{d}t} + \hat{W}_{\boldsymbol{p}}\boldsymbol{\psi} = \boldsymbol{v}, \tag{23.16}$$

$$\frac{\mathrm{d}\boldsymbol{\varphi}}{\mathrm{d}t} + \hat{W}_{\varepsilon}\boldsymbol{\varphi} = \boldsymbol{v}. \tag{23.17}$$

Aus dem Vergleich der Ausdrücke (23.12) und (23.4) folgt, daß die „Zeit", nach der in (23.16) und (23.17) differenziert wird, die Zeit der Bewegung eines Elektrons längs der Phasentrajektorien im Magnetfeld ist (§ 4).

Setzt man den Ausdruck (23.15) für die Verteilungsfunktion in die Formeln (23.2) und (23.3) ein und beachtet, daß für $f = n_F$ die Stromdichte $\boldsymbol{j}$ und die Energiestromdichte $\boldsymbol{Q}$ verschwinden, erhält man

$$j_i = -\,e^2\int \frac{\partial n_F}{\partial \varepsilon}\,v_i\psi_k\,\mathrm{d}\Gamma E_k - e\int \frac{\partial n_F}{\partial T}\,v_i\psi_k\,\mathrm{d}\Gamma_k\,\nabla_k T, \tag{23.18}$$

$$Q_i = -\,e\int \frac{\partial n_F}{\partial \varepsilon}\,\varepsilon v_i\psi_k\,\mathrm{d}\Gamma E_k - \int \frac{\partial n_F}{\partial T}\,\varepsilon v_i\varphi_k\,\mathrm{d}\Gamma\,\nabla_k T. \tag{23.19}$$

Im weiteren wird manchmal die Bezeichnung

$$-\int \frac{\partial n_F}{\partial \varepsilon}\,\chi(\boldsymbol{p})\,\eta(\boldsymbol{p})\,\mathrm{d}\Gamma \equiv \langle\chi\eta\rangle \tag{23.20}$$

benutzt, und ähnliche Integrale werden als Skalarprodukte der Funktionen χ und η betrachtet. Man kann leicht zeigen, daß solche Integrale alle für ein Skalarprodukt notwendigen Eigenschaften besitzen.

Mit diesen Bezeichnungen ergeben sich

$$j_i = e_9\langle v_i\psi_k\rangle\,E_k - \frac{e}{T}\,\langle(\varepsilon - \zeta)\,v_i\varphi_k\rangle\,\nabla_k T, \tag{23.21}$$

$$Q_i = e\langle\varepsilon v_i\psi_k\rangle\,E_k - \frac{1}{T}\,\langle\varepsilon(\varepsilon - \zeta)\,v_i\varphi_k\rangle\,\nabla_k T. \tag{23.22}$$

Die Untersuchung konkreter Streumechanismen zeigt [3], daß der Operator $\hat{W}_{\boldsymbol{p}}$ folgende wichtige Eigenschaften besitzt. Erstens ist er hermitisch:

$$\langle \chi \hat{W}_{\boldsymbol{p}} \eta \rangle = \langle \eta \hat{W}_{\boldsymbol{p}} \chi \rangle , \tag{23.23}$$

zweitens ist er positiv:

$$\langle \chi \hat{W}_{\boldsymbol{p}} \chi \rangle > 0 . \tag{23.24}$$

Der Operator $\hat{W}_\varepsilon$ besitzt analoge Eigenschaften.

Bisher wurde vorausgesetzt, daß die Leitfähigkeitselektronen ein fast ideales Gas von Quasiteilchen darstellen. Es wurde also nicht berücksichtigt, daß die Energie eines einzelnen Quasiteilchens vom Zustand des gesamten Systems, d. h. von seiner Verteilungsfunktion, abhängt.[1]) Diese Abhängigkeit berücksichtigt die Theorie der FERMI-Flüssigkeit [4, 5].

Im folgenden wird der Einfluß einer FERMI-Flüssigkeitswechselwirkung zwischen den Elektronen auf die Form der BOLTZMANN-Gleichung untersucht.

Die kinetische Gleichung wird in der Theorie der FERMI-Flüssigkeit völlig analog zum Gasmodell aufgestellt, d. h., es wird Formel (23.6) benutzt. Man hat nur zu beachten, daß die Energie eines einzelnen Quasiteilchens (Leitfähigkeitselektron) ε nicht nur durch das Dispersionsgesetz $\varepsilon_0(\boldsymbol{p})$, sondern auch durch die Verteilungsfunktion $f(\boldsymbol{p})$ bestimmt wird. Für Zustände in der Nähe des Gleichgewichtes gilt

$$\left.\begin{aligned} \varepsilon(\boldsymbol{p}) &= \varepsilon_0(\boldsymbol{p}) + \int \Phi(\boldsymbol{p}, \boldsymbol{p}')\, f_1(\boldsymbol{p}')\, \mathrm{d}\Gamma' \equiv \varepsilon_0(\boldsymbol{p}) + \eta , \\ f_1(\boldsymbol{p}) &= f(\boldsymbol{p}) - n(\varepsilon_0) , \qquad |f_1(\boldsymbol{p})| \ll n_F(\varepsilon_0) . \end{aligned}\right\} \tag{23.25}$$

Hierbei ist $\varepsilon_0(\boldsymbol{p})$ die Energie des Elektrons mit einem Impuls $\boldsymbol{p}$ im Gleichgewicht, das durch die FERMI-Funktion beschrieben wird; $\Phi(\boldsymbol{p}, \boldsymbol{p}')$ ist die Korrelationsfunktion (der grundlegende Parameter der Wechselwirkung zwischen den Elektronen in der Theorie der FERMI-Flüssigkeit). In der mikroskopischen Theorie ist die Korrelationsfunktion $\Phi(\boldsymbol{p}, \boldsymbol{p}')$ mit der Streuamplitude des Elektrons verknüpft [6]. Die experimentelle Bestimmung dieser Größe ist ein wichtiges Problem in der Physik des metallischen Zustandes. Wie aus dem Weiteren folgt, reichen die quasistatischen kinetischen Eigenschaften dazu nicht aus.

Bei der hier gegebenen Definition ist die Energie eines Quasiteilchens eine Funktion der Temperatur. Die Beschränkung auf eine solche Betrachtung (die Temperatur muß wesentlich kleiner als die Entartungstemperatur sein) ist u. a. dadurch bedingt, daß die Lebensdauer einer Einteilchenanregung schnell mit dem Abstand von der FERMI-Fläche abklingt. Bei hohen Temperaturen spielen bei allen Erscheinungen noch Elektronen eine Rolle, deren Energien sich wesentlich von der FERMI-Energie unterscheiden.

[1]) Das Dispersionsgesetz von Elementaranregungen (Elektronen), das in diesem und im vorigen Teil behandelt wurde, schließt natürlich die Wechselwirkung der Elektronen untereinander ein (s. Einführung und § 16).

Mit Hilfe der Formeln (23.25) kann man leicht zeigen, daß

$$\dot{\boldsymbol{p}} = e\boldsymbol{E} + \frac{e}{c}[\boldsymbol{v}\boldsymbol{H}] - \frac{\partial \eta}{\partial \boldsymbol{r}}, \tag{23.26}$$

$$\dot{\boldsymbol{r}} = \boldsymbol{v} + \frac{\partial \eta}{\partial \boldsymbol{p}}, \qquad \dot{\varepsilon} = e\boldsymbol{E}\,\frac{\partial \varepsilon}{\partial \boldsymbol{p}},$$

wobei $\boldsymbol{v} = \partial\varepsilon_0/\partial\boldsymbol{p}$ die Geschwindigkeit des Elektrons im thermodynamischen Gleichgewicht bedeutet. Für das Weitere ist es zweckmäßig, außer der Funktion f_1, die die Abweichung des Systems vom thermodynamischen Gleichgewicht beschreibt, eine andere Funktion f_1^* durch folgende Vorschrift einzuführen:

$$f = n_F(\varepsilon_0) + f_1 \equiv n_F(\varepsilon) + f_1^* . \tag{23.27}$$

In linearer Näherung bezüglich f_1 ist

$$f_1^* = f_1 - \frac{\partial n_F}{\partial \varepsilon}\,\eta . \tag{23.27a}$$

Benutzt man die Formeln (23.26) und linearisiert den linken Teil der kinetischen Gleichung (23.6), erhält man[1]):

$$\frac{\mathrm{d}f}{\mathrm{d}t} \approx \frac{\partial n_F(\varepsilon_0)}{\partial \varepsilon_0}\, e\boldsymbol{v}\boldsymbol{E} + \frac{\partial n_F(\varepsilon_0)}{\partial T}\,\boldsymbol{v}\,\nabla T + \frac{\partial f_1}{\partial t} + \frac{\partial f_1^*}{\partial \boldsymbol{r}}\,\boldsymbol{v} + \frac{\partial f_1^*}{\partial \boldsymbol{p}}\,\frac{e}{c}\,[\boldsymbol{v}\boldsymbol{H}] . \tag{23.28}$$

Bei der Untersuchung des Stoßintegrales (des rechten Teiles der kinetischen Gleichung (23.6)) muß man beachten, daß die Abhängigkeit von der Verteilungsfunktion erstens in der Wahrscheinlichkeit von Stoßprozessen (auf Grund statistischer Eigenschaften der Elektronen) besteht und zweitens in der die Energieerhaltung beschreibenden δ-Funktion. Die letzte Abhängigkeit ist eine Folge von FERMI-Flüssigkeitseffekten (s. Formel (23.25)). Beide Abhängigkeiten werden durch folgende Schreibweise berücksichtigt:

$$\hat{\mathscr{L}}_{\mathrm{St}} = \hat{\mathscr{L}}_{\mathrm{St}}\{f, \varepsilon\} . \tag{23.29}$$

Das Stoßintegral verschwindet bei beliebigem Dispersionsgesetz für den Fall einer Gleichgewichtsverteilungsfunktion, d. h.

$$\hat{\mathscr{L}}_{\mathrm{St}}\{n_F(\varepsilon), \varepsilon(\boldsymbol{p})\} = 0 . \tag{23.30}$$

Es sei bemerkt, daß $\varepsilon(\boldsymbol{p})$ die FERMI-Flüssigkeitskorrektur η einschließt, d. h. ein kompliziertes Funktional der Verteilungsfunktion ist.

[1]) Die Linearisierung wird bezüglich des elektrischen Feldes $\boldsymbol{E}$ (einschließlich des Gradienten des chemischen Potentials) und des Temperaturgradienten ∇T ausgeführt. Bezüglich dieser Größen fallen ε und ε_0 in nullter Näherung zusammen, und die Geschwindigkeit des Elektrons $\partial\varepsilon/\partial\boldsymbol{p}$ ist gleich $v = \partial\varepsilon_0/\partial\boldsymbol{p}$.

Setzt man den zweiten Term der Zerlegung (23.27) in (23.29) ein und beachtet, daß in linearer Näherung

$$\left\{\frac{\delta\hat{\mathscr{L}}_{\mathrm{St}}}{\delta f}\right\}_{\substack{f=n_F(\varepsilon)\\ \varepsilon=\varepsilon(\boldsymbol{p})}} f_1 \approx \left\{\frac{\delta\hat{\mathscr{L}}_{\mathrm{St}}}{\delta f}\right\}_{\substack{f=n_F(\varepsilon_0)\\ \varepsilon=\varepsilon_0(\boldsymbol{p})}} f_1^* \tag{23.31}$$

gilt, so folgt, daß im Stoßintegral die Berücksichtigung von Flüssigkeitseffekten lediglich zum Ersatz der Funktion f_1 durch die Funktion f_1^* führt und die kinetische Gleichung (23.6) in folgender Form geschrieben werden kann:

$$\frac{\partial f_1}{\partial t} + \frac{\partial f_1^*}{\partial \boldsymbol{r}}\boldsymbol{v} + \frac{\partial f_1^*}{\partial \boldsymbol{p}}\frac{e}{c}[\boldsymbol{v}\boldsymbol{H}] - \left(\frac{\partial f_1^*}{\partial t}\right)_{\mathrm{St}} = -\frac{\partial n_F(\varepsilon_0)}{\partial \varepsilon}e\boldsymbol{v}\boldsymbol{E} - \frac{\partial n_F(\varepsilon_0)}{\partial T}\boldsymbol{v}\nabla T\,. \tag{23.32}$$

In allen Fällen, wenn der Term $\partial f_1/\partial t$ vernachlässigbar ist (quasistatisch), d. h. für $\omega\tau \ll 1$, kann man also die kinetische Gleichung in der „Gasform" schreiben, indem man die neue Verteilungsfunktion f_1^* einführt. Die Korrelationsfunktion $\Phi(\boldsymbol{p}, \boldsymbol{p}')$ geht in die Boltzmann-Gleichung nicht ein. Da die Stromdichte $\boldsymbol{j}$ und die Energiestromdichte $\boldsymbol{Q}$ in linearer Näherung ebenfalls durch die Funktion f_1^* ausgedrückt werden,[1])

$$\boldsymbol{j} = e\int \boldsymbol{v} f_1^*\,\mathrm{d}\Gamma\,, \qquad \boldsymbol{Q} = \int \varepsilon\boldsymbol{v} f_1^*\,\mathrm{d}\Gamma\,, \tag{23.33}$$

kann man bei quasistatischen Aufgaben die Fermi-Flüssigkeitswechselwirkung zwischen den Elektronen vollkommen vernachlässigen. Die Korrelation zwischen den Elektronen wird nur bei hinreichend hohen Frequenzen ($\omega\tau \gtrapprox 1$) wesentlich.

§ 24 Die spezifische elektrische Leitfähigkeit. Das Ohmsche Gesetz

Im folgenden wird der Gleichstrom durch ein Metall bei fehlendem Magnetfeld und fehlendem Temperaturgradienten betrachtet.

Auf Grund der Resultate des vorigen Paragraphen braucht man die Wechselwirkung zwischen den Elektronen vom Fermi-Flüssigkeitstyp nicht zu berücksichtigen. Die Werte der zu berechnenden kinetischen Koeffizienten können in der „Gasnäherung" formuliert werden. Man hat jedoch zu beachten, daß das wesentliche Charakteristikum des Elektrons — sein Dispersionsgesetz $\varepsilon_0(\boldsymbol{p})$ — von der Elektron-Elektron-Korrelation abhängt. Eine analoge Situation liegt beim de Haas-van Alphen-Effekt vor (§ 16): Die Oszillationsperioden werden nur durch die Form der Fermi-Fläche $\varepsilon_0(\boldsymbol{p}) = \varepsilon_F$ bestimmt.

[1]) Gleichung (23.33) folgt sofort aus den Formeln (23.2) und (23.3), wenn man berücksichtigt, daß

$$\int \frac{\partial \varepsilon}{\partial \boldsymbol{p}}\, n_F(\varepsilon)\,\mathrm{d}\Gamma = \int \varepsilon\frac{\partial \varepsilon}{\partial \boldsymbol{p}}\, n_F(\varepsilon)\,\mathrm{d}\Gamma = 0\,.$$

Im zu betrachtenden Fall vereinfacht sich die kinetische Gleichung: Man kann sich auf die Gleichung (23.16) beschränken und den Term $d\psi_i/dt$ weglassen. Dann wird

$$\hat{W}_{\boldsymbol{p}}\{\psi_i\} = v_i \,. \tag{24.1}$$

Die Vernachlässigung der Terme mit räumlichen Ableitungen bedeutet, daß die Entfernung, auf der sich das elektrische Feld bzw. die Verteilungsfunktion wesentlich ändert, groß im Verhältnis zur mittleren freien Weglänge ist. Die Vernachlässigung der zeitlichen Ableitungen bedeutet, daß die Frequenz des Feldes ω wesentlich kleiner als die Stoßfrequenz ν ist (zu Abschätzungen benutzt man zweckmäßigerweise die τ-Näherung).

Führt man einen Operator $\hat{W}_{\boldsymbol{p}}^{-1}$ ein, der dem Stoßoperator invers ist, erhält man aus der Gleichung (24.1)

$$\psi_i = \hat{W}_{\boldsymbol{p}}^{-1} v_i \,. \tag{24.2}$$

Wenn man die Gleichung (24.1) durch linearisierte kinetische Gleichungen für die Verteilungsfunktionen von Phononen oder anderen Quasiteilchen, mit denen die Elektronen zusammenstoßen, ergänzen muß, so hat man unter dem Operator $\hat{W}_{\boldsymbol{p}}^{-1}$ einen Operator zu verstehen, der nach der Elimination aller Verteilungsfunktionen — bis auf die der Elektronen — entstanden ist.

Aus den Formeln (23.18), (23.21) und (24.2) folgt

$$j_i = -e^2 \int \frac{\partial n_F}{\partial \varepsilon} v_i W_{\boldsymbol{p}}^{-1} v_k \, d\Gamma \, E_k = e^2 \langle v_i \hat{W}_{\boldsymbol{p}}^{-1} v_k \rangle \, E_k \,. \tag{24.3}$$

Vergleicht man den Ausdruck (24.3) mit dem Ohmschen Gesetz

$$j_i = \sigma_{ik} E_k \,, \tag{24.4}$$

findet man formal für den Tensor der spezifischen elektrischen Leitfähigkeit:

$$\sigma_{ik} = -e^2 \int \frac{\partial n_F}{\partial \varepsilon} v_i \hat{W}_{\boldsymbol{p}}^{-1} v_k \, d\Gamma = e^2 \langle v_i \hat{W}_{\boldsymbol{p}}^{-1} v_k \rangle \,. \tag{24.5}$$

Die oben formulierten Eigenschaften des Operators $\hat{W}_{\boldsymbol{p}}$ (23.23) und (23.24), die auch der Operator $\hat{W}_{\boldsymbol{p}}^{-1}$ besitzt, bewirken die Symmetrie des Tensors σ_{ik} und daß seine Hauptwerte positiv sind.

Die Symmetrie des Tensors σ_{ik} ist Ausdruck eines allgemeinen Prinzips der Thermodynamik irreversibler Prozesse — des Prinzips der Symmetrie von kinetischen Koeffizienten. Die positiven Hauptwerte des Tensors σ_{ik} garantieren die Erfüllung des Entropiesatzes.

Die Zahl der unabhängigen Tensorkomponenten wird durch die Symmetrieklasse des gegebenen Metalls bestimmt. Die Mehrzahl der Metalle besitzt entweder kubische oder hexagonale Symmetrie. Im ersten Fall entartet der Tensor in einen Skalar, im zweiten Fall besitzt er zwei zusammenfallende Hauptwerte. Einige Metalle (z. B. Mg) besitzen drei verschiedene Hauptwerte — sie gehören dem rhombischen Kristallsystem an.

Fehlende Anisotropie des Tensors der spezifischen Leitfähigkeit zieht in keiner Weise auch ein Isotropie des Dispersionsgesetzes der Leitfähigkeitselektronen nach sich (Au, Ag, Cu und andere Metalle z. B. besitzen zwar kubische Gitter, die FERMI-Flächen dieser Metalle weichen aber beträchtlich von der sphärischen Form ab).

Wenn $\hat{W}_{\boldsymbol{p}}^{-1} v_k$ eine hinreichend glatte Funktion der Energie ist, was erfüllt ist, wenn die Änderung der Energie des Elektrons beim Stoß klein im Verhältnis zu seiner Energie ist, [1] kann man in Formel (24.5) die Ableitung der FERMI-Funktion durch die δ-Funktion ersetzen. Durch Integration über die Energie erhält man

$$\sigma_{ik} = \frac{2e^2}{(2\pi\hbar)^3} \sum_s \oint\limits_{\varepsilon_s(\boldsymbol{p}) = \varepsilon_F} \frac{v_i^{(s)} \hat{W}_{\boldsymbol{p}}^{-1} v_k^{(s)}}{v^{(s)}} \, \mathrm{d}S_s \, . \tag{24.6}$$

Die Integration in diesem Ausdruck erfolgt über die FERMI-Fläche; $\mathrm{d}S_s$ ist das Flächenelement im s-ten Band.

Der Temperaturgang der Tensorkomponenten σ_{ik} wird durch die Abhängigkeit des Faktors $\hat{W}_{\boldsymbol{p}}^{-1} v_k$ im Integranden bestimmt.

Formel (24.6) kann man umschreiben, wenn man einen „Operator" der mittleren freien Weglänge einführt, der auf den Normaleneinheitsvektor senkrecht zur FERMI-Fläche wirkt:

$$\hat{l}_{\boldsymbol{p}}\{n_i\} \equiv \hat{W}_{\boldsymbol{p}}^{-1}\{v n_i\} \, . \tag{24.7}$$

Dann folgt

$$\sigma_{ik} = \frac{2e^2}{(2\pi\hbar)^3} \sum_s \int\limits_{\varepsilon_s(\boldsymbol{p}) = \varepsilon_F} n_i^{(s)} \hat{l}_{\boldsymbol{p}}\{n_k^{(s)}\} \, \mathrm{d}S_s \, . \tag{24.8}$$

Diese Form des Tensors der elektrischen Leitfähigkeit zeigt, daß die Symmetrie des Tensors σ_{ik} aus dem hermitischen Charakter des Operators der mittleren freien Weglänge folgt.

Für einen kubischen Kristall ist es zweckmäßig, die mittlere freie Weglänge $l_{\boldsymbol{p}}$ durch folgende Gleichung einzuführen:

$$\frac{1}{3} l_{\boldsymbol{p}} \delta_{ik} = \frac{1}{S_F} \oint\limits_{\varepsilon(\boldsymbol{p}) = \varepsilon_F} n_i \hat{l}_{\boldsymbol{p}}\{n_k\} \, \mathrm{d}S \, ,$$

wobei S_F die FERMI-Oberfläche ist und die Summation über s der Einfachheit halber weggelassen wurde. Dann kann man die elektrische Leitfähigkeit σ ($\sigma_{ik} = \sigma\delta_{ik}$) in der einfachen Form

$$\sigma = \frac{2e^2 S_F l_{\boldsymbol{p}}}{3(2\pi\hbar)^3} \tag{24.9}$$

[1] Bei Stößen mit Phononen (s. unten) bedeutet die Bedingung $\Delta\varepsilon/\varepsilon \ll 1$ ($\Delta\varepsilon$ ist die Energieänderung beim Stoß), daß $\theta/\varepsilon_F \ll 1$. Für schlechte Metalle vom Typ des Bi, C(Graphit) braucht diese Bedingung nicht erfüllt zu sein.

oder

$$\sigma(s^{-1}) \approx 0{,}6 \cdot 10^{10}\, S_F \left(\frac{\mathrm{g}^2\,\mathrm{cm}^2}{\mathrm{s}^2}\right) l_{\boldsymbol{p}} \quad (\mathrm{cm}) \tag{24.10}$$

darstellen.

Die hier angeführten Ausdrücke für den Tensor σ_{ik} tragen allgemeinen Charakter und erfordern ein Minimum an Voraussetzungen (z. B. Annahmen über die Entartung des Elektronengases). Oft führt man eine anisotrope Relaxationszeit ein, indem man folgende Relationen benutzt:

$$\hat{W}_{\boldsymbol{p}}^{-1} v_k = \tau_{\boldsymbol{p}}(\boldsymbol{p})\, v_k ; \tag{24.11}$$

diese Beziehung hat man als Definitionsgleichung der Relaxationszeit $\tau_{\boldsymbol{p}}(\boldsymbol{p})$ aufzufassen. Formel (24.6) kann man damit in folgender Form schreiben:

$$\sigma_{ik} = \frac{2e^2}{(2\pi\hbar)^3} \oint_{\varepsilon(\boldsymbol{p})=\varepsilon_F} \tau_{\boldsymbol{p}}(\boldsymbol{p}) \frac{v_i v_k}{v}\, \mathrm{d}S \equiv \frac{2e^2}{(2\pi\hbar)^3} \oint_{\varepsilon(\boldsymbol{p})=\varepsilon_F} \tau_{\boldsymbol{p}}(\boldsymbol{p})\, v_i\, \mathrm{d}S_k\,, \tag{24.12}$$

$$(\mathrm{d}\boldsymbol{S} = \boldsymbol{n}\, \mathrm{d}S\,, \quad \boldsymbol{n} = \boldsymbol{v}/v)\,.$$

Für ein anisotropes Dispersionsgesetz hängt die Relaxationszeit $\tau_{\boldsymbol{p}}(\boldsymbol{p})$ nur vom Betrag des Quasiimpulses $\tau_{\boldsymbol{p}}(\boldsymbol{p}) \equiv \tau_{\boldsymbol{p}}(p)$ ab, und aus (24.12) ergibt sich der „gewöhnliche" Ausdruck für die spezifische elektrische Leitfähigkeit:

$$\sigma = \frac{ne^2 l_{\boldsymbol{p}}}{p_F}\,, \tag{24.13}$$

wobei n die Elektronendichte und $l_{\boldsymbol{p}} = \tau_{\boldsymbol{p}}(p_F)\, v_F$ die mittlere freie Weglänge sind.

Die in diesem Paragraphen abgeleiteten Formeln tragen einen gewissen formalen halbphänomenologischen Charakter, — die Wechselwirkung der Elektronen, die zu einem endlichen Widerstand führt, ist in der mittleren freien Weglänge $l_{\boldsymbol{p}}$ „verborgen". Die Berechnung der mittleren freien Weglänge ist eine der grundlegenden Aufgaben der Metalltheorie. Dieser Frage ist bis heute eine sehr große Zahl von Arbeiten gewidmet. Einen hinreichend vollständigen Überblick zu Arbeiten dieser Problematik findet man z. B. in [7].

Wie bereits in der Einführung zu diesem Teil erwähnt wurde, liegt eine ausführliche Untersuchung der Widerstandsmechanismen nicht im Rahmen der hier diskutierten Probleme. Hier nur eine Bemerkung. Obwohl bis heute die Berechnung der mittleren freien Weglänge der Leitfähigkeitselektronen nicht als vollständig gelöst betrachtet werden kann, sind die wesentlichen Widerstandsmechanismen bekannt: 1. Elektron–Phonon-Wechselwirkung; 2. Elektron–Elektron-Wechselwirkung; 3. Wechselwirkung der Elektronen mit Störatomen und anderen statistischen Defekten des Kristallgitters.[1]) Die ersten beiden Mechanismen bedingen im Idealkristall den sogenannten idealen Widerstand, der beim absoluten Temperaturnullpunkt verschwindet; der dritte Mechanismus ist für Realkristalle charakteristisch und bedingt den Restwiderstand, d. h., er bestimmt den Widerstand des Metalles beim absoluten Nullpunkt. Der Wert des Restwiderstandes unterscheidet sich wesentlich für verschiedene Proben desselben Metalles.

Zum ersten Mechanismus: Alle modernen Vorstellungen über die Energiebandstruktur der Metalle basieren darauf, daß Leitfähigkeitselektronen und Phononen zwei relativ schwach wechselwirkende Ensemble sind. Die schwache Wechselwirkung zwischen Elektronen und Phononen wird dadurch bedingt, daß die hauptsächliche Wechselwirkung zwischen Elektronen und Gitter in die Dispersionsgesetze der Elektronen und Phononen eingeht.[2] Bei der Untersuchung der Elektron–Phonon-Wechselwirkung kann man sich daher auf Einphononprozesse beschränken — auf Absorption und Emission von Phononen durch Elektronen. Da die Geschwindigkeit der Elektronen mit Energien von der Größenordnung der Fermi-Energie wesentlich größer als die Schallgeschwindigkeit ist, unterliegen diese Prozesse den Erhaltungssätzen.[3])

Wenn sich das Phononengas im Gleichgewicht befindet, d. h. der Phonon–Drag-Effekt vernachlässigt wird, kann man zeigen, daß die Elektron–Phonon-Streuung zu folgender Temperaturabhängigkeit des Widerstandes führt:

$$\frac{\varrho_{\text{eff}}(T)}{\varrho(\Theta)} \approx \begin{cases} \left(\dfrac{T}{\Theta}\right)^5 & (T \ll \Theta)\,, \\ \dfrac{T}{\Theta} & (T \gg \Theta)\,. \end{cases} \tag{24.14}$$

Hierbei ist $\varrho(\Theta)$ der Widerstand des Metalles bei der Debye-Temperatur Θ, $\varrho(\Theta) \approx m\Theta/ne^2\hbar$. Obwohl diese Resultate schon klassischen Charakter haben, sind die Voraussetzungen, auf denen sie basieren, bis heute nicht vollkommen geklärt. Insbesondere ist die Rolle des Phonon–Drag-Effektes bei sehr tiefen Temperaturen noch unklar [11].

Die Ausdrücke (24.14) sind in jedem beliebigen hinreichend ausführlichem Lehrbuch zur Elektronentheorie der Metalle enthalten (die sogenannte Bloch-Lösung der Boltzmann-Gleichung). In der Regel wird (24.14) am Beispiel

[1]) Zusätzliche Streumechanismen in Metallen, die irgendeine spezifische Eigenschaft besitzen, sollen nicht diskutiert werden. In ferro- und antiferromagnetischen Metallen z. B. erleiden die Elektronen Stöße mit Spinwellen; in geordneten Legierungen findet eine Streuung an den Fluktuationen der Fernordnung statt.

[2]) S. Arbeit [8].

[3]) Eine schwache Wechselwirkung zwischen Elektronen und Phononen äußert sich speziell darin, daß man jedem der Untersysteme seine eigene Temperatur zuordnen kann. Unter diesen Bedingungen fällt die Relaxationszeit mit der Zeit des Temperaturausgleiches von Elektronen und Phononen zusammen [9]. Die unterschiedliche Temperatur von Phononen und Elektronen ist einer der Gründe für die Stromabhängigkeit des Widerstandes (Abweichung vom Ohmschen Gesetz); experimentell wird das an Bi bei anomal großen Stromdichten ($j \approx 10^6$ A/cm^2) beobachtet [10].

eines isotropen Modelles abgeleitet. Man kann jedoch leicht verstehen, daß das Wesen der Temperaturabhängigkeit des Widerstandes nur damit zusammenhängt, daß die Phononenkonzentration (N_Φ) für $T \ll \Theta$ proportional T^3 und für $T \gg \Theta$ proportional T ist, sowie außerdem damit, daß für $T \ll \Theta$ die Impulsänderung des Elektrons beim Stoß sehr gering ist. Es ist $|\Delta \boldsymbol{p}| = |\hbar \overline{\boldsymbol{k}}| \sim (\hbar/a)\, T/\Theta$ (der Strich bedeutet die Mittelung über Gleichgewichtsphononen, $\boldsymbol{k}$ ist der Wellenvektor des Phonons, a die Gitterkonstante). Da $p_F \sim \hbar/a$ ist, muß das Elektron für $T \ll \Theta$ eine Vielzahl von Stößen erleiden, um den Impuls $\approx p_F$ zu verlieren. Daher kann man den Prozeß der Impulsrelaxation für $T \ll \Theta$ als Diffusion des Elektrons über der FERMI-Fläche beschreiben. Eine Abschätzung der Relaxationszeit τ kann man leicht aus der Formel für den Diffusionskoeffizienten im Impulsraum $D_p = \overline{\Delta p^2} \nu_{\text{ph}} (\nu_{\text{ph}} \sim N_{\text{ph}} \sim T^3$ ist die Stoßfrequenz mit den Phononen) und aus der EINSTEIN-Relation $p_F^2 \sim D_p \tau$ erhalten. Hieraus folgt, daß $\tau \sim T^{-5}$ ist, d. h. $\varrho_{\text{eff}} \sim T^5$ (bei $T \ll \Theta$). Bei hohen Temperaturen sind Zusammenstöße mit Phononen wahrscheinlich, deren Energien von der Größenordnung Θ sind und deren Impulse $\approx \hbar/a$ betragen. Daher reichen einige Stöße für die Relaxation des Elektronenimpulses $\approx p_F (p_F \approx \hbar/a)$ aus, und die Temperaturabhängigkeit des Widerstandes wird nur durch die Abhängigkeit der Phononenkonzentration von der Temperatur bestimmt. Daher ist für $T \gg \Theta$ $\varrho_{\text{eff}} \sim T$.

Die grundsätzliche Temperaturabhängigkeit des Phononenteils des Widerstandes (s. Formel (24.14)) hängt nicht vom Dispersionsgesetz der Leitfähigkeitselektronen ab. Der Wert aller Koeffizienten jedoch wird wesentlich durch die Parameter des Energiespektrums bestimmt. In den letzten Jahren sind infolge des Fortschrittes der Rechentechnik Arbeiten erschienen, in denen die Temperaturabhängigkeit des Widerstandes für beliebige Temperaturen berechnet wurde.

In einigen Fällen führt die Berücksichtigung der Form der FERMI-Fläche zur Klärung von Details des Temperaturganges des Widerstandes. In [12] ist z. B. gezeigt, daß bei einem anisotropen Dispersionsgesetz der Übergang vom Restwiderstand zum Phononenwiderstand komplizierter ist als für Metalle mit sphärischer FERMI-Fläche (Abb. 55).

Elektron-Elektron-Stöße bewirken nur dann einen Widerstand, wenn die Stöße von Umklappprozessen begleitet werden. Da die FERMI-Fläche in der Regel Teile besitzt, die den BRILLOUINschen Zonengrenzen hinreichend nahe

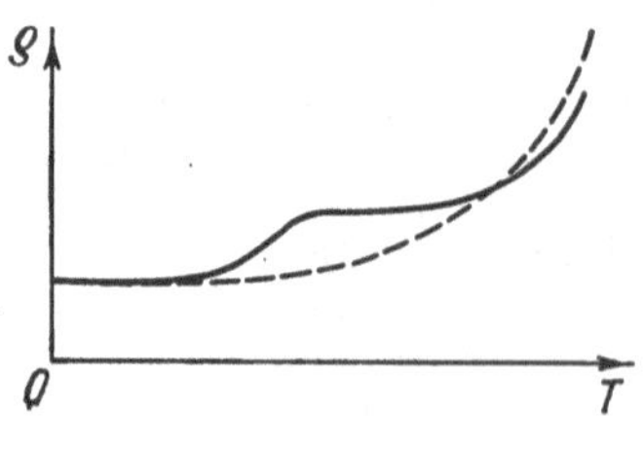

Abb. 55. Temperaturabhängigkeit des Widerstandes von Metallen mit nichtsphärischer FERMI-Fläche bei tiefen Temperaturen

sind, sind solche Stöße nicht selten. Gemäß [13] ist der Elektron–Elektron-Anteil des Widerstandes proportional dem Quadrat der Temperatur:

$$\varrho_{e,e} \approx \frac{m}{ne^2} \frac{\varepsilon_F}{\hbar} \left(\frac{T}{\varepsilon_F}\right)^2 . \tag{24.15}$$

Der Vergleich der Formeln (24.14) und (24.15) zeigt, daß für alle Metalle (außer den Übergangsmetallen) der Elektron–Elektron-Anteil des Widerstandes nur bei sehr tiefen Temperaturen zu beobachten ist. Vergleicht man Widerstandsmessungen bei tiefen Temperaturen (wenn die Elektron–Elektron-Wechselwirkung auftreten kann) mit exakten theoretischen Berechnungen [7], so ergibt sich eine systematische Diskrepanz zwischen Experiment und Theorie. Die Theorie liefert erhöhte Werte des Elektron–Elektron-Widerstandes.

Der Restwiderstand wird vollständig durch die Reinheit des Metalles und die Qualität des Einkristalles bestimmt. Heute ist man in der Lage, so reine Proben zu züchten, daß die mittlere freie Weglänge der Elektronen einige Millimeter erreicht (in Reinstwolfram ist z. B. $l \approx 1$ cm).

Ein sehr interessanter Widerstandsmechanismus ist in der Arbeit [14] vorausgesagt: Eine isotopische Inhomogenität des Metalles soll einen Widerstand bedingen. Dabei kann die mittlere freie Weglänge 0,1 bis 1 cm erreichen. Eine exakte Berechnung des isotopischen elektrischen Widerstandes der Metalle ist in [15] durchgeführt worden. Dieser Widerstandsmechanismus wurde hier angeführt, weil seine Ursache keinesfalls trivial ist, denn die Elektronenhüllen der Isotope sind identisch (abgesehen von den unwesentlichen Unterschieden, die durch die Hyperfeinstruktur der Terme bedingt werden). Die Streuung hängt nur mit der Inhomogenität der Nullpunktsschwingungen des Gitters zusammen.

In den meisten theoretischen Arbeiten wird bei der Berechnung des Temperaturganges des Widerstandes angenommen, daß die Entartungstemperatur des Elektronengases wesentlich größer als die charakteristische Temperatur der streuenden Quasiteilchen (z. B. Phononen) ist. Daher wurde bei der Herleitung der Formeln (24.6) und (24.9) bis (24.13) $-\partial n_F/\partial \varepsilon = \delta(\varepsilon - \varepsilon_F)$ benutzt. Die Temperaturabhängigkeit des Leitfähigkeitstensors wird in diesem Fall durch das Stoßintegral bestimmt. Allerdings ist das Kriterium für die Entartung des Leitfähigkeitselektronengases wesentlich schärfer, als für die Entartung eines freien Elektronengases (§ 12). Bei denjenigen Metallen, bei denen die FERMI-Fläche in der Nähe ausgezeichneter Punkte im $\boldsymbol{p}$-Raum liegt (Bi, As, Sb, Graphit u. a.), hängt der Temperaturgang des Widerstandes vom Faktor $\partial n_F/\partial \varepsilon$ unter dem Integral (24.5) ab, und seine Berechnung erfordert die Kenntnis der Elektronenstruktur des gegebenen Metalles.

Die verschiedenen Streumechanismen liefern in erster Näherung additive Beiträge zum Widerstand (MATHIESsche Regel). Diese Behauptung kann mit Hilfe des Ausdruckes (24.13) „bewiesen“ werden, wenn man berücksichtigt, daß $1/l_p$ die Streuwahrscheinlichkeit des Elektrons pro Einheitslänge ist. Wenn mehrere unabhängige Streumechanismen existieren, so ergibt sich nach den

Gesetzen der Wahrscheinlichkeit

$$1/l = \sum_j 1/l_j\,, \tag{24.16}$$

wobei der Index j die Nummer des Streumechanismus bezeichnet.

Aus Formel (24.16) folgt[1]):

$$\varrho = \sum_j \varrho_j\,. \tag{24.17}$$

Die MATHIESsche Regel besitzt keine absolute Gültigkeit, da bei ihrer Ableitung die Korrelation zwischen den Streuprozessen nicht berücksichtigt wurde. Auch im Falle eines anisotropen Dispersionsgesetzes hängt der spezifische Widerstand in komplizierterer Weise von den Streumechanismen ab, als das durch die Formel (24.16) beschrieben wird.

Wenn einer der Mechanismen nur wenig zur Streuung der Elektronen im Vergleich zu den übrigen beiträgt, kann man eine Relation herleiten, die der MATHIESschen Regel analog ist.

Möge der Stoßoperator $\hat{W}_p$ einen kleinen additiven Kern enthalten, der durch $\hat{W}_1$ bezeichnet wird:

$$\hat{W}_p = \hat{W}_0 + W_1\,, \tag{24.18}$$

wobei $|\hat{W}_1\{f\}| \ll |\hat{W}_0\{f\}|$. Dann kann man die Lösung der kinetischen Gleichung (24.1) durch sukzessive Approximation finden. Die Berechnung der Tensoren der spezifischen Leitfähigkeit und des spezifischen Widerstandes ergibt in linearer Näherung bezüglich $\hat{W}_1$:

$$\varrho_{ik} = \varrho_{ik}^{(0)} + \Delta\varrho_{ik}\,, \tag{24.19}$$

wobei

$$\Delta\varrho_{ik} = \varrho_{il}^{(0)}\,\Delta\sigma_{lm}\,\varrho_{mk}^{(0)}\,, \qquad \Delta\sigma_{ik} = -\int v_i \hat{W}_0^{-2}\hat{W}_1 v_k \frac{\partial n_F}{\partial \varepsilon}\,\mathrm{d}\Gamma\,. \tag{24.20}$$

Der Tensor des spezifischen Widerstandes $\varrho_{ik}^{(0)}$ ist mit dem Stoßoperator $\hat{W}_0$ verknüpft.

Bei hohen Temperaturen ($T \gg \Theta$, Θ — DEBYE-Temperatur) dominiert in der Regel die Streuung an Phononen. In diesem Temperaturgebiet gilt $\varrho_{ik}^{(0)} \sim T$ (mit einer Genauigkeit bis zu Termen $\Theta/T \ll 1$), und der durch Streuung an Störstellen bedingte Widerstand (beschrieben durch den Operator $\hat{W}_1$) hängt in erster Näherung nicht von der Temperatur ab. Bei tiefen Temperaturen bzw. tiefsten Temperaturen für den Fall reinster Proben, dominiert die Streuung an Störstellen und statistischen Inhomogenitäten. In diesem Falle beschreibt der Operator $\hat{W}_0$ die Störstellenstreuung, während der Operator $\hat{W}_1$ die Wechsel-

[1]) Die bekanntere Formulierung der MATHIESschen Regel lautet: Der Widerstand eines Metalles ist die Summe aus Restwiderstand (temperaturunabhängig) und Idealwiderstand (temperaturabhängig), eine unmittelbare Folge von Formel (24.17).

wirkung mit Phononen beschreibt. Der entsprechende zusätzliche Widerstandsterm ist proportional T^5, und der Koeffizient zu T^5 hängt nicht von der Störstellenkonzentration ab (s. Formel (24.14)), kann aber von Probe zu Probe verschieden sein. Sogar in einer solchen „vereinfachten" Formulierung gilt die MATHIESsche Regel durchaus nicht immer. Die wesentlichsten Abweichungen resultieren aus der Streuung der Elektronen an quasilokalen und lokalen Kristallschwingungen, d. h. aus nicht elastischen Stößen mit Störstellen, sowie aus der Änderung des Phononenspektrums durch Störstellen. Die detaillierte Untersuchung [16] hat die wesentlichen experimentellen Fakten erklärt, die sich auf die Abhängigkeit des Widerstandes von den Parametern der Störstellen beziehen.

Nichtelastische Stöße wirken sich besonders bei der Wechselwirkung der Elektronen mit paramagnetischen Störstellen aus. Gemäß [17] führt der nichtbornsche Charakter der Streuung für eine Reihe von Metallen zu einem Minimum in der Temperaturabhängigkeit des Widerstandes. Es existieren auch Arbeiten, in denen die kollektiven Effekte untersucht werden, die durch die Wechselwirkung des Elektronen-FERMI-Gases mit lokalisierten Spins bedingt werden (s. [17a]).

Mit Erniedrigung der Temperatur und Erhöhung der Reinheit des Metalles kann die mittlere freie Weglänge vergleichbar mit der Schichtdicke d oder mit dem Drahtdurchmesser R (oder sogar wesentlich größer) sein. Unter diesen Bedingungen spielen natürlich die Stöße der Elektronen mit den Probengrenzen eine entscheidende Rolle. Im Grenzfall $l \gg R$ kann man den mittleren Wert der elektrischen Leitfähigkeit des zylindrischen Drahtes oder einer quaderförmigen Platte ohne spezielle Voraussetzungen über das Dispersionsgesetz der Leitfähigkeitselektronen berechnen [17b]. Die Größenordnung der elektrischen Leitfähigkeit kann man in diesem Falle abschätzen, wenn man in der gewöhnlichen Formel (z. B. Formel (24.13)) die freie Weglänge durch den Radius R für den Zylinder und durch die Größe d ln (l/d) für die Platte ersetzt. Das Auftreten des Logarithmus resultiert aus dem Beitrag derjenigen Elektronen, die sich parallel zur Oberfläche bewegen und daher nicht mit ihr zusammenstoßen.

Es wurde schon erwähnt, daß nur solche Stöße einen Widerstand verursachen, die zur Dissipation des Quasiimpulses führen (daher ist insbesondere die Berücksichtigung von Umklappprozessen zur Herleitung der Formel (24.15) notwendig). Es gibt jedoch Fälle, bei denen Umklappprozesse relativ selten auftreten und Stöße mit Impulserhaltung relativ oft vorkommen. Bezeichnet man die mittlere freie Weglänge bei Stößen mit Impulserhaltung durch l_N, die mittlere freie Weglänge für Stöße bei Umklappprozessen durch l_U, so bedeutet der beschriebene Fall $l_U \gg l_N$. Wenn für die Abmessungen der Proben $l_U \gg d \gg l_N$ ist, so erfolgt die Impulsdissipation an den Probenwänden (wegen der Viskosität des Elektronengases), wobei die Elektronen durch einen „Diffusionsmechanismus" zu den Wänden gelangen. Die charakteristische Zeit dafür ist von der Größenordnung $d^2/l_N v_F$ [17c]. Obwohl die FERMI-Fläche einer

Reihe von Metallen einen wesentlichen Unterschied zwischen l_U und l_N bedingt, ist der „Viskose“-Widerstand bis heute nicht experimentell beobachtet worden. Formel (24.6) zeigt, daß die elektrische Leitfähigkeit entscheidend von den dynamischen Eigenschaften der Elektronen, speziell vom Dispersionsgesetz, abhängt. Diese Behauptung, die durch Experimente bestätigt wird, scheint dem klassischen Versuch von STUART und TOLMAN zu widersprechen, nach dem die Größe e/m der Elektronen im Metall gleich der Größe e/m_0 für freie Elektronen sein müßte. Diesen scheinbaren Widerspruch kann man einfach erklären. Wenn auf das Elektron außer dem elektrischen Feld eine Trägheitskraft wirkt, so nimmt die kinetische Gleichung folgende Form an [18]:

$$\left(\frac{\partial f_1}{\partial t}\right)_{\text{St}} = -\frac{\partial n_F}{\partial \varepsilon}\,\boldsymbol{v}(\varrho e\boldsymbol{E} - m_0\boldsymbol{a})\,, \tag{24.21}$$

wobei $\boldsymbol{a}$ die Beschleunigung ist. Einen solchen Ausdruck für die Trägheitskraft $(-m_0\boldsymbol{a})$ kann man aus zwei Gründen rechtfertigen: Erstens kann man die Schwerkraft durch eine Beschleunigung ersetzen, indem man das Äquivalenzprinzip benutzt, zweitens kann man die SCHRÖDINGER-Gleichung für ein Elektron im periodischen Feld in einem Nichtinertialsystem betrachten (letzteres ist in [18] durchgeführt worden). Beim Beweis hat man zu berücksichtigen, daß die Zahl der Leitfähigkeitselektronen (die Zahl der Quasiteilchen) gleich der Zahl freier Elektronen ist. Daher ändert die Wechselwirkung vom FERMI-Flüssigkeitstyp nicht den Ausdruck für die Trägheitskraft. Aus Gleichung (24.21) folgt, daß das im geschlossenen Leiter entstehende Feld gleich $m_0\boldsymbol{a}/e$ ist, d. h., die zu messende Größe wird durch das Verhältnis m_0/e eines freien Elektrons bestimmt.

Eine andere Ausführung des Experimentes von STUART und TOLMAN besteht in der Messung der Dichte des Impulses[1]) $\boldsymbol{p}$ und der Stromdichte $\boldsymbol{j}$. Man kann leicht zeigen, daß

$$\boldsymbol{p} = \frac{m_0}{e}\boldsymbol{j}\,.$$

Nach allgemeinen Prinzipien der relativistischen Mechanik ist der Impuls eines Teilchens gleich $\varepsilon\boldsymbol{v}/c$, wobei ε seine Gesamtenergie ist, einschließlich der Ruheenergie. Da die Wechselwirkungsenergie des Elektrons sowohl mit dem Gitter, als auch mit anderen Elektronen wesentlich kleiner als die Ruheenergie ist, beträgt der Impuls des Elektrons mit hoher Genauigkeit $m_0\boldsymbol{v}$ (m_0 ist die Masse des freien Elektrons). Hieraus folgt sofort die obige Beziehung.

§ 25 Wärmeleitfähigkeit. Das Wiedemann-Franzsche Gesetz. Thermoelektrische Erscheinungen

Elektronen nehmen nicht nur am Ladungstransport teil, sondern auch am Transport von Wärme, wobei in guten Metallen der Anteil der Elektronen am

[1]) Die Impulsdichte ist gleich der Dichte des Massenstromes.

Wärmetransport dominierend ist. Thermoelektrische Erscheinungen werden nur durch freie Elektronen bedingt.

Die kinetischen Koeffizienten, die den Zusammenhang zwischen entsprechenden Strömen (Wärmestrom $\boldsymbol{q}$ und Stromdichte $\boldsymbol{j}$) und Kräften (elektrische Feldstärke $\boldsymbol{E}$ und Temperaturgradient ∇T) beschreiben, können mit Hilfe der oben formulierten kinetischen Gleichung berechnet werden.

Zunächst wird jedoch die phänomenologische Theorie der Wärmeleitfähigkeit und der thermoelektrischen Erscheinungen kurz dargelegt.

Beschränkt man sich auf lineare Relationen und berücksichtigt man das Symmetrieprinzip der kinetischen Koeffizienten (s. z. B. [1], § 25), kann man den Zusammenhang zwischen elektrischer Feldstärke $\boldsymbol{E}$ [1]), Temperaturgradient ∇T, Stromdichte $\boldsymbol{j}$ und Wärmestrom $\boldsymbol{q}$ folgendermaßen schreiben:

$$E_i = \varrho_{ik} j_k + \alpha_{ik} \frac{\partial T}{\partial x_k}, \qquad q_i = T \alpha_{ki} j_k - \varkappa_{ik} \frac{\partial T}{\partial x_k}. \tag{25.1}$$

Hierbei sind ϱ_{ik} der Widerstandstensor, $\varkappa_{ik}$ der Tensor der Wärmeleitfähigkeit und α_{ik} ein Tensor, der die thermoelektrischen Eigenschaften des Metalles charakterisiert. Durch die Komponenten des Tensors α_{ik} können der THOMSON-Koeffizient, der PELTIER-Koeffizient und der Koeffizient der Thermokraft ausgedrückt werden [1]. Man beachte, daß die ONSAGER-Relationen (Prinzip der Symmetrie kinetischer Koeffizienten), die die Symmetrie der Tensoren ϱ_{ik} und $\varkappa_{ik}$ bedingen, einen nichtsymmetrischen Tensor der thermoelektrischen Koeffizienten zulassen ($\alpha_{ik} \neq \alpha_{ki}$).

Zur Berechnung der Tensoren von Wärmeleitfähigkeit und thermoelektrischer Koeffizienten ist es zweckmäßig, die oben formulierte kinetische Gleichung unmittelbar für die Verteilungsfunktion der Phononen χ aufzustellen.

Es sei daran erinnert, daß Stöße mit Phononen fast immer eine wesentliche Rolle spielen; außerdem nehmen in allen Festkörpern die Phononen am Wärmetransport teil. Bezeichnet man den Nichtgleichgewichtsanteil zur FERMI-Funktion wieder mit f_1 und zur Gleichgewichtsfunktion der Phononen (BOSE-EINSTEIN-Funktion $N_B = (e^{\hbar\omega/T} - 1)^{-1}$, wobei $\hbar\omega = \hbar\omega(\boldsymbol{p})$ die Energie eines Phonons mit dem Quasiimpuls $\boldsymbol{p}$ ist) mit χ_1, so kann man das System der kinetischen Gleichungen folgendermaßen schreiben (aus oben dargelegten Gründen sind Terme mit räumlichen und zeitlichen Ableitungen der Verteilungsfunktion nicht berücksichtigt worden; außerdem wurde der Einfluß eines Magnetfeldes vernachlässigt):

$$\left.\begin{aligned} \left(\frac{\partial f_1}{\partial t}\right)_{\mathrm{St}}^{\mathrm{e,e}} + \left(\frac{\partial \chi_1}{\partial t}\right)_{\mathrm{St}}^{\mathrm{e,ph}} &= \frac{\partial n_F}{\partial \varepsilon}\, e\boldsymbol{v}\boldsymbol{E} + \frac{\partial n_F}{\partial T}\, \boldsymbol{v}\nabla T\,, \\ \left(\frac{\partial f_1}{\partial t}\right)_{\mathrm{St}}^{\mathrm{ph,e}} + \left(\frac{\partial \chi_1}{\partial t}\right)_{\mathrm{St}}^{\mathrm{ph,ph}} &= \frac{\partial N_B}{\partial T}\, \boldsymbol{u}\nabla T\,. \end{aligned}\right\} \tag{25.2}$$

[1]) Die beobachtbare Feldstärke im Leiter ist die Summe der Feldstärke, die durch die angelegte Potentialdifferenz bedingt wird und der Größe $(1/e)\,\nabla\zeta$, wobei ζ das chemische Potential der Elektronen ist [1]. Daher ist die Änderung des chemischen Potentials durch einen Temperaturgradienten schon in der Größe $\boldsymbol{E}$ enthalten.

Hierbei ist $\boldsymbol{u} = \partial \hbar\omega/\partial \boldsymbol{p}$ die Geschwindigkeit eines Phonons mit dem Quasiimpuls $\boldsymbol{p}$; die linearisierten Stoßintegrale sind folgendermaßen definiert:

$$\left(\frac{\partial f_1}{\partial t}\right)_{\mathrm{St}}^{\mathrm{e,e}} = -\hat{W}_{\mathrm{e,e}}\{f_1\}\,, \qquad \left(\frac{\partial f_1}{\partial t}\right)_{\mathrm{St}}^{\mathrm{ph,e}} = -\hat{W}_{\mathrm{ph,e}}\{f_1\}\,, \tag{25.3}$$

wobei

$$\hat{W}_{\mathrm{e,e}} = -\left\{\frac{\delta \hat{\mathscr{L}}_{\mathrm{St}}^{\mathrm{e}}}{\delta f}\right\}_{\substack{f=n_F\\ \chi=N_B}}, \qquad \hat{W}_{\mathrm{ph,e}} = -\left\{\frac{\delta \hat{\mathscr{L}}_{\mathrm{St}}^{\mathrm{ph}}}{\delta f}\right\}_{\substack{f=n_F\\ \chi=N_B}}. \tag{25.4}$$

Die linearen Operatoren $\hat{\mathscr{L}}_{\mathrm{St}}^{\mathrm{e}}$ und $\hat{\mathscr{L}}_{\mathrm{St}}^{\mathrm{ph}}$, die auf die Funktionen f_1 und χ_1 wirken, sind der Elektronen- und der Phononenstoßoperator; sie enthalten natürlich nicht nur die Wechselwirkung zwischen Elektronen und Phononen, sondern auch mit allen statistischen Inhomogenitäten (Störstellen, Dislokationen u. ä.). Die Existenz mehrerer Elektronen- und Phononenbänder wird analog zum § 23 (s. Formel (23.2) und (23.3)) berücksichtigt.

In Analogie zu Formel (23.15) führt man die Vektorfunktionen $\boldsymbol{\psi}$, $\boldsymbol{\varphi}$, $\boldsymbol{\mu}$ und $\boldsymbol{\nu}$ derart ein, daß

$$\left.\begin{aligned} f_1 &= eE_i \frac{\partial n_F}{\partial \varepsilon}\psi_i - \nabla_i T \frac{\partial n_F}{\partial T}\varphi_i\,, \\ \chi_1 &= -eE_i \frac{\partial N_B}{\partial(\hbar\omega)}\mu_i - \nabla_i T \frac{\partial N_B}{\partial(\hbar\omega)}\nu_i\,. \end{aligned}\right\} \tag{25.5}$$

Dann kann man die kinetische Boltzmann-Gleichung als ein System von Vektorgleichungen für die Funktionen ψ_i, φ_i, μ_i und ν_i schreiben:

$$\left.\begin{aligned} \hat{W}_{\boldsymbol{p}}^{\mathrm{e,e}}\psi_i + \hat{W}_{\boldsymbol{p}}^{\mathrm{e,ph}}\mu_i &= v_i\,, & \hat{W}_{\varepsilon}^{\mathrm{e,e}}\varphi_i + \hat{W}_{\varepsilon}^{\mathrm{e,ph}}\nu_i &= v_i\,, \\ \hat{W}_{\boldsymbol{p}}^{\mathrm{ph,e}}\psi_i + \hat{W}_{\boldsymbol{p}}^{\mathrm{ph,ph}}\mu_i &= 0\,, & \hat{W}_{\varepsilon}^{\mathrm{ph,e}}\varphi_i + \hat{W}_{\varepsilon}^{\mathrm{ph,ph}}\nu_i &= u_i\,. \end{aligned}\right\} \tag{25.6}$$

Die linearisierten Stoßintegrale $\hat{W}$ werden durch Formeln vom Typ (23.13) und (23.14) bestimmt.

Benutzt man die eingeführten Operatoren, kann man formal die Operatoren $\hat{W}_{\boldsymbol{p}}$ und $\hat{W}_{\varepsilon}$ aus § 23 bilden, z. B.:

$$\hat{W}_{\boldsymbol{p}} = \hat{W}_{\boldsymbol{p}}^{\mathrm{e,e}} - \hat{W}_{\boldsymbol{p}}^{\mathrm{e,ph}}(\hat{W}_{\boldsymbol{p}}^{\mathrm{ph,ph}})^{-1}\,\hat{W}_{\boldsymbol{p}}^{\mathrm{ph,e}}\,. \tag{25.7}$$

Bei der Benutzung der kinetischen Gleichung sind die elektrische Feldstärke $\boldsymbol{E}$ und der Temperaturgradient ∇T die verallgemeinerten Kräfte. Nach den Prinzipien der Thermodynamik irreversibler Prozesse [19] müssen die Ströme, die diesen Kräften entsprechen, derart bestimmt werden, daß die zeitliche Ableitung der Entropie $\dot{S}$ (Entropieerzeugung) folgender Gleichung genügt:

$$\dot{S} = \boldsymbol{j}^*\boldsymbol{E} + \boldsymbol{b}^*(-\nabla T)\,. \tag{25.8}$$

Die Ströme $\boldsymbol{j}^*$ und $\boldsymbol{b}^*$ haben dabei folgendes Aussehen:

$$\boldsymbol{j}^* = \frac{e}{T} \int \boldsymbol{v} f_1 \, \mathrm{d}\Gamma_{\mathrm{e}} \,, \tag{25.9}$$

$$\boldsymbol{q}^* = \frac{1}{T^2} \left\{ \int \boldsymbol{u} \hbar\omega(\boldsymbol{p}) \, \chi_1 \, \mathrm{d}\Gamma_{\mathrm{ph}} + \int \boldsymbol{v}(\varepsilon - \zeta) \, f_1 \, \mathrm{d}\Gamma_{\mathrm{e}} \right\}. \tag{25.10}$$

Hierbei bezeichnen das Symbol $\int \cdots \mathrm{d}\Gamma_{\mathrm{e}}$ die Integration über alle Elektronenzustände und das Symbol $\int \cdots \mathrm{d}\Gamma_{\mathrm{ph}}$ die Integration über alle Phononen (natürlich die Summation über die Zweige des Phononenspektrums berücksichtigt).

Gewöhnlich benutzt man statt der Ströme $\boldsymbol{j}^*$ und $\boldsymbol{q}^*$ die Stromdichte $\boldsymbol{j} = T\boldsymbol{j}^*$ sowie die Wärmestromdichte $\boldsymbol{b} = T^2\boldsymbol{q}^*$, für die die phänomenologischen Beziehungen (25.1) gelten.

Wenn man $-\nabla\varphi$ und $-\nabla T$ als verallgemeinerte Kräfte betrachtet, so sind $\boldsymbol{j}^*$ und $\boldsymbol{q}'^*$ die entsprechenden Ströme. $\boldsymbol{q}'$ unterscheidet sich von (25.10) durch die Ersetzung von ζ durch $W = -T^2\partial/\partial T\,(\zeta/T)$ (W ist die Wärmefunktion pro Elektron; $W \approx \zeta$ für $T \ll \varepsilon_F$).

Benutzt man die Formeln (25.5), (25.9) und (25.10), kann man die Ausdrücke für $\boldsymbol{j}$ und $\boldsymbol{q}$ in folgender Form schreiben:

$$j_i = \sigma_{ik} E_k + b_{ik} \frac{\partial T}{\partial x_k}, \qquad q_i = c_{ik} E_k + d_{ik} \frac{\partial T}{\partial x_k}. \tag{25.11}$$

Dabei bedeuten:

$$\left.\begin{aligned} \sigma_{ik} &= e^2 \langle v_i \psi_k \rangle_{\mathrm{e}} \,, \qquad b_{ik} = \frac{e}{T} \langle v_i \varphi_k (\varepsilon - \zeta) \rangle_{\mathrm{e}} \,, \\ c_{ik} &= -\, e \{ \langle v_i \psi_k (\varepsilon - \zeta) \rangle_{\mathrm{e}} + \langle u_i \mu_k \hbar\omega \rangle_{\mathrm{ph}} \} \,, \\ d_{ik} &= -\, \frac{1}{T} \{ \langle v_i \varphi_k (\varepsilon - \zeta)^2 \rangle_{\mathrm{e}} + \langle u_i \nu_k (\hbar\omega)^2 \rangle_{\mathrm{ph}} \} \end{aligned}\right\} \tag{25.12}$$

und

$$\left.\begin{aligned} -\int \frac{\partial n_F}{\partial \varepsilon} \chi(\boldsymbol{p}) \, \eta(\boldsymbol{p}) \, \mathrm{d}\Gamma_{\mathrm{e}} &= \langle \chi\eta \rangle_{\mathrm{e}} \,, \\ -\int \frac{\partial N_B}{\partial(\hbar\omega)} \chi(\boldsymbol{p}) \, \eta(\boldsymbol{p}) \, \mathrm{d}\Gamma_{\mathrm{ph}} &= \langle \chi\eta \rangle_{\mathrm{ph}} \,; \end{aligned}\right\} \tag{25.13}$$

wie in § 23 kann man solche Integrale als Skalarprodukte der Funktionen $\chi(\boldsymbol{p})$ und $\eta(\boldsymbol{p})$ betrachten.

Das Onsager-Prinzip der Symmetrie kinetischer Koeffizienten erfordert, daß zwischen den Komponenten der Tensoren σ_{ik}, b_{ik}, c_{ik} und d_{ik} folgende Beziehungen gelten müssen:

$$\sigma_{ik} = \sigma_{ik} \,, \qquad d_{ik} = d_{ki} \,, \qquad c_{ik} = -\, T b_{ik} \,. \tag{25.14}$$

Die Beziehungen sind natürlich eine Folge bestimmter Eigenschaften des Stoßintegrales (der Beweis folgt aus den hermitischen Eigenschaften des Operators $\hat{W}_p$ (23.23); s. auch (25.22)).

Vergleicht man die Formeln (25.1) und (25.11), kann man sich leicht überzeugen, daß aus (25.14) die ONSAGER-Relationen folgen, die bei der Aufstellung von (25.1) berücksichtigt wurden, sowie

$$\varrho_{ik} = \sigma_{ik}^{-1}\,, \qquad \alpha_{ik} = -\,\sigma_{il}^{-1} b_{lk}\,, \qquad \varkappa_{ik} = -\,d_{ik} + c_{im}\sigma_{ml}^{-1} b_{lk}\,. \tag{25.15}$$

Wenn man unter Benutzung der letzten Relation von (25.14) in der Formel für den Wärmeleitfähigkeitstensor $\varkappa_{ik}$ den Tensor c_{im} durch den ihm gleichen Tensor $-Tb_{mi}$ ersetzt, so zerfällt nach den Formeln (25.12) die Wärmeleitfähigkeit in eine Summe von Elektronen- und Phononenteil:

$$\varkappa_{ik} = \varkappa_{ik}^{\mathrm{e}} + \varkappa_{ik}^{\mathrm{ph}}\,. \tag{25.16}$$

Hierbei sind

$$\varkappa_{ik}^{\mathrm{e}} = -\,d_{ik}^{\mathrm{e}} - Tb_{mi}\sigma_{ml}^{-1} b_{lk}\,, \qquad d_{ik}^{\mathrm{e}} = -\,\frac{1}{T}\,\langle v_i \varphi_k (\varepsilon - \zeta)^2\rangle_{\mathrm{e}} \tag{25.17}$$

und

$$\varkappa_{ik}^{\mathrm{ph}} = \frac{1}{T}\,\langle u_i v_k (\hbar\omega)\,\rangle_{\mathrm{ph}}\,. \tag{25.18}$$

Eine solche Zerlegung bedeutet natürlich nicht das Fehlen einer Wechselwirkung zwischen dem Elektronen- und dem Phononensystem. In weiten Temperaturbereichen bewirken hauptsächlich die Phononen die Streuung der Elektronen, die ihrerseits praktisch bei allen Temperaturen die Hauptursache des Wärmewiderstandes für den Phononenstrom sind. Gerade wegen der Streuung an Elektronen ist die mittlere freie Weglänge der Phononen klein und ihre Rolle in der Wärmeleitung der Metalle unbedeutend. Daher kann man formal in (25.16), aber auch im Ausdruck für c_{ik} die zweiten Summanden vernachlässigen.

Das WIEDEMANN-FRANZsche Gesetz stellt daher einen Zusammenhang zwischen dem Elektronenteil des Wärmeleitfähigkeitskoeffizienten und der elektrischen Leitfähigkeit dar.

Der Elektronenteil der Wärmeleitung eines Metalles und die thermoelektrischen Koeffizienten werden damit durch die Größen b_{ik}, d_{ik} und c_{ik} bestimmt. Wie in § 24 gezeigt wurde, wird die elektrische Leitfähigkeit in Form eines Integrales über die FERMI-Fläche ausgedrückt (s. Formel (24.6)). Ein analoges Aussehen kann man auch den Formeln (25.15) geben, indem man erhaltene Ausdrücke nach Potenzen der Temperatur entwickelt (genauer, nach Potenzen von $T/|\varepsilon_F - \varepsilon_k|$); die Koeffizienten der Zerlegung sind dabei wegen der Temperaturabhängigkeit des Stoßoperators auch Funktionen der Temperatur. Alle hier betrachteten Tensoren kann man in folgender Weise durch Energieintegrale ausdrücken:

$$\left.\begin{aligned} \sigma_{ik} &= -e\int \frac{\partial n_F}{\partial \varepsilon}\,\psi_{ik}(\varepsilon)\,\mathrm{d}\varepsilon\,, & b_{ik} &= \frac{e}{T}\int \frac{\partial n_F}{\partial \varepsilon}\,(\varepsilon-\zeta)\,\varphi_{ik}(\varepsilon)\,\mathrm{d}\varepsilon\,,\\ c_{ik} &= -e\int \frac{\partial n_F}{\partial \varepsilon}\,(\varepsilon-\zeta)\,\psi_{ik}(\varepsilon)\,\mathrm{d}\varepsilon\,, & d_{ik} &= \frac{1}{T}\int \frac{\partial n_F}{\partial \varepsilon}\,(\varepsilon-\zeta)^2\,\varphi_{ik}(\varepsilon)\,\mathrm{d}\varepsilon\,, \end{aligned}\right\} \tag{25.19}$$

wobei

$$\psi_{ik} = \frac{2}{(2\pi\hbar)^3}\oint\limits_{\varepsilon(\boldsymbol{p})=\varepsilon} \frac{v_i\psi_k}{v}\,\mathrm{d}S\,,\qquad \varphi_{ik} = \frac{2}{(2\pi\hbar)^3}\oint\limits_{\varepsilon(\boldsymbol{p})=\varepsilon} \frac{v_i\varphi_k}{v}\,\mathrm{d}S \tag{25.20}$$

und die Integration über die Isoenergiefläche $\varepsilon(\boldsymbol{p}) = \varepsilon$ erfolgt.

Benutzt man die bekannten Eigenschaften der FERMI-Funktion (s. z. B. Formel (12.7)), so erhält man

$$\left.\begin{aligned} \sigma_{ik} &\approx e^2\psi_{ik}(\varepsilon_F)\,, & b_{ik} &\approx -\frac{\pi}{3}\,eT\left(\frac{\mathrm{d}\varphi_{ik}}{\mathrm{d}\varepsilon}\right)_{\varepsilon=\varepsilon_F},\\ c_{ik} &\approx \frac{\pi^2}{3}\,eT^2\left(\frac{\mathrm{d}\psi_{ik}}{\mathrm{d}\varepsilon}\right)_{\varepsilon=\varepsilon_F}, & d_{ik} &\approx -\frac{\pi^2}{3}\,T\varphi_{ik}(\varepsilon_F)\,. \end{aligned}\right\} \tag{25.21}$$

In dieser Näherung bedeuten die ONSAGER-Relationen (25.14), daß gilt:

$$\left(\frac{\mathrm{d}\varphi_{ik}}{\mathrm{d}\varepsilon}\right)_{\varepsilon=\varepsilon_F} = \left(\frac{\mathrm{d}\psi_{ki}}{\mathrm{d}\varepsilon}\right)_{\varepsilon=\varepsilon_F}. \tag{25.22}$$

Setzt man die Ausdrücke (25.21) in die Formeln (25.15) ein, und berücksichtigt nur Terme niedrigster Potenz bezüglich $T/|\varepsilon_F - \varepsilon_k|$, erhält man:

$$\left.\begin{aligned} \varrho_{ik} &\approx \frac{1}{e^2}\,\psi_{ik}^{-1}(\varepsilon_F)\,,\\ \alpha_{ik} &\approx \frac{\pi^2}{3}\,\frac{T}{e}\,\psi_{il}^{-1}(\varepsilon_F)\,\varphi_{lk}'(\varepsilon_F) = \frac{\pi^2}{3}\,\frac{T}{e}\,\psi_{il}^{-1}(\varepsilon_F)\,\psi_{kl}'(\varepsilon_F)\,,\\ \varkappa_{ik} &\approx \frac{\pi^2}{3}\,T\varphi_{ik}(\varepsilon_F)\,. \end{aligned}\right\} \tag{25.23}$$

Wie auch in § 24, ist es zweckmäßig, die Operatoren der mittleren freien Weglänge einzuführen, die auf den Einheitsvektor $n_i = v_i/v$ wirken. Benutzt man für die Stoßoperatoren die Bezeichnungen des § 24, ergibt sich

$$\psi_i = \hat{W}_{\boldsymbol{p}}^{-1}\{v_i\} \equiv \hat{l}_{\boldsymbol{p}}\{n_i\}\,,\qquad \varphi_i = \hat{W}_\varepsilon^{-1}\{v_i\} \equiv \hat{l}_\varepsilon\{n_i\}\,. \tag{25.24}$$

Die Indizes $\boldsymbol{p}$ und ε unterstreichen, daß im ersten Fall beim Stoß die Impulsänderung und im zweiten Fall die Energieänderung wesentlich sind. Mit anderen Worten, es ist $|\boldsymbol{\psi}| \approx l_{\boldsymbol{p}}$, wobei $l_{\boldsymbol{p}}$ die Länge der Impulsrelaxation des Elektrons ist, und es ist $|\boldsymbol{\varphi}| \approx l_\varepsilon$, wobei l_ε die Länge der Energierelaxation ist.

Bei tiefen Temperaturen ($T \ll \Theta$), wenn Stöße mit langwelligen Phononen dominieren, unterscheiden sich diese Längen wesentlich voneinander ($l_{\boldsymbol{p}} \approx \approx (\Theta/T)^2\, l_\varepsilon$). Der letzte Umstand führt zu experimentell beobachtbaren Abweichungen vom WIEDEMANN-FRANZschen Gesetz. Wenn man nichtelastische Stöße vernachlässigen kann,[1]) verschwindet der Unterschied zwischen l_ε und $l_{\boldsymbol{p}}$, da die Relaxation nur mit der isotropen Bewegung der Elektronen verbunden ist (speziell verschwindet der Unterschied zwischen $l_{\boldsymbol{p}}$ und l_ε im Fall der τ-Näherung).

Für einen kubischen Kristall ist es zweckmäßig, gemittelte freie Weglängen einzuführen, die Funktionen der Energie des Elektrons sind und durch folgende Relationen definiert werden:

$$\frac{1}{S(\varepsilon)} \oint n_i \hat{l}_{\boldsymbol{p}(\varepsilon)}\{n_k\}\, \mathrm{d}S = \frac{1}{3}\, l_{\boldsymbol{p}(\varepsilon)}(\varepsilon)\, \delta_{ik}\ ; \tag{25.25}$$

die Integration erfolgt über die Isoenergiefläche $\varepsilon(\boldsymbol{p}) = \varepsilon$, deren Flächeninhalt gleich $S(\varepsilon)$ ist.

Die in § 24 eingeführte mittlere freie Weglänge $l_{\boldsymbol{p}}$ fällt mit der hier angeführten zusammen, wenn man statt der Energie ε den Wert der FERMI-Energie einsetzt: $l_{\boldsymbol{p}} = l_{\boldsymbol{p}}(\varepsilon_F)$ und analog $l_\varepsilon = l_\varepsilon(\varepsilon_F)$.

Mit Hilfe der Formeln (25.20), (25.23)—(25.25) ergibt sich:

$$\left.\begin{aligned} \sigma_{ik} &= \sigma\delta_{ik}\,, & \sigma &= \frac{2e^2}{3(2\pi\hbar)^3}\, S(\varepsilon_F)\, l_{\boldsymbol{p}}\,, \\ \varkappa_{ik} &= \varkappa\delta_{ik}\,, & \varkappa &= \frac{2\pi^2 T}{3(2\pi\hbar)^2}\, S(\varepsilon_F)\, l_\varepsilon\,. \\ \alpha_{ik} &= \alpha\delta_{ik}\,, & \alpha &= \frac{\pi^2 T}{3e}\left[\frac{\mathrm{d}}{\mathrm{d}\varepsilon} \ln\left(S(\varepsilon)\, l_{\boldsymbol{p}}(\varepsilon)\right)\right]_{\varepsilon=\varepsilon_F}. \end{aligned}\right\} \tag{25.26}$$

In den neuen Bezeichnungen schreiben sich die ONSAGER-Relationen (25.14) oder (25.22) besonders übersichtlich:

$$\frac{\mathrm{d}}{\mathrm{d}\varepsilon}(S l_{\boldsymbol{p}})_{\varepsilon=\varepsilon_F} = \frac{\mathrm{d}}{\mathrm{d}\varepsilon}(S l_\varepsilon)_{\varepsilon=\varepsilon_F}\,. \tag{25.27}$$

Für $l_{\boldsymbol{p}} = l_\varepsilon$ ergibt sich

$$\varkappa = \frac{\pi^2 T}{3e^2}\,\sigma\,, \tag{25.28}$$

[1]) Das bedeutet nicht nur die Möglichkeit, $\mu_i = \nu_i = 0$ zu setzen (s. Formel (25.5)), sondern vor allem die Vernachlässigung der Energieübertragung von Elektronen an Gleichgewichtsphononen bei jedem Stoß. Es sei daran erinnert, daß für $T \gg \Theta$ Stöße mit Phononen quasielastisch sind. Darin besteht auch der Grund für die Gültigkeit des WIEDEMANN-FRANZschen Gesetzes bei hohen Temperaturen.

d. h., es gilt das bekannte WIEDEMANN-FRANZsche Gesetz. Wie aus der Herleitung der Formel (25.28) hervorgeht, wird diese Beziehung nur durch den Charakter der Streuung bestimmt (sie hängt z. B. in keiner Weise vom Dispersionsgesetz ab). Für einen nichtkubischen Kristall wird diese Beziehung ($\varphi_i = \psi_i$) für jede der Tensorkomponenten σ_{ik} und $\varkappa_{ik}$ erfüllt.

Auf die Darlegung einer Theorie, die die experimentell beobachtbaren Fakten bezüglich der Thermo-EMK und der Wärmeleitung erklärt (dieser Problematik sind mehrere Paragraphen in [11] gewidmet), wird hier verzichtet. Es sei lediglich bemerkt, daß man die Umkehr[1]) des Koeffizienten α (d. h. der Thermo-EMK) bei einer Reihe von Metallen durch den Lochcharakter der FERMI-Fläche erklären kann: Wenn sich die FERMI-Fläche in der Nähe eines Punktes befindet, in dem die Energie ein Maximum erreicht, so zieht sich mit wachsender Energie die Energiefläche zusammen. Außerdem verringert sich bei Annäherung an den Extremalpunkt die Geschwindigkeit; langsame Elektronen werden öfter gestreut, und daher verringert sich mit wachsender Energie die freie Weglänge ebenfalls.

§ 26 Einführung in die galvanomagnetischen Erscheinungen

Der Einfluß eines Magnetfeldes auf die Leitfähigkeit eines Metalles wird durch die Wirkung des Magnetfeldes auf die Bewegung der Elektronen hervorgerufen (§§ 4, 5). Dabei muß man beachten, daß im Unterschied zu thermodynamischen Gleichgewichtseigenschaften die kinetischen Charakteristiken (der spezifische Widerstand, Wärmeleitfähigkeitskoeffizient usw.) auch in klassischer Näherung wesentlich vom Magnetfeld abhängen, d. h., eine Abhängigkeit vom Magnetfeld existiert auch dann, wenn die Quantisierung der Elektronenenergie im Magnetfeld nicht berücksichtigt wird. Der charakteristische dimensionslose Parameter, der den Einfluß des Magnetfeldes beschreibt, ist das Verhältnis r_H/l, wobei r_H den Bahnradius des Elektrons und l die mittlere freie Weglänge bedeuten. Da der Bahnradius r_H dem Magnetfeld ungekehrt proportional ist, gilt für schwache Felder $r_H \gg l$ und für starke Felder die umgekehrte Ungleichung. Der Bahnradius r_H ist für ein freies Elektron cp/eH, wobei hier p den Radius der FERMI-Kugel bezeichnet und im allgemeinen Falle $p = \sqrt{S}$ gilt und S ein ausgezeichneter Querschnitt (z. B. ein Extremalquerschnitt) der FERMI-Fläche ist.

Die Rolle der Quanteneffekte wird durch zwei Parameter bestimmt: $\hbar\omega/|\varepsilon_F - \varepsilon_k|$ und $\hbar\omega/T$ (§ 8). Der erste Parameter ist in der Regel sehr klein, was gewöhnlich die Vernachlässigung der Quanteneffekte rechtfertigt. Der Parameter $\hbar\omega/T$ ändert sich jedoch in weiten Bereichen. Wenn $\hbar\omega \gtrsim T$ ist, so treten Quantenoszillationen der galvanomagnetischen Charakteristiken auf — der SCHUBNIKOW-DE HAAS-Effekt und weitere Effekte, die dem DE HAAS-VAN ALPHEN-Effekt analog sind (§ 15). Für die Mehrzahl der Metalle über-

[1]) Für freie Elektronen gilt $\alpha < 0$.

lagern sich die Quantenoszillationen der monotonen Abhängigkeit der galvanomagnetischen Charakteristiken vom Magnetfeld. Daher kann man zunächst die klassischen Effekte betrachten und danach die Quanteneffekte als nächste Näherung behandeln.[1])

Die einfachste Variante der Elektronentheorie kinetischer Erscheinungen (τ-Näherung, eine Gruppe von Ladungsträgern mit isotropem quadratischem Dispersionsgesetz) kann nicht einmal qualitativ die Abhängigkeit des Widerstandes vom Magnetfeld erklären, obwohl sich die Abschätzung der „HALL-Konstanten" R in einer Reihe von Fällen als ausreichend erwiesen hat ($R = 1/enc$, n — Konzentration der Elektronen). Die Untersuchungen der letzten Jahre haben gezeigt, daß die galvanomagnetischen Charakteristika in starken Magnetfeldern außerordentlich empfindlich bezüglich des Energiespektrums der Elektronen sind. Sie sind eine der zuverlässigsten Methoden zur Bestimmung der Topologie der FERMI-Fläche.

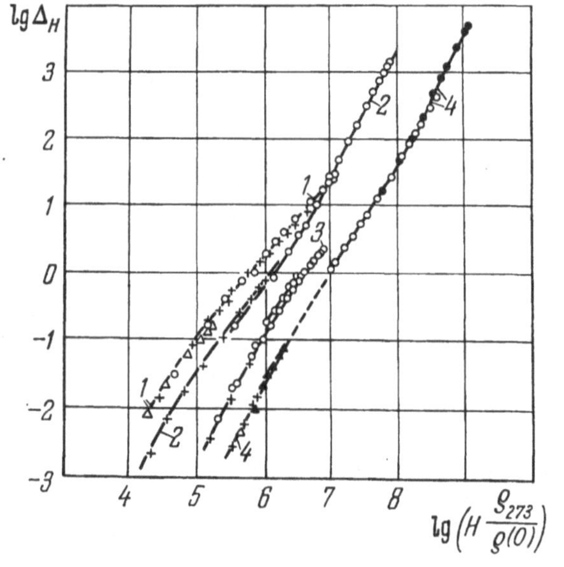

Abb. 56. Abhängigkeit der Widerstandszunahme im Magnetfeld von der effektiven Größe des Magnetfeldes $H\,\frac{\varrho_{273}}{\varrho(0)}$:
1 — Mg; *2* — Cd; *3* — Cu; *4* — Pb; ● — $T = 2$ K; ○ — $T = 4{,}22$ K; ▲ — $T = 14$ K; × — $T = 20{,}35$ K; △ — $T = 78$ K

[1]) Quantenkorrekturen enthalten stets den Faktor $(\hbar\omega/|\varepsilon_F - \varepsilon_k|)^n$, wobei $n > 0$ ist. Bei einigen Metallen, wie z. B. beim Bi, bestimmen die Quanteneffekte wesentlich die Abhängigkeit des Widerstandes und speziell der HALL-Konstanten R vom Magnetfeld. Bei der Anwendung der hier dargelegten Resultate auf diese Metalle hat man daher vorsichtig zu verfahren. Eine Theorie der Quantenoszillationen galvanomagnetischer Charakteristiken wird in § 31 behandelt.

Im weiteren werden experimentelle Daten nur zur Illustration der Theorie angeführt. Es seien nur einige bekannte Fakten erwähnt.

1. Für Polykristalle und eine Reihe von Einkristallen gilt näherungsweise die KOHLERsche Regel [20], nach der die Größe

$$\Delta_H = \frac{\varrho(H) - \varrho(0)}{\varrho(0)} \tag{26.1}$$

eine Funktion des effektiven Feldes

$$H_{\text{eff}} = H \frac{\varrho_{273}}{\varrho(0)}$$

ist, wobei $\varrho(H)$ der Widerstand im Magnetfeld H und ϱ_{273} der Widerstand bei 273 K und $H = 0$ sind. Diese Regel, illustriert in Abb. 56, bestätigt die obige Behauptung, daß der Parameter, von dem die Änderung des Widerstandes abhängt, die Größe r/l ist. Die zu beobachtenden wesentlichen Abweichungen von der KOHLERschen Regel [21], die ihre natürliche Erklärung in der strengen Theorie finden (s. die nächsten Paragraphen), versuchte man mehrfach mit Hilfe von „Regeln" zu beschreiben, die eine größere Zahl von Anpassungsparametern enthalten als die KOHLERsche Regel. Einer der jüngsten Versuche [22] erfolgte auf Grund der Resultate [23] am Widerstand des Aluminiums im Magnetfeld.

2. Alle bis jetzt untersuchten Metalle kann man bezüglich der Abhängigkeit des Widerstandes vom Magnetfeld in drei Gruppen unterteilen. Zur ersten Gruppe gehören Metalle, bei denen der Widerstand in allen Magnetfeldrichtungen für $H \to \infty$ gegen einen Sättigungswert strebt. Die Vergrößerung des Widerstandes (der Widerstand wächst immer in starken Feldern) dieser Metalle erreicht einige hundert Prozent. Zur zweiten Gruppe gehören Metalle, bei denen der Widerstand für alle Magnetfeldrichtungen quadratisch mit dem Magnetfeld wächst. Der Widerstand kann dabei auf das Millionenfache ansteigen (z. B. Wismut); das Metall kann im starken Magnetfeld die Eigenschaften eines Dielektrikums besitzen. Die dritte Gruppe besitzt dazwischenliegende Eigenschaften: In gewissen Richtungen wächst der Widerstand quadratisch, in anderen strebt er gegen einen Sättigungswert.

Bis jetzt wurden transversale galvanomagnetische Effekte betrachtet, d. h., der Strom war senkrecht zum Magnetfeld gerichtet. Longitudinale galvanomagnetische Effekte sind relativ schwach: Der longitudinale Widerstand strebt bei allen Metallen gegen einen Sättigungswert. Bei transversaler Konfiguration wird für die meisten Metalle ein großer Bereich beobachtet, in dem der Widerstand linear vom Magnetfeld abhängt (Gesetz von KAPIZA). Bei einigen Metallen befindet sich dieses Gebiet entweder zwischen zwei quadratischen Abhängigkeiten oder zwischen einer quadratischen Abhängigkeit und der Sättigung; bei anderen Metallen gelang es nicht, eine Abweichung vom linearen Gesetz in starken Feldern zu beobachten.

Die Mehrzahl der experimentellen Fakten findet ihre Erklärung in der modernen kinetischen Theorie der galvanomagnetischen Effekte. Allerdings bedarf die Theorie noch einiger Präzisierungen auf der Grundlage der Kenntnis des Energiespektrums der Elektronen dieses oder jenen Metalles.[1])

Die Darlegung der Theorie galvanomagnetischer Erscheinungen beginnt man zweckmäßigerweise mit der phänomenologischen Beschreibung [1]. Der Zusammenhang zwischen elektrischem Feld und Strom hat linearen Charakter (Ohmsches Gesetz):

$$j_i = \sigma_{ik} E_k\,, \qquad E_i = \varrho_{ik} j_k\,, \qquad \sigma_{ik}^{-1} = \varrho_{ik}\,. \tag{26.2}$$

Im Magnetfeld sind die Tensoren σ_{ik} und ϱ_{ik} als Funktionen des Magnetfeldes nichtsymmetrische Tensoren. Das Symmetrieprinzip kinetischer Koeffizienten bedingt einen komplizierten Zusammenhang zwischen den Tensorkomponenten

$$\sigma_{ik}(\boldsymbol{H}) = \sigma_{ki}(-\boldsymbol{H})\,. \tag{26.3}$$

Den Tensor σ_{ik} kann man, wie jeden Tensor zweiten Ranges, als Summe eines symmetrischen Tensors s_{ik} und eines antisymmetrischen Tensors a_{ik} darstellen:

$$\sigma_{ik} = s_{ik} + a_{ik}\,. \tag{26.4}$$

Mit Hilfe der Onsager-Relationen (26.3) kann man zeigen, daß die Komponenten des Tensors s_{ik} gerade und des Tensors a_{ik} ungerade Funktionen des Magnetfeldes sind:

$$s_{ik}(\boldsymbol{H}) = s_{ik}(-\boldsymbol{H})\,, \qquad a_{ik}(\boldsymbol{H}) = -\,a_{ik}(-\boldsymbol{H})\,. \tag{26.5}$$

Aus den Komponenten des antisymmetrischen Tensors a_{ik} kann man einen dualen Vektor $\boldsymbol{a}$ ableiten:

$$a_x = a_{yz}\,, \qquad a_y = a_{zx}\,, \qquad a_z = a_{xy}$$

oder

$$a_i = \varepsilon_{ikl} a_{kl}\,,$$

wobei ε_{ikl} der antisymmetrische Einheitstensor dritten Ranges ist.

Analog kann man auch den Tensor des spezifischen Widerstandes ϱ_{ik}, der dem Tensor σ_{ik} reziprok ist, zerlegen:

$$\varrho_{ik} = \varrho_{ik}^{s} + \varrho_{ik}^{a}\,, \qquad \varrho_{ik}^{s}(\boldsymbol{H}) = \varrho_{ik}^{s}(-\boldsymbol{H})\,, \qquad \varrho_{ik}^{a}(\boldsymbol{H}) = -\,\varrho_{ik}^{a}(-\boldsymbol{H})\,.$$

Die Komponenten der Tensoren ϱ_{ik}^{s} und ϱ_{ik}^{a} kann man durch die Komponenten der Tensoren s_{ik} und a_{ik} ausdrücken:

$$\varrho_{ik}^{s} = \frac{|s|(s^{-1})_{ik} + a_i a_k}{|s| + (\boldsymbol{a}\hat{s}\boldsymbol{a})}\,, \qquad b_i = \frac{(\hat{s}\boldsymbol{a})_i}{|s| + (\boldsymbol{a}\hat{s}\boldsymbol{a})}\,. \tag{26.6}$$

Hierbei sind $|s|$ die Determinante aus den Komponenten des Tensors s_{ik} $\boldsymbol{a}\hat{s}\boldsymbol{a} = a_i s_{ik} a_k$, $\boldsymbol{b}$ ein Vektor, der dem antisymmetrischen Tensor ϱ_{ik}^{a} dual ist: $b_i = \varepsilon_{ikl}\varrho_{kl}^{a}$.

[1]) Speziell ändert, wie vor kurzem geklärt werden konnte, der magnetische Durchbruch wesentlich die Abhängigkeit des Widerstandes vom Magnetfeld (s. unten).

Mit den eingeführten Größen kann man das Ohmsche Gesetz für einen Leiter im Magnetfeld folgendermaßen schreiben:

$$\boldsymbol{E} = \hat{\varrho}^s \boldsymbol{j} + [\boldsymbol{b}\boldsymbol{j}] , \qquad (26.7)$$

Der Vektor $\hat{\varrho}^s \boldsymbol{j}$ hat die Komponenten $\varrho^s_{ik} j_k$; der zweite Summand ist das HALL-Feld, das senkrecht zum Strom ist und sein Vorzeichen mit dem Vorzeichen des Magnetfeldes ändert. Die JOULEsche Wärme wird durch den Tensor ϱ^s_{ik} bestimmt:

$$Q = \varrho^s_{ik} j_i j_k , \qquad (26.8)$$

daher nennt man den Tensor ϱ^s_{ik} (d. h. den symmetrischen Teil des Widerstandstensors) oft einfach Tensor des Widerstandes.

Aus (26.7) folgt, daß eine vollständige Beschreibung der galvanomagnetischen Eigenschaften möglich ist, wenn für alle Werte des Magnetfeldes die drei Hauptwerte des Tensors ϱ^s_{ik}, die Richtung seiner Hauptachsen und die drei Komponenten des Vektors $\boldsymbol{b}$ bekannt sind. Im allgemeinen fallen die Richtungen der Hauptachsen des Tensors ϱ^s_{ik} nicht mit den kristallographischen Richtungen zusammen, sondern hängen von Größe und Richtung des Magnetfeldes ab.

Die Bestimmung des Stromes und der elektrischen Feldstärke in einer Probe endlicher Abmessungen ist ein kompliziertes mathematisches Problem, das nur in einer Reihe von Spezialfällen lösbar ist,[1] daher benutzt man im Experiment in der Regel lange zylindrische Leiter (Drähte), in denen die Richtung der Stromlinien durch die Geometrie der Probe gegeben wird.

Die Komponenten des Tensors ϱ^s_{ik} und des Vektors $\boldsymbol{b}$ hängen in komplizierter Weise vom Magnetfeld ab. In schwachen Magnetfeldern kann man sie nach Potenzen des Magnetfeldes entwickeln. Wegen (26.5) nimmt die Zerlegung folgende Form an:

$$\varrho^s_{ik}(\boldsymbol{H}) = \varrho_{ik}(0) + \lambda_{iklm} H_l H_m , \qquad b_i = R_{ik} H_k . \qquad (26.9)$$

(Terme höherer Ordnung wurden vernachlässigt; $\varrho_{ik}(0)$ ist der Tensor des Widerstandes für $\boldsymbol{H} = 0$).

Die Zahl unabhängiger Komponenten der Tensoren λ_{iklm} und R_{ik} ergibt sich aus der Symmetrieklasse des Metalles. Daher wird die Winkelabhängigkeit (Abhängigkeit von der Magnetfeldrichtung) des Widerstandes und des HALL-Feldes in schwachen Feldern vollständig durch die Kristallklasse bestimmt. Im Falle eines kubischen Kristalles oder eines beliebigen isotropen Körpers gilt z. B. $R_{ik} = R\delta_{ik}$. Die Größe R heißt HALL-Konstante. Sie hängt für die

[1]) Es handelt sich um hinreichend große Proben, damit man Oberflächenerscheinungen vernachlässigen und eine makroskopische Beschreibung verwenden kann (s. jedoch § 29). In diesem Falle lautet die mathematische Formulierung des Problems zur Bestimmung von Stromdichte $\boldsymbol{j}$ und Feldstärke $\boldsymbol{E}$: $\operatorname{div} \boldsymbol{j} = 0$, $\operatorname{rot} \boldsymbol{E} = 0$, wobei $\boldsymbol{j}\boldsymbol{\nu} = 0$ an allen Punkten der Oberfläche ist mit Ausnahme der Stromkontaktpunkte; in den Kontaktpunkten ist $\boldsymbol{j}\boldsymbol{\nu}$ stetig ($\boldsymbol{\nu}$ ist die Normale zur Oberfläche des Körpers).

Mehrzahl der Metalle nur schwach von Temperatur, Reinheitsgrad der Probe usw. ab. Als zweckmäßigere Charakteristik der Metalle (jedoch nicht für alle Metalle anwendbar) wird sich die „HALL-Konstante" in starken Feldern R_∞ erweisen (Definition s. in § 27).

Im Fall eines isotropen Metalles (Polykristall) ist nur die Richtung längs des Magnetfeldes ausgezeichnet. Bezeichnet man die Tensorkomponente längs des Feldes mit $\varrho^s_{||}$ und in der Ebene senkrecht zum Feld mit $\varrho^s_{\perp}$, so folgt aus (26.9), daß

$$\left.\begin{aligned} \varrho^s_{ik} &= \left(\varrho(0) + \lambda_1 H^2\right)\delta_{ik} + \lambda_2 H_i H_k\,, \\ \varrho^s_{||} &= \varrho(0) + \lambda_{||} H^2 \qquad (\lambda_{||} = \lambda_1 + \lambda_2)\,, \\ \varrho^s_{\perp} &= \varrho(0) + \lambda_{\perp} H^2 \qquad (\lambda_{\perp} = \lambda_1)\,. \end{aligned}\right\} \tag{26.10}$$

In der Regel sind die Konstanten $\lambda_{||}$ und $\lambda_{\perp}$ positiv. Eine Ausnahme bilden die Ferromagnetika, bei denen die Vorzeichenumkehr der galvanomagnetischen Effekte (Verringerung des Widerstandes im schwachen Magnetfeld) ihre spezielle Erklärung findet [24].

Die Formeln (26.9) und (26.10) tragen phänomenologischen Charakter. Aufgabe der mikroskopischen Theorie ist die Berechnung der Tensoren λ_{iklm} und R_{ik}. In der Regel sind jedoch die erhaltenen Formeln für λ_{iklm} und R_{ik} außerordentlich kompliziert und eignen sich nicht für die Interpretation von Experimenten. Man kann zeigen [25], daß die ONSAGER-Relation (26.3) aus den allgemeinen Eigenschaften des Stoßoperators folgt, die in § 23 angegeben wurden (s. Formeln (23.23) und (23.24)). Auf Grund dieser Bedingungen wurde gezeigt, daß die Hauptwerte des Tensors $\varrho_{ik}(\boldsymbol{H})$ größer als die Hauptwerte des Tensors $\varrho_{ik}(0)$ sind. Der Widerstand wächst mit wachsendem Magnetfeld. (Man muß allerdings beachten, daß diese Aussage eine Folge der klassischen Theorie ist. Quanteneffekte, die durch die Quantisierung der Energie im Magnetfeld bedingt werden, können zur Verringerung des longitudinalen Widerstandes führen. Ein analoger Effekt wurde an Halbleitern beobachtet [26].)

Die Abhängigkeit der Komponenten des Widerstandstensors von Größe und Richtung des Magnetfeldes kann nicht bei beliebigem Wert des Feldes festgestellt werden. Sie hängt von Details des Streuprozesses und von den dynamischen Eigenschaften der Leitfähigkeitselektronen ab. Andrerseits wird das asymptotische Verhalten der Komponenten des Widerstandstensors ϱ_{ik} (für $r \ll l$) hauptsächlich durch die Struktur der FERMI-Fläche des Metalles bestimmt und hängt kaum vom Charakter der Streuung ab. Zur strengen Herleitung der Abhängigkeit der Komponenten ϱ_{ik} vom Magnetfeld bei $r \ll l$ ist eine Analyse der Lösung der kinetischen Gleichung notwendig; das erfolgt im nächsten Paragraphen. Man kann jedoch die wesentlichen galvanomagnetischen Eigenschaften der Metalle, ihren Zusammenhang mit der Form der FERMI-Fläche (für $r \ll l$) aus allgemeinen Überlegungen ableiten, indem man die „Diffusionsnäherung" benutzt.

Da hier nur schwache elektrische Felder vorliegen (Ohmsches Gesetz), so muß man Diffusionsprozesse im Magnetfeld betrachten und zur Bestimmung der elektrischen Leitfähigkeit die EINSTEIN-Relation zwischen Diffusionskoeffizient D und elektrischer Leitfähigkeit σ benutzen, die für ein entartetes FERMI-Gas die Form[1])

$$\sigma = \frac{e^2 D}{\partial\zeta/\partial n} \approx \frac{D n e^2}{\varepsilon_F} \tag{26.11}$$

annimmt.

Das Problem läuft also auf die Abschätzung des Diffusionskoeffizienten hinaus. Man kann zwei Formeln benutzen, die für Grenzfälle gelten:

$$D \approx l_{\boldsymbol{p}} v_F \qquad \text{oder} \qquad D \approx r_H^2 W \qquad \left(W \approx \frac{1}{\tau_{\boldsymbol{p}}}\right). \tag{26.12}$$

Die erste Formel von (26.12) gilt, wenn die Bewegung in einer gegebenen Richtung durch die freie Weglänge begrenzt ist: Schwache Magnetfelder ($r_H \gg l$) oder unbegrenzte Bewegung im Magnetfeld (Bewegung längs des Magnetfeldes, aber auch in der zum Magnetfeld senkrechten Ebene längs einer offenen Trajektorie[2]). Die zweite Formel bezieht sich auf eine endliche Bewegung in einer Ebene senkrecht zum Magnetfeld: Bewegung längs einer geschlossenen Trajektorie oder bei offener Trajektorie in einer Richtung senkrecht zur Richtung der offenen Bahn $r_H \approx c p_F/eH$. Ausgehend von den Formeln (26.11) und (26.12) findet man

$$\sigma \approx \frac{n e^2 l}{p_F} \qquad \text{oder} \qquad \sigma \approx \frac{n e^2 l}{p_F}\left(\frac{r_H}{l}\right)^2. \tag{26.13}$$

Die Anwendbarkeit der Formeln (26.13) ist dieselbe wie bei den Formeln (26.12).

Für Metalle mit geschlossener FERMI-Fläche ist $\sigma_{zz} \approx \sigma$ und $\sigma_{xx} \approx \sigma_{yy} \approx \sigma(r_H/l)^2$. Für Metalle mit offener FERMI-Fläche ist bei bestimmter Orientierung des Magnetfeldes $\sigma_{xx} \approx \sigma$ und $\sigma_{yy} \sim \sigma(r_H/l)^2$ (σ_{zz} ist immer angenähert σ).

Aus den angeführten Ergebnissen ist ersichtlich, daß die Verringerung der Leitfähigkeit im Magnetfeld immer mit dem endlichen Charakter der Bewegung des Elektrons verbunden ist sowie mit dem Umstand, daß „Diffusionssprünge" von einer Trajektorie auf eine benachbarte relativ selten erfolgen: $W = 1/\tau_{\boldsymbol{p}} \ll \omega_H$.

Die HALL-Komponente σ_{xy} kann man auf diesem Wege nicht erhalten. Ihre Größe wird nicht durch die Diffusions-, sondern durch die rein mechanische Bewegung bestimmt; durch die Drift der Elektronen in einer Richtung senkrecht zum elektrischen und magnetischen Feld.

[1]) Der Faktor der Größenordnung Eins wird vernachlässigt — die Formeln dienen lediglich zu Abschätzungszwecken.

[2]) Wenn die Richtung der Öffnung mit der Achse p_x zusammenfällt, so erfolgt im $\boldsymbol{r}$-Raum die infinite Bewegung längs der y-Achse.

Da die Driftgeschwindigkeit nach (4.26) gleich $c/H^2[\boldsymbol{EH}]$ ist, so wird der HALL-Strom durch die einfache Formel

$$\boldsymbol{j}_x = \frac{ec}{H^2}[\boldsymbol{EH}](n_1 - n_2) \tag{26.14}$$

bestimmt. Dabei sind n_1 die Zahl der besetzten Elektronenzustände mit positiver effektiver Masse und n_2 die Zahl freier Zustände mit negativer effektiver Masse. Hieraus folgt für die HALL-Komponente des elektrischen Widerstandes $\sigma_{xy} = \frac{(n_1 - n_2)\,ec}{H}$ (das Magnetfeld ist wie üblich längs der z-Achse gerichtet, siehe nächsten Paragraphen). Kennt man die Komponenten σ_{ik}, kann man die Komponenten $\varrho_{ik} = \sigma_{ik}^{-1}$ berechnen, was in § 27 durchgeführt wird.

Die bereits abgeleiteten Formeln zeigen den prinzipiellen Unterschied zwischen dem Verhalten eines massiven Leiters mit und ohne Magnetfeld. Wenn $H = 0$ ist, streben alle Komponenten des Widerstandstensors mit wachsender freier Weglänge gegen Unendlich (da $\sigma_{ik} \sim l$). Im Magnetfeld $H \neq 0$ streben für $l \to \infty$ (automatisch liegt dabei ein starkes Magnetfeld vor) die Komponenten σ_{xx}, σ_{yy} und für $n_1 = n_2$ auch σ_{xy} und σ_{yx} gegen Null, da infolge der angeführten Formeln $\sigma(r_H/l)^2 \sim 1/l$ gilt. Besonders deutlich ist der Unterschied zwischen $H \neq 0$ und $H = 0$ für $n_1 = n_2$: Bei $H = 0$ ist eine Probe mit unendlicher freier Weglänge ein idealer Leiter (Widerstand $\varrho = 0$) und für $H \neq 0$ in einer Ebene senkrecht zum Magnetfeld ein ideales Dielektrikum (Leitfähigkeit $\sigma = 0$).

Außerdem ist der Zusammenhang zwischen Energiebandstruktur des Metalles und seinen galvanomagnetischen Eigenschaften deutlich sichtbar.

§ 27 Galvanomagnetische Eigenschaften in starken Feldern. Geschlossene Trajektorien

Die Aufstellung der mikroskopischen Theorie der galvanomagnetischen Erscheinungen, d. h. die Berechnung des Tensors des spezifischen Widerstandes als Funktion des Magnetfeldes, basiert auf der Lösung der linearisierten kinetischen BOLTZMANN-Gleichung, die man zweckmäßigerweise in einer anderen Form als in § 23 schreibt.

Die Bewegung eines Elektrons im konstanten und homogenen Magnetfeld (§ 4) zeigt, daß es zur Beschreibung der Lage des Elektrons im Impulsraum bei Anwesenheit eines Magnetfeldes unzweckmäßig ist, kartesische Koordinaten (p_x, p_y, p_z) zu benutzen, sondern Koordinaten, die mit der Trajektorie des Elektrons im Impulsraum verbunden sind. Die Lage des Elektrons kann man charakterisieren, indem man seine Trajektorie im Impulsraum angibt, d. h. seine Energie ε und die Projektion des Impulses auf das Magnetfeld p_z (das homogene und konstante Magnetfeld H ist, wie gewöhnlich, in Richtung der z-Achse) sowie die Koordinaten auf der Trajektorie. Um die Koordinaten des

Elektrons auf der Trajektorie anzugeben, kann man entweder die Bogenlänge s, gerechnet von irgendeinem Punkte, oder die Zeit t der Bewegung des Elektrons von einem fixierten Punkt (das ist am zweckmäßigsten) benutzen. Damit wird die Lage des Elektrons durch drei Größen (Koordinaten) ε, p_z und t beschrieben. Als Transformationsformeln von den Koordinaten p_x, p_y, p_z zu den Koordinaten ε, p_z und t dienen das Dispersionsgesetz $\varepsilon = \varepsilon(p_x, p_y, p_z)$ und die Bewegungsgleichung des Elektrons im Magnetfeld

$$\frac{\mathrm{d}\boldsymbol{p}}{\mathrm{d}t} = \frac{e}{c}\,[\boldsymbol{vH}]\,, \qquad \boldsymbol{v} = \frac{\partial \varepsilon}{\partial \boldsymbol{p}}\,, \tag{27.1}$$

nach denen

$$\mathrm{d}t = \frac{c}{eH}\,\frac{\mathrm{d}s}{v_\perp}$$

gilt, wobei $v_\perp$ die Projektion des Vektors $\boldsymbol{v}$ auf die Ebene senkrecht zum Magnetfeld ist.

In den gewählten Variablen lautet die kinetische BOLTZMANN-Gleichung[1])

$$\frac{\partial f}{\partial t}\,\dot{t} + \frac{\partial f}{\partial p_z}\,\dot{p}_z + \frac{\partial f}{\partial \varepsilon}\,\dot{\varepsilon} = \left(\frac{\partial f}{\partial t}\right)_{\mathrm{St}}, \tag{27.2}$$

wobei die verallgemeinerten Kräfte ($\dot{t}_z$, $\dot{p}$ und $\dot{\varepsilon}$) die Änderung des Elektronenzustandes beschreiben, die durch äußere Felder (elektrische und magnetische) hervorgerufen wird. Diese verallgemeinerten Kräfte hat man mit Hilfe der Bewegungsgleichung

$$\dot{\boldsymbol{p}} = e\boldsymbol{E} + \frac{e}{c}\,[\boldsymbol{vH}] \tag{27.3}$$

zu berechnen. Benutzt man die Gleichungen (27.1) und (27.3), findet man

$$\dot{\varepsilon} = e\boldsymbol{vE}\,, \qquad \dot{p}_z = eE_z\,, \qquad \dot{t} = 1 + \frac{\mathrm{d}t}{\mathrm{d}\boldsymbol{p}}\,e\boldsymbol{E}\,. \tag{27.4}$$

Den Vektor $\mathrm{d}t/\mathrm{d}\boldsymbol{p}$ bestimmt man durch die Gleichungen (27.1).

Mit Hilfe der Relation (27.4) kann man die Gleichung (27.2) in einfacher Weise bezüglich des elektrischen Feldes linearisieren:

$$\frac{\partial f_1}{\partial t} - \left(\frac{\partial f_1}{\partial t}\right)_{\mathrm{St}} = -\,e\boldsymbol{vE}\,\frac{\partial n_F}{\partial \varepsilon}\,. \tag{27.5}$$

Wie auch in § 23 führt man an Stelle der Funktion f_1 die Vektorfunktion $\boldsymbol{\psi}$ durch die Relation

$$f_1 = -\,\frac{\partial n_F}{\partial \varepsilon}\,e\boldsymbol{\psi E} \tag{27.6}$$

1) In diesem Paragraphen und auch in den folgenden Paragraphen wird lediglich der räumlich homogene Fall betrachtet, d. h., die Probenbegrenzungen werden nicht berücksichtigt. Folglich kann man die hergeleiteten Ergebnisse für hinreichend massive Proben benutzen. Die entsprechenden Abschätzungen sind in § 23 (s. [27] sowie § 29) enthalten. Außerdem wird nur der statische Fall behandelt.

ein. Dann genügt $\boldsymbol{\psi}$ folgender Gleichung (s. (23.16)):

$$\frac{\partial \psi_i}{\partial t} + \hat{W}_{\boldsymbol{p}}\{\psi_i\} = v_i \,. \tag{27.7}$$

Der Operator $\hat{W}_{\boldsymbol{p}}$ ist in § 23 definiert (s. Formel (23.13)).

Die Gleichung (27.7) fällt nicht nur formal, sondern auch dem physikalischen Inhalt nach mit (23.16) zusammen, da die Größe $\mathrm{d}f/\mathrm{d}t$ (s. Formel (23.12)) ohne Berücksichtigung räumlicher und zeitlicher Inhomogenitäten die Änderung der Elektronenverteilung lediglich infolge der Elektronenbewegung im konstanten und homogenen Magnetfeld beschreibt. (27.7) ist eine Differentialgleichung in t. Wenn bei gegebenen ε und p_z die Elektronentrajektorie im Magnetfeld geschlossen ist, so ist die Periodizitätsbedingung

$$\psi_i(t + T) = \psi_i(t) \tag{27.8}$$

gleichzeitig Randbedingung; $T = T(\varepsilon, p_z)$ ist die Periode der LARMOR-Präzession. Nach Formel (4.11) gilt

$$T(\varepsilon, p_z) = -\frac{c}{eH}\frac{\partial S}{\partial \varepsilon} = -\frac{2\pi m^* c}{eH} = \frac{2\pi}{\omega_H},$$

wobei S die Querschnittsfläche der Isoenergiefläche $\varepsilon(\boldsymbol{p}) = \varepsilon$ mit der Ebene $p_z = \text{const}$ ist.

Bei offener Trajektorie dient die Endlichkeit von ψ für $t = \pm\infty$ als Randbedingung.

Der Faktor $-\partial n_F/\partial \varepsilon$ im Ausdruck (27.6) zeigt, daß im wesentlichen nur Elektronen in der Nähe der FERMI-Energie eine Rolle spielen. Daher kann man geschlossene und offene Isoenergieflächen getrennt betrachten (s. § 2). Dem letzten Fall ist der nächste Paragraph gewidmet.

Dieser Paragraph beschäftigt sich also nur mit dem Fall geschlossener Isoenergieflächen oder, genauer, mit dem Fall geschlossener Trajektorien. Denn erstens sind Fälle möglich, daß offene Flächen gar keine offenen Querschnitte besitzen, und zweitens können offene Flächen bei bestimmten Magnetfeldrichtungen nur geschlossene Querschnitte haben (§ 2).

Mittelt man die Gleichung (27.7) unter Berücksichtigung der Bedingung (27.8) über t, erhält man

$$\overline{\hat{W}_{\boldsymbol{p}}\{\psi_i\}} = \bar{v}_i\,, \tag{27.9}$$

wobei der Strich die Mittelung über eine Periode bedeutet:

$$\bar{u} = \frac{1}{T(\varepsilon, p_z)}\int_0^T u\,\mathrm{d}t\,. \tag{27.10}$$

Gleichung (27.9) kann man als Randbedingung für die Funktion ψ_i betrachten.

Der große Wert des Magnetfeldes äußert sich dadurch, daß in Gleichung (27.7) der Term $\partial\psi_i/\partial t \approx \psi_i/T$ wesentlich größer als der „Stoßterm“ $\hat{W}_{\boldsymbol{p}}\{\psi_i\} \approx \psi_i/\tau_{\boldsymbol{p}}$ ist. Das gilt für $T \ll \tau_p$ oder $r \ll l$ (s. vorigen Paragraphen), und man kann daher die Methode der sukzessiven Approximation anwenden, die einer Entwicklung nach Potenzen des reziproken Magnetfeldes entspricht [28]. Man kann zeigen, daß eine Lösung der Gleichung (27.7), die der Bedingung (27.9) genügt, in folgender Form dargestellt werden kann:

$$\psi_i = \overline{\hat{W}_{\boldsymbol{p}}^{-1}\bar{v}_i} + \frac{\hat{q}}{1-\hat{q}}\left(\overline{\hat{W}_{\boldsymbol{p}}^{-1}\bar{v}_i} - \hat{W}_{\boldsymbol{p}}^{-1}v_i\right), \tag{27.11}$$

wobei der Operator $\hat{q}$ durch folgende Gleichung[1]) definiert ist:

$$\hat{q}\varphi = \overline{\hat{W}_{\boldsymbol{p}}^{-1}\hat{W}_{\boldsymbol{p}}\int_{-\infty}^{t}\overline{\hat{W}_{\boldsymbol{p}}\varphi}\,\mathrm{d}t} - \int_{-\infty}^{t}\hat{W}_{\boldsymbol{p}}\varphi\,\mathrm{d}t\,. \tag{27.12}$$

Die Formeln (27.11) und (27.12) stellen einen Algorithmus zur Berechnung der Funktionen ψ_i in Form einer Reihe nach Potenzen des reziproken Magnetfeldes dar. Zur Durchführung dieser Berechnung muß die konkrete Form der Operatoren $\hat{W}_{\boldsymbol{p}}$ und $\hat{W}_{\boldsymbol{p}}^{-1}$ bekannt sein. Für eine Reihe wesentlicher Herleitungen, insbesondere für die Klärung der Abhängigkeit verschiedener Komponenten des Widerstandstensors vom starken Magnetfeld, reicht es jedoch aus, lediglich die Topologie der Fermi-Fläche und der ihr benachbarten Isoenergieflächen zu kennen.

Im Falle geschlossener Trajektorien folgt aus der Bewegungsgleichung (27.1), daß

$$\bar{v}_\alpha = 0\,, \qquad \bar{v}_z \neq 0 \qquad (\alpha = x, y)\,. \tag{27.13}$$

Daher beginnt die Zerlegung von ψ_α mit Termen, die proportional $1/H$ sind und von ψ_z mit einem Term, der nicht vom Magnetfeld abhängt. Mit Hilfe der Formeln (27.11) und (27.12) und der Bewegungsgleichung (27.1) erhält man:

$$\left.\begin{aligned}
\psi_x &= -\frac{c}{eH}\left(p_y - \overline{\hat{W}_{\boldsymbol{p}}^{-1}\hat{W}_{\boldsymbol{p}}p_y}\right) + \cdots,\\
\psi_y &= \frac{c}{eH}\left(p_x - \overline{\hat{W}_{\boldsymbol{p}}^{-1}\hat{W}_{\boldsymbol{p}}p_x}\right) + \cdots,\\
\psi_z &= \overline{\hat{W}_{\boldsymbol{p}}^{-1}v_z} + \cdots.
\end{aligned}\right\} \tag{27.14}$$

Zur Berechnung des Tensors des elektrischen Widerstandes σ_{ik} hat man den Wert für ψ_i in die Formel (23.21) einzusetzen und von den Integrationsvariablen p_x, p_y, p_z zu ε, p_z und t überzugehen. Die Transformationsvorschrift läßt sich

[1]) Damit der Ausdruck (27.12) sinnvoll ist, muß die Funktion φ der Bedingung $\overline{\hat{W}_{\boldsymbol{p}}\varphi} = 0$ genügen.

am einfachsten mit Hilfe der Bewegungsgleichung (27.1) berechnen. Schreibt man (27.1) in Form eines Determinantenquotienten

$$\frac{\partial(p_x, \varepsilon, p_z)}{\partial(t, \varepsilon, p_z)} = \frac{eH}{c} \frac{\partial(\varepsilon, p_x, p_z)}{\partial(p_y, p_x, p_z)}, \qquad \frac{\partial(p_y, \varepsilon, p_z)}{\partial(t, \varepsilon, p_z)} = -\frac{eH}{c} \frac{\partial(\varepsilon, p_y, p_z)}{\partial(p_x, p_y, p_z)}$$

und kürzt den Zähler, erhält man

$$\left|\frac{\partial(p_x, p_y, p_z)}{\partial(\varepsilon, p_z, t)}\right| = \left|\frac{eH}{c}\right|. \tag{27.15}$$

Damit wird

$$\sigma_{ik} = -\left|\frac{2e^2}{(2\pi\hbar)^3}\right| \left|\frac{eH}{c}\right| \iiint \frac{\partial n_F}{\partial \varepsilon} v_i \psi_k \, d\varepsilon \, dp_z \, dt . \tag{27.16}$$

Benutzt man diese Schreibweise des Tensors, kann man zeigen, daß die ONSAGER-Relationen im Magnetfeld (26.3) dem Stoßintegral nur die in § 23 formulierten Beschränkungen auferlegen (s. [25]).

Setzt man nun die Entwicklung (27.14) in (27.16) ein, so erhält man für die Komponenten σ_{xy} und σ_{yx} (v_x und h_y wurden durch ihre Werte aus der Bewegungsgleichung (27.1) ersetzt):

$$\sigma_{xy} = -\frac{2e^2}{(2\pi\hbar)^3} \int \frac{\partial n_F}{\partial \varepsilon} d\varepsilon \int dp_z \oint \frac{\partial p_y}{\partial t} [p_x - \overline{\hat{W}_{\boldsymbol{p}}^{-1} \hat{W}_{\boldsymbol{p}} p_x}] \frac{c}{eH} dt + \cdots .$$

Aus diesem Ausdruck ist ersichtlich,[1]) daß der Term, der $\overline{\hat{W}_{\boldsymbol{p}}^{-1} \hat{W}_{\boldsymbol{p}} p_x}$ enthält, bei der Integration über t eliminiert wird, während

$$\oint \frac{\partial p_y}{\partial t} p_x dt = \int\limits_{(\varepsilon, p_z)} p_x dp_y = \pm S(\varepsilon, p_z) . \tag{27.17}$$

Hierbei ist $S(\varepsilon, p_z)$ die Querschnittsfläche der Isoenergiefläche $\varepsilon(\boldsymbol{p}) = \varepsilon$ mit der Ebene $p_z =$ const. Das Vorzeichen wird durch den Richtungssinn, d. h. durch das Vorzeichen der effektiven Masse m^* bestimmt (§ 4). Daher gilt in starken Feldern

$$\sigma_{xy} = -\frac{ec}{H} \frac{2}{(2\pi\hbar)^3} \int \frac{\partial n_F}{\partial \varepsilon} d\varepsilon \int dp_z \{S_1(\varepsilon, p_z) - S_2(\varepsilon, p_z)\} , \tag{27.18}$$

wobei im ersten Integral über Gebiete mit $m^* > 0$ und im zweiten über Gebiete mit $m^* < 0$ integriert wird. Außerdem wird die Summation über alle teilweise gefüllten Bänder vorausgesetzt.

Unter Berücksichtigung von

$$-\frac{\partial n_F}{\partial \varepsilon} = \delta(\varepsilon - \varepsilon_F)$$

[1]) Die Integrationsgrenzen werden hier der Einfachheit halber nicht angegeben; nach Voraussetzung liegen geschlossene Trajektorien vor.

folgt

$$\sigma_{xy} = \frac{ec}{H} \frac{2}{(2\pi\hbar)^3} \int \{S_1(\varepsilon, p_z) - S_2(\varepsilon, p_z)\} \, \mathrm{d}p_z \tag{27.19}$$

und schließlich

$$\sigma_{xy} = \frac{2ec}{H(2\pi\hbar)^3} \{V_1(\varepsilon_F) - V_2(\varepsilon_F)\} . \tag{27.20}$$

$V_1(\varepsilon_F)$ ist das Volumen, das von dem Teil der FERMI-Fläche eingeschlossen wird, in dem die Energie kleiner als die FERMI-Energie ist $(m^* < 0)$, und $V_2(\varepsilon_F)$ ist das Volumen, in dem die Energie größer als die FERMI-Energie ist $(m^* < 0)$.

Wenn geschlossene Trajektorien auf einer offenen FERMI-Fläche vorliegen, so ist $V_1(V_2)$ das Volumen, das von der FERMI-Fläche und den Grenzen der Elementarzelle des reziproken Gitters eingeschlossen wird.

Da bei der Temperatur $T = 0$ K alle Zustände unterhalb der FERMI-Energie mit Elektronen besetzt sind, erhält man

$$\sigma_{xy} = \frac{ec(n_1 - n_2)}{H}, \tag{27.21}$$

wobei n_1 die Zahl besetzter Elektronenzustände mit positiver effektiver Masse und n_2 die Zahl freier Elektronenzustände mit negativer effektiver Masse sind. Die Größe n_1 gibt also die Zahl der „Elektronen", die Größe n_2 die Zahl der „Löcher" an.

Wenn also die FERMI-Fläche geschlossen ist (oder im Falle einer offenen Fläche für alle p_z nur geschlossene Querschnitte existieren), wird σ_{xy} in starken Feldern durch Formel (27.21) bestimmt. σ_{xy} hängt in diesem Falle weder von der Magnetfeldrichtung noch vom Streumechanismus der Leitfähigkeitselektronen ab, sondern nur von den Konzentrationen der Elektronen und Löcher. Für die Komponente σ_{yx} gilt $\sigma_{yx} = -\sigma_{xy}$. Das läßt sich durch Ausrechnen unmittelbar nachprüfen, folgt aber auch aus den ONSAGER-Relationen (der symmetrische Teil des Tensors in starken Feldern ist wesentlich kleiner: er ist proportional $1/H^2$).

Den Fall gleicher Konzentration von Elektronen und Löchern muß man gesondert untersuchen $(n_1 = n_2)$. Die Entwicklung der Komponenten σ_{xy} und σ_{yx} beginnt dann mit Termen, die proportional $1/H^2$ sind, wobei der erste Summand in der Zerlegung des antisymmetrischen Teils proportional $1/H^3$ ist. Durch Wahl der Achsen x und y kann man erreichen, daß der symmetrische Teil des Tensors $\sigma_{ik}(s_{ik})$ diagonal wird; in diesem Koordinatensystem beginnt die Entwicklung von σ_{xy} und σ_{yx} mit Termen, die proportional $1/H^3$ sind.

Die Konzentrationsgleichheit von Elektronen und Löchern ist keine Ausnahmeerscheinung: Alle Metalle mit gerader Anzahl der Elektronen pro Elementarzelle besitzen nur infolge von Bandüberlappungen Leitfähigkeitselektronen. Die Zahl der freiwerdenden Zustände (Löcher) in dem energetisch niederen Band ist gleich der Anzahl besetzter Zustände (Elektronen) im oberen

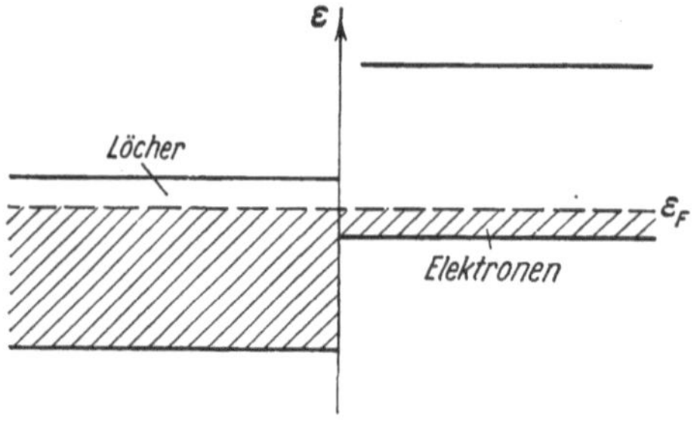

Abb. 57. Die Ladungsträgerkonzentrationen von Elektronen und Löchern sind für Metalle mit gerader Zahl von Elektronen pro Elementarzelle gleich

Band (Abb. 57). Elektron und Loch sind im Falle einer geschlossenen FERMI-Fläche eindeutig bestimmte Begriffe. Bei einer offenen FERMI-Fläche spricht man in Abhängigkeit vom Umlaufsinn von Elektronen- oder Löcherbahnen. Wenn die Bandüberlappungen gering sind (s. Abb. 57), liegen in der Regel geschlossene Isoenergieflächen vor (s. § 2).

Bei der Berechnung der Tensorkomponenten σ_{ik} findet man, daß die Entwicklung σ_{xx}, σ_{yy} mit Termen $\sim 1/H^2$ beginnt, während die Entwicklung von σ_{xz}, σ_{yz} mit Termen $\sim 1/H$ anfängt; σ_{zz} strebt gegen eine Konstante, wenn das Magnetfeld gegen Unendlich strebt. Der Tensor der elektrischen Leitfähigkeit nimmt daher in starken Magnetfeldern für den Fall $n_1 \neq n_2$ folgende Form an:

$$(\sigma_{ik}) = \begin{pmatrix} \dfrac{a_{xx}}{H^2} & \dfrac{ec(n_1 - n_2)}{H} & \dfrac{a_{xz}}{H} \\ -\dfrac{ec(n_1 - n_2)}{H} & \dfrac{a_{yy}}{H^2} & \dfrac{a_{yz}}{H} \\ \dfrac{a_{zx}}{H} & \dfrac{a_{zy}}{H} & a_{zz} \end{pmatrix}, \tag{27.22}$$

wobei die Komponenten der Matrix a_{ik} gegen Konstanten streben. In speziellen Symmetriefällen können die einzelnen Komponenten der Matrix verschwinden. Der Tensor σ_{ik} nimmt z. B. im isotropen Fall und bei Gültigkeit der τ-Näherung für beliebige Werte von H folgende Form an:

$$(\sigma_{ik}) = \begin{pmatrix} \dfrac{\sigma}{1 + \omega_H^2\tau^2} & \pm\sigma \dfrac{\omega_H\tau}{1 + \omega_H^2\tau^2} & 0 \\ \mp\sigma \dfrac{\omega_H\tau}{1 + \omega_H^2\tau^2} & \dfrac{\sigma}{1 + \omega_H^2\tau^2} & 0 \\ 0 & 0 & \sigma \end{pmatrix}. \tag{27.23}$$

Hierbei ist $\omega_H = eH/m^*c$ die Frequenz der LARMOR-Präzession, die Vorzeichen $+$ und $-$ entsprechen dem Elektronen- und Löcherband, $\sigma = ne^2\tau/|m^*|$. Wenn an der elektrischen Leitfähigkeit Elektronen mehrerer Bänder teilnehmen, so setzt sich die elektrische Leitfähigkeit aus einer Summe analoger Tensoren zusammen.

Aus (27.22) ist ersichtlich, daß für den Fall einer geschlossenen FERMI-Fläche alle Komponenten des Tensors σ_{ik} außer σ_{zz} Null werden, wenn das Magnetfeld gegen Unendlich strebt; dabei streben die verschiedenen Komponenten unterschiedlich gegen Null.

Berücksichtigt man die Verwaschung der FERMI-Kante, erhält man etwas modifizierte Resultate; die dadurch entstandenen Korrekturen sind in der Regel vernachlässigbar.

In einigen Fällen ist es zweckmäßig, einen allgemeinen Ausdruck für den Tensor der elektrischen Leitfähigkeit anzugeben, der für alle Werte des Magnetfeldes gültig ist. Beschränkt man sich auf die τ-Näherung $(\hat{W}_{\boldsymbol{p}}\{\psi\} = 1/\tau\psi)$, folgt aus Gleichung (27.7) unter Berücksichtigung der Bedingung (27.8), daß

$$\psi_i = \int_0^\infty v_i(t - t')\, \mathrm{e}^{-t'/\tau}\, \mathrm{d}t' . \qquad (27.24)$$

Diese Lösung gilt auch im Falle offener Trajektorien. Mit ihrer Hilfe wurde z. B. die Abhängigkeit des transversalen Widerstandes der Edelmetalle vom Magnetfeld berechnet [29].

Es existiert eine Lösungsmethode der Gleichung (27.7) [28], die für beliebige Stoßintegrale und für beliebige Werte des Magnetfeldes gilt, falls nur geschlossene Trajektorien vorliegen. Die Lösung ergibt sich in Form einer Reihe.

Setzt man den Ausdruck (27.24) in Formel (27.16) für σ_{ik} ein, erhält man[1])

$$\sigma_{ik} = -\, e^2 \int \varphi_{ik}(\varepsilon, p_z)\, \frac{\partial n_F}{\partial \varepsilon}\, \mathrm{d}\Gamma , \qquad (27.25)$$

wobei

$$\varphi_{ik} = \int_0^\infty \overline{v_i(t)\; v_k(t - t')}^{\,t}\, \mathrm{e}^{-t'/\tau}\, \mathrm{d}t' . \qquad (27.26)$$

Der Strich bedeutet die Mittelung über eine Periode im Falle geschlossener Trajektorien (s. (27.10)). Im Falle offener Trajektorien hat man das Mittel im Sinne eines Überganges $T \to M$ zu verstehen.

Bei der experimentellen Untersuchung galvanomagnetischer Erscheinungen schickt man gewöhnlich einen definierten Strom durch den Kristall und mißt die Komponenten der elektrischen Feldstärke in drei nichtkomplanaren Richtungen (nach Möglichkeit in drei zueinander orthogonalen Richtungen; s. z. B. [31]). Das bedeutet, daß der Tensor des spezifischen Widerstandes im Magnetfeld $\varrho_{ik}(\boldsymbol{H})$, der dem Tensor der elektrischen Leitfähigkeit reziprok ist, untersucht wird $(\varrho_{ik} = \sigma_{ik}^{-1})$.

Benutzt man die oben erhaltenen Ausdrücke für den Tensor $\sigma_{ik}(\boldsymbol{H})$, findet man leicht den Widerstandstensor in starken Feldern.

[1]) Eine formal ähnliche Lösung der kinetischen Gleichung wird in der Arbeit [30] verwendet.

Falls die Ladungsträgerkonzentration von Elektronen und Löchern verschieden ist ($n_1 \neq n_2$), so ergibt sich mit (27.22):

$$(\varrho_{ik}(\boldsymbol{H})) = \begin{pmatrix} b_{xx} & \frac{H}{(n_1 - n_2)\, ec} & b_{xz} \\ -\frac{H}{(n_1 - n_2)\, ec} & b_{yy} & b_{yz} \\ b_{zx} & b_{zy} & b_{zz} \end{pmatrix}, \tag{27.27}$$

wobei die Komponenten der Matrix b_{ik} für $H \to \infty$ gegen Konstanten streben. Man kann sie durch die asymptotischen Werte der Komponenten der Matrix a_{ik} bestimmen. Wenn die Stromdichte $\boldsymbol{j}$ senkrecht zum Magnetfeld ist, so kann man die x-Achse in Richtung des Stromes legen. Dann ist der Widerstand ϱ (das Verhältnis der elektrischen Feldstärke in Richtung des Stromes zur Stromdichte) ϱ_{xx} (allgemein ist $\varrho = \varrho_{ik} j_i j_k / j^2$), und die Größe ϱ_{yx}/H fällt mit der Hall-Konstanten $R = E_y/H_j$ zusammen. In diesem Fall (geschlossene Trajektorien, $n_1 \neq n_2$) strebt damit der Widerstand immer gegen einen Sättigungswert. Der asymptotische Wert des Widerstandes hängt infolge der Anisotropie des Dispersionsgesetzes und des Streumechanismus natürlich von der Richtung des Magnetfeldes und des Stromes ab. Wie schon erwähnt, kann man zeigen, daß $\varrho(H \to \infty)$ immer größer als $\varrho(H = 0)$ ist; diese Schlußfolgerung basiert lediglich auf der Unabhängigkeit des Stoßoperators vom Magnetfeld [25], was im Quantenfall allerdings nicht mehr zutrifft [26].

Der asymptotische Wert der Hall-Konstanten R_∞ ist ein wichtiger charakteristischer Parameter des Elektronenenergiespektrums von Metallen. Im Falle einer geschlossenen Fermi-Fläche (oder falls bei einer offenen Fermi-Fläche für alle p_z nur geschlossene Querschnitte existieren), gilt

$$R_\infty = \frac{1}{(n_1 - n_2)\, ec}, \tag{27.28}$$

wobei R_∞ nicht von der Magnetfeldrichtung abhängt.

Die Untersuchungen der letzten Jahre haben gezeigt, daß eine Reihe von Metallen geschlossene Fermi-Flächen mit ungleichen Konzentrationen von Elektronen und Löchern besitzen: In, Al, K, Na (s. [23, 32]).

Wenn die Fermi-Fläche geschlossen ist, so streben bei Konzentrationsgleichheit von Elektronen und Löchern ($n_1 = n_2$) alle transversalen Komponenten des Tensors ϱ_{ik} wegen $\sigma_{xy} \sim 1/H^2$ gegen Unendlich, wobei

$$\varrho_{\alpha\beta} \sim H^2, \qquad \varrho_{\alpha z} \sim H \qquad (\alpha, \beta = x, y); \tag{27.29}$$

nur die longitudinale Komponente ϱ_{zz} strebt gegen eine Konstante.

Hieraus ist ersichtlich, daß in diesem Fall der Widerstand bei beliebiger Orientierung des Magnetfeldes gegen Unendlich strebt, wenn nur der Strom eine transversale Komponente bezüglich des Magnetfeldes hat.

Für $n_1 = n_2$ ist das HALL-Feld im asymptotischen Wert des elektrischen Feldes senkrecht zum Strom nicht wesentlich. Für beliebige Richtungen existiert ein in H quadratischer Summand, der die Anisotropie des Widerstandes charakterisiert (den Unterschied der Hauptwerte ϱ_{xx} und ϱ_{yy}).

Die HALL-Konstante in starken Feldern R_∞ (der Grenzwert der Größe $[\varrho_{xy}(\boldsymbol{H}) - \varrho_{xy}(-\boldsymbol{H})]/2H$ für $H \to \infty$) hängt von der Magnetfeldrichtung ab und wird nicht nur durch das Energiespektrum bestimmt, sondern auch durch den Streumechanismus der Leitfähigkeitselektronen. Es sei bemerkt, daß für $n_1 \neq n_2$ der HALL-Vektor (in § 26 mit dem Buchstaben $\boldsymbol{b}$ bezeichnet) dem Magnetfeld sehr genau prallel ist und daß für $n_1 = n_2$ alle Komponenten des HALL-Vektors von derselben Größenordnung sind.

Das Anwachsen des transversalen Widerstandes bei beliebiger Magnetfeldrichtung ist bei einer Reihe von Metallen (Bi, As, Sb) festgestellt worden. Diese Messungen stimmen hervorragend mit den Vorstellungen über das Energiespektrum dieser Metalle überein [33]. Gewöhnlich nimmt der Widerstand jedoch etwas langsamer als H^2 zu.

Benutzt man Modellvorstellungen der Leitfähigkeitselektronen, gelingt es, übersichtliche Formeln zu erhalten, die die Abhängigkeit des Widerstandes in weiten Bereichen des Magnetfeldes beschreiben. Nimmt man z. B. ein Zweibandmodell mit quadratischen, isotropen Dispersionsgesetzen an und setzt proportionale Beweglichkeitstensoren ($u_{ik}^{(1)} = k u_{ik}^{(2)}$) sowie gleiche Ladungsträgerkonzentration von Elektronen und Löchern voraus, führt eine elementare Rechnung zu folgenden Relationen:

$$\varrho = \frac{\sigma_2 \cos^2 \alpha + \sigma_1 \sin^2 \alpha}{\sigma_1 \sigma_2} \left(1 + \frac{H^2}{H_0^2}\right), \qquad R = -\frac{1}{nec} \frac{1-k}{1+k}. \tag{27.30}$$

Hierbei ist $H_0 = (c/e)\,[u_1^{(1)} u_2^{(1)}]^{-1/2}$; σ_1 und σ_2 sind die Hauptwert des Leitfähigkeitstensors $\sigma_{ik} = ne^2 u_{ik}(1 + k)$; das Magnetfeld ist längs einer der drei Hauptachsen (der dritten), der Strom ist senkrecht zum Magnetfeld orientiert; α ist der Winkel zwischen der ersten Achse und dem Strom. Im Falle dieses einfachen Modelles ergibt sich eine einheitliche quadratische Abhängigkeit des Widerstandes; die HALL-Konstante hängt nicht vom Magnetfeld ab. Das ist eine spezifische Eigenschaft eines Zweibandmodelles mit quadratischen Dispersionsgesetzen. Die Einführung eines dritten Bandes ändert die Situation wesentlich. Bei gleichen Voraussetzungen bezüglich des Dispersionsgesetzes sind die Koeffizienten bei H^2 in schwachen ($r \gg l$) und starken ($r \ll l$) Feldern verschieden [34], wobei in Übereinstimmung mit dem Experiment [35] der Koeffizient in schwachen Feldern immer größer als der in starken Feldern ist. Auch die HALL-Konstanten unterscheiden sich in schwachen und starken Feldern.

Die galvanomagnetischen Charakteristika (bzw. ihre asymptotischen Werte in starken Feldern) hängen außerordentlich empfindlich vom Energiespektrum ab und eignen sich daher hervorragend zur Bestimmung der Topologie der FERMI-Fläche.

Für Metalle mit geschlossenen FERMI-Flächen kann man mit Hilfe der galvanomagnetischen Charakteristiken erstens die „Geschlossenheit“ nachweisen und zweitens die Differenz der Ladungsträgerkonzentrationen von Elektronen und Löchern $n_1 - n_2$ bestimmen.

Die wichtigsten Informationen über das elektronische Spektrum erhält man aber bei der Untersuchung von Metallen mit offenen FERMI-Flächen (s. nächsten Paragraphen).

§ 28 Galvanomagnetische Eigenschaften in starken Feldern. Offene Trajektorien

Im vorigen Paragraphen wurden die galvanomagnetischen Eigenschaften von Metallen mit geschlossener FERMI-Fläche ausführlich untersucht. In diesem Paragraphen wird der Fall offener FERMI-Flächen betrachtet. Der wesentlichste Unterschied der galvanomagnetischen Eigenschaften von Metallen mit offenen FERMI-Flächen ist ihre ausgeprägte Anisotropie [28, 38]. Bei gewissen Orientierungen des Magnetfeldes strebt der transversale Widerstand in starken Feldern ($l_p \gg r_H$) gegen einen Sättigungswert, während er in anderen Richtungen quadratisch mit dem Magnetfeld zunimmt. Diese Eigenschaft benutzt man zur Untersuchung der Topologie der FERMI-Fläche.

Die Anisotropie des Widerstandes ist, wie in § 26 gezeigt wurde, eine Folge der verschiedenen Bewegungen der Elektronen in verschiedenen Richtungen in einer Ebene senkrecht zum Magnetfeld. Diese Anisotropie kann man am Bei-

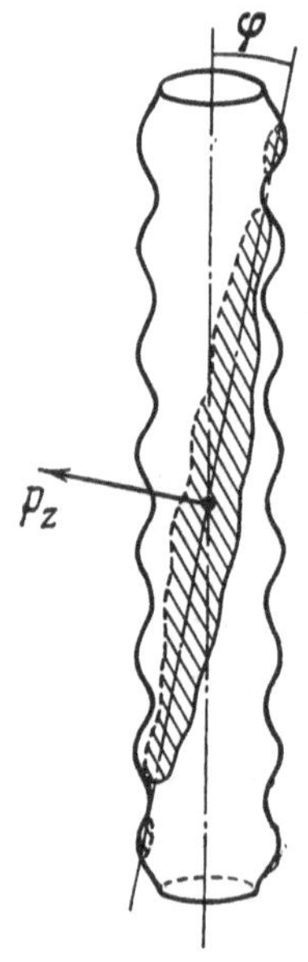

Abb. 58. Isoenergiefläche vom Typ eines „gewellten Zylinders“. Die Querschnittsebene p_z = const ist senkrecht zum Magnetfeld ($\varphi = \theta - \pi/2$)

spiel einer einfachen FERMI-Fläche demonstrieren, eines „gewellten“ Zylinders (Abb. 58).

Wenn das Magnetfeld (wie immer in z-Richtung) nicht senkrecht zur Zylinderachse ist, liegen nur geschlossene Querschnitte vor. Dieser Fall wurde im vorigen Paragraphen betrachtet. Besondere Aufmerksamkeit erfordert allerdings der Fall, wenn das Magnetfeld fast senkrecht zur Zylinderachse ist. Dann sind die Trajektorien der Elektronen zwar noch geschlossen, aber sehr weit ausgedehnt, so daß ihre Länge wesentlich größer als die Abmessungen der Elementarzelle des reziproken Gitters ist. Dieser Fall wird weiter unten betrachtet.

Bei der Lösung der kinetischen Gleichung im Falle offener FERMI-Flächen hat man eine Reihe von Besonderheiten zu beachten. Erstens muß man als charakteristische Zeit der Bewegung (zur Bestimmung der Größenordnung von $|\partial\psi_i/\partial t|$ in Gleichung (27.7)) diejenige Zeit nehmen, in der sich der Impuls des Elektrons um die Größe $|2\pi\hbar\boldsymbol{b}|$ ändert; $\boldsymbol{b}$ ist ein Vektor des reziproken Gitters in Richtung offener Trajektorien (im betrachteten Fall längs der x-Achse). Das Magnetfeld wird als stark bezeichnet, wenn die Relaxationszeit wesentlich größer als diese Zeit ist (aus der Bewegungsgleichung (27.1) folgt, daß diese Zeit umgekehrt proportional dem Magnetfeld und größenordnungsmäßig gleich der Umlaufperiode des Elektrons T ist). Zweitens muß man die Randbedingungen präzisieren. Wie in § 27 erwähnt wurde, dient im Falle offener Trajektorien die Endlichkeitsbedingung der Funktion ψ_i für große Werte der „Zeit“ t (bei $t \to \pm\infty$) als Randwert. Verallgemeinert man die Definition des Mittelwertes einer Funktion, indem man

$$\bar{u} = \lim_{T\to\infty} \frac{1}{T} \int_0^T u(t)\,\mathrm{d}t \tag{28.1}$$

setzt, so kann man die Randbedingung für die Funktion ψ_i formal genauso schreiben wie im Falle geschlossener Trajektorien:

$$\overline{\hat{W}_{\boldsymbol{p}}\{\psi_i\}} = \bar{v}_i\,. \tag{28.2}$$

Drittens ist der Mittelwert der transversalen (bezüglich des Magnetfeldes) Geschwindigkeitskomponenten nicht Null. Mit dem gewählten Koordinatensystem wird

$$\bar{v}_y = -\frac{c}{eH}\overline{\frac{\partial p_x}{\partial t}} \neq 0\,, \tag{28.3}$$

$$\bar{v}_x = \frac{c}{eH}\overline{\frac{\partial p_y}{\partial t}} = 0\,. \tag{28.4}$$

Die letzte Behauptung bedeutet, daß solche Werte p_z existieren ($|p_z| < p_1$, Abb. 59), für die offene Querschnitte vorliegen und $\bar{v}_y \neq 0$ ist.

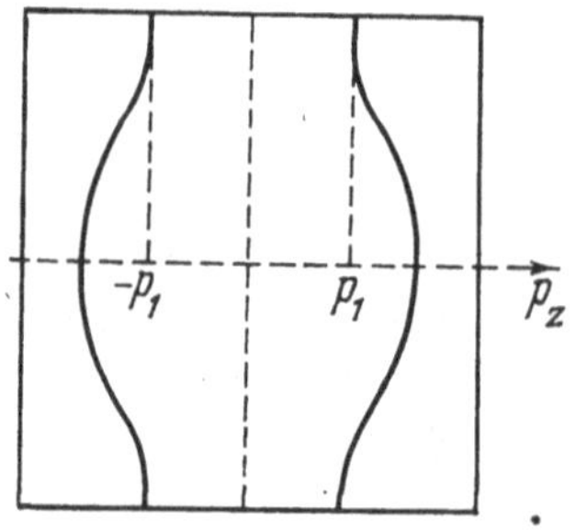

Abb. 59. Offene Trajektorien für $|p_z| < p_1$, geschlossene Trajektorien für $|p_z| > p_1$

Die formale Lösung (27.11) von Gleichung (27.7) gilt auch für den betrachteten Fall des „gewellten“ Zylinders, und die Entwicklung von ψ_i nach Potenzen des reziproken Magnetfeldes hat folgendes Aussehen (vgl. Formel (27.14)):

$$\left.\begin{aligned} \psi_x &= -\frac{c}{eH}\left(p_y - \overline{\hat{W}_{\boldsymbol{p}}^{-1}}\,\overline{\hat{W}_{\boldsymbol{p}} p_y}\right) + \cdots, \\ \psi_z &= \overline{\hat{W}_{\boldsymbol{p}}^{-1}}\,\bar{v}_z + \cdots, \end{aligned}\right\} \tag{28.5}$$

$$\psi_y = \begin{cases} \overline{\hat{W}_{\boldsymbol{p}}^{-1}}\,\bar{v}_y + \cdots & (|p_z| < p_1), \\ \dfrac{c}{eH}\left(p_x - \overline{\hat{W}_{\boldsymbol{p}}^{-1}}\,\overline{\hat{W}_{\boldsymbol{p}} p_x}\right) + \cdots & (|p_z| > p_1). \end{cases}$$

Mit Hilfe dieser asymptotischen Werte der ψ_i kann man die asymptotischen Werte der Tensorkomponenten der elektrischen Leitfähigkeit berechnen:

$$(\sigma_{ik}) = \begin{pmatrix} \dfrac{a'_{xx}}{H^2} & \dfrac{a'_{xy}}{H} & \dfrac{a'_{xz}}{H} \\ \dfrac{a'_{yx}}{H} & a'_{yy} & a'_{yz} \\ \dfrac{a'_{zx}}{H} & a'_{zy} & a'_{zz} \end{pmatrix}, \tag{28.6}$$

wobei die Entwicklung der Matrixelemente a_{ik} nach Potenzen des reziproken Feldes mit dem Term nullter Ordnung beginnt. Durch Inversion dieses Tensors findet man leicht die asymptotischen Werte des Tensors des elektrischen Widerstandes:

$$(\varrho_{ik}) = \begin{pmatrix} H^2 b'_{xx} & H b'_{xy} & H b'_{xz} \\ H b'_{yx} & b'_{yy} & b'_{yz} \\ H b'_{zx} & b'_{zy} & b'_{zz} \end{pmatrix}. \tag{28.7}$$

Die Matrixelemente b'_{ik} bestimmt man durch die Elemente der Matrix a'_{ik}.

Da $\bar{v}_y \neq 0$, hängen b'_{xy} und a'_{xy} nicht nur vom Energiespektrum ab, sondern auch von der Form des Stoßintegrals (s. Herleitung der Formel (27.21)).

Die hergeleiteten Resultate sollen nun diskutiert werden. Eine der Komponenten des transversalen Widerstandes (ϱ_{xx}) wächst quadratisch mit dem Magnetfeld, während ϱ_{yy} gegen einen Sättigungswert strebt. Es sei bemerkt, daß der Widerstand in Richtung offener Bahnen[1]) (längs der x-Achse) mit dem Magnetfeld zunimmt. Der Unterschied zwischen den asymptotischen Werten von ϱ_{xx} und ϱ_{yy} zeigt, daß der Widerstand in starkem Maße von der Richtung des Stromes $\boldsymbol{j}$ abhängt (sogar bei $\boldsymbol{j} \perp \boldsymbol{H}$). Bei beliebiger Stromrichtung wächst der Widerstand $\varrho = \varrho_{ik} j_i j_k / j^2$ quadratisch an; nur wenn der Strom parallel der y-Achse ist, strebt der Widerstand gegen einen Sättigungswert.

Untersucht man an einem Metall, dessen FERMI-Fläche ein „gewellter" Zylinder ist, die Abhängigkeit des Widerstandes von der Magnetfeldrichtung bei beliebiger Richtung des Stromes, so ergibt sich für den Fall starker Felder ($r_H \ll l_p$) folgendes Bild: Der Widerstand strebt bei beliebiger Magnetfeldrichtung gegen einen Sättigungswert, er nimmt quadratisch zu, wenn das Magnetfeld senkrecht zur Richtung offener Bahnen ist. Analysiert man die Gleichung für die Funktion ψ_i, kann man zeigen [38], daß der Übergang von einer Abhängigkeit zur anderen in dem engen Winkelbereich $\Delta\theta$ von der Größenordnung $H_0/H \ll 1$ erfolgt (H_0 ist das Magnetfeld, bei dem das Verhältnis $2\pi\hbar bc/eH$ gleich der Weglänge ist). Das folgt daraus, daß für die ausgedehnten Trajektorien die Umlaufperiode des Elektrons umgekehrt proportional dem Winkel θ zwischen Magnetfeld und der Ebene senkrecht zur Richtung offener Bahnen ist.

Außer der hier beschriebenen scharfen Winkelabhängigkeit existiert für den Widerstand und die anderen galvanomagnetischen Charakteristika eine glatte Abhängigkeit von der Richtung des Magnetfeldes, die jedoch nur durch eine numerische Lösung der kinetischen Gleichung diskutiert werden kann.

In der Arbeit [38] wurde eine analytische Abhängigkeit des Widerstandes ϱ von Größe und Richtung des Magnetfeldes hergeleitet, die folgendes Aussehen besitzt:

$$\varrho = \frac{\beta H^2 \cos^2 \alpha}{\theta^2 H^2 + \lambda^2 H_0^2} C(\eta) + A\,. \tag{28.8}$$

Hierbei sind β, λ und A glatte Funktionen der Winkel, $\lambda \approx 1$, $\eta = H/\theta H_0$, und $C(\eta)$ ist eine glatte Funktion ihres Argumentes, wobei $C(0) = C(\infty) = 1$; α ist der Winkel zwischen der Stromrichtung und der x-Achse. Abb. 60 zeigt entsprechend Formel (28.8) schematisch die Abhängigkeit des Widerstandes vom Winkel θ.

Im Experiment ist die Stromrichtung praktisch immer durch die Geometrie der Probe vorgegeben, und das Magnetfeld wird in einer Ebene senkrecht zum Strom gedreht. Kennt man die Richtung des Stromes bezüglich der Hauptachsen des Kristalles sowie diejenige Richtung des Magnetfeldes, bei der der

[1]) Im Impulsraum fällt die Richtung der Öffnung im vorliegenden Fall mit der Richtung der p_y-Achse zusammen.

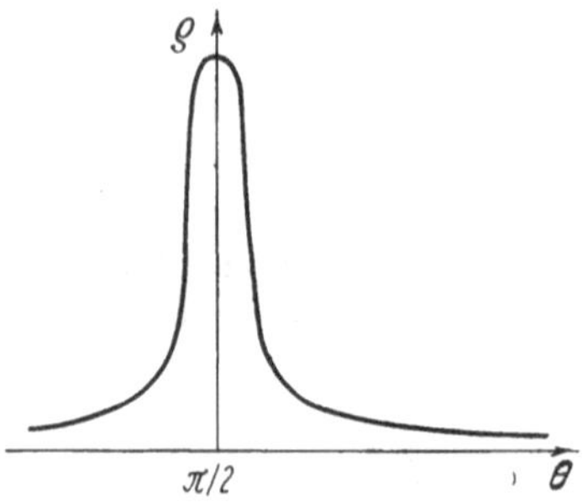

Abb. 60. Abhängigkeit des Widerstandes von der Orientierung des Magnetfeldes für Metalle mit einer FERMI-Fläche vom Typ eines „gewellten“ Zylinders

Widerstand quadratisch anwächst, kann man die Ebene bestimmen, in der offene Trajektorien existieren. Daher sind zur eindeutigen Bestimmung der Richtung von Öffnungen der FERMI-Fläche Experimente an mindestens zwei Proben mit unterschiedlichen Stromrichtungen notwendig. Praktisch ist die Bestimmung der Richtung von Öffnungen komplizierter, als es aus der hier gegebenen Beschreibung folgt, da sowohl der Typ der FERMI-Fläche als auch die Richtung ihrer offenen Stellen bestimmt werden muß.

Bei beliebiger Richtung des Magnetfeldes (jedoch nicht zu nahe der Ebene (yz) senkrecht zur Richtung der Öffnung) ist die HALL-Konstante isotrop und wird durch das Volumen V' bestimmt, das von dem Teil der FERMI-Fläche begrenzt wird, der sich in einer Zelle des reziproken Gitters befindet (definitionsgemäß soll sich mit wachsender Energie der „gewellte“ Zylinder vergrößern):

$$R_\infty = \frac{1}{n'ec}, \qquad n' = \frac{2V'}{(2\pi\hbar)^3}.$$

Für Magnetfeldrichtungen nahe der Ebene (yz) kann sich die HALL-Konstante stark ändern. Sie hängt vom Stoßintegral ab, da $\overline{\partial p_x/\partial t} \neq 0$ ist und $\overline{\hat{W}_p^{-1}\hat{W}_p p_y}$ daher nicht aus dem Ausdruck für σ_{xy} herausfällt. Abb. 61 zeigt die Winkelabhängigkeit des Widerstandes und der HALL-Konstanten für Metalle, deren FERMI-Fläche ein „gewellter“ Zylinder ist.

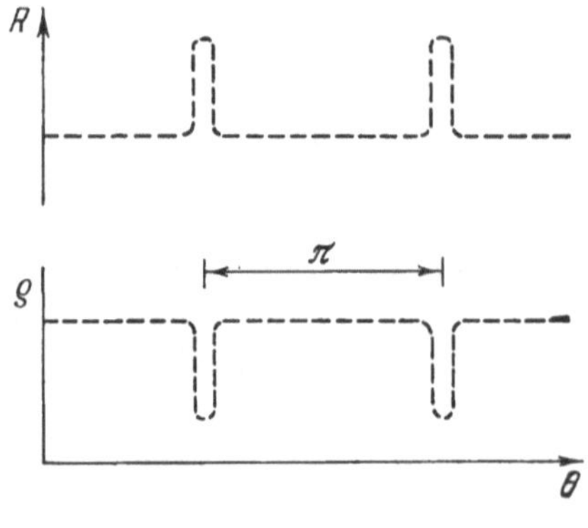

Abb. 61. Schematische Abhängigkeit des Widerstandes und der HALL-Konstanten von der Orientierung des Magnetfeldes für Metalle mit einer FERMI-Fläche vom Typ eines „gewellten“ Zylinders

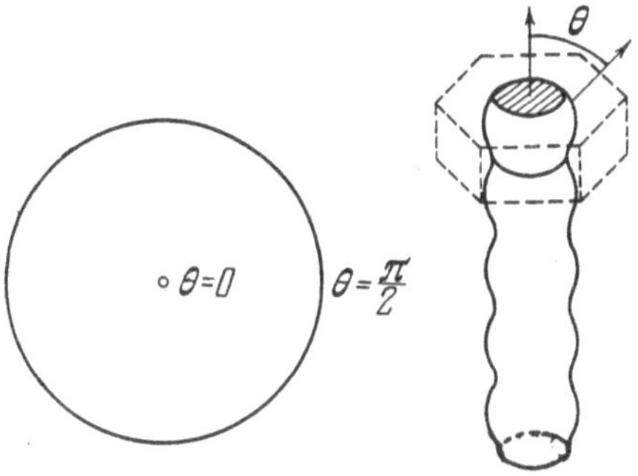

Abb. 62. Stereographische Projektion ausgezeichneter Richtungen für eine FERMI-Fläche vom Typ eines „gewellten“ Zylinders

Die hier beschriebene Abhängigkeit des Widerstandes von der Magnetfeldrichtung liegt auch dann vor, wenn die FERMI-Fläche aus einem „gewellten“ Zylinder und aus einer beliebigen Zahl geschlossener Gebiete besteht, falls keine Kompensation der Volumina erfolgt, d. h., wenn die Entwicklung von σ_{xy} bei beliebiger Richtung des Magnetfeldes nicht mit einem Term der Ordnung $1/H^2$ beginnt. Im letzten Falle wächst der Widerstand bei beliebiger Richtung des Magnetfeldes quadratisch an (wie im Falle eines kompensierten Metalles).

Bei der Betrachtung der galvanomagnetischen Eigenschaften von Metallen, die als FERMI-Fläche einen „gewellten“ Zylinder besitzen, wurde klar, daß die starke Abhängigkeit von der Orientierung des Magnetfeldes dann auftritt, wenn sich die Topologie der Elektronentrajektorien im Magnetfeld ändert. Im betrachteten Fall sind diejenigen Richtungen ausgezeichnet, bei denen das Magnetfeld senkrecht zur Zylinderachse ist. In der stereographischen Projektion[1]) entspricht das einem Kreis mit dem Einheitsradius (s. Abb. 62, in der die polare Achse mit der Richtung der Öffnung zusammenfällt).

Hat die offene FERMI-Fläche die Form eines „Raumnetzes“ (Abb. 2), so existiert eine Vielzahl von offenen Trajektorien (Abb. 63). In Abb. 64 sind die stereographischen Projektionen der Magnetfeldrichtungen dargestellt (gestrichelte Gebiete und ausgezogene Linien), bei denen offene Trajektorien entstehen ($\varepsilon = \varepsilon_F$, $p_z =$ const). Die verschiedenen Abbildungen entsprechen unterschiedlich orientierten „Raumnetzen“.[2])

Die Betrachtung der stereographischen Projektionen zeigt, daß folgende verschiedene Gebiete von Magnetfeldrichtungen existieren: a) Es liegen keine offenen Trajektorien vor (ungestrichelt); b) es liegen offene Trajektorien mit einheitlicher Richtung der Öffnung vor (gestrichelt); c) es liegen offene Trajektorien mit verschiedenen Richtungen der Öffnung vor (zweifach gestrichelt). Außerdem existieren mindestens vier Typen ausgezeichneter Orientierungen des Magnetfeldes:

[1]) S. Fußnote auf Seite 27.

[2]) Hier ist nur eine Zusammenfassung grundlegender Ergebnisse enthalten. Die Ableitung der in diesem Paragraphen angeführten Formeln kann man in den Arbeiten [38, 40] finden.

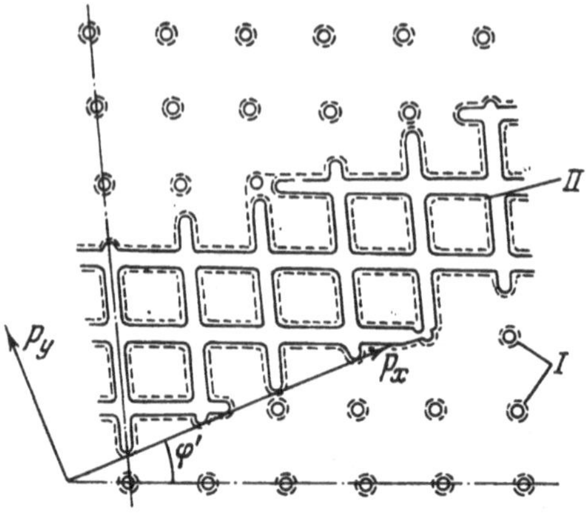

Abb. 63. Schnitt einer isoenergetischen Fläche vom Typ eines „Raumnetzes" $\varepsilon = \varepsilon_0$ mit der Ebene $p_z = \text{const}$. Die gestrichelten Linien stellen den Schnitt der benachbarten Isoenergiefläche $\varepsilon = \varepsilon_0 + \delta\varepsilon$ dar

Die geschlossenen Trajektorien des Typs I umschließen Gebiete mit $\varepsilon < \varepsilon_0$, die Trajektorien des Typs II Gebiete mit Energien $\varepsilon > \varepsilon_0$. Dementsprechend ist der Umlaufsinn dieser Trajektorien entgegengesetzt. Diese zwei Linientypen werden durch offene Trajektorien voneinander getrennt. Die Richtung einer offenen Trajektorie wird durch den Winkel φ' bestimmt, für den

$$\cos\varphi' = \cos\varphi(1 + \sin^2\varphi \operatorname{tg}^2\theta)^{-1/2}$$

gilt.

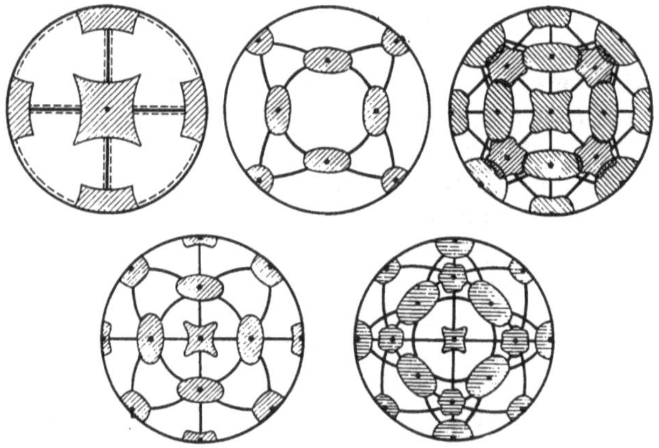

Abb. 64. Stereographische Projektionen für Magnetfeldorientierungen (schraffierte Gebiete und ausgezogene Linien), die zu offenen Trajektorien für verschiedene Arten einer FERMI-Fläche vom Typ eines „Raumnetzes" führen

1. Die Richtungen des Magnetfeldes, bei denen offene Trajektorien existieren, bilden eine eindimensionale Menge. Das ist insbesondere der Fall, wenn einzelne Richtungen offener Trajektorien auftreten. Als Beispiele können die Richtungen senkrecht zur Achse des „gewellten" Zylinders sowie die ausgezogenen fetten Linien in den stereographischen Projektionen für eine FERMI-Fläche vom Typ eines „Raumnetzes" dienen (s. Abb. 64).

2. Die Grenzen zweidimensionaler Gebiete, in denen offene Trajektorien existieren (die Grenzen der gestrichelten Gebiete in Abb. 64).

3. Einzelne Richtungen innerhalb der Gebiete offener Trajektorien, in denen die Menge der offenen Trajektorien zu einzelnen Querschnitten entartet sind (Punkte in Abb. 64).

4. Die Grenze des Gebietes derjenigen Magnetfeldorientierungen, für die offene Trajektorien mit verschiedenen Richtungen der Öffnung existieren (die Grenzen der zweifach gestrichelten Gebiete in Abb. 64).

Für Magnetfeldrichtungen, die von den ausgezeichneten verschieden sind, hat die Abhängigkeit vom Magnetfeld folgendes Aussehen:

a) in den ungestrichelten Gebieten (geschlossene Trajektorien) strebt der Widerstand gegen einen konstanten Wert (Sättigung); die HALL-Konstante wird durch das Volumen bestimmt, das entweder von Elektronen besetzt oder von Löchern frei ist (§ 27),

b) in einfach gestrichelten Gebieten (offene Trajektorien mit gleicher Richtung der Öffnung) nimmt der Widerstand proportional dem Quadrat des Magnetfeldes zu (mit Ausnahme des Falles, wenn der elektrische Strom senkrecht zum Magnetfeld und zur Richtung der Öffnung ist); die HALL-Konstante hängt in komplizierter Weise vom Stoßintegral ab (s. oben);

c) in zweifach gestrichelten Gebieten (offene Trajektorien mit unterschiedlichen Richtungen der Öffnung) strebt der Widerstand gegen einen konstanten Wert (Sättigung); die HALL-Konstante hängt vom Stoßintegral ab und nimmt nur kleine Werte an (für $H \to \infty$ strebt sie gegen Null).

Betrachtet man die Abhängigkeit des Widerstandes von Größe und Richtung des Magnetfeldes in der Nähe ausgezeichneter Richtungen, so ergeben sich folgende Fälle:

1. Nahe den Richtungen, die durch fette Linien in Abb. 64 dargestellt sind, ist die Situation analog dem Fall einer FERMI-Fläche vom Typ eines „gewellten" Zylinders nahe der Ebene, die senkrecht zur Zylinderachse ist. Insbesondere gilt Formel (28.8), wobei der Winkel θ in diesem Fall ein Maß für den „Abstand" bis zu den fetten Linien in den stereographischen Projektionen ist.

2. Betrachtet man das Verhalten des Widerstandes nahe den Grenzen zweidimensionaler Gebiete, in denen offene Trajektorien existieren, muß man berücksichtigen, daß die ungestrichelten Gebiete nur geschlossene Trajektorien enthalten, die gestrichelten aber zugleich offene Trajektorien, deren Anzahl auf der Grenzlinie Null wird. Außerhalb des gestrichelten Gebietes bleibt die

Standardabhängigkeit des Widerstandes vom Magnetfeld (Sättigung) bis unmittelbar zur Grenze erhalten. Nähert man sich der Grenzlinie von der Seite des gestrichelten Gebietes aus, so hängt der Widerstand von Größe und Richtung des Magnetfeldes in folgender Weise ab [39]:

$$\varrho = \theta\beta \left(\frac{H}{H_0}\right)^2 \cos^2\alpha + A \tag{28.9}$$

(die Bezeichnungen entsprechen denen der Formel (28.8)). In Abb. 65 ist die Abhängigkeit des Widerstandes von der Magnetfeldorientierung in der Nähe der betrachteten ausgezeichneten Richtungen dargestellt.

3. Ein analoger Fall liegt auch in der Nähe einzelner Richtungen vor, in denen die offenen Trajektorien zu einzelnen Querschnitten entarten (Punkte in Abb. 64). Insbesondere bleiben Formel (28.9) und Abb. 65 gültig.

Bei Drehung des Magnetfeldes in einer Ebene kann man in einer Reihe von Fällen eine Widerstandsrosette (Abhängigkeit des Widerstandes von der Orientierung bei festem Wert des Magnetfeldes) mit drei Typen von Besonderheiten erhalten.

Für die hier betrachteten Abhängigkeiten ist charakteristisch, daß bei der gewählten Stromrichtung (bei $\alpha = \pi/2$) die Anomalie in der Abhängigkeit des Widerstandes verschwindet.

4. An den Grenzen der zweifach gestrichelten Gebiete geht der Widerstand von der Sättigung (im Inneren des Gebietes) zur quadratischen Abhängigkeit über (außerhalb des Gebietes). Der analytische Ausdruck für den Widerstand hat in der Nähe der Grenze folgendes Aussehen:

$$\varrho = \frac{\varrho'}{\theta A + (H_0/H)^2}, \tag{28.10}$$

wobei ϱ' und A glatte Funktionen der Winkel und $A \approx 1$ sind.

Aus dem Vorhergehenden ist ersichtlich, daß die Untersuchung einer offenen Fermi-Fläche vom Typ eines „Raumnetzes" zu den verschiedenartigsten Fällen führt. Durch den Vergleich der asymptotischen Abhängigkeiten des Widerstandes von der Größe des Magnetfeldes bei verschiedenen Orientierungen mit theoretischen „Bildern", d. h. mit stereographen Projektionen, wie sie Abb. 64 zeigt, kann man nicht nur den Typ der Fermi-Fläche bestimmen, sondern auch hinreichend genau ihre Form untersuchen.

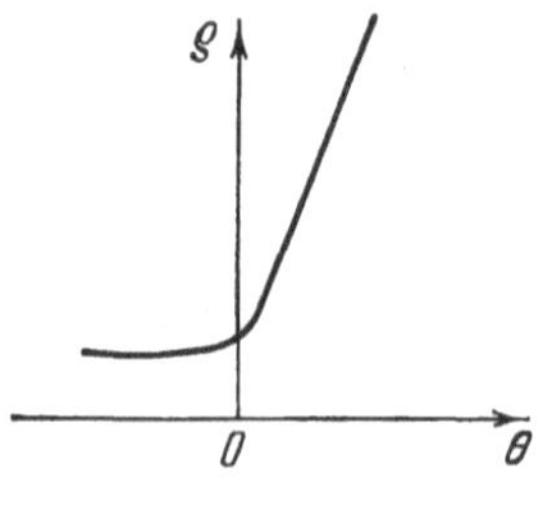

Abb. 65. Abhängigkeit des Widerstandes von der Magnetfeldorientierung beim Übergang zu Gebieten mit offenen Trajektorien (in der Abbildung $\theta > 0$)

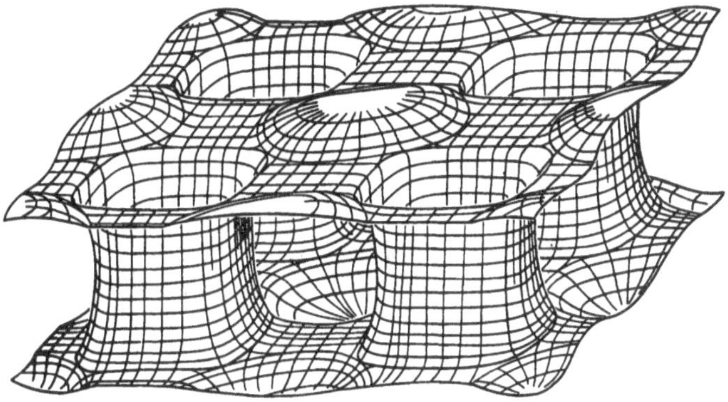

Abb. 66. FERMI-Fläche des Zinns nach [41]

Eine entsprechende Analyse kann man auch für FERMI-Flächen anderer Typen durchführen. So ist z. B. in der Arbeit [41] die Abhängigkeit des Widerstandes von Größe und Richtung des Magnetfeldes für Metalle geklärt worden, deren FERMI-Fläche ein „ebenes Netz“ ist (Abb. 66).

In allen Fällen sind für Metalle mit offenen FERMI-Flächen folgende Eigenschaften charakteristisch: Die ausgeprägte Anisotropie des transversalen Magnetowiderstandes und die starke Abhängigkeit des Widerstandes von der Richtung des elektrischen Stromes (bei $\boldsymbol{j} \perp \boldsymbol{H}$).

Bisher wurden solche Fälle betrachtet, bei denen in den nicht gestrichelten Gebieten, d. h. für diejenigen Magnetfeldorientierungen, die keine offenen Querschnitte haben, der Widerstand gegen einen konstanten Wert strebt. Das bedeutet, es liegt keine Kompensation der Löcher- und Elektronenvolumina vor. Falls eine solche Kompensation existiert, so beobachtet man in den nicht gestrichelten Gebieten eine quadratische Zunahme des Widerstandes (wie auch in den gestrichelten Gebieten). An den Grenzen dieser Gebiete ändert sich das Widerstandsverhalten qualitativ. Analoge Änderungen treten bei allen ausgezeichneten Richtungen auf. Ausführlich ist dieser Fall am Beispiel der galvanomagnetischen Eigenschaften des Zinns[1]) in der Arbeit [41] untersucht worden. Charakteristische stereographische Projektionen für eine FERMI-Fläche vom Typ eines ebenen Netzes sind in Abb. 67 dargestellt.

Wie auch im Falle geschlossener FERMI-Flächen ist die Kompensation von Löcher- und Elektronenvolumina keine zufällige Erscheinung. Sie muß immer dann auftreten, wenn die Zahl der Elektronen pro Elementarzelle gerade ist.

Die starke Abhängigkeit des Widerstandes von der Richtung des Magnetfeldes erlaubt es in einigen Fällen, die lineare Zunahme des Widerstandes von Polykristallen mit dem Magnetfeld zu erklären (Gesetz von KAPIZA). Wenn

[1]) Die FERMI-Fläche des Zinns besteht aus einer offenen Fläche vom Typ eines „ebenen Netzes“ (s. Abb. 66) und einer Reihe geschlossener Körper, deren Form man mit Hilfe der hier beschriebenen Methoden nicht untersuchen kann. Dazu benutzt man Oszillations-, Resonanz-, magnetoakustische und andere Methoden (§§ 17 und 48).

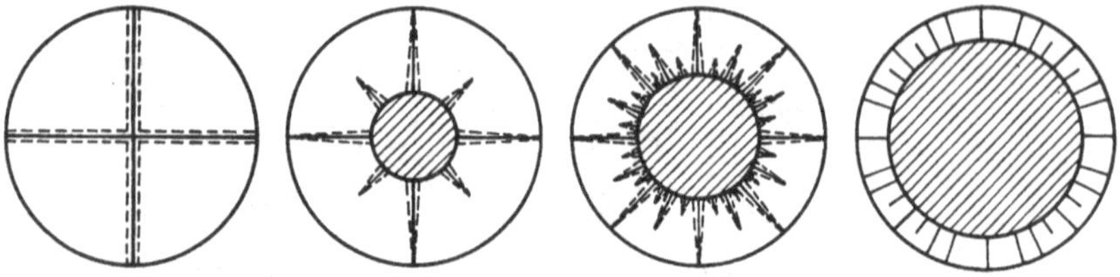

Abb. 67. Stereographische Projektionen ausgezeichneter Magnetfeldorientierungen für Isoenergieflächen vom Typ eines „ebenen Netzes“

eine quadratische Zunahme ($\varrho \sim H^2$) in dem engen Winkelbereich $\Delta\theta \sim H_0/H$ (s. Formel (28.8)) beobachtet wird, führt eine beliebige Mittelung des Widerstandes über die Winkel in einem Bereich $\delta\theta \gg H_0/H$ tatsächlich zu einem linearen Anwachsen des Widerstandes mit dem Magnetfeld. Dabei muß betont werden, daß der Charakter der Mittelung infolge der geringen Breite des Maximums keine Rolle spielt. Insbesondere ergibt die Mittelung der Leitfähigkeit und der nachfolgende Übergang zu reziproken Größen dasselbe Ergebnis — die lineare Abhängigkeit des Widerstandes vom Magnetfeld [38].

Es ist durchaus möglich, daß hierin nicht die einzige Ursache des linearen Anwachsens des Widerstandes liegt. Wie in der Arbeit [42] gezeigt wurde, wird oft eine lineare Abhängigkeit im Übergangsgebiet von der quadratischen Abhängigkeit in schwachen Feldern ($H \ll H_0$) zum Sättigungsgebiet oder zur zweiten quadratischen Abhängigkeit in starken Feldern ($H \gg H_0$) beobachtet. Daher kann die lineare Abhängigkeit in einigen Fällen bedeuten, daß man die gemessenen Werte des Widerstandes nicht als asymptotische Werte zu betrachten hat.

In den letzten Jahren wurde die Untersuchung galvanomagnetischer Charakteristiken in starken Magnetfeldern (speziell des Widerstandes) zu einer der grundlegenden Methoden zur Erforschung des elektronischen Energiespektrums [43]. Auf diese Art und Weise sind etwa dreißig Metalle untersucht worden. In diesem Zusammenhang sei erwähnt, daß überwiegend offene Fermi-Flächen vorliegen (Metalle mit vollständig geschlossenen Fermi-Flächen kommen selten vor). Obwohl die Abhängigkeit der Tensorkomponenten ϱ_{ik} von der Magnetfeldorientierung nicht nur durch die Form der Fermi-Fläche bedingt wird, sondern auch durch den Streumechanismus, sind alle Besonderheiten in dieser Abhängigkeit mit der Geometrie der Isoenergiefläche verbunden. Benutzt man daher die in Abb. 68 dargestellten Winkeldiagramme, kann man nicht nur die allgemeinen Konturen der Fermi-Fläche feststellen, sondern auch die Abmessungen einzelner Teile berechnen („Verbindungskanäle“, „Hälse“ u. ä.). Dazu hat man auf Modellvorstellungen zurückzugreifen. Beim Vergleich von Theorie und Experiment erweist sich das Modell von Harrison als sehr zweckmäßig. Nach diesem Modell läßt sich die Topologie der Fermi-Fläche im wesentlichen aus der Näherung fast freier Elektronen bestimmen (§ 11).

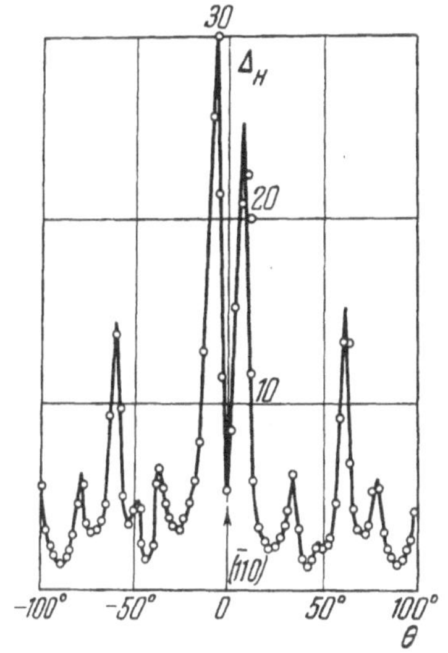

Abb. 68. Beispiel für die Abhängigkeit der Widerstandsänderung von Gold von der Magnetfeldrichtung in starken Feldern

Sowohl in diesem als auch im vorigen Paragraphen sind die meisten Formeln aus allgemeinsten Vorstellungen über das elektronische Energiespektrum hergeleitet worden; allerdings muß man ihren Anwendungsbereich präzisieren. Im Falle einfachster FERMI-Flächen (wie z. B. bei den Metallen der ersten Gruppe) bedürfen die oben angeführten Ungleichungen keiner weiteren Erläuterung. Bei komplizierterer FERMI-Fläche — was für die meisten Metalle zutrifft — ist eine Präzisierung notwendig: Wie in § 27 gezeigt wurde, strebt z. B. für $n_1 \neq n_2$ (geschlossene FERMI-Flächen) der Widerstand in starken Feldern gegen einen Sättigungswert. Was geschieht aber für $|n_1 - n_2| \ll n_1 + n_2$? In welchen Magnetfeldern erfolgt die Sättigung? Aus Rechnungen [45] folgt, daß die Sättigung nur für $H \ll H_0 n/\Delta n$ ($n = n_1 + n_2$, $\Delta n = |n_1 - n_2|$) erfolgt, wobei H_0 dem Feld entspricht, bei dem $r_H = l_p$ ist. In schwächeren Feldern verhält sich ein solches Metall wie ein Metall mit gleicher Ladungsträgerkonzentration von Elektronen und Löchern.[1])

Wie oben gezeigt wurde, beobachtet man bei Metallen mit FERMI-Flächen vom Typ eines „gewellten" Zylinders bei bestimmten Magnetfeldorientierungen eine quadratische Abhängigkeit des Widerstandes vom Magnetfeld ($r_H \ll l$). Wenn jedoch die „Wellen" derart sind, daß die „Verbindungshälse" sehr eng sind (Abb. 69), so beginnt die quadratische Abhängigkeit in Feldern, die größer als $H_0/\sqrt{\nu}$ sind, wobei $\nu = \Delta p/p_F$ und Δp der Durchmesser eines „Verbindungshalses" ist. Die Rolle offener Trajektorien wird unten ausführlich diskutiert (s. auch [47]).

[1]) Derart verhält sich Bi mit geringem Dotierungsgrad [46]. Die Dotierungsatome dienen als „Quellen" für Elektronen oder Löcher; daher wird die Kompensation der Volumina aufgehoben.

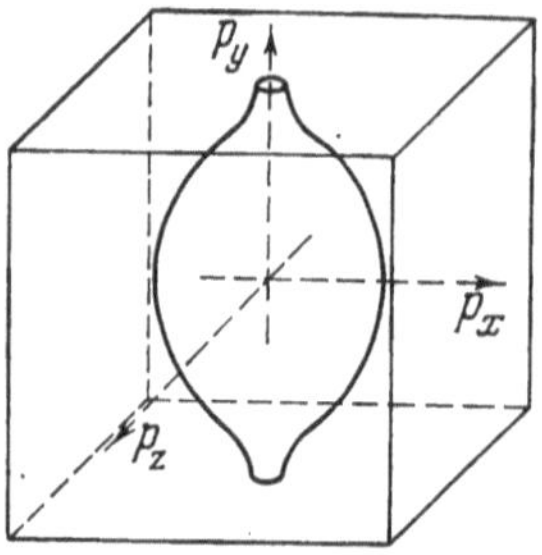

Abb. 69. Einfachstes Beispiel einer offenen FERMI-Fläche mit sehr schmalen Verbindungshälsen

Beim Vergleich experimenteller Daten der galvanomagnetischen Erscheinungen mit der Theorie hat man noch folgenden bisher nicht diskutierten Zustand zu beachten: Mit wachsendem Magnetfeld kann sich infolge des magnetischen Durchbruches (§ 10) die Topologie der Elektronentrajektorie verändern, was sich natürlich auf die Abhängigkeit der Tensorkomponenten des Widerstandes vom Magnetfeld auswirkt. Auf die Rolle des magnetischen Durchbruches wird unten ebenfalls eingegangen.

Im folgenden wird, beginnend mit der Rolle offener Trajektorien [47], eine Reihe von speziellen Fragen der Theorie galvanomagnetischer Erscheinungen diskutiert.

Eine schmale Schicht offener Trajektorien entsteht in starken Magnetfeldern und führt zu einer quadratischen Abhängigkeit der entsprechenden Komponente des Widerstandstensors vom Magnetfeld. Dieses Ergebnis folgt aus der Formel für σ_{yy} (die Richtung der Öffnung sei längs p_y), die aus der in § 26 angeführten „Diffusionsabschätzung" folgt:

$$\sigma_{xx} = \left[\frac{\Delta p}{p_F}\frac{l_{\text{eff}}}{l} + \left(\frac{r_H}{l}\right)^2\right]\sigma\,, \tag{28.11}$$

wobei Δp die Dicke der Schicht offener Trajektorien ist (nach Voraussetzung gilt $\Delta p/p_F \ll 1$; s. Abb. 69).

Die Einführung einer effektiven Länge l_{eff} läßt die Berücksichtigung folgenden Umstandes zu: Die Wahrscheinlichkeit, daß ein Elektron aus der schmalen Schicht offener Trajektorien herausgelangt, ist wesentlich größer, als daß es in die Schicht hineingelangt. Wenn das Elektron bei jedem Zusammenstoß sogar nur unwesentlich seinen Impuls ändert (wie beim Stoß mit langwelligen Phononen), genügt bei hinreichend schmaler Schicht offener Trajektorien schon ein Stoß, um das Elektron aus der Schicht zu entfernen. Das ändert natürlich wesentlich die Temperaturabhängigkeit von l_{eff} (z. B. ist beim Phononenmechanismus des Widerstandes und bei $\Delta p \leqq T/s$ mit s als Schallgeschwindigkeit die effektive freie Weglänge $l_{\text{eff}} \ll l$ und $l_{\text{eff}} \sim T^{-3}$).

Wie schon erwähnt, kann eine Schicht offener Trajektorien durch einen magnetischen Durchbruch entstehen. In diesem Fall wird die Dicke der Schicht in einem bestimmten Feldbereich wesentlich vom Magnetfeld abhängen. Das äußert sich in einer komplizierten Temperatur- und Magnetfeldabhängigkeit

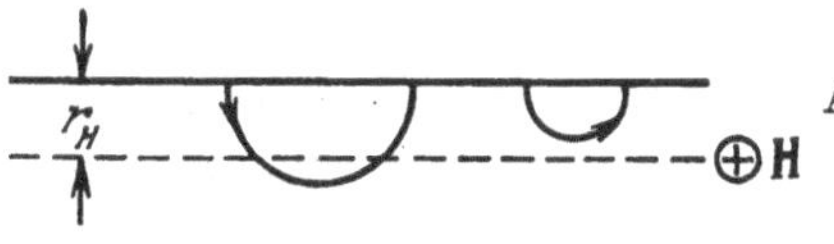

Abb. 70. Beispiele für Trajektorien von Elektronen, die diffus an Grenzflächen gestreut werden

von l_{eff}: Bei Änderung des Magnetfeldes kann ein Übergang von der gewöhnlichen Abhängigkeit ($l \sim T^{-5}$) zur anomalen Abhängigkeit ($l \sim T^{-3}$) erfolgen. Alle hier betrachteten Mechanismen führen zu einer Verringerung desjenigen „Teils" der effektiven freien Weglänge[1]), der von der Streuung um kleine Winkel abhängt. Folglich verstärkt sich der Einfluß dieser Mechanismen (speziell des Phononenmechanismus), und der Übergang zum Restwiderstand geschieht bei tieferen Temperaturen als im Fall ohne Magnetfeld.

Die komplizierte Abhängigkeit des Widerstandes von Al von Magnetfeld und Temperatur [48] (speziell die Verletzung der KOHLERschen Regel) macht es wahrscheinlich, daß in Al in starken Magnetfeldern eine schmale Schicht offener Trajektorien eine wesentliche Rolle spielt.

Mit Hilfe der Diffusionsinterpretation kann man folgende äußerst interessante Erscheinung, den sogenannten statischen Skineffekt, verstehen [49, 50]. Dieser äußert sich darin, daß im starken Magnetfeld der durch die Probe gehende Gleichstrom manchmal an der Oberfläche des Metalles fließt. Wie gezeigt wurde, sind im Falle einer geschlossenen Trajektorie für $l \gg r$ die transversalen Komponenten des Leitfähigkeitstensors sehr klein im Verhältnis zu ihren Werten bei $H = 0$ $\left(\sigma_{xx} \sim \sigma_{yy} \sim \sigma(r_H/l)^2\right)$. Die Verringerung wird dadurch bedingt, daß die Elektronen in einer Ebene senkrecht zum Magnetfeld auf einer Bahn der Abmessung r_H lokalisiert sind und die Stoßfrequenz gleich $1/\tau_p = v_H/l$ ist. Wenn die Elektronen diffus an der Grenze des Metalls gestreut werden, so verringert sich bei jedem Stoß mit der Wand der Impuls (Abb. 70). Daher ist für Elektronen aus einer Schicht der Dicke r_H die Stoßfrequenz W, die in die zweite der Formeln (26.12) eingeht, gleich $\omega_H \gg 1/\tau_p$ (für $r_H \ll l$). Dieser Umstand bewirkt, daß in einer oberflächennahen Schicht

$$\sigma_{xx}^{\text{ob}} \approx \sigma \frac{r_H}{l} \gg \sigma \left(\frac{r_H}{l}\right)^2 = \sigma_{xx} \tag{28.12}$$

ist.

Wenn die Reflexion an der Oberfläche spiegelnd erfolgt, so vollführen die Elektronen aus der wandnahen Schicht eine infinite Bewegung (Abb. 71); in-

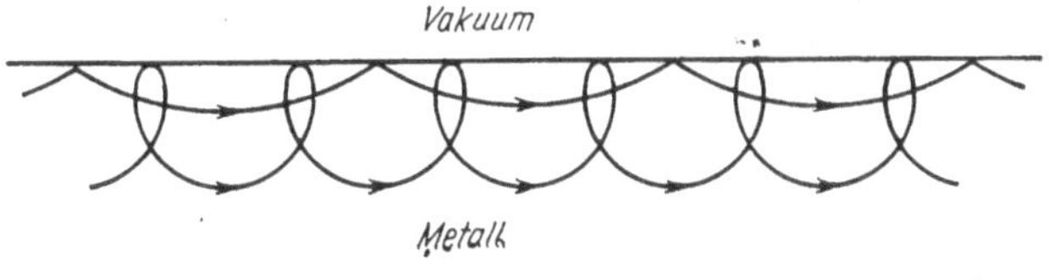

Abb. 71. Beispiele für Trajektorien von Elektronen im Magnetfeld, die spiegelnd an der Grenzfläche Metall—Vakuum gestreut werden

1) Gemeint ist eine Formel vom Typ (24.16).

folgedessen ist die durch diese Elektronen bewirkte elektrische Leitfähigkeit von der Größenordnung der Leitfähigkeit ohne Magnetfeld. Damit kann die wesentliche Zunahme der Leitfähigkeit in der wandnahen Schicht zu einer Lokalisierung der Stromlinien nahe der Oberfläche führen. Eine strenge Theorie, basierend auf der Lösung der BOLTZMANN-Gleichung [51], führt zu einer komplizierten Abhängigkeit der Stromdichte von der Entfernung der Oberfläche (s. nächsten Paragraphen).

Zum Abschluß dieses Paragraphen soll noch einmal der Einfluß des magnetischen Durchbruches auf die galvanomagnetischen Erscheinungen behandelt werden. Wie schon bemerkt wurde, tritt der magnetische Durchbruch dann am klarsten in Erscheinung, wenn durch ihn die Topologie der Elektronentrajektorien geändert wird (Umwandlung geschlossener Trajektorien in offene und umgekehrt[1])). Wenn man annimmt, daß der Übergang von einem Teil einer Trajektorie auf eine andere von einer Phasenumkehr der Wellenfunktion begleitet wird, kann man mit Hilfe der Diffusionsnäherung zeigen [52], daß die Komponente der elektrischen Leitfähigkeit in Richtung der „Öffnung" größenordnungsmäßig gleich

$$\sigma_{xx} \approx \sigma \frac{r_H}{l}\left(\frac{r_H}{l} + p\right) \tag{28.13}$$

ist, mit p als Durchbruchswahrscheinlichkeit (§ 10). Diese Abschätzungen stimmen qualitativ mit den Berechnungen [53, 54] überein. Die letzte Formel gilt jedoch nur für $p \ll r_H/l$. Für $p \gg r_H/l$ muß man eine Theorie galvanomagnetischer Erscheinungen entwickeln ausgehend von „neuen" Quasiteilchen, die im Magnetfeld eine infinite Bewegung vollführen. Die elektrische Leitfähigkeit wird dann natürlich durch die freie Weglänge eingeschränkt. Und wenn $r_H/l \ll p \ll 1$, so ist $\sigma_{xx} \approx p^2\sigma$ (σ — Leitfähigkeit ohne Magnetfeld). Eine vollständige Theorie galvanomagnetischer Erscheinungen unter Berücksichtigung des magnetischen Durchbruches existiert bis heute nicht.

§ 29 Die Theorie des statischen Skineffektes

Wie schon im vorigen Paragraphen erwähnt wurde, kann die Streuung der Elektronen an den Probengrenzen die Größe der Komponenten des Widerstandstensors wesentlich ändern: Wenn in der massiven Probe die entsprechende Komponente $\sim\sigma(r_H/l)^2$ ist, so kann sie in der wandnahen Schicht $\sim\sigma_H(r_H/l)$ oder sogar σ sein (bei spiegelnder Reflexion). In der wandnahen Schicht kann eine Aufhebung der Volumenkompensation erfolgen, die charakteristisch für

[1]) Ausgehend vom HARRISON-Modell verhalten sich Elektronen in hinreichend starken Magnetfeldern (die jedoch kleiner als die Atomfelder sein müssen) wie freie Elektronen (§ 10 sowie [44]). Folglich müssen beide transversalen Komponenten des Leitfähigkeitstensors umgekehrt proportional dem Quadrat des Magnetfeldes abnehmen ($\sigma_{xx} \sim \sigma_{yy} \sim \sigma(r_H/l)^2$), und der Widerstand muß gegen einen Sättigungswert streben.

Metalle mit gleicher Ladungsträgerkonzentration von Elektronen und Löchern ist, da im inhomogenen Feld die Driftgeschwindigkeit von den lokalen Charakteristika der Ladungsträgerbahnen abhängt.

In hinreichend reinen Metallen und bei tiefen Temperaturen kann die Bedingung $r_H \ll l$ bei relativ großen (makroskopischen) Bahnradien ($r_H \lessapprox 10^{-1}$ cm) erfüllt werden. Daher ist die Umverteilung der Stromlinien in der Nähe der Probengrenzen ein makroskopischer Effekt, der experimentellen Untersuchungen zugänglich ist [50]. Wenn eine dünne Probe vorliegt, liefert die Schicht der Größenordnung r_H nahe der Oberfläche den Hauptbeitrag zum Strom. Der statische Skineffekt äußert sich in der Abhängigkeit von Magnetfeld und Probendicke, wobei im vorliegenden Fall der Gesamtstrom nicht von der Probendicke abhängt.

Im weiteren wird die strenge Theorie des statischen Skineffektes behandelt.

Das Kernproblem dieses Paragraphen besteht in der Berechnung des Widerstandes dünner Proben ($d \ll l$) im Magnetfeld unter Berücksichtigung der Oberflächenstreuung. Vor allem muß man darauf hinweisen, daß sich die mathematische Problemstellung im vorliegenden Fall von dem „gewöhnlichen" makroskopischen Fall unterscheidet.

Bei der Betrachtung geometrischer Effekte und ihres Einflusses auf die Verteilung von Strom und Feld im schwach inhomogenen Falle (wenn die geometrischen Abmessungen oder die charakteristischen Abstände groß im Verhältnis zu r_H und l sind) bleibt der Zusammenhang von Stromdichte und elektrischer Feldstärke $\boldsymbol{E} = -\nabla\varphi$ (da rot $\boldsymbol{E} = 0$) offenbar derselbe wie im unendlich ausgedehnten Metall:

$$\boldsymbol{j} = \hat{\sigma}\boldsymbol{E} = -\hat{\sigma}\nabla\varphi; \tag{29.1}$$

σ_{ik} hängt nicht von den Koordinaten ab.

Die grundlegende Gleichung der Feldverteilung in der Probe ist eine Gleichung zweiter Ordnung bezüglich:

$$\operatorname{div} \boldsymbol{j} = 0\,, \tag{29.2}$$

$$(\nabla, \hat{\sigma}\nabla\varphi) = 0\,. \tag{29.3}$$

Die Grenzbedingungen zu dieser Gleichung sichern die Gleichung der Ladungsstetigkeit an der Oberfläche. Die Ladungen können die Leiteroberfläche nicht durchdringen, d. h.

$$j_{\boldsymbol{n}} = 0\,. \tag{29.4}$$

Hierbei ist $\boldsymbol{n}$ die innere Normale zur Leiteroberfläche. Im Falle von Kontakten ist $j_{\boldsymbol{n}} = i_{\boldsymbol{n}}$, wobei $\boldsymbol{i}$ der Strom ist, der im gegebenen Punkt der Oberfläche durch die Kontakte fließt:

$$(\hat{\sigma}\nabla\varphi)_{\boldsymbol{n}} = \begin{cases} i_{\boldsymbol{n}} & \text{am Kontakt,} \\ 0 & \text{an der restlichen Oberfläche.} \end{cases} \tag{29.5}$$

Bei bekanntem φ bestimmt sich die Ladungsdichte ϱ' durch die Gleichung[1])

$$\varrho' = -\frac{1}{4\pi}\operatorname{div}\boldsymbol{E} = \frac{1}{4\pi}\nabla\varphi\,. \tag{29.6}$$

Wegen der großen Ladungsdichte der Elektronen im Leiter kann man in erster, nicht verschwindender Näherung (da $\varrho' \ll \varrho_0$) annehmen, daß

$$\varrho' = 0\,. \tag{29.7}$$

In einem dünnen Plättchen ($d \ll l$) muß sich der Zusammenhang von $\boldsymbol{j}$ und φ aus der mikroskopischen Theorie ergeben, wobei infolge der Feldinhomogenität $\hat{\sigma}$ ein Operator ist, der auf die Koordinatenfunktionen wirkt. Dabei ergibt sich die Ladungserhaltung in einer richtigen mikroskopischen Theorie automatisch, und der Operator $\hat{\sigma}$ muß derart gewählt werden, daß die Gleichung (29.2) ebenfalls automatisch erfüllt wird.

In der mikroskopischen Theorie muß die Reflexionsbedingung für die Ladungen an der Leiteroberfläche derart sein, daß die Bedingung der Ladungserhaltung an der Oberfläche automatisch folgt, d. h., es muß die Bedingung (29.5) automatisch erfüllt werden.

Was die Gleichung (29.7) betrifft, so ergibt die mikroskopische Theorie nicht nur eine Relation zwischen $\boldsymbol{j}$ und φ, sondern auch einen integralen Zusammenhang zwischen ϱ' und φ. Wegen (29.7) erweist sich die Gleichung zur Bestimmung von φ als Integralgleichung (daher sind keine zusätzlichen Randbedingungen erforderlich).

Da (29.7) die wesentliche Gleichung zur Bestimmung von ϱ' ist, soll im weiteren die Ersetzung von 29.6 durch 29.7 ausführlicher begründet werden. Aus der Definition von ϱ' folgt, daß $\varrho' = e^2\nu\hat{L}\varphi$, wobei $\nu = n/\varepsilon_F$ die charakteristische Ladungsdichte und $\hat{L}$ ein linearer Integraloperator der „Größenordnung Eins" ist: $\hat{L}\varphi \approx \varphi$. Wenn sich φ in Abständen der Größenordnung λ ändert, so folgt aus (29.6) $\hat{L}\varphi \sim (\lambda_0/\lambda)^2\,\varphi$, wobei λ_0 der Debye-Hückel-Radius für Metalle ist $\left((l\sqrt{4\pi\nu})^{-1}\right)$. In guten Metallen ist λ_0 von der Größenordnung zwischenatomarer Abstände 10^{-8} cm, in Halbmetallen vom Wismuttyp ist $\lambda \approx 10^{-7}$ cm ($\lambda_0 \sim n^{-1/6}$), d. h., λ_0 hängt sehr schwach von der Ladungsträgerkonzentration ab.

Folglich ist der rechte Teil in (29.6) nur eine Erhöhung der Genauigkeit sogar im Gebiet, in dem die Randbedingung für die von der Oberfläche gestreuten Elektronen „gebildet" wird. Daher führt (29.6) zur Gleichung $\hat{L}\varphi = 0$, die formal (29.7) äquivalent ist. In variablen Feldern entspricht die Ersetzung von (29.6) durch (29.7) der Vernachlässigung des Verschiebungsstromes. Man muß beachten, daß sich ϱ' von dem sehr kleinen Wert $\hat{L}\varphi$ durch einen Di-

[1]) $\varrho' = \varrho - \varrho_0$, wobei ϱ_0 die Ladungsdichte im Gleichgewicht ist. Nach Definition gilt $\varrho' = \frac{2e}{(2\pi\hbar)^3}\int f_1\,\mathrm{d}\boldsymbol{p}$, und f_1 hat man aus der bezüglich des elektrischen Feldes linearisierten kinetischen Gleichung zu bestimmen.

mensionsfaktor unterscheidet. Daher muß man die Größe ϱ' aus (29.6) und φ aus Gleichung (29.7) bestimmen. Das entspricht der sukzessiven Approximation bei der Lösung von Gleichung (29.6).

Wie aus (29.6) hervorgeht, bestimmt der DEBYE-HÜCKEL-Radius λ_0 die Tiefe, in der die äußeren Felder abklingen. Folglich kann man nur bis zu einer Genauigkeit, die von dem Verhältnis λ_0/λ bestimmt wird, vom Widerstand als einem inneren charakteristischen Parameter des Leiters sprechen, der nicht von den äußeren elektrischen Feldern abhängt. Bringt man z. B. einen stromführenden Leiter zwischen die Platten eines Kondensators und ändert die Potentialverhältnisse an ihm, so kann man mit derselben Genauigkeit die JOULEsche Wärme im Leiter bei fester Stromstärke und gegebenen Kontaktverhältnissen ändern.

Bestimmt man ϱ' im Innern der Probe als Funktion von φ und der äußeren Ströme auf der Oberfläche, kommt man mathematisch gemäß (29.6) zu einer Gleichung vom POISSON-Typ. Zur eindeutigen Lösung dieser Gleichung muß das Potential auf der Oberfläche vorgegeben werden. Daher erfordert die vollständige Lösung entweder die gleichzeitige Kenntnis von Stromdichte und Potential auf der Leiteroberfläche oder die Betrachtung der Verhältnisse außerhalb des Leiters.[1])

Im weiteren erfolgt die Lösung des gegebenen Problems in erster nichtverschwindender Näherung bezüglich d/l, d. h. bei $l = \infty$ für eine Platte $0 \leqq \xi \leqq d$ (Abb. 72). Für das Folgende ist es zweckmäßig, eine etwas andere Form der Nichtgleichgewichtsverteilungsfunktion zu wählen als bisher.

Das äußere Feld führt dazu, daß ein Quasiteilchen der Energie $\varepsilon(\boldsymbol{p})$ einen Energiezuwachs $\Delta\varepsilon(\boldsymbol{p})$ erhält. Die Zahl der Quasiteilchen, die „jetzt" die Energie ε haben, ist gleich der Zahl der Quasiteilchen, die „früher" eine Energie $\varepsilon - \Delta\varepsilon$ hatten, d. h., es gilt

$$f(\boldsymbol{p}) = n_F(\varepsilon(\boldsymbol{p}) - \Delta\varepsilon(\boldsymbol{p}))$$

oder in linearer Näherung bezüglich des Feldes

$$f(\boldsymbol{p}) \approx n_F(\varepsilon) - \frac{\partial n_F}{\partial \varepsilon} \Delta\varepsilon .$$

Da im Gleichgewichtszustand bei fehlendem äußeren elektrischen Feld weder Strom noch unkompensierte Ladung in normalen Metallen existieren, ist

$$\left.\begin{aligned} \boldsymbol{j} &= -\frac{2e}{(2\pi\hbar)^3}\int \boldsymbol{v}\,\frac{\partial n_F}{\partial \varepsilon}\,\Delta\varepsilon(\boldsymbol{p})\,\mathrm{d}\boldsymbol{p} ,\\ \varrho' &= -\frac{2e}{(2\pi\hbar)^3}\,\frac{\partial n_F}{\partial \varepsilon}\,\Delta\varepsilon(\boldsymbol{p})\,\mathrm{d}\boldsymbol{p} . \end{aligned}\right\} \tag{29.8}$$

[1]) Speziell muß man bei Fehlen äußerer Felder und für $\boldsymbol{D} = \boldsymbol{E}$ zur Bestimmung von φ fordern, daß φ im Unendlichen verschwindet. Dabei ist $\lim\limits_{\lambda_0 \to 0} \lambda_0 \partial\varphi/\partial n$ endlich.

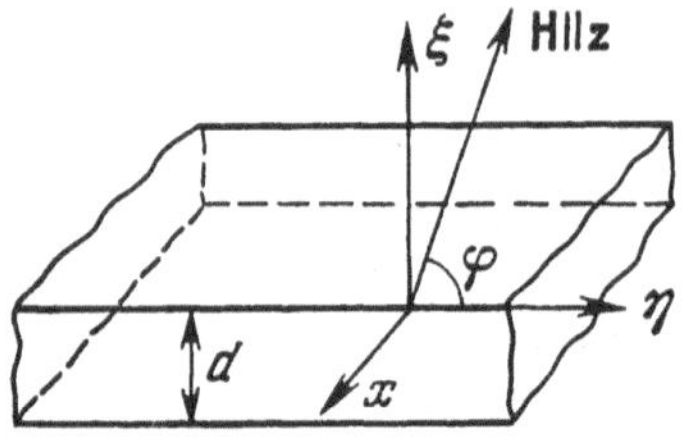

Abb. 72. Platte im geneigten Magnetfeld

Für $-(\partial n_F/\partial \varepsilon) = \delta(\varepsilon - \varepsilon_F)$ erhält man unter Berücksichtigung des Ausdruckes (15.5) für die Zustandsdichte:

$$\left.\begin{aligned} \boldsymbol{j} &= \frac{2e}{(2\pi\hbar)^3}\left|\frac{eH}{c}\right| \sum \int\limits_{\varepsilon(\boldsymbol{p})=\varepsilon_F} \boldsymbol{v}\Delta\varepsilon \, \mathrm{d}p_z \, \mathrm{d}t\,, \\ \varrho' &= \frac{2e}{(2\pi\hbar)^3}\left|\frac{eH}{c}\right| \sum \int\limits_{\varepsilon(\boldsymbol{p})=\varepsilon_F} \Delta\varepsilon \, \mathrm{d}p_z \, \mathrm{d}t\,. \end{aligned}\right\} \tag{29.9}$$

Wie üblich wird bei Bandüberlappung über verschiedene Bänder summiert. Aus $\dot{\varepsilon} = e\boldsymbol{E}\boldsymbol{v}$ (§ 4) folgt

$$\Delta\varepsilon = e\boldsymbol{E}\,\Delta\boldsymbol{r}\,. \tag{29.10}$$

Die erste der Formeln (29.9) ergibt zusammen mit (29.10) eine Formel, die sich für qualitative Abschätzungen eignet:

$$\sigma_{ik} = \sum \overline{\langle v_i \, \Delta r_k \rangle}\,. \tag{29.11}$$

Hierbei bedeutet das Symbol $\langle ... \rangle$ eine Mittelung, deren Bedeutung aus (29.9) folgt; der Strich bedeutet die Mittelung über alle Stöße, d. h. die Ersetzung des zurückgelegten Weges durch die mittlere Weglänge zwischen den Stößen. Ihre Kenntnis setzt die Bestimmung des Streumechanismus der Elektronen an der Oberfläche voraus. Man nimmt nun an, daß die Streuung diffus erfolgt, d. h., nach einem Zusammenstoß „vergißt" das Teilchen seine Vorgeschichte unter Beibehaltung der Fermi-Verteilung (wenn das Magnetfeld nicht zu schwach ist (§ 7), so daß die de Broglie-Wellenlänge klein ist im Verhältnis zu den charakteristischen Abmessungen der Oberflächenverzerrung, ist diese Annahme gerechtfertigt). Man muß allerdings beachten, daß die entsprechende Verteilungsfunktion allgemein keine Gleichgewichtsfunktion ist und ein anderes chemisches Potential hat. Seine Größe wird durch die Dichte der reflektierten Teilchen bestimmt, die durch das Gesetz der Ladungserhaltung an der Oberfläche gegeben wird. Daraus wiederum folgt, daß die Ströme der auffallenden und reflektierten Teilchen zusammenfallen (jedoch nicht die Dichte dieser Teilchen).

Bei diffuser Reflexion ist die „zusätzliche" Energie $\delta\varepsilon$, mit der sich das Elektron vom Punkte $\boldsymbol{r}_s$ der Oberfläche entfernt, isotrop und braucht nur

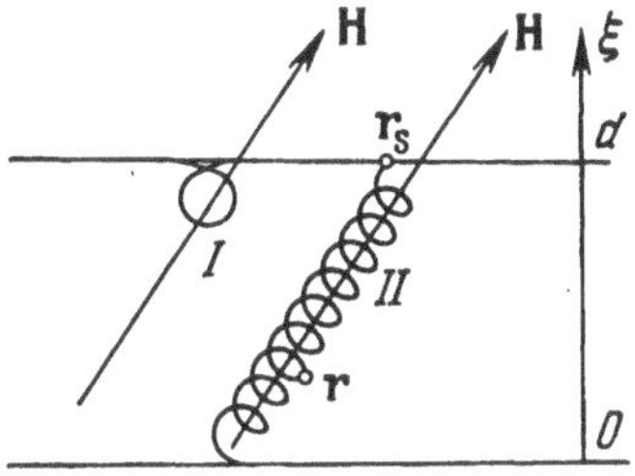

Abb. 73. Elektronentrajektorien in einer Platte im Magnetfeld

von $\boldsymbol{r}_s$ abzuhängen. Die auf dem Weg von $\boldsymbol{r}_s$ bis $\boldsymbol{r}$ (Abb. 73) gewonnene Energie ist bei fehlenden Stößen nach (29.10) $-e\{\varphi(\boldsymbol{r}) - \varphi(\boldsymbol{r}_s)\}$, so daß

$$\Delta\varepsilon = \delta\varepsilon(\boldsymbol{r}_s) + e\{\varphi(\boldsymbol{r}_s) - \varphi(\boldsymbol{r})\} = h(\boldsymbol{r}_s) - \varphi(\boldsymbol{r}) \,. \tag{29.12}$$

Dabei ist $h(\boldsymbol{r}_s)$ eine unbekannte Funktion, die aus der Bedingung der Ladungserhaltung an der Oberfläche bestimmt werden muß, d. h. aus der Grenzbedingung, die die Erfüllung von (29.4) garantiert.

Wenn sich in einem gegebenen Moment der „Bahn"-Zeit das Elektron im Punkte $\boldsymbol{r}$ befindet und ein gegebenes p_z besitzt (t, p_z bestimmen zusammen mit $\varepsilon = \varepsilon_F$ in nullter Näherung bezüglich $\boldsymbol{E}$ eindeutig den Zustand des Elektrons, d. h. seinen Quasiimpuls $\boldsymbol{p}$), so ist $\boldsymbol{r}_s = \boldsymbol{r}_s\ (\boldsymbol{r}, t, p_z)$ und wird aus der Gleichheit des Weges bis zur Oberfläche und der Entfernung bestimmt, die vom Elektron zurückgelegt wurde,

$$\boldsymbol{r} - \boldsymbol{r}_s = \boldsymbol{r}(t) - \boldsymbol{r}(\lambda) = \int_\lambda^t \boldsymbol{v}(t')\,\mathrm{d}t' \,, \tag{29.13}$$

λ ist das Stoßmoment von der Oberfläche. Denkt man sich formal die Bahn außerhalb der Oberfläche fortgesetzt, so kann sie die Oberfläche in mehreren Punkten schneiden (Abb. 73). Daher ist λ die zu t nächste und minimalste Wurzel von Gleichung (29.13). Der Stoß erfolgt natürlich mit der Oberfläche, auf der $v_n > 0$ ist ($\boldsymbol{n}$ ist die innere Normale zur Oberfläche[1]). Im Falle eines Plättchens führt die Gleichung (29.13) zu

$$\begin{aligned} &\xi(\lambda) = \xi(t) - \xi + \xi_s \qquad (\lambda < t,\ \lambda = \lambda_{\min}) \,, \\ &\xi_s = \begin{cases} 0 & \text{für} \quad v_\xi(\lambda) > 0 \,, \\ d & \text{für} \quad v_\xi(\lambda) < 0 \,. \end{cases} \end{aligned} \tag{29.14}$$

Die Funktion $h(\boldsymbol{r}_s)$ bestimmt eindeutig die Stromdichte und auch das Potential φ. Setzt man (29.12) und (29.13) in (29.9) ein, erhält man

$$\boldsymbol{j} = \sum \langle \boldsymbol{v} h(\boldsymbol{r}_s) \rangle \,, \tag{29.15}$$

[1]) Die drei Gleichungen (29.13) bestimmen zusammen mit der Gleichung für die Oberfläche des Leiters $G(\boldsymbol{r}_s) = 0$ im allgemeinen Falle die vier Größen $\boldsymbol{r}_s$ und λ.

und aus (29.7) folgt

$$\varphi(\boldsymbol{r}) = \frac{\Sigma \langle h(\boldsymbol{r}_s)\rangle}{\Sigma \langle 1\rangle}\,. \tag{29.16}$$

Da rot $\boldsymbol{E} = 0$ ist, so hängen E_x und E_η (die Koordinatenachsen sind aus Abb. 72 ersichtlich) nicht von ξ ab, so daß

$$\varphi(r) = -E_x x - E_\eta \eta - \varphi_1(\xi)\,.$$

Berücksichtigt man (29.16), kann man leicht $h(\boldsymbol{r}_s)$ finden:

$$h(\boldsymbol{r}_s) = -E_x x - E_\eta \eta + h(\xi_s)\,. \tag{29.17}$$

Nach (29.4) ist

$$\left.\begin{aligned} j_n^s &= \Sigma \langle v_n h\rangle^s = \Sigma \langle v_n h\rangle_+^s + \Sigma \langle v_n h\rangle_-^s = 0\,,\\ \langle f\rangle &= \frac{2e}{(2\pi\hbar)^3}\left|\frac{eH}{c}\right| \int f\,\mathrm{d}p_z\,\mathrm{d}t\,; \end{aligned}\right\} \tag{29.18}$$

der Index s bedeutet, daß ein Punkt auf der Oberfläche genommen wird. Plus und minus beziehen sich entsprechend auf die Elektronen, die von derselben Oberfläche (Elektronen vom Typ I, Abb. 73) und von der gegenüberliegenden Oberfläche (Elektronen vom Typ II) reflektiert werden. Setzt man (29.17) in (29.18) ein, so findet man:

$$\begin{aligned} h(0) - h(d) = \frac{1}{\Sigma \langle v_\xi\rangle} \{&E_x \Sigma \langle v_\xi(t)\,\big(x(t) - x(\lambda_0)\big)\rangle \\ &+ E_\eta \Sigma \langle v_\xi(t)\,\big(\eta(t) - \eta(\lambda_0)\big)\rangle\}\,, \end{aligned} \tag{29.19}$$

wobei für Elektronen, die mit der Oberfläche $\xi = 0$ zusammenstoßen,

$$\xi(\lambda_0) = \xi(t)\,, \qquad \lambda < t \tag{29.14a}$$

gilt und für Elektronen, die mit der Oberfläche $\xi = d$ zusammenstoßen

$$\xi(\lambda_0) = \xi(t) + d\,, \qquad \lambda < t\,. \tag{29.14b}$$

Aus (29.14) folgt, daß in Gebieten, in denen λ monoton von t abhängt,

$$v_\xi(t)\,\mathrm{d}t = v_\xi(\lambda)\,\mathrm{d}\lambda \tag{29.20}$$

gilt, was zu einer wesentlichen Vereinfachung des Ausdruckes (29.19) führt. Zur Vermeidung umfangreicher Rechnungen wird der einfachste Fall betrachtet: Geschlossene FERMI-Fläche und monotone Abhängigkeit der Funktion $\lambda = \lambda(\xi, t, p_z)$ von t für beliebige p_z. Das ist selbstverständlich nur in Ausnahmefällen möglich, z. B. für ein Plättchen mit normal zu einer Oberfläche orientiertem Magnetfeld bei quadratischem Dispersionsgesetz der Ladungsträger. Im allgemeinen Fall ändern sich die Ergebnisse kaum, lediglich die Berechnungen werden komplizierter.

Im angegebenen einfachsten Falle ist für $\bar{v}_\xi > 0$ offensichtlich $\lambda_0 = t$, und für $\bar{v}_\xi < 0$ ergibt sich

$$J = \int_0^T v_\xi(t)\, g(\lambda_0)\, dt = \int_{\lambda_0(0)}^{\lambda_0(0)} v_\xi(\lambda_0)\, g(\lambda_0)\, d\lambda_0 = \int_{\lambda_0(T)}^{\lambda_0(0)+T} v_\xi(\lambda_0)\, g(\lambda_0)\, d\lambda_0 \,. \quad (29.21)$$

Wenn $g(\lambda_0)$ eine in λ_0 periodische Funktion ist, so gilt

$$J = \int_0^T v_\xi(t)\, g(t)\, dt$$

(solche Funktionen sind

$$x(t) = x_0 - cp_y(t)/eH \qquad \text{und} \qquad y(t) = y_0 + cp_x(t)/eH) \,.$$

Eine in λ_0 periodische Funktion in (29.19) ist lediglich $\eta(t)$ (s. Abb. 72):

$$\eta(t) = \frac{y(t)}{\sin\varphi} + \xi(t) \operatorname{ctg} \varphi \,.$$

Da $y(t)$ periodisch ist, ist nur das folgende Integral zu berechnen:

$$J = \int_{\lambda_0(0)}^{\lambda_0(0)+T} v_\xi(t)\, \xi(t)\, dt = \xi^2(t)\Big|_{\lambda_0(0)}^{\lambda_0(0)+T} = 2\bar{v}_\xi \left(\xi(0) + d + \frac{1}{2}\bar{v}_\xi\right).$$

Unter Berücksichtigung von

$$\int_0^T v_\xi(t)\, \xi(t)\, dt = 2\bar{v}_\xi \left(\xi(0) + \frac{1}{2}\bar{v}_\xi\right)$$

erhält man (29.19) in der endgültigen Form

$$h(0) - h(d) = dE_\eta \operatorname{ctg} \varphi \,. \quad (29.22)$$

Das Minuszeichen entspricht jetzt $\bar{v}_\xi = \bar{v}_z \sin\varphi < 0$, d. h. z. B. $p_z < 0$.

Das reicht zur Bestimmung von Potentialdifferenz nach (29.16) und Stromdichte nach (29.15) aus; die Größe $h(\boldsymbol{r})$, die nur an den Stellen $\xi = 0, d$ bekannt sein muß, kann man in folgender Form schreiben:

$$h = -E_x x - E_\eta \eta + E_\eta \xi \operatorname{ctg} \varphi = -E_x x - E_\eta y/\sin\varphi \,. \quad (29.23)$$

Die Formeln (29.15), (29.23) und (29.16) geben die exakte Lösung des Problems für ein beliebiges Magnetfeld. Eine Ausnahme stellt der Fall eines der Oberfläche parallelen Magnetfeldes dar ($\varphi = 0$), wenn die erhaltene Lösung ihren Sinn verliert. Es existieren dann immer Elektronen, deren Bahnen genau in das Plättchen passen, die sich ohne Zusammenstöße längs der Oberfläche bewegen und somit eine unendliche Leitfähigkeit bewirken.

Setzt man (29.23) in (29.13) ein und berücksichtigt, daß

$$\xi(\lambda) = \begin{cases} \xi(t) - \xi & (\bar{v}_z > 0,\ \lambda = \lambda^+)\,, \\ \xi(t) - \xi + d & (\bar{v}_z < 0,\ \lambda = \lambda^-) \end{cases} \tag{29.24}$$

sowie

$$\boldsymbol{r}_s = \boldsymbol{r} + \boldsymbol{r}(\lambda) - \boldsymbol{r}(t)\,,$$

so erhält man:

$$\boldsymbol{j} = \sum \langle \boldsymbol{v}(t) \left(K(t) - K(\lambda)\right)\rangle\,,\quad K(t) = -E_x x(t) - E_\eta y(t)/\sin\varphi\,. \tag{29.25}$$

$K(t)$ ist eine in t periodische Funktion mit der Periode T. Es sei bemerkt, daß aus (29.25) und (29.22) automatisch $j_\xi(\xi) = 0$ folgt.

Aus (29.25) ergibt sich

$$j_\alpha(\xi) = \sigma_{\alpha\beta}(\xi)\,E_\beta\,, \tag{29.26}$$

wobei $\sigma_{\alpha\beta}(\xi) \sim r_H$. Hierbei nehmen α, β die Werte x, η an.

Zur Berechnung der Stromdichte nach Formel (29.25) benutzt man, daß $K(\lambda)$ in λ periodisch mit der Periode T ist und sich λ bei einer Änderung von ξ um $\bar{v}_\xi$ nach (29.24) um T ändert. Man zerlegt nun $K(\lambda^\pm)$ in eine Fourier-Reihe nach ξ:

$$K(\lambda^\pm) = \sum_{n=-\infty}^{\infty} x_n^\pm \exp\left(2\pi i n \xi/\bar{v}_\xi\right)\,, \tag{29.27}$$

und erhält

$$j_\alpha = \sum_{m=-\infty}^{\infty} j_m^\alpha\,.$$

Dabei sind

$$j_0^\alpha = [v_\alpha K - v_\alpha v_\xi K/\bar{v}_\xi]\,, \tag{29.28}$$

$$j_m^\alpha = \frac{1}{2\pi i m}\left[T \exp\left\{\frac{2\pi i m}{|\bar{v}_\xi|}\left[\frac{d}{2} + \operatorname{sign}\bar{v}_\xi\left(\frac{d}{2} + \xi\right)\right]\right\}\right.$$
$$\left.\times\ \overline{v_\alpha(t)\exp\left(-\frac{2\pi i m \xi(t)}{\bar{v}_\xi}\right)}\ \overline{K(t')\exp\left(\frac{2\pi i m \xi(t')}{\bar{v}_\xi}\right)}\right]. \tag{29.29}$$

Betrachtet man ausführlicher den Fall starker Magnetfelder $r_H \ll d$, findet man unter Berücksichtigung von $\overline{v_x x} = \overline{v_y y} = 0$, $\sum \langle v_y y\rangle = -\sum \langle v_y x\rangle \sim n_1 - n_2$, daß

$$j_0^{x,\eta} = \mp \frac{(n_1 - n_2)\,ec}{H \sin\varphi}\,E_{\eta,x}\,. \tag{29.30}$$

Die physikalische Bedeutung dieser Formel besteht in folgendem: Wenn im Metall die Ladungsträgerkonzentrationen von Elektronen und Löchern gleich sind, so ist $j_0^x = 0$, und der Strom in einem beliebigen Abstand von der Oberfläche ist mit Summanden vom Typ (29.29) verknüpft. Wegen der Integration über p_z oszillieren diese Terme und nehmen mit wachsendem Abstand von der Oberfläche schnell ab (wegen $d \gg r_H$). Den Hauptbeitrag zum Gesamtstrom

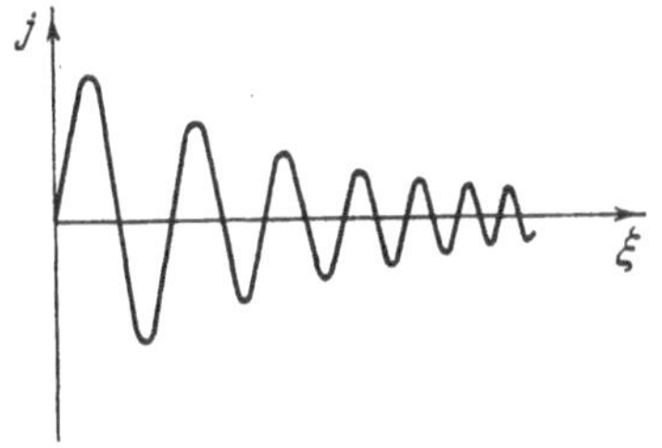

Abb. 74. Abhängigkeit der Stromdichte in einer Platte von der Tiefe

liefert ebenfalls die Oberflächenschicht der Dicke r_H (um sich davon zu überzeugen, braucht man nur den Gesamtstrom in einem Gebiet zu berechnen, das hinreichend weit von der Plättchenoberfläche entfernt ist). In erster nichtverschwindender Näherung bezüglich r_H (d. h. für $d \to \infty$) ist die Stromdichte an der Oberfläche dabei gleich Null, was leicht aus (29.25) zu ersehen ist. Bis zu einem Abstand r_H von der Oberfläche wächst die Stromdichte auf den Wert $necE/H$ an und fällt für große Abstände $\xi \gg r_H$ wie $(r_0/\xi) \cos(\xi/r_0)$, $r_0 = (\bar{v}_\xi)_{\max}$ ab (Abb. 74). Infolgedessen erweist sich der Gesamtstrom in kompensierten Metallen als unabhängig von der Schichtdicke und ist proportional r_H^2. Der Strom in „tieferen" Schichten des Metalles führt nur zu schwachen Sondheimer-Oszillationen [55], die ausführlich in [56] behandelt werden und für die man aus (29.28) und (29.29) eine exakte Formel herleiten kann. Für $d \gg r_H$ bereitet ihre Berechnung keine Schwierigkeiten, da in (29.29) das Gebiet in der Nähe der Integrationsgrenzen den Hauptbeitrag liefert.

Die in Abb. 74 dargestellte Stromdämpfung im Inneren eines Metalls bezeichnet man als den statischen Skineffekt. Er existiert nur in kompensierten Metallen und ändert nicht die Magnetfeldabhängigkeit des Widerstandes. Zur Berechnung des Widerstandes eines Plättchens hat man folgendes zu berücksichtigen: Wenn in der Richtung μ die Ausmaße des Plättchens groß (sogar im Verhältnis zu d), aber dennoch endlich sind, so kann der Gesamtstrom nur in einer Richtung $\zeta \perp \mu, \xi$ fließen, und es gilt $J_\mu = \int j_\mu \, d\mu = 0$ (Stetigkeitsgleichung in Integralform, die das Verschwinden des Ladungsstromes durch die Plattenoberfläche in Richtung μ garantiert). Da

$$J_{x,\eta} = \mp \frac{(n_1 - n_2)\, ec}{H \sin\varphi} \, dE_{\eta,x} + \frac{ne^2}{mv} r_H^2 a_\beta^{x,\eta} E_\beta\,, \qquad a^{x,\eta} \approx 1\,,$$

hat $R = E_\zeta/J_\zeta$ folgende Form:

$$R(H,d) \approx \begin{cases} R(0,d) \sim d^{-2} & (n_1 \neq n_2)\,, \\ R(0,d)\left(\dfrac{d}{r_H}\right)^2 \sim r_H^{-2} & (n_1 = n_2)\,, \end{cases}$$

wobei der Gesamtwidertsand auch bei $n_1 = n_2$ nicht von der Plättchendicke abhängt.

Bisher wurde der statische Skineffekt nur eindimensional behandelt (dünne Schichten oder Drähtchen mit zur Oberfläche parallelen Stromlinien). Aus dem Dargelegten folgt jedoch, daß die Methode [57] auch für Proben beliebiger Formen mit beliebigen Anordnungen der Stromkontakte anwendbar ist. Das letzte Problem ist insofern interessant, als es mit der Stromfokussierung in starken Magnetfeldern zusammenhängt. Dabei ändert sich der Widerstand der Probe wesentlich; insbesondere ist er für Kontakte, deren Abmessungen klein im Verhältnis zu r_H sind, umgekehrt proportional der Kontaktfläche [57].

Die Streuung der Elektronen an der Oberfläche wurde bisher als diffus vorausgesetzt, in Halbmetallen jedoch kann sie infolge der großen de Broglie-Wellenlänge spiegelnden Charakter annehmen. Das führt [58] zu einer linearen Abhängigkeit des Widerstandes vom Magnetfeld — zum Gesetz von Kapiza. In guten Metallen können diejenigen Elektronen fast spiegelnd reflektiert werden, die unter kleinen Winkeln mit der Oberfläche zusammenstoßen (§ 7). Daher kann man aus der Abhängigkeit des Widerstandes vom Magnetfeld die Abhängigkeit des Reflexionskoeffizienten der Elektronen vom Einfallswinkel bestimmen.

Bisher wurden nur geschlossene Fermi-Flächen betrachtet. Offene Fermi-Flächen führen ebenfalls zu einem statischen Skineffekt; eine Theorie ist in der Arbeit [59] aufgestellt worden. Experimentell ist der statische Skineffekt an Kadmium [50], Wolfram [60], Indium und Aluminium [61] sowie Wismut [61, 62] untersucht worden.

§ 30 Wärmeleitung und thermoelektrische Erscheinungen in starken Magnetfeldern

Ein Magnetfeld ändert nicht nur den Widerstand eines Metalls, sondern auch seine Wärmeleitfähigkeit, den Thomson- und Peltier-Koeffizienten sowie andere charakteristische Parameter thermoelektrischer Erscheinungen [63]. Das ist vollkommen natürlich, da diese Erscheinungen durch Elektronen bedingt werden, deren Bewegung sich in einem Magnetfeld wesentlich ändert.

Die Magnetfeldabhängigkeit von Wärmeleitung und thermoelektrischen Koeffizienten faßt man oft unter dem Begriff „thermomagnetische“ Erscheinungen zusammen. Wie auch die galvanomagnetischen Erscheinungen kann man sie in transversale und longitudinale sowie in gerade und ungerade Effekte einteilen. Letztere sind dem Hall-Effekt analog. Ausgehend von Symmetrieüberlegungen, kann man die Abhängigkeit der thermomagnetischen Koeffizienten vom (schwachen) Magnetfeld in Form einer Entwicklung nach Potenzen des Magnetfeldes dastellen. Die Zahl unabhängiger Komponenten der dabei entstehenden Tensoren (Proportionalitätskoeffizienten) wird durch die Symmetrieklasse des Kristalls bestimmt. Traditionsgemäß werden die thermomagnetischen Untersuchungen zur Klärung des Streumechanismus der Ladungsträger herangezogen (meist an Halbleitern). Offenbar gibt es noch keine

Arbeiten, in denen die thermomagnetischen Eigenschaften der Metalle zur Bestimmung von Parametern des Elektronenenergiespektrums benutzt wurden.

Wie theoretische Arbeiten zeigen [64, 65], kann man andererseits mit Hilfe thermomagnetischer Eigenschaften in starken Feldern spezifische Charakteristika der Elektronen bestimmen, die außerordentlich wichtige Informationen zum Energiespektrum liefern.

Um die Abhängigkeit der thermomagnetischen Koeffizienten von Größe und Richtung des (starken) Magnetfeldes ($r_H \ll l$) zu bestimmen, kann man auf den oben ausgearbeiteten Apparat zur Untersuchung der galvanomagnetischen Effekte (s. § 27) zurückgreifen, ohne erneut auf die Begründung eines quasiklassischen Herangehens einzugehen.

Die Gesamtheit aller thermomagnetischen Effekte wird durch die Abhängigkeit der Koeffizienten α_{ik} und $\varkappa_{ik}$ in Formel (25.1) vom Magnetfeld beschrieben. Diese Koeffizienten sind durch die Formeln (25.15) mit den Koeffizienten σ_{ik}, b_{ik}, d_{ik} und c_{ik} verknüpft, wobei nach dem Symmetrieprinzip für kinetische Koeffizienten

$$\sigma_{ik}(\boldsymbol{H}) = \sigma_{ki}(-\boldsymbol{H}) \,, \quad d_{ik}(\boldsymbol{H}) = d_{ki}(-\boldsymbol{H}) \,, \quad -Tb_{ik}(\boldsymbol{H}) = c_{ki}(-\boldsymbol{H}) \qquad (30.1)$$

gilt.

Die Tensoren d_{ik} und b_{ik} sind durch die Formeln (25.12) gegeben, in die man die Lösung der kinetischen Gleichung

$$\frac{\partial \varphi_i}{\partial t} + \hat{W}_e\{\varphi_i\} = v_i \qquad (30.2)$$

einzusetzen hat. Gleichung (30.2) wird analog zu (27.7) hergeleitet und unterscheidet sich lediglich durch den Stoßoperator. Bei ihrer Herleitung wurde die Form der Phononenverteilungsfunktion nicht modifiziert oder, mit anderen Worten, der Phonon-Drag-Effekt vernachlässigt (s. unten).

Da die explizite Form des Stoßoperators nicht in die asymptotische Lösung (in starken Magnetfeldern) eingeht, ist die in §§ 27, 28 durchgeführte Analyse auch auf den hier betrachteten Fall anwendbar. Um die Abhängigkeit der Tensorkomponenten von Wärmeleitfähigkeit $\varkappa_{ik}$ und thermoelektrischen Koeffizienten α_{ik} vom (starken) Magnetfeld zu klären, kann man außerdem die Formeln (25.21) heranziehen und berücksichtigen, daß $\varkappa_{ik} \approx -d_{ik}$ (s. Formeln (25.23)).

Es ist klar, daß mit Ausnahme gewisser besonderer Fälle (s. unten) die Abhängigkeit der Tensorkomponenten b_{ik}, c_{ik} und d_{ik} vom Magnetfeld im wesentlichen mit der Abhängigkeit der elektrischen Leitfähigkeit vom Magnetfeld übereinstimmt. Daher kann man die Ergebnisse von §§ 27, 28 unmittelbar benutzen. Einen Sonderfall stellt z. B. die Gleichheit der Ladungsträgerkonzentrationen von Elektronen und Löchern dar. Bekanntlich besteht die Spezifik dieses Falles darin, daß infolge der Kompensation ($n_1 = n_2$) die Entwicklung der Komponente σ_{xy} (die z-Achse ist längs der Magnetfeldrichtung) mit einem quadratischen Term beginnt ($\sigma_{xy} \sim 1/H^2$). Das wiederum führt zu einer quadratischen Zunahme des transversalen Widerstandes. Die Gleichheit der Ladungsträgerkonzentrationen von Elektronen und Löchern bedeutet jedoch nicht, daß $\left(\frac{\mathrm{d}V_1}{\mathrm{d}\varepsilon}\right)_{\varepsilon=\varepsilon_F}$ und $\left(\frac{\mathrm{d}V_2}{\mathrm{d}\varepsilon}\right)_{\varepsilon=\varepsilon_F}$ gleich sind; $V_{1(2)}(\varepsilon)$ ist das Volumen innerhalb (außerhalb) des Elektronen-(Löcher-)Teils der Energiefläche $\varepsilon(\boldsymbol{p}) = \varepsilon$. Folglich beginnt sogar für $n_1 = n_2$ $\left(n_{1(2)} = 2V_{1(2)}(\varepsilon)/(2\pi\hbar)^3\right)$ die Entwicklung von b_{xy} und c_{xy} mit einem Term proportional $1/H$ (s. Formel (27.21)).

Im folgenden werden einige grundlegende Resultate angeführt (ausführlicher s. [64, 65]). Erstens ist im Falle einer geschlossenen FERMI-Fläche und $n_1 \neq n_2$

$$\varkappa_{yx} = \frac{\pi^2}{3} T \frac{c}{eH} (n_1 - n_2) . \tag{30.3}$$

Man kann also mit Hilfe des RIGHI-LEDUC-Effektes in Analogie zum HALL-Effekt die Differenz der Ladungsträgerkonzentrationen von Elektronen und Löchern messen. Zweitens hat unter denselben Bedingungen die asymptotische Form der Matrix α_{ik} folgendes Aussehen:

$$(\alpha_{ik}) = \begin{pmatrix} \nu_{xx} & (1/H)\,\nu_{xy} & \nu_{xz} \\ (1/H)\,\nu_{yx} & \nu_{yy} & \nu_{yz} \\ (1/H)\,\nu_{zx} & (1/H)\,\nu_{zy} & \nu_{zz} \end{pmatrix} . \tag{30.4}$$

Die Entwicklung aller Komponenten der Matrix ν_{ik} beginnt mit Termen nullter Ordnung bezüglich des Magnetfeldes, wobei alle Komponenten ν_{ik} (außer ν_{xx} und ν_{yy}) vom Stoßintegral abhängen und

$$\nu_{xx} \approx \nu_{yy} \approx \frac{\pi^2}{3} \frac{T}{e} \left[\frac{\mathrm{d}}{\mathrm{d}\varepsilon} \ln (n_1 - n_2)\right]_{\varepsilon=\varepsilon_F} . \tag{30.5}$$

Folglich kann man mit Hilfe des NERNST-ETTINGHAUSEN-Effektes in starken Magnetfeldern den spezifischen Parameter $\frac{\mathrm{d}}{\mathrm{d}\varepsilon} \ln (n_1 - n_2)$ des elektronischen Energiespektrums messen, der aus keinen anderen Experimenten bestimmt werden kann. Im Falle eines quadratischen, isotropen Dispersionsgesetzes ergibt sich für $n_2 = 0$

$$\frac{\mathrm{d}}{\mathrm{d}\varepsilon} \ln (n_1 - n_2)|_{\varepsilon=\varepsilon_F} = \frac{3}{2\varepsilon_F} . \tag{30.6}$$

Im Falle eines kompensierten Metalls mit einer geschlossenen FERMI-Fläche hängen alle Komponenten des Wärmeleitfähigkeitstensors $\varkappa_{ik}$ vom Streumechanismus ab; die asymptotische Abhängigkeit vom Magnetfeld fällt dabei mit der asymptotischen Abhängigkeit der elektrischen Leitfähigkeit zusammen. Speziell nehmen die transversalen Komponenten $\varkappa_{xx}$, $\varkappa_{yy}$ stark ab ($\varkappa_{xx}, \varkappa_{yy} \sim 1/H^2$). Daher ist es möglich, den Phononenanteil (Gitteranteil) bei der

Wärmeübertragung in Metallen zu bestimmen. Die asymptotische Form des Tensors α_{ik} besitzt folgendes Aussehen:

$$(\alpha_{ik}) = \begin{pmatrix} Hv_{xx} & Hv_{xy} & Hv_{xz} \\ Hv_{yx} & Hv_{yy} & Hv_{yz} \\ v_{zx} & v_{zy} & v_{zz} \end{pmatrix}. \tag{30.7}$$

Im vorliegenden Fall hängen alle Komponenten der Matrix ν_{ik} von den Winkeln zwischen dem Vektor $\boldsymbol{H}$ und den Richtungen der kristallographischen Achsen ab, und ihre konkrete Form wird durch das Stoßintegral bestimmt. Kompensierte Metalle zeichnen sich durch eine relativ hohe Thermo-EMK in starken Magnetfeldern aus.

Der wesentliche Unterschied zwischen offenen und geschlossenen FERMI-Flächen besteht, wie auch im Fall galvanomagnetischer Effekte, in der ausgeprägten Anisotropie der thermomagnetischen Charakteristiken bei offenen Flächen: Bei der Annäherung an ausgewählte (besondere) Richtungen ändern sich die asymptotischen Werte der Tensorkomponenten $\varkappa_{ik}$ und α_{ik} wesentlich, wobei sich die asymptotischen Werte der Tensoren $\varkappa_{ik}$ und σ_{ik} völlig analog verhalten (§ 28).

In [66] wurde der mögliche Einfluß des Phonon-Drag-Effektes in starken Magnetfeldern auf die asymptotischen Werte der thermomagnetischen Koeffizienten (bezüglich des reziproken Magnetfeldes) untersucht. Wie in [66] gezeigt wurde, führt der Phonon–Drag-Effekt zum Auftreten einer zusätzlichen „Kraft" auf der rechten Seite der Gleichung (30.2), wobei die Mittelwerte aller Komponenten dieser „Kraft" ungleich Null sind (in einer Reihe von Fällen ist $\bar{v}_x = \bar{v}_y = 0$). Daher beginnt die Entwicklung aller Komponenten der Funktion φ_i mit Termen, die nicht vom Magnetfeld abhängen. Der Phonon-Drag-Effekt tritt am deutlichsten bei nicht zu tiefen Temperaturen in Erscheinung (für $T \gg T_0$, wobei $T_0 = \Theta(\Theta/\varepsilon_F)^{1/2}$), da die Phononenkonzentration proportional T^3 mit abnehmender Temperatur fällt.

§ 31 Quantenoszillationen des Widerstandes von Metallen. Schubnikow-de Haas-Effekt

Wie schon erwähnt, führt die Quantisierung von Energieniveaus der Leitfähigkeitselektronen nicht nur zu Oszillationen der thermodynamischen, sondern auch der kinetischen Größen (s. § 15—18). Die am gründlichsten untersuchte Oszillationserscheinung kinetischer Charakteristiken ist der SCHUBNIKOV-DE HAAS-Effekt — die nicht monotone Oszillationsabhängigkeit des Widerstandes vom Magnetfeld.

Außer der Oszillationsabhängigkeit, die aus der oszillierenden Zustandsdichte resultiert (völlig analog dem DE HAAS-VAN ALPHEN-Effekt), können auch spezifische Oszillationen des Widerstandes beobachtet werden, die mit der periodischen Abhängigkeit der Wirkungsquerschnitte verschiedener Wechselwirkungsprozesse der Elektronen mit anderen Quasiteilchen zusammenhängen. Diese Oszillationen, die in den letzten Jahren ausführlich an den Halbmetallen untersucht wurden [67], werden im weiteren nicht behandelt; es wird nur der „klassische" SCHUBNIKOW-DE HAAS-Effekt betrachtet. Dabei hat man jedoch die Quantisierung bei der Betrachtung des Stoßterms zu berücksichtigen. Obwohl nach wie vor der quasiklassische Fall, der für gute Metalle charakteristisch ist, interessiert, ist die klassische BOLTZMANN-Gleichung (23.6) nicht mehr anwendbar. Zur Berechnung der oszillierenden Summanden in den kinetischen Koeffizienten eignet sich in diesem Falle der Apparat der kinetischen Quantengleichung für die Dichtematrix [68].

Dabei wirkt sich (s. unten) die Quantisierung in stationären Feldern schon im quasiklassischen Fall wesentlich auf die Form des Stoßintegrals aus und erfordert in jedem Falle die genaue Kenntnis des Stoßintegrals (vergleiche mit der klassischen Theorie in den vorigen Paragraphen und mit der Quantentheorie im hochfrequenten Feld — § 39, 42, 43). Eine solche Betrachtung führt man in allen Fällen (im quasiklassischen, Quanten-, Ultraquantenfall) bequemerweise mit Hilfe der Diagrammtechnik durch [69]. Ein solches Verfahren kann natürlich nicht im Rahmen dieses Buches behandelt werden; daher werden nur kurz einige Resultate für den einfachsten Fall angegeben, zumal im Quanten- und Ultraquantenfall die Zahl verschiedener Varianten stark zunimmt.

Oben wurden die Bedingungen diskutiert, unter denen der DE HAAS-VAN ALPHEN-Effekt auftritt. Der SCHUBNIKOW-DE HAAS-Effekt wird unter denselben Bedingungen beobachtet: Das Experiment muß an hinreichend reinen Einkristallen vorgenommen werden, wobei für Temperatur und Größe des Magnetfeldes folgende Ungleichungen gelten müssen:

$$\omega_H \tau \gg 1\,, \qquad \hbar\omega_H \gtrapprox T\,.$$

Bei Gültigkeit der τ-Näherung nimmt die kinetische Quantengleichung für die Dichtematrix

$$\hat{f} = \hat{f}_0 + \hat{f}_1 \tag{31.1}$$

($\hat{f} = f_0(\hat{\varepsilon}_0)$ — ist die Gleichgewichtsdichtematrix, und $\hat{\varepsilon}_0$ ist der HAMILTON-Operator bei fehlendem elektrischen Feld) in linearer Näherung bezüglich des elektrischen Feldes folgende Form an:

$$\frac{i}{\hbar}\,[\hat{\varepsilon}_0, \hat{f}_1] + \frac{1}{\tau}\,\hat{f}_1 = \frac{i}{\hbar}\,[e\boldsymbol{E}\hat{\boldsymbol{r}}, \hat{f}_0]\,. \tag{31.2}$$

Geht man zu den Matrixelementen über, berücksichtigt die Diagonalität von $\hat{\varepsilon}_0$ und $\hat{f}_0$ sowie

$$\begin{aligned}\frac{i}{\hbar}\,[\hat{\boldsymbol{r}}, \hat{f}_0]_{nn'} &= \frac{i}{\hbar}\,\frac{f_0(\varepsilon_{n'}) - f_0(\varepsilon_n)}{\varepsilon_{n'} - \varepsilon_n}\,[\hat{\boldsymbol{r}}, \hat{\varepsilon}_0]_{nn'} \\ &= -\,\frac{f_0(\varepsilon_n) - f_0(\varepsilon_n')}{\varepsilon_n - \varepsilon_{n'}}\,(\dot{\boldsymbol{r}})_{nn'} = -\,\frac{f_0(\varepsilon_n) - f_0(\varepsilon_n')}{\varepsilon_n - \varepsilon_n'}\,\boldsymbol{v}_{nn'}\,,\end{aligned} \tag{31.3}$$

findet man aus (31.2):

$$\left\{\frac{i}{\hbar}(\varepsilon_n - \varepsilon_{n'}) + \frac{1}{\tau}\right\} f'_{nn'} = -e\,\frac{f_0(\varepsilon_n) - f_0(\varepsilon_{n'})}{\varepsilon_n - \varepsilon_{n'}}\,\boldsymbol{v}_{nn'}\boldsymbol{E}\,, \tag{31.4}$$

woraus

$$f'_{nn'} = -\frac{f_0(\varepsilon_{n'}) - f_0(\varepsilon_n)}{\varepsilon_{n'} - \varepsilon_n}\,\frac{e\boldsymbol{E}\boldsymbol{v}_{nn'}}{\frac{i}{\hbar}(\varepsilon_n - \varepsilon_{n'}) + \frac{1}{\tau}} \tag{31.5}$$

folgt. Da $\varepsilon_{n'} - \varepsilon_n \approx (n' - n)\,\hbar\omega_H$ ist, folgt aus den Bedingungen, unter denen der SCHUBNIKOW-DE HAAS-Effekt auftritt, daß sowohl der erste als auch der zweite Faktor in (31.5) bei $n' = n$ ein scharfes Maximum besitzen.

Die diagonalen Matrixelemente in der Quasiklassik sind bekanntlich gleich dem Zeitmittel der entsprechenden klassischen Größen. Wie in § 15 gezeigt wurde, werden die Quantenoszillationen durch die Extremalquerschnitte der FERMI-Fläche bestimmt. Auf den Extremalquerschnitten verschwindet die mittlere Geschwindigkeit der Elektronen. Daher fällt der Term heraus, der den Hauptbeitrag zu den Quantenoszillationen liefern würde, was mit seiner „gleichmäßigen" Mittelung über die ganze Bahn zusammenhängt.

Daher können sich die räumlich inhomogenen Summanden in (31.5) in den Oszillationen des Widerstandes als bestimmend erweisen, sogar wenn sie als kleine Größen in die Gleichung eingehen. Da solche Terme in der kinetischen Gleichung auftreten, kann sich ihre Berücksichtigung als unbedingt notwendig erweisen.

Betrachtet man die elastische Streuung an Störstellen, so wird im klassischen Fall die Energieerhaltung beim Stoß durch die Delta-Funktion $\delta(\varepsilon - \varepsilon')$ ausgedrückt, wobei man in erster nichtverschwindender Näherung die Energie bei fehlendem elektrischen Feld nehmen kann. Im Quantenfall, wenn in gekreuzten elektrischen und magnetischen Feldern $\boldsymbol{E} \perp \boldsymbol{H}$ stationäre Zustände entstehen, die bei vorgegebenem $p_z(z \parallel \boldsymbol{H})$ diskreten Niveaus entsprechen, hat man

$$\delta(\hat{\varepsilon} - eE_y\hat{y} - \hat{\varepsilon}' + eE_y\hat{y}')$$

zu schreiben. Dabei treten (in der Klassik inhomogene) Terme auf, deren Beiträge man abschätzen muß.[1]) Die entsprechenden Glieder des rechten Teils von Gleichung (31.4) sind von der Größenordnung $\frac{eEr_H}{\hbar\omega_H}\frac{f_0}{\tau}$, da $y \approx r_H$. Andererseits ist der rechte Teil von (31.4) größenordnungsmäßig $eEv\,\frac{f_0}{\hbar\omega_H}\,\frac{\Delta f}{f_0}$

[1]) Es kann sein, daß man bei der Linearisierung der quantenkinetischen Gleichung das elektrische Feld im Stoßintegral wegen des „lokalen" Charakters des Stoßoperators nicht zu berücksichtigen braucht. Da jedoch bei der Streuung das Elektron von einer Bahn auf eine andere „überspringt" und die Zentren dieser Bahnen größenordnungsmäßig r_H voneinander entfernt sind, erweist sich die Berücksichtigung des elektrischen Feldes dennoch als notwendig [56]. Daß die Berücksichtigung des elektrischen Feldes zu einer Ersetzung des Arguments der δ-Funktion führt, ist mit Hilfe der Methode von BOGOLJUBOW [71] in [70] streng gezeigt worden.

$\approx eEv \frac{f_0}{\hbar\omega_H} \frac{\hbar\omega_H}{\varepsilon_0}$. Da im homogenen Feld in den nichtdiagonalen Elementen der Leitfähigkeit r_H die Rolle von l spielt, d. h. nur die nächste Näherung bezüglich $(\omega_H\tau)^{-1}$ einen Beitrag zum Strom liefert, entspricht der Anteil der „gewöhnlichen" rechten Seite von (31.4) am Strom einem Term der Ordnung $eEv \frac{f_0}{\hbar\omega_H} \frac{\hbar\omega_H}{\varepsilon_0} \frac{1}{\omega_H\tau}$. Daher sind die „zusätzlichen" inhomogenen Terme um den Faktor $(\varepsilon_0/\omega_H\hbar)$ bedeutender als die „gewöhnlichen".

Dieses Ergebnis wird ausschließlich durch die Homogenität des Feldes bedingt. In einem stark inhomogenen Feld braucht man die „zusätzliche" Abhängigkeit des Stoßintegrals vom elektrischen Feld nicht zu berücksichtigen (wovon man sich durch direktes Ausrechnen überzeugen kann); sie gibt nur in nächster Näherung bezüglich $(\omega_H\tau)^{-1}$ einen Beitrag. Die Quantenoszillationen im inhomogenen Fall enthalten weder $\bar{\boldsymbol{v}}$ (da $\boldsymbol{v}$ längs der Bahn im inhomogenen Feld gemittelt wird) noch $(\omega_H\tau)^{-1}$ (da die Tiefe der Skinschicht bestimmend ist, und die Gleichheit der Ladungsträgerkonzentrationen von „Löchern" und Elektronen keinen besonderen Fall darstellt).

Im folgenden wird ohne Herleitung das Ergebnis einer exakten Betrachtung der elastischen Streuung von Elektronen an Störstellen angeführt. Wie in Arbeit [70] gezeigt wurde, kann man die quantenkinetische Gleichung in folgender Form schreiben:

$$\frac{i}{\hbar}[\hat{\varepsilon}_0, \hat{f}_1] + eE\hat{g}\hat{v}_y + D\{\hat{f}_1\} = eED\left\{\left(\frac{cp_x}{eH}\right)\frac{\mathrm{d}f_0}{\mathrm{d}\varepsilon} - \xi g\right\} + \frac{i}{\hbar}[eE\hat{y}, \hat{F}_0]\,. \tag{31.6}$$

Dabei bedeuten

$$\left.\begin{aligned} g_{\mu\nu} &= \frac{f_{0\mu} - f_{0\nu}}{\varepsilon_\mu - \varepsilon_\nu}, \\ \{D_\varrho\}^{\mu\nu} &= N\frac{2\pi}{\hbar}\sum_{l,l',s}\{\delta_+(\varepsilon_l - \varepsilon_\mu)\,[\varrho^{\mu l'} v_s^{l'l} v_{-s}^{l\nu} - v_s^{\mu l'}\varrho^{l'l} v_{-s}^{ls}] \\ &\qquad - \delta_+(\varepsilon_\nu - \varepsilon_l)\,[v_s^{\mu l}\varrho^{ll'} v_{-s}^{l'\nu} - v_s^{\mu l}\varrho_{-s}^{ll'} v^{l'\nu}]\}\,, \\ F_0^{\mu\nu} &= N\sum_{l,s} v_s^{\mu l} v_{-s}^{l\nu}(g^{\mu\nu} - g^{\nu l})/(\varepsilon_\mu - \varepsilon_\nu)\,, \\ \delta_+(x) &= \frac{1}{2}\,\delta(x) + \frac{i}{2\pi x}, \\ y &= y_0 + \xi\,, \qquad y_0 = -\frac{cP_x}{eH}, \qquad \xi = \frac{cp_x(t)}{eH}, \end{aligned}\right\} \tag{31.7}$$

N die Zahl der Streuzentren, $\hat{v}$ die Übergangswahrscheinlichkeit beim Stoß und $\hat{g}\hat{v}_y$ das direkte Produkt der Matrizen: $(\hat{g}\hat{v}_y)^{\mu\nu} = g^{\mu\nu}v_y^{\mu\nu}$. (31.6) ist analog einer in [56] angeführten Gleichung, die erstmals die Rolle des elektrischen Feldes im Stoßintegral berücksichtigt. In Arbeit [56] ist auch zum ersten

Male eine exakte Formel für die Quantenoszillationen der Leitfähigkeit abgeleitet worden.[1])

Die Lösung (31.6) kann in Form einer Zerlegung von f_2 nach Potenzen von $(\omega_H\tau)^{-1}$ dargestelt werden:

$$\hat{f}_1 = \hat{f}_{01} + \hat{f}_{11} \,. \tag{31.8}$$

Der erste, nicht von der Relaxationszeit abhängende Summand hat die Form

$$\hat{f}_{01} = - eE\hat{\xi}\hat{g} \,, \tag{31.9}$$

und in die Matrixelemente $\hat{f}_{11}$ gehen die Übergangswahrscheinlichkeiten von einem Elektronenzustand in einen anderen ein:

$$\frac{i}{\hbar} [\mathcal{H}_0, \hat{f}_{01}] = eED \left\{ \left(\frac{cp_x}{eH} \right) \frac{\mathrm{d}f_0}{\mathrm{d}\varepsilon} \right\} + \frac{i}{\hbar} [eE_y, F_0] \,. \tag{31.10}$$

In klassischer Näherung gehen die Ausdrücke (31.9) und (31.10) in

$$f_{01} = - eE\xi \frac{\mathrm{d}f_0}{\mathrm{d}\varepsilon} \tag{31.11}$$

und

$$\frac{\mathrm{d}f_{11}}{\mathrm{d}t} = e\omega_H E D_0 \left\{ \left(\frac{cp_x}{eH} \right) \frac{\mathrm{d}f_0}{\mathrm{d}\varepsilon} \right\} \tag{31.12}$$

über, wobei t die Umlaufzeit des Elektrons auf der klassischen Bahn ist. Die Bestimmung von $D_0\{\varrho\}$ erfolgt formal so wie früher; dabei müssen jedoch die quasiklassischen Matrixelemente durch die FOURIER-Komponenten (s. auch [73]) und die Funktion $\delta_+(x)$ durch $1/2\delta(x)$ ersetzt werden. Die Formeln (31.9) und (31.10) geben die ersten Terme der Entwicklung nach Potenzen von $(\omega_H\tau)^{-1}$.

Mit Hilfe dieser Formeln kann man den zum Magnetfeld transversalen Strom bestimmen:

$$j_\alpha = e\,\mathrm{Sp}(\hat{f}_1, \hat{v}_\alpha) \qquad (\alpha = x, y) \,. \tag{31.13}$$

Aus (31.13) und (31.7) folgt sofort, daß in der Entwicklung der Tensorelemente der elektrischen Leitfähigkeit $\sigma_{\alpha y}$ die zu $1/H$ proportionalen Terme im Falle geschlossener FERMI-Flächen folgende Form besitzen:

$$\sigma_{yy}^{(0)} = 0 \,, \qquad \sigma_{xy}^{(0)} = \frac{(n_1 - n_2)\, ec}{H} \,. \tag{31.14}$$

n_1 und n_2 sind die Ladungsträgerkonzentrationen von Elektronen und Löchern.

[1]) Erstmals ist eine Quantentheorie zum Magnetowiderstand in der Arbeit [72] entwickelt worden.

Im Ausdruck (31.14) wird für $\sigma_{xy}^{(0)}$ der Strom längs der x-Achse berücksichtigt, der durch den letzten Summanden in (31.10) entsteht und dessen Beitrag zu σ_{xy} folgende Form hat:

$$\Delta\sigma_{xy}^{(0)} = \frac{ec}{H} \operatorname{Sp} \hat{F}_0 . \tag{31.15}$$

Wie aus der Bedeutung der Diagonalelemente der Matrix $F_0^{\mu\nu}$ hervorgeht, kann der Zusatzterm (31.15) in das umnormierte chemische Potential des Elektronengases einbezogen werden und ist daher in (31.14) schon berücksichtigt.

Derjenige Teil von $\sigma_{\alpha y}$, der durch das „Stoßintegral" bestimmt wird, kann in der Form

$$\sigma_{\alpha y}^{(1)} = -2 \sum_{\varepsilon_n} \int \frac{\mathrm{d}f_0}{\mathrm{d}\varepsilon} \chi_{\mathrm{qu}}^{\alpha y} m^* \,\Delta\varepsilon_n \,\mathrm{d}p_z \tag{31.16}$$

dargestellt werden. Die in (31.16) eingehenden Größen $\chi_{\mathrm{qu}}^{\alpha y}$ lassen sich offenbar mit Hilfe der Formeln (31.14) und (31.10) bestimmen.

Führt man einen gemittelten Beweglichkeitstensor μ_{ik} ein, so kann man den oszillierenden Zusatzterm zu den transversalen Tensorkomponenten der elektrischen Leitfähigkeit folgendermaßen schreiben:

$$\tilde{\sigma}^{\alpha y} \sim -H^2 u_{\mathrm{extr}}^{\alpha y}(\varepsilon_F) \frac{\mathrm{d} \ln S}{\mathrm{d}\varepsilon_F} \frac{\mathrm{d}\tilde{M}_z}{\mathrm{d}H},$$

wobei S die Querschnittsfläche der Fermi-Fläche mit einer Ebene bedeutet, die senkrecht zu $\boldsymbol{H}$ ist; $\tilde{M}_z$ ist der oszillierende Teil des magnetischen Momentes. Wie gewöhnlich braucht man die Oszillationen des chemischen Potentials nicht zu berücksichtigen, da sie nur einen geringen Beitrag liefern (§ 15).

Die übrigen Komponenten des Tensors $\tilde{\sigma}_{ik}$ können auf analoge Weise berechnet werden.[1])

Es sei bemerkt, daß der de Haas-van Alphen-Effekt sich auch im Schubnikow-de Haas-Effekt zeigt, da man in den gewöhnlichen klassischen Formeln für σ_{ik} (§§ 27—30) $\boldsymbol{H}$ exakterweise durch $\boldsymbol{B}$ zu ersetzen hat, wie es in §§ 19—21 definiert wurde. Dieser Effekt kann in bestimmten Fällen (sehr reine Metalle, hinreichend schwache Felder) wesentlich werden.

Die Entwicklung einer Quantentheorie thermomagnetischer Erscheinungen kann im wesentlichen analog zur Aufstellung der dargelegten Quantentheorie galvanomagnetischer Effekte erfolgen; allerdings ist eine sorgfältige Analyse bei der Einführung der entsprechenden Ströme notwendig [74].

[1]) Eine exakte Berechnung des Leitfähigkeitstensors im Magnetfeld wurde sowohl im quasiklassischen als auch im Quanten- und Ultraquantenfall mit Hilfe der Diagrammtechnik in Arbeit [69] durchgeführt.

TEIL IV

Hochfrequenzeigenschaften der Metalle

Dieser Teil des Buches ist der Untersuchung der Hochfrequenzeigenschaften der Metalle gewidmet. Die hier untersuchten Eigenschaften sind wesentlich komplizierter als alle vorher betrachteten und sind an das Auftreten des Skineffektes, der Dämpfung des elektromagnetischen Feldes auf relativ geringer Tiefe, gebunden. Deshalb ist eine Begrenzung der Untersuchungen auf den räumlich homogenen Fall meist nicht möglich. Zur Lösung konkreter Aufgaben muß auch schon in einfachen Fällen ein Halbraum betrachtet und das Verhalten der Leitfähigkeitselektronen an der Grenze des Metalls zum Vakuum untersucht werden. Bei der Betrachtung der Hochfrequenzeigenschaften in einem Magnetfeld ist eine große Zahl von unterschiedlichen Fällen zu berücksichtigen.

Traditionell teilt man die Hochfrequenzeigenschaften der Metalle in zwei Gruppen, in die Radiofrequenzeigenschaften und die optischen Eigenschaften ein. Es ist jedoch schwierig, zwischen diesen beiden Gruppen eine klare Grenze zu ziehen. Sie liegt in der Größenordnung von $\varepsilon_F/\hbar$. Bei den weiteren Betrachtungen wird der Radiofrequenzbereich im Vordergrund stehen, für den die Beziehung $\hbar\omega \ll \varepsilon_F$ gilt.

Auf Grund der Bandstruktur des Energiespektrums der Elektronen und der damit verbundenen Frequenzschwelle, die vergleichbar oder sogar größer als $\varepsilon_F/\hbar$ (optischer Bereich) ist, braucht die Absorption von Phononen durch Elektronen nicht unmittelbar berücksichtigt werden.

Die optischen Eigenschaften der Metalle werden nur in § 47 behandelt.

Die experimentellen Untersuchungen der Metalle im Hochfrequenzbereich sind stets mit Messungen unterschiedlicher Komponenten des Tensors des Oberflächenwiderstandes (Impedanz) verbunden. Deshalb ist die wichtigste Aufgabe der Theorie der Hochfrequenzeigenschaften die Berechnung der Komponenten des Tensors des Oberflächenwiderstandes als Funktion der Frequenz, der Temperatur, des äußeren Magnetfeldes usw. In den weiteren Ausführungen wird den Eigenschaften und Fällen, bei denen die Impedanz wesentlich von der Struktur des energetischen Spektrums der Elektronen abhängt, besondere Aufmerksamkeit geschenkt. Damit können die Hochfrequenzeigenschaften für die Rekonstruktion der FERMI-Fläche und der Verteilung der Geschwindigkeiten auf ihr genutzt werden.

Als grundlegender mathematischer Apparat bei der Betrachtung der Hochfrequenzeigenschaften kann wiederum die kinetische Boltzmann-Gleichung oder ihr quantenmechanisches Analogon benutzt werden. Da für viele der interessantesten Fälle an Stelle des Stoßoperators streng die Relaxationszeit eingeführt werden kann, ist eine unmittelbare Methode der Stromberechnung anzuwenden, die im weiteren hauptsächlich benutzt wird.

Auch hier ist es nicht möglich, auf Experimente, die auf dem Hochfrequenzgebiet in den letzten Jahren einen besonders großen Fortschritt gemacht haben, einzugehen. Es kann nur auf die entsprechende Literatur hingewiesen werden.

Teil IV besteht im wesentlichen aus zwei Teilen: einem „klassischen" (§§ 32—41, 47) und einem „quantenmechanischen" (§§ 42—46) Teil.

§ 32 Allgemeine Gesetzmäßigkeiten des Verhaltens von Metallen in Hochfrequenzfeldern

Die elektronischen Eigenschaften der Metalle sind durch eine hohe Dichte der Elektronen und eine daraus folgende hohe Leitfähigkeit charakterisiert, die deshalb als wichtigster Parameter mit der Dimension einer Frequenz betrachtet werden muß.

Berücksichtigt man, daß für hohe Frequenzen (im Vergleich zur Stoßfrequenz ν der Elektronen) die Leitfähigkeit die Eigenschwingungen des Elektronenplasmas im Metall bestimmt, so lautet die entsprechende Bedingung für die Frequenz

$$\omega \ll \omega_0\,, \tag{32.1}$$

wobei ω_0 die Plasmafrequenz ist, die von der gleichen Größenordnung wie die Fermi-Energie ist. Wenn die charakteristische Geschwindigkeit der Elektronen v und der mittlere Abstand zwischen den Elektronen a ist, so ist die charakteristische Eigenfrequenz von der Größe v/a (was aus der Abschätzung der Energie der Nullpunktschwingung folgt: $\hbar\omega_0 \approx \hbar^2/2ma^2 \approx \hbar p/ma \approx \hbar v/a$). Deshalb ist die Bedingung (32.1) der Bedingung

$$a \ll \frac{v}{\omega} \tag{32.2}$$

äquivalent. Das bedeutet, daß die Elektronen ein Gas bilden und relativ zur Welle nicht „lokalisiert" sind: Der Weg, den ein Elektron während einer Periode des Feldes zurücklegt, ist groß im Vergleich zum mittleren Abstand zwischen den Elektronen.

Diese Ungleichung ist nur eine sehr schwache Begrenzung für die Frequenz ω, da in „guten" Metallen mit ungefähr einem Elektron pro Atom $\omega_0 \approx 10^{15}$ bis $10^{11}\,\mathrm{s}^{-1}$ und in schlechten Metallen vom Typ des Wismut $\hbar\omega_0 \approx 100\,\mathrm{K}$ und damit $\omega_0 \approx 10^{16}\,\mathrm{s}^{-1}$ ist. Die Bedingung (32.1) ist für die in der Hochfrequenztechnik benutzten Hoch- und Höchstfrequenzen ($\omega \approx 10^{11}-10^{10}\,\mathrm{s}^{-1}$) sehr gut erfüllt. Dabei ist die Kenntnis der ersten, nichtverschwindenden Näherung in ω/ω_0

völlig ausreichend, da die Berücksichtigung weiterer Näherungen das Ergebnis nicht mehr verbessert. Das Gesagte bezieht sich nicht auf die Metalloptik.

Die Vernachlässigung der Frequenz gegenüber der Leitfähigkeit ist der Vernachlässigung des Verschiebungsstromes gegenüber dem Leitungsstrom in der MAXWELLschen Gleichung

$$\operatorname{rot} \boldsymbol{H} = \frac{4\pi}{c} \boldsymbol{j} + \frac{1}{c} \frac{\partial \boldsymbol{D}}{\partial t} \tag{32.3}$$

äquivalent und ergibt damit

$$\operatorname{rot} \boldsymbol{H} = \frac{4\pi}{c} \boldsymbol{j}\,. \tag{32.4}$$

Da aus Gleichung (32.4) $\operatorname{div} \boldsymbol{j} = 0$ folgt, können die nichtkompensierten Ladungen, die in einem Metall in einem äußeren Feld entstehen, vernachlässigt werden, was auf Grund der hohen Dichte der Elektronen im Metall völlig natürlich ist. Im Vakuum oder im Dielektrikum, in denen der Leitungsstrom vernachlässigbar klein ist, ergibt sich für die MAXWELLsche Gleichung (32.3)

$$\operatorname{rot} \boldsymbol{H} = \frac{1}{c} \frac{\partial \boldsymbol{D}}{\partial t}\,. \tag{32.5}$$

Der Unterschied zwischen den beiden Gleichungen (32.4) und (32.5) stellt den grundlegenden Unterschied zwischen der Elektrodynamik „guter" und der Elektrodynamik „schlechter" Leiter dar: Das Fehlen des Verschiebungsstromes im ersten und das Fehlen des Leitungsstromes im zweiten Fall.

Die MAXWELLsche Gleichung

$$\operatorname{rot} \boldsymbol{E} = -\frac{1}{c} \frac{\partial \boldsymbol{B}}{\partial t}$$

bleibt in allen Fällen gleich.

Der Unterschied zwischen $\boldsymbol{B}$ und $\boldsymbol{H}$ soll für nichtferromagnetische Metalle nur bei der Quantelung der Energieniveaus der Elektronen berücksichtigt werden (s. unten). Im klassischen Bereich schreibt sich dann die Gleichung (32.6) folgendermaßen:

$$\operatorname{rot} \boldsymbol{E} = -\frac{1}{c} \frac{\partial \boldsymbol{H}}{\partial t}\,. \tag{32.6a}$$

Die Wellenlänge elektromagnetischer Wellen wird im Metall durch den Leitungsstrom[1]), im Vakuum oder im Dielektrikum dagegen durch den Verschiebungsstrom bestimmt. Deshalb ist die Wellenlänge im Metall wesentlich kleiner als im Vakuum. Das bedeutet, daß bei beliebigem Einfallswinkel der Welle

[1]) Bei $\omega \gg \nu$ entspricht die Wellenlänge im Metall der Wellenlänge im Plasma, die von der Größe c/ω_0 ist. Die Vakuumwellenlänge ist c/ω. Wenn $\omega \gg \nu$ ist, so spielt die Skintiefe $\delta \approx (c/\omega_0)\,(\nu/\omega)^{1/2}$ die Rolle der Wellenlänge.

auf das Metall in genügender Nähe der Oberfläche des Metalls alle Größen nur vom Abstand von der Oberfläche abhängen und das Problem in erster Näherung eindimensional ist. Der Charakter der Reflexion und des Durchganges der elektromagnetischen Wellen durch das Metall hängt in erster Näherung nicht von der Form des Feldes und vom Einfallswinkel ab.

Für die Lösung einer beliebigen Aufgabe im Außenraum genügt es, die Werte der Tangentialkomponenten des elektrischen $\boldsymbol{E}_t$ und des magnetischen Feldes $\boldsymbol{H}_t$ anzugeben, denn das bedeutet in der Gleichung zweiter Ordnung für die Komponenten des elektrischen Feldes die Angabe des elektrischen Feldes und seiner Ableitung an der Oberfläche des Metalls. Dabei werden die Eigenschaften des Metalls nur durch die Beziehung zwischen diesen Größen charakterisiert:

$$\boldsymbol{E}_t^s = \hat{\zeta}[\boldsymbol{H}\boldsymbol{n}]^s; \qquad \hat{\zeta} = \hat{\zeta}' + i\hat{\zeta}'' \tag{32.7}$$

($\boldsymbol{n}$ — Einheitsvektor normal zur Oberfläche, $\hat{\zeta}$ — zweidimensionaler Tensor der Oberflächenimpedanz. Oft wird die Größe $\frac{4\pi}{c}\hat{\zeta}$ als Oberflächenimpedanz bezeichnet). Die Stetigkeit der beiden Projektionen des Feldes und ihrer Ableitungen an der Oberfläche des Metalls ergibt zusammen mit (32.7) sechs Gleichungen mit sechs Unbekannten: Zwei Projektionen der Feldstärke der reflektierten Welle und jeweils zwei Projektionen des Feldes und seiner Ableitung an der Oberfläche des Metalls. (Dabei wird vorausgesetzt, daß die Abmessungen und die Krümmung der Metallprobe genügend groß sind, so daß der Einfall der Welle auf einen metallischen Halbraum untersucht werden kann. Das ist gewöhnlich der Fall. Im allgemeinen Fall muß für die Zurückführung der Aufgabe auf ein rein äußeres Problem der Impedanztensor in allen Punkten der Oberfläche bestimmt werden. Für dünne Proben hängt die Impedanz natürlich von der Dicke der Probe ab.) In Übereinstimmung mit dem oben Gesagten hängt der Tensor der Oberflächenimpedanz nur schwach von der Form des Feldes ab, wodurch er sehr günstig für die Anwendung ist.

Auf Grund der großen Leitfähigkeit eines Metalls genügt es, den zweidimensionalen Tensor zweiter Ordnung — den Tensor der Oberflächenimpedanz zu bestimmen. Mit diesem Tensor ist auch (in der gleichen Näherung in ω/ω_0) der komplexe Widerstand des Metalls gegeben, so daß nach (32.7) und (32.4)

$$\boldsymbol{E}_t^s = \frac{4\pi}{c}\hat{\zeta}\boldsymbol{I}, \tag{32.8}$$

wobei $\boldsymbol{I}$ der Gesamtstrom ist, der durch das Metall fließt (da das Problem eindimensional ist, folgt aus (32.4) $\boldsymbol{j}_n = 0$). Realteil und Imaginärteil gestatten, die im Metall auftretende Jouleсche Wärme und die Phasenverschiebung des Feldes bei Reflexion im Metall zu bestimmen.

Im Interesse der weiteren Darlegungen soll eine andere Form der Darstellung der Oberflächenimpedanz für eine monochromatische Welle der Frequenz ω angegeben werden. Unter Ausnutzung von (32.6a) ergibt sich

$$\boldsymbol{E}_t^s = \frac{ic}{\omega} \hat{\zeta} \boldsymbol{E}_t'^s . \tag{32.8a}$$

Die Lösung des Problems der Elektrodynamik der Metalle im Hochfrequenzfeld führt im wesentlichen auf die Lösung von zwei Aufgaben. Erstens muß die Stromdichte $\boldsymbol{j}$ in vorgegebenen äußeren Feldern bestimmt und zweitens durch Lösung der Gleichungen (32.4) (32.6a) die Oberflächenimpedanz gefunden werden. Dabei reicht es nach dem Vorhergesagten aus, nur den eindimensionalen Fall, also den des normalen Einfalls der Welle auf den metallischen Halbraum zu betrachten. Da bei $E = 0$ kein Strom fließt, sind die Gleichungen homogen. Die Bedingung der Existenz einer nichttrivialen Lösung homogener Gleichungen bestimmt auch den Tensor $\hat{\zeta}$.

Für die Lösung der ersten Aufgabe ist es nützlich, vorher die Struktur des Hochfrequenzfeldes im Metall zu analysieren.

Prinzipiell sind zwei Grenzfälle möglich. Wenn die charakteristische Tiefe δ, auf der sich das Feld wesentlich ändert, der größte Längenparameter ist, so ändert sich das Feld auf mikroskopischen Abständen (wie der mittleren freien Weglänge l der Elektronen, dem Radius r_H ihrer Bahnen im konstanten Magnetfeld) nur schwach, und die Beziehung zwischen $\boldsymbol{j}$ und $\boldsymbol{E}$ ist in erster Näherung lokal, d. h., die Stromdichte in einem Punkt bestimmt auch die Feldstärke in diesem Punkt. In guten Metallen folgt aus der Bedingung $\delta \gg l$ automatisch die Bedingung $\omega \ll \nu$ (da bei $\omega \gg \nu$, $\delta = c/\omega_0 \approx 10^{-6}$ cm; d. h., auch bei Zimmertemperatur ist δ nicht groß im Vergleich zur mittleren freien Weglänge). Dadurch kann in erster Näherung in ω/ν die Beziehung zwischen $\boldsymbol{j}$ und $\boldsymbol{E}$ für den statischen Fall, der früher schon erhalten wurde, benutzt werden. Dabei kann sich ergeben, daß im äußeren konstanten Magnetfeld $\hat{\zeta}$ endlich bleibt und sogar bei $l \to \infty$ nicht Null wird (d. h. beim formalen Streben $l/r_H \to \infty$, obwohl $l \ll \delta$; was jedoch nur für $r_H \ll \delta$ möglich ist). Dieses Verhalten wird durch die mit dem HALL-Strom verbundenen Komponenten des Leitfähigkeitstensors bedingt, die endlich bleiben und nicht Null werden (wobei r_H die Rolle von l übernimmt). Da für $l = \infty$ keine JOULEschen Verluste auftreten, bedeutet dieser Fall die Ausbreitung von ungedämpften Wellen (Helikon- oder Spiralwellen), die den Eigenschwingungen des Elektronenplasmas im Metall im äußeren Magnetfeld entsprechen (Näheres s. § 39).

Dadurch, daß sich die Reflexion der Elektronen von der Metalloberfläche nur auf Abstände auswirkt, die von der Größenordnung l oder kleiner l sind, und $l \ll \delta$ ist, spielt in erster Näherung in l/δ der Charakter der Stöße der Elektronen mit der Oberfläche keine Rolle.[1])

[1]) In der nächst höheren Näherung wird der Charakter der Stöße wesentlich. Dabei ist zu berücksichtigen, daß streng spiegelnde Reflexion ein besonderer Fall ist. Schon wenn der Anteil der nichtspiegelnd reflektierten Elektronen von der Größe $q \ll r_H/l \approx 1$ wird, besteht ein wesentlicher Unterschied zur reinen spiegelnden Reflexion.

In Metallen liegt, wenn δ der kleinste Längenparameter ist, schon bei relativ niedrigen Frequenzen der sogenannte extrem anomale Skineffekt¹) vor:

$$\delta \ll l, r_H, v/\omega . \tag{32.9}$$

Allein die Kenntnis dieser Bedingung genügt, um eine Reihe wichtiger physikalischer Schlußfolgerungen zu ziehen. So soll vor allem geklärt werden, welche Elektronen den Hauptbeitrag zur Stromdichte liefern. Im quasiklassischen Fall gelten die Beziehungen

$$\boldsymbol{j} = \frac{2e}{(2\pi\hbar)^3} \int \boldsymbol{v} f \, \mathrm{d}\boldsymbol{p} \qquad \left(\boldsymbol{v} = \frac{\partial \varepsilon}{\partial \boldsymbol{p}}\right), \tag{32.10}$$

$$\varrho' = \frac{2e}{(2\pi\hbar)^3} \int (f - n_F) \, \mathrm{d}\boldsymbol{p} , \tag{32.10a}$$

wobei ϱ' — die Ladungsdichte ist, die durch die Ionen nicht kompensiert wird. Im Falle nicht wechselwirkender Quasiteilchen ist es leicht, die Beziehung zwischen f und der Gleichgewichtsverteilungsfunktion $n_F(\varepsilon)$ aufzustellen (über die Rolle der FERMI-Flüssigkeitseffekte s. § 40). Das elektromagnetische Feld führt dazu, daß das Quasiteilchen mit dem Quasiimpuls $\boldsymbol{p}$ und der Energie $\varepsilon = \varepsilon(\boldsymbol{p})$ die zusätzliche Energie $\Delta\varepsilon(\boldsymbol{p})$ aufnimmt. Dabei ist die Zahl der Quasiteilchen, die zu diesem Zeitpunkt die Energie ε haben, in linearer Näherung nach dem Feld gleich der Zahl der Teilchen, die „früher" die Energie $\varepsilon - \Delta\varepsilon$ hatten, d. h. $f(\boldsymbol{p}) = n_F(\varepsilon - \Delta\varepsilon)$ oder in der gleichen linearen Näherung nach dem Feld (die praktisch völlig ausreichend ist und die im weiteren nur von Interesse sein wird) $f(\boldsymbol{p}) = n_F(\varepsilon) - (\partial_F/\partial\varepsilon)\, \Delta\varepsilon$. Da im Gleichgewichtszustand (beim Fehlen äußerer Felder) Strom und nichtkompensierte Ladungen in normalen Metallen fehlen, gilt

$$\boldsymbol{j} = -\frac{2e}{(2\pi\hbar)^3} \int \boldsymbol{v} \frac{\partial n_F}{\partial \varepsilon} \Delta\varepsilon(\boldsymbol{p}) \, \mathrm{d}\boldsymbol{p} , \tag{32.11}$$

$$\varrho' = -\frac{2e}{(2\pi\hbar)^3} \int \frac{\partial n_F}{\partial \varepsilon} \Delta\varepsilon(\boldsymbol{p}) \, \mathrm{d}\boldsymbol{p} . \tag{32.11a}$$

Die Summanden mit $n_F(\varepsilon)$ in $\boldsymbol{j}$ werden auf Grund der Zentralsymmetrie der Funktion $\varepsilon(\boldsymbol{p})$ Null: $\varepsilon(-\boldsymbol{p}) = \varepsilon(\boldsymbol{p})$.

Ohne Stöße ist

$$\dot{\boldsymbol{p}} = e\boldsymbol{E} + \frac{e}{c} [\boldsymbol{v}\boldsymbol{H}] \tag{32.12}$$

¹) Der anomale Skineffekt wurde zuerst von LONDON [1] experimentell beobachtet. Die Theorie für den einfachsten Fall freier Elektronen ohne äußeres Magnetfeld wurde in den Arbeiten [2] und [3] entwickelt. Bei genügend hohen Frequenzen, wenn $v/\omega \gtrsim \delta$ ist, d. h. $\omega \gtrsim \omega_0(v/c)$, wird die Ungleichung (32.9) nicht mehr erfüllt, und die weiteren Überlegungen sind nicht mehr richtig. Dieser Frequenzbereich wird in § 47 betrachtet.

und

$$\dot{\varepsilon} = \frac{\partial \varepsilon}{\partial \boldsymbol{p}} \dot{\boldsymbol{p}} = \boldsymbol{v}\dot{\boldsymbol{p}} = e\boldsymbol{E}\boldsymbol{v} . \tag{32.13}$$

Wenn die mittlere Zeit des Quasiteilchens zwischen zwei Stößen τ_f ist (wobei hier nur die Angabe der Größenordnung sinnvoll ist), so wird

$$\Delta\varepsilon \approx e\boldsymbol{E}\boldsymbol{v}\tau_f . \tag{32.14}$$

Unter Berücksichtigung des extrem anomalen Skineffekts (32.9) ist für fast alle Elektronen (außer einem kleinen Teil, der schon vor dem Verlassen der Skinschicht gestreut wird)

$$\tau_f \approx \frac{\delta}{v_n} \tag{32.15}$$

und

$$\Delta\varepsilon \approx e\boldsymbol{E}\boldsymbol{v}\delta/v_n , \tag{32.16}$$

d. h., der Energiezuwachs wächst umgekehrt proportional v_n bei $v_n \to 0$. Dabei entspricht $v_n = 0$ den Elektronen, die parallel zur Oberfläche fliegen. Die Tangentialkomponente des Stromes j_t in (32.11) divergiert im Punkt $v_n = 0$. (j_n divergiert dagegen nicht!)

Folglich ist in erster Näherung nur ein kleiner Teil aller Elektronen für den anomalen Skineffekt wesentlich, und zwar die Elektronen, die unter einem kleinen Winkel entlang der Oberfläche „gleiten". Dieser Umstand bestimmt die Aufstellung einer Theorie des anomalen Skineffektes, und es muß im weiteren geklärt werden, zu welchen Schlußfolgerungen er führt.

Da j_n nicht divergiert und E_n durch (32.4) bestimmt wird, folgt aus $j_n = 0$

$$E_n \approx E_t .$$

(Hierbei soll daran erinnert werden, daß es ausreicht, den eindimensionalen Fall zu betrachten.) Da das Glied mit $\boldsymbol{E}_t\boldsymbol{v}_t$ in (32.16) für $\boldsymbol{j}$ in (32.11) zu einer Divergenz bei $l = \infty$ führt, das Glied $E_n v_n$ jedoch nicht, so braucht man zur Bestimmung von $\boldsymbol{j}_t$ (der einzig notwendigen Größe für die Bestimmung von $\hat{\zeta}$) nur $\boldsymbol{E}_t$ und setzt formal $E_n = 0$ und

$$\dot{\varepsilon} = e\boldsymbol{E}_t\boldsymbol{v}_t . \tag{32.13a}$$

Die Vernachlässigung der Normalkomponenten des Feldes folgt daraus, daß das Feld E_n an den fast parallel zur Oberfläche „gleitenden" Elektronen keine Arbeit leistet. Da nun (32.13a) schon linear in $\boldsymbol{E}$ ist und nur die lineare Näherung interessiert, können alle übrigen Größen bei $\boldsymbol{E} = 0$ genommen werden. Bei den oben durchgeführten Überlegungen wurde indirekt angenommen, daß der Parameter der „Anomalie" der kleinste Parameter des Problems ist, und es reicht aus, ihn als kleinstes Maß zu benutzen. Konkret soll nur dieser praktisch wichtige Fall betrachtet werden. Die Erweiterung der Theorie z. B. auf den Fall sehr scharfer Resonanz, in dem ω/v ein sehr großer Parameter ist und E_n berücksichtigt werden muß, wird in § 36 ohne Schwierigkeit durchgeführt. Die mathematische Begründung aller hier gemachten Behauptungen findet man in der Arbeit [4]. Es wurde bereits gesagt, daß nur die „gleitenden" Elektronen einen wesentlichen Beitrag zur Stromdichte liefern, da der Nichtgleichgewichtsanteil in der Verteilungsfunktion, der für $l = \infty$ bei Integration zur Divergenz führt, nahe $v_n = 0$ ein Maximum hat. Natürlich ist die Wahrscheinlichkeit für ein Elektron, aus dem schmalen Bereich um $v_n = 0$ nach einem Stoß in einen beliebigen anderen Punkt des Quasiimpulsraumes gestreut zu werden, wesentlich größer als die Wahrscheinlichkeit, nach einem Stoß gerade in diesen „ausgewählten" Bereich gestreut zu werden. Im Stoßintegral, daß die Änderung der Verteilungsfunktion durch Stöße beschreibt, die die Streuung von Elektronen in einen bestimmten Zustand und auch die Streuung aus diesem Zustand bedingen, ist deshalb nur der letztere Term zu berücksichtigen. Dieser Term ist den im Vergleich zur Gleichgewichtszahl der Elektronen „überschüssigen" Elektronen proportional, so daß

$$\left(\frac{\partial f}{\partial t}\right)_{\mathrm{St}} = \nu(\boldsymbol{p})\,\big(f(\boldsymbol{p}) - n_F(\varepsilon)\big)\,, \tag{32.17}$$

$$\nu(\boldsymbol{p}) = \int W(\boldsymbol{p}, \boldsymbol{p}')\,\mathrm{d}\boldsymbol{p}'\,, \tag{32.18}$$

wobei $\nu(\boldsymbol{p})$ die Zahl der Stöße in der Zeiteinheit ist und $W(\boldsymbol{p}, \boldsymbol{p}')$ die Wahrscheinlichkeit des Überganges aus $\boldsymbol{p}$ in $\boldsymbol{p}'$ ist. Das Integral $\int (W\boldsymbol{p}', \boldsymbol{p})\,[f(\boldsymbol{p}') - n_F(\varepsilon(\boldsymbol{p}'))]\,\mathrm{d}\boldsymbol{p}'$ ist im Vergleich zu (32.17) klein, da durch die Integration die „Schärfe" der Singularität verringert wird.

Der anomale Skineffekt erlaubt also, für beliebige Temperaturen konsequent eine mittlere freie Flugzeit der Elektronen einzuführen, was in statischen Problemen nur in Ausnahmefällen möglich ist. Diese Überlegungen sind jedoch nur richtig, wenn die Übergangswahrscheinlichkeit $W(\boldsymbol{p}, \boldsymbol{p}')$ eine stetige Funktion ist und keine scharfen Maxima in irgendwelchen schmalen Bereichen $\boldsymbol{p}$ und $\boldsymbol{p}'$ besitzt. Bei Elektron–Phonon-Stößen ist das bei tiefen Temperaturen ($T \ll \Theta$) nicht der Fall. Hier ist die Streuung um kleine Winkel der Größenordnung T/Θ am wahrscheinlichsten.

Deshalb braucht man nur die Elektronen, die aus dem Bereich $v_n = 0$ „herausgehen", zu berücksichtigen, wenn

$$\delta/l\,, \qquad \delta/r_H\,, \qquad \omega\delta/v \ll T/\Theta\,. \tag{32.18a}$$

Im Fall (32.18a) führt eine Abweichung um einen Winkel von der Größenordnung T/Θ die Elektronen aus der Skinschicht heraus, d. h. aus dem Gebiet, in dem das elektrische Feld nicht klein ist, und wird deshalb genauso wesentlich wie die Abweichungen um große Winkel. Dabei ist die Zahl der Stöße ν_{eff} der Zahl der Phononen bei tiefen Temperaturen proportional, d. h. von der Größenordnung $(\Theta/\hbar)\,(T/\Theta)^3$, wobei kein zusätzlicher Faktor $(T/\Theta)^2$ auftritt (§ 24). Die „effektive" Frequenz der Elektron–Phonon-Stöße wächst mit Vergrößerung der „Anomalität" des Skineffektes bei $T/\Theta \ll 1$ sehr schnell. Sie wächst bei Erfüllung der Bedingung (32.18a) um $(\Theta/T)^2$ und erweist sich auch bei sehr tiefen Temperaturen auch dort als wesentlich, wo im statischen Fall nur noch der Restwiderstand eine Rolle spielt. Bei $\hbar\omega > T$ übernimmt $\hbar\omega$ die Rolle der Temperatur und geht in alle entsprechenden Beziehungen ein, so daß

$$\nu_{\text{eff}} \approx \frac{\Theta}{\hbar}\left(\frac{T+\hbar\omega}{\Theta}\right)^3. \tag{32.18b}$$

Für den Fall, daß der Nichtgleichgewichtsanteil der Verteilungsfunktion aus irgendeinem Grunde ein scharfes Maximum in einem noch schmaleren Bereich des Impulsraumes aufweist, z. B. wenn die Elektronen in der Nähe irgend eines ausgewählten Wertes $\boldsymbol{p}$ Resonanz erleiden (siehe §§ 35, 36), wird die relative Rolle der aus dem schmalen Bereich herausgestreuten Elektronen im Vergleich zu den hineingestreuten weiter erhöht, die Begrenzung für den anomalen Skineffekt jedoch abgeschwächt, wobei im Fall der Resonanz in (32.18a) links der zusätzliche kleine Faktor $(\nu/\omega)^{1/2}$ auftritt. Aus analogen Gründen führt die Anomalität des Skineffektes dazu, daß sich die Fermi-Flüssigkeitswechselwirkung als unwesentlich erweist, die mit dem Integralbeitrag zur Energie über $f - n_F$ im Elektronengasmodell verbunden ist. Eine Ausnahme davon stellt der Fall sehr scharfer Resonanz dar, wo durch die Fermi-Flüssigkeitswechselwirkung die Verbreiterung der Resonanzlinie und ihre endliche Höhe bestimmt wird (s. [4] und § 40).

Zum Abschluß soll noch gezeigt werden, daß bei extrem anomalem Skineffekt der Charakter der Reflexion der Elektronen von der Oberfläche des Metalls unwesentlich ist [5]. Dieser außerordentlich wichtige Umstand gestattet es, eine Lösung in geschlossener Form zu erhalten, da der Ausschluß der Oberfläche des Metalls aus der Betrachtung es ermöglicht, das Problem auf den ganzen Raum auszudehnen und mit der gewöhnlichen Fourier-Methode zu lösen. Im weiteren soll das elektrische Feld als gerade Funktion formal im Gebiet außerhalb des Metalls fortgesetzt werden. Wenn jetzt ganz allgemein die Stöße der Elektronen mit der Oberfläche nicht mehr berücksichtigt werden, so erhält sogar der Teil der „gleitenden" Elektronen, der mit der Oberfläche zusammenstoßen würde, auf Grund der geraden Fortsetzung des Feldes ungefähr die doppelte Energie. Die Erhöhung der Leitfähigkeit auf das Doppelte führt jedoch nur zu einer Vergrößerung der effektiven Skinschicht δ und zur Verkleinerung des Oberflächenwiderstands um den Faktor $\sqrt[3]{2} \approx 1{,}2$. (Das ist aus einer Dimensionsbetrachtung ersichtlich wenn berücksichtigt wird, daß die Beziehung zwischen $\boldsymbol{j}$ und $\boldsymbol{E}$ integralen Charakter trägt. Da l, r_H, $v/\omega \gg \delta$ gilt, wird der Strom in einem bestimmten Punkt durch die Feldstärke in der ganzen Skinschicht der Dicke δ, durch die das Elektron hindurchgeht, bestimmt: $j \approx \sigma \frac{\delta}{l} E$ und $\delta \sim \sqrt[3]{\sigma}$. Hierauf wird zu Beginn des § 33 eingegangen.)

Das Problem kann somit bis auf die Genauigkeit eines unwesentlichen reellen Zahlenfaktors, der sich nur gering von Eins unterscheidet,[1]) im ganzen Raum gelöst werden.[2]) Dabei ist das elektrische Feld eine gerade Funktion, deren Ableitung im Koordinatenursprung einen Sprung erleidet, weil aus $\boldsymbol{E}_t(\xi) = \boldsymbol{E}_t(-\xi)$, wobei ξ die Koordinate längs der Oberflächennormalen ist, folgt:

$$\boldsymbol{E}_t'(+0) = -\boldsymbol{E}_t'(-0)\,.$$

Ist $\boldsymbol{E}_t'(+0) \neq 0$, so existiert der Sprung auf jeden Fall. Die Abhängigkeit $\boldsymbol{E}_t'(+0)$ von $\boldsymbol{E}_t(0)$ bestimmt auch nach (32.7) und (32.6) die Oberflächenimpedanz.

Die oben dargelegte Betrachtung gilt immer, da für den normalen Skineffekt in erster Näherung der Charakter der Reflexion an der Grenze im allgemeinen unwesentlich ist.

Zusammenfassend kann festgestellt werden:

1. In Metallen können der Verschiebungsstrom und die nichtkompensierte Ladungsdichte stets vernachlässigt werden.

2. Für die Lösung eines beliebigen äußeren Problems genügt es, die Oberflächenimpedanz zu bestimmen, d. h. die Beziehung zwischen den Tangentialkomponenten des elektrischen und des Magnetfeldes an der Oberfläche des Metalls nach (32.7).

3. Zur Bestimmung der Impedanz (bis auf die Genauigkeit eines unwesentlichen reellen Zahlenfaktors, der sich nur gering von Eins unterscheidet) genügt es, das Metall im Feld $\boldsymbol{E}(-\xi) = \boldsymbol{E}(\xi)$ zu betrachten, dessen Ableitung im Koordinatenursprung einen Sprung hat. Dabei bestimmt $\xi = 0$ die Ebene der Oberfläche des Metalls. (Eine Abweichung hiervon findet sich nur in § 41.)

4. Für den Fall, daß der Parameter des anormalen Skineffektes der kleinste Parameter ist, gilt:

a) Es kann eine Relaxationszeit für die Elektronen eingeführt werden, die für die Elektron–Phonon-Stöße bei tiefen Temperaturen $T \ll \Theta$ von der Größenordnung $\dfrac{\hbar}{\Theta}\left(\dfrac{\Theta}{T + \hbar\omega}\right)^3$ ist.

b) Die Komponente $E_n(\xi)$ ist vernachlässigbar.

c) Auf Grund von a) können die Fermi-Flüssigkeitseffekte vernachlässigt werden und die Betrachtung als Einelektronenproblem in der Näherung einer mittleren freien Flugzeit $1/\nu(\boldsymbol{p})$ durchgeführt werden.

[1]) Ein besonderer Fall ist die streng spiegelnde Reflexion (siehe Fußnote auf S. 261), wenn die Elektronen nach einem Zusammenstoß wieder zur Oberfläche zurückkehren, was in einem Magnetfeld streng parallel zur Oberfläche der Fall ist (siehe die §§ 22, 41 und 46 sowie die Arbeit [46]).

[2]) Das wird in Arbeit [7] streng bewiesen.

Die geschlossene Lösung der Probleme wird durch die entscheidenden Vereinfachungen in den Punkten 3. und 4.a) möglich. Schließlich sei noch festgehalten, daß infolge von $\hbar\omega_0 \gg T$ gilt:

$$-\frac{\partial n_F}{\partial \varepsilon} \approx \delta(\varepsilon - \varepsilon_F)\,, \tag{32.19}$$

wobei ε_F die FERMI-Energie und n_F die FERMI-Funktion für den Gleichgewichtszustand ist.

Die Theorie des normalen Skineffekts wird nicht dargelegt, sie ist in jedem Lehrbuch der Elektrodynamik der Medien zu finden. Es sollen nur die Ausdrücke für die Hauptwerte des Tensors der Oberflächenimpedanz angegeben werden:

$$\zeta_{1,2} = \sqrt{\frac{\omega \varrho_{1,2}}{4\pi i}}\,. \tag{32.20}$$

Hierbei sind $\varrho_{1,2}$ die Hauptwerte des Widerstandstensors in der Begrenzungsebene des Metalls. Durch das Anlegen eines Magnetfeldes werden jedoch schon im Niederfrequenzbereich wesentliche Änderungen der Impedanz möglich.

§ 33 Anomaler Skineffekt ohne konstantes Magnetfeld

Bevor eine quantitative Theorie des anomalen Skineffektes aufgestellt wird soll auf der Grundlage des vorhergehenden Paragraphen gezeigt werden, wie man sich diese Erscheinung anschaulich vorstellen kann.

Da der Hauptbeitrag zur Stromdichte von Elektronen kommt, die in der Skinschicht, d. h. in einem Gebiet, in dem sich das elektrische Feld in seiner Größenordnung nicht ändert, entlang der Oberfläche „gleiten", kann die Beziehung zwischen der Stromdichte und der Feldstärke näherungsweise in Form des gewöhnlichen „lokalen" Ohmschen Gesetzes geschrieben werden. Hierbei ist nur zu berücksichtigen, daß die Stromdichte der Zahl der Ladungen, die den Strom bedingen, proportional ist und die relative Anzahl der Elektronen, die sich unter dem Winkel $\lessapprox \delta/l$ zur Oberfläche bewegen, von der Größenordnung δ/l ist. Deshalb ist

$$j = \sigma_{\text{eff}} E\,, \qquad \sigma_{\text{eff}} = \alpha\sigma\,\frac{\delta}{l}\,, \qquad \alpha \approx 1\,. \tag{33.1}$$

Es kann erwartet werden, daß (33.1) auch dann sein Aussehen beibehält, wenn die Skintiefe δ komplex ist, wobei ein komplexes δ nicht nur die Dämpfung des Feldes mit zunehmender Tiefe, sondern auch seine Phasenverschiebung berücksichtigt.

Im Falle eines Halbraumes, auf den normal zur Oberfläche eine monochromatische Welle der Frequenz ω fällt, haben für das „gewöhnliche" Ohmsche

Gesetz die Gleichungen (32.4) und (32.6a) für die elektrische Feldstärke $\boldsymbol{E}_t$ folgendes Aussehen:

$$\boldsymbol{E}_t'' = \frac{4\pi i\omega_{\text{eff}}}{c^2}\,\sigma_{\text{eff}}\boldsymbol{E}_t = \frac{4\pi i\omega\alpha\sigma\delta}{c^2 l}\,\boldsymbol{E}_t\,,$$

woraus für die komplexe Skintiefe folgt:

$$\frac{1}{\delta^2} = \frac{4\pi i\omega\sigma}{c^2} = \frac{4\pi i\omega\sigma\delta\alpha}{c^2 l} \tag{33.1a}$$

und

$$\delta = \sqrt[3]{\frac{c^2 l}{4\pi i\omega\alpha\sigma}} \tag{33.2}$$

und nach Formel (32.8a)

$$\zeta = \zeta' + i\zeta'' = \frac{1+i\sqrt{3}}{2}\left(\frac{\omega^2 l}{4\pi c\alpha\sigma}\right)^{1/3}. \tag{33.3}$$

Die genaue Rechnung (s. unten) bestätigt diese Formel, die auf ähnliche Weise in der Arbeit [2] erhalten wurde, und ergibt für $\alpha = 3^5\sqrt{3}\pi/2^8$. Wesentlich ist, daß Formel (33.3) die grundlegenden Besonderheiten der Impedanz beim anomalen Skineffekt beschreibt: Unabhängigkeit von der mittleren freien Weglänge und folglich auch von der Temperatur, da $\sigma \sim l$ ist; Abhängigkeit von der Frequenz ($\zeta \sim \omega^{2/3}$, dagegen gilt für den normalen Skineffekt nach (32.20) $\zeta \sim \omega^{1/2}$); komplexe Impedanz ζ ($\zeta''/\zeta' = \sqrt{3}$, wobei für den normalen Skineffekt $\zeta'' = \zeta'$).

Jetzt wird die strenge Theorie des anomalen Skineffektes entwickelt.

Dazu ist es notwendig, nach der Beziehung (32.11) die Energie zu berechnen, die das Elektron mit dem Quasiimpuls $\boldsymbol{p}$ zum Moment t im Punkt ξ (Abb. 75) erreicht. Hierfür wird die Beziehung (32.13a) benutzt, wobei die Geschwindigkeit $\boldsymbol{v}$ des Elektrons als konstant angesehen werden soll. Das Elektron durch-

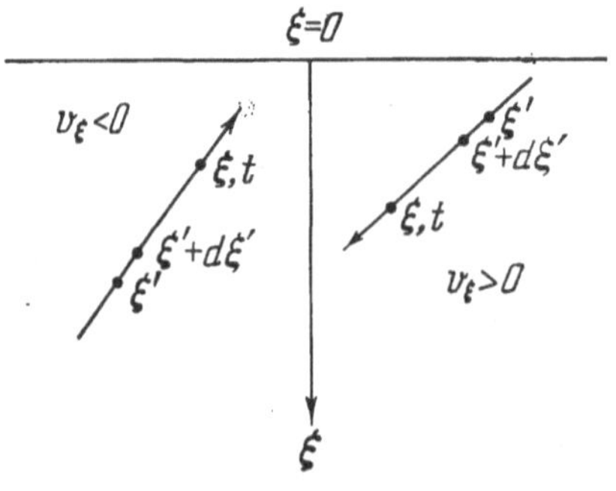

Abb. 75. $v_\zeta < 0$ Elektronen, die sich zur Oberfläche des Metalls bewegen, $v_\zeta > 0$ Elektronen, die sich von der Oberfläche wegbewegen

läuft den Weg von ξ' bis $\xi' + d\xi'$ in der Zeit $|d\xi'/v_\xi|$ und erhält in dieser Zeit vom Feld $\boldsymbol{E}_t \exp(i\omega t)$ die Energie

$$d\varepsilon' = e\boldsymbol{E}_t(\xi')\, \boldsymbol{v}_t \left|\frac{d\xi'}{v_\xi}\right| \exp\left\{i\omega\left(t - \left|\frac{\xi - \xi'}{v_\xi}\right|\right)\right\},$$

wobei zur Vorbeugung von Mißverständnissen die Amplitude des Feldes kein Vorzeichen haben soll.

Der letzte Term $\exp\left\{i\omega\left(t - \left|\frac{\xi - \xi'}{v_\xi}\right|\right)\right\}$ berücksichtigt die Änderung der Phase des Feldes mit der Zeit. Die Wahrscheinlichkeit, daß das Elektron diese Energie zum Punkt ξ „bringt", d. h. in der Zeit $\frac{\xi - \xi'}{v_\xi}$ auf dem Weg von ξ bis ξ' keinen Stoß erleidet, ist $\exp\left\{-\left|\frac{\xi - \xi'}{v_\xi}\right| \nu(\boldsymbol{p})\right\} \equiv \exp\left\{-\left|\frac{\xi - \xi'}{v_\xi \tau(\boldsymbol{p})}\right|\right\}$.

Im Ergebnis folgt für die Gesamtenergie

$$\Delta\varepsilon = \begin{cases} \displaystyle\int_{-\infty}^{\xi} e\boldsymbol{E}_t(\xi')\, v_t \frac{d\xi'}{v_\xi} \exp\left\{-\frac{|\xi - \xi'|}{v_\xi \tau^*}\right\}, & v_\xi > 0\,, \quad \boldsymbol{E}(-\xi) = \boldsymbol{E}(\xi)\,, \\ \displaystyle\int_{\infty}^{\xi} e\boldsymbol{E}_t(\xi')\, v_t \frac{d\xi'}{v_\xi} \exp\left\{-\frac{|\xi - \xi'|}{v_\xi \tau^*}\right\}, & v_\xi < 0; \end{cases} \tag{33.4}$$

$$\frac{1}{\tau^*} = \nu(\boldsymbol{p}) + i\omega \equiv \frac{1}{\tau(\boldsymbol{p})} + i\omega\,. \tag{33.4a}$$

Wird (33.4) in (32.11) eingesetzt und geht man von der Integration über alle v_ξ zur Integration über $v_\xi > 0$ über, wobei die Zentralsymmetrie der Funktion $\varepsilon(\boldsymbol{p})$: $\varepsilon(-\boldsymbol{p}) = \varepsilon(\boldsymbol{p})$ ausgenutzt wird, so ergibt sich für die allein notwendige Größe $\boldsymbol{j}_t$

$$j_\alpha(\xi) = \int_{-\infty}^{\infty} K_{\alpha\beta}(|\xi - \xi'|)\, E_\beta(\xi')\, d\xi'\,, \tag{33.5}$$

worin

$$K_{\alpha\beta}(W) = -\frac{2e^2}{(2\pi\hbar)^3} \int \frac{\partial n_F}{\partial \varepsilon}\, dp\, \exp\left(-\frac{W}{|v_\xi|\, \tau^*}\right) \frac{v_\alpha v_\beta}{|v_\varsigma|}\,. \tag{33.6}$$

Der dargelegten Methode für die Gewinnung der Beziehung zwischen $\boldsymbol{j}$ und $\boldsymbol{E}$ liegt eine Idee der Arbeit [8] zugrunde, die der Lösung der kinetischen Gleichung äquivalent ist.

Für eine monochromatische Welle $\boldsymbol{E}_t \exp(i\omega t)$ ergibt sich

$$E''_\alpha = \frac{4\pi i\omega}{c^2} \int_{-\infty}^{\infty} K_{\alpha\beta}(|\xi - \xi'|)\, E_\beta(\xi')\, d\xi'\,. \tag{33.7}$$

Diese Gleichung gestattet eine gerade Fortsetzung des Feldes: $E_\alpha(-\xi) = E_\alpha(\xi)$, da bei der Berechnung des Anteils der Elektronen, die sich von der Grenze wegbewegen $\boldsymbol{E}_t(-\xi) = \boldsymbol{E}_t(\xi)$ angenommen wurde. Strenggenommen gilt die Formel (33.5) nur für spiegelnde Reflexion der Elektronen an der Grenze der Probe [3]. Für diffuse Reflexion der Elektronen hat der Kern der integralen Beziehung zwischen dem Feld und dem Strom das gleiche Aussehen wie (33.6), jedoch wird in der zu (33.5) analogen Formel von Null bis Unendlich integriert. Dadurch wird die Möglichkeit sehr erschwert, einen geschlossenen Ausdruck für die Impedanz zu bekommen. Im vorigen Paragraphen wurde bereits betont, daß für den extrem anomalen Skineffekt die Impedanz unwesentlich vom Charakter der Reflexion der Elektronen abhängt. Die erhaltene Gleichung ist leicht zu lösen, wenn die FOURIER-Komponenten beider Gleichungsteile betrachtet werden. Dabei ist nur zu berücksichtigen, daß $E'_\alpha(\xi)$ einen Sprung bei $\xi = 0$ besitzt (s. § 32) und deshalb über die einzelnen Teile integriert werden muß:

$$\int_{-\infty}^{\infty} \mathrm{e}^{-ik\xi} E''_\alpha(\xi)\,\mathrm{d}\xi = \int_{-\infty}^{-0} + \int_{+0}^{\infty} = -\,2E'_\alpha(+0) - k^2\varepsilon_\alpha(k)\,, \tag{33.8}$$

wobei

$$\varepsilon_\alpha(k) = \int_{-\infty}^{\infty} \mathrm{e}^{-ik\xi} E_\alpha(\xi)\,\mathrm{d}\xi = 2\int_{0}^{\infty} \cos k\xi \cdot E_\alpha(\xi)\,\mathrm{d}\xi\,,$$

$$E_\alpha(\xi) = \frac{1}{\pi}\int_0^\infty \mathrm{e}^{ik\xi}\varepsilon_\alpha(k)\,\mathrm{d}k \tag{33.9}$$

und mit $\xi = \xi' + \xi''$

$$\int_{-\infty}^{\infty} \mathrm{e}^{-ik\xi}\,\mathrm{d}\xi \int_{-\infty}^{\infty} K_{\alpha\beta}(|\xi - \xi'|)\,E_\beta(\xi')\,\mathrm{d}\xi'$$

$$= \int_{-\infty}^{\infty} \mathrm{d}\xi'\,E_\beta(\xi')\,\mathrm{e}^{-ik\xi'} \int_{-\infty}^{\infty} \mathrm{e}^{-ik\xi''} K_{\alpha\beta}(|\xi - \xi'|)\,\mathrm{d}\xi = \varepsilon_\beta(k)\,K_{\alpha\beta}(k)\,, \tag{33.10}$$

$$K_{\alpha\beta}(k) = \int_{-\infty}^{\infty} K_{\alpha\beta}(|\xi|)\,\mathrm{e}^{-ik\xi}\mathrm{d}\xi = 2\int_0^\infty K_{\alpha\beta}(\xi)\cos k\xi\,\mathrm{d}\xi\,. \tag{33.11}$$

Unter Ausnutzung von (33.8) bis (33.11) folgt aus (33.7)

$$-k^2\varepsilon_\alpha(k) - 2E'_\alpha(0) = \frac{4\pi i\omega}{c^2}\,K_{\alpha\beta}(k)\,\varepsilon_\beta(k)\,, \tag{33.12}$$

worin nach (33.6) und (33.11)

$$K_{\alpha\beta} = \frac{4e^2}{(2\pi\hbar)^3} \oint\!\!\oint_{\left(\substack{\varepsilon=\varepsilon_F \\ v_\xi>0}\right)} \frac{\tau^* v_\alpha v_\beta}{v}\,\frac{\mathrm{d}s}{1 + (kv_\xi\tau^*)^2}\,. \tag{33.13}$$

Hier wurde ausgenutzt, daß nach (33.19) $-\frac{\partial n_F}{\partial \varepsilon} \approx (\varepsilon - \varepsilon_F)$ und daß $\mathrm{d}p = \frac{\mathrm{d}\varepsilon\, \mathrm{d}s}{v}$, wobei d$s$ das Flächenelement der Oberfläche $\varepsilon(\boldsymbol{p}) = \varepsilon$ ist. Gibt es jedoch mehrere Zweige des Spektrums, die unterschiedlichen Quasiteilchen entsprechen, so muß in (33.12) über diese Zweige summiert werden.

Aus (33.12) folgt

$$E_\alpha(\xi) = -\frac{2}{\pi}\int_0^\infty \cos k\xi \,\mathrm{d}k \left(k^2 + \frac{4\pi i\omega}{c^2}\hat{K}(k)\right)^{-1}_{\alpha\beta} E'_\beta(0)\,,$$

so daß nach (32.8a)

$$\zeta_{\alpha\beta} = \frac{2i\omega}{\pi c}\int_0^\infty \mathrm{d}k \left(k^2 + \frac{4\pi i\omega}{c^2}\hat{K}(k)\right)^{-1}_{\alpha\beta}. \tag{33.14}$$

Wird die Bedingung des extrem anomalen Skineffektes berücksichtigt, so kann man sich leicht davon überzeugen, daß nur $|kv\tau^*| \gg 1$ wesentlich ist. Das bedeutet, daß in (33.13) nur die $v_\xi \ll 1$ eine Rolle spielen, wie in § 32 gezeigt wurde. In Übereinstimmung hiermit reicht es aus, die Asymptoten (33.13) zu bestimmen. Benutzt man die Beziehung $\mathrm{d}s = \mathrm{d}o/\varkappa$, wobei d$o$ der Raumwinkel im Geschwindigkeitsraum und $\varkappa$ die Gaussssche Krümmung ist, so ergibt sich nach der Berechnung der Asymptoten

$$K_{\alpha\beta} = \frac{2e^2}{(2\pi\hbar)^3}\frac{\pi}{k}\int_0^{2\pi} \mathrm{d}\varphi\, \frac{n_\alpha(\varphi)\, n_\beta(\varphi)}{\varkappa(\varphi)} \equiv \frac{3\pi}{4}\frac{B_{\alpha\beta}}{k}, \qquad \boldsymbol{n} = \frac{\boldsymbol{v}}{v}, \tag{33.15}$$

φ ist dabei der Winkel, der von der „Zone" $\varepsilon(\boldsymbol{p}) = \varepsilon_F$, $v_\xi(\boldsymbol{p}) = 0$ bestimmt wird.

Wird der Tensor $B_{\alpha\beta}$ auf Hauptachsen gebracht und werden dafür die Koordinatenachsen in der Ebene $\xi = 0$ benutzt, so schreibt sich die Impedanz in diesen Koordinaten:

$$\zeta_\alpha = (1 + i\sqrt{3})\,\frac{2}{9}\left(\frac{\sqrt{3}\,\omega^2}{\pi^2 c B_\alpha}\right)^{1/3}. \tag{33.16}$$

Für den extrem anomalen Skineffekt können in den Grenzfällen reiner spiegelnder und reiner diffuser Streuung der Elektronen an der Oberfläche für die Impedanz genaue Formeln erhalten werden [3], [9]. In Übereinstimmung mit den Schlußfolgerungen des § 32 wirkt sich die Reflexion nur schwach auf die Impedanz aus: Bei spiegelnder Reflexion stimmt die Formel für die Impedanz genau mit (33.16) überein, bei diffuser Streuung unterscheidet sie sich von (33.16) um den Faktor 9/8.

Durch Messung der Oberflächenimpedanz kann man, wie klar aus (33.15) und (33.16) folgt, eine sehr wichtige charakteristische Größe des Elektronenspektrums bestimmen — die über die „Zone" $\varepsilon(\boldsymbol{p}) = \varepsilon_F$, $v_\xi = 0$ gemittelte reziproke Gaussssche Krümmung der Fermi-Fläche.

Zur Anisotropiebestimmung werden die Meßergebnisse für die verschiedenen Richtungen einer monokristallinen Probe benutzt. Durch Messung der Impedanz von Kupfer mit dem anomalen Skineffekt wurde in der Arbeit [10] die Form der FERMI-Fläche dieses Metalls bestimmt.

Wenn das Dispersionsgesetz isotrop ist (wie beim Kalium, Natrium u. a.) kann die Formel (33.16) in folgender Form geschrieben werden:

$$\zeta = \left(1 + i\sqrt{3}\right) \frac{2\sqrt{3}}{9} \left(\frac{\sqrt{3}\,\omega^2 l}{3\pi^2 c\sigma}\right)^{1/3}, \tag{33.17}$$

wodurch die Messung der Impedanz unter den Bedingungen des anomalen Skineffekts als Methode zur Bestimmung der mittleren freien Weglänge der Elektronen benutzt werden kann.

§ 34 Anomaler Skineffekt im konstanten Magnetfeld

So wie im vorigen Paragraphen wird mit der Diskussion des physikalischen Bildes der Erscheinung begonnen. Es wird die Abhängigkeit der Impedanz von der Frequenz, vom Magnetfeld und von der mittleren freien Weglänge geklärt, und es werden die interessantesten Gebiete bestimmt, in denen danach eine quantitative Theorie entwickelt wird und die Ergebnisse in allen Einzelheiten untersucht werden.

Zu Beginn des vorigen Paragraphen wurde gezeigt, daß unter entsprechenden Bedingungen die Berechnung der Impedanz im wesentlichen auf die Bestimmung der effektiven Leitfähigkeit σ_{eff} zurückgeführt werden kann. Der Einfachheit halber wird die Bewegung eines Elektrons in einem konstanten Magnetfeld $\boldsymbol{H}$ auf geschlossene Bahnen im Impulsraum beschränkt, wodurch sich das Elektron auf einer Schraubenbahn mit einer Achse längst des Magnetfeldes bewegt. Der Radius der Schraube ist $r_H \approx cp_\perp/eH$, wobei $p_\perp$ die Projektion des Elektronenimpulses auf die Ebene senkrecht zu $\boldsymbol{H}$ ist. Dabei ist klar, daß es sich nur um eine erste Näherung handelt.

1. Die Frequenz des Wechselfeldes möge relativ klein sein:

$$\omega \ll \nu\,, \tag{34.1}$$

so daß sich während der mittleren freien Flugzeit das Wechselfeld in erster Näherung nicht ändert. Die zeitliche Änderung des Feldes spiegelt sich nur in der Entstehung einer sehr schmalen Skinschicht wider.

Die verschiedenen Elektronen durchlaufen in Abhängigkeit vom Winkel, unter dem sie in die Skinschicht fliegen, unterschiedliche Wege in die Skinschicht (Abb. 76). Der größte Weg AB in der Skinschicht während eines Umlaufes ist von der Größenordnung $\sqrt{r_H\delta}$. Er wird von den „gleitenden" Elektronen durchlaufen, die, wie im § 32 gezeigt wurde, beim anomalen Skineffekt wesentlich sind.

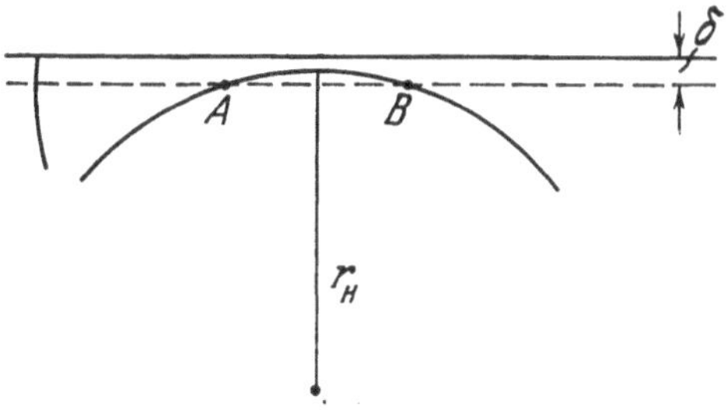

Abb. 76. In Abhängigkeit vom Einfallswinkel durchlaufen die Elektronen in der Skinschicht unterschiedliche Wege

Wenn

$$\sqrt{r_H \delta} \gg l\,, \qquad \text{d. h.} \qquad r_H \gg \frac{l^2}{\delta} = r_1 \tag{34.2}$$

gilt, wobei $r_H = cp_F/eH$ der charakteristische Bahnradius ist, so durchlaufen die „gleitenden" Elektronen in erster Näherung in r_1/r_H in der Skinschicht den maximal möglichen Weg von der Größenordnung l ohne Zusammenstoß, und das Magnetfeld hat keinen Einfluß auf die Impedanz.

Das Magnetfeld verkürzt den Weg in der Skinschicht nur für Elektronen mit $cp/eH \lesssim l^2/\delta$ (s. (34.2)) und führt sie „vorzeitig" aus der Skinschicht heraus. Da nur die Elektronen an der FERMI-Fläche wesentlich sind (s. (32.11) und (32.19)) und die interessierenden Elektronen sich in einem Sektor mit dem Radius $eHl^2/c\delta$ auf der Fläche mit dem Radius $p_F \sim eHr_H/c$ befinden, ist die relative Zahl dieser Elektronen (und entsprechend ihr relativer Beitrag zur Impedanz) von der Größenordnung

$$\Delta\zeta/\zeta \sim (l^2/\delta r_H)^2\,. \tag{34.3}$$

Das bedeutet, daß sie schon in relativ schwachen Feldern, für die $r_H \sim r_1$ ist, einen merklichen Beitrag zur Impedanz liefern. Eine Abschätzung zeigt, daß in sehr reinen Metallen diese Felder von der Größenordnung 0,1—1 Oe sind. Wenn durch Zunahme des Magnetfeldes

$$\sqrt{r_H \delta} \ll l \tag{34.4}$$

erreicht wird, wobei jedoch noch

$$r_H \gg l\,, \tag{34.5}$$

so durchlaufen die „gleitenden" Elektronen in der Skinschicht einen Weg der Größenordnung $\sqrt{r_H \delta} \ll l$, wodurch die Leitfähigkeit um $\sqrt{r_H \delta}/l$ verringert wird (da die statische Leitfähigkeit proportional l ist). Einen maximalen Weg werden die Teilchen in der Skinschicht durchlaufen, die unter einem Winkel von der Größenordnung $\delta/\sqrt{r_H \delta}$ in die Skinschicht hinein- oder herausgelangen. Da alle Winkel gleich wahrscheinlich sind, wird hierdurch die relative Zahl der „gleitenden" Elektronen bestimmt. Auf diese Weise ergibt sich

$$\sigma_{\text{eff}} \approx \sigma \frac{\sqrt{r_H \delta}}{l} \frac{\delta}{\sqrt{r_H \delta}} = \sigma \frac{\delta}{l}\,, \tag{34.6}$$

d. h. die gleiche Größenordnung wie im Fall ohne Magnetfeld. In erster Näherung ändert sich also die effektive Leitfähigkeit im Magnetfeld nicht. Im Bereich $r_H \approx r_1$ ist es natürlich nicht möglich, eine einfache qualitative Rechnung durchzuführen, da die Impedanz in diesem Bereich nicht monoton sein muß, wie in den Arbeiten [11, 12][1]) beobachtet wurde.

Diese Situation ändert sich nicht, wenn das Magnetfeld einen größeren Winkel zur Oberfläche des Metalls bildet bei

$$r_H \ll l\,, \tag{34.7}$$

da die Elektronen die Skinschicht während der Zeit $\delta/v \ll \Omega^{-1}$ verlassen, die im Vergleich zur Umlaufzeit um das Magnetfeld klein ist. Für $\delta \gg r$ wird das Bild wesentlich komplizierter. Hierauf wird in § 41 eingegangen.

Die effektive Leitfähigkeit wächst im Vergleich zu (34.6), wenn das Magnetfeld zur Oberfläche streng parallel ist (so daß der Winkel zwischen Feld und Oberfläche klein ist im Vergleich zu r_H/l). Dieses Anwachsen, das der Zahl der wiederholten Durchläufe der Elektronen auf ihren Spiralbahnen durch die Skinschicht während der mittleren freien Flugzeit entspricht, beträgt das $\approx l/2\pi r_H$-fache:

$$\sigma_{\text{eff}} \approx \alpha\sigma \frac{\delta}{2\pi r_H}\,, \qquad \alpha \approx 1\,. \tag{34.8}$$

Im Ergebnis (s. (33.1)) multipliziert sich die Impedanz im Vergleich zu (33.3) mit dem Faktor $(l/2\pi r_H)^{-1/3}$:

$$\zeta(H) \approx \zeta(0) \left(\frac{l}{2\pi r_H}\right)^{-1/3} \sim (lH)^{-1/3}\,. \tag{34.9}$$

Dieses Ergebnis wurde zum erstenmal streng in [13] erhalten.

2. Es wird jetzt der Fall relativ hoher Frequenz des Wechselfeldes betrachtet,

$$\omega \gg \nu\,, \tag{34.10}$$

wenn das Elektron im Verlauf einer Periode des Feldes Energie aufnimmt. Da beim Fehlen einer Oberfläche bei $\nu = 0$ keine Energie verloren geht, wird die Rolle von ν durch $i\omega$ übernommen. Es ist klar, daß im allgemeinen Fall das Wechselfeld zum Übergang von ν zu $\nu + i\omega$ führt (s. z. B. (33.4a)), d. h. zum Übergang von τ zu τ^*. Im Ergebnis braucht man nur alle Resultate des vorigen Punktes umzuschreiben, in dem man diese Änderung (auch in $\sigma \infty \tau$) vornimmt. Bei den vorhergehenden Betrachtungen wurde davon ausgegangen, daß ein Elektron beliebig oft in Skinschicht kommen konnte, ohne daß sich das Feld wesentlich veränderte. Dabei ist es nicht möglich, bei

$$r_H \ll l \tag{34.11}$$

und

$$\Omega \lesssim \omega \tag{34.12}$$

[1]) Hierzu siehe die §§ 22 und 46.

die Formel (34.8) zu benutzen. Sie gilt nur, wenn eine „synchrone" Beschleunigung des Elektrons durch das Feld möglich ist, d. h. im Resonanzfall. In allen anderen Fällen kann die Beschleunigungszeit aus einem Umlauf bestimmt werden, so daß die Formel (34.6) gilt. Da der Resonanzfall besonders interessant ist, wird er im folgenden Paragraphen gesondert betrachtet.

Es soll noch auf zwei Problme aufmerksam gemacht werden. Bisher wurde nur eine Sorte von Quasiteilchen diskutiert. Sind mehrere Sorten von Quasiteilchen vorhanden, so ändern sich diese Resultate nicht, auch nicht, wenn die Anzahl der Elektronen und Löcher gleich ist zum Unterschied zu den galvanomagnetischen Effekten in statischen Feldern (§ 27). Wesentlich ist die detaillierte Struktur der Bahnen in der schmalen Skinschicht, die für Elektronen und Löcher unterschiedlich ist.

Es wurden bisher auch keine begrenzten Proben betrachtet. Im Falle einer durch zwei parallele Flächen begrenzten Probe, in der das Magnetfeld parallel zur Oberfläche liegt, hat die zweite Begrenzung einen interessanten Einfluß auf die Ergebnisse. Ist die Dicke D einer solchen Probe klein im Vergleich zur mittleren freien Weglänge l, aber groß im Vergleich zur Dicke der Skinschicht δ,

$$\delta \ll D \ll l\,, \tag{34.13}$$

so liegen unabhängig von der Größe ω/v für Magnetfelder H, die größer sind als der Grenzwert H_D,

$$H_D = \frac{c p_s^{\max}}{eD}\,, \tag{34.14}$$

der bis auf δ/D genau bestimmt werden kann, alle Bahnen in der Probe zwischen den beiden Oberflächen, so daß nach dem Überschreiten dieses Grenzwertes alle Elektronen mehrfach in die Skinschicht zurückkehren können (s ist die Richtung senkrecht zum Magnetfeld auf der Probenoberfläche.) Dadurch hat die Ableitung der Oberflächenimpedanz nach dem Magnetfeld bei $H = H_D$ einen Sprung [14].

Diese Erscheinung erhielt die Bezeichnung Größeneffekt, und sie ist eine wichtige Methode zur Bestimmung der Form der Fermi-Fläche [15].

§ 35 Physikalisches Bild der Zyklotronresonanz

Es ist bekannt, daß sich ein freies Elektron in einem konstanten Magnetfeld $\boldsymbol{H}$ auf einer Schraubenbahn längs der Richtung des Magnetfeldes bewegt. In der Ebene senkrecht zum Magnetfeld stellt die Bewegung eine gleichmäßige Rotation mit der Frequenz $\Omega = eH/mc$ dar, die weder von der Größe noch von der Richtung der Geschwindigkeit abhängt. Diese Unabhängigkeit der Frequenz von der Geschwindigkeit des Elektrons bleibt auch in dem etwas allgemeineren Fall des quadratischen Dispersionsgesetzes, wenn die Oberflächen konstanter Energie

Ellipsoide sind, erhalten (§ 4). Gerade dieser Fall tritt häufig in Halbleitern auf, in denen die Energiebänder entweder fast völlig leer oder fast völlig gefüllt sind. Es ist deshalb von vornherein zu erwarten, daß in einem Halbleiter, der sich in einem konstanten Magnetfeld und in einem dazu senkrecht einfallenden zirkularpolarisierten hochfrequenten elektromagnetischen Feld der Frequenz $\omega \sim \Omega$ befindet, Resonanz auftritt. Diese Resonanz wurde unabhängig voneinander von Dorfman [16] und von Dingle [17] vorausgesagt. Die danach erfolgte experimentelle Beobachtung der Zyklotronresonanz an Halbleitern spielte eine sehr wesentliche Rolle für die Aufstellung des Dispersionsgesetzes der Halbleiter (s. z. B. [18]).

Für die Beobachtung der Dorfman-Dingle-Resonanz ist es sehr wesentlich, daß auf Grund der geringen Ladungsträgerkonzentration das elektrische Feld im Halbleiter als homogen betrachtet werden kann. Es wird noch gezeigt, daß das auch in Halbleitern nicht immer der Fall ist.

Diese Überlegung ist für Metalle aus zwei Gründen nicht anwendbar.

Die hohe Ladungsträgerkonzentration führt, wie in § 32 unterstrichen wurde, auf dem Abstand eines Bahnradius zu einer starken Inhomogenität des elektromagnetischen Feldes, d. h. zum extrem anomalen Skineffekt. Für das Auftreten einer Resonanz ist es auf jeden Fall notwendig, daß das Elektron zwischen zwei Stößen (mit Fremdatomen, Gitterstörungen, Phononen oder anderen Elektronen) mindestens einige Umläufe schafft, d. h., daß die Bedingungen $\omega\tau > 1$, $l > r_H$ erfüllt sind. In diesem Fall hängt die Skintiefe nicht von τ ab und ist nach § 32 von der Größenordnung c/ω_0, wobei die Plasmafrequenz $\omega_0 \approx (ne^2/m)^{1/2}$ ist. Die Tiefe der Skinschicht ist bei der gewöhnlich in Metallen vorhandenen Ladungsträgerkonzentration von $n \approx 10^{22}\,\mathrm{cm}^{-3}$ von der Größenordnung $\delta \approx 10^{-5}-10^{-6}$ cm. Demgegenüber ist der Bahnradius für Wellenlängen im Zentimeterwellengebiet, die einem magnetischen Resonanzfeld von $\approx 10^4$ Oe entsprechen, von der Größenordnung $r_H \approx v/\omega \approx 10^{-3}$ cm.

Der Mechanismus der Energieaufnahme des Elektrons aus dem Feld wird durch die starke Inhomogenität des Hochfrequenzfeldes völlig geändert. Er hängt außerordentlich stark von der Orientierung des konstanten Magnetfeldes relativ zur Oberfläche des Metalls ab (§ 34), denn in einem zur Oberfläche des Metalls geneigten Magnetfeld kehren die Elektronen (mit Ausnahme eines kleinen Anteils der Elektronen $\approx \delta/r_H$, deren Geschwindigkeit in Richtung des Magnetfeldes zeigt, $\approx \omega\delta$) nach dem ersten Umlauf praktisch nicht wieder in die Skinschicht zurück. Sie werden also nur auf einen kleinen Bogen beschleunigt (Abb. 77). In diesem Fall beeinflußt das Magnetfeld die Oberflächenimpedanz des Metalls verständlicherweise nur schwach (was in den Arbeiten [7], [19—21]) streng nachgewiesen wurde.

In einem zur Oberfläche des Metall streng parallelen Magnetfeld kehren die Elektronen, die nicht mit der Oberfläche zusammenstoßen, nach jedem Umlauf wieder in die Skinschicht zurück. Dabei spielt die Skinschicht die gleiche Rolle wie der Spalt im Zyklotron. Wenn „Synchronisation" eintritt und die Frequenz ω gleich der Frequenz Ω oder einem Vielfachen dieser Frequenz ist,

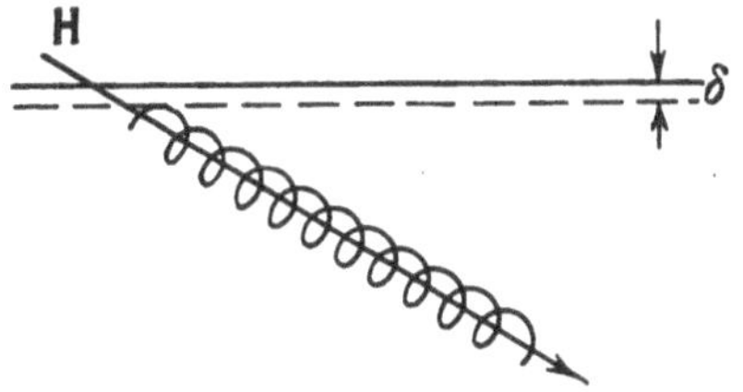

Abb. 77. Bewegung eines Elektrons in einem Magnetfeld, das zur Oberfläche des Metalls geneigt ist

was bedeutet, daß die Umlaufzeit der Periode des Hochfrequenzfeldes oder einem ganzen Vielfachen dieser Periode gleich ist, so wird das Elektron $l/2\pi r_H$ mal in der Skinschicht beschleunigt, was eine spezifische Zyklotronresonanz bedingt.

Auch der zweite Grund, der die Zyklotronresonanz in Metallen verkompliziert, ist durch die grundlegende Besonderheit der Metalle, die hohe Ladungsträgerkonzentration, bedingt, die zur Auffüllung eines endlichen Teils der Leitfähigkeitszone führt. (Ausnahmen stellen Halbmetalle vom Typ des Wismut dar. Hierauf wird noch eingegangen.) Da die Elektronen, die die Leitfähigkeit bedingen nicht an der Bandkante konzentriert sind, ist von vornherein zu erwarten, daß ihr Dispersionsgesetz nicht unbedingt quadratisch ist.[1])

Die Trajektorien der Elektronen im Impulsraum werden für ein nichtquadratisches Dispersionsgesetz nach § 4 durch folgende Gleichungen beschrieben:

$$\boldsymbol{\varepsilon}(\boldsymbol{p}) = \varepsilon ,$$

$$p_z = \text{const} .$$

Die Bewegungsgleichung ergibt, daß die Projektion der Bewegung im Koordinatensystem auf die xy-Ebene senkrecht zum Magnetfeld der Bewegungskurve im Impulsraum ähnlich ist, jedoch um 90° gedreht und mit dem Ähnlichkeitskoeffizienten c/eH multipliziert (§ 4).

Die Elektronen, die sich im Metall auf offenen Bahnen bewegen, d. h., die eine unendliche Bewegung ausführen, haben eine unendliche Periode und kehren nicht in die Skinschicht zurück. Diese Elektronen können deshalb nicht an der Resonanz teilnehmen. Es ist aber im geneigten Feld Resonanz möglich, wenn offene Bahnen parallel zur Metalloberfläche verlaufen, siehe [22].

Es werden im folgenden nur geschlossene Bahnen betrachtet, die praktisch für jede Richtung des Magnetfeldes vorhanden sind, selbst wenn die Fermi-Oberfläche nicht geschlossen ist.

Die Elektronen, die sich auf geschlossenen Bahnen bewegen, führen eine periodische Bewegung aus, wobei die Frequenz dieser Bewegung von p_z abhängt, da

$$\Omega = eH/m^*c \qquad \text{mit} \qquad m^* = (1/2\pi)\, \partial S(\varepsilon, p_z)/\partial\varepsilon .$$

[1]) Eine Ausnahme bilden die Alkalimetalle (K, Na, Rb, Cs), deren Fermi-Fläche einer Kugel sehr nahe kommen.

Die Masse m^* ist zwar auch von der Energie abhängig, was jedoch nicht berücksichtigt werden braucht, da in Metallen nur die Elektronen mit einer Energie nahe der FERMI-Energie ε_F wesentlich sind.

Es können sich deshalb nur Elektronen einzelner Querschnitte, für die $\Omega(p_z) = \omega$ gilt, genau in Resonanz befinden.[1]) Gerade hierdurch wird die Möglichkeit, Resonanz für ein beliebiges Dispersionsgesetz zu beobachten, nicht sehr wahrscheinlich, und der Nachweis der Resonanz erfordert genauere Überlegungen.

Schon aus allgemeineren Betrachtungen kann übersehen werden, welche Elektronen sich in einer „bevorzugten" Lage befinden. Bei kleiner Änderung von p_z nahe p_0 wird sich die Frequenz Ω linear mit $p_z - p_0$ ändern. Wenn jedoch p_0 einem Extremalwert der Zyklotronfrequenz entspricht, $\Omega'(p_0) = 0$, so ändert sich die Frequenz Ω wesentlich langsamer, und zwar quadratisch in $(p_z - p_0)$. Deshalb haben in der Nähe dieses Querschnittes wesentlich mehr Elektronen eine Umlauffrequenz, die nahe $\Omega(p_0)$ ist, weshalb gerade auf dieser Frequenz Resonanz zu erwarten ist.

„Bevorzugt" erweisen sich auch die Frequenzen, die den Grenzen (in p_z) des stetigen Spektrums, und zwar den größten und den kleinsten Werten p_z, entsprechen, d. h. die Frequenzen, die den Grenzpunkten der FERMI-Fläche entsprechen. (In Abb. 78 sind die Grenzpunkte durch A und B bezeichnet, in diesen Punkten ist die Geschwindigkeit dem Magnetfeld parallel.) Auf diesen Frequenzen ist natürlich auch Resonanz zu erwarten.

Im folgenden wird die relative Tiefe und die Halbwertsbreite des Resonanzminimums der Impedanz betrachtet. (Da im Resonanzfall die Leitfähigkeit stark anwächst, hat der Widerstand ein Minimum.) Elektronen, die sich nicht in Resonanz befinden, treffen bei jeder Rückkehr in die Skinschicht eine andere Phase des elektrischen Feldes an, und die von ihnen aus dem Feld aufgenommene Energie ist von der gleichen Größenordnung wie die Energie, die sie bei einem einmaligen Durchgang durch die Skinschicht aufnehmen. Hängt Ω nicht von p_z ab (wie es z. B. der Fall bei quadratischer Dispersion ist), so werden bei

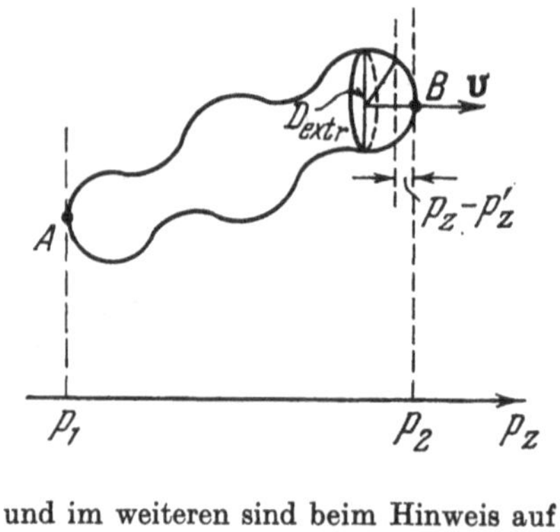

Abb. 78. p_1 und p_2 sind die Werte von p_z, die den Grenzpunkten der FERMI-Fläche entsprechen ($v(p_1)$ und $v(p_2)$ sind zu $\boldsymbol{H}$ parallel)

[1]) Hier und im weiteren sind beim Hinweis auf Resonanz bei einer bestimmten Frequenz auch stets die Harmonischen gemeint.

Resonanz ($\omega = q\Omega$, q — ganze Zahlen) die Elektronen bei jedem Durchgang durch die Skinschicht synchron beschleunigt, so daß die Energie, die sie vom Feld aufnehmen, (und entsprechend die Leitfähigkeit) proportional der Zahl der Durchgänge durch die Skinschicht wächst, d. h. um $1/2\pi r_H \sim \Omega\tau/2\pi$-mal. Folglich ist die relative Tiefe des Resonanzminimums der Impedanz proportional $\delta \sim (\sigma_{\text{eff}}/\sigma)^{-1/3}$ (s. (33.1a)) und von der Größenordnung $(\Omega\tau/2\pi)^{-1/3}$. (Dämpfungstiefe und Oszillationsperiode der Wellen im Metall unterscheiden sich in der Nähe der Resonanz stark, wodurch bei einer geringen Abweichung von der strengen Resonanz noch ein tieferes Minimum erreicht wird (s. § 37).)

Hängt Ω stark von p_z ab und erfolgt Resonanz bei Extremalwerten von Ω, so werden die Elektronen, für die $|\Omega(p_z) - \omega/q| \sim 1/\tau$ gilt, d. h. $\Delta p_z/p_0 \sim 1/\sqrt{\Omega\tau}$, beschleunigt (wobei p_0 ein charakteristischer Wert von p_z ist, z. B. $p_2 - p_1$ in Abb. 78). Da die Zahl der Umläufe dieser Elektronen $1/2\pi r_H \sim \Omega\tau/2\pi$ ist, liefern sie den Hauptbeitrag zur Leitfähigkeit und bedingen ihre Zunahme um $(1/\sqrt{\Omega\tau})\,(\Omega\tau/2\pi) = \sqrt{\Omega\tau}/2\pi$. Dadurch wird die relative Tiefe des Minimums von der Größenordnung $(2\pi/\sqrt{\Omega\tau})^{1/3}$. Auch hierbei ist wie im vorhergegangenen Fall ein tieferes Minimum für Frequenzen nahe der Resonanzfrequenz möglich (§ 37).

Wenn schließlich Ω von p_z stark abhängt und die Resonanz auf einer Frequenz erfolgt, die einem Grenzpunkt entspricht (z. B. p_1, wo $\Delta\Omega(p_z) = \Omega'(p_1(p_z - p_1)) \sim \Omega\Delta p_z/p_0$), so werden die Elektronen bei $\Delta\Omega \sim 1/\tau$ synchron ungefähr $\Omega\tau$-mal beschleunigt.

In dem hier interessierenden Fall des anomalen Skineffektes (der in Metallen praktisch allein interessant ist) muß berücksichtigt werden, daß der Bahnradius in der Nähe des Grenzpunktes klein ist (und im Grenzpunkt selbst Null ist) und deshalb der relative Weg, der in der Skinschicht durchlaufen wird, im Vergleich mit den „anderen" Elektronen entsprechend wächst (s. Abb. 78), und zwar proportional $r_0/r(p_z) \sim \sqrt{p_0/\Delta p_z} \sim \sqrt{\Omega\tau}$ (r_0 ist dabei der charakteristische LARMOR-Radius). Beim anomalen Skineffekt erfolgt die Zunahme der Leitfähigkeit für die Resonanz im Grenzpunkt durch die Elektronen, die die maximale Zahl von Umläufen durch die Skinschicht erreichen. Da ihre Anzahl von der Größenordnung $\Delta p_z/p_0 \sim (\Omega\tau)^{-1}$ ist, ist der ungefähre Zuwachs der Leitfähigkeit $\Omega\tau \cdot (\Omega\tau)^{-1}\sqrt{\Omega\tau} = \sqrt{\Omega\tau}$ und die Resonanztiefe die gleiche wie bei der Resonanz bei extremalen Frequenzen. Der geringe Bahnradius in der Nähe des Grenzpunktes ist beim normalen Skineffekt unwesentlich, und die Resonanz bei der entsprechenden Grenzfrequenz ist logarithmisch.

Die Halbwertsbreite $\Delta\Omega$ der Resonanzkurve wird in allen Fällen durch die Stoßverbreiterung der Resonanzfrequenz verursacht und ist von der Größenordnung $1/\tau$.

In der nächsten Näherung in bezug auf die Anomalie des Skineffektes gibt es noch eine weitere Frequenz, auf der Zyklotronresonanz möglich ist [23]. Diese Resonanz ist durch den besonderen Charakter der Dämpfung eines hochfrequenten elektromagnetischen Feldes in einem Metall in einem statischen Magnetfeld bedingt. Im § 38 wird gezeigt, daß das Wechselfeld in der Tiefe des Metalls neue Feldschichten bildet, die untereinander Abstände haben, die von der Größe des in p_z extremalen Bahndurchmessers D_{extr} sind (s. Abb. 78). Elektronen, die sich auf den entsprechenden Bahnen befinden, beteiligen sich an der Zyklotronresonanz. Die Halbwertsbreite der entsprechenden Resonanzlinie bestimmt sich, abgesehen von $(\omega\tau)^{-1}$, durch das Verhältnis zwischen effektiver Skintiefe und dem Bahndurchmesser $\delta_{\text{eff}}/r \sim (\omega_0 D/c)^{-2/3} \sim \varrho$ und ist ungefähr von der Größe

$$\varkappa \approx (\omega\tau)^{-1} + \varrho^{1/2}\,, \tag{35.1}$$

wobei ω_0 die Plasmafrequenz ist, und der relative Resonanzzuwachs ist von der Größe $\varkappa^{-2}\varrho^2$.

Die Zyklotronresonanz in Metallen wurde für extremale Frequenzen schon 1956 [7] vorausgesagt.[1])

Zyklotronresonanz ist jedoch nicht nur an „guten" Metallen, sondern auch an „schlechten" Metallen zu beobachten, die nur eine geringe Zahl von Ladungsträger haben. Dazu gehören Wismut, Antimon, Arsen, Graphit usw. und legierte Halbleiter mit Ladungsträgerkonzentrationen der Größenordnung $10^{17}\,\text{cm}^{-3}$. Das ist durch das starke Ansteigen der Leitfähigkeit in der Resonanz bei quadratischer Dispersion um $\Omega\tau$ bedingt, wodurch sich die Skinschicht verringert und dabei kleiner als der Lamor-Radius bei gegebener Magnetfeldrichtung werden kann. Es ist möglich, daß hierdurch die Diskrepanz zwischen den Experimenten und der gewöhnlichen Theorie verursacht wird, die von einer Reihe von Autoren bemerkt wurde (siehe z. B. [24]).

Bald nach der theoretischen Vorhersage wurde die Zyklotronresonanz experimentell an Zinn [25] und noch schwach aufgelöst an Kupfer beobachtet. Seitdem wurde Zyklotronresonanz außer an Zinn [26] und Kupfer [27] an Blei [28], Indium [29], Zink [30], Aluminium [31], Wismut [32], Quecksilber [33], Gallium [34], Silber [35], Gold [36], Natrium und Kalium [37], Wolfram [38], Kadmium [39], Antimon [40] und Magnesium [41] beobachtet. Für alle genannten Metalle wurden für die entsprechenden Richtungen die effektiven Massen und in einer Reihe von Fällen die experimentellen Durchmesser der Fermi-Fläche sowie die Geschwindigkeiten auf ihr bestimmt. Heute steht nicht mehr die Untersuchung der Zyklotronresonanz, sondern die Untersuchung der Struktur der energetischen Spektren der verschiedenen Metalle mit der Zyklotronresonanz als eine der effektivsten Methoden im Mittelpunkt des Interesses.

In der Abb. 79 sind charakteristische Zyklotronresonanzkurven dargestellt, in denen die mehrfache Resonanz als Serien von Resonanzlinien zu sehen ist.

[1]) Für quadratisches Dispersionsgesetz war die Zyklotronresonanz schon in den Formeln (1)–(2) der Arbeit [13] enthalten, wo die Stromdichte j bei $\Omega\tau \gg 1$ proportional $\gamma/\text{sh}\,(\pi\gamma)$ ist und $\gamma = r(1 + i\omega\tau)/l = i\omega/\Omega + 1/\Omega\tau$, so daß $j \sim 1/\sin\,(\pi\omega/\Omega - i\pi/\Omega\tau)$ ist und bei $\omega = q\Omega$ ($q = 1, 2, 3, \ldots$) Resonanz auftritt.

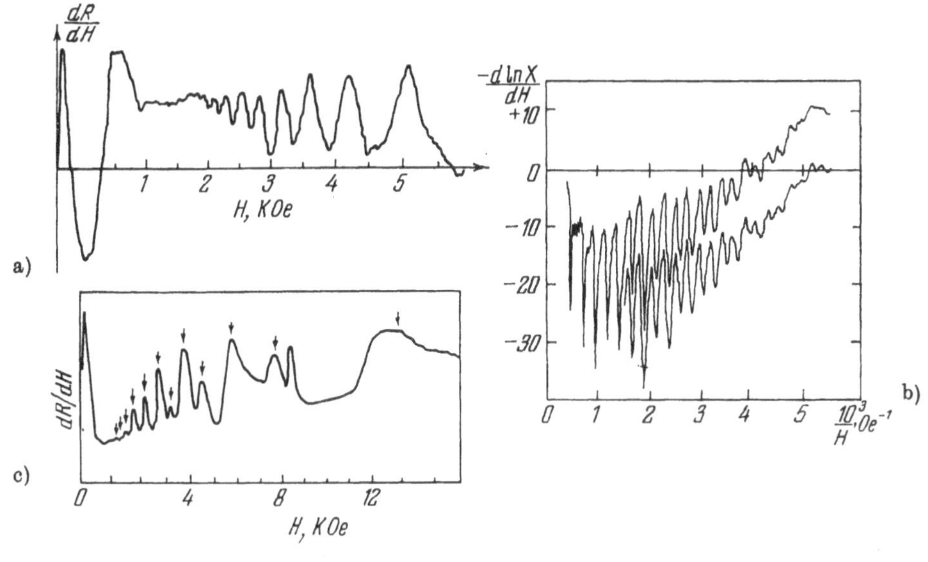

Abb. 79. Zyklotronresonanz: a) und b) — in Zinn, c) — in Kupfer

(Auf allen Abbildungen sind auf den Ordinatenachsen beliebige Einheiten abgetragen.)

Die hohe Empfindlichkeit der Resonanz gegenüber dem Winkel zwischen statischem Magnetfeld und der Metalloberfläche wurde experimentell bestätigt.

Zum Abschluß soll noch auf die Frage der Möglichkeit der Zyklotronresonanz im geneigten Magnetfeld eingegangen werden.

In einem Magnetfeld, das relativ zur Metalloberfläche geneigt ist, könnte z. B. auf zentralen Querschnitten, auf denen die Elektronen nicht in die Tiefe des Metalls verschwinden, (da der mittlere Wert ihrer Geschwindigkeit auf Zentralquerschnitten Null ist) Zyklotronresonanz auftreten [42]. Jedoch ist die relative Anzahl der Elektronen, die die Skinschicht nach dem n-ten Umlauf nicht verlassen, von der Größe $\delta/(r_H n) \ll 1$ und ihr relativer Anteil an der Impedanz von der Größenordnung δ/r_H und somit immer klein (solange anomaler Skineffekt vorliegt, d. h. bis zu Frequenzen $\omega \gtrsim 10^{13}\,\mathrm{s}^{-1}$, die Magnetfeldern von $H \gtrsim 10^6$ Oe entsprechen; s. [7]). Analogen Charakter hat der Resonanzsummand auf offenen Bahnen [43].

Quantenoszillationen im geneigten Feld werden nur durch Elektronen bedingt, die sich in der Nähe von Extremalquerschnitten bei $p_z \sim p_0(\Omega/\omega_0)^{1/3}$ befinden. Diese Elektronen kehren in die Skinschicht zurück. Deshalb hat die Amplitude der Quantenoszillationen Resonanzcharakter, und sie wächst in der Resonanz um $\sim(r/\delta)\,(\Omega/\omega_0)^{1/2}$. Der Gesamtbeitrag zur Impedanz ist dabei von der Größe $(r_H/\delta)\,(\Omega/\omega_0)$. (Formal entsprechen der klassische und der quantenmechanische Anteil im geneigten Feld der Entwicklung der Impedanz nach den beiden kleinen Parametern: dem „klassischen" δ/r_H und dem „quantenmechanischen" (Ω/ω_0).)

Abb. 80. Darstellung der Rolle von Unebenheiten der Oberfläche bei der Bewegung von Elektronen im Magnetfeld

Das bezieht sich natürlich nicht auf die speziellen Fälle, wenn im gesamten Impulsintervall $\bar{v}_z = 0$ ist und wenn Zyklotronresonanz bei beliebiger Neigung des Magnetfeldes möglich ist.

Der Einfluß des geneigten Magnetfeldes kann aber auch noch anders erklärt werden. Die Drift der Elektronen in Richtung des Magnetfeldes führt einerseits zur DOPPLER-Verschiebung der Frequenz mit unterschiedlichem Vorzeichen für die Elektronen, die sich zur Oberfläche bewegen und die sich von der Oberfläche wegbewegen, und damit zur Aufspaltung der Resonanzfrequenz in zwei Frequenzen; andererseits zu einem stetigen Zuwachs derResonanzfrequenz, der zur „Verschmierung" der Resonanz und zur Verbreiterung der Resonanzkurve führt. Bei kleinen Neigungswinkeln wird deshalb eine Aufspaltung der Resonanzlinie beobachtet (wobei am Anfang sogar eine Verschärfung der Resonanz möglich ist, da die mittlere freie Weglänge, die durch Zusammenstöße mit stetigen Krümmungen der Oberfläche nicht verkleinert wird, sogar anwachsen kann, Abb. 80). Dabei ist für die Resonanz ein zentraler Querschnitt wesentlich günstiger, da auf ihm $\bar{v}_z = 0$ ist. Eine wesentliche Neigung führt zu einem neuen Resonanztyp, der mit einer weiteren Näherung nach dem „Parameter der Anomalie" δ/r verbunden ist und im nächsten Paragraphen behandelt wird. (Zyklotronresonanzexperimente im geneigten Feld werden z. B. in den Arbeiten [34], [44] beschrieben.)

§ 36 Theorie der Zyklotronresonanz

Die Berechnung der Stromdichte im Punkt $\boldsymbol{r}$ zur Zeit t führt zur Bestimmung der Energie $\Delta\varepsilon$, die das Elektron mit dem Quasiimpuls $\boldsymbol{p}$ vom äußeren Feld erhält, wenn es sich zur gegebenen Zeit in dem gegebenen Punkt befindet (siehe (32.11)).

Es wird der allgemeine Fall der Bewegung eines Elektrons in einem elektromagnetischen Wechselfeld und einem statischen Magnetfeld mit beliebiger Orientierung zur Oberfläche des Metalls betrachtet (Abb. 81).

Anstelle der drei Projektionen des Impulses werden günstigere Veränderliche für die Charakterisierung des Elektronenzustandes gewählt (§ 27): die Energie ε, die Projektion des Impulses p_z auf die Richtung des statischen Magnetfeldes $\boldsymbol{H}$ (wobei diese Richtung als z-Achse und die Richtung senkrecht zur Oberfläche als ξ-Achse gewählt werden) und die Bahnumlaufzeit der Elektronen, gerechnet von irgendeinem Punkt der Bahn. Es ist klar, daß diese drei Größen eindeutig

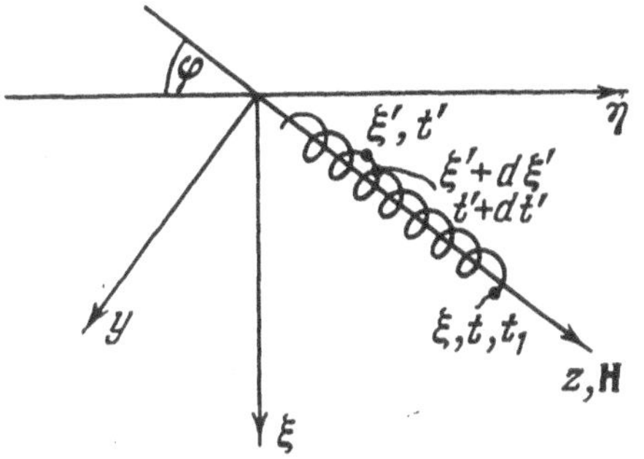

Abb. 81. Bewegung eines Elektrons in einem Magnetfeld, das beliebig zur Oberfläche des Metalls orientiert ist

den Quasiimpuls des Elektrons beschreiben und daß t und $t + T(T = 2\pi/\Omega = 2m^*c/eH)$ ein und demselben $\boldsymbol{p}$-Wert entsprechen, so daß alle Größen, die mit der Bewegung der Elektronen im Impulsraum verbunden sind, mit der Periode T in t periodisch sind.

Gesucht wird die Energie $\Delta\varepsilon$ eines Elektrons (in nullter Näherung in E), das sich mit der Ausgangsenergie ε mit dem Quasiimpuls p_z im Zeitpunkt t auf einem Punkt einer Bahn befand und im Moment t_1 in den Punkt ξ übergeht.

Es wird die Energie bestimmt, die in der Zeit von t' bis $t' + dt'$ aufgenommen wird (wobei die Zeit auf der Bahnkurve gerechnet wird).

Das Elektron durchläuft in der Zeit von t' bis t den Weg $\xi(t) - \xi(t') = \int_{t'}^{t} v_\xi(t')\,dt'$.

Die Funktion $v_\xi(t)$ ist bekannt, sofern die Funktion $\varepsilon(\boldsymbol{p})$ und die Beziehung zwischen $\boldsymbol{p}$ und ε, p_z, t bekannt sind. Folglich befindet sich das Elektron im Moment t im Punkt $\xi - \xi(t) + \xi(t')$. Dabei ist ξ die Koordinate im gewöhnlichen Raum, und $\xi(t)$ beschreibt die Bewegung des Elektrons im Magnetfeld. In diesem Punkt befindet sich das Elektron im Zeitpunkt $t_1 - (t - t')$. Damit nimmt die Gleichung (32.13a) folgendes Aussehen an:

$$\dot{\varepsilon}(t') = ev_\alpha(t')\,E_\alpha(\xi - \xi(t) + \xi(t'))\exp\{i\omega t_2 - i\omega(t - t')\}\,. \tag{36.1}$$

(Wie schon früher, werden das Feld und seine Amplitude mit einem Buchstaben bezeichnet.) α bezeichnet die Koordinaten x, η in der Oberfläche des Metalls, und es muß über das sich zweimal wiederholende α summiert werden, so daß $d\varepsilon(t') = \dot{\varepsilon}(t')\,dt'$.

Die Wahrscheinlichkeit dafür, daß das Elektron die aufgenommene Energie im Verlauf der Zeit $t - t'$ nicht durch Stöße abgibt, ist $\exp\left(-\frac{t - t'}{\tau}\right)$, woraus folgt:

$$\Delta\varepsilon(\xi, t_1) = \int_{-\infty}^{t} ev_\alpha(t')\,E_\alpha(\xi - \xi(t) + \xi(t'))\exp\{i\omega t_1 - i\omega(t - t')\}\,dt\exp\left(-\frac{t - t'}{\tau}\right). \tag{36.2}$$

Wird (36.2) in (32.11) eingesetzt und von $\boldsymbol{p}$ zu den neuen Veränderlichen übergegangen, so ergibt sich für die Stromdichte $j_\alpha(\xi)$:

$$j_\alpha(\xi) = \frac{2e^2}{(2\pi\hbar)^3}\left|\frac{eH}{c}\right| \int\limits_{p_z^{\min}(\varepsilon_F)}^{p_z^{\max}} \mathrm{d}p_z \int\limits_0^{T(\varepsilon_F, p_z)} \mathrm{d}t\, v_\alpha(t) \int\limits_{-\infty}^{t} v_\beta(t')\, \mathrm{d}t'$$

$$\times E_\beta(\xi - \xi(t) + \xi(t')) \exp\left\{-\left(i\omega + \frac{1}{\tau}\right)(t - t')\right\}, \qquad (36.3)$$

$$\xi(t) - \xi(t') = \int\limits_{t'}^{t} v_\xi(t_1)\, \mathrm{d}t_1 .$$

Der für die Stromdichte erhaltene Ausdruck $j_\alpha(\xi)$ muß in die MAXWELLsche Gleichung (32.4), (32.6a) eingesetzt werden und wird für eine monochromatische Welle der Frequenz ω im eindimensionalen Fall:

$$E''_\alpha(\xi) = \frac{4\pi i\omega}{c^2}\, j_\alpha(\xi) . \qquad (36.4)$$

Wie zu erwarten war, lassen die Gleichungen (36.3) und (36.4) gerade Lösungen zu, so daß bei $E_\alpha(-\xi) = E_\alpha(\xi)$ die Stromdichte auch eine gerade Funktion ist.[1]) Um sich davon zu überzeugen, muß man die Zentralsymmetrie von $\xi(\boldsymbol{p})$ ausnutzen, wobei der Übergang von $\boldsymbol{p}$ in $-\boldsymbol{p}$ in den neuen Veränderlichen dem Übergang $p_z \to -p_z$, $t \to t + T_1$ entspricht. Wird die Periodizität von t unter dem Integral in (36.3) berücksichtigt und wird der Übergang $p_z \to -p_z$, $t + t + T_1$, $t' \to t' + T_1$ durchgeführt, so ergibt sich $j_\alpha(\xi)$ als gerade Funktion.

Werden von beiden Seiten in (36.3), (36.4) die FOURIER-Komponenten genommen und der Sprung von $E'_\alpha(\xi)$ bei $\xi = 0$ berücksichtigt, so folgt:

$$-k^2\varepsilon_\alpha(k) - 2E'_\alpha(0) = \frac{4\pi i\omega 2e^2}{c^2(2\pi\hbar)^3}\left|\frac{eH}{c}\right| K_{\alpha\beta}(k)\, \varepsilon_\beta(k) ,$$

$$E'_\alpha(0) \equiv E'_\alpha(+0); \qquad (36.5)$$

$$\varepsilon_\alpha(k) = 2\int\limits_0^\infty E_\alpha(\xi) \cos k\xi\, \mathrm{d}\xi , \qquad E_\alpha(\xi) = \frac{1}{\pi}\int\limits_0^\infty \varepsilon_\alpha(k) \cos k\xi \mathrm{d}k , \qquad (36.6)$$

$$K_{\alpha\beta}(t) = \int\limits_{p_z^{\min}(\varepsilon_F)}^{p_z^{\max}(\varepsilon_F)} \mathrm{d}p_z \int\limits_0^{T(p_z, \varepsilon_F)} \mathrm{d}t\, v_\alpha(t) \exp\left\{-ik\xi(t) - \left(i\omega + \frac{1}{\tau}\right)t\right\}$$

$$\times \int\limits_{-\infty}^{t} \mathrm{d}t'\, v_\beta(t') \exp\left\{ik\xi(t') + \left(i\omega + \frac{1}{\tau}\right)t'\right\}, \qquad (36.7)$$

[1]) Siehe § 33.

oder wird in (36.7) von $\int\limits_{-\infty}^{t}$ zum Integral über die Periode übergegangen,

$$K_{\alpha\beta}(k) = \int\limits_{p_z^{\min}}^{p_z^{\max}} \left[1 - \exp\left(ik\bar{v}_z T \sin\varphi - 2\pi i\frac{\omega}{\Omega} - \frac{2\pi}{\Omega\tau}\right)\right]^{-1} \mathrm{d}p_z$$

$$\times \int\limits_0^T v_\alpha(t) \exp\left\{- ik\xi(t) - \left(i\omega + \frac{1}{\tau}\right) t\right\} \mathrm{d}t$$

$$\times \int\limits_{t-T}^{t} v_\beta(t') \exp\left\{ik\xi(t') + \left(i\omega + \frac{1}{\tau}\right) t'\right\} \mathrm{d}t' , \qquad (36.8)$$

wobei

$$\bar{\varphi} = \frac{1}{T}\int\limits_0^T \varphi(t_1)\, \mathrm{d}t_1 , \qquad T = 2\pi/\Omega . \qquad (36.9)$$

Bei der Herleitung der Formel (36.8) wurde benutzt, daß $\bar{v}_y \sim \bar{\dot{p}}_z = 0$.

Die Berücksichtigung der Abhängigkeit von τ von p ändert die Formel (36.8) nicht, wenn $1/\tau$ als Bezeichnung für $\overline{\tau^{-1}}$ verstanden wird. Das ist insofern klar, da die Bahnkurven in erster Näherung nur durch die Integrale der Bewegung ε und p_z charakterisiert werden, jedoch für t Entartung vorliegt, die zur Mittelwertbildung führt.

Wird berücksichtigt, daß sich die charakteristische Größe k aus der Dämpfung des Feldes und damit aus der effektiven Skintiefe bestimmt, denn $k \sim 1/\delta_{\mathrm{eff}}$ und $kr_H \gg 1$, so können die Integrale über t und t' in (36.8) mit der Wegintegralmethode berechnet werden. Im Ergebnis erweisen sich die „gleitenden" Elektronen mit $v_\xi = 0$ als wesentlich, wie es bisher auch stets betont wurde.

Aus den Formeln (36.5) bis (36.8) lassen sich alle Ergebnisse gewinnen, die in § 35 aus physikalischen Überlegungen erhalten wurden. Im folgenden wird nur der (in bezug auf die Resonanz) interessanteste Fall, für den das Magnetfeld parallel zur Metalloberfläche orientiert ist, d. h. $\varphi = 0$, $\eta = z$, $\xi = y$ und $y(t) = cp_x(t)/eH$, betrachtet.

Die Randbedingungen in (36.3) sind in der Nähe der Resonanz besonders einfach zu berücksichtigen. Die Elektronen, die auf die Oberfläche auftreffen und nicht streng spiegelnd reflektiert werden, nehmen offensichtlich nicht an der Resonanz teil und geben folglich nur einen kleinen Beitrag zur Stromdichte. Diese Elektronen sind deshalb aus der Betrachtung auszuschließen, was durch einen Faktor $E(y - y(t) + y_{\min})$ in (36.3) geschieht, wobei $E(W) = 1$ für $W > 0$ und $E(W) = 0$ für $W < 0$ gilt.

Aus Formel (36.8) ist schon zu erkennen, daß Zyklotronresonanz für die Frequenz $\Omega = \omega$ und für die Frequenzen $\Omega = \omega/2, \omega/3, \ldots$ existiert und daß für quadratisches und nichtquadratisches Dispersionsgesetz ein wesentlicher Unterschied in der Resonanztiefe besteht.

Bei quadratischem Dispersionsgesetz hängt Ω nicht von p_z ab und $j_\alpha \sim \left[1 - \exp\left(-2\pi i \frac{\omega}{\Omega} - \frac{2\pi}{\Omega\tau}\right)\right]^{-1}$, so daß bei $\tau \to \infty$ die Stromdichte in der Resonanz (bei $\omega = \Omega, 2\Omega, \ldots$) proportional $\Omega\tau$ unbegrenzt wächst.

Für nichtquadratisches Dispersionsgesetz führt in erster nichtverschwindender Näherung bezüglich der Anomalität die Übereinstimmung von ω mit einer der Frequenzen Ω, die nicht Frequenzen von Extremalquerschnitten oder Grenzpunkten sind, zu keinerlei Besonderheit.

Die Übereinstimmung von ω mit einem Extremalwert oder einem Grenzwert von Ω oder auch einem Vielfachen dieser Werte $\Omega = \Omega_0$ ($\omega = q\Omega_0, q = 1, 2, \ldots$) führt zur Resonanz, jedoch im Unterschied zum quadratischen Dispersionsgesetz ist $j \sim \sqrt{\Omega\tau}$, d. h., die Höhe der Resonanz ist wesentlich kleiner.

Für die Berechnung der Impedanzformel genügt es, den extremal anomalen Skineffekt zu benutzen (mit $kr_H \approx r_H/\delta \gg 1$) und die inneren Integrale in (36.8) mit der Wegintegralmethode zu berechnen. Hierbei sind, wie ständig betont wurde (§ 32), die Punkte, in denen $\dot{y} = v_y = 0$ und denen die „gleitenden" Elektronen entsprechen, allein wesentlich.

Stetige Funktionen v_α, v_β werden in diesen Punkten einfach vor das Integral gezogen. Weicht das Dispersionsgesetz von der quadratischen Form ab, so sind es nur „ausgewählte" p_z-Werte, die die Resonanz bedingen, und v_α, v_β sind nur in diesen Punkten zu nehmen, die sich im allgemeinen außerhalb der Integration erweisen. Hierdurch kann $K_{\alpha\beta}(k)$ sofort auf Hauptachsen gebracht werden (da $K_{\alpha\beta}(k)$ einem reellen Tensor proportional ist, der nicht von k abhängt).

Wenn das Dispersionsgesetz quadratisch ist und Ω nicht von p_z abhängt, so daß der Resonanzfaktor $\left[1 - \exp\left(-2\pi i \frac{\Omega}{\omega} - \frac{2\pi}{\Omega\tau}\right)\right]^{-1}$ aus dem Integral herausgezogen werden kann, so hängt die Asymptote des übrigbleibenden Ausdrucks bei $\Omega\tau \gg 1$ nicht von Ω ab und hat im allgemeinen das Aussehen wie im Fall ohne Magnetfeld (siehe (33.15)). Auch in diesem Fall läßt sich $K_{\alpha\beta}(k)$ sofort auf Hauptachsen transformieren.

Ohne daß auf das dargelegte Programm explizit eingegangen wird, das zwar einfach aber mit umfangreichen Rechnungen verbunden ist, sollen gleich die Resultate dargelegt werden. Da die Grundlage der Berechnung der anomale Skineffekt ist, sind die erhaltenen Resultate qualitativ für jedes beliebige Magnetfeld gültig (vgl. (36.10) mit (33.16) und (33.15)). Reelle Faktoren der Größenordnung 1 werden dabei nicht berücksichtigt.

Quadratische und nichtquadratische Dispersion werden getrennt betrachtet.

Quadratisches Dispersionsgesetz. Die Impedanz hat folgendes Aussehen:

$$\left.\begin{aligned} \zeta_\alpha(H) &\approx \zeta_\alpha(0)\left[1-\exp\left(-2\pi i\frac{\omega}{\Omega}-\frac{2\pi}{\Omega\tau}\right)\right]^{-1/3}, \\ \zeta_\alpha(0) &= \left(\frac{\sqrt{3}\,\omega^2}{\pi^2 c B_\alpha}\right)^{1/3}(1+i\sqrt{3}), \\ B_{\alpha\beta} &= \frac{8e^2}{3(2\pi\hbar)^3}\int\limits_0^{2\pi}\left[\frac{v_\alpha v_\beta}{\varkappa v^2}\right]_{v_y=0} d\varphi, \end{aligned}\right\} \qquad (36.10)$$

wobei B_α die Hauptwerte des reellen Tensors $B_{\alpha\beta}$ sind, $\varkappa$ die GAUSSsche Krümmung, und φ ist der Winkel, der die „effektive Zone" $\varepsilon_F = \varepsilon$, $v_y = 0$ überstreicht. Beide Hauptwerte des Tensors der Oberflächenimpedanz haben Resonanzcharakter, wobei in der Resonanz sowohl ζ' als auch ζ'' minimal wird. Da die Messungen einer bestimmten Feldstärke entsprechen, bedeutet das konkret ein Minimum in der Absorption.

Nichtquadratisches Dispersionsgesetz. In diesem Fall ergibt sich aus den Bedingungen $\Omega\tau \gg 1$ und $r_H/\delta \gg 1$, wie schon aus den durchgeführten physikalischen Überlegungen hervorgeht, daß nur die Elektronen mit $v_y = 0$ und $p_z \approx p_0$, $\Omega(p_0) = \Omega_{\text{extr}}$, d. h. die Elektronen, die sich fast parallel zur Oberfläche des Metalls bewegen und die dabei eine Umlauffrequenz haben, die einer extremalen Frequenz (in φ) nahe kommt, wesentlich sind.

Die Impedanz wird gleichzeitig mit dem Tensor $A_{\alpha\beta}$ auf Hauptachsen transformiert, und die Hauptwerte der Impedanz werden durch die Hauptwerte A_α des Tensors $A_{\alpha\beta}$ ausgedrückt:

$$\zeta_\alpha = \frac{4}{9}\left(\frac{\sqrt{3}\,\omega^2}{\pi^2 c A_\alpha}\right)^{1/3}\exp\left(\frac{i\pi}{3}\right),$$

$$A_{\alpha\beta} = \frac{16e^2}{3(2\pi\hbar)^3}\sum_{i=1}^{a}\left.\frac{v_\alpha v_\beta}{a\varkappa v^2}\right|_{\varphi=\varphi_i}\int\limits_0^{\pi}\left[1-\exp\left(-2\pi i\frac{\omega}{\Omega}-\frac{2\pi}{\Omega\tau}\right)\right]^{-1} d\varphi\,. \qquad (36.11)$$

Die Variablen in (36.11) sind die gleichen wie in (36.10), so daß die Integration über den Winkel, der der „Zone" $v_y = 0$ entspricht, auf der FERMI-Fläche (Abb. 82) durchgeführt wird. $\varphi_1, \varphi_2, \ldots, \varphi_\alpha$ sind die Punkte, in denen Ω Extremalwerte in φ hat. Bei der Auflösung der Kubikwurzel in (36.10) und (36.11) sind die Wurzeln auszuwählen, für die $\zeta_\alpha' > 0$ ist (solche Wurzeln sind stets vorhanden). Strenggenommen müßten in den Formeln (36.10) und (36.11) auch die nichtresonanten Glieder berücksichtigt werden, die zum Teil von den Elektronen, die mit der Oberfläche zusammenstoßen, herrühren. Das liegt daran, daß der kleine komplexe Nenner des Bruchs nicht gleichzeitig

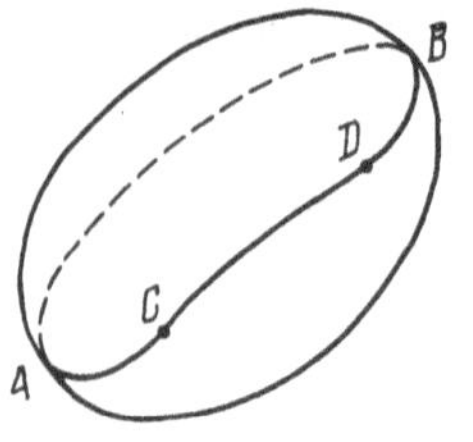

Abb. 82. Zone auf der FERMI-Fläche

einen großen Wert für den Realteil und für den Imaginärteil liefert (z. B. $\lim\limits_{\alpha \to 0} \operatorname{Im} \frac{1}{\alpha - i\alpha^2} = 1$). Da dieser „zusätzliche" nichtresonante Anteil (in A_α und B_α) in den Endformeln nur zu einem reellen Faktor der Größenordnung Eins führt, der für die Betrachtung unwesentlich ist, wird er nicht berücksichtigt.

Im weiteren wird wie bisher angenommen, daß den Hauptanteil der Stromdichte die „resonanten" Elektronen liefern. Im Fall sehr komplizierter FERMI-Flächen kann es passieren, daß der Anteil der Elektronen, die sich auf dem entsprechenden Stück der FERMI-Fläche befinden, zahlenmäßig nicht groß ist, so daß bei den im Experiment erreichbaren $\Omega\tau$-Werten die nichtresonanten Elektronen die wesentliche Rolle spielen [45]. Auch die Betrachtung dieses Falls ist nicht schwierig.

Bisher wurde nur die erste nichtverschwindende Näherung bezüglich der Anomalie, d. h. in δ/r_H betrachtet. In der nächsten Näherung treten neue Resonanzfrequenzen auf. Bei $\varphi = 0$ ist das die Zyklotronresonanz, die extremalen Werten des Bahndurchmessers D ($kD \gg 1$!) entsprechen. Die Halbwertsbreite dieser Resonanz wurde schon früher angegeben (Formel (35.1)). Bei $\varphi \neq 0$ sind die Punkte interessant, in denen $v_\xi = \dot{v}_\xi = 0$ und $d = 0$ ist. Die Berechnung der Integrale in (36.8) für t und t' in der Nähe dieser Punkte geschieht für die Werte von p_z, bei denen $\xi(t)$ eine monotone Funktion ist, und für die Werte von p_z, bei denen auf der Bahn Punkte mit $v_\xi = 0$ existieren, unterschiedlich. Im Ergebnis erscheinen die Punkte $p_z = p_0$ hervorgehoben und liefern „ihren" Beitrag zu $K_{\alpha\beta}$. Die Impedanz läßt sich bequem berechnen, wenn $(k^2\delta_{\alpha\beta} + K_{\alpha\beta})^{-1}$ in eine Reihe nach den kleinen Zusätzen entwickelt wird. In der zweiten Näherung führen die Glieder, die den Ausdruck $e^{ikd(p_0)}e^{-ikd(-p_0)} = 1$ enthalten zur Resonanz im geneigten Feld mit den Frequenzen

$$2\omega = n\Omega(p_0)\,, \qquad n = 1, 2, \ldots \tag{36.12}$$

Es soll jetzt der physikalische Grund der Resonanz im geneigten Feld betrachtet werden. Dazu wird von der Änderung der Resonanz im Grenzpunkt mit φ ausgegangen. Beginnt man mit $\varphi \sim \delta_{\text{eff}}$, so kehren die Elektronen in der Nähe des Grenzpunktes nicht mehr in die Skinschicht zurück, und bei $\varphi \gg \delta/r$ können nur die Elektronen entlang der Oberfläche „gleiten", die genügend weit vom Grenzpunkt entfernt sind und für die $v_\xi(t) = 0$ gilt. Die Elektronen in der Nähe von $p_z = p_0$ (die lange in der Skinschicht beschleunigt werden), sind deshalb besonders effektiv (wobei sich p_0 und t_0 aus $v_z = 0$, $dv/dt = 0$ bestimmen). Diese Elektronen werden durch das Magnetfeld in bestimmten Tiefen fokussiert, wodurch Feld- und Stromschichten bei ξ-Werten entstehen, die Vielfache des „Grenzwertes“ $d_0 = d(p_0)$ sind, wobei d der Weg ist, der während einer Periode durchlaufen wird:

$$d = \int_0^T v_\xi(t)\, dt .$$

Diese Feld- und Stromschichten werden nur durch Stöße der Elektronen in einer Tiefe von der Größe der mittleren freien Weglänge gedämpft. Wenn 2ω ein Vielfaches von $\Omega_0 = \Omega(p_0)$ wird, so werden die Elektronen mit $p_z = -p_0$ synchron eine Vielzahl von Stromschichten durchlaufen. (Bei $\omega = \Omega_0/2$ kommen die Elektronen mit $p_z = -p_0$, die in der Tiefe $\xi = d_0$ maximales Feld antreffen, das von den Elektronen mit $p_z = p_0$ vor einer Periode T_0 mitgenommen wurde, nach T_0 in das Maximum des Feldes in der Nähe der Oberfläche $\xi = p_0$. Dabei wird eine räumliche Phasenverschiebung der Elektronen mit $p_z = 0$ automatisch ausgeschlossen.) Es entsteht eine Resonanz, dessen Dämpfung nur durch die Dämpfung der Stromschichten bedingt wird und die dadurch eine relative Halbwertsbreite von $\sim\gamma = T/\tau$ hat. Dabei wird

$$\frac{\Delta\zeta}{\zeta} \approx \left(\frac{\delta}{r_H}\right)^{4/3} \sum_{n=1}^{\infty} \frac{1}{n^2} \exp\left(-2i\omega^* T_0 n\right) \sim \left(\frac{\delta}{r_H}\right)^{4/3} A^{-1} \ln A^{-1} , \qquad (36.13)$$

wobei

$$A = 1 - \exp\left(-2i\omega^* T_0\right) .$$

(Zum ersten Mal wurde eine entsprechende Resonanz in der Arbeit [46] betrachtet. Der Fall $\varphi \ll 1$ wurde in [47] und die physikalische Erklärung der DOPPLER-Aufspaltung der Frequenz bei $\varphi \ll 1$ in [48] betrachtet. Die Theorie dieser Resonanz findet sich in [49].)

Die Resonanz tritt nur dann nicht auf, wenn das Intervall $2p_0$ in einen Punkt entartet, d. h., wenn p_z senkrecht zum Querschnitt $v_\xi - 0$ ist, wobei $v_\xi = 0$ ein ebener Querschnitt ist. Bei isotroper Dispersion entspricht das $\boldsymbol{H}$ senkrecht zur Oberfläche des Metalls.

Die experimentelle Untersuchung dieser Resonanz gestattet prinzipiell die Bestimmung der effektiven Masse m^* und der Querschnittsfläche S der FERMI-Fläche als Funktion von p_z bei beliebiger Richtung von z (wobei ausgenutzt wird, daß $d = (c/eH)\,(\partial S/\partial p_z)_\varepsilon$ ist), d. h. die gleiche Information, die im Prinzip auch die Quantenzyklotronresonanz liefert (§ 43). Bei $\varphi \ll 1$ kann auf diese Weise die GAUSSsche Krümmung $\varkappa$ und (aus der DOPPLER-Aufspaltung) die Geschwindigkeit v auf der FERMI-Fläche ermittelt werden. Aus dem gleichen Grund wie für $\varphi = 0$ ist es auch für $\varphi \ll 1$ unumgänglich, das elektrische Feld längs der Geschwindigkeit im Grenzpunkt zu polarisieren.

Die Resonanz für beliebiges φ bei $2\omega = n\Omega$ (n — ganze Zahl) ermöglicht die Bestimmung des Querschnitts, für den d ein Extremum hat, wenn solche Querschnitte vorhanden sind. Die Resonanz auf diesen Querschnitten entspricht

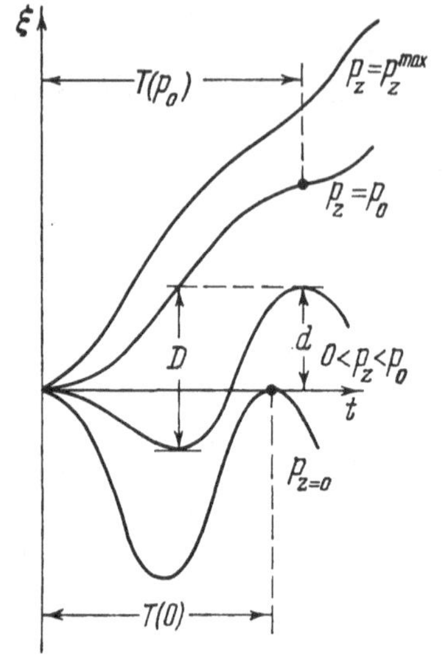

Abb. 83. Verschiedene Varianten der Abhängigkeit $\xi = \xi(t)$

$\Delta\zeta/\zeta \sim \delta/r_H \ln A^{-1}$, wobei in Formel (36.13) für diesen Querschnitt T genommen wird.

Offene Querschnitte ergeben $\Delta\zeta/\zeta \sim \delta A^{-1}/r_H$ mit einem Ω, das den extremalen Durchmessern $D = \xi_{\max} - \xi_{\min}$ bezüglich p_z entspricht, wobei das Maximum und das Minimum von ξ in t innerhalb einer Periode genommen wird (Abb. 83). Dabei kann die Resonanz im geneigten Feld wesentlich schärfer sein als bei $\varphi = 0$, da τ nicht durch den Zusammenstoß mit Unebenheiten der Oberfläche verkleinert wird. Natürlich beziehen sich die erhaltenen Resultate nicht auf die ausgezeichneten Winkel φ, bei denen z. B. das Extremum d verschwindet oder $d' = 0$, $d'' = 0$ gilt bzw. die Resonanzfrequenzen verschiedener Querschnitte zusammenfallen.

§ 37 Untersuchung der Oberflächenimpedanz in der Nähe der Zyklotronresonanz

Die Untersuchung der Oberflächenimpedanz in der Nähe der Resonanz wird für das quadratische und das nichtquadratische Dispersionsgesetz gesondert durchgeführt.

Da experimentell meist nicht $\zeta' = \operatorname{Re}\zeta$ und $\zeta'' = \operatorname{Im}\zeta$, sondern ihre Ableitungen (z. B. $d\zeta'/dH$, $d\ln\zeta''/dH$) gemessen werden, sollen hier auch die Ableitungen der Impedanz untersucht werden.

Quadratisches Dispersionsgesetz. Für quadratisches Dispersionsgesetz kann die gesamte Resonanzkurve für beliebiges H konstruiert werden (sowohl in der Nähe der Resonanzstelle als auch außerhalb der Resonanzkurve). Die Form

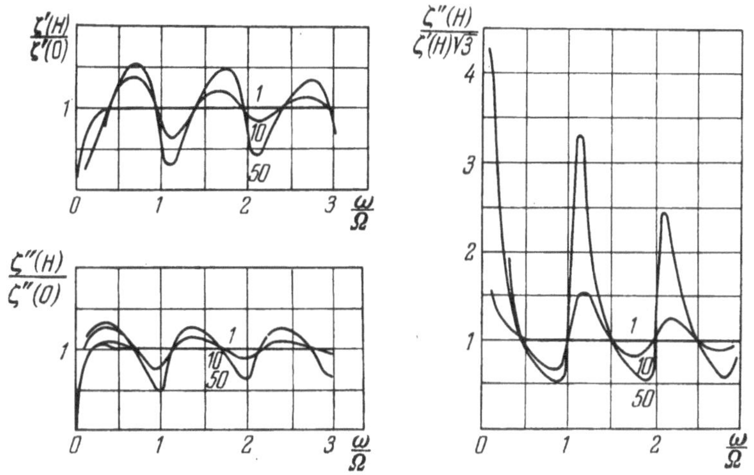

Abb. 84. Theoretisch berechnete Resonanzkurven für $\omega\tau = 1, 10, 50$ bei quadratischem Dispersionsgesetz

der Kurven $\zeta'(H)/\zeta'(0)$, $\zeta''(H)/\zeta''(0)$ und $\zeta''(H)/\zeta'(H)\sqrt{3}$ für die Werte $\omega\tau = 1$, 10, 50 ist in Abb. 84 dargestellt. Die Maxima von ζ' und ζ'' bei $\omega \approx (q + 1/2\Omega)$ sind nicht mit der Resonanz verbunden. Für $\Omega\tau \to \infty$ strebt die Impedanz in diesen Punkten einem konstanten Wert zu, der von Null verschieden ist.

Es muß hervorgehoben werden, daß sich bei endlichem τ die Tiefe des Resonanzminimums und seine Frequenzverschiebung im Vergleich zu ω/q für ζ' und ζ'' stark unterscheiden:

$$\zeta'_{\text{res}} = \zeta'(H'_{\text{res}}) \approx \zeta'(0)\left(\frac{2\pi q}{\omega\tau}\right)^{2/3}, \qquad \frac{\omega - q\Omega'_{\text{res}}}{\omega} \approx (2\pi q\omega\tau)^{-1/2},$$

$$\zeta'_{\text{res}} = \zeta''(H''_{\text{res}}) \approx \zeta''(0)\left(\frac{2\pi q}{\omega\tau}\right)^{1/3}, \qquad \frac{\omega - q\Omega''_{\text{res}}}{\omega} \approx (\omega\tau)^{-1}.$$

Die Frequenzverschiebung für ζ' und ζ'' hat unterschiedliche Ursachen. Die Verschiebung für ζ'' hängt damit zusammen, daß eine geringe Vergrößerung des Magnetfeldes, das die Resonanzbedingung kaum ändert, zu einer „vorteilhaften" Vergrößerung der Zahl der Umläufe der Elektronen zwischen zwei Stößen führt. Um die Phasenverschiebung von ζ' zu verstehen, wird die Änderung der Phase des elektrischen Feldes in Abhängigkeit von der Eindringtiefe betrachtet. Diese Phasenänderung stört die Resonanzsynchronisation, verringert die Energie, die vom Elektron aus dem Feld aufgenommen wird und „verschlechtert" dadurch die Resonanz. Wie aus Formel (36.10) und der Abhängigkeit $\zeta''(H)/\zeta'(H)\sqrt{3}$ vom Magnetfeld (s. Abb. 84) ersichtlich ist, führt schon eine sehr geringe Änderung des Magnetfeldes zu $\zeta'' \gg \zeta'$, d. h. dazu, daß sich in der Tiefe δ seine Phase kaum ändert. Dieser Umstand erweist sich

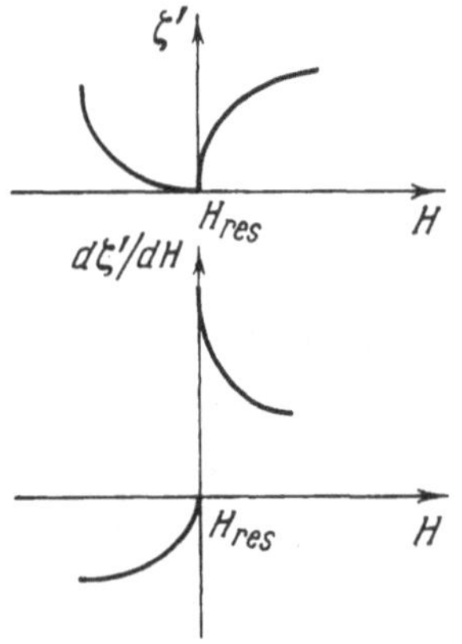

Abb. 85. Verhalten von ζ' und $\partial\zeta'/\mathrm{d}H$ als Funktion des Magnetfeldes in der Nähe der Resonanz für quadratisches Dispersionsgesetz und für nichtquadratische Dispersion bei minimaler effektiver Masse $m^*_{\min}$

als vorteilhaft, trotzdem nach $\sim |\omega - q\Omega'_{\mathrm{res}}|\, \tau$ Umläufen das Elektron in der Nähe der Oberfläche auf eine stark geänderte Phase des Feldes trifft.

Es sollen jetzt die Ableitungen $\mathrm{d}\zeta'/\mathrm{d}H$, $\mathrm{d}\zeta''/\mathrm{d}H$ untersucht werden. Zunächst müßten für den Fall der Resonanz, wo ζ' und ζ'' minimal sind, die Ableitungen der Impedanz Null werden.

In Wirklichkeit entspricht die Resonanz nicht den Nullstellen von $\mathrm{d}\zeta'/\mathrm{d}H$, $\mathrm{d}\zeta''/\mathrm{d}H$, sondern ihren Maximalwerten, da bei $\omega\tau = \infty$ die Funktionen $\zeta'(H)$ und $\zeta''(H)$ in der Resonanz kein Minimum, sondern ihren kleinsten Wert (und zwar gleich Null) annehmen, der einem Sprung dieser Funktionen entspricht. So ergibt sich bei $\omega\tau = \infty$ aus der Formel (36.10), daß bei Annäherung an die Resonanzstelle von links (wo $H < H'_{\mathrm{res}}$) $\zeta'(H) \approx (H'_{\mathrm{res}} - H)^{4/3}$ gilt und $\mathrm{d}\zeta'/\mathrm{d}H \to 0$, während bei Annäherung an die Resonanzstelle von rechts (wo $H < H'_{\mathrm{res}}$) $\zeta'(H) \sim (H - H'_{\mathrm{res}})^{1/3}$ gilt und $\mathrm{d}\zeta'/\mathrm{d}H \to \infty$ geht (Abb. 85).

Die Funktionen $\zeta''(H)$ und $\mathrm{d}\zeta''/\mathrm{d}H$ verhalten sich analog. Deshalb gilt $(\mathrm{d}\zeta/\mathrm{d}H)_{\mathrm{res}} \approx \zeta(0)\,(q^2\omega\tau)^{2/3}/H^{(1)}_{\mathrm{res}}$, und bei $\tau \to \infty$ ist $\big(1/\zeta(0)\big)\,\mathrm{d}\zeta/\mathrm{d}H \to \infty$ (und nicht gegen Null), aber $(\omega - q\Omega_{\mathrm{res}})/\omega \approx (\omega\tau)^{-1}$. $H^{(1)}_{\mathrm{res}}$ ist das Magnetfeld, das der ersten Harmonischen $(q = 1)$ entspricht. Die relative Höhe der Maxima $\mathrm{d}\zeta'/\mathrm{d}H, \mathrm{d}\zeta''/\mathrm{d}H$ ist wesentlich größer als der reziproke Wert des Minimums $\zeta''(H)$, aber die Verschiebung der Resonanzfrequenz ist dieselbe wie bei ζ'' und wesentlich kleiner als bei ζ'.

Nichtquadratisches Dispersionsgesetz. Für das nichtquadratische Dispersionsgesetz geht in die Formel (36.11) die Größe $\Omega(\varphi)$ und nicht die bisher betrachtete Funktion $\Omega(p_z)$ ein. Da die Funktion $p_z(\varphi)$ offensichtlich nur in den Grenzpunkten Extrema hat (siehe Abb. 78), jedoch $\mathrm{d}\Omega/\mathrm{d}\varphi = (\mathrm{d}\Omega/\mathrm{d}p_z)\,(\mathrm{d}p_z/\mathrm{d}\varphi)$ gilt, hat $\Omega(\varphi)$ dieselben Extrema wie erstens (p_z) und zweitens $p_z(\varphi)$, d. h. in den ellyptischen Grenzpunkten der Fläche. Auch in hyperbolischen Grenzpunkten $m^* = \infty$, $\Omega = 0$ ist Resonanz möglich. Da jedoch in den ellyptischen Grenzpunkten $r_H = 0$ ist, braucht die grundlegende Beziehung für die Zyklotronresonanz $r_H/\delta \gg 1$ nicht erfüllt sein. In der Nähe eines Grenzpunktes ist

$$r_H \approx \frac{v}{\Omega} (\omega\tau)^{-1/2} \approx \frac{v}{\omega} (\omega\tau)^{-1/2} ,$$

und es muß gelten

$$\frac{r_H}{\delta} \approx \frac{\omega_0 \frac{v}{c}}{\omega} (\omega\tau)^{-1/2} \gg 1 . \tag{37.1}$$

Spielen die Stöße mit Phononen die wesentliche Rolle, so gilt bei Anwendung der Formel (32.18a) die Forderung

$$\frac{v}{c} \frac{\omega_0}{\omega_\Theta} \left(1 + \frac{kT}{\hbar\omega}\right)^{3/2} \gg 1 , \qquad \omega_\Theta = \frac{\Theta}{\hbar} ,$$

wobei Θ die Debye-Temperatur ist.

In guten Metallen ist gewöhnlich $\omega_0 v/c \sim \omega_\Theta$, so daß $\hbar\omega$ wesentlich kleiner als T sein muß. Praktisch ist jedoch die Bedingung (37.1) zu schwach, da bei tiefen Temperaturen gewöhnlich $\tau \ll \tau_{\text{eff}}$, $\omega_\Theta \approx 10^{13}\,\text{s}^{-1}$, $\omega = 10^{11}\,\text{s}^{-1}$ ist und es ausreicht, daß $\omega\tau \ll 10^4$ ist. Resonanz ist also möglich — erstens an zentralen Querschnitten (da aus der Zentralsymmetrie der Fermi-Fläche $\Omega(p_z) = \Omega(-p_z)$, $\Omega'(p_z) = -\Omega'(-p_z)$ und $\Omega'(0) = 0$ folgen). Diesen Resonanzfrequenzen entsprechen elliptische Grenzpunkte, in denen nach [7] $m^* = (v\sqrt{\varkappa})^{-1}$, wobei v und $\varkappa$ die Geschwindigkeit und die Gausssche Krümmung im Grenzpunkt sind. Zweitens ist die Resonanz möglich für in bezug auf p_z extremale „nichtzentrale Werte" von Ω.

Es soll betont werden, daß sich die Resonanzen auf zentralen Querschnitten und in den Grenzpunkten wesentlich von der Resonanz für andere extremale Werte von Ω unterscheiden.

In den ersten beiden Fällen ist das Resonanzglied in $A_{\alpha\beta}$ dem Tensor $v_\alpha(\varphi_1)$ $v_\beta(\varphi_2)$ proportional, dessen Hauptwerte Null und Eins sind. Daraus folgt, daß nur ein Hauptwert der Impedanz Resonanzcharakter hat. Da in der Resonanz ζ' und ζ'' minimal und nicht maximal sind, wird bei beliebiger Polarisation der auf das Metall fallenden Welle die Impedanz hauptsächlich durch den großen nichtresonanten Hauptwert bestimmt, und der „resonante" Anteil liefert zur Impedanz nur einen kleinen Zusatz.

Resonanz wird nur dann wesentlich, wenn die einfallende Welle entlang der Richtung der Geschwindigkeit v_F im Punkt $\varepsilon = \varepsilon_F$, $v_y = 0$, $\varphi = \varphi_1$ polarisiert ist (wobei für einen Grenzpunkt diese Richtung mit der Richtung des konstanten Magnetfeldes zusammenfällt, s. Abb. 78).

Die Stromdichte, die dem elektrischen Feld senkrecht zu v_F entspricht, hat keinen Resonanzcharakter, weil in diesem Fall das elektrische Feld im Bereich der Skinschicht fast normal zur Geschwindigkeit ist und dadurch kaum Arbeit leistet.

Die Ableitung der Impedanz wird grundsätzlich von Funktionen bestimmt, die stark von H abhängen. Sie besitzt in allen Richtungen von $\boldsymbol{E}$, mit Ausnahme der Richtung senkrecht zu v_F, Resonanzcharakter. Trotzdem ist der Winkelbereich, in dem sowohl für ζ' und ζ'' als auch für $\mathrm{d}\zeta'/\mathrm{d}H$, $\mathrm{d}\zeta''/\mathrm{d}H$ entsprechend dem Gesagten starke Anisotropie beobachtet wird, sehr breit. So ist für die Absorption, die $p = \zeta'_\alpha(E_\alpha^{\mathrm{auff}})^2 + \zeta'_\beta(E_\beta^{\mathrm{auff}})^2$ gehorcht, der Winkelbereich durch die Größe $[\zeta'_{\mathrm{res}}/\zeta(0)]^{1/2}$ bestimmt, die sich gewöhnlich nicht stark von Eins unterscheidet.

Im Falle der Resonanz auf nichtzentralen Querschnitten gibt es mindestens zwei zentralsymmetrische Querschnitte, auf denen Resonanz erfolgt und zwei Punkte (C und D in der Abb. 82), die einen wesentlichen Beitrag zur Stromdichte liefern. Die Geschwindigkeit in den Punkten C und D sind nicht parallel, und bei beliebiger Richtung des elektrischen Feldes haben die Stromdichte (und entsprechend beide Hauptwerte der Impedanz) Resonanzcharakter, da im allgemeinen Fall kein einziger Hauptwert des Tensors $v_\alpha(\varphi_1)\, v_\beta(\varphi_1) + v_\alpha(\varphi_2)\, v_\beta(\varphi_2)$ Null ist.

Im weiteren werden nur die Resonanzwerte von ζ_α untersucht. In Abhängigkeit davon, ob die Querschnitte einem Minimum oder einem Maximum von $\Omega = eH/m^*c$ entsprechen, sehen die Formeln für die Resonanzwerte der Impedanz verschieden aus.

In den Formeln für ζ''_α wirkt sich das nur durch Zahlenfaktoren aus. In beiden Fällen ist $\zeta_\alpha^{\mathrm{res}''}/\zeta''_\alpha(0) \approx (q^2/\omega\tau)^{1/6}$, $(\omega - q\Omega''_{\mathrm{res}})/\omega \approx (\omega\tau)^{-1}$.

Die Formeln für ζ'_α unterscheiden sich für $m^*_{\min}$ und $m^*_{\max}$ qualitativ. Dieser Unterschied erklärt sich dadurch, daß im Fall minimaler effektiver Masse $m^*_{\min} = (1/2\pi)\, (\partial S/\partial\varepsilon)_{\min}$ analog dem Fall des quadratischen Dispersionsgesetzes eine geringe Änderung von H in der Nähe der Resonanz zu $\zeta'' > \zeta'$ führt und damit zu einer wesentlichen Verstärkung der Resonanz für ζ'. Im Fall maximaler $m^*_{\max}$ ist es nicht möglich, durch eine geringe Verschiebung von H $\zeta'' \gg \zeta'$ zu erreichen (Beweis nach (36.11)).

Der Übersichtlichkeit halber werden die Elektronen $\partial S/\partial\varepsilon > 0$ und nicht die Löcher $\partial S/\partial\varepsilon < 0$ betrachtet. Alle Überlegungen sind für letztere völlig analog, da in das Ergebnis $|\partial S/\partial\varepsilon|$ eingeht. Ist die Zahl der Elektronen gleich der Zahl der Löcher, so treten keinerlei Besonderheiten auf, da das Hall-Feld im allgemeinen nicht in die Formeln eingeht.

Für maximale effektive Massen m^* ist der Realteil der Impedanz gleich dem Imaginärteil und $(\omega - q\Omega_{\mathrm{res}})/\omega \approx (\omega\tau)^{-1}$.

Für minimales m^* haben die Resonanztiefe ζ'_α und die Verschiebung der Resonanzfreqeunz die Größenordnung

$$\zeta_\alpha^{'\mathrm{res}}/\zeta'_\alpha(0) \approx (\omega\tau/q^2)^{-4/9}\,, \qquad (\omega - q\Omega'_{\mathrm{res}})/\omega \sim (q\omega\tau)^{-2/3}\,.$$

Die Kurven $\mathrm{d}\zeta'_\alpha/\mathrm{d}H$ zeigen im Fall minimaler und maximaler effektiver Masse einen ganz unterschiedlichen Verlauf. Für $m^*_{\min}$ sind sie analog den Kurven für quadratisches Dispersionsgesetz (s. Abb. 85). Für $m^*_{\max}$ geht $\mathrm{d}\zeta'_\alpha/\mathrm{d}H$ links von der Resonanz $(H = H'_{\mathrm{res}} - 0)$ gegen $-\infty$ und rechts von der Resonanz

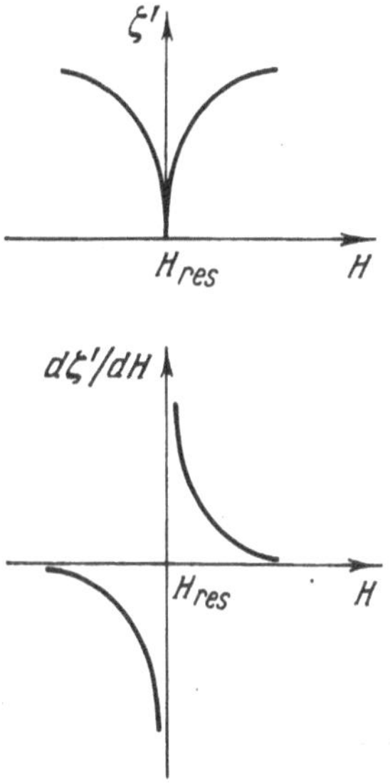

Abb. 86. Verhalten von ζ' und $d\zeta'/dH$ in der Nähe der Resonanz für nichtquadratisches Dispersionsgesetz bei maximaler effektiver Masse $m^*_{\max}$

$(H = H'_{\mathrm{res}} + 0)$ gegen $+\infty$. Die Kurven haben das in der Abb. 86 dargestellte Aussehen. In beiden Fällen $m^*_{\min}, m^*_{\max}$ ist $(d\zeta'_\alpha/dH)_{\max} \approx H_1^{-1}\zeta'_\alpha(0)\, q^{4/3}(\omega\tau)^{5/6}$ und die Phasenverschiebung $(\omega - q\Omega_{\max})/\omega \sim (\omega\tau)^{-1}$, wobei H_1 das Magnetfeld ist, das der Grundharmonischen $q = 1$ entspricht. Wesentlich ist, daß die relative Resonanzhöhe für $d\zeta'_\alpha/dH$ bedeutend größer ist als der reziproke Wert der relativen Resonanztiefe sowohl für ζ'_α als auch für ζ''_α. Deshalb ist die Messung von $d\zeta'_\alpha/dH$ günstiger als die Messung von ζ'_α oder ζ''_α. Das Verhalten von ζ'_α und $d\zeta'_\alpha/dH$ in der Resonanz ist, wie aus dem Dargelegten folgt, gegenüber Besonderheiten der Fermi-Fläche sehr empfindlich (wie aus den wesentlichen Unterschieden von Resonanzen in Grenzpunkten, auf zentralen und auf nichtzentralen Querschnitten, für maximale und minimale Massen hervorgeht).

Bisher wurde von Resonanz in massiven Metallproben gesprochen, die als Halbraum betrachtet werden können. Wie in schwachen Feldern (§ 34) treten auch im Fall von zweiseitig begrenzten Plättchen, deren Dicke der Bedingung

$$\delta \ll D \ll l$$

genügt, interessante Besonderheiten auf.

In diesem Fall wird die Resonanz nur für die Harmonischen beobachtet, für die die entsprechenden Bahnen zwischen den beiden Oberflächen innerhalb der Probe verlaufen (da sonst schon beim ersten Umlauf die Elektronen mit der zweiten Oberfläche des Plättchens zusammenstoßen würden und damit „aus dem Spiel ausscheiden"). Wird die n-te Harmonische $n = \omega/\Omega_{\mathrm{extr}}$ im Experiment klar beobachtet, aber die $(n + 1)$-te nicht (wobei dieses Experiment zur Kontrolle mit einem Experiment an einer massiven Probe verglichen werden muß), so bedeutet das, daß der Bahndurchmesser $d_{\text{res}}^{(1)}$ der ersten Harmonischen $\omega = q\Omega_{\text{extr}}$ begrenzt wird durch

$$\frac{D}{n+1} < d_{\text{res}}^{(1)} = \frac{cp_x^{\text{res}}}{eH_1} < \frac{D}{n}.$$

Das „Abbrechen" der Resonanz erlaubt für großes n mit sehr großer Genauigkeit die Bestimmung der Durchmesser der FERMI-Fläche, die extremalen effektiven Massen entsprechen. Diese Methode wurde in der Arbeit [50] vorgeschlagen (siehe außerdem die Berechnungen in [51] und die Experimente an Wolfram in [52]).

Damit gestattet die Zyklotronresonanz die direkte Bestimmung von effektiven Massen, extremalen Durchmessern der FERMI-Fläche für die Leitfähigkeitselektronen und trifft in Zusammenwirken mit anderen Methoden effektive Aussagen über die Form der FERMI-Fläche.

§ 38 Die Dämpfung der Hochfrequenzfelder im Metall

Bisher wurde das Eindringen des Hochfrequenzfeldes in das Metall nicht detailliert betrachtet. Die vorangegangenen Überlegungen beschränkten sich auf die Bestimmung der charakteristischen Tiefe der Dämpfung des Feldes (die mit der Oberflächenimpedanz in Verbindung gesetzt werden kann) und ihren Vergleich mit den charakteristischen mikroskopischen Größen der Bewegung des Elektrons – der mittleren freien Weglänge, dem LAMOR-Radius, dem Abstand, den das Elektron während einer Periode des Hochfrequenzfeldes durchläuft. In Übereinstimmung hiermit wurde von normalem und anomalem Skineffekt gesprochen.

Beim normalen Skineffekt wird das Feld im Metall vollständig durch die komplexe Skintiefe beschrieben, bei anomalem Skineffekt ist das nicht möglich. So trägt bei Fehlen eines Magnetfeldes das Elektron die in der Skinschicht vom Feld erhaltene Energie „ungehindert" auf einen Abstand von der Größe der mittleren freien Weglänge in das Metall hinein und baut auf diesem Weg ein Hochfrequenzfeld auf. Die Elektronen erhalten, wie schon in § 32 gezeigt wurde, im Innern des Metalls wesentlich weniger Energie vom Feld als die Elektronen, die an der Metalloberfläche entlanggleiten. Da der Strom, den sie erzeugen, nicht über eine Schicht δ, sondern über eine Schicht l verteilt ist, sind Stromdichte und Feld in der Tiefe des Metalls wesentlich kleiner als in der Skinschicht und werden in einer Tiefe von der Größe der mittleren freien Weglänge gedämpft. Somit wird beim anomalen Skineffekt die Dämpfung des Feldes mindestens durch zwei komplexe Größen charakterisiert, die sich um eine Größenordnung unterscheiden [3]. Die Dämpfungstiefen für das Feld und den Strom können wesentlich verschieden voneinander sein [7].

Im folgenden soll der Fall eines streng zur Oberfläche parallelen Magnetfeldes betrachtet werden, in dem die Dämpfung der hochfrequenten Wellen

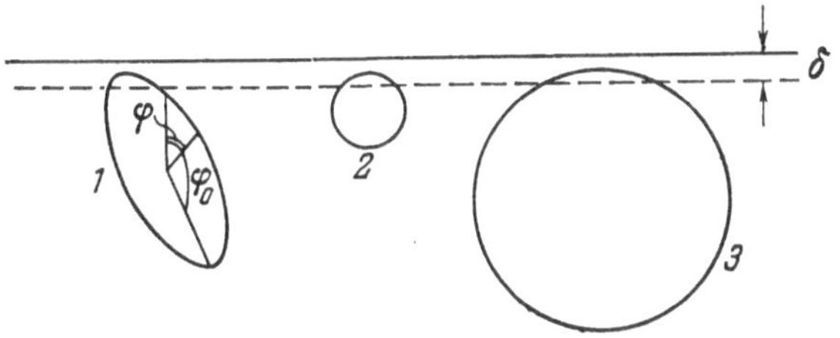

Abb. 87. Bewegung von Elektronen in einem zur Oberfläche des Metalls streng parallelen Magnetfeld

sehr ungewöhnlichen Charakter hat. Zur Erläuterung wird zuerst die Bewegung der Elektronen auf einer Bahn betrachtet, die durch die „gewöhnliche" Skinschicht in der Nähe der Oberfläche verläuft (Bahn 1 in der Abb. 87) und wo das elektrische Feld auf keinen Fall klein ist. (Das konstante Magnetfeld ist in der Abbildung senkrecht zur Zeichenebene gerichtet.)

In der Schicht der Größe δ erhalten die Elektronen auf der Bogenlänge $\sqrt{r_H \delta}$ ($r_H \gg \delta$) eine gerichtete Geschwindigkeit und erzeugen dadurch einen Strom, dem eine Stromdichte $j \sim I/\delta$ entspricht.

Bei der Bewegung auf der Bahn in das Metall hinein wird sich erstens die Geschwindigkeit der Elektronen parallel zur Oberfläche des Metalls (die allein den Strom bedingt) ändern und in Übereinstimmung hiermit die Stromstärke proportional $\cos\varphi$ sein. Zweitens werden die Elektronen mit zunehmender Tiefe „auseinanderlaufen" und sich (bei $\varphi > \sqrt{\delta/r_H}$) in einer Schicht $\sqrt{r_H \delta} \cos\varphi$ verteilen.

Dadurch ist die Stromdichte, die von den Elektronen auf der betrachteten Bahn erzeugt wird, von der Größe $\left(I/\sqrt{\delta r_H}\right) \operatorname{ctg} \varphi$, d. h., sie nimmt schnell mit zunehmender Tiefe ab und wird bei $\varphi \approx 1$ um $\sqrt{r_H/\delta}$-mal kleiner als in der Schicht δ.

In der Tiefe $y > r_H$ ändert die Stromdichte ihr Vorzeichen und bleibt in ihrer absoluten Größe im Vergleich zu I/δ solange klein, bis der Winkel φ sich dem Wert φ_0 nähert, der dem „unteren" Teil der Bahn entspricht und durch $|\varphi_0 - \varphi| \lessapprox \sqrt{\delta/r_H}$ bestimmt wird.

In der Tiefe d, in der sich die Elektronen wieder in einer Schicht δ „konzentrieren", wächst die Stromdichte erneut scharf an und unterscheidet sich nur durch ihr Vorzeichen von der Stromdichte an der Oberfläche.

Ein ähnliches Bild gilt für alle Bahnen des vorgegebenen Radius, die durch eine schmale Skinschicht parallel zur Oberfläche verlaufen. Würden sich alle Elektronen auf einer Bahn mit dem gleichen Radius bewegen (d. h., besäßen sie alle die gleiche Geschwindigkeit in der xy-Ebene), so würde die Stromdichte, die durch die in der Skinschicht gleitenden Elektronen erzeugt wird, in der Tiefe $y = d$ Feldschichten und damit verbunden ein elektromagnetisches Feld hervorrufen. Diese Feldschichten würden ihrerseits zur Beschleunigung wei-

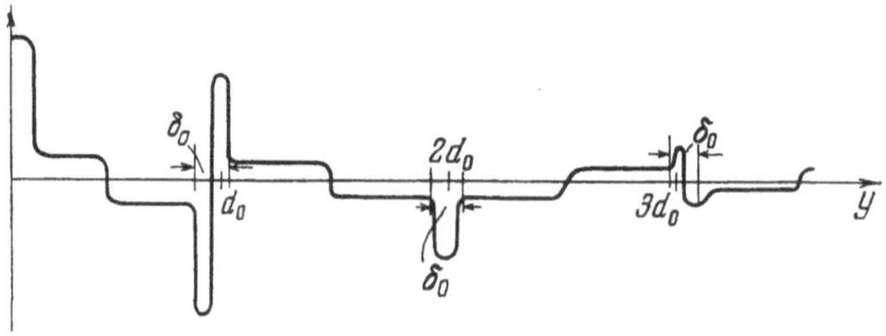

Abb. 88. Dämpfung des elektrischen Feldes mit der Eindringtiefe für innere Feldschichten

terer Elektronen führen, die sich in einer Schicht der Tiefe $2d$ bewegen, wodurch sich das Bild in den Tiefen $2d$, $3d$ usw. wiederholen würde.

Letzten Endes würde die Aufgabe, die zur Bestimmung dieses selbstkonsistenten Systems von Strömen und Feldern gelöst werden müßte, als physikalisch verständliches Bild die Darstellung in der Abb. 88 liefern.

Eine wesentliche Änderung des Problems erfolgt bei Berücksichtigung von Bahnen mit unterschiedlichen Radien (Bahnen vom Typ 2, 3 in der Abb. 87), die unterschiedlichen Querschnitten der Fermi-Fläche entsprechen. (Es soll hier erinnert werden, daß z. B. für freie Elektronen $r_H = p_\perp c/eH = (c/eH) \times \sqrt{2m\varepsilon - p_z^2}$ ist und r_H sich von Null bis $(c/eH)\sqrt{2m\varepsilon}$ ändert.) Das Auftreten unterschiedlicher Radien in beliebiger Tiefe führt zur Ausbildung von Schichten der Größe δ, die jedoch nur einen geringen Teil der Elektronen (von der Größenordnung δ/r_H) erfassen. Das Feld, das hierbei mit in die Tiefe eindringt, wird in den weiteren Schichten schnell abnehmen. In dem Fall, in dem die Zyklotronfrequenz nicht vom Querschnitt abhängt (d. h. im Fall ellipsoidaler Fermi-Flächen), läßt sich die Variation der Radien im Magnetfeld H parallel zur Oberfläche nicht vermeiden.

Hängt jedoch die Zyklotronfrequenz vom Querschnitt der Fermi-Fläche, d. h. von p_z ab, so kann zur Beseitigung der starken Variation der Radien die Zyklotronresonanz ausgenutzt werden. An ihr nehmen nur Elektronen in der Nähe extremaler Zyklotronfrequenzen mit einer Streuung von p_z von der Größe $\Delta p_z \sim p_F/\sqrt{\omega\tau}$ teil, da $|\omega - \Omega| \sim 1/\tau$ und p_F von der Größe des Fermi-Grenzimpulses sind. Die Variation der Radien ist durch $\omega\tau$ bedingt und unterscheidet sich für zentrale Querschnitte, auf denen nach Symmetriebetrachtungen gleichzeitig Ω und der Durchmesser d ein Extremum haben, wesentlich von den Radien in den Grenzpunkten, in denen, wie in § 35 und 36 gezeigt wurde, $d \sim \sqrt{\Delta p_z}$ ist, sowie von der Variation der Radien für andere nichtzentrale Querschnitte. Für die Grenzpunkte ist die Variation der Radien $\Delta d \sim d \sim r_H/\sqrt{\omega\tau}$, so daß $\Delta d \gg \delta$ und schwach gedämpfte Feldschichten in großer Tiefe nicht auftreten können. Für andere nichtzentrale Querschnitte ist $\Delta d \sim d/\sqrt{\omega\tau}$, und für die Schichten von Feld und Stromdichte ist die Bedingung $\Delta d \sim \delta$, d. h. $\omega\tau \sim (r/\delta)^2$ unbedingt notwendig. Für zentrale Querschnitte, ist bei $d'(0) = 0$ die Variation $\Delta d = 1/2\, d''(0)\, p_z^2$, und die Struktur, die in Abb. 88 dargestellt ist, tritt bei $\omega\tau \gtrsim r/\delta$, $\omega \gtrsim v/\sqrt{l\delta}$ auf, was bei $l \approx 10^{-4}$ cm, $\delta \approx 10^{-5}$ cm, $v \approx 10^8$ cm/s einer Wellenlänge von ungefähr 1 cm und einem Magnetfeld von $H \approx 10^4$/Oe entspricht, d. h. Werten, die in Zyklotronresonanzexperimenten ohne weiteres erreicht werden können.

Es ist leicht zu verstehen, daß eine Störung der Ungleichung $\omega\tau < r_H/\delta$ zur Verringerung der Größe der in geometrischer Reihe aufeinanderfolgenden Schichten proportional der Potenz $\delta/\Delta d \sim (\delta/r)$ führt. Damit wird der Strom am „unteren" Teil der Bahn „verschmiert", und die Schichten verschwinden schnell. Eine genauere Abschätzung zeigt, daß die Schichten bei $\omega\tau < r/\delta$, $y = ad(0)$ von der Größe $E(0)\, a^{-1/3} (\delta/r_H)^{a/3} (\Omega\tau)^{5a/12}$ sind. Die relative Zunahme des Feldes in der Nähe von $y \equiv ad(0) \equiv ad_0$ ist von der Größe $(\delta/r_H)^{1/2}$. Der relative Zuwachs der Impedanz von den Schichten ist von der Größe $(\delta/r_H)^{2/3} (\omega\tau)^{5/6}$ und vom folgenden „gewöhnlichen" Glied der Entwicklung von der Größe $(\delta/r_H)^{1/3} (\omega\tau)^{-1/12}$. Auf diese Weise entsteht unter bestimmten Bedingungen eine ungewöhnliche Kette von Feldschichten im Inneren des Metalls.

Um eine Formel für die Dämpfung des Feldes im Metall zu bekommen, müssen die Gleichungen (36.5)—(36.8) gelöst werden. Der Einfachheit halber wird die Struktur der Feldschichten für den Fall einer genauen Resonanz auf einen zentralen Querschnitt betrachtet: $\omega = q\Omega_0$, q — ganzzahlig, $\Omega_0 = \Omega(p_z)|_{p_z=0}$.

Wird berücksichtigt, daß $\omega\tau \gg 1$ ist und $\omega = q\Omega_0$, so kann in den inneren Integralen von (36.8) $\tau = \infty$ gesetzt werden. Weiter kann, da jetzt als größter Parameter der „Resonanzparameter" $\omega\tau (\omega\tau \gg r_H/\delta)$ auftritt und die Resonanz bei $p_z \approx 0$ stattfindet, überall außer in $\exp(-2\pi i\omega/\Omega)$ $p_z = 0$ gesetzt werden. Das ermöglicht, in dem letzten der Integrale in (36.8) $\int\limits_{t-T}^{t}$ durch $\int\limits_{0}^{T}$ zu ersetzen. Unter Berücksichtigung, daß extremal anomaler Skineffekt vorliegt, $r_H/\delta \gg 1$, sind nur zwei zentralsymmetrische Punkte der Bahn wesentlich, nämlich der „obere" und der „untere", in denen $v_y = 0$ ist (was eine Folge der Wegintegralmethode ist, wie schon in § 36 festgestellt wurde). Die Werte v_α und v_β werden im Punkt $\varepsilon = \varepsilon_F$, $p_z = 0$, $v_y = 0$ genommen, und wenn z. B. $v_x > 0$ ist, wird es (bis auf die Genauigkeit des Vorzeichens) unter dem Integral hervorgezogen. Wird als α-Achse die Richtung der Geschwindigkeit in diesem Punkt gewählt (wobei der untere Index „Null" diesen Punkt bezeichnet), so ergibt sich für $\varepsilon_\alpha(k)$ $(\varepsilon_\beta(k)$ hat keinen Resonanzcharakter und interessiert deshalb nicht$)$:

$$- k^2 \varepsilon_\alpha(k) - 2E'_\alpha(0) = iaK_{\alpha\alpha}(k)\, \varepsilon_\alpha(k)\,, \tag{38.1}$$

wobei

$$a = \frac{8\pi i\omega |e^3| H}{(2\pi c\hbar)^3}\,,$$

$$K_{\alpha\alpha}(k) = v_0^2 \int\limits_{p_z^{\min}}^{p_z^{\max}} \left[1 - \exp\left(-2\pi i q \frac{\Omega_0}{\Omega} - \frac{2\pi}{\Omega_0 \tau}\right)\right]^{-1} \mathrm{d}p_z$$

$$\times \left| \int\limits_0^T \operatorname{sign} v_\alpha(t)\, \mathrm{e}^{-iky(t) - iq\Omega_0 t}\, \mathrm{d}t \right|^2_{p_z = 0} . \tag{38.2}$$

Wird noch $\Omega(p_z)$ entwickelt: $\Omega(p_z) = \Omega(0) + 1/2\Omega''(0)\, p_z^2$, und zwar in der Nähe des einzig wesentlichen Punktes $p_z = 0$, und die Integrale $\int \mathrm{d}p_z \ldots$ und $\int \mathrm{d}t \ldots$ (mit der Wegintegralmethode) berechnet, so ergibt sich schließlich

$$E_\alpha(\zeta) = -\frac{2d_0}{\pi} E'_\alpha(0)\, I(\zeta)\,, \tag{38.3}$$

wobei

$$I(\zeta) = \int\limits_0^\infty [x^3 + i\, \mathrm{e}^{-i\pi\sigma/4} M^4 (1 + \sin x)]\, x \cos \zeta x\, \mathrm{d}x\,, \tag{38.4}$$

aber

$$\zeta = \frac{y}{d_0}, \qquad \sigma = \operatorname{sign} \frac{\Omega_0}{\Omega_0''}, \qquad M^3 \approx 10 q^3 \sqrt{\omega \tau_0} \left(\frac{v}{\omega \delta}\right)^2 . \tag{38.5}$$

Der genaue Ausdruck für M^3 ist sehr umfangreich und wird deshalb hier nicht ausgeschrieben. Er ist in der Arbeit [5] zu finden.

Für ζ nahe der ganzen Zahl a ($\zeta = a + \zeta'$, $\zeta' \ll 1$) läßt sich $I(\zeta)$ auf folgende Weise geeignet umformen:

$$I(\zeta) = \sum_{n=0}^{\infty} \int\limits_{2\pi n}^{2\pi(n+1)} \mathrm{d}x \ldots$$

$$\approx \sum_{n=0}^{\infty} \int\limits_0^{2\pi} \frac{2\pi n \cos(ax + 2\pi n \zeta')\, \mathrm{d}x}{(2\pi n)^3 + i \exp(-i\pi\sigma/4)\, M^3 (1 + \sin x)}$$

$$\approx \frac{1}{2\pi M} \int\limits_0^\infty y\, \mathrm{d}y \int\limits_0^{2\pi} \frac{\cos(ax + \zeta' M y)\, \mathrm{d}x}{y^3 + i \exp(-i\pi\sigma/4)\,(1 + \sin x)}$$

$$= \frac{(-1)^a}{M} \int\limits_0^\infty \frac{y \cos(\zeta' M y + \pi a/2)\, \mathrm{d}y}{\sqrt{g^2 - 1}\,(g - \sqrt{g^2 - 1})}\,, \tag{38.6}$$

wobei $g = 1 + y^3 \exp\left(-i\pi \frac{2 - \sigma}{4}\right)$ ist. Es wird der Zweig der Quadratwurzel ausgewählt, der für positive Zahlen ihrem arithmetischen Wert entspricht.

Die Untersuchung der erhaltenen Formel führt zu folgenden Resultaten.

1. In der Nähe von $y = ad_0$ übersteigt das Feld den Wert zwischen den Maxima um $\sqrt{M}$.

2. Der Abstand vom Maximum, auf dem der maximale Feldwert erreicht wird, ist von der Größe $d_0 M^{-1}$.

3. Mit dem Anwachsen der Zahl der Maxima nimmt bei $a \gg 1$ die Höhe proportional $a^{-1/3}$ ab, und die „Breite" nimmt zu. Auf Abständen von $y < r_H^2/\delta$ klingt das Feld zwischen den Maxima fast nicht ab. Die Maxima verschwinden sukzessiv, und auf großen Abständen ($y \gtrsim r_H^2/\delta$) oszilliert das Feld wie $\cos{(Py/r_H)}$, wobei $P \approx 1$ ist, und klingt auf Abständen der Größenordnung $r_H M^{3/2} \approx r_H^2/\delta$ ab.

4. Bei $y \approx 2bd_0$ $(b = 0, 1, 2, \ldots)$ gibt es einzelne Extrema der Feldwerte, deren Vorzeichen wie $(-1)^b$ wechseln.

5. Bei $y \approx y_b = (2b + 1)\, d_0$ $(b = 0, 1, 2, \ldots)$ existieren zwei Extrema, die sich nur durch ihr Vorzeichen unterscheiden. Das Feld ist in der Nähe dieser Punkte asymmetrisch: $E_\alpha(y_b + y') = -E_\alpha(y_b - y')$. Die Vorzeichen des ersten Paares benachbarter Extrema wechseln wie $(-1)^{b+1}$, das erste Extremum bei $y \approx d_0$ hat ein Vorzeichen, das dem Vorzeichen des Feldes bei $y = +0$ entgegengesetzt ist.

Das Auftreten der Feldschichten führt zu einer Reihe neuer physikalischer Effekte.

1. Am einfachsten ist die Änderung der Impedanz oder die Ableitung der Impedanz nach den Magnetfeld ($\mathrm{d}\zeta'/\mathrm{d}H$, $\mathrm{d}\zeta''/\mathrm{d}H$, $\mathrm{d}\ln\zeta''/\mathrm{d}H$) für ein massives Metall zu beobachten. Hierbei ist zu berücksichtigen, daß die Impedanz, wie gezeigt wurde, nur bei einer ausgewählten Polarisation der elektromagnetischen Welle Resonanzcharakter hat.

Mit dem Auftreten der Feldschichten können jedoch nur nichtmonotone Änderungen der Impedanz überzeugend beobachtet werden. Als Ursache hierfür kann die Verringerung von ζ' und ζ'' um ungefähr 1,84mal bei Annäherung des Magnetfeldes an die Resonanz angesehen werden. Hierdurch wird bei vorgegebener Feldstärke der Gesamtstrom verringert. Eine solche nichtmonotone Änderung tritt jedoch nicht immer auf. Es ist zweckmäßig, $f(H) = (H - H_{\mathrm{res}}) \Big/ \dfrac{\mathrm{d}\ln\zeta'}{\mathrm{d}H}$ (wobei H_{res} der Resonanzwert von H ist) zu messen. Das Auftreten der Schichten bedingt ein „Buckel" in der $f(H)$-Abhängigkeit in der Nähe der Resonanz H_{res}.

2. Ein zuverlässiger und eindeutiger Beweis für das Vorhandensein der Feldschichten ist das Auftreten von Sprüngen der Resonanzwerte der Impedanz und ihrer Ableitungen mit Zunahme der Frequenz in Metallplättchen der Dicke $10^{-3}-10^{-1}$ cm. Diese Sprünge werden beim „Abschneiden" der laufenden Schicht, d. h. im Fall von Resonanz bei $\Omega = q\omega_{H_0}$ und $D = ad_0$, beobachtet.

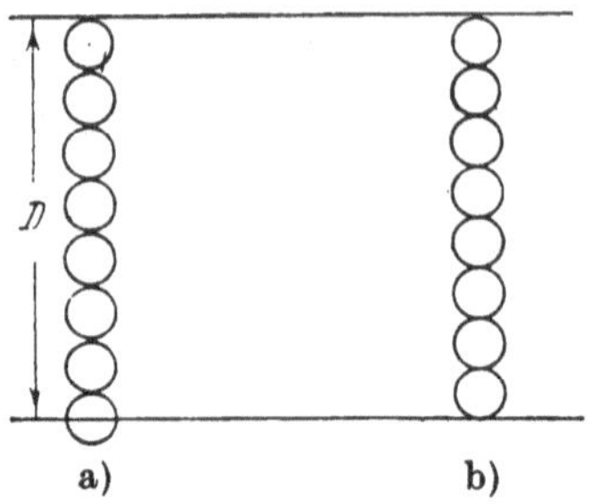

Abb. 89. Aufteilung einer Anzahl von Bahnen über die Dicke D einer Platte: a) Eine ganze Anzahl von Bahnen paßt nicht in die Platte, b) eine ganze Anzahl von Bahnen in der Platte

Gleichzeitig erhöht sich damit die Zahl der beobachtbaren Harmonischen um Eins (von a auf $a + 1$; Abb. 89), so daß diese Zahl auch die Bestimmung von a und $d_0 = \frac{D}{a} = \frac{2cp_x^{\text{extr}}}{eH}$ ermöglicht, d. h. die unmittelbare Bestimmung des Radius der FERMI-Fläche. Die Benutzung der Plättchen erlaubt auch die sofortige Ermittlung von $(\partial S/\partial \varepsilon)_{\text{extr}}$ und (aus Quantenoszillationen) von S_{extr}.

Dieser Effekt ist sogar bei $a < M^{3/2} \approx 100$ bemerkbar.

Ein analoger, aber wesentlich einfacher zu beobachtender Effekt müßte sich für fixiertes ω bei Drehung des konstanten Magnetfeldes in der Ebene einer monokristallinen Schicht ergeben. Für die Winkel, für die infolge der Anisotropie Sprünge auftreten und Harmonische verschwinden oder entstehen, kann in den entsprechenden Richtungen p_x^{extr} bestimmt werden.

Die unmittelbare Konstruktion der FERMI-Fläche ist nur möglich, wenn die Experimente an Plättchen unterschiedlicher Dicke und unterschiedlicher Orientierung der Oberfläche relativ zu den kristallographischen Achsen durchgeführt werden.

3. Ein dritter Effekt, der durch die Existenz der Schichten hervorgerufen wird, beruht in der selektiven Durchsichtigkeit der Plättchen bei Resonanz, wenn $D = ad_0 \sim H$ ist, die Frequenz ω geändert wird und das Feld H in der Ebene des Plättchens gedreht werden kann. Außerdem kann beobachtet werden, wie das Feld in die Tiefe $(r_H^2/\delta)\,(\omega\tau)^{1/4}$ „eindringt". Der Nachweis dieses Effektes wird wegen der idealen Spiegeleigenschaften der Metalle extrem erschwert: schon allein die Reflexion an den beiden Oberflächen des Plättchens schwächt die Intensität des Feldes um das $(10\delta/\lambda)^4$-fache ab, wobei λ die Länge der einfallenden Welle ist. Für das „durchdringende" Feld kommt eine zusätzliche Schwächung um das $r_H/\delta \approx v_F\lambda/2\pi c\delta$-fache hinzu.

4. Ein weiterer Effekt tritt als räumliches elektronisches „Echo" auf, das in gewissem Sinne dem bekannten Spinecho analog ist. Fällt auf ein Metall in einem konstanten Magnetfeld, das die Bedingung $\Omega\tau \gg 1$ erfüllt, ein Impuls der Länge $\Delta t \ll 2\pi/\Omega$, so kann nach Zeiten $2\pi/\Omega_0$, $4\pi/\Omega_0$, ..., wenn sich die größte Zahl der Elektronen wieder an der Oberfläche des Metalls sammelt (im Fall des quadratischen Dispersionsgesetzes sind das alle Elektronen), ein „Widerhall" von den Stromschichten beobachtet werden.

5. Einen eigentümlichen Charakter haben bei $\Omega\tau \gg 1$ auch die Fluktuationen im Metall, jedoch soll auf diese Frage nicht eingegangen werden. Aus dem oben dargelegten ist klar, daß das Auftreten von Feldschichten an Mechanismen gebunden sein muß, die aus allen möglichen Elektronenbahnen nur den kleinen Anteil auswählen, für den die Streuung der Radien von der Größenordnung oder kleiner als die Skinschicht ist. Ein entsprechender Mechanismus ist durch die Neigung des Magnetfeldes relativ zur Oberfläche des Metalls zu realisieren, er funktioniert auch außerhalb der Zyklotronresonanz. Die Schichten treten sowohl für hohe als auch für niedrige Frequenzen auf, und die Bedingung für das Auftreten von Feldstrukturen, wie sie in Abb. 88 dargestellt sind, ist schwächer als im Fall der Resonanz [53].

Zur Formulierung dieser Bedingung geht man davon aus, daß das Magnetfeld gegenüber der Oberfläche des Metalls um einen Winkel $\varphi \ll 1$ geneigt ist. Dann befinden sich die Elektronen mit kleiner Driftgeschwindigkeit[1]) $\bar{v}_z$ und alle übrigen Elektronen in völlig unterschiedlichen Bedingungen in bezug auf das Hochfrequenzfeld. Die Elektronen mit $\bar{v}_z \sim v$ kommen im besten Fall einmal in die Skinschicht, und ihr Beitrag zur effektiven Leitfähigkeit (von der Größe $\sigma\delta/l$) ist klein im Vergleich zum Beitrag der Elektronen mit $\bar{v}_z = 0$. Letztere kehren viele Male zur Oberfläche des Metalls zurück und liefern z. B. bei $\omega \ll \Omega$ einen Beitrag von $\sigma_{\text{eff}} \approx \sigma(\delta/l\varphi)\,(\delta/r_H)$ (die entsprechende Diskussion ist analog der in § 34 geführten). Wenn $\delta/l \ll \varphi \ll \delta/r_H$ ist, so spielen die Elektronen die bestimmende Rolle, deren relative Geschwindigkeit (und damit auch ihre relative Entfernung $\Delta p_z/p_F$ vom Extremalquerschnitt) von der Größe $\delta/l\varphi_0$ ist. In der Nähe des für die Schichten am günstigsten zentralen Querschnitts, wo der Bahndurchmesser extremal ist, entspricht das einer Streuung der Durchmesser um $\Delta d \approx r_H(\Delta p_z/p_F)^2 \approx r_H(\delta/l\varphi)^2$, die von der Größe oder kleiner als δ sein müßte. Im Ergebnis hat die Bedingung für das Auftreten der Schichten die Form:

$$\frac{\delta}{r_H} \gg \varphi \gg \frac{\delta}{l}, \qquad \varphi \gtrapprox \sqrt{\frac{r_H\delta}{l^2}}, \tag{38.7}$$

wobei unbedingt die Bedingung

$$\Omega\tau \gg \left(\frac{r}{\delta}\right)^{1/2} \tag{38.8}$$

erfüllt sein muß.

Im Fall anomal schwacher Abhängigkeit des Bahndurchmessers von p_z (wie z. B. im Fall einer fast zylinderförmigen FERMI-Fläche) wird die Bedingung für das Auftreten der Schichten wesentlich vereinfacht.

Das Vorhandensein von schwachen, aber langsam gedämpften Schichten, die jedesmal entstehen, wenn ausgewählte Bahnen auftreten, führt zu einer ganzen

[1]) Gemeint sind Elektronen in der Nähe extremaler Querschnitte der FERMI-Fläche (für $S = S_{\text{extr}}$ ist $\bar{v}_z = -(\partial S/\partial p_z)_\varepsilon/(\partial S/\partial\varepsilon)_{p_z} = 0$) und speziell nahe zentraler Querschnitte, wo auf Grund der Zentralsymmetrie der FERMI-Fläche $S = S_{\text{extr}}$ ist.

Reihe wichtiger physikalischer Ergebnisse. Im parallelen Magnetfeld rufen die „ausgezeichneten“ Bahnen, die extremalen Durchmesser haben, Zyklotronresonanz auf der entsprechenden Frequenz hervor. Im relativ zur Oberfläche des Metalls geneigten Magnetfeld bedingen die Schichten Zyklotronresonanz für Frequenzen, die in § 36 angegeben wurden.

In Plättchen führen die Schichten zu einer Reihe von Oszillationseffekten im Magnetfeld, die ausführlich in der zusammenfassenden Arbeit [54] beschrieben werden.

Sind die Bedingungen (38.7)—(38.8) nicht erfüllt, so werden die Schichten, obwohl sie an Stellen auftreten, wo sich die Elektronen in der Nähe ausgewählter Querschnitte sammeln, sehr schnell gedämpft (jedoch um so langsamer, je schwächer die Abhängigkeit $d(p_z)$ ist). Nichtdestoweniger führte der Einsatz von Plättchen, in denen die Feldschichten abgeschnitten werden, zur Beobachtung periodischer Anomalien der Impedanz im Magnetfeld H und damit zum Existenzbeweis der Stromschichten [55].

Eine Theorie der Schichten, die im Fall der Neigung des Magnetfeldes relativ zur Oberfläche des Metalls auftreten, sowie die der „gedämpften“ Schichten kann aus den Gleichungen (36.5)—(36.9) entwickelt werden. Das Vorgehen ist dem der Zyklotronresonanz analog, wie es in diesem Paragraphen durchgeführt wurde (detaillierte Betrachtungen finden sich in der Arbeit [53]).

§ 39 Eigenschwingungen und schwach gedämpfte Wellen im Metall

Die Entstehung eines anomal langsam (auf Abständen, die groß sind im Vergleich zu δ) gedämpften Feldes und von Feldschichten in der Tiefe weisen auf die Existenz von schwach gedämpften Wellen im Metall hin, d. h. auf Eigenschwingungen (bei $\tau = \infty$) [5]. Tatsächlich bedeutet das Vorhandensein eines starken konstanten Magnetfeldes parallel (oder fast parallel) zur Oberfläche des Metalls, daß die einzige charakteristische Dimension für die Bewegung der Elektronen in der Richtung normal zur Oberfläche r_H sein kann. Folglich nimmt der Kern K in der Gleichung (33.7) auf einem Abstand der Größenordnung r_H ab. Die extreme Anomalität des Skineffektes bedeutet, daß $|K_{\alpha\beta}| \approx \sigma_{\text{eff}}/r_H$, wobei $(4\pi\omega\sigma_{\text{eff}}/c^2)^{-1/2} \ll r_H$ sein muß.

Folglich hat die Gleichung (33.7) in dimensionslosen Veränderlichen das Aussehen

$$\frac{1}{N} E''_\alpha(\zeta) = i \int K_{\alpha\beta}(\zeta, \zeta')\, E_\beta(\zeta')\, d\zeta' , \tag{39.1}$$

worin $|K_{\alpha\beta}| \approx 1$ ist und $K_{\alpha\beta}$ auf einem Abstand der Größenordnung 1 abnimmt, jedoch $N \gg 1$ ist. Nimmt $\boldsymbol{E}$ nach y auf Abständen ab, die groß sind gegen r_H, so besitzt die Gleichung (39.1) bei $N \to \infty$ einen nullten Eigenwert.

Insbesondere besitzt die Gleichung (39.1) bei $\tau = \infty$ unendlichfach entartete nullte Eigenwerte, die der Beziehung $E_\alpha(y) = E_0 \exp(-ik_n y)$ entsprechen, wobei $K_{\alpha\alpha}(k_n) = 0$ ist.

Das Auftreten der Schichten ist damit eine natürliche Besonderheit der Lösung der Gleichung in der Nähe ihres Eigenwertes. Das Vorhandensein der Eigenwertlösung in der Gleichung (39.1) bedeutet, daß in Metallen ungedämpfte Wellen existieren. Um das zu zeigen, werden die Bedingungen für die Entstehung ungedämpfter Wellen im allgemeinen betrachtet.

Zunächst ist klar, daß ungedämpfte Schwingungen nur in einer gewissen Entfernung von der Oberfläche des Metalls auftreten können, und zwar um so wahrscheinlicher, je geringer die Impulsverluste durch Stöße der Elektronen mit der Oberfläche sind. Deshalb muß die Maxwellgleichung (33.7) in einem unbegrenzten Raum betrachtet werden, in dem die Ebene $\xi = 0$ keine Besonderheit darstellt und die Sprünge $E'_\alpha(0)$ fehlen. Folglich fehlt z. B. im eindimensionalen Fall in der Gleichung (39.1) das Glied mit $E'_\alpha(0)$. Damit entspricht die nichttriviale Lösung den (diskreten) Wurzeln der Gleichung

$$k_n^2 + iaK_{\alpha\alpha}(k_n) = 0\,, \qquad k_n = k(\omega, n)\,. \tag{39.2}$$

Die Lösung $E_0 \exp(ik_n y)$ kann nur einen physikalischen Sinn haben, wenn sie in y nicht auf $\pm\infty$ anwächst, d. h., es muß

$$\operatorname{Im} k_n = 0 \tag{39.3}$$

erfüllt sein. Diese Gleichung kann natürlich im realen Fall nicht streng erfüllt werden. Sie muß vielmehr als Bedingung für den Existenzbereich von schwach gedämpften Wellen angesehen werden. So folgt zwar aus der Gleichung (39.3) die physikalisch sinnvolle Bedingung $\tau = \infty$, schwach gedämpfte Wellen treten aber bei der Bedingung

$$\omega\tau \gg \frac{v}{\omega\delta} \gg 1 \tag{39.4}$$

auf. Aus dem Gesagten folgt, daß im Fall von Schichten gerade diese Situation realisiert wird. Dabei wird in Gleichung (39.2) $aK_{\alpha\alpha}(K_n) \gg k_n^2$, und k_n bestimmt sich in erster Näherung aus $K_{\alpha\alpha}(k_n) = 0$. Den Eigenschwingungen entsprechen hierbei diskrete Eigenfrequenzen [5]

$$\omega q = q\Omega_0 \qquad (q - \text{ganzzahlig}) \tag{39.5}$$

und diskrete Wellenvektoren (39.3), die für große n von der Form sind:

$$k_n = \left(2n + \frac{1}{2}\right) \pi\omega_q m_0^* (2qp_x^{\text{extr}})^{-1}\,. \tag{39.6}$$

Diese Eigenschwingungen sind mit dem ungedämpften Umlauf der Elektronen ($\tau = \infty$) auf diskreten, durch die Resonanzbedingung ausgewählten LARMOR-Bahnen verbunden. Im allgemeinen Fall der Eigenschwingungen für beliebige Frequenzen oder Wellenvektoren kann man die Gleichung für hohe Frequenzen nicht ohne weiteres vereinfachen, es kann nur der Verschiebungsstrom vernachlässigt und die Gleichung für den nichtbegrenzten Raum betrachtet werden. Die MAXWELL-Gleichung stellt sich in den zeitlichen und räumlichen FOURIER-Komponenten folgendermaßen dar:

$$\boldsymbol{E} \to \boldsymbol{E} \exp(i\boldsymbol{kr} - i\omega t), \qquad \boldsymbol{H} \to \boldsymbol{H} \exp(i\boldsymbol{kr} - i\omega t),$$

$$\boldsymbol{j} \to \boldsymbol{j} \exp(i\boldsymbol{kr} - i\omega t), \tag{39.7}$$

$$[\boldsymbol{kE}] = -\frac{i\omega}{c}\boldsymbol{H}, \qquad [\boldsymbol{kH}] = \frac{4\pi}{c}\boldsymbol{j}. \tag{39.8}$$

Die lineare Beziehung zwischen $\boldsymbol{j}$ und $\boldsymbol{E}$ für gegebene $\boldsymbol{k}$ hat im allgemeinen Fall das Aussehen

$$j_i = \sigma_{is}(\omega, \boldsymbol{k})\, E_s. \tag{39.9}$$

Sie kann analog dem in § 36 gezeigten Weg gefunden werden und ist im klassischen Fall von der Form

$$\sigma_{is}(\omega, \boldsymbol{k}) = -\frac{2|e|^3 H}{(2\pi\hbar)^3 c}\int \frac{\partial n_F}{\partial \varepsilon}\,\mathrm{d}\varepsilon \int \mathrm{d}p_z \int\limits_0^T v_i(t)\,\mathrm{d}t$$

$$\times \int\limits_{-\infty}^{t} v_s(t')\,\mathrm{d}t' \exp\left[\int\limits_t^{t'}\left(i\boldsymbol{kv}(t_1) + i\omega + \frac{1}{\tau}\right)\mathrm{d}t_1\right]. \tag{39.10}$$

Die Forderung nach einer nichttrivialen Lösung der Gleichungen (39.8), (39.9) führt zur Gleichung

$$\left|k^2\delta_{\alpha\beta} + \frac{4\pi i\omega}{c^2}\left(\sigma_{\alpha\beta} - \frac{\sigma_{\alpha\xi}\sigma_{\xi\beta}}{\sigma_{\xi\xi}}\right)\right| = 0 \tag{39.11}$$

(die ξ-Achse ist in Richtung $\boldsymbol{k}$ orientiert, der Winkel zwischen $\boldsymbol{k}$ und $\boldsymbol{H}$ ist φ). Aus dieser Gleichung bestimmt sich

$$\omega = \omega(\boldsymbol{k}) = \omega_1(\boldsymbol{k}) - i\omega_2(\boldsymbol{k}). \tag{39.12}$$

Der Realteil ergibt das Dispersionsgesetz der Eigenschwingungen, der Imaginärteil ihre Dämpfung (siehe (39.7)). Es ist nur sinnvoll, von Eigenschwingungen zu sprechen, wenn während ihrer Lebensdauer eine große Zahl von Schwingungen ausgeführt wird, d. h., wenn

$$|\omega_1(\boldsymbol{k})| \gg |\omega_2(\boldsymbol{k})|. \tag{39.13}$$

Diese Ungleichung, in die das konstante Magnetfeld $\boldsymbol{H}$ als Parameter eingeht, bestimmt das Gebiet von $\boldsymbol{k}$ und $\boldsymbol{H}$ (und nach (39.12) auch das Gebiet von ω), in dem schwach gedämpfte elektromagnetische Wellen im Metall existieren.

Ihre Anregung trägt natürlich Resonanzcharakter, deshalb ist die Untersuchung der Impedanz im Gebiet (39.13) von wesentlichem Interesse.

Damit schwach gedämpfte Wellen auftreten können, muß der Energieverlust genügend klein sein, d. h., bei Fehlen von Stößen mit der Oberfläche muß $\tau = 1/\nu$ genügend groß sein. Interessanterweise muß ν nicht die kleinste charakteristische Frequenz sein. Ist $\boldsymbol{k}$ klein genug (d. h. die Wellenlänge groß), so kann sogar $\nu \gg \omega$ sein und damit normaler Skineffekt vorliegen. Dann kann σ_{ik} in erster Näherung für $\omega = 0$ und $\boldsymbol{k} = 0$ genommen werden und entspricht dem statischen Fall. Dabei ist ω Eigenwert einer Matrix, die durch die Gleichung (39.11) bestimmt wird. In erster Näherung kann bei $\Omega\tau \gg 1$ die Dämpfung in σ_{ik} vernachlässigt werden, so daß der Operator σ_{ik} antihermitisch ist. ω ist deshalb in erster Näherung Eigenwert eines hermitischen Operators (siehe (39.11)), d. h., ω ist reell, was wiederum bedeutet, daß schwach gedämpfte Schwingungen (Helikonwellen) auftreten.

Diese schwach gedämpften Wellen führen zu einer hohen Durchsichtigkeit des Metalls für entsprechende elektromagnetische Wellen. (Wird (39.12) in bezug auf $\boldsymbol{k}$ bei gegebenen ω gelöst, so ergibt sich ein kleiner Imaginärteil, der für die Dämpfung verantwortlich ist.) Für den einfachsten Fall des normalen Skineffekts wurde diese Durchsichtigkeit in der Arbeit [56] vorausgesagt.

Die sehr interessante Möglichkeit der Resonanzanregung von Eigenschwingungen im Metall erlaubt es, zusätzliche Informationen über das Elektronenspektrum der Metalle zu erhalten.

In den Arbeiten [57—59] sind genaue Betrachtungen der unterschiedlichen Typen von Eigenschwingungen und ihrer Erregung durchgeführt worden. Dabei wurden sie als elektromagnetische Wellen im klassischen [57] und im Quantenfall [58] betrachtet (siehe hierzu auch [60]) sowie die Erregung von gekoppelten magnetoakustischen Wellen [59]. Da den Fragen, die mit der Ausbreitung und der Absorption von Ultraschall in Metallen verbunden sind, selbständige Paragraphen dieses Buches gewidmet sind, wird jetzt nicht auf gekoppelte magnetoakustische Schwingungen eingegangen. Für den Quantenfall bleibt die Gleichung (39.11) erhalten, nur für σ_{ik} muß die Formel (33.10) durch die entsprechende Quantenbeziehung ersetzt werden. Diese Beziehung kann dem § 31 entnommen werden, in dem die Beziehung zwischen $\boldsymbol{j}$ und $\boldsymbol{E}$ für den Quantenfall erhalten wurde.

Die große Zahl von Parametern, die in der betrachteten Aufgabe[1]) auftreten, führt zu einer Vielzahl unterschiedlicher Grenzfälle, von denen jeder eine umfangreiche Rechnung erfordert. Deshalb werden hier nur die grundlegenden Resultate formuliert und der Leser auf die Arbeiten [57, 58, 60] verwiesen.

[1]) Auch im klassischen Fall existieren folgende Längen: Der Weg, den ein Elektron während einer Periode des Feldes zurücklegt, die mittlere freie Weglänge, der Radius der Larmor-Bahn, die Wellenlänge im Metall längs H und senkrecht dazu, der Abstand, auf dem die Wellen gedämpft werden.

I. Der klassische Fall [57]

1. Die Wellenlänge ist im Vergleich mit dem LARMOR-Radius groß und das Wechselfeld in Richtung von $\boldsymbol{H}$ räumlich stark inhomogen[1]):

$$kr_H \ll 1 \ll kv\cos\varphi\left(\frac{1}{\tau}+\omega\right)^{-1}, \quad \cos\varphi = \frac{\boldsymbol{kH}}{kH}, \quad r_H \sim \frac{v}{\Omega}. \tag{39.14}$$

In diesem Grenzfall ist

$$\boldsymbol{j} = \frac{(n_1 - n_2)\, ec}{\boldsymbol{kH}}\,[\boldsymbol{kE}] + \sum A\boldsymbol{w}(\boldsymbol{w}^*\boldsymbol{E}) + S\boldsymbol{H}(\boldsymbol{HE})\,H^{-2} + \hat{S}\boldsymbol{E}\,, \tag{39.15}$$

wobei

$$A = \frac{(2\pi e)^2}{(2\pi\hbar)^3}\left|\frac{m^*}{k_z\bar{v}_z'(p_z)}\right|_{\bar{v}_z=0} \tag{39.16}$$

und der komplexe Vektor der „Geschwindigkeit" $\boldsymbol{w}$ gehorcht:

$$w_z = -\frac{i\omega}{k_z}, \qquad w_\alpha = \overline{\boldsymbol{kv}\varrho_\alpha}|_{\bar{v}_z=0}\,, \tag{39.17}$$

$$\varrho_x = \frac{c(p_y - \bar{p}_y)}{eH}, \qquad \varrho_y = -\frac{c(p_x - \bar{p}_x)}{eH}$$

(der Querstrich bedeutet die zeitliche Mittelung über einen Bahnumlauf), $\boldsymbol{w}^*$ ist die konjugiertkomplexe Größe von $\boldsymbol{w}$, n_1 und n_2 geben die Zahl der Elektronen und die Zahl der Löcher an, weiterhin sind

$$S = \frac{2e^2}{k_z^2}\sum\left(\frac{1}{\tau} - i\omega\right)|\nu(\varepsilon_F)|\,,$$

$$S_{\alpha\beta} = \frac{4\pi e^2}{(2\pi\hbar)^3}\sum\left(\frac{1}{\tau} - i\omega\right)\int \mathrm{d}p_z\,|m^*|\,\overline{\varrho_\alpha\varrho_\beta} \tag{39.18}$$

(wobei die Summe über die unterschiedlichen „Sorten" der Quasiteilchen genommen wird und $\nu(\varepsilon_F)$ die Zustandsdichte bei $\varepsilon = \varepsilon_F$ ist).

Der erste Summand in (39.15) stellt den verlustfreien „HALL-Strom" dar. Bei starker Raumdispersion ist dieser Strom zu $\boldsymbol{k}$ und $\boldsymbol{E}$ und nicht, wie im statischen Fall, zu $\boldsymbol{H}$ und $\boldsymbol{E}$ orthogonal. Auch das zweite Glied in $\boldsymbol{j}$ ist mit der räumlichen Inhomogenität des Feldes verbunden. Die entsprechenden transversalen Elemente der Leitfähigkeit $\sum A w_\alpha w_\beta$ werden durch Elektronen bedingt, die sich mit der Welle in Phase bewegen $\omega = k_z\bar{v}_z$, und zwar in der Nähe eines zentralen Querschnitts der FERMI-Fläche mit $p_z = 0$). Diese Summanden beschreiben die TSCHERENKOW-Absorption des elektromagnetischen Feldes durch die Elektronen und sind der bekannten LANDAU-Dämpfung im stoßfreien Plasma analog.

[1]) Der quasistatische Fall, für den die Rauminhomogenität schwach ist, wurde in der Arbeit [61] (siehe auch [56]) betrachtet.

Der in bezug auf $\boldsymbol{H}$ longitudinale Strom $S\boldsymbol{H}(\boldsymbol{F}\boldsymbol{H})\,H^{-2}$ ist um das $|k_z v|\,(1/\tau+\omega)^{-2}$-fache kleiner als im Fall fehlender Raumdispersion. Der Tensor $S_{\alpha\beta}$ stellt in bezug auf $\boldsymbol{H}$ die transversale Leitfähigkeit im Grenzfall eines homogenen Hochfrequenzfeldes (bei fehlender $\boldsymbol{k}$-Abhängigkeit) für $n_1 = n_2$ dar. Liegt das Magnetfeld in Richtung einer Symmetrieachse dritter oder höherer Ordnung, so gilt $\overline{v_z \varrho_\alpha} = 0$, $\overline{\varrho_x \varrho_y} = 0$, und der Tensor $S_{\alpha\beta}$ ist diagonal. Das gilt natürlich auch für ein isotropes Spektrum.

a) Ist $n_1 \neq n_2$, so wird $|S_{\alpha\beta}|/\sum A w_\alpha w_\beta \approx (1+\omega\tau)\,(k_z l)^{-1} \ll 1$, die Größen $S_{\alpha\beta}$ in (39.15) können vernachlässigt werden. Das Dispersionsgesetz der schwachgedämpften Spiralwellen hat dann die Form

$$\omega(\boldsymbol{k}) = \frac{ck|\boldsymbol{k}\boldsymbol{H}|}{4\pi(n_1 - n_2)\,e}. \tag{39.19}$$

Das Dekrement der Dämpfung und die Polarisation der Wellen hängen wesentlich von der Form und von der Topologie der Fermi-Fläche und außerdem von der Orientierung der Vektoren $\boldsymbol{k}$ und $\boldsymbol{H}$ untereinander und zu den kristallographischen Achsen ab.

Ist $\boldsymbol{H}$ parallel zu einer Achse hoher Symmetrie, so wird

$$\frac{\omega''}{\omega} = \frac{2\pi\omega}{k^2c^2} \sum A w_x^2 \sim k r_H \sin^2\varphi\,, \qquad \omega'' = -\,\mathrm{Im}\,\omega\,. \tag{39.20}$$

Bei $\boldsymbol{k}\|\boldsymbol{H}(\varphi = 0)$ ist die Raumdispersion unwesentlich, und die Landau-Dämpfung (39.20) verschwindet. In diesem Fall ist die Dämpfung nur durch die Streuung der Elektronen bedingt:

$$\frac{\omega''}{\omega} \sim \frac{1}{\Omega\tau}. \tag{39.21}$$

Dabei ist $\boldsymbol{E}\boldsymbol{H} = 0$, und der Vektor $\boldsymbol{E}$ dreht sich in der Ebene senkrecht zu $\boldsymbol{H}$.

Fällt $\boldsymbol{H}$ nicht mit einer Symmetrieachse des Kristalls zusammen, ist aber die Fermi-Fläche einfachzusammenhängend, so hat die Dämpfung der Spiralwellen einen nichtmonotonen Charakter. Für $\omega\tau < 1$ wächst im relativ schwachen Magnetfeld die Dämpfung mit dem Feld:

$$\frac{\omega''}{\omega} \sim (k_z l k r_H \sin^2\varphi)^{-1} \sim \frac{H}{k^2} \qquad (k_y^2 r_H^2 k_z l \gg 1)\,, \tag{39.20a}$$

wobei $\boldsymbol{E}w' = 0$ ist. Danach erreicht $(\omega''/\omega)_{\max} \sim (k_z l k_y^2/k^2)^{-1/2}$ ein Maximum, um im Gebiet starker Felder monoton zu fallen:

$$\frac{\omega''}{\omega} \sim k r_H\,, \tag{39.21a}$$

wobei $\boldsymbol{E}\boldsymbol{H} = 0$ ist.

Auch bei $\omega\tau > 1$ hat die Dämpfung einen nichtmonotonen Verlauf. Das Maximum verschiebt sich in Richtung schwacher Magnetfelder.

Bei zwei oder mehreren Gruppen von Ladungsträgern ist das Dämpfungsdekrement von der Größenordnung kr_H und verschwindet mit der Zunahme von H monoton. Die Polarisation der Spiralwelle ändert sich genauso wie bei einer einzigen Ladungsträgergruppe. Der physikalische Grund dieser Besonderheiten in der Dämpfung und in der Polarisation der Spiralwellen kann in der Wechselwirkung mit einer longitudinalen Welle liegen.

b) Wenn die Zahl der Elektronen und der Löcher gleich ist, d. h. $n_1 = n_2$, so existieren hochfrequente ($\omega\tau \gg 1$) Wellen vom magnetohydrodynamischen Typ mit linearem Spektrum und ebener Polarisation. Ihre Phasengeschwindigkeit ist von der Größenordnung der Geschwindigkeit der ALFVÉNschen Wellen $v_A = H(4\pi n m^*)^{-1/2}$.

In starken Magnetfeldern ($v_A \gg v$) spielt die Raumdispersion keine Rolle, und die Dämpfung wird durch die Stöße der Elektronen bestimmt, $\omega'' \sim 1/\tau$. Es gibt zwei Wellen vom magnetohydrodynamischen Typ: Die ALFVÉNschen und die schnellen magnetoakustischen Wellen, wobei die Phasengeschwindigkeit der ersten die Phasengeschwindigkeit der zweiten nicht übersteigt.

In Magnetfeldern, in denen

$$1/\tau \ll \omega \ll kv \ll \Omega$$

gilt, sind schwach gedämpfte Wellen nur dann möglich, wenn $\boldsymbol{H}$ in Richtung einer Symmetrieachse liegt. Dann gibt es für $\boldsymbol{k}\|\boldsymbol{H}$ zwei linearpolarisierte magnetohydrodynamische Wellen mit gleichem Spektrum. Ist $\boldsymbol{k}$ nicht parallel zu $\boldsymbol{H}$, so tritt eine ALFVENsche Welle auf, deren elektrisches Feld in y-Richtung polarisiert ist (in der Ebene $\boldsymbol{k}, \boldsymbol{H}$ senkrecht zu $\boldsymbol{H}$).

In Magnetfeldern, in denen

$$\frac{1}{\tau} \ll \omega \ll v \left|\frac{\omega}{c r_D} \operatorname{ctg} \varphi\right|^{1/2} \ll \Omega \tag{39.22}$$

gilt (wobei ($r_D = |4\pi e^2 \sum \nu(\varepsilon_F)|^{-1/2}$ der DEBYE-HÜCKELsche Abschirmradius ist), existieren bei nichtparellelen $\boldsymbol{k}$ und $\boldsymbol{H}$ ($w_y \neq 0$, $k_y \neq 0$ und $\boldsymbol{H}$ nicht in Richtung einer Symmetrieachse gerichtet) schwachgedämpfte Wellen mit dem Spektrum

$$\omega(\boldsymbol{k}) = \frac{c r_D k^2}{2} |\sin 2\varphi| \,. \tag{39.23}$$

2. Die Wellenlänge ist klein im Vergleich zum LARMOR-Radius:

$$kr_H \gg 1 \,. \tag{39.24}$$

Wenn

$$\frac{1}{\Omega\tau} < \left|\frac{\pi}{2} - \varphi\right| < \frac{1}{\alpha_n^4} \tag{39.25}$$

gilt, wobei $1 \ll \alpha_n^4 \ll (v/v_A)^2$, $kr_H = \alpha_n = \pi(n + 1/4)$, so spielen die Elektronen in der Nähe eines zentralen Querschnitts, für den die Variation der Bahnradien klein ist im Vergleich zur Länge der elektromagnetischen Wellen, die wesentlichste Rolle. Es existieren schwachgedämpfte Wellen mit einem diskreten Spektrum:

$$\omega_n = \frac{2}{3}\,\pi v_A^2 v^{-2} \alpha_n^4 \left[\Omega\varphi' \left(\frac{\pi\alpha_n}{2}\right)^{1/2} - \frac{i}{\tau}\right] \quad \left(\varphi' = \frac{\pi}{2} - \varphi\right), \tag{39.26}$$

wobei der transversale Teil des elektrischen Feldes zirkularpolarisiert ist.

Wenn die Bedingungen

$$\varphi \ll (\Omega\tau)^{-1}\,, \qquad 1 < \left(\frac{v_A\Omega}{v\omega}\right)^{1/2} \ll \frac{\Omega}{\omega} \tag{39.27}$$

erfüllt sind, so existiert eine schwachgedämpfte Welle, die in der Ebene $\boldsymbol{k}, \boldsymbol{H}$ senkrecht zu $\boldsymbol{k}$ polarisiert ist und folgendes stetige Spektrum hat:

$$\omega = \left(\frac{2}{3}\right)^{1/2} (kr_H)^{3/2}\,|k_z|\,v_A - \frac{1}{2\tau}\,. \tag{39.28}$$

II. Der Quantenfall

Einer der wesentlichen Gründe der Dämpfung der Eigenschwingungen ist die LANDAU-Dämpfung. Sie wird durch Elektronen bedingt, die sich mit der Welle in Phase bewegen. Die Quantelung der Elektronenzustände führt dazu, daß sich diese Elektronen nur bei bestimmten Magnetfeldwerten in der Nähe der FERMI-Energie befinden. Deshalb ist es natürlich, daß sich im Quantenfall die Dämpfung der elektromagnetischen Eigenschwingungen stark verringert und starke Oszillationen ausführen kann [58].

Hier sollen die Ergebnisse für den interessantesten Fall

$$\hbar\omega \ll T \ll \hbar\Omega \tag{39.29}$$

dargestellt werden.

Es sei

$$A = \frac{ck_y\varepsilon_F}{eH}\left|\frac{k_z v}{1/\tau + \omega}\right| M \ll 1 \tag{39.30}$$

mit

$$M = \frac{\hbar\Omega}{8T} \sum_{\sigma=\pm 1} ch^{-2}\left(\frac{\varepsilon_{0\sigma} - \zeta}{2T}\right) \tag{39.31}$$

und $\varepsilon_{0\sigma} = \varepsilon_\sigma|_{n=n_0,\,p_z=p_{z0}}$. p_{z0} ist die Lösung der Gleichung $\bar{v}_z(\varepsilon_F, p_z) = -(2\pi m^*)^{-1}\dfrac{\partial S}{\partial p_z} = \dfrac{\omega}{k_z}$ und n_0 der Wert der magnetischen Quantenzahl, für die $|\varepsilon_F - \varepsilon^\sigma_{np_{z0}}|$ minimal ist.

In diesem Fall wird

$$\frac{\omega''}{\omega} \sim \sum kr_H M(H)\,. \tag{39.32}$$

Die Quantelung beeinflußt also nicht das Spektrum und die Polarisation der Eigenschwingungen, ihre Dämpfung erfährt jedoch gigantische Quantenoszillationen, die durch die Funktion $M(H)$ beschrieben werden.

Ist

$$A \gg 1 \tag{39.33}$$

(siehe (39.30)), wird die Formel (39.32) komplizierter, so daß die relative Dämpfung der Welle immer von der Größe $kr_H M_{\min} \sim kr_H \frac{\hbar\Omega}{T} \exp\left(-\frac{\hbar\Omega}{2T}\right)$ ist, d. h., die relative Amplitude der Oszillationen der Dämpfung ist von der Größenordnung Eins. Dabei ist der transversale Teil des Feldes $\boldsymbol{E}_\perp$ zirkularpolarisiert. Die longitudinale Komponente $\boldsymbol{E}_{||}$ erleidet gigantische Oszillationen.

Die Quantelung ändert bei der Bedingung (39.33) nicht nur die Dämpfung, sondern auch die Polarisation der Spiralwelle. Es wurden die Ergebnisse für den interessantesten Fall — den Einfluß der Quantelung auf die Landau-Dämpfung — angegeben. In der Arbeit (57) wird für den Fall (39.29) auch der Einfluß der Elektronenstreuung auf die Quantenoszillationen berücksichtigt. Nicht angegeben wurden die in der Arbeit [57] erhaltenen Formeln für die Oberflächenimpedanz und das Eindringen des Feldes in die Tiefe des Metalls unter den Bedingungen, daß das äußere elektromagnetische Feld schwachgedämpfte Wellen anregt. (Das Eindringen des Feldes in ein Metall bei der Anregung von Eigenschwingungen wurde im vorhergehenden Paragraphen betrachtet.)

Experimentell wurden hochfrequente magnetohydrodynamische Wellen im Wismut beobachtet [62]. Niederfrequente Spiralwellen wurden an einer ganzen Anzahl von Metallen (wie Natrium, Indium, Kupfer, Silber, Gold, Blei, Zinn, Zink, Kadmium und andere [63]) und in der entarteten Legierung In-Sb [64] beobachtet (und zwar unter Bedingungen, bei denen die Raumdispersion keine Rolle spielt). Schwachgedämpfte Wellen in der Nähe der Zyklotronresonanz in Kalium wurden in der Arbeit [65] untersucht.

Über die Plasmaeffekte im Zusammenhang mit den Eigenschwingungen in Metallen gibt es eine Reihe zusammenfassender Arbeiten [60, 66].

§ 40 Fermi-Flüssigkeitseffekte in den Hochfrequenzerscheinungen von Metallen

Die Rolle der Fermi-Flüssigkeitseffekte wurde in § 23 betrachtet. Sie sollen jedoch noch einmal analysiert werden, da früher die Spezifika im Hochfrequenzfeld (wie die räumliche und zeitliche Inhomogenität der Verteilungsfunktion) nicht betrachtet wurden. Die Berücksichtigung der kollektiven Fermi-Flüssigkeitswechselwirkung schließt die Benutzung der Elektronennäherung aus. Zur Berechnung der Verteilungsfunktion n muß die kinetische Gleichung herangezogen werden (siehe (23.6), (23.25) und weiter).

Da das Stoßintegral $(\partial n/\partial t)_{\text{St}}$ durch die Gleichgewichts-FERMI-Verteilung der Gesamtenergie des Quasiteilchens gegen Null geht, kann nach [4] eine Korrelationsfunktion eingeführt werden. Diese Funktion verbindet (in linearer Näherung in bezug auf das äußere Feld) den FERMI-Flüssigkeitszuwachs zur Energie mit dem Zuwachs zu $n_F(\varepsilon)$:

$$\delta\varepsilon = \int G(\boldsymbol{p}, \boldsymbol{p}')\left(n - n_F(\varepsilon')\right) \mathrm{d}\boldsymbol{p}' . \tag{40.1}$$

Wird

$$n = n_F\left(\varepsilon_0(\boldsymbol{p})\right) - en' \frac{\partial n_F}{\partial \varepsilon_0} \tag{40.2}$$

gesetzt, so daß

$$\delta\varepsilon = \varepsilon - \varepsilon_0(\boldsymbol{p}) = -e \int \Phi(\boldsymbol{p}, \boldsymbol{p}') \frac{\partial n_F}{\partial \varepsilon_0'} n'(\boldsymbol{p}') \, \mathrm{d}\boldsymbol{p}' \equiv -e\hat{\Phi} n' \tag{40.3}$$

und

$$n' = (1 + \hat{\Phi})^{-1} n_1 \tag{40.4}$$

folgt, ergibt sich in linearer Näherung:

$$\hat{G} = \hat{\Phi}(1 + \hat{\Phi})^{-1} \tag{40.5}$$

($\hat{L}n_1$ ist ein Operator, der sich aus $(\partial n/\partial t)_{\text{St}}$ in linearer Näherung in n_1 ergibt) und

$$i\omega(1 - \hat{G})\, n_1 + \frac{\partial n_1}{\partial \boldsymbol{r}} \frac{\partial \varepsilon_0}{\partial \boldsymbol{p}} - \frac{\partial n_1}{\partial \boldsymbol{p}} \frac{\partial \varepsilon_0}{\partial \boldsymbol{r}} + \hat{L} n_1 = \boldsymbol{v}\boldsymbol{E} , \tag{40.6}$$

$$\boldsymbol{j} = -\frac{2e^2}{(2\pi\hbar)^3} \int \boldsymbol{v} n_1 \frac{\partial n_0}{\partial \varepsilon_0} \mathrm{d}\boldsymbol{p} = \frac{2e^2}{(2\pi\hbar)^3} \oint\limits_{\varepsilon_0(\boldsymbol{p}) = \varepsilon_F} \frac{\boldsymbol{v} n_1 \, \mathrm{d}S}{v} . \tag{40.7}$$

Aus den Gleichungen (40.6) und (40.7) ist die Rolle der FERMI-Flüssigkeitswechselwirkung klar zu erkennen. Dazu wird die charakteristische mittlere freie Flugzeit eingeführt: $\tau(\hat{L}n_1 \sim n_1/\tau)$.

Für $\omega\tau \ll 1$ wird in erster Näherung in $\omega\tau$ das in ω proportionale Glied vernachlässigt. Die FERMI-Flüssigkeit beeinflußt die Ergebnisse nicht (§ 23). Wird $\omega\tau \gtrsim 1$, so liegt nach § 32 für gute Metalle stark anomaler Skineffekt vor (d. h., solange $\omega \ll v/\delta$ gilt; der umgekehrte Grenzfall wird weiter unten betrachtet), und das Glied $\hat{G}n_1$ kann in erster Näherung in bezug auf die Anomalie vernachlässigt werden (§ 32). Für schlechte Metalle vom Typ des Wismut, in denen normaler Skineffekt möglich ist, wird das Glied Gn_1 klein, da die FERMI-Flüssigkeitswechselwirkung klein ist [67].

Unter den Bedingungen des anomalen Skineffektes wird (§ 32) das FERMI-Flüssigkeitsglied nur wesentlich, wenn die Voraussetzungen sehr scharfer Zyklotronresonanz erfüllt sind. Der Lösungsweg wird für diesen Fall in [4] beschrieben. Dabei geht man der Einfachheit halber von einem streng zur Oberfläche des Metalls parallelen Magnetfeld, quadratischem Dispersionsgesetz und Resonanz auf zentralen Querschnitten aus.

Wird in den Gleichungen (34.8) und (34.9) zu den Veränderlichen ε, p_z, t übergegangen (wobei t die Umlaufzeit eines Elektrons war), so ergibt sich

$$i\omega(1-\hat{G})\, n_1 + v_y \frac{\partial n_1}{\partial y} + \frac{\partial n_1}{\partial t} + \tilde{L} n_1 = v_\beta E_\beta + v_y E_y \,, \tag{40.8}$$

$$\beta = x, z\,,$$

$$\boldsymbol{j} = \frac{2|e|^3 H}{(2\pi\hbar)^3 c} \oint\limits_{\varepsilon=\varepsilon_F} \boldsymbol{v} n_1 \,\mathrm{d}p_z\,\mathrm{d}t \equiv \frac{2|e|^3 H}{(2\pi\hbar)^3 c} \langle \boldsymbol{v} n_1 \rangle. \tag{40.9}$$

Setzt man

$$n_1 = \nu_1 - \varphi = \nu_1 - \int\limits_y^\infty E_y(y')\,\mathrm{d}y'\,, \tag{40.10}$$

so entspricht das der nullten Näherung $n_0(\varepsilon^t - \zeta_0)$, wo ε^t die gesamte (kinetische und potentielle) Energie des Elektrons im Feld ist: $\varepsilon^t = \varepsilon + e\varphi$, und ζ_0 das chemische Potential ohne Magnetfeld. Diese Näherung ist natürlich, da es das chemische Potential nicht schafft, dem schnellveränderlichen Feld zu folgen ($\omega\tau \gg 1$).

Die Funktion φ (und damit auch $E_y(y)$ läßt sich leicht aus der Bedingung für das Fehlen nichtkompensierter Ladungen (§ 32) bestimmen: $\varrho' = 0$ ist nach der Kontinuitätsgleichung der Bedingung äquivalent, daß die Normalkomponente des Stromes Null ist. Da

$$\varrho' = \frac{2e}{(2\pi\hbar)^3} \int \left(n - n_0(\varepsilon_0)\right) \mathrm{d}\boldsymbol{p} = \frac{2|e|^3 H}{(2\pi\hbar)^3 c} \langle (1-\hat{G})\, n_1 \rangle\,, \tag{40.11}$$

so wird

$$\varphi = \frac{\langle (1-\hat{G})\, \nu_1 \rangle}{\langle (1-\hat{G})\, 1 \rangle}. \tag{40.12}$$

Durch Einsetzen von (40.10) in (40.8), (40.9) und unter Berücksichtigung von (40.12) ergibt sich eine Gleichung, die das Feld E_y nicht mehr enthält:

$$i\omega(1-\hat{G})\, \nu_1 + \left(v_y \frac{\partial}{\partial y} + \frac{\partial}{\partial t} + \hat{L}\right) \nu_1$$
$$= v_\beta E_\beta + i\omega \frac{\langle (1-\hat{G})\, \nu_1 \rangle}{\langle (1-\hat{G})\, 1 \rangle} (1-\hat{G})\, 1\,. \tag{40.13}$$

Aus der Formel (40.13) und aus ihrer Herleitung ist klar, daß die Fermi-Flüssigkeitswechselwirkung in gewissem Sinn dieselbe Rolle spielt wie das Feld E_y.

Die Funktion ν_1 hat bei $v_y = 0$ ein scharfes Maximum. (n_1, das die von Winkeln unabhängige Funktion ψ enthält, hatte diese Eigenschaft nicht. Das war früher unwesentlich, da die Größe φ allgemein vernachlässigt werden konnte (§ 32).)

Außerdem hat die Funktion ν_1 in der Resonanz ein scharfes Maximum nahe $p_z = 0$. Dadurch werden zusammen mit $\varepsilon = \zeta_0$ zwei zentralsymmetrische Punkte auf der FERMI-Fläche bestimmt, in denen auch $G(\boldsymbol{p}, \boldsymbol{p}')$ ausgeklammert wird. Dank des scharfen Maximums von ν_1 kann an Stelle von $L\nu_1$ sukzessive eine Relaxationszeit eingeführt werden (§ 32). Die weitere Lösung ist der in § 36 völlig analog. (Einzelheiten hierzu sind in der Arbeit [4] zu finden.) Es zeigt sich, daß die FERMI-Flüssigkeit die Resonanztiefe und -breite nur beeinflußt, wenn gilt:

$$\omega\tau > \left(\frac{r_H}{\delta}\right)^2, \qquad \omega > v(\delta^2 l)^{-1/3}. \tag{40.14}$$

Das ist gerade die Bedingung für logarithmische Resonanz in Grenzpunkten bei normalem Skineffekt. Die experimentelle Untersuchung der Resonanz in diesem Fall würde die Bestimmung der „Diagonalelemente" $G(\boldsymbol{p}, \boldsymbol{p})$ auf der FERMI-Fläche ermöglichen.

Wie die Resultate dieses Paragraphen und aus § 23 zeigen, ändert die FERMI-Flüssigkeitswechselwirkung den Charakter praktisch aller Erscheinungen dieser Monographie qualitativ nicht. Dieser Umstand macht den Erfolg der „Einelektronennäherung" deutlich, die auf der Vorstellung von den Leitfähigkeitselektronen als Gas geladener FERMI-Teilchen mit einem komplizierten Dispersionsgesetz $\varepsilon = \varepsilon(\boldsymbol{p})$ beruht. Die Zahlenwerte der meisten Größen, die die Leitfähigkeitselektronen beschreiben (darunter auch das Dispersionsgesetz), enthalten jedoch die FERMI-Flüssigkeitswechselwirkung.

Bei der Beschreibung der FERMI-Flüssigkeitswechselwirkung wurde die Spinkorrelation zwischen den Elektronen ignoriert (die auch bei der Beschreibung der „Bahnbewegung" der Elektronen nicht wesentlich ist). Bei Berücksichtigung der Spinkorrelation für die Betrachtung der Paramagnetischen Resonanz (§ 44) wird das Spektrum der Wellen im Metall wesentlich komplizierter. Bedingt durch die FERMI-Flüssigkeitswechselwirkung können sich in Metallen ungewöhnliche Spinwellen ausbreiten [67a], die vor kurzem experimentell beobachtet wurden [67b][1]).

§ 41 Oberflächenskineffekt und Resonanzen bei sehr niedrigen Frequenzen

Im § 29 (und besonders im Anhang I) wird gezeigt, daß schon eine schwache Inhomogenität den Widerstand eines Leiters im starken Magnetfeld ($r_H/l \ll 1$) wesentlich ändern kann. Die Inhomogenität wird durch ein Glied proportional r_H/l berücksichtigt, das entsprechende inhomogene Glied ist proportional $(r_H/l)^2$. Der charakteristische Abstand, der mit der Inhomogenität verbunden ist, wird von der Größenordnung $r_H l/r_H = l$. Inhomogenitäten können aus

[1]) Die ausführliche Darstellung der Theorie der Spinwellen in nichtmagnetischen Metallen findet sich in der Arbeit [67c].

verschiedenen Gründen entstehen. Eine der einfachsten Möglichkeiten zur Erzeugung einer Inhomogenität ist der Skineffekt. In diesem Fall ist (im Vergleich mit dem „gewöhnlichen“ Skineffekt, der durch die Leitfähigkeit im homogenen Feld bestimmt wird) eine andere Abhängigkeit des Widerstandes vom Magnetfeld schon für sehr niedrige Frequenzen zu erwarten, sobald die „gewöhnliche“ Skintiefe von der Größenordnung der mittleren freien Weglänge wird:

$$\delta \approx \sqrt{\frac{c^2}{2\pi\omega_2\sigma(H)}} \approx l\,. \tag{41.1}$$

Das entspricht für extrem reine Metalle bei tiefen Temperaturen, wenn $l \approx 1-3$ mm wird, einer Frequenz von $\omega_1 \approx 1-100\ \mathrm{s}^{-1}$.

Es ist von vornherein klar, daß die Dämpfung von Feld und Strom bei $\omega \gtrapprox \omega_1$ unter dem Einfluß des statischen Skineffektes besonderen Charakter hat. Das „fast homogene“ Feld erzeugt (wie in § 38 gezeigt wurde) einen Strom, der auf einem Abstand von der Größenordnung des LARMOR-Radius r_H wesentlich abnimmt. Da Feld und Stromdichte bei unterschiedlichen Tiefen abklingen, kann das Problem für niedrige Frequenzen mit einem Iterationsverfahren gelöst werden [68]. Zuerst muß die elektrische Feldstärke bestimmt werden. Ändert sie sich auf Abständen, die groß sind im Vergleich zu r_H (wodurch das Gebiet der „nicht sehr hohen Frequenzen“ bestimmt wird), ist die Streuung der Elektronen durch die Oberfläche unwesentlich und das Vorhandensein der Oberfläche wirkt sich nicht auf den Leitfähigkeitstensor aus. Damit ist die gerade Fortsetzung der Feldstärke auf den Halbraum außerhalb des Leiters erlaubt:

$$j(z) = \int_{-\infty}^{\infty} \hat{\sigma}(|z - z'|)\, E(z')\, \mathrm{d}z'\,. \tag{41.2}$$

Die MAXWELLsche Gleichung für den eindimensionalen Fall (normaler Einfall)

$$E''_\alpha = \frac{4\pi i\omega}{c^2}\, j_\alpha \qquad (\alpha = x, y)\,, \tag{41.3}$$

$$j_z = 0$$

wird durch den Übergang zu den FOURIER-Komponenten (unter Brücksichtigung des Sprunges von E'_α bei $z = 0$, der mit der geraden Fortsetzung von E_α im Zusammenhang steht) gelöst:

$$-\,k^2\varepsilon_\alpha(k) - 2E'_\alpha(0) = \frac{4\pi i\omega}{c^2}\,\tilde{\sigma}_{\alpha j}(k)\,\varepsilon_j(k)\,, \quad \tilde{\sigma}_{zj}(k)\,\varepsilon_j(k) = 0\,, \tag{41.4}$$

wobei

$$\left.\begin{aligned} \tilde{\sigma}_{ij}(k) &= 2\int_0^\infty \cos(kz)\,\sigma_{ij}(z)\,\mathrm{d}z \qquad (i, j = x, y, z)\,, \\ \varepsilon(k) &= 2\int_0^\infty \cos(kz)\,E(z)\,\mathrm{d}z\,. \end{aligned}\right\} \tag{41.4a}$$

Bei der Bestimmung von $E(z)$ aus (41.4) ist analog der Darstellung im Anhang I als Näherung der schnell abnehmende Summand in der Stromdichte anzusetzen (der vom Charakter der Reflexion an der Oberfläche abhängt). In dem hier interessierenden Fall, wo sich E auf Abständen groß im Vergleich zu r_H ändert, wird der Zuwachs, der den Charakter der Reflexion berücksichtigt, der gleiche wie im statischen Fall. (Der charakteristische Abstand, auf dem sich E ändert, ist δ, so daß E als homogen betrachtet werden kann.) Im Ergebnis ist der Gesamtstrom I_α gleich

$$I_\alpha = I_\alpha^{(0)} + I_\alpha^{\text{stat}} = (\hat{Z}_0^{-1})_{\alpha\beta}\, E_\beta(0) + (1-q)\,\frac{ne^2r_H^2}{p}\, a_{\alpha\beta}E_\beta(0) \tag{41.5}$$

(siehe Anhang I), $\hat{Z}_0$ wird durch die Gleichungen (41.4) bestimmt, $a_{\alpha\beta} \sim 1$ und hängt nicht von ω und l ab, und q ist der Reflexionskoeffizient der Ladungen von der Oberfläche. Für gute Metalle ist der Parameter q in starken Magnetfeldern und bei großer Skintiefe nahezu Null (d. h., die Reflexion ist diffus), da die Winkel, unter denen die Ladungsträger mit der Oberfläche zusammenstoßen, nicht klein sind.

Benutzt man die Bestimmungsgleichung für die Impedanz $E_\alpha(0) = Z_{\alpha\beta}I_\beta$, so erhält man [68]:

$$\hat{Z}^{-1} = \hat{Z}_0^{-1} + \frac{ne^2r_H^2}{p}\,\hat{a}(1-q)\,. \tag{41.6}$$

Die Größe von $\sigma_{\alpha\beta}(k)$ ergibt sich unter Berücksichtigung von $\sigma_{\alpha\beta}(k) = \sigma_{\alpha\beta}(-k)$, wie schon früher gezeigt wurde (§ 39).

Ohne näher auf die Ergebnisse der Berechnungen für den gesamten Frequenz- und Magnetfeldbereich einzugehen, soll hier nur die außergewöhnliche Resonanz bei sehr niedrigen Frequenzen diskutiert werden. Sie wurde zuerst für spiegelnde Reflexion der Elektronen an der Oberfläche in [68a] erhalten. Diese Resonanz tritt in kompensiertem Metall auf, wo $n_1 = n_2$ und das Magnetfeld normal zur Metalloberfläche orientiert ist, wobei die Oberfläche mit einer kristallographischen Ebene zusammenfallen muß. Auf Grund der Symmetrie der Aufgabe erzeugt das elektrische Feld, das in der xy-Ebene liegt, nur in dieser Ebene einen Strom, so daß $\sigma_{\alpha z} = \sigma_{z\alpha} = 0$ und in (41.4) $E_z = 0$ wird. Dabei hat $\sigma_{\alpha\beta}$ folgendes Aussehen:

$$\hat{\sigma} = \sigma_0 \begin{pmatrix} \gamma^2 a_{11} & \gamma^2 a_{12} + \gamma(kr)^2\, b_{12} \\ \gamma^2 a_{12} - \gamma(kr)^2\, b_{12} & \gamma^2 a_{22} \end{pmatrix} \quad \left(\gamma = \frac{r_H}{l}\right). \tag{41.7}$$

Bei

$$4\pi\omega\sigma_0\gamma r_H^2/c^2 = 1 \tag{41.8}$$

werden die Determinanten von (41.4) und (41.7) Null und die Gleichungen haben keine Lösung. Der Grund hierfür liegt in der Resonanz, die einen der Hauptwerte der Impedanz gegen Unendlich gehen läßt. Zur Bestimmung von Z_0 in der Nähe der Resonanz muß die Entwicklung $\sigma_{xy}(\gamma, k) = \sigma_{yx}(-\gamma, k) = \sigma_{xy}(\gamma, -k)$ erweitert werden:

$$\sigma_{xy} = \sigma_0\left(\gamma^2 a_{12} + \gamma(kr_H)^2\, b_{12} + \gamma(kr_H)^4\, d_{12}\right). \tag{41.9}$$

Diese Entwicklung bedeutet beispielsweise, daß

$$j_x = \sigma_0\{\gamma^2 a_{11} E_x + \gamma^2 a_{12} E_y + \gamma r_H^2 b_{12} E_y'' + \gamma r_H^4 d_{12} E_y''''\}\,, \tag{41.10}$$

d. h., bei $l = \infty$ hängt die Stromdichte wesentlich von der vierten Ableitung des elektrischen Feldes nach dem Ort ab.

Die Halbwertsbreite der Resonanz ist von der Größenordnung $\sqrt{r_H/l}$, und die effektive Dämpfungstiefe in der Resonanz ist $r_H(l/r_H)^{1/4}$.

Sowohl der Realteil als auch der Imaginärteil der Impedanz $\hat{Z}_0$ wachsen in der Resonanz um das $(l/r_H)r^{1/4}$-fache. Das würde bei spiegelnder Reflexion auch für $\hat{Z}$ gelten. Die schwache Raumdispersion von E führt bei Reflexion, die sich von der spiegelnden Reflexion unterscheidet, wie im statischen Fall zu einer starken Raumdispersion der Stromdichte, welche auf einem Abstand von der Größe r_H gedämpft wird. Im Ergebnis hängt die Impedanz in erster Näherung nach r_H/l nicht von der Frequenz ab und fällt mit dem statischen Widerstand eines Plättchens mit $l = \infty$ bei $d \to \infty$ und gegebenem q zusammen. In der nächsten Näherung tritt eine Abhängigkeit von ω und ein Resonanzzusatz zur Impedanz auf. In der Resonanz ist dieser Zusatz von der Größe $(r_H/l)^{3/4}$. Der entsprechende Zusatz zu $Z'(H)$ ist von der Größe $(r_H/l)^{1/4}$.

Die Resonanz ist gegenüber der angegebenen Geometrie sehr empfindlich, wovon man sich durch Betrachtung des allgemeinen Falls überzeugen kann.

Das Charakteristische der Resonanz ist eine besondere Abhängigkeit der Resonanzfrequenz vom Magnetfeld. Aus (41.8) folgt:

$$\omega = \omega_H \left(\frac{c\omega_H}{v\omega_0}\right)^2 \sim H^3 \tag{41.11}$$

(ω_0 ist die Plasmafrequenz). Die Bedingung $\omega_H\tau \gg 1$ bedeutet, daß bei Frequenzen größer als $\frac{1}{\tau}\left(\frac{v\omega_0\tau}{c}\right)^{-2}$ die Bedingung (41.1) erfüllt wird.

Die Resonanzbeziehungen sind bei kubischer Symmetrie des Gitters besonders augenscheinlich, wenn in (41.7) $a_{12} = 0$ ist und τ_{xy} völlig durch die Inhomogenität des Wechselfeldes bestimmt wird. Die Impedanz ist dabei für eine zirkularpolarisierte Welle

$$E_\pm = E_x \pm iE_y \tag{41.12}$$

diagonal.

Aus der Gleichung (41.4) folgt

$$E_\pm'' = \frac{4\pi i\omega}{c^2} j_\pm = \frac{4\pi i\omega}{c^2}\{\gamma^2\sigma_0 a_{11} E_\pm \pm i\sigma_0\gamma r_H^2 b_{12} E_\pm''\}\,, \tag{41.13}$$

und da sich in der Resonanz (in (41.33)) $E_\pm''$ kürzt, muß $E_\pm''''$ berücksichtigt werden.

Im nichtresonanten Bereich ist der neue Typ des Skineffektes von wesentlichem Interesse und unterscheidet sich sowohl vom normalen Skineffekt als auch vom anomalen Skineffekt. Das elektrische Wechselfeld einerseits und das Magnetfeld und der Strom andererseits verschwinden auf unterschiedlichen Abständen, die um Größenordnungen verschieden sind. Dieser Skineffekt tritt in einem breiten Frequenzbereich (bzw. in einem breiten Magnetfeldbereich) auf und gehorcht der Bedingung $\delta_{an} \ll r_n \ll \delta_n$ (δ und δ_{an} – die Tiefe der Skinschicht bei normalem bzw. bei anomalem Skineffekt). Da er dieselbe Ursache wie der statische Skineffekt hat (§ 29), für den das elektrische Feld homogen ist und der Strom im Metallinnern gedämpft wird, ist es sinnvoll, ihn als „Oberflächen"-Skineffekt zu bezeichnen. Die Theorie des Oberflächenskineffekts wurde in den Arbeiten [68b] (Fall des Halbraumes) und [68c] (Fall der dünnen Schicht) behandelt.

§ 42 Quantentheorie der Hochfrequenzerscheinungen

Bei der bisherigen Betrachtung der Hochfrequenzeigenschaften wurde die Bewegung der Leitfähigkeitselektronen klassisch behandelt, jedoch wurde hierbei die Quantenstatistik angewandt. Diese Näherung ist völlig gerechtfertigt, da in der Kinetik nur Elektronen mit Energien nahe der Fermi-Energie eine Rolle spielen und der Abstand zwischen den (diamagnetischen, paramagnetischen und Spin-) Quantenniveaus[1]) sehr klein im Vergleich zu dieser Energie ist (siehe Einleitung). Das Spektrum kann nur deshalb mit sehr großer Genauigkeit als stetig betrachtet werden.

In einer Reihe von Fällen kann aber die Diskretheit der Niveaus den Charakter der Erscheinung selbst bestimmen. Das bezieht sich erstens auf die spezifischen Quantenerscheinungen. Dazu gehören die paramagnetische Resonanz, die durch Resonanzübergänge zwischen diskreten paramagnetischen Spinniveaus bedingt wird, die Quantenzyklotronresonanz [69, 69a], die durch Übergänge zwischen diamagnetischen Niveaus hervorgerufen wird, wenn diese nicht streng äquidistant sind (infolge nichtquadratischer Dispersion) und der Abstand zwischen den benachbarten Resonanzfrequenzen groß ist im Vergleich zur Frequenzverschmierung, die durch Stöße bedingt wird, und auf die kombinierte Resonanz, die mit den Übergängen zwischen diamagnetischen Niveaus, welche unterschiedlichen Spinprojektionen entsprechen, zusammenhängt.

Zweitens bezieht sich das auf Quanteneffekte, die zwar klein sind, jedoch zu wesentlichen Unterschieden gegenüber den klassischen Abhängigkeiten führen und im Experiment leicht nachzuweisen sind. Hierzu gehören die Quantenoszillationen der Oberflächenimpedanz, die den Suszeptibilitätsoszillationen des de Haas-van Alphen-Effektes oder den Oszillationen des Widerstandes des Schubnikow-de Haas-Effektes analog sind. Der Betrachtung der Quanteneffekte im Hochfrequenzbereich sind die Paragraphen § 42 und § 43 gewidmet.

[1]) Die Quantelung kann auch durch die endlichen Abmessungen der Probe bedingt sein (§ 22). Hier wird die Betrachtung auf den wichtigeren Fall der Quantelung im konstanten Magnetfeld beschränkt.

Bevor zum unmittelbaren Aufbau der Quantentheorie der Oberflächenimpedanz übergegangen wird, soll noch eine spezifisch quantenmechanische Besonderheit dieses Problems diskutiert werden [70].

Wie im klassischen Fall zerfällt die Aufgabe der Bestimmung der Oberflächenimpedanz in zwei Teile: die Bestimmung der Beziehung zwischen Stromdichte und elektrischer Feldstärke und die Lösung der MAXWELLschen Gleichungen mit dieser Beziehung. Im klassischen Fall fiel die magnetische Induktion $\boldsymbol{B}$ mit der magnetischen Feldstärke $\boldsymbol{H}$ zusammen.

Im Quantenfall hat strenggenommen die „Trennung" von magnetischem Moment $\boldsymbol{M}$ und der Stromdichte $\boldsymbol{j}$ in Form von physikalisch unabhängigen Größen nur dann noch für statische Felder Sinn, wenn Magnetostatik und in ihr die thermodynamische Größe $\boldsymbol{M}$ und Elektrostatik und in ihr die kinetische Größe $\boldsymbol{j}$ getrennt werden. Im allgemeinen Fall handelt es sich um eine typische Aufgabe der Feldtheorie, um ein System freier Ladungen in den äußeren Feldern $\boldsymbol{E}$ und $\boldsymbol{H}$ (wobei das magnetische Moment der lokalisierten Atomelektronen nicht die interessierenden Oszillationen liefert und, da es klein ist, vernachlässigt werden kann). In diesem Fall muß die Stromdichte $\boldsymbol{j}$ bestimmt werden, die sich nicht eindeutig in „Leitfähigkeitsstrom" und rot $\boldsymbol{M}$ aufteilen läßt. (Das führt jedoch nicht zu Mißverständnissen in den MAXWELLschen Gleichungen, da diese sich genauso wie für ein System von Ladungen im Vakuum mit Grenzbedingungen für $\boldsymbol{E}$ und $\boldsymbol{B}$ schreiben lassen.)

Es ist leicht zu verfolgen wie sich die Situation beim Übergang von der Statik zu immer höheren Frequenzen ändert.

Für niedrige Frequenzen: $\omega\tau \ll 1$, $\delta \gg l \gg r_H$, ist es sinnvoll, in erster nicht verschwindender Näherung nach $\omega\tau$ die MAXWELLschen Gleichungen mit Leitfähigkeitsstrom und magnetischem Moment zu schreiben. Da das System der Frequenz noch folgen kann und der Skineffekt normal ist, können die Formeln, die in der Statik erhalten wurden, benutzt werden. Dabei werden die Quantenoszillationen der Leitfähigkeit nur durch den „quasiklassischen Parameter" bestimmt, und ihre relative Größe hat den Wert $\varkappa_1 = (eHh/cS)^{1/2}$. Die Amplitude der Oszillationen der Suszeptibilität $\chi_{ik} = \partial M_i/\partial B_k$ ist von der Größe $\chi \approx \varkappa_1^{-3} e^2 S^{1/2}/(m^* c^2) \sim \varkappa_1^{-3} \varrho^2$, wobei $\varrho = v_F/c$ ist. Für niedrige Frequenzen ist der Beitrag der Oszillationen der Leitfähigkeit stets klein, und er verringert sich noch zusätzlich dadurch, daß die Oszillationen gewöhnlich nicht durch die Hauptgruppen, sondern durch die anomal geringen Elektronengruppen bestimmt werden. Deshalb werden die Oszillationen der Oberflächenimpedanz für niedrige Frequenzen durch den DE HAAS-VAN ALPHEN-Effekt bestimmt, und die relative Amplitude der Oszillationen ist von der Größenordnung $\Delta\zeta/\zeta \sim (4\pi\chi)^{1/2}$. [1])

[1]) Die periodische Abhängigkeit der Quantenglieder von cS/ehH führt für das Magnetfeld zu besonderen nichtlinearen Effekten in relativ schwachen Wechselfeldern H_1, die von der Größe der Oszillationsperiode $H\varkappa_1^2$ [71] sind.

Das erhaltene Resultat hängt nicht von der Frequenz ab und bleibt auch bei $\omega \to 0$ erhalten. Das ist durch die nicht ausdrücklich festgelegte „Unbegrenztheit" des Metalls im Vergleich zur Skintiefe δ (wobei für niedrige Frequenzen $\delta \sim \omega^{1/2}$ gilt) bedingt.

In sehr dünnen Plättchen $D \ll \delta \varkappa_1^4 \varrho^{-2} \ll \delta$ werden die Impedanzoszillationen durch die Oszillationen der Leitfähigkeit, d. h. durch den SCHUBNIKOW-DE HAAS-Effekt bestimmt. In dem Maße, wie die Frequenz erhöht wird, verringert sich die Rolle der Oszillationen des magnetischen Moments. Das erfolgt erstens auf Grund des nichtlokalen Zusammenhangs des hochfrequenten magnetischen Moments mit dem hochfrequenten Magnetfeld beim anomalen Skineffekt, wenn nur die schmale Skinschicht effektiv ist. Wenn das Magnetfeld streng parallel zur Oberfläche orientiert ist, führt das zu einem kleinen Faktor δ/r_H und im geneigten Feld zum Faktor δ/l. Zweitens kann das System bei $\omega\tau \gg 1$ nicht den Änderungen des Wechselfeldes folgen, was einen zusätzlichen Faktor zum magnetischen Moment ergibt. (Diese beiden Umstände wirken sich in der Leitfähigkeit auf den oszillierenden und auf den monotonen, klassischen Anteil in gleicher Weise aus.) Deshalb werden die Oszillationen der Oberflächenimpedanz bei genügend hohen Frequenzen, deren Abschätzung sich aus den oben durchgeführten Überlegungen ergibt, durch die Oszillationen des Leitfähigkeitsstromes bestimmt.[1]) Es ist leicht zu erraten, wie die quantenmechanische Formel für den Leitungsstrom aussehen muß. Früher wurde die klassische Formel für j angegeben. Jetzt interessiert der quasiklassische Fall, in dem $\varkappa_1 \ll 1$ gilt. Wie bekannt [72], ist hierbei allen Größen, die sich auf Abständen ändern, die groß sind im Vergleich zur Quantenaufspaltung (energetisch sind das Abstände, die groß sind im Vergleich zu $\hbar\Omega$), ein Operator mit Matrixelementen gegenüberzustellen. Diese Matrixelemente sind die zeitabhängigen FOURIER-Komponenten der gegebenen physikalischen Größen. In der Formel für j ändern sich alle Größen (auf Abstände der Größenordnung ε_F) langsam, außer $\partial n_F/\partial\varepsilon$. Diese Größe ändert sich auf Abstände der Größenordnung T. Wie oben gezeigt wurde, sind bei $\hbar\Omega \ll T$ die Quantenoszillationen exponentiell klein und unwesentlich. Für $\varepsilon_F \gg \hbar\Omega \gg T$ ist zu erwarten, daß $\partial n_F/\partial\varepsilon$ durch das Verhältnis endlicher Differenzen ersetzt werden muß:

$$\frac{\Delta n_F}{\Delta\varepsilon} = \frac{n_F(\varepsilon^\sigma_{n+l,\,p_z}) - n_F(\varepsilon^\sigma_{n,\,p_z})}{\varepsilon^\sigma_{n+l,\,p_z} - \varepsilon^\sigma_{n,\,p_z}}.$$

Zur Anwendung des Korrespondenzprinzips ist zu bemerken, daß an Stelle der Integration über den Phasenraum in der klassischen Mechanik in der Quantenmechanik die Spur zu nehmen ist. Die klassischen Formeln für den Strom enthielten nur die Integration über die Impulse. Um die Integration über den ganzen Phasenraum zu erhalten, ist die δ-Funktion der Koordinaten

[1]) Bei vorgegebener Dicke der Platte tritt in dem Maße, wie sich die Frequenz der Widerstandsoszillationen erhöht, ein Übergang vom SCHUBNIKOW-DE HAAS-Effekt zum DE HAAS-VAN ALPHEN-Effekt und dann wieder zum SCHUBNIKOW-DE HAAS-Effekt ein.

einzuführen. Als Resultat ergibt sich (wobei die Spur über die Projektionen des Spins genommen wird, wodurch die Zwei, die für die beiden ausgezeichneten Spinorientierungen steht, verschwindet):

$$\begin{aligned} \boldsymbol{j}(\xi) &= -\frac{2e}{(2\pi\hbar)^3}\int \frac{\partial n_F}{\partial \varepsilon}\,\boldsymbol{v}\,\Delta\varepsilon\,\mathrm{d}\boldsymbol{p} \\ &= -\frac{2e}{(2\pi\hbar)^3}\int \frac{\partial n_F}{\partial \varepsilon}\,\boldsymbol{v}\,\Delta\varepsilon(\boldsymbol{r}')\,\delta(\boldsymbol{r}-\boldsymbol{r}')\,\mathrm{d}\boldsymbol{p}\,\mathrm{d}\boldsymbol{r}' \\ &\to -e\int \mathrm{d}p_z \sum_{\substack{n,l\\ \sigma=\pm 1}} \frac{n_F(\varepsilon^{\sigma}_{n+l,p_z}) - n_F(\varepsilon^{\sigma}_{n,p_z})}{\varepsilon^{\sigma}_{n+1,p_z} - \varepsilon^{\sigma}_{n,p_z}} \\ &\quad\times \left[\int_0^T \boldsymbol{v}\,\Delta\varepsilon\,\delta\big(\xi-\xi(t)\big)\,\mathrm{e}^{-il\Omega t}\,\mathrm{d}t\right]_{\varepsilon=\varepsilon^{\sigma}_{n,p_z}}. \end{aligned} \tag{42.1}$$

Diese Formel wird noch streng bewiesen. Es soll jetzt die Aufmerksamkeit auf den Einfluß der Stöße der Elektronen mit der Oberfläche auf die Quantenoszillationen gerichtet werden. Für Elektronen, die von der Oberfläche reflektiert werden, wird die Entartung in P_x aufgehoben, da sich die Lage des Bahnmittelpunkts relativ zur Oberfläche als wesentlich erweist. In der Formel für den Strom tritt eine zusätzliche Integration über P_x auf. Dabei werden sowohl in bezug auf P_x als auch in bezug auf p_z nur Elektronen mit extremalen Perioden „ausgewählt", wodurch die Amplituden der diesen Perioden entsprechenden Quantenoszillationen zusätzlich verringert werden. Deshalb sollten in genauen Formeln diese Elektronen einfach ausgeschlossen werden.

Experimentell wurden Quantenoszillationen der Oberflächenimpedanz in den Arbeiten [73] (für niedrige Frequenzen) und [74] beobachtet.

Für die Aufstellung einer Theorie der Impedanzoszillationen muß von der Stromdichte $\boldsymbol{j}$ ausgegangen werden. Aus der Bestimmung von $\boldsymbol{j}$ folgt, daß

$$\boldsymbol{j} = \mathrm{Sp}\,\hat{n}\hat{\boldsymbol{j}}_1\,, \tag{42.2}$$

wobei $\hat{n}$ der statistische Operator und $\hat{\boldsymbol{j}}_1$ der Operator der Stromdichte, die von einem Elektron erzeugt wird, ist.

In der klassischen Mechanik ist die Stromdichte, die von einem Elektron, das sich mit der Geschwindigkeit $\boldsymbol{v}$ bewegt und sich im Punkt $\boldsymbol{r}$ befindet, im Punkt $\boldsymbol{R}$ erzeugt wird, gleich

$$\boldsymbol{j}_1 = e\boldsymbol{v}\delta(\boldsymbol{R}-\boldsymbol{r}) \tag{42.3}$$

$\left(\text{bei } \boldsymbol{R} \neq \boldsymbol{r},\ \boldsymbol{j}_1 = 0 \text{ und } \int_{\Delta \boldsymbol{r}\in\boldsymbol{R}} e\boldsymbol{v}\delta(\boldsymbol{R}-\boldsymbol{r})\,\mathrm{d}\boldsymbol{r} = e\boldsymbol{v}\right).$

Hier interessiert nur der quasiklassische Fall, in dem jeder beliebige hermitische Operator mit einer Genauigkeit von $\hbar^2$ eindeutig durch sein klassisches Analogon bestimmt wird. Jede beliebige Symmetrisierungsmethode führt zum selben Resultat. Letzteres ist leicht zu zeigen, wenn berücksichtigt wird [72], daß mit einer Genauigkeit von $\hbar^2$ gilt:

$$[\widehat{ab}] = -\,i\hbar[a, b] \tag{42.4}$$

(wobei $[a, b]$ die klassische POISSON-Klammer ist), und unterschiedliche Methoden der Symmetrisierung nach der Reduktion der entsprechenden Ausdrücke mit Hilfe von (42.4) auf Operatoren gleicher Ordnung $\hbar$ nicht enthalten können, da $\hbar$ nur zusammen mit i eingeht.

Deshalb folgt bis auf die Genauigkeit von $\hbar^2$ aus (42.3)

$$\boldsymbol{j}_1 = \tfrac{1}{2}\, e\{\hat{\boldsymbol{v}}\delta(\boldsymbol{R} - \hat{\boldsymbol{r}}) + \delta(\boldsymbol{R} - \hat{\boldsymbol{r}})\,\hat{\boldsymbol{v}}\} \tag{42.5}$$

und aus (42.2)

$$\boldsymbol{j}(\boldsymbol{R}) = \tfrac{1}{2}\, e \operatorname{Sp} \hat{n}\{\hat{\boldsymbol{v}}\delta(\boldsymbol{R} - \hat{\boldsymbol{r}}) + \delta(\boldsymbol{R} - \hat{\boldsymbol{r}})\,\hat{\boldsymbol{v}}\}\,. \qquad (42.6)\,[1]$$

Zur Bestimmung von $\hat{n}$ wird die kinetische Gleichung benutzt:

$$0 = \frac{\mathrm{d}\hat{n}}{\mathrm{d}t} = \frac{\partial \hat{n}}{\partial t} + \frac{i}{\hbar}\,[\hat{\varepsilon}, \hat{n}] + \left(\frac{\partial \hat{n}}{\partial t}\right)_{\mathrm{St}}. \tag{42.7}$$

Konkreter soll nur der interessante Fall hoher Frequenzen $\omega\tau \gg 1$ betrachtet werden, in dem das System in erster Näherung dem Hochfrequenzfeld nicht folgen kann. Das chemische Potential ändert sich in dieser Näherung nicht. Als nullte Näherung, in der das Stoßintegral gegen Null geht, wird $n_F(\hat{\varepsilon})$ genommen, wobei n_F die Gleichgewichtsfunktion ist. Die Gleichung (42.7) wird linearisiert durch

$$\hat{n} = n_F(\hat{\varepsilon}) + \hat{n}'\,, \qquad \hat{\varepsilon} = \hat{\varepsilon}_0 + \hat{\varepsilon}'\,, \tag{42.8}$$

wobei $\hat{\varepsilon}_0$ der HAMILTON-Operator ohne Hochfrequenzfeld ist. Wird an Stelle von n $n_F(\hat{\varepsilon})$ in die Gleichung (42.6) eingesetzt, so wird die Stromdichte nicht Null. Das entsprechende Glied stimmt mit dem „augenblicklichen" Gleichgewichtszustand überein und führt im hochfrequenten Fall zu einem magnetischen Moment, das für genügend hohe Frequenzen nicht wesentlich ist und deshalb im weiteren nicht berücksichtigt wird.

[1]) Die Formel (42.6) kann unmittelbar aus der Bestimmung der Stromdichte erhalten werden:

$$\delta\hat{\varepsilon} = -\frac{1}{c}\int \boldsymbol{j}\delta\boldsymbol{A}\,\mathrm{d}V\,,$$

wobei $\hat{\varepsilon}$ der HAMILTON-Operator, $\delta\boldsymbol{A}$ die Variation des Vektorpotentials $\boldsymbol{A}(\boldsymbol{R})$ sind und die Integration über den ganzen Raum ausgeführt wird. Bei der Bildung des Mittelwertes $\overline{\delta\hat{\varepsilon}}$ wird die oben festgestellte Beziehung zwischen einem hermitischen Operator und seinem klassischen Analogon berücksichtigt. Die Formel (42.6) ergibt sich aus der quantenmechanischen Formel $\boldsymbol{j} = (\psi^*\hat{\boldsymbol{p}}\psi + \psi\hat{\boldsymbol{p}}^*\psi^*)/m$ durch den Austausch von $\psi^*(\boldsymbol{R})\,\psi(\boldsymbol{R}')$ durch $n(\boldsymbol{R}, \boldsymbol{R}')$ und $\hat{\boldsymbol{p}}/m$ durch $\hat{\boldsymbol{v}}$.

Aus (42.7) und (42.8) ergibt sich:

$$\frac{\partial \hat{n}'}{\partial t} + \frac{i}{\hbar} [\hat{\varepsilon}_0, \hat{n}'] + \left(\frac{\partial \hat{n}'}{\partial t}\right)_{\mathrm{St}} = - \frac{\mathrm{d}}{\mathrm{d}t} n_F(\hat{\varepsilon}) \,. \tag{42.9}$$

Auf Grund des extrem anomalen Skineffektes kann wie im klassischen Fall eine mittlere freie Flugzeit eingeführt werden. Um die Darstellung zu vereinfachen, soll diese nicht von n und p_z abhängen, so daß

$$\left(\frac{\partial \hat{n}}{\partial t}\right)_{\mathrm{St}} = \frac{\hat{n}'}{\tau} \,. \tag{42.10}$$

Die Formeln (42.9) und (42.10) werden in Matrixelementen geschrieben, die einem System zeitunabhängiger Wellenfunktionen Ψ_k entsprechen:

$$\hat{\varepsilon}_0 \Psi_k = \varepsilon_k \Psi_k \tag{42.11}$$

(k ist ein vollständiger Satz von Quantenzahlen). Unter Berücksichtigung der Zeitunabhängigkeit von Ψ_k wird der rechte Teil der Gleichung (42.9) umgeformt (wobei nur die lineare Näherung betrachtet wird):

$$\left(\frac{\mathrm{d}n_F(\hat{\varepsilon})}{\mathrm{d}t}\right)_{kk'} = \frac{n_F(\hat{\varepsilon}_k) - n_F(\varepsilon_{k'})}{\varepsilon_k - \varepsilon_{k'}} e(\widehat{\boldsymbol{v}\boldsymbol{E}})_{kk'} \,, \tag{42.12}$$

wobei

$$\widehat{\boldsymbol{v}\boldsymbol{E}} = \tfrac{1}{2} (\hat{\boldsymbol{v}} \hat{\boldsymbol{E}} + \boldsymbol{E} \hat{\boldsymbol{v}}) \,.$$

Die Formeln (42.9)–(42.12) (mit $\hat{n}' \to \hat{n}' \, \mathrm{e}^{i\omega t}$ und $\boldsymbol{E} \to \boldsymbol{E} \, \mathrm{e}^{i\omega t}$) ergeben:

$$\left\{ i\omega + \frac{i}{\hbar} (\varepsilon_k - \varepsilon_{k'}) + \frac{1}{\tau} \right\} n_{kk'} = - \frac{n_F(\varepsilon_k) - n_F(\varepsilon_{k'})}{\varepsilon_k - \varepsilon_{k'}} e(\widehat{\boldsymbol{v}\boldsymbol{E}})_{kk'} \tag{42.13}$$

und

$$n'_{kk'} = - \frac{n_F(\varepsilon_k) - n_F(\varepsilon'_k)}{\varepsilon_k - \varepsilon'_k} \, \frac{e(\widehat{\boldsymbol{v}\boldsymbol{E}})_{kk'}}{i\omega + \frac{i}{\hbar} (\varepsilon_k - \varepsilon_{k'}) + \frac{1}{\tau}} \,. \tag{42.14}$$

Wird berücksichtigt, daß die quasiklassischen Matrixelemente $e\hat{\boldsymbol{v}}\hat{\boldsymbol{E}}$ zeitabhängige FOURIER-Komponenten darstellen und im allgemeinen Fall von der Winkelvariablen W abhängen, die die Kanonischkonjugierte der Wirkung I ist (was sich analog [72] ergibt, wenn die Beziehung $\dot{W} = \partial \varepsilon_0 / \partial I$ berücksichtigt wird), so folgt:

$$n'_{kk'} = \frac{n_F(\varepsilon_k) - n_F(\varepsilon_{k'})}{\varepsilon_k - \varepsilon_{k'}} \psi_{kk'} \,, \tag{42.15}$$

wobei ψ der klassischen Gleichung genügt und $\dfrac{\partial n_F}{\partial \varepsilon} \psi$ der Nichtgleichgewichtanteil zur klassischen Verteilungsfunktion ist, der im Teil III bestimmt wurde. Im Ergebnis folgt aus (42.15) und (42.6), wenn das Magnetfeld parallel zur

Oberfläche des Metalls liegt, das oben formulierte Prinzip des Überganges von der klassischen Stromdichte $\boldsymbol{j}$ zum quantenmechanischen Analogon. Die Rolle von k wird von n, p_z, σ übernommen. Bezüglich des Spins ist die Gleichung (42.7) diagonal. Der spinabhängige Zusatz zu $\hat{\varepsilon}$ ist immer klein, und er wird nur bei der Betrachtung der paramagnetischen Resonanz (§§ 44, 45) berücksichtigt, wobei $\varepsilon^{\sigma}_{n,p_z}$ durch die Formel (7.3) bestimmt wird.

Im geneigten Magnetfeld führt die Abhängigkeit von ξ zu einer Abhängigkeit von y (speziell auf Grund von $A_x = -Hy$) und von z. Das bedeutet, daß in (42.15) nichtdiagonale Glieder in n und in p_z vorhanden sind.

Die Bedeutung dieser Glieder soll abgeschätzt werden. Da die Unbestimmtheit der Koordinaten durch die Skintiefe δ charakterisiert wird, ist die Unbestimmtheit des Impulses von der Größenordnung $\Delta p_z \approx \hbar/\delta$ und die Unbestimmtheit der Energie

$$\Delta\varepsilon = \varepsilon_0(n, p_z + \Delta p_z) - \varepsilon_0(n, p_z) = \bar{v}_z(n, p_z)\, \Delta p_z\,.$$

Berücksichtigt man, daß

$$\left(\frac{\partial\varepsilon}{\partial p_z}\right)_n = \frac{\partial(\varepsilon, n)}{\partial(p_z, n)} = \frac{\partial(\varepsilon, S)}{\partial(p_z, S)} = \frac{\partial(\varepsilon, S)}{\partial(\varepsilon, p_z)}\bigg/\frac{\partial(p_z, S)}{\partial(\varepsilon, p_z)} = -\left(\frac{\partial S}{\partial p_z}\right)_\varepsilon\bigg/\left(\frac{\partial S}{\partial\varepsilon}\right)_{p_z}$$

und

$$\frac{\Delta p_z}{p_F} \sim \left(\frac{e\hbar H}{cS}\right)^{1/2}$$

und schließlich, daß den Quantenoszillationen $\bar{v}_z = 0$ entspricht, so erhält man in der Nähe der Extremalquerschnitte

$$\Delta\varepsilon \sim v\left(\frac{e\hbar H}{cS_{\text{extr}}}\right)^{1/2} \frac{\hbar \sin\varphi}{\delta} \sim \hbar\Omega \left(\frac{e\hbar H}{cS_{\text{extr}}}\right)^{1/2} \frac{r_H \sin\varphi}{\delta}\,,$$

wobei φ der Winkel zwischen H und der Oberfläche des Metalls ist. Im Ergebnis kann man, wenn

$$\left(\frac{e\hbar H}{cS_{\text{extr}}}\right)^{1/2} \frac{r_H \sin\varphi}{\delta} \ll \frac{T}{\hbar\Omega} \qquad (42.16)$$

ist, in allen Gliedern $\Delta n_F/\Delta\varepsilon$ die Nichtdiagonalität in p_z vernachlässigen. Gilt

$$\left(\frac{e\hbar H}{cS_{\text{extr}}}\right)^{1/2} \frac{r_H \sin\varphi}{\delta} \ll 1\,, \qquad (42.16\text{a})$$

so kann die Nichtdiagonalität in p_z in allen Gliedern vernachlässigt werden, die in n nichtdiagonal sind.

Der physikalische Sinn der Bedingung (42.16a) ist sehr einfach: Sie bedeutet eine große Anzahl von Umläufen der Elektronen, die die Oszillationen bedingen, und entspricht einem sehr starken Magnetfeld oder einem Magnetfeld, das fast parallel zur Oberfläche ist.

In einer gewissen Entfernung von der Quantenzyklotronresonanz (s. den folgenden Paragraphen) bei $\omega \gtrless \omega_H$ gestattet die Bedingung (42.16a) allgemein in $n'_{kk'}$, die Nichtdiagonalität in p_z zu vernachlässigen und die Formel (42.1) zu erhalten, in der der Proportionalitätsfaktor (unter Berücksichtigung der Zustandsdichte bei gegebenen n im Intervall dp_z) am einfachsten durch den Grenzübergang zum klassischen Fall bestimmt wird.

Die weitere Rechnung läßt sich durch Benutzung der POISSONschen Summenformel bequem weiterführen. Für den oszillierenden Teil der Stromdichte außerhalb der Resonanz ergibt sich

$$\Delta j_s(\xi) = \frac{(2\pi\hbar)^3}{2\pi} H^2 \sum_i \left[\chi_s \left(\frac{\partial \ln S}{\partial \varepsilon}\right) \frac{\partial \Delta M_z}{\partial H}\right]_{\varepsilon=\varepsilon_F,\, p_z=p_0^i} \tag{42.17}$$

mit

$$\chi_i = \frac{4\pi e^2}{(2\pi\hbar)^3 (i\omega + \tau^{-1})} \int_0^T dt\, v_i(t) \int_0^T v_j(t')\, E_j \left(\xi - \int_{t'}^{t} v_\xi(t_1)\, dt_1\right) dt' ,$$

$$S(p_0^i) = S_{\text{extr}}$$

und ΔM_z als oszillierendem Anteil des magnetischen Moments (§ 15).

Die Quantentheorie der Oszillationen der Oberflächenimpedanz wurde für den allgemeinen Fall zum ersten Mal in den Arbeiten [75, 76] entwickelt. Etwas später wurde unabhängig davon in der Arbeit [77] die Formel für den einfachsten Fall des quadratischen Dispersionsgesetzes und ein Magnetfeld parallel zur Metalloberfläche erhalten. In der Nähe der Zyklotronresonanz (im Magnetfeld parallel zur Metalloberfläche) hat die Amplitude der Oszillationen unter der Bedingung (42.16a) Resonanzcharakter. Die entsprechende Formel ist wesentlich umfangreicher als (42.17) und wird deshalb nicht explizit angegeben.

Die Formel (42.17) gestattet unter Ausnutzung der gleichen Methoden, die schon früher benutzt wurden, den zusätzlichen Quantenanteil der Oberflächenimpedanz zu bestimmen. Die durchgeführten Betrachtungen bestätigen die am Anfang des Paragraphen angegebenen grundlegenden Resultate.

§ 43 Quantenzyklotronresonanz

Die Zyklotronresonanz, die in den §§ 35—37 dargelegt wurde, hatte im wesentlichen rein klassischen Charakter. Bei einem beliebigen Dispersionsgesetz bildet die Frequenz Ω ein stetiges Spektrum $\Omega = \Omega(\varepsilon_F, p_z)$, und die Resonanz entspricht den Grenzen des Spektrums (d. h. den Grenzpunkten der FERMI-Fläche) und besonderen Punkten des Spektrums, in denen die Zahl der an der Resonanz beteiligten Elektronen relativ hoch ist, da die Zustandsdichte in diesen Punkten gegen Unendlich strebt, d. h. Resonanz für extremale Frequenzen $\left(\Omega'(p_z) = 0\right)$.

Die Quantelung der Niveaus (7.4) im Magnetfeld führt bei gegebener Energie (nahe ε_F) zu einem diskreten Frequenzspektrum

$$\hbar\Omega_n = \mu_n H\,, \tag{43.1}$$

wobei

$$\mu_n = \mu(\varepsilon, p_{zn}) = \frac{e\hbar}{m^*c}\,, \qquad m^* = \frac{1}{2\pi}\frac{\partial S}{\partial\varepsilon}\,, \qquad S(\varepsilon, p_{zn}) = n\,\frac{2\pi e\hbar H}{c}\,. \tag{43.2}$$

Im Prinzip ist also Resonanz für eine Vielzahl diskreter Frequenzen möglich, die der Bedingung [69, 69a]

$$\hbar\omega = l_0\mu_n H = l_0\hbar\Omega_n\,, \qquad l_0 - \text{ganze Zahl}\,, \tag{43.2a}$$

genügen.

Die Bedingungen (43.2) und (43.2a) bestimmen die „Resonanzwerte" p_z und H. Es ist günstig, S als Funktion von μ, ε zu schreiben. μ bestimmt sich dann aus (43.2a): $\mu = \hbar\omega/l_0H$, und die Gleichung (43.2) liefert den Resonanzwert H. Berücksichtigt man, daß in erster Näherung $\varepsilon = \varepsilon_F$ ist, so ergibt sich

$$cS(\varepsilon_F, \hbar\omega/l_0H)/l_0\hbar H = n\,. \tag{43.2b}$$

Die Abstände zwischen den Resonanzniveaus sind für $n \gg 1$ im Vergleich zu H klein und äquidistant. Sie entsprechen $\Delta n = 1$ und werden nach (43.2b) durch die Formel

$$\Delta\left(\frac{1}{H}\right) = \frac{2\pi e\hbar}{c}\left\{S(\varepsilon_F, \mu) + \mu\,\frac{\partial S(\varepsilon_F, \mu)}{\partial\mu}\right\}^{-1}_{\mu=\hbar\omega/l_0H} \tag{43.2c}$$

bestimmt. Wenn der Abstand zwischen benachbarten Frequenzen des Spektrums von der gleichen Größe oder größer als die mittlere Stoßfrequenz ist, d. h.

$$\Delta\Omega_n = \Omega_{n+1} - \Omega_n \gtrsim 1/\tau\,, \qquad \gamma = \Delta\Omega_n \gtrsim 1\,, \tag{43.3}$$

so wird für jede diskrete Frequenz Resonanz beobachtet.

Für „gewöhnliche" Querschnitte ist $\Delta\Omega_n \approx \Omega'(n) \sim \Omega/n_0$, $n_0 \sim cS/2\pi e\hbar H$, und die Resonanzbedingung nimmt (da $\Omega_n \sim \omega$ ist) die Form an:

$$\omega\tau \gtrsim \frac{S}{\omega m^*\hbar} \approx \frac{\varepsilon_F}{\hbar\omega}\,. \tag{43.4}$$

„Günstiger" sind solche Querschnitte, für die $(\partial\Omega/\partial n)_\varepsilon \approx (\partial\Omega/\partial S)_\varepsilon = \infty$ gilt, da sie schwächere Bedingungen als die (sehr starke) Bedingung (43.4) fordern. Auf Grund von $(\partial S/\partial p_z)/(\partial\Omega/\partial p_z)_\varepsilon = (\partial S/\partial\Omega_\varepsilon)$ entsprechen diese Querschnitte extremalen Querschnittsflächen der FERMI-Fläche, wobei $(\partial S/\partial p_z) = 0$ ist, und Querschnitten, für die $(\partial\Omega/\partial p_z)_\varepsilon = \infty$ ist. Im ersten Fall wird $n(\varepsilon, \Omega)$ extremal in Ω und $1 = \Delta n = \frac{1}{2}\,n''(\Omega)\,(\Delta\Omega)^2 \approx n_0(\Delta\Omega/\Omega)^2$, und die Bedingung (43.3) nimmt die Form an:

$$\omega\tau \gtrsim (\varepsilon_F/\hbar\omega)^{1/2} \tag{43.5}$$

Im Fall der Durchdringung von Querschnitten ist $\omega \sim \Omega_0/\ln(\varepsilon_F/\hbar\omega)$ (wobei Ω_0 die charakteristische Zyklotronfrequenz ist), und die Bedingung für die Quantenzyklotronresonanz lautet

$$\omega\tau \gtrsim \frac{\varepsilon_F}{\hbar\omega} e^{-\Omega_0/\omega} \ln^3 \frac{\varepsilon_F}{\hbar\omega}. \qquad (43.6)$$

Dagegen sind die Querschnitte für die Beobachtung der Resonanz „ungünstig", für die der Abstand zwischen den Frequenzen $\Delta\Omega$ anomal klein ist. Das sind nichtzentrale Querschnitte, wie aus $(\partial\Omega/\partial n)_\varepsilon \sim (\partial\Omega/\partial p_z)_\varepsilon (\partial S/\partial p_z)_\varepsilon^{-1}$ folgt, mit einer Frequenz Ω, die in p_z extremal ist, d. h. gerade die Querschnitte, die nahe der klassischen Zyklotronresonanz liegen. Die Bedingung $\Delta\Omega \geqq 1/\tau$ fordert in diesem Fall $\omega\tau \gtrsim (\varepsilon_F/\hbar\omega)^2$, was experimentell praktisch nicht zu erreichen ist. Deshalb ist in der Nähe der Frequenzen der klassischen Zyklotronresonanz keine Quantenzyklotronresonanz vorhanden. Eine Ausnahme bilden die Frequenzen, die Querschnitten in der Nähe von zentralen Querschnitten entsprechen, für die $(\partial S/\partial p_z)$ gegen Null geht und $(\partial\Omega/\partial n)_\varepsilon$ die gleiche Größe wie für „gewöhnliche" Querschnitte hat. In der Nähe dieser Frequenzen überlagern die Quantenresonanzoszillationen die klassische Resonanz. Sie entstehen in der Nähe von Querschnitten, wo die Zustandsdichte unendlich wird, und besitzen deshalb eine Amplitude, die um den Faktor $(\varepsilon_F/\hbar\omega)^{1/2}$ größer ist als bei gewöhnlichen Querschnitten. Die starke Abhängigkeit der klassischen Amplituden (in der Nähe der klassischen Resonanz vom Magnetfeld kann für $|\omega/q - \Omega| \lesssim 1/\tau$ zu einer Aperiodizität der Quantenresonanzoszillationen mit $1/H$ führen, so daß Formel (43.2c) ungültig wird. Für $\gamma \ll 1$ (siehe Formel (43.3)) findet klassische Zyklotronresonanz für ausgewählte Frequenzen statt, die Amplitude der Resonanzoszillationen geht mit $\exp(-\pi\gamma^{-1})$ gegen Null.

Aus den genannten Gründen fordert die Quantenzyklotronresonanz, ebenso wie die klassische Resonanz, daß das Magnetfeld zur Metalloberfläche streng parallel ist. (Die Quantenzyklotronresonanz wurde in der Arbeit [69] vorausgesagt.)

In Analogie zu den Quantenoszillationen (§ 42) muß auch für nichtexponentiell kleine Amplituden der Quantenzyklotronresonanz die Ungleichung erfüllt werden:

$$2\pi^2 T \lesssim \hbar\Omega_1 , \qquad (43.7)$$

wobei

$$\Omega_1 = \frac{eH}{m_1^* c}, \quad m_1^* = \frac{1}{2\pi}\left(\frac{\partial S}{\partial \varepsilon}\right)_\Omega . \qquad (43.8)$$

Da $m_1^* = m^* \left(\frac{\partial m^*}{\partial p_z}\right)_S \Big/ \left(\frac{\partial m^*}{\partial p_z}\right)_\varepsilon$ ist, muß für Querschnitte mit $\left(\frac{\partial m^*}{\partial p_z}\right)_S = 0$ und $\left(\frac{\partial m^*}{\partial p_z}\right) \neq 0$ die Bedingung (43.7) praktisch für beliebige Temperaturen erfüllt werden (τ muß für diese Temperaturen den Bedingungen (43.3) genügen).

Somit kann bei genügend tiefen Temperaturen in reinen Metallen Quantenzyklotronresonanz für ein diskretes Frequenzspektrum auftreten.

Die experimentelle Untersuchung der Quantenzyklotronresonanz kann, wie oben dargelegt, eine sehr detaillierte Information über das Elektronenspektrum geben und insbesondere direkt die Abhängigkeit $m^*(p_z)$ (Formel (43.2a)) und $S(\mu)$ (Formel (43.2b)) liefern. Ein „Abbrechen" der Quantenresonanz in einem Plättchen würde es darüber hinaus gestatten, alle Durchmesser der FERMI-Fläche in ihrer p_z-Abhängigkeit zu bestimmen.

Bei der Darlegung der Theorie der Quantenzyklotronresonanz [69a] wird nur der wichtigste Fall eines zur Metalloberfläche streng parallelen konstanten Magnetfeldes diskutiert. Dabei kann von der Formel (42.1) ausgegangen werden. Der in § 42 erfolgte Beweis setzte für den Fall eines parallelen Feldes nicht ausdrücklich das Fehlen einer Resonanz voraus. Setzt man den Ausdruck für $\Delta\varepsilon$ ein, so erhält man (unter Berücksichtigung eines Proportionalitätsfaktors wie im klassischen Fall):

$$\boldsymbol{j} = \frac{e^3 H}{(2\pi\hbar)^3 c} \sum_{n,l,\sigma} \int\limits_{-\infty}^{\infty} \mathrm{d}p_z \, \frac{n_F(\varepsilon^\sigma_{n+l,p_z}) - n_F(\varepsilon^\sigma_{n,p_z})}{\varepsilon^\sigma_{n+l,p_z} - \varepsilon^\sigma_{n,p_z}} \, \frac{\boldsymbol{A}_l(y, p_z)}{-i\omega + il\Omega_n(p_z) + 1/\tau}, \tag{43.9}$$

wobei

$$\boldsymbol{A}_l(y, p_z) = \frac{1}{T^2} \int\limits_0^T \mathrm{d}t \int\limits_0^T \mathrm{d}t' \, v(t) \, e^{-il\Omega(t-t')} \, \boldsymbol{v}(t') \, \boldsymbol{E} \left(y - \int\limits_{t'}^{t} v_y(t_1) \, \mathrm{d}t_1 \right).$$

Am einfachsten läßt sich die Berechnung bei $T = 0$ durchführen, wenn wegen Δn_F die Integration in (43.9) über das Intervall

$$\Delta p(n, l) = p_z(n + l) - p_z(n) \tag{43.10}$$

durchgeführt wird. Die Formel (43.9) führt dann zur Summe

$$I = \sum \varphi(n) \, \Delta p(n) = \sum g(n) \,. \tag{43.11}$$

Unter der Bedingung (43.3) ist es am einfachsten, die Formel für den Kotangens zu benutzen. Das Integral

$$\frac{1}{2i} \int \operatorname{ctg} \pi z \cdot g(z) \, \mathrm{d}z \tag{43.12}$$

wird über einen Weg genommen, der aus einer Geraden besteht, die unterhalb der reellen Achse verläuft und diese mit der oberen Halbebene verbindet. Dieser Weg verläuft nicht durch ganze reelle Punkte. Das Integral liefert die Residua in ganzen Punkten (über die in (43.11) summiert wird) und (soweit vorhanden) die Residua in den Polen der Funktion $g(z)$. Das Integral über die Gerade kann berechnet werden, indem es durch einen Halbkreis im unteren Halbraum ergänzt wird. Das ganze Integral bestimmt sich somit hauptsächlich durch die Residua im unteren Halbraum.

Als Ergebnis erhält man [69a]

$$\boldsymbol{j}(y) = \frac{e^2 H A_{l_0}(y, \omega/H)}{2i\hbar^3 c\pi^2 (\partial\Omega/\partial p_z)_S} \left\{ \ln \frac{\sin \pi n_2}{\sin \pi n_1} - \pi i \varkappa_1 \operatorname{sign} \left(\frac{\partial S}{\partial \Omega}\right)_{\varepsilon_F} \right\}_{\substack{\varepsilon=\varepsilon_F \\ \mu(\varepsilon_F, p_z) H = \omega\hbar}} \tag{43.13}$$

(wobei das bekannte klassische Glied weggelassen wurde) und

$$n_2 = n_1 - \varkappa_2 , \qquad n_1 = \frac{cS(\omega/H)}{2\pi e\hbar H} - \frac{ic(\partial S/\partial\Omega)}{2\pi e\hbar H\tau},$$

$$\varkappa_2 = \left(\frac{\partial\Omega}{\partial p_z}\right)_S \bigg/ \left(\frac{\partial\Omega}{\partial p_z}\right)_\varepsilon .$$

Im allgemeinen Fall für beliebige Temperaturen ist es günstig, von der Veränderlichen p_z zu ε überzugehen. Da nur das Gebiet in der Nähe der Resonanz interessiert, ist (unter Berücksichtigung von (43.11) und (43.12)) das Integral vom Typ

$$\left.\begin{aligned} J &= \frac{1}{i\hbar\omega} \int_{-\infty}^{\infty} \{n_F(\varepsilon + \hbar\omega) - n_F(\varepsilon)\} \left\{ \operatorname{ctg} \pi \left(\frac{cS}{2\pi\varepsilon\hbar H} + i\gamma \right) + i \operatorname{sign} \gamma \right\} d\varepsilon , \\ \gamma &= \frac{\pi c}{2\pi e\hbar H\tau} \left(\frac{\partial S}{\partial\Omega}\right)_\varepsilon \end{aligned}\right\} \tag{43.14}$$

zu lösen.

Wird dieses Integral auf ein Wegintegral zurückgeführt, analog dem früheren Vorgehen, ergibt sich die Summe der Residua, wobei, wie zu erwarten war, sich $\varepsilon = \varepsilon_F$ als wesentlich erweist, da $S = S\left(\varepsilon_F, \frac{\omega}{H}\right) + (\partial S/\partial\varepsilon)_\Omega\,(\varepsilon - \varepsilon_F)$. Damit folgt als Ergebnis

$$\left.\begin{aligned} J = -\frac{2\pi T}{\hbar\omega} \sum_{m=1}^{\infty} &\left\{ \operatorname{ctg} \pi \left(\frac{cS_0}{2\pi e\hbar H} + 2\pi i T \left(\frac{\partial S}{\partial\varepsilon}\right)_\Omega \frac{m^* c}{2\pi e\hbar H} + i\gamma \right) \right. \\ &\left. - \operatorname{ctg} \pi \left(\frac{cS_0}{2\pi e\hbar H} + 2\pi i T \left(\frac{\partial S}{\partial\varepsilon}\right)_\Omega \frac{m^* c}{2\pi e\hbar H} - \left(\frac{\partial S}{\partial\varepsilon}\right)_\Omega \frac{i\omega c}{eH} + i\gamma \right) \right\}, \\ S_0 = S(\varepsilon_F, \omega/H)\, . & \end{aligned}\right\} \tag{43.15}$$

Mit dieser Formel für die Stromdichte kann die weitere Berechnung der Impedanz genauso wie im klassischen Fall durchgeführt werden. Da diese Rechnung alle Formeln, Schlußfolgerungen und Abschätzungen, die aus qualitativen Überlegungen gewonnen wurden, bestätigt, jedoch ihre Überprüfung nur im Experiment erfolgen kann, werden die umfangreichen endgültigen Formeln, die in der Arbeit [69a] erhalten wurden, nicht angegeben.

§ 44 Paramagnetische Resonanz in Metallen

Es ist bekannt, daß sich die Elektronenspins in einem konstanten Magnetfeld entweder in Richtung des Feldes oder in Gegenrichtung orientieren. Die Energie eines Spins im Magnetfeld ist $-\mu_0 H$ für den ersten Fall und $+\mu_0 H$ im zweiten Fall, wobei μ_0 das magnetische Moment des freien Elektrons ist.

Im elektromagnetischen Wechselfeld entsteht die Möglichkeit, daß die Elektronenspins „umklappen". Die Wahrscheinlichkeit für diesen Prozeß hat, wie aus der Quantenmechanik bekannt ist, Resonanzcharakter. Sie wird bei Übereinstimmung der Energie des Quants des elektromagnetischen Feldes mit der Umklappenergie des Spins (d. h. mit dem Abstand zwischen den Energieniveaus, die den beiden unterschiedlichen Spinorientierungen entsprechen) maximal:

$$\hbar\omega = 2\mu_0 H\,, \qquad \omega = \Omega_0 = 2\mu_0 H/\hbar\,.$$

Dabei ist die Wahrscheinlichkeit für die Umklappung des Spins in beide Richtungen gleich. Jedoch ist die Zahl der Elektronen, die im konstanten Magnetfeld in Richtung des Feldes (N_+) und gegen die Feldrichtung (N_-) orientiert sind, unterschiedlich, da die Orientierung in Richtung des Feldes günstiger ist. Im Gleichgewicht bestimmt sich die Differenz $N_+ - N_-$ aus der Übereinstimmung der chemischen Potentiale (Abb. 90). Da die Zahl der durch das Wechselfeld umgeklappten Spins proportional ihrer Zahl im Ausgangszustand ist, führt das Wechselfeld zu Vergrößerung der Zahl der Spins, die gegen das Feld orientiert sind. Dadurch wird die Differenz $\Delta N = N_+ - N_-$ verringert, d. h., es tritt eine gewisse Depolarisation des Elektronengases auf. Die Stöße, die bei der Umklappung auftreten, streben zur Einstellung eines Zustandes, der dem thermodynamischen Gleichgewicht entspricht, d. h. zur Differenz $2\Delta N_0 = N_0(\varepsilon - \mu_0 H) - N_0(\varepsilon + \mu_0 H) = -\,2\mu_0 H\,\dfrac{\partial N_0}{\partial \varepsilon}$, wodurch im homogenen Magnetfeld die Differenz ΔN entsteht, und zwar folgt aus $\Delta N \cdot \alpha = (\Delta N_0 - \Delta N)/T_s$ für $\Delta N = \Delta N_0(1 + \alpha T_s)^{-1}$, dabei ist T_s die Relaxations-

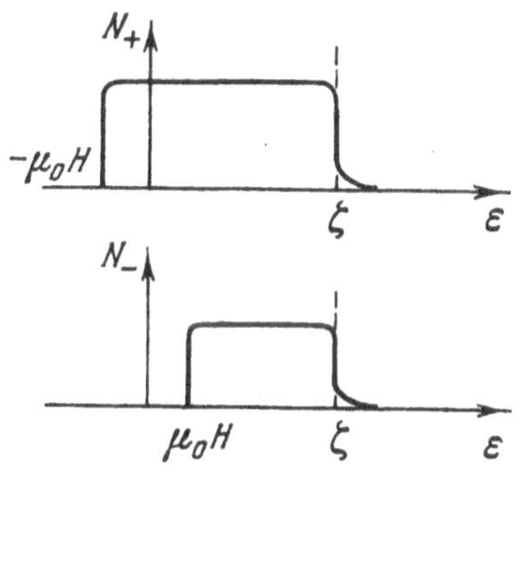

Abb. 90. Die Verteilung der „nach oben" und „nach unten" gerichteten Spins über die Energie bei tiefen Temperaturen

zeit für das Spinumklappen, α die Wahrscheinlichkeit für das Spinumklappen in der Zeiteinheit. In der Resonanz wird $\alpha = 4\mu_0^2 H_1^2 T_s/\hbar^2$, wobei $2H_1$ die Amplitude des magnetischen Wechselfeldes ist.

In der Resonanz ist die Änderung des magnetischen Moments des Elektronengases maximal, wodurch der entsprechende Beitrag zur Impedanz ebenfalls Resonanzcharakter besitzt.

In nichtlinearer Näherung ändern sich nicht nur die zeitabhängigen Komponenten des magnetischen Moments, sondern auch die konstanten Komponenten, die in Richtung des Magnetfeldes orientiert sind. Diese nichtlinearen Effekte treten bei erreichbaren Werten der magnetischen Feldstärke des Wechselfeldes auf, da T_s sehr groß wird (und Werte von 10^{-6}—10^{-7} erreicht (siehe [78])). Das kann für die Polarisierung der Kerne benutzt werden, weil das Umklappen eines Elektronenspins beim Zusammenstoß mit einem Kern vom Umklappen des Kernspins begleitet wird (weshalb insbesondere T_s sehr groß ist) und, wie oben gezeigt wurde, die thermischen Stöße in der Resonanz mehr Spins in Richtung des Feldes als in entgegengesetzter Richtung [79] umklappen.

Für Metalle gelten die Formeln, die unmittelbar die quantenmechanische Wahrscheinlichkeit für die Umklappung des Spins pro Zeiteinheit benutzen, nicht. Eine Umklappwahrscheinlichkeit pro Zeiteinheit kann nur in dem Fall eingeführt werden, wenn sich die Elektronen in einem fast homogenen Feld während einer Zeit aufhalten, die größer als die Periode des Feldes ist. Da die Tiefe der Skinschicht $\delta \approx c[(\omega^{-1}+\tau)^{-1}\, 2\pi\sigma]^{-1/2}$ ist (wobei σ die Leitfähigkeit des Metalls ist) und während einer Periode das Feld bei freier Bewegung den Weg $vT \sim v/\omega$ zurücklegt, muß gelten $v/\omega \ll c(2\pi\sigma)^{-1/2}\,(\omega^{-1}+\tau)^{1/2}$, d. h. $\omega \gg v/c(2\pi\sigma/\tau)^{1/2} \gtrsim 10^{13}\ \mathrm{s}^{-1}$ und das Magnetfeld $H = \hbar\omega/2\mu_0 \gg 10^6$ Oe sein. Das bedeutet für real erreichbare Magnetfelder und Frequenzen, daß das Elektron die Skinschicht während einer Zeit durchläuft, die wesentlich kleiner ist als die Periode des elektromagnetischen Feldes. Woraus geschlußfolgert werden könnte, daß die Beobachtung der paramagnetischen Resonanz in Metallen nicht möglich ist, da das Elektron es nicht einmal schafft, die Frequenz des Feldes „zu bemerken". Das ist jedoch nicht so, weil die Relaxationszeit der Elektronen, die dem Umklappvorgang entspricht, sehr groß ist, und zwar wesentlich größer als die gewöhnliche Relaxationszeit der Impulsänderung. Deshalb diffundieren die Elektronen langsam in das Metall hinein, wobei sie mehrfachen Stößen unterliegen, und durchlaufen im Ergebnis dieser Diffusion in der Zeit T_s den Weg $\delta_{\mathrm{eff}} = v\sqrt{\tau T_s/3}$. Das bedeutet, daß das Elektron mehrfach in die Skinschicht zurückkehrt und sich dort insgesamt eine Zeit von $T_s \dfrac{\delta}{\delta_{\mathrm{eff}}} \approx \dfrac{\delta}{v}\sqrt{\dfrac{T_s}{\tau}}$ aufhält. Dadurch erhält die Resonanzbedingung die Form $\left(\dfrac{\delta}{v}\right)\sqrt{\dfrac{T_s}{\tau}} \gtrsim \dfrac{2\pi}{\omega}$ oder $\omega \gtrsim \dfrac{2\pi\sigma v^2}{c^2}\,\dfrac{\tau}{T_s}$, was eine realisierbare Bedingung darstellt.

Auf diese Weise kann paramagnetische Resonanz in Metallen beobachtet werden, wobei bei der Entwicklung einer Theorie dieser Erscheinung die Diffusion der Spins in die Tiefe des Metalls berücksichtigt werden muß. Aus dem Vergleich von Theorie und Experiment muß es dann möglich sein, die grundlegenden Parameter der Theorie, wie die Spinrelaxationszeit T_s und den g-Faktor (oder genauer, seine Abweichung vom Wert 2 für freie Elektronen), zu bestimmen.

Die durchgeführten Betrachtungen zeigen, daß das von den Spins übertragene Hochfrequenzfeld in einer Tiefe von $\delta_{\text{eff}} = v\sqrt{\frac{1}{3}\tau T_s}$ äußerst langsam gedämpft wird. Das gilt auch für Polarisation der Kerne, die durch die paramagnetische Resonanz bedingt wird.

Wie aus dem Gesagten hervorgeht, besteht die Entwicklung einer Theorie der paramagnetischen Resonanz aus zwei unabhängigen Aufgaben: In der Bestimmung der Spinrelaxationszeit T_s und, bei bekanntem T_s, in der Bestimmung der Oberflächenimpedanz des Metalls.

Die Relaxationszeit T_s wurde in der Arbeit [79] bestimmt. Jedoch wurde erst in der Arbeit [80] der Hauptgrund für diese Relaxation (neben den offensichtlichen Stößen mit paramagnetischen Zusätzen), nämlich die Spinbahnkopplung der Elektronen mit dem Gitter, berücksichtigt und eine Übereinstimmung zwischen dem berechneten T_s und dem experimentell beobachteten Wert erhalten.

Die Möglichkeit einer sukzessiven Einführung der Spinrelaxationszeit wurde in der Arbeit [81] gezeigt, wo die Methode der statistischen Operatoren für Quantensysteme benutzt wurde [82]. In der gleichen Arbeit [81] wurde die Übereinstimmung von „transversaler" und „longitudinaler" Spinrelaxationszeit nachgewiesen. Damit wurde streng gezeigt, daß die für die paramagnetische Resonanz wichtige Zeit T_s nur als Parameter eingeht. Deshalb sollen die weiteren Betrachtungen nicht durch die Berechnung von T_s aufgehalten werden. Es werden nur die Resultate angegeben. Bei Temperaturen T, die gegenüber der Debye-Temperatur Θ klein sind, ist $T_s \approx \alpha T^{-1} \ln (Tv/\mu_0 H_s)$ und für Temperaturen, die gegenüber Θ sehr groß sind, $T_s \approx T^{-1} \ln (\Theta v/\mu_0 H_s)$, wobei $\alpha \approx p\varrho s^2[\omega_0 N(g-2)^2]^{-1}$, $\omega_0 = \varepsilon_F/\hbar$ die Entartungstemperatur ist, s die Schallgeschwindigkeit, ϱ die Dichte des Metalls und N die Zahl der Elektronen im Einheitsvolumen.

Die Theorie der paramagnetischen Resonanz für gegebenes T_s in einem konstanten Magnetfeld senkrecht zur Metalloberfläche wurde sowohl für ein Plättchen endlicher Dicke als auch im Fall eines massiven Metalls zuerst in der Arbeit [83] entwickelt. In dieser Arbeit wurde das magnetische Moment durch die Lösung der Bewegungsgleichung für den Spinoperator des Elektrons [85] mit Berücksichtigung der Spindiffusion im inhomogenen Wechselfeld bestimmt. Dabei wurde die Diffusion dadurch berücksichtigt, daß das magnetische Wechselfeld in dem Punkt genommen wurde, in dem sich das diffundierende Elektron im gegebenen Moment befand, und danach über alle Bahnen gemittelt wurde, die den zufälligen Bewegungen des Elektrons entsprechen. Diese Methode zur Berechnung des Moments ist sehr kompliziert. Es werden deshalb nur die grundlegenden Schlußfolgerungen und Formeln aus der Arbeit [83] für den Fall, daß die Oberflächenrelaxation unwesentlich ist, dargestellt.

1. Die Linie der Absorption P pro Einheitsvolumen hat für Proben, die im Vergleich zur Skintiefe klein sind, $D < 4\delta$ (wobei δ wie früher die Dicke der Probe ist), die gewöhnliche, symmetrische Form

$$P = \tfrac{1}{4}\,\omega^2 H_1^2 T_s \chi (1 + \alpha_1^2)^{-1}\,,$$

wobei χ die magnetische Suszeptibilität, $2H_1$ die Amplitude des magnetischen Wechselfeldes, $\alpha_1 = (\omega - \Omega_0)T_s$ und $\Omega_0 = 2\mu_0 H/\hbar$ ist.

2. Für dicke Proben besteht die Linie aus einer Zentralstruktur mit einer Breite gleich der natürlichen Breite $1/T_s$ und aus ,,Flügeln", die sich über das Gebiet $T_s^{-1}(\delta_{\text{eff}}/\delta)^2$ erstrecken, wenn $\delta < \delta_{\text{eff}}$ ist.

3. Die zentrale Struktur ist stets klarer aufgelöst als die ,,Flügel". Deshalb ist die sichtbare Linienbreite unter normalen experimentellen Bedingungen von der Größenordnung T_s.

4. Charakteristisch ist, daß die Diffusion der Elektronen nicht zu einer Verbreiterung der Linie, sondern zu einer wesentlichen Änderung der Form führt.

5. Für dicke Proben mit geringer natürlicher Breite $D \gg \delta_{\text{eff}} \gg \delta$ hat die Linie der Absorption pro Oberflächeneinheit eine asymptotische Form und wird durch die Formel

$$P = -\,(4\sqrt{3})^{-1}\,\omega^2 H_1^2 \chi T_s \frac{\delta^2}{\delta_{\text{eff}}^2}\,\text{sign}\,(\alpha_1)\,(\sqrt{1 + \alpha_1^2} - 1)^{1/2}\,(1 + \alpha_1^2)^{-1/2}$$

beschrieben.

6. Für dicke Proben mit großer natürlicher Breite $D \gg \delta \gg \delta_{\text{eff}}$ wird die Linie der Absorption pro Oberflächeneinheit durch die Formel

$$P \approx \tfrac{1}{8}\,\omega^2 H_1^2 \chi T_s \delta (1 - \alpha_1)\,(1 + \alpha_1^2)^{-1}$$

beschrieben.

7. Die Intensität der Linie verringert sich für dicke Proben im Zentrum infolge der Diffusion um die Größe $\approx \delta/\delta_{\text{eff}}$. Bei $\delta \ll \delta_{\text{eff}}$ ist die integrale Intensität der Linie hauptsächlich mit den Diffusions-,,Flügeln" und nicht mit dem Zentrum verbunden.

Diese Theorie erwies sich in guter Übereinstimmung mit den Experimenten [78]. Paramagnetische Resonanz wurde an Lithium, Natrium und Beryllium im Temperaturintervall von 4 bis 296 K und für Kalium bei 4 K beobachtet. Paramagnetische Elektronenresonanz an Metallen wurde zum ersten Mal 1952 [86] beobachtet. Von den folgenden Experimenten sind z. B. hervorzuheben die Arbeit [87], in der Resonanz an Lösungen von Na, Li, K, Cs, Rb, Ca in Ammoniak beobachtet wurde, die Untersuchung der paramagnetischen Resonanz an Zinn [88], an Antimon [40] und in Wismut [89] und die Arbeit [90], in der die Durchsichtigkeit von Lithium bei der paramagnetischen Resonanz beobachtet wurde. (Die Erklärung hierfür findet sich weiter unten.) Aus den letzten Arbeiten zur Theorie soll die Arbeit [91] hervorgehoben werden. Die Überein-

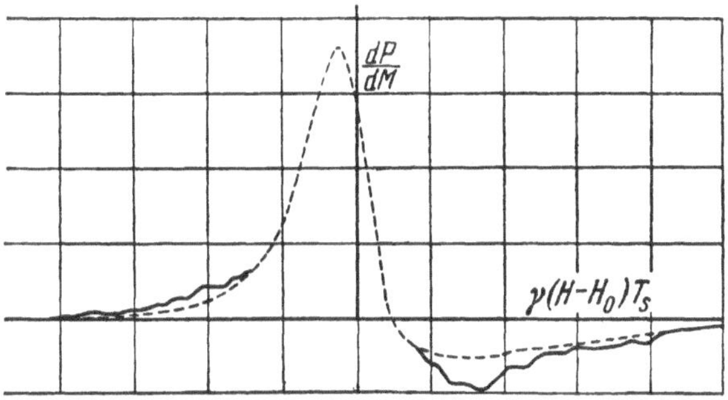

Abb. 91. Vergleich der Theorie (punktierte Kurve) mit dem Experiment (ausgezogene Kurve) für die paramagnetische Resonanz der Elektronen bei extrem anomalem Skineffekt ($T = 4$ K, Frequenz 314 MHz)

stimmung der Theorie mit dem Experiment ist klar aus der Abb. 91 zu erkennen und auch aus dem Vergleich der theoretischen Kurven der Abb. 92 mit den experimentellen Kurven in Abb. 93. Alle Abbildungen wurden der Arbeit [86] entnommen.

Aus dem Vergleich von Theorie und Experiment gelang es, zwei grundlegende Parameter, die das paramagnetische Elektronengas charakterisieren, zu bestimmen. Das sind die Spinrelaxationszeit und ihre Abhängigkeit von der Temperatur (die in dem Fall, in dem Zusätze unwesentlich sind, mit der in Arbeit [80] berechneten übereinstimmt) und der g-Faktor (genauer seine Abweichung vom Wert 2) für die Metalle, an denen Resonanz beobachtet wurde.

Die weitere Entwicklung der Theorie findet sich in der Arbeit [92]. Diese Entwicklung war auf Grund einer Reihe von Einschränkungen, die in der Arbeit [83] benutzt wurden, notwendig. Es wurden die freien Elektronen mit

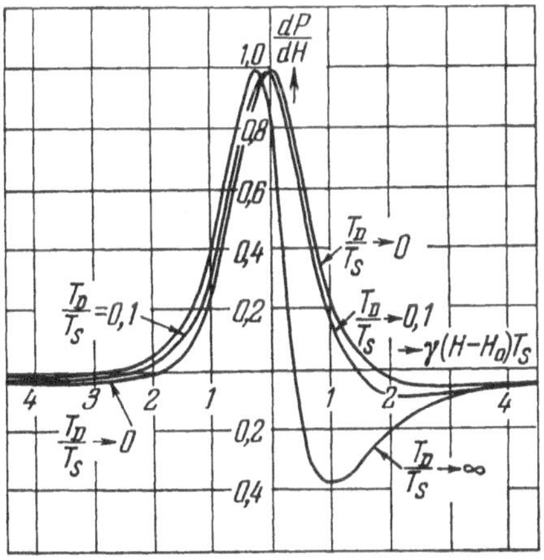

Abb. 92. Theoretische Resonanzkurven für die Absorption der paramagnetischen Resonanz in einer Lithiumplatte für unterschiedliche Verhältnisse T_D/T_s. T_D Spindiffusionszeit, T_s Relaxationszeit

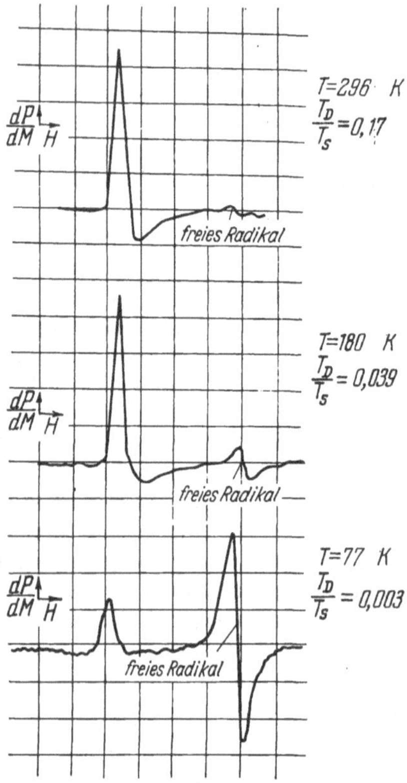

Abb. 93. Experimentelle Kurven der paramagnetischen Resonanz in einer Platte für unterschiedliche Verhält- T_D/T_s (Frequenz 320 MHz)

dem Dispersionsgesetz $\varepsilon = p^2/2m$ durch Teilchen mit beliebigem Dispersionsgesetz ersetzt und im Magnetfeld H_1 nichtlineare Effekte betrachtet (insbesondere die Sättigung der Resonanz, die für die Frage der Kernpolarisation wesentlich ist und in der Arbeit [83] nicht betrachtet wurde). Außerdem wurde in der Arbeit [83] der Charakter des Eindringens des Feldes in die Tiefe des Metalls nicht betrachtet. In der Arbeit [92] wurde gezeigt, daß dieses eigenartige Eindringen zu einer selektiven Durchlässigkeit metallischer Schichten unter den Bedingungen der Resonanz führt, wohin die genannten Einschränkungen fallen gelassen wurden. Die Benutzung der kinetischen Gleichung gestattet außerdem, nacheinander die Randbedingungen zu berücksichtigen und den Charakter der Näherung in der Diffusionstheorie abzuschätzen.

Für die Berechnung des magnetischen Moments M wurde in der Arbeit [92] seine Beziehung zur Dichtematrix $\hat{n}$ ausgenutzt: $M = \mu_0(2\pi\hbar)^3 \int \mathrm{Sp}\,(\hat{\sigma}\hat{n})\,d\boldsymbol{p}$, wobei $\hat{\sigma}$ der Spinoperator ist. Die Dichtematrix $\hat{n}$ ermittelt sich mit Hilfe der kinetischen Gleichung, die sich dadurch vereinfacht, daß $\hat{n}$ in der Nähe der Resonanz (in erster nicht verschwindender Näherung) nur als Operator bezüglich des Spins betrachtet werden kann, jedoch nicht in bezug auf die Koordinaten und Impulse. Der Hamilton-Operator besteht aus einem klassischen

Teil, der die gewöhnliche vollständige Ableitung nach der Zeit darstellt, und einem quantenmechanischen Glied $\mu_0\hat{\sigma}\boldsymbol{B}$, so daß

$$\frac{\partial \hat{n}}{\partial t} + \boldsymbol{v}\frac{\partial \hat{n}}{\partial \boldsymbol{r}} + \frac{\partial \hat{n}}{\partial \boldsymbol{p}}\left\{e\boldsymbol{E} + \frac{e}{c}[\boldsymbol{v}\boldsymbol{B}]\right\} + \frac{i}{\hbar}[\mu_0\hat{\sigma}\boldsymbol{B}, \hat{n}] + \left(\frac{\partial \hat{n}}{\partial t}\right)_{\mathrm{St}} = 0$$

(wobei $\boldsymbol{B}$ die magnetische Induktion ist). Dabei ist zu berücksichtigen, daß streng genommen der Kommutator $[\hat{\sigma}\boldsymbol{B}, \hat{n}] = [\hat{\sigma}, \hat{n}]\boldsymbol{B} + \hat{\sigma}[\boldsymbol{B}, \hat{n}]$ selbst aus einem „quantenmechanischen" Glied, das für den Ausgleich zwischen der Anzahl der Spins parallel zum Feld und der Anzahl der Spins antiparallel zum Feld verantwortlich ist, und einem „klassischen" Glied (das sich zum Produkt von $\hbar/i$ und der Poisson-Klammer für $\boldsymbol{B}$ und $\hat{n}$ reduziert) besteht und letzteres der Kraft entspricht, die im inhomogenen Magnetfeld auf den Spin wirkt. Das erste Glied führt zum Resonanzumklappen des Spins und bestimmt gerade den Grad der Depolarisation der Elektronen bei der Resonanz. Das zweite Glied führt nur zur „Abstimmung" der Spins in die Richtung $\boldsymbol{B}$ und kann bei der Bestimmung der Depolarisation der Kerne mit großer Genauigkeit weggelassen werden.

Auch das Stoßintegral $(\partial n/\partial t)_{\mathrm{St}}$ besteht aus zwei Gliedern, da es einmal mit der schnellen Relaxationszeit der Energie und des Impulses und zum anderen mit der langsamen Spinrelaxationszeit T_s verbunden ist. Beide Relaxationstypen können wegen des großen Unterschieds $T_s \gg \tau$ einzeln betrachtet werden. Der erste Typ kann den Operator des Gesamtspins des Systems nicht ändern und führt bei fixierter Teilchenzahl und dem Spinmoment

$$\mathrm{Sp}\int \hat{n}^{\mathrm{gl}}\,\mathrm{d}\boldsymbol{p} = \mathrm{Sp}\int \hat{n}\,\mathrm{d}\boldsymbol{p}\,, \qquad \mathrm{Sp}\int \hat{n}^{\mathrm{gl}}\hat{\sigma}\,\mathrm{d}\boldsymbol{p} = \mathrm{Sp}\int \hat{n}\hat{\sigma}\,\mathrm{d}\boldsymbol{p}$$

zum partiellen Gleichgewicht mit der Matrix $\hat{n}^{\mathrm{gl}}$, die nur von der Energie abhängt. Bei genügend tiefen Temperaturen und genügend schwachen Magnetfeldern ($\mu H \ll T$) wird

$$\hat{n}^{\mathrm{gl}} = \langle\hat{n}\rangle = \oint_{\varepsilon=\varepsilon_F} \hat{n}v^{-1}\,\mathrm{d}S \Big/ \oint_{\varepsilon=\varepsilon_F} v^{-1}\,\mathrm{d}S\,,$$

$$\left(\frac{\partial \hat{n}}{\partial t}\right)_{\mathrm{St}}^{\varepsilon,\boldsymbol{p}} = \frac{\hat{n} - \langle\hat{n}\rangle}{\tau}.$$

Die zweite Form der Stöße führt zum völligen Gleichgewicht, d. h. sowohl in bezug auf die Impulse als auch in bezug auf die Spinmatrix

$$\hat{n}_0 = \begin{pmatrix} n_F(\varepsilon - \mu_0 B) & 0 \\ 0 & n_F(\varepsilon + \mu_0 B) \end{pmatrix}.$$

Dabei ist $(\partial\hat{n}/\partial t)_{\mathrm{St}}^{g} = (\hat{n} - \hat{n}_0)/T$. Die Form der kinetischen Gleichung ermöglicht eine Aufteilung der Verteilungsfunktion in einen Teil, der den Strom bedingt, und in einen Teil, der das magnetische Moment bedingt, wenn $\hat{n} = n_1\hat{I} + \boldsymbol{n}\hat{\boldsymbol{\sigma}}$ gesetzt wird (wobei $\hat{I}$ die Einheitsmatrix ist).

Die Lösung der Gleichung, die sich für $\boldsymbol{n}$ ergibt, ist sehr kompliziert. Es werden deshalb, genauso wie für die Arbeit [83], nur die Resultate formuliert.

Das magnetische Gesamtmoment ist gleich $\boldsymbol{M} = \chi(\boldsymbol{B} - \boldsymbol{b})$. Dabei liegt bei Beibehaltung der bisherigen Orientierung des Magnetfeldes entlang der z-Achse,

$$b_z(\xi) = \operatorname{Re}\{u(0)\, u_0^*(\xi)\}\, \{1 + \operatorname{Re}[u(0)\, u_0^*(0)]\}^{-1} ,$$

$$iH_0 b = b_x + ib_y = u(\xi)\, \{1 + \operatorname{Re}[u(0)\, u_0^*(0)]\}^{-1} , \tag{44.1}$$

wobei $\boldsymbol{y} \perp [\boldsymbol{z}\boldsymbol{\xi}]$. Die Richtung ξ fällt mit der inneren Normalen der Oberfläche des Metalls zusammen. Der Index Null von u^* bedeutet, daß u^* an der Resonanzstelle $\omega = \Omega_0$ genommen wird.

Die Funktion $u(\xi)$ ist bis auf einen Zahlenfaktor der Größe 1 (bei $\delta \ll \delta_{\text{eff}}$) gleich

$$u(\xi) \approx c[E_x(0) + iE_y(0)]\, \tilde{\delta}_{\text{eff}} l (vH_0 l r_H^2 a)^{-1} \exp(-\xi/\tilde{\delta}_{\text{eff}}) , \tag{44.2}$$

wobei

$$\tilde{\delta}_{\text{eff}} = avT_s^{1/2}\{3[1 + i(\omega - \Omega_0)\, T_s]\, \tau^{-1}\}^{-1/2} .$$

Die Größe a, die sowohl die Größe des magnetischen Moments als auch die Dämpfungstiefe bestimmt, unterscheidet sich im starken Magnetfeld wesentlich für ein geneigtes und der Oberfläche paralleles, konstantes Magnetfeld. Physikalisch hängt das damit zusammen, daß im streng parallelen Magnetfeld die Elektronen nur nach Stößen in die Tiefe des Metalls gelangen, da sie zwischen den Stößen (im Fall geschlossener Bahnen) in Richtung ξ im Mittel die Geschwindigkeit Null haben und die Diffusion für $r_H \ll l$ in der Zeit T_s nicht über den Abstand $l\sqrt{T_s/3\tau}$, sondern über den Abstand $r_H\sqrt{T_s/3\tau}$ erfolgt, der um l/r_H kleiner ist. Für ein starkes Magnetfeld ($r_H \ll l$), das mit der Oberfläche des Metalls einen Winkel $\varphi \approx 1$ bildet, ist die Größe a von der Größenordnung 1, und für $\varphi \lesssim r_H/l$ wird $a \approx r_H/l$.

In schwachen Magnetfeldern ($r_H \gtrsim l$) ist a stets proportional 1. Das Feld $E_\alpha(0)$ bestimmt sich mit Hilfe der gewöhnlichen Formeln für die Oberflächenimpedanz, die für verschiedene Fälle schon früher berechnet wurden, aus der Amplitude des auf die Oberfläche des Metalls fallenden Feldes.

Mit den Formeln (44.1) und (44.2) kann die Abhängigkeit des Effekts (wie z. B. die Form der Absorptionslinie) vom Winkel φ und auch nichtlineare Effekte untersucht werden. Außerdem ist mit diesen Formeln die Oberflächenimpedanz und die Durchsichtigkeit von Schichten leicht zu finden [92].

Für die Berechnung der Impedanz ist natürlich eine lineare Näherung zu benutzen. In der linearen Näherung in bezug auf das Wechselfeld kann die Projektion des magnetischen Moments auf die Oberfläche des Metalls mit der Projektion $E_{||}$ (unter Benutzung des Zusammenhangs zwischen E_ξ mit $\boldsymbol{E}$, der bei $\boldsymbol{B} = \boldsymbol{H}$ aus der Gleichung $j_\xi = 0$ folgt) durch die Formeln (44.1) und (44.2) in Beziehung gesetzt werden: $M_\alpha(0) = g_{\alpha\beta} E_\beta(0)$. Da

$$E_\alpha(0) = \frac{ic}{\omega} \zeta_{\alpha\beta} E'_\beta(0) = \xi_{\alpha\beta} B_\beta(0) ,$$

wobei $\zeta_{\alpha\beta}$ und $\xi_{\alpha\beta}$ durch klare Beziehungen bestimmt werden, und

$$B_\alpha(0) = H_\alpha(0) + 4\pi M_\alpha(0)\,,$$

wird

$$E_\alpha(0) = \xi_{\alpha\beta} H_\beta(0) + 4\pi \xi^{(0)}_{\alpha\gamma} g_{\gamma\beta} E_\beta(0)$$

(wobei im zweiten Glied der „gewöhnliche" klassische Wert für $\xi^{(0)}_{\alpha\beta}$ genommen wird). Andererseits wird $\xi^{(0)}_{\alpha\beta}$ per Definition bei fehlender Resonanz, wenn $\boldsymbol{B} = \boldsymbol{H}$ ist, durch

$$E_\alpha(0) = \xi^{(0)}_{\alpha\beta} H_\beta(0)$$

bestimmt.

Deshalb ist

$$\xi_{\alpha\beta} = \xi^{(0)}_{\alpha\beta} - 4\pi \xi^{(0)}_{\alpha\gamma} g_{\gamma\gamma'} \xi^{(0)}_{\gamma'\beta}\,,$$

wodurch die Aufgabe gelöst wird.

Aus Formel (44.2) ist zu erkennen, daß die Tiefe, in der die Dämpfung von $\boldsymbol{M}$ erfolgt, bei Annäherung an die Resonanz stark anwächst, wodurch bei der paramagnetischen Resonanz eine selektive Durchsichtigkeit einer Schicht vorhanden ist, da durch eine Schicht der Dicke $D(\delta \ll D \lesssim \delta_{\text{eff}})$ ein kleiner Teil des Feldes, der mit $\boldsymbol{M}$ zusammenhängt, fast ohne Dämpfung hindurchgeht. Dieser Effekt wird durch die Reflexion an den Grenzen der Schicht geschwächt. Der Durchgangskoeffizient (der sich als Verhältnis von durchgegangener zu aufgefallener Intensität bestimmt) wird im einfachsten Fall, wenn das konstante Magnetfeld senkrecht zur Oberfläche des Metalls orientiert ist, in Resonanz bis auf einen Zahlenfaktor der Größe 1 gleich [92]

$$k \approx |16\pi^2 \chi T_s c \zeta^{(0)2}|^2\, [2\pi d(1 + |4\pi c \zeta^{(0)} T_s H_1^{\text{einf}}/2\pi d H_0|^2)]^{-2}\,.$$

Wenn die magnetische Feldstärke der einfallenden Welle H_1^{einf}

$$H_1^{\text{einf}} = 2\pi d H_0 (4\pi c T_s \zeta^{(0)})^{-1}$$

ist, wird die Leistung der durchgehenden Welle W^{d} maximal, wobei

$$W^{\text{d}}_{\max} = \pi(2\chi\hbar c|\zeta^{(0)}|/4\mu_0\lambda)^2$$

nicht von der Dicke der Schicht abhängt. (λ ist die Wellenlänge des Wechselfeldes.)

Die Arbeiten [78, 83, 92] liefern eine strenge, jedoch sehr komplizierte Lösung für die paramagnetische Resonanz in Metallen. In der Arbeit [92] wird eine einfache Betrachtungsweise vorgeschlagen, mit der die grundlegenden qualitativen Resultate dieser Arbeiten erhalten werden können. Dabei wird eine Gleichung aus der Arbeit [94] benutzt, und zwar die bekannte Blochsche Gleichung, die durch ein Relaxations- und ein Diffusionsglied ergänzt wurde. Die Gleichung für den hochfrequenten Teil des magnetischen Moments hat im Magnetfeld senkrecht zur Oberfläche und bei $\varepsilon = p^2/2m$ die Form

$$\frac{\partial \boldsymbol{M}}{\partial t} = \gamma[\boldsymbol{M}, \boldsymbol{H}] - \frac{\boldsymbol{M}}{T_s} + D\,\Delta \boldsymbol{M}\,,$$

wobei $\gamma = e/mc$, $D = v^2\tau/3$ ist, oder in linearer Näherung in H_1

$$\frac{\partial \boldsymbol{M}}{\partial t} = \gamma[\boldsymbol{M}_0, \boldsymbol{H}_1] + \gamma[\boldsymbol{M}, \boldsymbol{H}_0] - \frac{\boldsymbol{M}}{T_s} + D\,\Delta \boldsymbol{M}\,, \tag{44.3}$$

wobei $\boldsymbol{M}_0 = \chi \boldsymbol{H}_0$, $\gamma \boldsymbol{H}_0 = \boldsymbol{\Omega}_0$ gilt.

An Stelle einer Grenzbedingung (in Arbeit [93]), die den Charakter der Lösung nur schwach beeinflußt, werden $\boldsymbol{H}_1$ und $\boldsymbol{M}$ im Gebiet $z < 0$ gerade fortgesetzt (wobei das Magnetfeld wie stets in z-Richtung liegt).

Durch den Übergang zu den Fourier-Komponenten ergibt sich

$$\alpha \boldsymbol{M}_k - \gamma[\boldsymbol{M}_k, \boldsymbol{H}_0] = \gamma\chi[\boldsymbol{H}_0, \boldsymbol{H}_{1k}]\,, \qquad \alpha = i\omega + Dk^2 + \frac{1}{T_s},$$

woraus

$$\boldsymbol{M}_k = \chi(\alpha^2 + \Omega_0^2)^{-1}\,\{\Omega_0^2 \boldsymbol{H}_{1k} + \alpha[\boldsymbol{\Omega}_0, \boldsymbol{H}_{1k}]\}$$

folgt.

Wird berücksichtigt, daß $\boldsymbol{M}_k = \boldsymbol{M}_{-k}$, so kann eine Formel erhalten werden, die (beim Magnetfeld $\boldsymbol{H}$ senkrecht zur Oberfläche) den für die Berechnung der Impedanz grundlegenden Formeln (44.1) und (44.2) entspricht, wobei jedoch berücksichtigt wurde, daß $\delta \ll \delta_{\text{eff}}$ und $\int_0^\infty \boldsymbol{H}_{1k}\,\mathrm{d}k = \pi \boldsymbol{H}_1(0)$ ist.

Die dargelegte Theorie bezieht sich auf den normalen Zustand der Metalle. In Supraleitern [95] ist paramagnetische Resonanz nicht möglich.

Die in diesem Paragraphen erhaltenen Resultate beziehen sich praktisch auf alle Fälle der paramagnetischen Resonanz, Es können damit, wie oben gezeigt wurde, die Spinrelaxationszeit und der g-Faktor der Leitfähigkeitselektronen bestimmt werden.

Abschließend sei bemerkt, daß die diamagnetische Quantelung der Niveaus nur zu einer Überlagerung der Resonanzkurve mit diamagnetischen Oszillationen führt (wenn ihre Periode im Vergleich zur Breite der Resonanzkurve klein ist).

§ 45 Kombinierte Resonanz

Bisher wurden Resonanzen diskutiert, die durch Übergänge zwischen zwei Typen von Niveaus bedingt werden: zwischen unterschiedlichen diamagnetischen Niveaus, die ein und derselben Spinprojektion entsprechen, nämlich der Zyklotronresonanz bei den Frequenzen $\omega = q\Omega_{\text{extr}}$ (siehe Abb. 94, wo diese Übergänge durch gestrichelte Linien dargestellt werden), und zwischen unterschiedlichen paramagnetischen Niveaus mit unterschiedlichen Spinprojektionen, die ein und demselben diamagnetischen Niveau entsprechen, nämlich der paramagnetischen Resonanz bei den Frequenzen $\omega = 2\mu_0 H/\hbar = \Omega_0$ (Abb. 94, wo diese Übergänge durch punktierte Linien dargestellt sind).

Wird die Spin–Bahn-Kopplung vernachlässigt und werden Spin und Quasiimpuls als unabhängige Größen betrachtet (in dem Sinne, daß ihre Operatoren

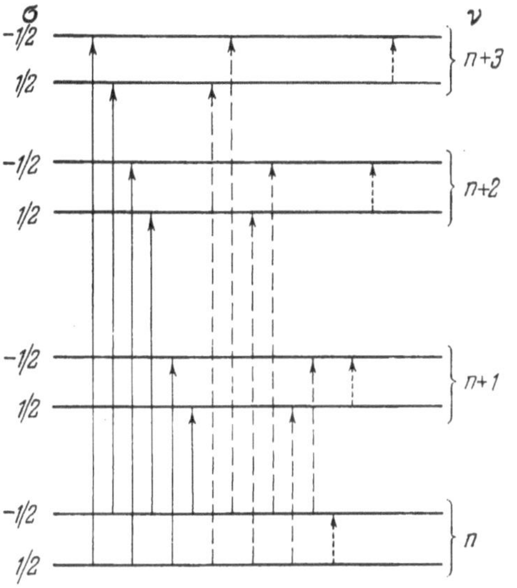

Abb. 94. Kombinierte Resonanz (ausgezogene Linien), Zyklotronresonanz (gestrichelte Lnien), paramagnetische Resonanz (punktierte Linien)

streng kommutieren), so sind im homogenen magnetischen Wechselfeld die bezüglich des Spins nichtdiagonalen Matrixelemente des HAMILTON-Operators in bezug auf die Nummer des diamagnetischen Niveaus diagonal. Folglich ist eine Resonanz, bei der Übergänge auftreten, für die sich gleichzeitig die Projektion des Spins und die diamagnetischen Niveaus ändern (also eine kombinierte Resonanz bei den Frequenzen $\omega = q\Omega_{\text{extr}} \pm \Omega_0$, siehe Abb. 94, wo diese Übergänge durch ausgezogene Linien dargestellt sind) nicht möglich.

In guten Metallen ist die Spin–Bahn-Kopplung gewöhnlich vernachlässigbar klein. Die kombinierte Resonanz, die durch die Spin–Bahn-Wechselwirkung bedingt wird, realisiert sich hauptsächlich in Halbleitern und Halbmetallen. Dieser Resonanztyp wurde in der Arbeit [96] vorausgesagt und genau untersucht (siehe auch [97] und als experimentelle Arbeit [98]). Da hier jedoch in erster Linie Metalle betrachtet werden, soll dieser Resonanztyp nicht behandelt werden. Es soll nur bemerkt werden, daß es wegen der Spin–Bahn-Wechselwirkung nicht möglich ist, unmittelbar die quasiklassische Quantelung (7.4) zu benutzen. Zuerst muß der HAMILTON-Operator (z. B. mit der Methode der effektiven Massen [96]) gefunden werden. Mit der Kenntnis des Spektrums im Magnetfeld kann dann die Aufgabe gelöst werden (wie es z. B. früher für die Zyklotronresonanz und die paramagnetische Resonanz getan wurde).

Jedoch auch in guten Metallen bei Vernachlässigung der Spin–Bahn-Wechselwirkung ist die kombinierte Resonanz auf Grund wesentlicher Feldinhomogenitäten möglich [99]. Dabei ist das Spinglied des HAMILTON-Operators $\mu_0\hat{\sigma}\boldsymbol{H}$ sowohl vom Spinoperator als auch von den Koordinaten abhängig (wobei $\hat{\sigma}$ der Spinoperator, $\boldsymbol{H}$ das Gesamtmagnetfeld, das den nichtstationären und wesentlich inhomogenen Teil $\boldsymbol{H}_1(\boldsymbol{r}, t)$ umfaßt, ist). Das bedeutet, daß die Matrixelemente dieses Gliedes sowohl in bezug auf die Projektionen des Spins σ als auch in bezug auf die Nummer des diamagnetischen Niveaus ν nichtdiagonal sind, d. h., es ruft kombinierte Resonanz hervor. Physikalisch ist das klar, denn im inhomogenen Magnetfeld wird die Elektronenbahn speziell durch die Kräfte, die auf den Elektronenspin wirken, geändert.

Damit die kombinierte Resonanz auftreten kann, müssen die Bedingungen für die Zyklotronresonanz (strenge Parallelität des Magnetfeldes zur Metalloberfläche bei $\delta \ll r_H$) wie auch die Bedingungen für die paramagnetische Resonanz (H und H_1 nichtparallel) erfüllt sein.

Die Intensität der kombinierten Resonanz kann genauso wie im § 44 für die paramagnetische Resonanz bestimmt werden. Die Resonanz wird bedingt durch $[1 - \exp(-T/\tau^*)]^{-1}$, wobei T die Umlaufperiode auf der Larmor-Bahn und $1/\tau^* = 1/\tau + 1/T_s + i(\omega \mp \Omega_0)$ ist, und sie entspricht, wie schon oben erwähnt, der Frequenz $\omega = q\Omega_{\text{extr}} \pm \Omega_0$.

Bei quadratischem Dispersionsgesetz ist die Intensität der kombinierten Resonanz um $(1 + T_s/\tau)^{1/2}$ kleiner als die Intensität der paramagnetischen Resonanz und bei beliebigem Dispersionsgesetz tritt noch eine zusätzliche Schwächung der Intensität um $\sqrt{\omega(\tau^{-1} + T_s^{-1})^{-1}}$ auf. Die Linienbreite der kombinierten Resonanz ist $\Delta\Omega \approx \tau^{-1} + T_s^{-1}$. Da der quasistationäre Charakter des Zustands nicht nur mit gegebenem σ, sondern auch mit gegebenem ν (d. h. mit dem quasistationären Charakter der Bahn) zusammenhängt, wird das Feld bei der kombinierten Resonanz nicht wie bei der paramagnetischen Resonanz in das Metall „hineingezogen".

§ 46 Impedanzoszillationen in schwachen Magnetfeldern

Alle bisher durchgeführten Betrachtungen, auch die im Bereich des anomalen Skineffekts, berücksichtigen nur die Volumeneigenschaften der Metalle. Dabei wurde speziell bei der Berechnung der Energieniveaus der Elektronen von einer unbegrenzten Probe ausgegangen. Wie aber in § 7 und § 8 gezeigt wurde, wird die Bewegung von Elektronen, die unter sehr kleinen Winkeln auf die Metalloberfläche auftreffen und deshalb von der Oberfläche fast spiegelnd reflektiert werden, gequantelt, wobei in der Nähe der Oberfläche ein besonderes Energieniveausystem auftritt, das in den gleichen Paragraphen (siehe die Formeln (7.25) bis (7.32) und (8.22) bis (8.26)) genau beschrieben wurde.

Die Oberflächenniveaus treten in den Hochfrequenzeigenschaften der Metalle auf, wenn die an der Oberfläche entlanggleitenden Elektronen wesentlich sind. Das ist der Fall beim anomalen Skineffekt, wenn die effektive Dicke der Skinschicht $\delta_{\text{eff}} \approx (\delta^2 l)^{1/3}$ klein ist im Vergleich mit der mittleren freien Weglänge l und beim Fehlen eines Magnetfeldes die Elektronen wesentlich sind, die mit der Oberfläche einen Winkel $\varphi \approx (\delta/l)^{1/3}$ (§ 33) bilden. Bei tiefen Temperaturen wird in guten Proben φ von der Größenordnung 10^{-3}. In schwachen

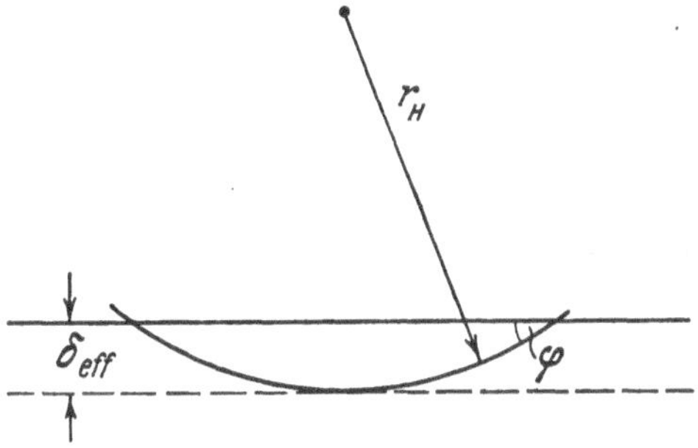

Abb. 95. Einfallswinkel der Elektronen auf die Metalloberfläche in schwachen Magnetfeldern

Magnetfeldern ($r_H \gg l$) sind diese ausgezeichneten Winkel $\varphi \approx (\delta_{\text{eff}}/r_H)^{1/2}$, was leicht aus der Abb. 95 zu ersehen ist. In diesem Fall ist $\varphi \ll 1$.

Die durchgeführten Abschätzungen zeigen, daß die Oberflächenniveaus in den Hochfrequenzeigenschaften der Metalle unter den Bedingungen des anomalen Skineffekts auftreten. Wie aus den Ergebnissen der §§ 7 und 8 klar ist, treten für zylinderförmige FERMI-Flächen (d. h., wenn die FERMI-Fläche zylindrische oder in der Form einem Zylinder nahe kommende Teile besitzt) besonders gut aufgelöste Oberflächenniveaus auf, und es erfolgt Resonanzabsorption der Energie des Hochfrequenzfeldes, wobei die Resonanzfrequenz

$$\omega = k\omega_n\,, \qquad k = 1, 2, 3, \ldots, \tag{46.1}$$

aus der Formel (7.31) (oder noch genauer aus (7.25)) folgt. Da nach (7.30) $\omega_n \sim H^{2/3}$ ist, sind bei festgehaltener Frequenz die Resonanzwerte des Magnetfeldes der Frequenz hoch 3/2 proportional: $H_{\text{res}} \sim \omega^{3/2}$. Die LARMOR-Frequenzen $\omega_H^{\text{res}} = eH_{\text{res}}/m^*c$ der Resonanz sind sehr klein und hängen nicht von der Dicke der Skinschicht ab. Das Intervall der Magnetfelder, in dem Resonanzabsorption der Energie an Oberflächenniveaus beobachtet werden kann, ist sowohl nach unten (siehe hierzu die zweite Ungleichung in (7.32)) als auch nach oben begrenzt, wobei mit Zunahme von H $\varphi_1 \sim H^{1/3}$ wächst. Bei genügend großen φ werden die Elektronen diffus reflektiert. Das bezieht sich nicht auf die Elektronen in einem Metall vom Typ des Wismut und in anomal gering gefüllten Zonen gewöhnlicher Metalle, deren DE BROGLIE-Wellenlänge wesentlich größer als die Gitterkonstante ist.

Im allgemeinen Fall einer beliebigen FERMI-Fläche, wenn ε_n und $\hbar\omega_{nm} = \varepsilon_n - \varepsilon_m$ von p_z abhängen, erfolgt die Resonanz wie bei der klassischen Zyklotronresonanz bei $p_z = p_0$, wo die Frequenz ω_{nm} nur langsam aus der Resonanz herausläuft, d. h. dort, wo die Zustandsdichte in bezug auf die Frequenz maximal ist, $\omega_H'(p_0) = 0$. (In genügend schwachen Magnetfeldern wird sich die spiegelnde Reflexion bei kleinen Winkeln auch auf die klassischen Effekte, speziell auf die Zyklotronresonanz, die bei $q = 1$ verschwindet [10], auswirken. Dafür wird natürlich gefordert, daß $q(\delta/l)^{1/2} \ll 1$ ist.

Die Halbwertsbreite der Resonanz wird durch die natürliche Breite der Niveaus bestimmt, woraus nach § 7 folgt:

$$\Delta\omega/\omega_n \approx q^{-1}(\varphi_n) + (\omega\tau)^{-1}\,. \tag{46.2}$$

Für zylindrische und für nichtzylindrische FERMI-Flächen unterscheidet sich die relative Höhe der Resonanz wesentlich, da im letzteren Fall an der Resonanz nur Elektronen im Intervall $(\Delta p_z/p_0) \approx (\Delta\omega/\omega)^{1/2}$ teilnehmen (da $\omega_n \approx (p_z - p_0)^2$ ist) und die relative Höhe der Resonanz entsprechend kleiner wird.

Wichtig ist auch, ob die Resonanzbahn völlig in der Skinschicht liegt oder nicht, weil davon (d. h. von der Größe $(r_H/\delta)\,(\hbar\omega_H/\varepsilon_F)^{2/3}$) sowohl der effektive Weg im Feld als auch die relative Zahl der Elektronen, die im Feld beschleunigt werden, abhängt. Im quasiklassischen Gebiet ($n \gg 1$) kann eine genaue Formel für die Impedanz erhalten werden. Für $\hbar\omega \ll T$ sieht diese Formel besonders einfach aus, da hierbei das Korrespondenzprinzip benutzt werden kann, wodurch bei beliebigen q (in den Formeln (9) und (10) der Arbeit [84]) $1/\tau$ durch $1/\tau + i\omega$ und α durch ∞ und außerdem die „klassische" Integration über φ durch die Summation über φ_n ersetzt werden kann; letzteres dadurch, daß $E(\mu)$ unter das Integral genommen wird. Bei $\hbar\omega \gtrapprox T$ geht anstelle von $\partial n_F/\partial\varepsilon$ $[n_F(\varepsilon_{k+k'}) - n_F(\varepsilon_k)]/(\varepsilon_{k+k'} - \varepsilon_k)$ ein, wobei k ein Satz Quantenzahlen (n, p_z, p_x) ist (s. auch § 42).

Die erhaltene Resonanzlinienform ist besonders für beliebiges $q(\varphi)$ interessant, (was im quasiklassischen Fall unter Berücksichtigung des oben Gesagten nicht schwer zu zeigen ist). Eine Information über das Aussehen von $q(\varphi)$ würde sich aus dem Vergleich von Experiment und Theorie ergeben. Denn der Übergang von Resonanzbahnen, die in der Skinschicht liegen, zu nichtresonanten, der sich auf die Form des Impedanzverlaufs auswirkt, ermöglicht es, aus der Beziehung $y_{\max} = R\varphi_n^2\delta_{\text{eff}}$ (wobei sich δ_{eff} durch die Impedanz ausdrückt) die Größe R zu bestimmen (da $R\varphi_n \sim R^{1/3}$, s. (7.28)). Die Resonanzfrequenzen ergeben nach (7.30) v_x^0. Mit der Kenntnis von R und v_x^0 kann aus der Abhängigkeit der Resonanzbreite von n bei $\omega\tau \gg q^{-1}$ $q(\varphi)$ gefunden werden (s. (46.2)).

Eine Neigung des Magnetfeldes schwächt die Resonanz bei $p_z \neq 0$ (und die Elektronen bewegen sich in das Metall hinein, wobei die Zusammenstöße mit der Oberfläche nichtperiodisch sind). Der Neigungswinkel erhöht als neuer Parameter die Information (besonders für die Resonanz bei $p_z = 0$, wenn keine Drifft in das Metall hinein vorhanden ist).

In dünnen ($d \ll l$) streng planparallelen Plättchen müßte in schwachen Feldern Resonanz für Frequenzen, die $\sqrt{Rd}/v_0 = n2\pi/\omega$ entsprechen, wenn $H \sim (\omega/n)^2$ ist [100a], vorhanden sein. Die Natur dieser Resonanz wird aus Abb. 96 klar. Auch dieser Effekt kann zur Bestimmung von $q(\varphi)$ ausgenutzt werden, da die Resonanz eine Halbwertsbreite von $\left(\frac{1}{\omega\tau} + q\left(\frac{1}{2}\sqrt{\frac{R}{d}}\right)\right)^{-1}$ hat. Jedoch sind für das Auffinden von $q(\varphi)$ auch andere Effekte, die gegenüber dem

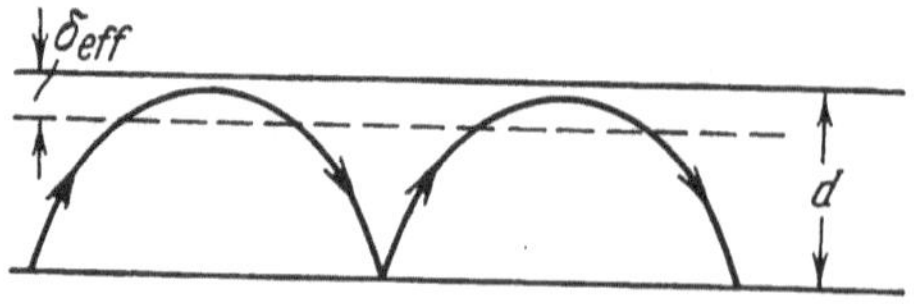

Abb. 96. Klassische Zyklotronresonanz in einem dünnen Plättchen ($d \ll l$)

Winkel, unter dem die Elektronen auf die Oberfläche auftreffen, empfindlich sind. Die Suche und die Untersuchung dieser Effekte hat gerade erst begonnen.

Die in diesem Paragraphen beschriebenen Resonanzoszillationen wurden 1961 [101] entdeckt und wiederholt untersucht [102, 103]. Die erste klassische Erklärung, die diese Oszillationen mit Elektronen in Verbindung brachte, die nicht mit der Oberfläche zusammenstoßen, wurde in der Arbeit [102] vorgeschlagen. In der Arbeit [105] wurde gezeigt, daß den Elektron, die von der Metalloberfläche spiegelnd reflektiert werden, eine entscheidende Rolle zukommt. Der reine quantenmechanische Charakter der Oszillationen und die richtige Frequenzabhängigkeit der Periode dieser Oszillationen wurden in der Arbeit [106] erhalten. In der Arbeit [107] wurde der Resonanzcharakter aufgedeckt und die Theorie dieser Oszillationen dargelegt (eine noch gründlichere theoretische Betrachtung der Oszillationen ist in [113] enthalten). Die Arbeit [104] enthält eine quasiklassische Berechnung der Oberflächenniveaus und die experimentelle Untersuchung dieser Oszillationen an Wismut und einen Vergleich der experimentellen Ergebnisse mit der Theorie. Einen umfassenden Überblick über die experimentellen und theoretischen Arbeiten zu den diamagnetischen Oberflächenniveaus gibt die Arbeit [114].

§ 47 Infrarotoptik

In den vorhergegangenen Paragraphen, die der Untersuchung der Hochfrequenzeigenschaften der Metalle gewidmet waren, wurde das Hauptaugenmerk auf den im Sinne des § 32 dargestellten extrem anomalen Skineffekt gelegt (siehe hierzu (32.9)). Da bei $\omega\tau \gg 1$ die Rolle der mittleren freien Weglänge vom Weg übernommen wird, den das Elektron während einer Periode des Feldes zurücklegt, v/ω, und die Skintiefe δ gegen eine Konstante strebt, die gleich c/ω_0 ist (wobei ω_0 die Plasmafrequenz der Metallelektronen ist), begrenzt die Bedingung der extremen Anomalität den Frequenzbereich nach oben:

$$\omega \ll \frac{v}{\delta} \approx \omega_0 \frac{v}{c} . \tag{47.1}$$

In diesem Paragraphen interessiert das Verhalten der Metalle bei hohen Frequenzen unter Bedingungen, bei denen der kleinste Längenparameter v/ω ist, d. h.

$$\omega \gg \omega_0 \frac{v}{c}, \frac{1}{\tau} . \tag{47.2}$$

Im ersten Teil dieses Paragraphen sollen die Frequenzen kleiner als die Grenze des inneren Photoeffekts sein (s. unten). Die Grenze des inneren Photoeffekts, d. h. die Breite der Zone (in Frequenzeinheiten) und die Plasmafrequenz sind dabei von der gleichen Größenordnung, weshalb nur gefordert wird, daß die

Bedingung

$$\omega \ll \omega_0 \tag{47.3}$$

erfüllt wird.

Die Bedingungen (47.2) und (47.3) werden im infraroten Bereich des Spektrums erfüllt und für gute Metalle bei tiefen Temperaturen bis zu den Millimeterwellen. Das Gebiet der Metallphysik, das sich mit dem Verhalten in dem durch (47.2) und (47.3) begrenzten Frequenzbereich befaßt, wird als Infrarotmetalloptik bezeichnet.

Als größter (der Zeit umgekehrt proportionaler) Parameter tritt jetzt die Frequenz auf. In erster nicht verschwindender Näherung wird das Zusatzglied zur Gleichgewichtsverteilung in der kinetischen Gleichung ein Glied mit partieller Ableitung nach der Zeit. Das Stoßintegral kann dabei vernachlässigt werden. Unter Berücksichtigung der FERMI-Flüssigkeitswechselwirkung hat das zusätzliche, im elektrischen Feld lineare Glied zur Verteilungsfunktion das Aussehen

$$f_1 = (i\omega)^{-1}\, e\boldsymbol{E}(1 + \hat{\Phi})\, \boldsymbol{v} \frac{\partial f_F}{\partial \varepsilon}\,. \tag{47.4}$$

Der Operator $\hat{\Phi}$ berücksichtigt die FERMI-Flüssigkeitskorrelation in der Bewegung der Elektronen (siehe § 40). In der Näherung für ein Elektronengas ist $\hat{\Phi} = 0$.

Nach (47.4) ist die Stromdichte gleich

$$j_i = -\frac{2e^2}{(2\pi\hbar)^3\,(i\omega)} \oint\limits_{\varepsilon(\boldsymbol{p})=\varepsilon_F} v_i\,(1 + \hat{\Phi})\, v_k \frac{\mathrm{d}s}{v} E_k\,. \tag{47.5}$$

Aus der letzten Formel folgt, daß die Stromdichte und die elektrische Feldstärke eine Phasenverschiebung von $\pi/2$ haben (d. h., die Leitfähigkeit ist rein imaginär). Das bedeutet aber, daß in dem zu untersuchenden Frequenzintervall die elektromagnetischen Eigenschaften der Metalle nicht durch den Leitfähigkeitstensor, sondern besser durch den Dielektrizitätstensor beschrieben werden, der sich aus dem Ausdruck (47.5) bestimmt:

$$\varepsilon_{ik} = -\frac{8\pi e^2}{(2\pi\hbar)^3\omega^2} \oint\limits_{\varepsilon(\boldsymbol{p})=\varepsilon_F} v_i(1 + \hat{\Phi})\, v_k \frac{\mathrm{d}S}{v}\,. \tag{47.6}$$

Beschränkt man sich auf diese Näherung, so sind die Hauptwerte des Tensors der Oberflächenimpedanz reine komplexe Größen

$$\zeta_{1,2} = -\, i\, \varepsilon_{1,2}^{-1/2}\,, \tag{47.7}$$

wobei $\varepsilon_{1,2}$ die Hauptwerte des Tensors ε_{ik} sind. Diese Hauptwerte sind von der Größenordnung $-\omega_0^2/\omega^2$, wobei ω_0 die Plasmafrequenz ($\omega_0^2 = 4\pi n e^2/m$) ist, wenn wie üblich für die Abschätzung ein quadratisches isotropes Dispersionsgesetz und die Näherung für ein Elektronengas benutzt werden ($\hat{\Phi} \equiv 0$).

Die rein komplexe Impedanz beschreibt eine vollständige Reflexion der elektromagnetischen Welle von der Metalloberfläche, d. h., der Reflexionskoeffizient ist Eins. Ein Metall in dem durch (47.2) und (47.3) bestimmten Frequenzbereich erinnert sehr stark an ein Elektronenplasma.

Der symmetrische Tensor ε_{ik}, dessen Komponenten durch die Phasenverschiebung der Wellen bei Reflexion gemessen werden können, liefert eine sehr geringe Information über die Korrelationsfunktion, die grundlegende Größe der Beschreibung der Leitfähigkeitselektronen im FERMI-Flüssigkeitsmodell.

Die Absorption in der Infrarotoptik, die unter Berücksichtigung einer weiteren Näherung in bezug auf die inverse Frequenz beschrieben werden kann, hängt wesentlich von den konkreten Mechanismen der Wechselwirkung der Elektronen mit Störstellen, mit Phonoen und untereinander ab. Mit anderen Worten, die Absorption der elektromagnetischen Energie hängt wesentlich von der Form des Stoßintegrals ab. Da die grundlegende Aufgabe der hier gemachten Ausführungen jedoch die Betrachtung von Effekten ist, die sich durch das energetische Spektrum der Elektronen bestimmen und die gegenüber dem Charakter der Stöße unempfindlich sind, soll die Berechnung der Absorptionskoeffizienten in der Infrarotoptik hier nicht genauer betrachtet werden, und der Leser wird auf die Arbeit [108, 109] verwiesen. Es soll nur die Größe der Absorption in der Infrarotoptik abgeschätzt werden.

Die Hauptwerte des Dielektrizitätstensors haben in dem Glied, das in der Reihenentwicklung nach ν/ω folgt, ein imaginäres Zusatzglied, das die Absorption beschreibt:

$$\delta\varepsilon \approx -i\frac{\nu}{\omega}\varepsilon \approx \frac{\omega_0^2\nu}{\omega^3}i, \qquad \nu = \frac{1}{\tau}. \tag{47.8}$$

Dabei ist der Realteil der Oberflächenimpedanz ν/ω_0 proportional. Die Abhängigkeit des Absorptionskoeffizienten der elektromagnetischen Energie von der Frequenz, der Temperatur und anderen Parametern bestimmt sich deshalb durch die Abhängigkeit dieser Parameter von der Stoßfrequenz ν. Diese Abhängigkeit wurde in der Arbeit [110] ausführlich untersucht.

Bevor die Abschätzungen für die Stoßfrequenz, die die Summe der Stoßfrequenzen der einzelnen Mechanismen bildet, durchgeführt wird, sollen noch zwei für die Abschätzung wichtige Bemerkungen gemacht werden:

1. Da der Impuls der Elektronen p_F im Metall sehr groß ist gegenüber dem Phononenimpuls ($p_F \gg \hbar\omega_0/c$), erfolgen durch den Übergang zum Hochfrequenzbereich nur Änderungen der Frequenzen unelastischer Stöße. Die Frequenzen der elastischen Stöße sind die gleichen wie im statischen Fall.

2. Da die FERMI-Energie in Näherung der mittleren Energie der COULOMB-Wechselwirkung gleich ist ($\varepsilon_F \approx p_F v \approx e^2/a$, wobei a der mittlere Abstand zwischen den Elektronen ist), so gilt

$$\omega_0' \approx \frac{v}{a} \approx \frac{\varepsilon_F}{\hbar}, \tag{47.9}$$

und wie zu erwarten ist, fällt $\varepsilon_F v/c$ mit der DEBYE-Temperatur zusammen, d. h. im vorliegenden Fall

$$\omega_0 \gg \omega \gg \nu\,, \frac{\Theta}{\hbar}\,. \tag{47.3'}$$

Damit wird

$$\nu = \nu_{\text{Stö}} + \nu_{\text{e, e}} + \nu_{\text{e, ph}}\,, \tag{47.10}$$

wobei

$$\nu_{\text{Stö}} \approx \frac{v}{a}\, c_i - \omega_0 c_i$$

die Frequenz der Stöße mit Störstellen (c_i ist die Störstellenkonzentration),

$$\nu_{\text{e, e}} \approx \frac{\omega_0}{(\hbar\omega_0)^2}\left[T^2 + \left(\frac{\hbar\omega}{2\pi}\right)^2\right] \tag{47.11}$$

die Frequenz der Stöße der Elektronen untereinander und $\nu_{\text{e, ph}}$ die Frequenz der Stöße mit den Phononen ist, die bei $\hbar\omega \gg \Theta$ gleich der Frequenz der Elektron-Phonon-Stöße bei der DEBYE-Temperatur ist ($\nu_{\text{e, ph}} \approx \Theta/h$).

Die Formeln (47.8) bis (47.11) zeigen, daß in der Infrarotoptik die Frequenzabhängigkeit der Absorption offensichtlich auf die Elektron-Elektron-Stöße zurückzuführen ist. Das konstante Glied im Absorptionskoeffizienten wird durch die Volumenabsorption nicht erschöpfend beschrieben. Die Stöße der Elektronen mit den Begrenzungen des Metalls (die besonders durch diffuse Streuung begleitet werden) führen zur Oberflächenabsorption, die mit der räumlichen Inhomogenität des Feldes auf dem Abstand $\delta - c/\omega_0$ verknüpft werden kann. Die Oberflächenabsorption kann durch die effektive Stoßfrequenz der Größe

$$\nu_{\text{eff}} \approx \frac{v}{\delta} \approx \omega_0 \frac{v}{c} \tag{47.12}$$

beschrieben werden. Die konkrete Berechnung der Oberflächenabsorption für den Fall eines beliebigen Dispersionsgesetz der Elektronen ist sehr schwierig [109]. Es muß dabei berücksichtigt werden, daß das elektrische Feld nicht einmal in erster Näherung auf Abständen der Größe δ als langsam veränderlich betrachtet werden kann, da auch im homogenen Wechselfeld bei der Bewegung der Elektronen in das Innere des Metalls ein Strom erzeugt wird (und mit ihm verbunden ein zur Oberfläche des Metalls normales elektrisches Feld), der sich auf Abständen von der Größe v/ω ändert. Trotzdem wird die Größenordnung der Oberflächenverluste durch die effektive Frequenz (47.12) richtig beschrieben. Dazu sei bemerkt, daß Real- und Imaginärteil des Tensors der Oberflächenimpedanz im anisotropen Metall nicht gleichzeitig auf Hauptachsen gebracht werden können [109, 110a].

Bei Erhöhung der Frequenz wird die Bedingung (47.3) nicht mehr erfüllt. Schon allein diese Tatsache (wenn vom inneren Photoeffekt abstrahiert wird) muß zu einer wesentlichen Änderung der hochfrequenten Charakteristika eines

Metalls führen. Für $\omega > \omega_0$ wird die dielektrische Konstante des Metalls positiv (in der Formel (47.6) wurde die dielektrische Suszeptibilität der Ionenrümpfe, die außerhalb der Eigenfrequenzen der Ionen ungefähr Eins ist, vernachlässigt), und im Metall kann sich eine elektromagnetische Welle ausbreiten. Unter dieser Bedingung und bei Vernachlässigung der Dämpfung ist der Realteil der Impedanz ungleich Null und der Imaginärteil Null ($\operatorname{Re}\zeta \neq 0$, $\operatorname{Im}\zeta = 0$).

Bevor jedoch die dielektrische Suszeptibilität ihr Vorzeichen ändert, wird die Schwelle des inneren Photoeffekts ω_s überschritten. Die direkte Absorption von Photonen durch Leitfähigkeitselektronen wird durch Band–Band-Übergänge bedingt (eine unmittelbare Intrabandabsorption widerspricht dem Energie- und dem Impulserhaltungssatz, da $v < c$ ist). Da der Photonenimpuls vernachlässigbar klein ist, hat der Energieerhaltungssatz folgendes Aussehen:

$$\varepsilon_s(\boldsymbol{p}) + \hbar\omega = \varepsilon_{s'}(\boldsymbol{p}) \qquad (s \neq s') \,. \tag{47.13}$$

Im allgemeinen ist $\min\,[\varepsilon_s(\boldsymbol{p}) - \varepsilon_s(\boldsymbol{p})] \neq 0$, wodurch die Absorption an der Frequenzschwelle $\omega_s = \min\,[\varepsilon_s(\boldsymbol{p}) - \varepsilon_s(\boldsymbol{p})]$ einsetzt. Die Abhängigkeit des Absorptionskoeffizienten des Lichts Γ von der Frequenz nahe der Schwelle ($\omega \lesseqgtr \omega_s$) hat für alle Metalle eine Reihe von allgemeinen Charakteristika, die mit der energetischen Struktur des Elektronenspektrums in Beziehung stehen [111]. Bei dieser Analyse spielt die Lage des Punktes $\boldsymbol{p}_0$ im Impulsraum eine entscheidende Rolle ($\boldsymbol{p}_0$ ist der Punkt, in dem die Funktion $\varepsilon_s(\boldsymbol{p}) - \varepsilon_s(\boldsymbol{p})$ ihren minimalen Wert annimmt). Gilt die Bedingung $\varepsilon_F - \hbar\omega < \varepsilon_s(\boldsymbol{p}_0) < \varepsilon_F$, so wird in den meisten Fällen $\Gamma \sim \sqrt{\omega - \omega_s}$ (erlaubter Übergang), jedoch auch $\Gamma \sim (\omega - \omega_s)^{3/2}$ (verbotener Übergang) vorliegen. Dabei kann es passieren, daß in dem durch $\varepsilon_F - \hbar\omega < \varepsilon_s(\boldsymbol{p}) < \varepsilon_F$ begrenzten Bereich des $\boldsymbol{p}$-Raumes die Bedingung $\min\,[\varepsilon_{s'}(\boldsymbol{p}) - \varepsilon_s(\boldsymbol{p})]$ nicht erreicht wird. In diesem Fall wird die Frequenzschwelle durch die Bedingung bestimmt, daß die Oberfläche $\varepsilon_{s'}(\boldsymbol{p}) - \varepsilon_s(\boldsymbol{p}) = \hbar\omega$ eine der Flächen, die das oben festgelegte Gebiet begrenzen (entweder die Oberfläche $\varepsilon_s(\boldsymbol{p}) = \varepsilon_F$ oder die Oberfläche $\varepsilon_s(\boldsymbol{p}) = \varepsilon_F - \hbar\omega$) berührt. Dann hängt der Absorptionskoeffizient in der Nähe der Schwelle linear von der Frequenz ab ($\Gamma \sim \omega - \omega_s$).

Ist die Fermi-Fläche eine sich durchdringende isoenergetische Fläche, dann besitzt der innere Photoeffekt (Absorption eines Photons) keinen Schwellwert. Der Absorptionskoeffizient ist der dritten Potenz der Frequenz proportional ($\Gamma \sim \omega^3$; $\omega \gg \nu$). Diese Abhängigkeit folgt unmittelbar aus der Existenz eines konischen Punktes der sich durchdringenden Energiefläche [111] (siehe § 2).

So zeigt u. a. das Graphit, das eine sich durchdringende Fermi-Fläche besitzt, eine kubische Frequenzabhängigkeit, die sich verhältnismäßig schnell in eine quadratische umwandelt ($\Gamma \sim \omega^2$). Diese Änderung erfolgt, weil in grober Näherung (bei Vernachlässigung kleiner Wechselwirkungsenergien) die vier konischen Punkte der sich überschneidenden Fläche zusammenlaufen. Es entsteht eine sich durchdringende Fläche mit zusätzlicher Berührung [112].

Unterhalb der Schwelle des inneren Photoeffekts ist die Frequenzabhängigkeit des Absorptionskoeffizienten Γ kompliziert. Jedes Metall besitzt seine spezifischen Besonderheiten, die sich nicht genügend verallgemeinern lassen. So überlagern sich die Absorptionslinien, die die Übergänge zwischen verschiedenen Bändern beschreiben, und schaffen eine komplizierte Frequenzabhängigkeit $\Gamma(\omega)$. Außerdem besitzt der Intrabandabsorptionskoeffizient mit wachsender Frequenz eine komplizierte Frequenzabhängigkeit, wenn nicht der Fall $\omega \ll \omega_0$ gilt. In der Arbeit [113] wurde gezeigt, daß auch unterhalb der Schwelle des inneren Photoeffektes (im Bereich hoher Frequenzen) die Intrabandübergänge wegen der Elektron–Elektron-Wechselwirkung einen wesentlichen Beitrag zur Absorption leisten können.

§ 48 Bestimmung des Energiespektrums der Metalle

Der größte Teil der in den vorangegangenen Paragraphen beschriebenen Eigenschaften der Metalle wurde experimentell beobachtet. Einige Eigenschaften wurden sorgfältig untersucht, für andere beginnen erst die Arbeiten. Die Erforschung der vielfältigen Metalleigenschaften liefert eine umfassende Information über die Leitfähigkeitselektronen: ihr Dispersionsgesetz, ihre Korrelationsfunktion, die mittlere freie Weglänge usw.

Natürlicherweise besteht eine der ersten Aufgaben in der Bestimmung des Dispersionsgesetzes, oder allgemeiner, in der Rekonstruktion des energetischen Spektrums der Metalle. Die Methoden für die Ermittlung des Energiespektrums kondensierter Systeme sind sehr unterschiedlich.

Geht es um die Bestimmung eines Bose-Zweiges des Spektrums, so sind die Methoden am erfolgreichsten, die auf der Wechselwirkung von Teilchen mit bekanntem Energiespektrum (wie Neutronen, Elektronen mit relativ großer Energie oder Photonen), die in den Festkörper eindringen, und der zu untersuchenden Elementaranregungen beruhen. Bei der Erfüllung von Bedingungen analog denen der Tscherenkow-Strahlung erzeugt das eindringende Teilchen eine Elementaranregung (ein Boson mit der Energie ε und einem Quasiimpuls oder dem Impuls $\boldsymbol{p}$), und das Dispersionsgesetz der Elementaranregungen kann durch Untersuchung unelastischer Streuung von Teilchen (wie Neutronen usw.) völlig aufgestellt werden. Diese Methode wurde für die experimentelle Bestimmung des Phonon–Roton-Spektrums von Helium II, für die Untersuchung des Phononenspektrums einer Reihe fester Körper (durch unelastische Neutronenstreuung), für die Ermittlung der Plasmaschwingungen der Elektronen im Metall (durch die charakteristischen Energieverlustspektren der Elektronen in dünnen Folien) und für weitere Spektren erfolgreich eingesetzt.

Es ist bekannt, daß für die Berechnung der thermodynamischen Charakteristika die Kenntnis der Zustandsdichte $\nu(\varepsilon)$ ausreicht. Diese kann für einen Bose-Zweig prinzipiell durch die Temperaturabhängigkeit der Wärmekapazität und anderer thermodynamischer Größen [115] bestimmt werden. Die Effektivität dieser Methode ist nicht sehr groß und erfordert eine hohe Genauigkeit für die experimentellen Werte [116].

Im weiteren sollen die Leitfähigkeitselektronen betrachtet werden. Die hohe Ladungsträgerdichte im Metall, die zur starken Entartung des Elektronengases führt, ermöglicht eine Einengung des zu untersuchenden Problems. Die Korrelationsfunktion $\Phi(\boldsymbol{p}, \boldsymbol{p}')$ kann bei $\varepsilon(\boldsymbol{p}) = \varepsilon(\boldsymbol{p}') = \varepsilon_F$ und die Funktion $\varepsilon = \varepsilon(\boldsymbol{p})$ in der Nähe von $\varepsilon(\boldsymbol{p}) = \varepsilon_F$ gesucht werden. Wird $\boldsymbol{p} = \boldsymbol{p}_F + \delta\boldsymbol{p}$ mit $\varepsilon(\boldsymbol{p}_F) = \varepsilon_F$ angenommen, so daß $\varepsilon(\boldsymbol{p}) = \varepsilon_F + \boldsymbol{v}\delta\boldsymbol{p}$ ist, dann genügt es, die FERMI-Fläche $\varepsilon(\boldsymbol{p}) = \varepsilon_F$ und die absoluten Werte der Geschwindigkeit auf ihr $|\partial\varepsilon/\partial p|_{\varepsilon=\varepsilon_F}$ zu rechnen. Die Richtung der Geschwindigkeit, die stets normal zur Isoenergiefläche ist, bestimmt sich aus der Form der FERMI-Fläche.

Über das Aussehen der Korrelationsfunktion ist bis heute wenig bekannt. Das hängt damit zusammen, daß die FERMI-Flüssigkeitswechselwirkung nur im infraroten Spektralbereich wesentlich wird, wo sie den Dielektrizitätstensor bestimmt. Mit diesen wenigen Konstanten kann nichts über das Aussehen dieser Funktion mit vier Veränderlichen ausgesagt werden. Außerdem macht sich die FERMI-Flüssigkeitswechselwirkung bei der Zyklotronresonanz sehr hoher Frequenzen bemerkbar, wofür aber die entsprechenden Experimente bisher fehlen (es wäre sehr interessant, mit dieser Methode die Diagonalelemente der Korrelationsfunktion $\Phi(\boldsymbol{p}, \boldsymbol{p})|_{\varepsilon(\boldsymbol{p})=\varepsilon_F}$ zu bestimmen).

Einige Informationen über den Austauschterm der Korrelationsfunktion konnten bei der Beobachtung von Spinwellen in normalen Metallen erhalten werden [67c].

Im Gegensatz dazu ist das Dispersionsgesetz der Leitfähigkeitselektronen im allgemeinen recht vollständig bekannt.

Im Anhang III sind die Grundgrößen für die Bestimmung des Dispersionsgesetzes der Leitfähigkeitselektronen zusammengestellt und die entsprechende Literatur angegeben.

Die FERMI-Flächen der meisten Metalle sind auch ohne Berücksichtigung der Periodizität sehr kompliziert und bestehen aus mehreren Teilflächen oder erstrecken sich in bizarrer Form über das ganze reziproke Gitter. Sogar Eigenschaften wie die der Zentralsymmetrie werden nicht für jede einzelne Teilfläche erfüllt, sondern genügen nur der gesamten mehrfach zusammenhängenden FERMI-Fläche.

Es ist verständlich, daß die Bestimmung dieser komplizierten Oberflächen nicht ohne Modellvorstellungen erfolgen kann. Am weitesten Verbreitung fand das Modell der quasifreien Elektronen, für das zur Angabe der groben Umrisse der FERMI-Fläche die räumliche Symmetrie des Gitters ausreicht. In diesem Modell ergeben sich die komplizierten FERMI-Flächen durch die Zerlegung der FERMI-Kugel des freien Elektronengases entlang der Entartungslinien. Die verfeinerte Theorie korrigiert das Dispersionsgesetz in der Nähe der Entartungspunkte und liefert in den meisten Fällen eine gute Übereinstimmung mit dem Experiment.

Die weiter oben beschriebenen verschiedenen Effekte sind gegenüber unterschiedlichen Eigenschaften des Dispersionsgesetzes empfindlich. So gestatten die galvanomagnetischen Effekte in starken Magnetfeldern, die Lage offener Querschnitte von FERMI-Flächen über das ganze reziproke Gitter hinweg zu bestimmen.

Die Quantenoszillationen, insbesondere der experimentell gut untersuchte DE HAAS-VAN ALPHEN-Effekt, gestatten sehr genaue Aussagen über die Extremalquerschnitte der FERMI-Flächen. Für eine geschlossene konvexe zentralsymmetrische FERMI-Fläche ist damit ihre Form bereits eindeutig bestimmt.

Für eine nicht einfach zusammenhängende oder nicht nach außen gewölbte Fläche werden die Perioden der Quantenoszillationen durch alle Extremalquerschnitte und ausgezeichneten Querschnitte bestimmt. Die für die Auflösung der einzelnen Perioden notwendige harmonische Analyse ist entsprechend schwierig. Sie kann jedoch „physikalisch" durchgeführt werden, indem durch Benutzung eines „Plättchens" Querschnitte mit unterschiedlichen Durchmessern ausgewählt werden können.

Mit dem DE HAAS-VAN ALPHEN-Effekt können auch die effektiven Massen der Leitfähigkeitselektronen ermittelt werden. Dieses Verfahren ist jedoch sehr ungenau, da es über die Ausmessung der Amplituden erfolgt, die sehr empfindlich von der schwer kontrollierbaren Realstruktur des Kristallgitters beeinflußt werden.

Günstiger und wesentlich genauer bestimmt man extremale effektive Masse aus der Zyklotronresonanz, wo sie sich aus der Resonanzfeldstärke des Magnetfeldes ergibt. Bei bekannter Form der FERMI-Fläche reicht die Kenntnis der effektiven Massen für alle Richtungen aus, um die Geschwindigkeiten unter den oben genannten Bedingungen zu bestimmen. Dabei muß aber berücksichtigt werden, daß extremale effektive Massen und extremale Querschnitte der FERMI-Fläche in unterschiedlichen Schnittebenen auftreten können.

In elliptischen Grenzpunkten wird die effektive Masse (die auch mit der Zyklotronresonanz gemessen wird) durch die Größe $v\sqrt{\varkappa}$ bestimmt, wobei v die Geschwindigkeit und $\varkappa$ die GAUSSsche Krümmung im entsprechenden Punkt sind.

Ein gemittelter Wert für die GAUSSsche Krümmung wird auch mit dem anomalen Skineffekt ohne äußeres Magnetfeld erhalten. Im Bereich der elliptischen Grenzpunkte bestimmt die GAUSSsche Krümmung die Form der Oberfläche. Die Geschwindigkeit v kann auch aus der DOPPLER-Aufspaltung der Zyklotronresonanz im statischen Magnetfeld, das mit der Oberfläche des Metalls einen kleinen Winkel bildet, ermittelt werden.

Ultraschallmessungen und das Abschneiden von resonanten und nichtresonanten Bahnen in einem Plättchen sind zur Ermittlung der extremalen Durchmesser der FERMI-Flächen geeignet, wobei sich ohne zusätzliche Rechnung die Form der extremalen Querschnitte ergibt.

Die experimentelle Untersuchung der Quantenzyklotronresonanz würde die Bestimmung aller FERMI-Flächenquerschnitte (und nicht nur der extremalen) gestatten und (unter Ausnutzung von dünnen Plättchen, in denen die Bahnen abgeschnitten werden) auch aller Durchmesser der FERMI-Fläche.

Unter Ausnutzung der verschiedenen experimentellen Methoden und auch der theoretischen Modelle, in denen die Symmetrie des Problems richtig berücksichtigt wird, kann die FERMI-Fläche exakt konstruiert werden.

Auf Grund der begrenzten Genauigkeit der experimentellen und theoretischen Modelle tritt die Frage auf, ob im Prinzip die mit den bekannten Methoden erhaltenen experimentellen Werte für die eindeutige Bestimmung der FERMI-Fläche und der Geschwindigkeiten auf ihr ausreichen. Um zu erläutern, wie wichtig diese Frage ist, führen wir (ausschließlich als qualitative Illustration) folgendes grobe Beispiel an.

Im zweidimensionalen Fall entspricht der Oberfläche eine Kurve und dem Extremalquerschnitt ein extremaler Durchmesser. Es mögen alle extremalen Durchmesser gleich sein. Im Fall einer konvexen zentralsymmetrischen Kurve wird dann der Umfang eindeutig bestimmt. Bei einer Kurve ohne Zentralsymmetrie (sie kann sogar konvex sein) entspricht dem Umfang eine beliebige Kurve gleicher Ausdehnung (wie z. B. in Abb. 97 dargestellt ist). Ist die Kurve zentralsymmetrisch, aber nicht konvex, wird ihre Form allein durch die Konstanz der Extremaldurchmesser nicht bestimmt. Dieses Beispiel zeigt, daß auf jeden Fall nur Resultate überzeugen können, die mit unterschiedlichen Experimenten erhalten wurden.

Die Analyse der FERMI-Fläche der Metalle hat gezeigt, daß das energetische Spektrum ihrer Elektronen auch insofern sehr kompliziert ist, als neben den Hauptelektronengruppen (≈ 1 Elektron pro Atom) die meisten Metalle noch kleine Gruppen besitzen ($\approx 10^{-3}$ bis 10^{-5} Elektronen pro Atom). Auch die energetischen Barrieren, die diese Gruppen voneinander trennen, sind sehr klein. Im Zusammenhang damit muß daran erinnert werden, daß bei Benutzung der einen oder anderen Untersuchungsmethode leicht durch äußere Einwirkung die Struktur des Spektrums geändert werden kann. Ein gutes Beispiel hierfür ist der magnetische Durchschlag, durch den auf geschlossenen FERMI-Flächen offene Bahnen und auf offenen FERMI-Flächen geschlossene Bahnen entstehen. Die Rolle der kleinen Elektronengruppen ist noch nicht völlig klar. Es ist möglich, daß sie gerade die Eigenschaften bestimmen, die in dieser Monographie

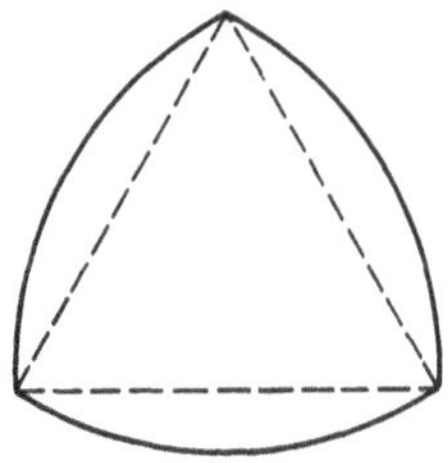

Abb. 97. Kurven gleicher Breite

nicht behandelt wurden, wie die Plastizität, Elastizität, die Änderung der Charakteristika beim Legieren usw. Die Elektronen der kleinen Gruppen besitzen anomal kleine Massen und anomal große DE BROGLIE-Wellenlängen $\hbar/p_F$ und sind besonders stark äußeren Einflüssen unterworfen.

Mit der Bestimmung des Energiespektrums der Elektronen ist die Untersuchung der Metalle bei weitem nicht abgeschlossen, viel eher muß angenommen werden, daß nur die ersten Schritte getan wurden. Es stehen noch die Aufstellung der Korrelationsfunktionen, die detaillierte Untersuchung der Wechselwirkungsprozesse der Elektronen mit anderen Quasiteilchen und vor allem die Erforschung aller der Metalleigenschaften aus, die nur durch die Kenntnis des Energiespektrums der Elektronen vorausgesagt und berechnet werden können.

Quantenoszillationen des Widerstandes von Metallen bei tiefen Frequenzen

Im statischen Fall, wenn man Elektro- und Magnetostatik getrennt behandeln kann, kann man auch einzeln die Quantenoszillationen des magnetischen Momentes und des elektrischen Widerstandes untersuchen. Im veränderlichen elektromagnetischen Feld mißt man eine Größe — den Tensor der vollständigen Oberflächenimpedanz, der die Feldstärke auf der Oberfläche des Leiters mit dem Gesamtstrom durch den Leiter verknüpft. In guten Leitern mit großer Ladungsdichte führt die Berücksichtigung des Verschiebungsstromes in den MAXWELL-Gleichungen gewöhnlich zu einer Genauigkeitssteigerung. Daher wird der Gesamtstrom durch die Feldstärke des magnetischen Wechselfeldes an der Oberfläche bestimmt. Im eindimensionalen Fall eines Leiters, der den Halbraum ausfüllt,[1]) wird die Impedanz $\hat{Z}$ durch die Gleichung

$$\boldsymbol{E}_t^{(s)} = \frac{c}{4\pi}\hat{Z}[\boldsymbol{Hn}]^{(s)} \tag{I.1}$$

definiert. Dabei bedeuten t die Tangentialkomponente, s die Oberfläche, n die Normale zur Oberfläche sowie $\boldsymbol{E}$ und $\boldsymbol{H}$ die Feldstärken der Wechselfelder.

Durch Kenntnis des Tensors $\hat{Z}$ ist es möglich, die Lösung auf ein rein äußeres Problem über das Feld im Vakuum mit den Randbedingungen (I.1) zurückzuführen und den komplexen Reflexionskoeffizienten der Welle durch $\hat{Z}$ auszudrücken.

Die Quantenoszillationen von $\hat{Z}$ werden natürlich sowohl durch die Quantenoszillationen des magnetischen Momentes $\boldsymbol{M}$ als auch der Dichte des Leitungsstromes $\boldsymbol{j}$ bestimmt. Strenggenommen darf man im nichtstationären Fall diese beiden Größen nicht voneinander trennen. Es handelt sich um ein typisches Problem der Feldtheorie — das Verhalten freier Ladungen in den Feldern $\boldsymbol{E}$ und $\boldsymbol{B}_0 + \boldsymbol{B}$ (§ 19); $\boldsymbol{B}_0$ wird durch das konstante, $\boldsymbol{B}$ durch das veränderliche Magnetfeld bestimmt. Die MAXWELL-Gleichungen lauten dabei im Vakuum:

$$\operatorname{rot}\boldsymbol{E} = -\frac{i\omega}{c}\boldsymbol{B}\,, \qquad \operatorname{rot}\boldsymbol{B} = \frac{4\pi}{c}\boldsymbol{j}_{\text{Ges}}\,. \tag{I.2}$$

[1]) Dieser Fall ist praktisch der wichtigste. Die hohe Leitfähigkeit bedeutet eine geringe Wellenlänge im Leiter, so daß man alle charakteristischen Parameter des Leiters als unendlich groß ansehen kann.

$\boldsymbol{j}_{\mathrm{Ges}}$ hängt mit der Dichtematrix $\hat{n}$ in den äußeren Feldern $\boldsymbol{E}$ und $\boldsymbol{B}$ folgendermaßen zusammen:

$$\boldsymbol{j}(\boldsymbol{r}) = \frac{1}{2} e \operatorname{Sp} \{\hat{v}\delta(\boldsymbol{r} - \hat{\boldsymbol{r}}) + \delta(\boldsymbol{r} - \hat{\boldsymbol{r}})\, \hat{v}\}\, \hat{n} \,. \tag{I.3}$$

Die physikalische Bedeutung dieser Formel ist offensichtlich: Im klassischen Fall ist $ev\delta(\boldsymbol{r} - \boldsymbol{r}(t))$ die Stromdichte, die im Punkt $\boldsymbol{r} - \boldsymbol{r}(t)$ von einer Ladung erzeugt wird, die sich im Punkt $\boldsymbol{r}(t)$ befindet. Im quasiklassischen Fall kann die Formel unmittelbar aus der Definition von $\boldsymbol{j}$ hergeleitet werden: $\boldsymbol{j} = -c\, \delta\overline{\mathscr{H}}/\delta \boldsymbol{A}$; $\overline{\mathscr{H}} = \operatorname{Sp}(\hat{\mathscr{H}}\hat{n})$ ist der Mittelwert des HAMILTON-Operators.

Für tiefe Frequenzen ($\omega \ll \nu$, ν ist die charakteristische Stoßfrequenz) kann man in erster nichtverschwindender Näherung $\hat{n} = \hat{n}_0 + \hat{n}_1$ setzen, wobei $\hat{n}_0$ die Gleichgewichtsfunktion ist, die den „augenblicklichen" Feldwerten entspricht. Dabei wird der Leitungsstrom $\overline{\boldsymbol{j}}$ durch $\hat{n}_1$ bestimmt, und es gilt $c \operatorname{rot} \boldsymbol{M} = \boldsymbol{j}_0$, $\delta\overline{\mathscr{H}} = \int \boldsymbol{M}\delta\boldsymbol{B}\, \mathrm{d}V$; das System ist gerade noch in der Lage, den augenblicklichen Werten der veränderlichen Felder zu folgen. Für $\boldsymbol{M}$ und $\boldsymbol{j}$ kann man in erster nichtverschwindender Näherung bezüglich ω/ν die Formeln für stationäre inhomogene Felder benutzen, indem man die Werte der veränderlichen Felder zum gegebenen Zeitpunkt in diese Formeln einsetzt.

Liegt normaler Skineffekt vor, hat die Tiefe der Skinschicht δ im isotropen Leiter folgende Form:

$$\sqrt{\frac{c^2}{2\pi\omega\sigma(1 + 4\pi\varkappa)}} \,. \tag{I.4}$$

Die Größenordnung von $\varkappa$ ist oben abgeschätzt worden (§§ 15, 20). Aus ähnlichen Überlegungen kann man auch leicht die relative Größe der Quantenoszillationen der Leitfähigkeit $\Delta\sigma/\sigma$ abschätzen (§ 31). Ihre Abhängigkeit von T und τ ist die gleiche wie für $\varkappa$. Der Beitrag zu $\Delta\sigma$, wie auch $\varkappa$, wird durch den Teil $(\hbar\Omega/\varepsilon_0)^{1/2}$ der Elektronen in der Nähe der Extremalquerschnitte erbracht; allerdings fehlt der Faktor $(v/c)^2$, da $\Delta\sigma$ im Gegensatz zu χ nichtrelativistischer Herkunft ist. Man erhält

$$\frac{\Delta\sigma}{\sigma} \approx \left(\frac{\hbar\Phi}{\varepsilon_0}\right)^{1/2} \exp\left(-\frac{2\pi^2 T}{\hbar\Omega} - \frac{2\pi^2}{\Omega\tau}\right) \ll 1 \,. \tag{I.5}$$

In Wirklichkeit kann $\Delta\sigma/\sigma$ noch kleiner sein, da σ durch sämtliche Elektronengruppen bestimmt wird und die gewöhnlich beobachtbaren Oszillationen von $\Delta\sigma$ mit anomal kleinen Bändern zusammenhängen.

Durch Vergleich von $\Delta\sigma/\sigma$ und $\varkappa$ ergibt sich

$$\frac{4\pi\chi}{\Delta\sigma/\sigma} \approx \left(\frac{v}{c}\frac{\varepsilon_0}{\hbar\Omega}\right)^2 = S \,. \tag{I.6}$$

Die Abschätzung von $\varkappa$ wird für $4\pi\varkappa \gtrsim 1$ ungültig, jedoch ist in diesem Falle der Betrag von $\Delta\sigma/\sigma$ klein im Verhältnis zum Anteil von $4\pi\varkappa$.

In gewöhnlich erreichbaren Magnetfeldern ist $\Delta\sigma/\sigma \ll 1$, und die Oszillationen des Oberflächenwiderstandes werden durch die Oszillationen des magnetischen Momentes verursacht.

Die Situation ändert sich nur beim Übergang zu hinreichend hohen bzw. hinreichend tiefen Temperaturen. Im Gebiet tiefer Frequenzen ω, wo die Bedingung $\delta \gg Sd \gg d$ (d ist die Dicke des Leiters) erfüllt ist, geht in Formel (I.1) die Differenz der Werte $\boldsymbol{H}_t$ an den Oberflächen der Probe ein (durch sie wird der Gesamtstrom bestimmt). Abschätzungen zeigen, daß die Oszillationen von σ (SCHUBNIKOW DE HAAS-Effekt) bestimmend sind.

Für hinreichend hohe Frequenzen, wenn anomaler Skineffekt einsetzt und $\delta < r$ gilt, wird das magnetische Moment nur auf einem kleinen Teil der Bahn durch das variable Feld bestimmt, und $\varkappa$ verringert sich um δ_{eff}/r mal (δ_{eff} ist die effektive Dämpfungstiefe von $\boldsymbol{B}$). Für $\omega\tau \gg 1$ erfolgt eine zusätzliche Verringerung von $\varkappa$ um $\omega\tau$-mal, da das magnetische Moment der Änderung von $\boldsymbol{B}$ nicht folgen kann.[1]) Daher werden die Oszillationen von $\hat{Z}$ bei hinreichend hohen Frequenzen durch die Oszillationen von j bestimmt.

Eine charakteristische Besonderheit der Quantenoszillationen in veränderlichen Feldern ist die Existenz nichtlinearer Effekte schon bei relativ schwacher Intensität der einfallenden Welle. Bei $\omega\tau \ll 1$ geht in den Ausdruck für $\varkappa$, wie oben dargelegt, die „vollständige" Induktion $\boldsymbol{B} = \boldsymbol{B}_0 + \boldsymbol{B}$ ein. Daher ist eine Intensität der einfallenden Welle von der Größenordnung einer Periode der Quantenoszillationen, d. h.

$$B \approx B_0 \frac{\hbar\Omega}{\varepsilon_0} \approx \Delta B\,, \tag{I7.7}$$

ausreichend, damit nichtlineare Effekte wesentlich werden. Der Fall $B \gg \Delta B$ ist besonders interessant, da er zu einer eigenartigen „Pseudoresonanz" führt, zu einem scharfen Maximum des Reflexionskoeffizienten der n-ten Harmonischen ($n \gg 1$) beim Wert $B/\Delta B \approx n$. Die Breite des Maximums strebt für $n \to \infty$ gegen Null, seine relative Größe gegen Unendlich.

[1]) Natürlich verringern diese beiden Ursachen auch die Quantenoszillationen von Δj, aber in gleicher Weise wie auch die klassische Größe j, so daß die relative Größe $\Delta j/j$ konstant bleibt.

ANHANG II

Die Rolle der Elektronen bei Ausbreitung und Absorption von Schall in Metallen

Die Ausbreitung von Schall in Metallen, wie auch in anderen Festkörpern, scheint auf den ersten Blick eine reine Gittereigenschaft zu sein. Die Rolle der Leitfähigkeitselektronen scheint unwesentlich zu sein. Bei tiefen Temperaturen ($T \ll \Theta$) durchgeführte Experimente zeigen jedoch, daß das durchaus nicht der Fall ist. Ein sehr anschauliches Beispiel ist die starke Abnahme des Absorptionskoeffizienten des Schalls beim Übergang eines Metalls in den supraleitenden Zustand. Bekanntlich ändert sich bei $T = T_k$ ausschließlich der Zustand der Leitfähigkeitselektronen, eine Änderung des Kristallgitters wird in keiner Weise beobachtet. Der Einfluß der Leitfähigkeitselektronen auf die Schallausbreitung wird durch die Bildung von Kräften verursacht, die zwischen den Ionen des Kristallgitters wirken und an deren Entstehung die Elektronen beteiligt sind. Die elastischen Eigenschaften eines Metalls werden in entscheidendem Maße von den Elektronen bestimmt. Ohne Elektronen könnte ein System aus Ionen gleicher Ladung überhaupt nicht existieren.

Eine mögliche Methode zur Untersuchung der dynamischen Eigenschaften des Kristallgitters, die in den letzten Jahren durch Anwendung von elektronischen Rechenmaschinen wesentlich entwickelt wurde, besteht in der Berechnung des Phononenspektrums bei unmittelbarer Berücksichtigung der Wechselwirkungen von Ionen mit Elektronen und Elektronen untereinander. Natürlich hat man dabei mehr oder weniger realistische Modelle zu benutzen (z. B. eine Modifikation der Näherung fast freier Elektronen).

Eine andere Methode besteht im halbphenomänologischen Herangehen. Die Bewegung im Metall wird durch die Einführung von Quasiteilchen beschrieben, die der Bose-Einstein-Statistik unterliegen (Phononen) sowie von Quasiteilchen, die der Fermi-Dirac-Statistik unterliegen (Leitfähigkeitselektronen). Die Dispersionsgesetze dieser Quasiteilchen setzt man als gegeben voraus. Damit nimmt man natürlich auch die Geschwindigkeit der Schallausbreitung als bekannt an, da die makroskopische Schallwelle ein kohärent angeregter Strom langwelliger Phononen ist. Beim halbphenomänologischen Herangehen besteht das Problem nicht in der Berechnung der Schallgeschwindigkeit s, sondern in der Berechnung von Absorptionskoeffizienten und Schalldispersion, die durch die Wechselwirkung der Schallwelle mit den Elektronen bedingt werden. Für gute Metalle (mit ungefähr einem Leitfähigkeitselektron pro Atom) ist der Elektronenmechanismus von Absorption und Dispersion des Schalls grundlegend. Die Wechselwirkung der Schallwelle mit Wärmephononen kann man vernachlässigen.

Es wurde schon darauf hingewiesen, daß eine makroskopische Schallwelle ein kohärent angeregter Strom langwelliger Phononen ist. In gewöhnlichen Experimenten jedoch wird eine so große Zahl von Phonen angeregt, daß eine klassische Betrachtung völlig ausreichend ist. Daher kann man bei der Untersuchung der Wechselwirkung von Schallwelle und Leitfähigkeitselektronen die Schallwelle als klassisches Feld beschreiben. Dabei muß man beachten, daß die Ausbreitungsgeschwindigkeit der Schallwelle wesentlich kleiner als die Geschwindigkeit der FERMI-Elektronen ist ($s \ll v_F$, $s \approx 10^5$ cm/s, $v_F \approx 10^8$ cm/s). Daher erzeugt ein Schall der Frequenz ω „vom Standpunkt der Elektronen" im Metall ein veränderliches und inhomogenes (aber praktisch „unbewegliches") Kraftfeld mit der Wellenlänge $\tau_s = 2\pi s/\omega$.

Eine exakte Definition der Rolle der Elektronen bei der Schallausbreitung ist mit der Herleitung von Gleichungen der Elastizitätstheorie für Metalle verknüpft oder, was dasselbe ist, mit der Bestimmung von zeitlicher und räumlicher Dispersion elastischer Moduln, die mit den dynamischen Eigenschaften der Elektronen zusammenhängen. Da die Dynamik der Leitfähigkeitselektronen wesentlich vom Magnetfeld abhängt, hängen die dynamischen Elastizitätsmoduln ebenfalls vom Magnetfeld ab. Die Herleitung von Gleichungen der Elastizitätstheorie für Metalle (s. z. B. Arbeit [2]) sowie Schlußfolgerungen aus ihnen sollen hier nicht dargelegt werden; solche Untersuchungen würden etwa den Umfang des Teiles IV erfordern. Dargelegt werden lediglich grundlegende Ergebnisse, die sich auf die Schallausbreitung im Metall beziehen, sowie die Diskussion ihrer physikalischen Natur.

Zunächst soll die Absorption niederfrequenten Schalls betrachtet werden. Bei der Einteilung von Schallschwingungen in nieder- und hochfrequente muß man folgenden Umstand beachten. Die natürlichen Parameter eines Elektronengases, mit denen man die Frequenz des Schalls ω und seine Wellenlänge λ_s zu vergleichen hat, sind die Relaxationsfrequenz $1/\tau$ und die freie Weglänge l. Da $v_F \gg s$, gilt

$$kl = v_F \omega\tau/s \gg \omega\tau \qquad (k = 2\pi/\lambda_s = \omega/s) \,. \tag{II.1}$$

Die räumliche Dispersion tritt daher bei sehr geringen Frequenzen auf. Das Verhältnis zwischen freier Weglänge und Schallwellenlänge muß man bei tieferen Frequenzen berücksichtigen als das Verhältnis zwischen Frequenz und der Größe $1/\tau$. Außerdem hat sich gezeigt [3], daß für $kl \gg 1$ der Absorptionskoeffizient des Schalls nur schwach von der Größe $\omega\tau$ abhängt; daher kann man bis zu Frequenzen, die groß im Verhältnis zur Relaxationsfrequenz sind, klassisch rechnen (s. unten).

Daher hat man eine niederfrequente Schallwelle durch die Bedingung $kl \ll 1$ zu charakterisieren. Das bedeutet nicht, daß bei allen Frequenzen mit $kl \ll 1$ keine Dispersion des Absorptionskoeffizienten Γ existiert und dieser proportional dem Quadrat der Frequenz ist, wie aus der makroskopischen Theorie folgt [4]. Ein makroskopisches Herangehen bei der Berechnung des Absorptionskoeffizienten Γ ist in diesem Falle zulässig. Folglich kann man Γ durch quasistatische Charakteristika („hydrodynamische") des Metalls ausdrücken (Zähigkeit, Wärmeleitfähigkeit, Wärmeübertragungskoeffizient zwischen Elektronen und Gitter u. a.[1])). Die Vielzahl von Relaxationsmechanismen, die sich durch ihre Geschwindigkeiten unterscheiden, führt jedoch zu einer verwickelten Frequenzabhängigkeit des Absorptionskoeffizienten im Niederfrequenzgebiet [5]. In einigen Grenzfällen, wenn sich die Dissipationsmechanismen wesentlich in den Relaxationszeiten unterscheiden, kann man den Koeffizienten $\Gamma(\omega)$ folgendermaßen schreiben:

$$\Gamma(\omega) = \sum_j A_j \frac{\omega^2 \tau_j}{1 + \omega^2 \tau_j}. \tag{II.2}$$

Dabei sind A_j ein Koeffizient, der die Änderung des j-ten makroskopischen Parameters unter der Wirkung der Schallwelle charakterisiert, und τ_j die Relaxationszeit dieses Parameters. Wenn z. B. die Schallabsorption durch Wärmeleitung verursacht wird, so ist die entsprechende Relaxationszeit $\varkappa/C_V s^2$, wobei $\varkappa$ der Wärmeleitungskoeffizient und C_V die spezifische Wärme pro Volumeneinheit sind. Die Untersuchung der Frequenzabhängigkeit des Absorptionskoeffizienten, speziell das Auffinden der Maxima in der Kurve $\Gamma = \Gamma(\omega)$, die man als Relaxationsresonanzen bezeichnet, erlaubt es, gänzlich verschiedene, selbst schwache Wechselwirkungen aufzufinden, die zur Dissipation der Schallenergie führen.

Zur Berechnung des Absorptionskoeffizienten hochfrequenten Schalls ($kl \gtrsim 1$) ist man auf kinetische Verfahren angewiesen. Der Durchgang einer Schallwelle durch ein Metall führt dazu, daß die Energie eines Elektrons ε einen Zuwachs $\delta\varepsilon$ erhält, der proportional den räumlichen und zeitlichen Ableitungen des Verschiebungsvektors ist [2, 3, 6]:

$$\delta\varepsilon = \lambda_{ik}(\boldsymbol{p}) \frac{\partial u_i}{\partial x_k} + (\boldsymbol{p} - m\boldsymbol{v})\, \dot{\boldsymbol{u}}\,. \tag{II.3}$$

Hierbei ist $\lambda_{ik}(\boldsymbol{p}) = \left[\frac{\partial \varepsilon(\boldsymbol{p})}{\partial u_{ik}}\right]_{u_{ik}=0} + p_i v_k$ ein Tensor zweiten Ranges, der die Änderung des Dispersionsgesetzes der Leitfähigkeitselektronen bei inhomogener Deformation des Kristallgitters sowie die Impulsübertragung von einem Punkte des Raumes zu einem anderen charakterisiert (dabei wird natürlich angenommen, daß die lokale Periodizität des Gitters auf Entfernungen von der Größenordnung der DE BROGLIE-Wellenlänge nicht gestört ist). Der Tensor $\lambda_{ik}(\boldsymbol{p})$ spielt die Rolle einer „Phononenladung" — er beschreibt die Wechselwirkung der Elektronen mit den Phononen. Der nichtsymmetrische Teil des

[1]) Mit Hilfe der kinetischen Betrachtungsweise kann man die Abhängigkeit von Temperatur und Magnetfeld dieser makroskopischen Parameter feststellen.

Tensors $\partial u_i/\partial x_k$ geht ein, weil beim Durchgang der Schallwelle mit beliebigem Wellenvektor $\boldsymbol{k}$ ein Volumenelement des Kristallgitters nicht nur eine Translations-, sondern auch eine Rotationsbewegung der Winkelgeschwindigkeit $\frac{1}{2}\,\mathrm{rot}\,\dot{\boldsymbol{u}}$ erleidet. Bei einem isotropen Dispersionsgesetz verschwindet der antisymmetrische Teil. Der Vergleich von Summanden, die zeitliche bzw. räumliche Ableitungen enthalten, zeigt, daß die letzteren um v_F/s mal größere Werte haben. Daher kann man den Term $(\boldsymbol{p} - m\boldsymbol{v})\,\dot{\boldsymbol{u}}$, der Trägheitseffekte beschreibt, unmittelbar vernachlässigen.

Die Zeitabhängigkeit der Energie des Elektrons (wegen der Zeitabhängigkeit im Ausdruck $\boldsymbol{u}(\boldsymbol{r}, t) = \boldsymbol{u}_0 e^{-i(\omega t - \boldsymbol{k}\boldsymbol{r})}$) führt zu einer Störung des Gleichgewichtszustandes des Elektronensystems. Dissipative Prozesse (Stöße der Elektronen mit Störstellen, mit Wärmephononen und untereinander; s. § 24) sind Ursache der Schalldämpfung, und der Dämpfungskoeffizient Γ wird durch die Dissipationsfunktion $(T\dot{S})$ pro Volumeneinheit bestimmt:

$$\Gamma = T\dot{S}/2E_s\,, \tag{II.4}$$

E_s ist die Energie der Schallwelle pro Volumeneinheit, und $\dot{S}$ ist die Entropieerzeugung pro Volumeneinheit. Die Entropieerzeugung wird mit Hilfe der statistischen Mechanik [7] durch die zeitliche Ableitung der Verteilungsfunktion ausgedrückt; letztere muß man aus der kinetischen Gleichung finden. Als „Zwangskräfte" dienen die Ableitungen von $\delta\varepsilon$ (s. Formel (II.3)).

Beim Aufstellen der kinetischen Gleichung muß man berücksichtigen, daß die Schwingungen des Elektronengases zur Entstehung eines elektromagnetischen Feldes führen, zu dessen Berechnung man die MAXWELL-Gleichungen mit einer Strom- und Ladungsdichte benutzen muß, die man aus der entsprechenden Mittelung der Verteilungsfunktion der Elektronen erhält.[1])

Die Dissipationsfunktion zerfällt in eine Summe zweier Terme. Der erste beschreibt die „Zähigkeitsverluste" und wird durch den unmittelbaren Einfluß der zeitlichen Änderung des Deformationstensors verursacht. Dieser Summand besitzt die Struktur $\frac{1}{2}\overline{\Lambda_{iklm}\dot{u}_{ik}^{*}\dot{u}_{lm}}$ und kann zur Bestimmung des Tensors der dynamischen Zähigkeit eines Metalls $\Lambda_{iklm}(\omega, \boldsymbol{k}/k)$ dienen; der Strich bedeutet die Mittelung über Volumen und die Periode $2\pi/\omega$. Der zweite Summand beschreibt die JOULEschen Verluste, d. h., er hängt nur durch das elektrische Feld vom Deformationstensor ab. Das Verhältnis zwischen zähen und JOULEschen Verlusten hängt wesentlich vom Verhältnis der Schallwellenlänge $\lambda_s = 2\pi s/\omega$ zur Wellenlänge der elektromagnetischen Welle $\lambda_{\mathrm{em}} = c/\sqrt{2\pi\sigma(k)\,\omega}$ ab, die unter Berücksichtigung der räumlichen Dispersion der elektrischen Leitfähigkeit berechnet werden muß. Für $kl \gg 1$ gilt gemäß § 33 $\sigma(k) \approx \sigma_0/kl$ und $\lambda_{\mathrm{em}} \approx c/\omega_0 \cdot (v_F/s)^{1/2}$, wobei $\omega_0 = 4\pi ne^2/m$ die Plasmafrequenz des Elektronengases ist (zu Abschätzungen wird natürlich ein quadratisches,

[1]) Es ist notwendig, darauf hinzuweisen, daß die MAXWELL-Gleichungen zur Darstellung der transversalen Feldkomponenten benötigt werden, während man das longitudinale elektrische Feld üblicherweise (§ 24) aus der Bedingung $\delta' = 0$ findet.

isotropes Dispersionsgesetz benutzt). Wenn $\lambda_s \ll \lambda_{em}$, so spielen die zähen Verluste die wesentliche Rolle ($\Gamma \approx \Gamma_z$); im umgekehrten Grenzfall sind die JOULEschen Verluste den zähen vergleichbar [2] ($\Gamma_J \lessapprox \Gamma_z$).

Für $kl \gg 1$ treten nicht alle Elektronen mit Energien von der Größenordnung der FERMI-Energie aktiv mit der Schallwelle in Wechselwirkung, sondern nur diejenigen, die sich zusammen mit der Schallwelle bewegen, für die also $v_n = s$ gilt; v_n ist die Projektion der Geschwindigkeit des Elektrons auf den Wellenvektor der Schallwelle k. Da $v_F \gg s$, kann man annehmen, daß nur Elektronen mit $v_n = 0$ aktiv mit dem Schall wechselwirken. Als natürliche Folge dieses Umstandes läßt sich der Absorptionskoeffizient $\Gamma(\omega)$ in Form eines Integrals über das Gebiet $\boldsymbol{v}_F \boldsymbol{k} = 0$ auf der FERMI-Fläche ausdrücken [3, 9]:

$$\Gamma(\omega) \approx \frac{\pi\omega}{(2\pi\hbar)^3 \varrho s} \int\limits_0^{2\pi} \frac{|\Lambda|^2 \, d\varphi}{v^2 \varkappa(\varphi)}. \tag{II.5}$$

Hierbei sind ϱ die Dichte des Metalls und $\varkappa(\varphi)$ die GAUSSsche Krümmung der FERMI-Fläche im Gebiet $\boldsymbol{v}_F \boldsymbol{k} = 0$; $|\Lambda|^2$ stellt symbolisch eine positive Größe dar, die quadratisch von den Tensorkomponenten λ_{ik} abhängt. Die besondere Rolle der Elektronen, die sich senkrecht zum Wellenvektor der Schallwelle bewegen, erinnert an den anomalen Skineffekt (§ 33), bei dem nur diejenigen Elektronen effektiv sind, die sich parallel zur Oberfläche des Metalls bewegen. Wie auch beim Skineffekt wächst die Absorption bei hohen Frequenzen wegen der Inhomogenität des Schallfeldes langsamer als bei tiefen Frequenzen. Die richtige Größenordnung von $\Gamma(\omega)$ bei $kl \gg 1$ kann man erhalten, wenn man den Ausdruck für $\Gamma(\omega)$, der in der kinetischen Theorie unter der Bedingung $kl \ll 1$ [6] abgeleitet wurde,

$$\Gamma(\omega) \approx \frac{N \varepsilon_F \omega^2 \tau}{\varrho s^2} \tag{II.6}$$

durch kl dividiert ($1/kl$ stellt den Teil der Elektronen dar, die an der Dissipation der Schallenergie bei $kl \gg 1$ teilnehmen).

Im weiteren wird die Rolle der JOULEschen Verluste untersucht. Da für $kl \gg 1$ die zähen Verluste unabhängig vom Verhältnis zwischen λ_s und λ_{em} durch Formel (II.5) ausgedrückt werden und für $\lambda_s \ll \lambda_{em}$ $\Gamma_J(\omega) \ll \Gamma_z$ gilt sowie $\Gamma_J(\omega) \sim \Gamma_z$ für $\lambda_s \ll \lambda_{em}$, hängt der vollständige Dämpfungskoeffizient etwa linear von der Frequenz in beiden Grenzfällen ab. Der Koeffizient bei der Frequenz ändert sich bei $\lambda_s \sim \lambda_{em}$, d. h. bei $\omega \approx \omega_0 (s^3/c^2 v_F)^{1/2}$. Der Übergang vom Gebiet eines Anstieges zum Gebiet geringeren Anstieges muß von einer Zunahme der Dispersion der Schallgeschwindigkeit begleitet werden. Tatsächlich erreicht bei $\omega \approx \omega_0 (s^3/v_F c^2)^{1/2}$ die Änderung der Schallgeschwindigkeit $\Delta s/s$ den Wert $\Gamma(\omega)/\omega$ [2].

Bei sehr hohen Frequenzen ($\omega\tau \gg 1$) kann man zur Berechnung des Dämpfungskoeffizienten die Störungstheorie verwenden, indem man $\delta\varepsilon$ (II.3) als Ursache der Übergänge im Gleichgewichtssystem der Elektronen betrachtet.

Damit erhält man leicht [3][1]):

$$\Gamma(\omega) \sim \omega \int |\Lambda|^2 (n_F - n'_F) \, \delta(\varepsilon + \hbar\omega - \varepsilon') \, d\tau_p \,, \tag{II.7}$$

wobei $\varepsilon' \equiv \varepsilon(\boldsymbol{p} + \hbar\boldsymbol{k})$ und $an'_F = n_F(\varepsilon')$. Da infolge der Energieerhaltung $\varepsilon' = \varepsilon + \hbar\omega$ gilt und $\hbar\omega$ wesentlich kleiner als ε_F ist (sogar für DEBYE-Phononen, da $\Theta \ll \varepsilon_F$), erhält man

$$\Gamma(\omega) \sim -\omega^2 \int |\Lambda|^2 \frac{\partial n_F}{\partial \varepsilon} \delta(\varepsilon + \hbar\omega - \varepsilon') \, d\tau_p \,. \tag{II.8}$$

Das Argument der δ-Funktion kann man für $\hbar k \ll p_F$ in der Form $\hbar\boldsymbol{k}\boldsymbol{v} - \omega = \hbar k v(\cos\theta - s/v)$ schreiben. Führt man die Integration unter Berücksichtigung zweier δ-Funktionen aus $\left(-\partial n_F/\partial\varepsilon = \delta(\varepsilon - \varepsilon_F)\right)$, kommt man zu Formel (II.5), die sich damit in einem weiten Frequenzbereich als richtig erweist [3].

Die Beschränkung einer solchen Betrachtung von der Seite hoher Frequenzen hängt mit der Art der Wechselwirkung zwischen Elektronen und Gitter zusammen. Wie aus der Formel selbst zu ersehen ist, muß der übliche Ausdruck (II.3) richtig bleiben, solange $ka \ll 1$ (a ist die Gitterkonstante). Mit Hilfe der Formel (II.5), die experimentell gut bestätigt wird (die lineare Abhängigkeit des Dämpfungskoeffizienten von der Frequenz wurde an verschiedenen Metallen bei tiefen Temperaturen beobachtet[2])), kann man daher die Lebensdauer der DEBYE-Phononen abschätzen. Absorptionsexperimente hochfrequenten Schalls ($kl \gg 1$) geben die Möglichkeit, unmittlbar die Wechselwirkungskonstante der Elektronen mit langwelligen Phononen zu messen.

Geht man von der Bedingung $ak \ll 1$ ab, so wird der Absorptionskoeffizient dem Ausdruck (II.7) sehr ähnlich:

$$\Gamma(k) = \int |M|^2 (n_F - n'_F) \, \delta(\varepsilon + \hbar\omega - \varepsilon') \, d\tau_p \,. \tag{II.9}$$

Alle Faktoren (vom Typ $2\pi/\hbar$ u. ä.) sind in das Quadrat des Matrixelementes $|M|^2$ eingegangen, dessen Abhängigkeit von den Impulsen der Elektronen und Phononen im allgemeinen Fall nicht hergeleitet werden kann. Bei kleinen Phononenimpulsen kann man das makroskopische Verfahren anwenden und erhält gemäß (II.3) $|M|^2 \sim k^2/\omega(\boldsymbol{k})$.

Mit Hilfe des Ausdruckes (II.9) kann man Besonderheiten im Verlauf von $\Gamma(\boldsymbol{k})$ bei denjenigen $\boldsymbol{k}$-Werten feststellen, die gleich dem Durchmesser der FERMI-Fläche sind [9].

Tatsächlich ergibt sich aus (II.9), da $\hbar\omega(\boldsymbol{k}) \ll \varepsilon_F$ für alle $\boldsymbol{k}$:

$$\Gamma(\boldsymbol{k}) \approx \hbar\omega(\boldsymbol{k}) \int |M|^2 \, \delta(\varepsilon_{\boldsymbol{p}} - \varepsilon_F) \, \delta(\varepsilon_{\boldsymbol{p}+\hbar\boldsymbol{k}} - \varepsilon_F) \, d\tau_p \,. \tag{II.10}$$

Folglich ist der Absorptionskoeffizient nur dann von Null verschieden, wenn sich die FERMI-Fläche $\varepsilon_{\boldsymbol{p}} = \varepsilon_F$ und ihr um $-\boldsymbol{k}$ verschobenes Analogon über-

[1]) Dabei sind Faktoren vernachlässigt worden, die die Frequenz nicht enthalten. Die Frequenz vor dem Integralzeichen tritt auf, weil der Absorptionskoeffizient proportional der beim Übergang absorbierten Energie ist und $\varepsilon' - \varepsilon = \hbar\omega$.

[2]) Tiefe Temperaturen sind notwendig, um die Bedingung $kl \gg 1$ zu erfüllen.

schneiden. Im allgemeinen Fall ergibt sich als geometrischer Ort der ausgezeichneten Punkte in $\Gamma(\boldsymbol{k})$ die Gesamtheit derjenigen Werte des Vektors $\boldsymbol{k}$, bei denen sich die Energieflächen $\varepsilon_{\boldsymbol{p}} = \varepsilon_F$ und $\varepsilon_{\boldsymbol{p}+\hbar\boldsymbol{k}} = \varepsilon_F$ berühren [10]. Der Charakter dieser Berührung bestimmt den Typ der Besonderheit [11, 12]. Bei gewöhnlicher Punktberührung ändert sich der Absorptionskoeffizient sprunghaft auf Null [9]. Bei linienhafter Berührung wird $\Gamma(\boldsymbol{k})$ unendlich. (Eine genauere Betrachtung ohne eine Zerlegung von $n_F = n_F(\varepsilon + \hbar\omega)$ nach Potenzen von $\hbar\omega$ glättet die Besonderheiten etwas; speziell wird $\Gamma(\boldsymbol{q})$ nicht unendlich, sondern hat nur ein scharfes Maximum [12].) Die Ursache der Existenz von Besonderheiten im Absorptionskoeffizienten der Phononen ist die inhomogene Besetzung des $\boldsymbol{p}$-Raumes durch die Elektronen. Temperatur und die verschiedenen Streumechanismen der Elektronen führen zur Glättung der Besonderheiten. Bei $T \gg \hbar/\tau$ dominiert der Einfluß der Temperatur, im anderen Grenzfall die Streuung ($\hbar/\tau \approx 1$ K bei $l \approx 10^{-3}$ cm).

Die inhomogene Impulsverteilung im $\boldsymbol{p}$-Raum führt nicht nur im Absorptionskoeffizienten zu Besonderheiten, sondern auch im Dispersionsgesetz der Phononen $\omega = \omega(\boldsymbol{k})$. Das kann man unmittelbar feststellen [9, 11], und man kann Relationen benutzen, die die Phononenenergie $\hbar\omega(\boldsymbol{k})$ mit dem Dämpfungskoeffizienten $\Gamma(\boldsymbol{k})$ verknüpfen (diese Relationen sind den bekannten Kramers-Kronig-Relationen sehr ähnlich; s. z. B. Arbeit [13]). Die Besonderheiten im Verlauf von $\omega(\boldsymbol{k})$ liegen bei denselben Werten des Phononenimpulses $\hbar\omega$ wie auch die Besonderheiten im Dämpfungskoeffizient $\Gamma(\boldsymbol{k})$ und können nach dem Berührungscharakter der Energieflächen $\varepsilon_{\boldsymbol{p}} = \varepsilon_F$ und $\varepsilon_{\boldsymbol{p}+\hbar\boldsymbol{k}} = \varepsilon_F$ klassifiziert werden [12]. Bei gewöhnlicher Berührung besitzt die Gruppengeschwindigkeit der Phononen $\partial\omega(\boldsymbol{k})/\partial\boldsymbol{k}$ eine logarithmische Besonderheit [9]. Bei dichterer Berührung sind die Besonderheiten noch ausgeprägter.

Aus den angeführten Fakten folgt, daß der geometrische Ort der Besonderheiten von $\omega(\boldsymbol{k})$ und $\Gamma(\boldsymbol{k})$ eine gewisse Darstellung der Fermi-Fläche eines Metalls ist; man muß jedoch beachten, daß Besonderheiten bei allen Impulswerten der Phononen beobachtet werden müssen, die den Werten ausgezeichneter Durchmesser der Fermi-Fläche (innerer und äußerer) entsprechen. Bei einer Perodizität der Fermi-Fläche wirkt dieser Umstand außerordentlich erschwerend. Experimentell gelingt es bisher offenbar nur, den Fall einer besonders dichten Berührung zu beobachten.

Bisher wurde der Einfluß eines konstanten Magnetfeldes auf Ausbreitung und Absorption des Schalls durch Metalle nicht betrachtet. Obwohl im Sinne einer Ausnutzung elektroakustischer Effekte zur Untersuchung des elektronischen Energiespektrums von Metallen die interessantesten Ergebnisse in starken Magnetfeldern auftreten, erfolgt hier nur eine oberflächliche Diskussion; eine ausführliche Darlegung geht über den Rahmen dieses Anhanges hinaus.

Bei Einschaltung eines Magnetfeldes hat man vor allem erneut die Frage zu prüfen, wann der Schall nieder- bzw. hochfrequent ist, da außer Relaxationszeit τ und freier Weglänge l die neuen charakteristischen Größen ω_H und r_H

auftreten. Da jedoch der Fall starker Felder

$$r_H \ll l\,, \qquad \omega_H \gg \tau^{-1} \tag{II.11}$$

am interessantesten ist, führt die oben formulierte Bedingung $kl \ll 1$ automatisch zur Erfüllung der Ungleichungen

$$kr_H \ll kl \ll 1 \qquad \text{und} \qquad \omega \ll \omega_H \ll \tau^{-1}\,. \tag{II.12}$$

Bei der Ausbreitung niederfrequenten Schalls führt das Magnetfeld zu einer Änderung derjenigen makroskopischen („hydrodynamischen") Größen, die den Dämpfungskoeffizienten und die Dispersion bestimmen (Wärmeleitfähigkeit, elektrische Leitfähigkeit u. ä.). Diese Änderungen können durchaus wesentlich sein. Aus den Schlußfolgerungen des § 25 folgt z. B., daß sich die Wärmeleitfähigkeit eines Metalls in starken Magnetfeldern um ein Vielfaches ändern kann $\left(\varkappa_H \sim \varkappa_0 (r_H/l)^2\right)$; das führt zu einer entsprechenden Zunahme der Relaxationszeit der Schallenergie.

Bei tiefen Temperaturen, wenn die Quantisierung der Elektronenenergie im Magnetfeld wesentlich wird ($\hbar\omega_H \gtrsim T$), treten Quantenoszillationen auf. Die Natur dieser Oszillationen ist dieselbe wie auch im Falle der Oszillationen des magnetischen Momentes (§ 15) oder des Widerstandes (§ 31): Der Absorptionskoeffizient und die Schallgeschwindigkeit hängen periodisch vom reziproken Magnetfeld ab.

Am interessantesten ist natürlich der hochfrequente Fall. Alle Besonderheiten der Dynamik von Elektronen mit kompliziertem Dispersionsgesetz treten bei der Wechselwirkung der Elektronen mit der Schallwelle im Magnetfeld auf. Da die Schallwelle im Metall ein „quasistatisches" Feld der Wellenlänge λ_S erzeugt, entsteht eine Situation, die für den Größeneffekt charakteristisch ist. Wie schon erwähnt, spielen bei der Absorption der Schallenergie diejenigen FERMI-Elektronen die wesentliche Rolle, deren Geschwindigkeit senkrecht zum Wellenvektor ist. Wenn sich jedoch die Elektronen in einem konstanten Magnetfeld bewegen, so ändert ihre Geschwindigkeit ständig die Richtung. Wenn das Magnetfeld senkrecht zum Wellenvektor der Schallwelle ist, hängt die Wechselwirkung der Elektronen mit der Schallwelle wesentlich vom Verhältnis des Extremaldurchmessers der Bahn $(\Delta p_x^F)_{\text{extr}}$ zur Schallwellenlänge λ_S ab (die z-Achse ist in Richtung des Magnetfeldes, die y-Achse in Richtung des Wellenvektors).

Wenn

$$\frac{c}{eH}(\Delta p_x^F)_{\text{extr}} = (n + 1/2)\,\lambda_S \quad \text{für eine transversale Schallwelle,} \tag{II.13}$$

$$\frac{c}{eH}(\Delta p_x^F)_{\text{extr}} = n\lambda_S \quad \text{für eine longitudinale Schallwelle}$$

$$(n = 1, 2, 3, \ldots)\,,$$

so verstärkt sich die Wechselwirkung der Elektronen mit der Schallwelle. Wenn die Bedingung (II.13) nicht erfüllt ist, so tritt eine solche Verstärkung der Wechselwirkung nicht ein. Da die Elektronen mit dem Schall nur während eines kleinen Teils der Periode effektiv wechselwirken, wenn nämlich ihre Geschwindigkeit ungefähr senkrecht zum Wellenvektor gerichtet ist, führt die Erfüllung der Bedingung (II.13) nicht zu Resonanzpiks, sondern einer periodischen Abhängigkeit des Dämpfungskoeffizienten. Die Periode in reziproken Feldern ist dabei gleich [14, 15]

$$\Delta \frac{1}{H} = \frac{e\lambda_S}{c(\Delta p^F)_{\text{extr}}}. \qquad \text{(II.14)}$$

Die hier beschriebene Erscheinung erhielt die Bezeichnung „geometrische" oder „PIPPARDsche" Resonanz. Sie dient zur Bestimmung der Extremaldurchmesser der FERMI-Fläche. Dabei wird ein zum Wellenvektor senkrechter Durchmesser gemessen. Das ist analog der in § 4 beschriebenen Entsprechung von Trajektorien im Koordinaten- und Impulsraum (die Trajektorien sind bis auf eine Drehung um $\pi/2$ und den Faktor c/eH ähnlich). Besonders deutlich wird diese Entsprechung im Falle einer offenen FERMI-Fläche. Wenn $\boldsymbol{k}(k_y = k)$ und $\boldsymbol{H}(H_z = H)$ senkrecht zueinander und derart orientiert sind, daß die Richtung der Öffnung mit der p_x-Achse zusammenfällt, bewegen sich die Elektronen im Impulsraum im wesentlichen längs der p_x-Achse, im Koordinatenraum längs der y-Achse. Wenn die Periode der offenen FERMI-Fläche gleich Δp_x^F ist (sie fällt in der Regel mit den entsprechenden Abmessungen des reziproken Gitters zusammen und hängt nicht von p_z ab), wird eine besonders „günstige" Situation dann realisiert, wenn die Periode der Trajektorie im Koordinatenraum gleich der Wellenlänge des Schalls oder ihrem Vielfachen ist [16]:

$$\frac{c(\Delta p_x)}{eH} = n\lambda_S\,, \qquad n = 1, 2, \ldots \qquad \text{(II.15)}$$

Die letzte Bedingung führt zu Formel (II.14) für die Periode, jedoch ist die Intensität der Wechselwirkung im vorliegenden Fall bedeutend größer. Gäbe es keine dissipativen Prozesse, würde der Absorptionskoeffizient unendlich werden [16]. Die Berücksichtigung dissipativer Prozesse läßt den Dämpfungskoeffizienten endlich bleiben ($\Gamma \sim \tau$), Diesen eigenartigen Größeneffekt nennt man „gigantische geometrische Resonanz".

Wie zu erwarten ist, spielt bei der Wechselwirkung der Elektronen mit der Schallwelle auch im Magnetfeld die räumliche Periodizität der Schallwelle die Hauptrolle und nicht die zeitliche. Wenn jedoch

$$\omega - \boldsymbol{k}\bar{\boldsymbol{v}} = \frac{1}{n}\,\omega_H\,, \qquad n = 1, 2, \ldots, \qquad \text{(II.16)}$$

so kann die akustische Zyklotronresonanz beobachtet werden [17] (der Summand $\boldsymbol{k}\bar{\boldsymbol{v}}$ beschreibt die DOPPLER-Verschiebung der Frequenz). Das Auftreten der akustischen Zyklotronresonanz ist an relativ scharfe Bedingungen gebunden ($\omega\tau \gg 1$ u. a.).

Die angeführte, oberflächliche Beschreibung der Wechselwirkung von Elektronen mit Schall bei $\boldsymbol{H} \neq 0$ gibt natürlich nicht alle Besonderheiten der elektroakustischen Erscheinungen im Magnetfeld wieder. Speziell wurden bisher solche Änderungen bei der Absorption hochfrequenten Schalls nicht berücksichtigt, die sich aus der Quantisierung der Elektronenenergie im Magnetfeld ergeben. In diesem Fall muß man den Schall ebenfalls quantenmäßig behandeln. Man muß also die Absorptionsbedingungen eines Phonons durch ein quantisiertes Elektronengas formulieren. Die Erhaltung von Energie und der z-Projektion des Impulses fordern die Erfüllung der Gleichung

$$\varepsilon_n(p_z) + \hbar\omega = \varepsilon_m(p_z + \hbar k_z)\,. \tag{II.17}$$

Da man die Quantisierung nur in starken Feldern ($\hbar\omega_H > T$) berücksichtigen muß, ist die Energie des Phonons unter den betrachteten Bedingungen immer wesentlich kleiner als der Abstand zwischen den Elektronenniveaus ($\hbar\omega \ll \Delta\varepsilon = \hbar\omega_H$). Daher kann die Bedingung (II.17) nur bei $m = n$ erfüllt werden. Die Energie eines Elektrons vor und nach der Absorption eines Phonons (vgl. mit Formel (II.10)) muß gleich der FERMI-Energie sein. Das führt zusammen mit dem Erhaltungssatz zu zwei Gleichungen für die eine Größe p_z. Bei beliebigen Werten von Wellenvektor und Magnetfeld besitzen diese Gleichungen keineswegs Lösungen. Bei festem Wert des Wellenvektors jedoch existiert eine diskrete Vielzahl von Magnetfeldwerten, bei denen die Gleichungen Lösungen haben und daher die Absorption eines Phonons möglich ist [18]. Folglich muß sich eine sehr spezifische Abhängigkeit des Absorptionskoeffizienten Γ vom Magnetfeld ergeben: Eine starke Zunahme von Γ bei fixierten Werten des Magnetfeldes mit tiefen Minima in den Zwischenräumen. Je niedriger die Temperatur und je größer die Relaxationszeit, desto deutlicher werden die „gigantischen Oszillationen"[1]) des Absorptionskoeffizienten beobachtet.

Wie aus Gleichung (II.17) hervorgeht, besteht die Ursache der gigantischen Oszillationen in der Existenz diskreter Energieniveaus der Elektronen in einem quantisierenden Magnetfeld bei einem festen Wert p_z. Die Quantisierung der Energie ist eine Folge der Endlichkeit der Bewegung eines Elektrons in einer Ebene senkrecht zum Magnetfeld. Wenn jedoch eine offene FERMI-Fläche vorliegt, so ist für bestimmte Magnetfeldorientierungen die Bewegung des Elektrons in der Ebene x, y unendlich. Dem entspricht eine spezifische Bandstruktur (bei $p_z = \text{const}$): zwischen breiten Bändern erlaubter Energiewerte $\delta\varepsilon \approx \hbar\omega_H$ schmale verbotene Zonen (§ 8). Unter diesen Bedingungen ist das Bild der Absorption den gigantischen Oszillationen reziprok: Der Dämpfungskoeffizient Γ nimmt in der Nähe fester Magnetfeldwerte stark ab und hängt dazwischen nur schwach vom Magnetfeld ab [19].

[1]) So bezeichnet man die oben beschriebene Erscheinung, deren Theorie in guter Übereinstimmung mit den experimentellen Ergebnissen ist [18].

ANHANG III

Die Topologie der Fermi-Flächen von Metallen in tabellarischer Form

Die FERMI-Flächen der meisten Metalle wurden schon ausführlich betrachtet. Insbesondere ist bekannt, ob sie offen oder geschlossen sind, und es wurden die topologischen Typen der offenen FERMI-Flächen bestimmt.

Der Anhang wurde mit dem Ziel zusammengestellt, Grundkenntnisse über die Topologie der FERMI-Flächen zu vermitteln.

Er besteht aus drei Teilen: einer Tabelle, einer Darstellung der Grundtypen von offenen FERMI-Flächen, die experimentell beobachtet wurden, und einer Literaturzusammenstellung. In die Tabelle wurde aufgenommen: a) Informationen über den topologischen Typ der FERMI-Fläche, über das Verhältnis der Elektronen- (n_1) zu der Löcherzahl (n_2) und b) Literaturangaben über die grundlegenden experimentellen und theoretischen Arbeiten, in denen die Bandstruktur der Metalle untersucht wurde.

Unter Berücksichtigung des magnetischen Durchbruchs trägt der Begriff „offen" bzw. „geschlossen" relativen Charakter. Im Magnetfeld kann eine geschlossene FERMI-Fläche sich in eine offene umwandeln und umgekehrt. In der Tabelle wurde deshalb der ungefähre Wert der magnetischen Durchbruchsfeldstärke angegeben und angemerkt, wie sich beim Durchbruch die Topologie der FERMI-Fläche verändert.

Im Anhang sind keine Hinweise auf experimentelle Methoden enthalten, die entweder noch selbst Objekt von Untersuchungen sind bzw. nur Informationen liefern, die man schon mit einfacheren Methoden erhält. Außerdem wurden keine Methoden zitiert, die noch keine breitere Anwendung gefunden haben und bisher nur bescheidene Informationen lieferten.

Die nicht sehr zahlreichen Arbeiten über den anomalen Skineffekt (ASE) und die Positronvernichtung (AP) sind am Schluß der Literaturzusammenstellung aufgeführt. In der Tabelle wurde in der Spalte „Anmerkungen" auf sie verwiesen.

In der Tabelle sind die Metalle nach dem Alphabet geordnet. Am Ende der Tabelle sind einige Resultate von verhältnismäßig gut untersuchten intermetallischen Verbindungen aufgeführt. Die Literatur zum Anhang konnte natürlich nicht allumfassend sein. Sie enthält jedoch in weitem Maße die grundlegenden Arbeiten zur Untersuchung der FERMI-Flächen von Metallen.

Metall	Gittertyp	Topologischer Typ und andere Informationen über die FERMI-Fläche	Untersuchungsmethode der FERMI-Fläche						Anmerkunge merkungen
			GME	SdH dHvA	ZR	MAE	RFGE	VT-E	
Aluminium	KFZ	$n_1 \neq n_2$; $H < 30$ kOe, geschlossen; $H > 30$ kOe, magnetischer Durchbruch	1–4	5–8, 337	9–13	14–17, 338	18	19–21, 324	314 (ASE)
Antimon	Rh	$n_1 = n_2$; geschlossen	254	255–260	261	262–266	367	46, 267	
Arsen	Rh	$n_1 = n_2$; geschlossen	168, 330	169–171, 336	172, 354	173, 174		46, 175–177	
Beryllium	HDKP	$n_1 = n_2$; $H < 50$ kOe, geschlossen; $H > 50$ kOe, magnetischer Durchbruch in der Basisebene, offen; ebenes Netz gewellter Zylinder entlang ⟨1$\bar{2}$10⟩, ⟨10$\bar{1}$0⟩-Achsen	23, 339	23, 339				24–26	318, 319 (AP) (Abb. 1)
Blei	KFZ	$n_1 = n_2$; offen: räumliches Gitter gewellter Zylinder entlang ⟨111⟩-Achsen	234, 235, 332	236–238	239, 240	95, 241		242, 243	(Abb. 9)
Chrom	KRZ	$n_1 = n_2$; $H > 60$ kOe, magnetischer Durchbruch, offen	279, 283	284–286		287, 288		167, 289	(Abb. 12)
Eisen	KRZ	$n_1 = n_2$; offen: räumliches Gitter gewellter Zylinder entlang ⟨001⟩-Achsen	72–74	74				75–77	321 (AP) (Abb. 2)
Gadolynium	KDKP							55–57	320 (AP)

Gallium	volumen-zentriert ortho-rhombisch	$n_1 = n_2$; offen: gewellter Zylinder entlang c-Achse	58–60	61	62, 63	64	65	66, 325	
Gold	KFZ	$n_1 = 1$ Elektron/Atom, $n_2 = 0$; offen: räumliches Gitter gewellter Zylinder entlang der ⟨111⟩-Achsen (primäre Öffnungsrichtung) und Öffnung in ⟨110⟩ und ⟨100⟩-Richtung (sekundäre Öffnungsrichtung)	78, 79	80–82	83	84, 85		86, 326, 327, 343	(Abb. 3)
Graphit		geschlossen, Selbstdurchdringung		67, 68	69, 70			71, 342	
Indium	tetragonal	$n_1 = n_2$; geschlossen	4, 87–89	90–92, 344	93	94, 95	96	93, 97	
Kadmium	KDKP	$n_1 = n_2$; offen: gewellter Zylinder entlang der [0001]-Achse	102, 103, 346	104–106	107, 108	109–112, 347	113–117	118, 119	(Abb. 4)
Kalium	KRZ	$n_1 = 1$ Elektron/Atom, $n_2 = 0$; $H < 50$ kOe, geschlossen, Kugel; $H > 50$ kOe, magnetischer Durchbruch, offen	120–122	123	124	125–128	129, 130, 348	131–133, 328	
Kalzium	KFZ	offen (berechnet), ähnlich FERMI-Fläche Blei		134				135, 329, 349	
Kobalt	KZF							77	

Fortsetzung

Metall	Gittertyp	Topologischer Typ und andere Informationen über die Fermi-Fläche	Untersuchungsmethode der Fermi-Fläche						Anmerkungen
			GME	SdH dHvA	ZR	MAE	RFGE	VT-E	
Kupfer	KFZ	$n_1 = 1$ Elektron/Atom, $n_2 = 0$; offen: räumliches Gitter gewellter Zylinder entlang der ⟨111⟩-Achsen, ähnlich Fermi-Fläche Gold	148–151	80, 82, 152–154	155, 156	85, 157, 158, 338, 351	352	86, 159, 326, 327, 343, 353	316 (ASE) (Abb. 3)
Lithium	KRZ	$n_1 \neq n_2$; geschlossen	120					131, 132, 350	
Magnesium	HDKP	$n_1 = n_2$; $H < 5$ kOe, magnetischer Durchbruch in der (0001)-Ebene, offen: ebenes Netz gewellter Zylinder entlang ⟨12010⟩- und ⟨1010⟩-Achsen; $H < 70$ kOe, magnetischer Durchbruch, es entstehen offene Richtungen entlang der [0001]-Achse	136, 137	138–141	142	143–144		145–147	314 (ASE) (Abb. 1)
Molybdän	KRZ	$n_1 = n_2$; geschlossen	47, 48, 160	49, 161	162	163, 164	165	166, 167	
Natrium	KRZ	$n_1 = 1$ Elektron/Atom, $n_2 = 0$; geschlossen, Kugel	120, 178	179	124			131, 132, 328	

Nickel	KFZ	$n_1 = n_2$; offen: räumliches Gitter gewellter Zylinder entlang den ⟨111⟩-Achsen, ähnlich FERMI-Fläche Gold	180	181—184			185, 186, 355	(Abb. 3)
Niob	KRZ	$n_1 \neq n_2$; magnetischer Durchbruch, offen: Netz gewellter Zylinder entlang den ⟨001⟩-, ⟨110⟩- und ⟨111⟩-Achsen	187—189	190, 356			29, 187, 357	(Abb. 5)
Osmium	HDKP	$n_1 = n_2$; offen: ebenes Netz gewellter Zylinder parallel zur (0001)-Ebene und der [0001]-Achse, magnetischer Durchbruch	206	358				
Palladium	KFZ	$n_1 = n_2$; offen: räumliches Gitter gewellter Zylinder entlang den ⟨001⟩-Achsen	207	208—210			211, 331	(Abb. 7)
Platin	KFZ	$n_1 = n_2$; offen: räumliches Gitter gewellter Zylinder entlang den ⟨001⟩-Achsen, ähnlich FERMI-Fläche Palladium	136, 212	213—215, 359		216	217, 331, 360	(Abb. 7)
Quecksilber	Rh	$n_1 = n_2$; offen: offene Richtungen parallel zu den ⟨100⟩- und ⟨001⟩-Achsen	226—228	229	230, 361	362	231	322 (AP) (Abb. 10)

Fortsetzung

Metall	Gittertyp	Topologischer Typ und andere Informationen über die Fermi-Fläche	Untersuchungsmethode der Fermi-Fläche						Anmerkungen
			GME	SdH dHvA	ZR	MAE	RFGE	VT-E	
Rhenium	HDKP	$n_1 = n_2$; $H < 30$ kOe, offen: gewellter Zylinder entlang der [0001]-Achse; $H > 30$ kOe, magnetischer Durchbruch, es entstehen zusätzlich offene Richtungen entlang den [0001]- und [1010]-Achsen	218, 219	190, 220		221, 222		222, 223	(Abb. 8)
Rhodium	KFZ	geschlossen (berechnet)		224, 225				224	
Rubidium	KRZ	$n_1 = 1$ Elektron/Atom, $n_2 = 0$; geschlossen, Kugel		123, 232				131 – 133, 328	
Ruthenium	HDKP			233, 363				233	
Scandium	KFZ-HDKP polymorph	$n_1 \neq n_2$; geschlossen	251					101, 252	nach th. Berechnungen müßte die Fermi-Fläche offen sein.
Silber	KFZ	$n_1 = 1$ Elektron/Atom, $n_2 = 0$; offen: räumliches Gitter gewellter Zylinder entlang der [111]-Achsen, ähnlich Fermi-Fläche Gold	244, 245	80, 82, 246	247	85, 248		86, 87, 249, 250, 327, 333, 343	(Abb. 3)
Strontium	polymorph	offen (berechnet)						253	

Tantal	KRZ	$n_1 \neq n_2$; magnetischer Durchbruch, offen: räumliches Gitter von gewellten Zylindern entlang den ⟨001⟩-Achsen, ähnlich FERMI-Fläche Niob	187	190, 276, 277	278			29, 357	(Abb. 5)
Thallium	HDKP	$n_1 \neq n_2$; offen: zwei gewellte Ebenen (0001) die durch enge Verbindungshälse entlang der [0001]-Achse verbunden sind; $H > 30$ kOe, magnetischer Durchbruch	102, 268, 269, 270, 364	271, 365, 366		172—274	368	275	(Abb. 11)
Thorium	polymorph			280, 281				282	
Titan	HDKP	$n_1 = n_2$; geschlossen	279					101, 369	nach theor. Berechnungen müßte die FERMI-Fläche offen sein.
Vanadium	KRZ	$n_1 \neq n_2$; offen (?)	27, 28					29	in [27] wurde festgestellt, daß die FERMI-Fläche geschlossen ist.
Wismut	Rh	$n_1 = n_2$; geschlossen	30	31—36, 340	37, 38	39—42	43, 44	45—47	315 (ASE)

Fortsetzung

Metall	Gittertyp	Topologischer Typ und andere Informationen über die Fermi-Fläche	Untersuchungsmethode der Fermi-Fläche						Anmerkungen
			GME	SdH dHvA	ZR	MAE	RFGE	VT-E	
Wolfram	KRZ	$n_1 = n_2$; geschlossen	27, 48	49, 50	51, 52	341	53	29, 54	
Ytterbium	KFZ	geschlossen	98	99, 345					nach dem Modell freier Elektronen müßte die Fermi-Fläche offen sein.
Yttrium	HDKP	offen (berechnet)						100, 101	
Zäsium	KRZ	$n_1 = 1$ Elektron/Atom, $n_2 = 0$; geschlossen, Kugel		123, 290, 291		370		131, 132, 291	
Zink	HDKP	$n_1 = n_2$; $H < 2{,}5$ kOe, offen: gewellter Zylinder entlang der [0001]-Achse; $H > 2{,}5$ kOe, magnetischer Durchbruch, es entstehen offene Richtungen der [1$\bar{2}$10]- und [10$\bar{1}$0]-Achsen	102, 292–294	31, 295, 297	298–301	111, 112, 302–304		118, 119, 305	(Abb. 13)
Zinn	tetragonal	$n_1 = n_2$; offen: ebenes Netz gewellter Zylinder entlang den ⟨010⟩- und ⟨110⟩-Achsen; $H > 50$ kOe, magnetischer Durchbruch	191–193	194–197	198–200	201	202, 203	196, 204, 205	317 (ASE) (Abb. 6) (s. auch die Abbildungen in den Arbeiten [196], [197]).

Zirkonium	HDKP	offen (berechnet)		306				307	323 (AP)
AuSn	hexagonal	offen	308						
$AuAl_2$	KFZ	offen, analog zur Topologie der FERMI-Fläche von Gold	309						(Abb. 3)
AgZn, CuZn PdIn	β-Messing	offen (berechnet)		310				311 371	
$AuGa_2$, $AuIn_2$	KFZ	offen, ananlog zur Topologie der FERMI-Fläche von Gold	309, 334	312				335	(Abb. 3)
$MgZn_2$	hexagonal			313					

Erläuterung der Abkürzungen

a) Gittertypen

KRZ – kubisch raumzentriert, KFZ – kubisch flächenzentriert, Rh – rhomboedrisch, HDKP – hexagonal dichteste Kugelpackung

b) Untersuchungsmethode der FERMI-Fläche

GME – galvanomagnetische Effekte, SdH – SCHUBNIKOW-DE-HAAS-Effekt, dHvA – DE HAAS-VAN ALPHEN-Effekt, ZR – Zyklotronresonanz, MAE – magneto-akustische Effekte, RFGE – Radiofrequenz-Größeneffekt, VT-E – Vergleich Theorie–Experiment

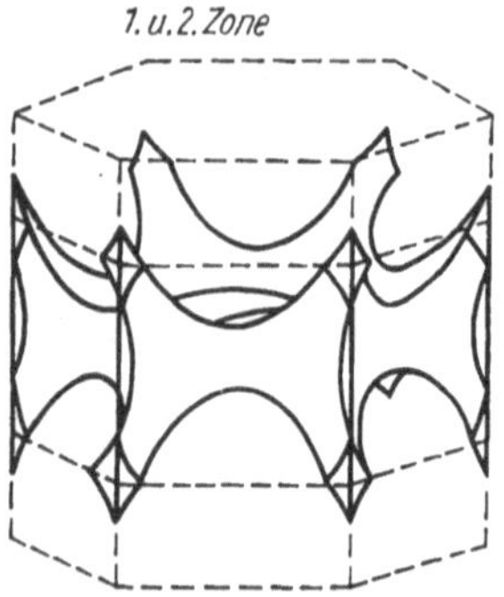

a)

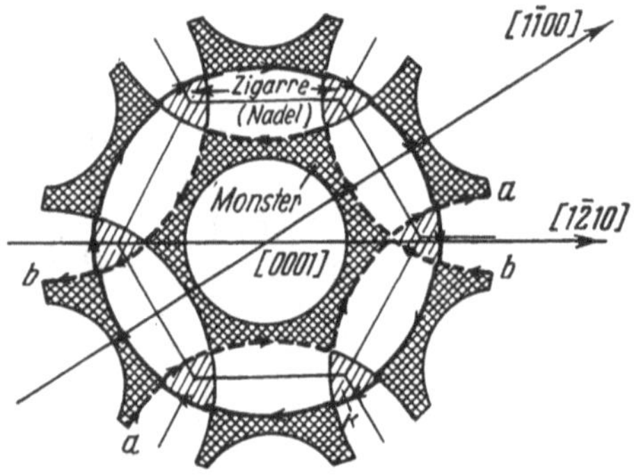

b)

Abb. 1. a) Offene FERMI-Fläche („Monster") für Beryllium und Magnesium (ohne Berücksichtigung der Spin–Bahn-Wechselwirkung [118])

b) Bildung der offenen Richtungen [1$\bar{1}$00] und [1$\bar{2}$10] als Folge eines magnetischen Durchbruchs zwischen zwei Teilen der FERMI-Fläche: dem „Monster" und der „Zigarre" („Nadel") von Beryllium, Magnesium und Zink

Es ist der Schnitt mit der [0001]-Fläche dargestellt, $a - a$ und $b - b$ sind offene Bahnen entlang [1$\bar{1}$00] und [1$\bar{2}$01]

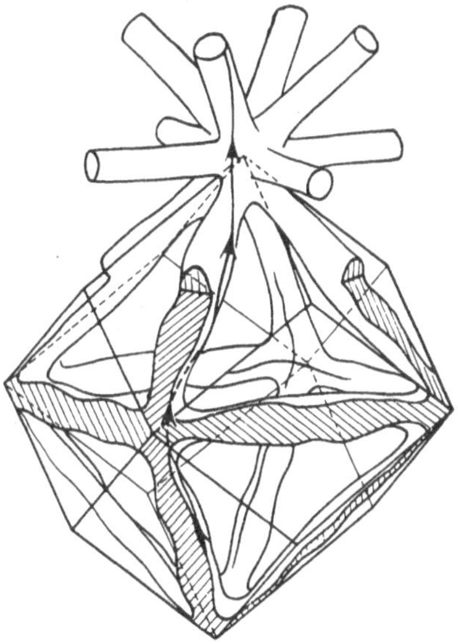

Abb. 2. Eine der Varianten für die offene FERMI-Fläche des Eisens [75]

Die Kurve mit den Pfeilen ist die offene Bahn entlang der [001]-Richtung

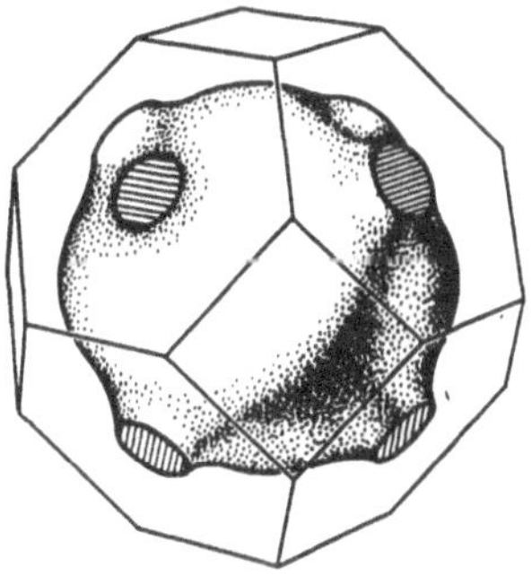

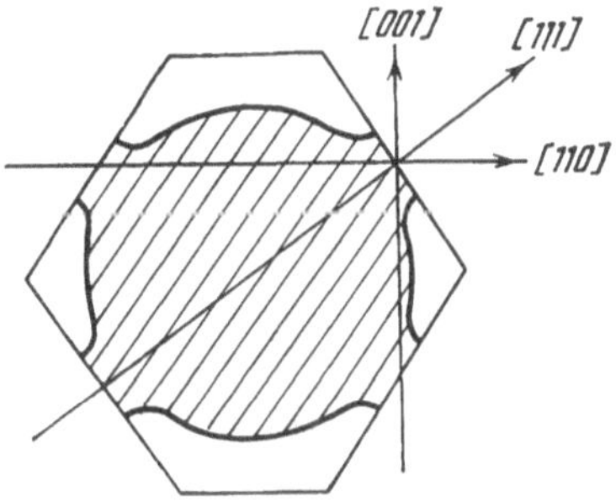

a) b)

Abb. 3. a) Die offene FERMI-Fläche von Gold, Kupfer und Silber [316]
b) Der Schnitt mit der [110]-Ebene. Es sind die offenen Richtungen in [111], [110] und [001] zu sehen [244]

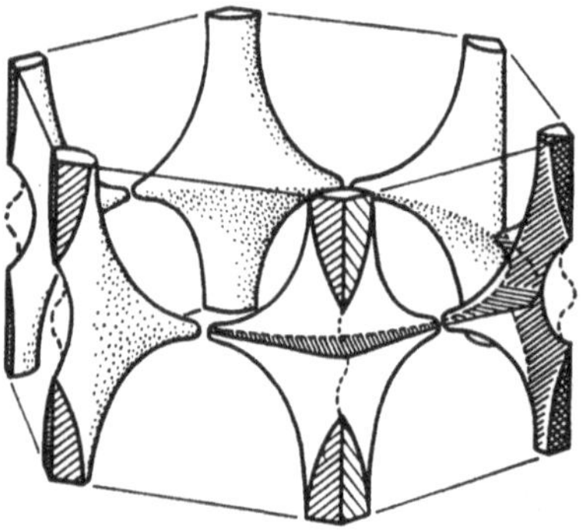

Abb. 4

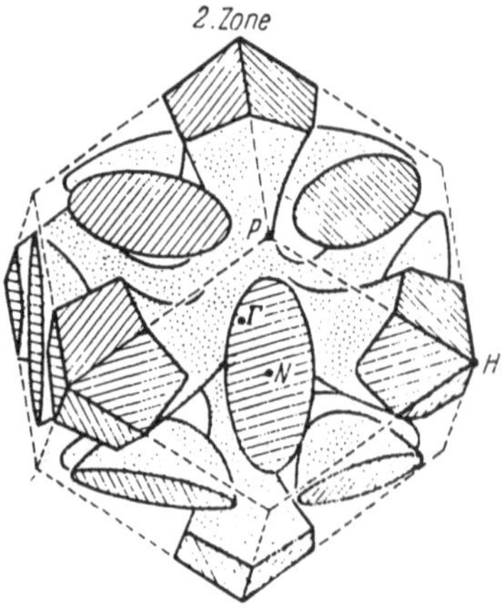

Abb. 5

Abb. 4. Die offene FERMI-Fläche von Kadmium

In der Basisebene sind die von der FERMI-Fläche umschlossenen Körper getrennt, wodurch in [1$\bar{2}$01]- und [$\bar{1}$100]-Richtung keine Öffnung erfolgt (s. Abb. 1.b) [107]

Abb. 5. Offene FERMI-Fläche für Vanadium
Nach Berechnungen in der Arbeit [187] für die Metallgruppe (V, Nb, Ta)

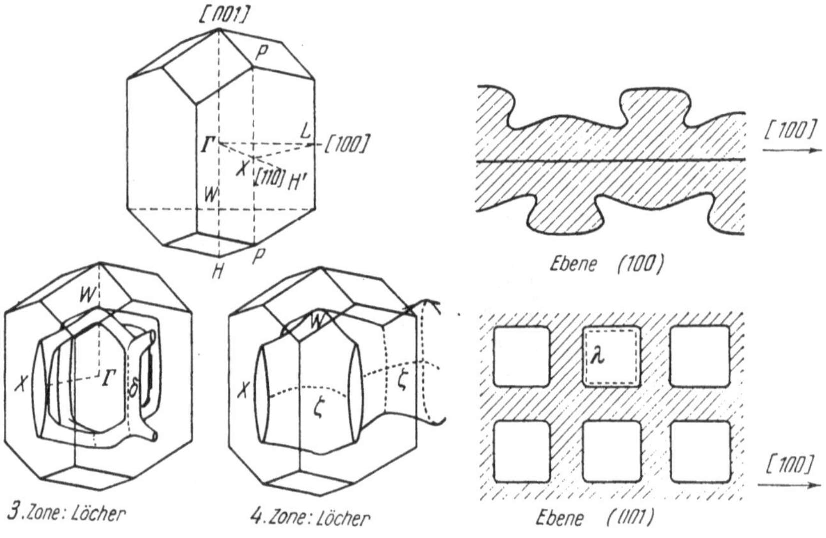

a) b)

Abb. 6. Offene FERMI-Flächen von Zinn nach theoretischen Berechnungen (experimentell wurden die Ergebnisse durch die Arbeiten [191, 194, 196, 198, 202, 203] bestätigt)

a) Offene Löcherflächen in der 3. und 4. Zone [194] (vgl. auch die Abbildungen in [196, 197])

b) Schnitt der offenen Elektronenfläche in der 5. Zone [205]

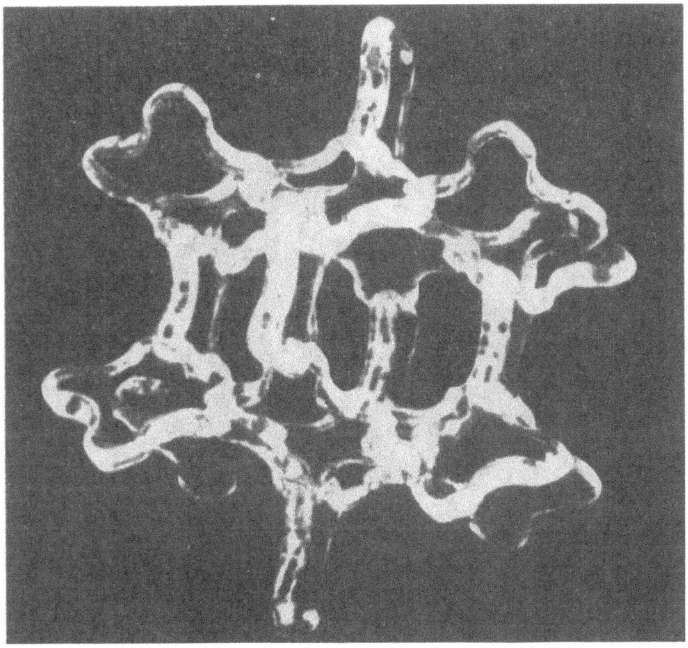

Abb. 7. Modell der offenen FERMI-Fläche von Palladium und Platin [212]

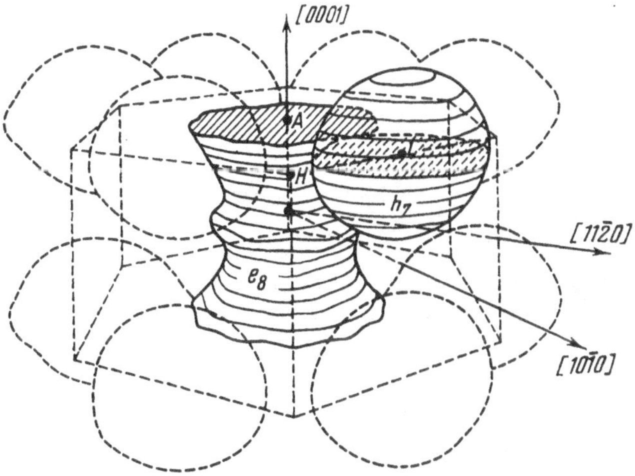

Abb. 8. FERMI-Fläche von Rhenium nach theoretischen Berechnungen [222]. — e_8 — in [0001]-Richtung offene Elektronenfläche (8. Band); h_7 — geschlossene Löcherfläche (7. Band). Der magnetische Durchbruch zwischen e_8 und h_7 führt zur Bildung offener Richtungen entlang der [1100]-Achsen

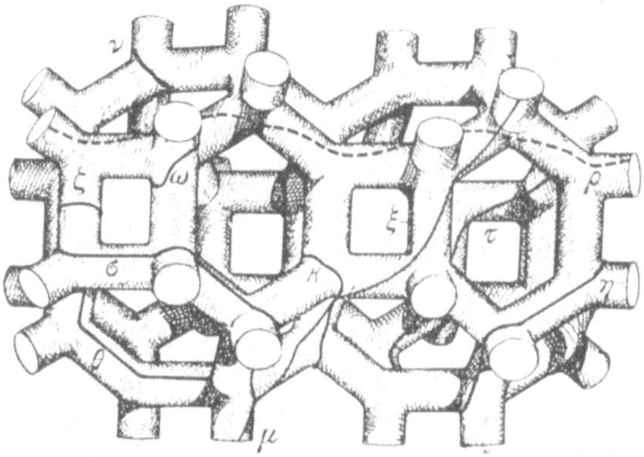

a)

b)

Abb. 9. Offene Elektronenfläche von Blei (3. Zone)

a) Die μ- und ϱ-Linien sind offene Bahnen [236, 237];

b) Dieselbe Fläche in einer Zelle des reziproken Gitters unter Beachtung der experimentell ermittelten Maßstabsverhältnisse (M. S. CHAIKIN, R. T. MINA)

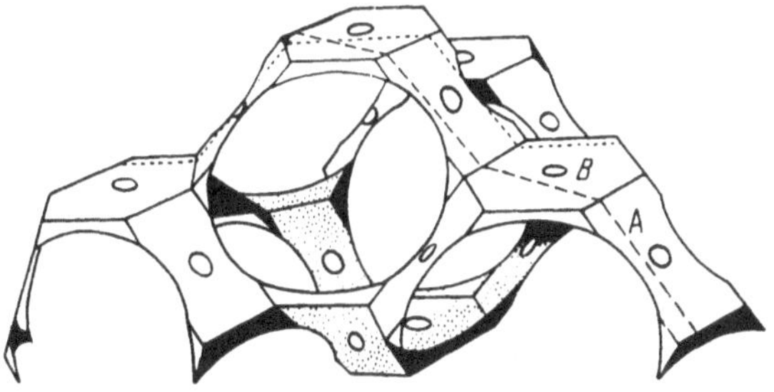

Abb. 10. Offene Löcherfläche von Quecksilber in der 1. Zone (nach theoretischen Berechnungen [231])

Die gestrichelten und punktierten Linien sind offene Bahnen (vgl. auch die Abbildungen in der Arbeit [230])

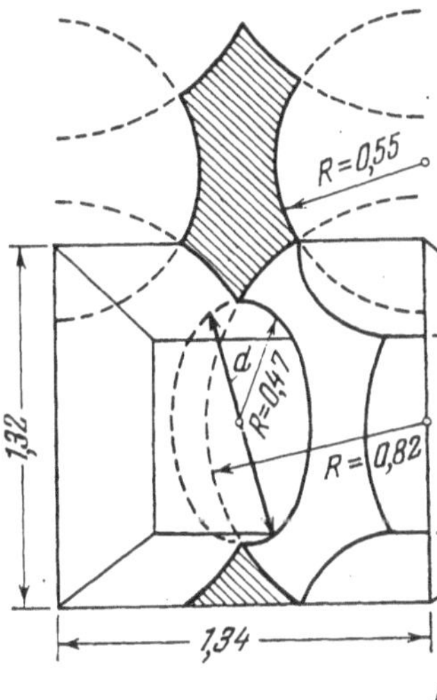

Abb. 11

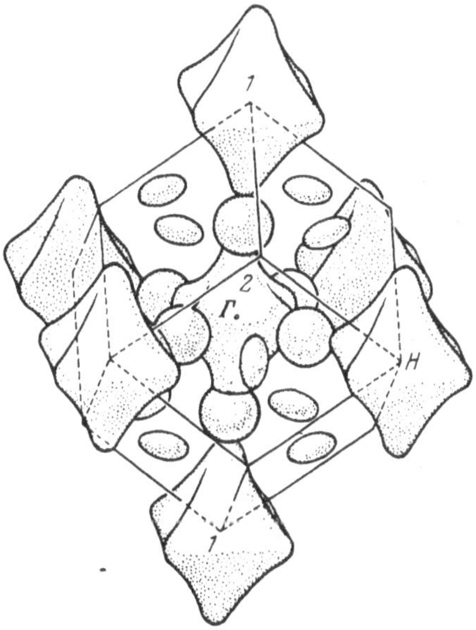

Abb. 12

Abb. 11. Schnitt der offenen Löcherfläche von Thallium mit der $(10\bar{1}0)$-Fläche (nach dem Harrison-Modell [118, 102])

Nach Messungen ist der Durchmesser d bedeutend kleiner als der theoretisch ermittelte: $d_{exp} = 0{,}1$ (alle Abmessungen in Einheiten $b = 1{,}16\ (2\pi/a)$; $a = 3{,}45$ Å)

Abb. 12. Fermi-Fläche der Chromgruppe [29]

Offene Richtungen entstehen im Falle eines magnetischen Durchbruchs in ⟨001⟩-Richtung zwischen den Flächen 1 und 2

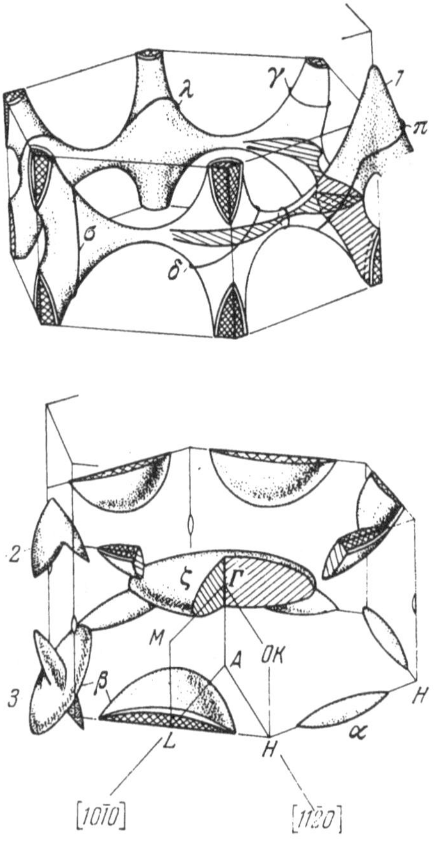

Abb. 13. Schematische Darstellung der völlig bestimmten FERMI-Fläche von Zink [118, 297]

1 — offene Löcherfläche (2. Zone). Im Unterschied zu Kadmium sind die Körper in der Basisebene miteinander verbunden, wodurch der magnetische Durchbruch zu offenen Richtungen entlang der [1$\bar{2}$10] und [1$\bar{1}$00]-Achsen führt (vgl. Abb. 1.b)

2 — geschlossene Teile der Fläche, die in unterschiedlichen Bändern angeordnet sind. Berücksichtigt wurde der magnetische Durchbruch zwischen dem Teil α und β („Zigarre" und „Schmetterling")

3 — dasselbe ohne magnetischen Durchbruch

Literatur

Zu Teil I

[1] J. M. ZIMAN, Prinzipien der Festkörpertheorie, Akademie-Verlag, Berlin 1974. Original: J. M. ZIMAN, Principles of the Theorie of Solids, Cambridge, University Press 1964. Second ed. 1972.
[2] Л. Д. Ландау, ЖЭТФ **30**, 1058 (1956).
[3] А. Б. Мигдал, В. М. Галицкий, ЖЭТФ **34**, 139 (1958).
[4] W. A. HARRISON, Pseudopotentials in the Theory of Metals, New York 1966. В.А. Харрисон, Псевдопотенциал в теории металлов, изд-во «Мир», 1968.
[5] Г. Е. Зильберман, Я. Е. Айзенберг, ФМиМ **4**, 216 (1957).
[6] F. G. MOLINER, Phil. Mag. **3**, 207 (1958).
[7] H. JONES, The Theory of Brillouin Zones and Electronic States in Crystals, North-Holland Publishing Company, Amsterdam 1960. Г. Джонс, Теория зон Бриллюэна и электронные состояния в кристаллах, изд-во «Мир», 1968.
[8] Э. И. Рашба, В. И. Шека, ФТТ **1**, 162 (1959).
[9] А. М. Ермолаев, ФТТ **8**, 560 (1966).
[10] L. VAN HOVE, Phys. Rev. **89**, 1189 (1953).
[11] А. А. Слуцкин, Письма ЖЭТФ **5**, 90 (1967).
[12] А. А. Слуцкин, ЖЭТФ **45**, 978 (1963).
[13] L. D. LANDAU, E. M. LIFSCHITZ, Klassische Feldtheorie, Akademie-Verlag, 6. Aufl., Berlin 1973. Original: Л. Д. Ландау, Е. М. Лифшиц, Теория поля, изд-во «Наука», 1967.
[14] В. М. Набутовский, А. А. Слуцкин, ФМиМ **12**, 170 (1961).
[15] И. М. Лифшиц, А. А. Слуцкин, В. М. Набутовский, ЖЭТФ **41**, 939 (1961).
[16] И. М. Лифшиц, А. А. Слуцкин, В. М. Набутовский, ДАН СССР **137**, 553 (1961).
[17] М. И. Каганов, И. М. Лифшиц, В. Б. Фикс, ФТТ **6**, 2723 (1964).
[18] Л. А. Фальковский, ЖЭТФ **49**, 609 (1965).
[19] Г. Е. Зильберман, ЖЭТФ **32**, 296 (1957).
[20] М. Я. Азбель, ЖЭТФ **39**, 1276 (1960); **46**, 929 (1964); ДАН СССР **159**, 703 (1964).
[21] Г. Е. Зильберман, ЖЭТФ **32**, 296 (1957); **33**, 387 (1957); **34**, 515 (1958).
[22] s. z. В. Ю. А. Богод, В. В. Еременко, Доклад на XV совещании по физике низких температур.
[23] Э. И. Рашба, ЖЭТФ **48**, 1427 (1965); З. С. Грибников, В. А. Кочелап, Э. И. Рашба, ЖЭТФ **51**, 266 (1966).
[24] И. М. Лифшиц, М. И. Каганов, УФН **69**, 419 (1959).
[25] И. М. Лифшиц, ДАН СССР **48**, 83 (1945); ЖЭТФ **17**, 1017 (1947).
[26] А. А. Слуцкин, ЖЭТФ **53**, 767 (1967).
[27] E. J. BLOUNT, Phys. Rev. **126**, 1636 (1962).
[28] R. W. STARK, L. M. FALICOV, Progress in low Temperature Physics, v. 5, p. 235, North-Holland Publ. Comp., Amsterdam, 1967.

Zu Teil II

[1] А. А. Абрикосов, Л. П. Горьков, И. Е. Дзялошинский, Методы квантовой теории поля в статистической физике, Физматгиз, 1962.

[2] R. E. Peierls, Quantum Theory of Solids, Oxford at the Clarendon Press 1956. s. z. B. P. Пайерлс, Квантовая теория твердых тел, ИЛ, 1956.

[3] W. A. Harrison, Pseudopotentials in the Theory of Metals, New York 1966. В. А. Харрисон, Псевдопотенциал в теории металлов, изд-во «Мир», 1968.

[4] F. G. Moliner, Phil. Mag. **3**, 207 (1958).

[5] Г. Е. Зильберман, Я. Е. Айзенберг, ФМиМ **4**, 216 (1957).

[6] Ю. П. Гайдуков, Приложение III к настоящему изданию.

[7] А. А. Абрикосов, Л. А. Фальковский, ЖЭТФ **43**, 1089 (1962).

[7a] R. E. Peierls, Quantum Theory of Solids, Oxford at the Clarendon Press 1956. Р. Пайерлс, Квантовая теория твердых тел, ИЛ, 1956, гл. 5, § 3, 4.

[7b] Л. А. Фальковский, УЮН **94**, 3 (1968).

[8] Р. Г. Архипов, ЖЭТФ **43**, 349 (1962).

[9] T. W. McClure, Phys. Rev. **108**, 612 (1957); Ph. Nozieres, Phys. Rev. **109**, 1510 (1958).

[10] L. D. Landau, E. M. Lifschitz, Statistische Physik, Akademie-Verlag, 4. Aufl., Berlin 1975. Original: Л. Д. Ландау, Е. М. Лифшиц, Статистическая физика и термодинамика, изд-во «Наука», 1964.

[11] Л. Д. Ландау, ЖЭТФ **30**, 1058 (1956).

[12] С. С. Недорезов, ЖЭТФ **51**, 868, 1575 (1966).

[13] E. W. Elcock, Proc. Roy. Soc. **A222**, 239 (1954); Г. Е. Зильберман, Ф. И. Ицкович, ЖЭТФ **32**, 158 (1957).

[14] И. М. Лифшиц, ЖЭТФ **38**, 1569 (1960).

[15] Н. Б. Брандт, Л. Г. Любутина, ЖЭТФ **52**, 686 (1967).

[16] В. Г. Барьяхтар, Б. Г. Лазарев, В. И. Макаров, ФМиМ **24**, 829 (1967).

[17] См., например, Ф. Блох, Молекулярная теория магнетизма, Госнаучтехиздат Украины, 1964.

[18] E. N. Adams, Phys. Rev. **89**, 633 (1953); М. В. Ницович, ФМиМ **7**, 641 (1959).

[19] L. D. Landau, E. M. Lifschitz, Quantenmechanik, Akademie-Verlag, 5. Aufl., Berlin 1974. Original: Л. Д. Ландау, Е. М. Лифшиц, Квантовая механика, Физматгиз, 1963.

[20] s. z. B. Р. Пайерлс, Электронная теория металлов, ИЛ, 1947. R. E. Peierls, Electron Theory of Metalls (eine derartige Arbeit von Peierls ist nicht bekannt).

[21] M. H. Cohen, E. I. Blaunt, Phil. Mag. **5**, 115 (1960); Phys. Rev. **121**, 387 (1961); Н. Б. Брандт, Т. Долгополенко, Н. Ступоченко, ЖЭТФ **45**, 1319 (1963); Л. А. Фальковский, ЖЭТФ **49**, 609 (1965).

[22] Б. И. Веркин, И. Свечкарев, ЖЭТФ **47**, 404 (1964); **54**, 74 (1968).

[23] R. Courant, D. Hilbert, Methoden der mathematischen Physik, Bd. 1, Springer-Verlag, Berlin 1931. Р. Курант, Д. Гильберт, Методы математической физики, т. I, Гостехиздат, 1951, стр. 70.

[24] И. М. Лифшиц, А. М. Косевич, ЖЭТФ **29**, 730 (1955).

[25] Ю. А. Бычков, ЖЭТФ **39**, 1401 (1960).

[26] R. B. Dingle, Proc. Roy. Soc. **A211**, 517 (1952).

[27] М. Я. Азбель, ЖЭТФ **39**, 878 (1960).

[28] R. W. Stark, L. M. Falicov, Progress in Low Temperature Physics, v. 5, p. 235, North-Holland Publ. Comp., Amsterdam, 1967.

[29] M. G. Priestley, Proc. Roy. Soc. **A276**, 258 (1964).

[29a] А. П. Кочин, ЖЭТФ **54**, 603 (1968).
[30] Л. Д. Ландау, ЖЭТФ **32**, 59 (1957).
[31] Ю. А. Бычков, Л. П. Горьков, ЖЭТФ **41**, 1592 (1962).
[32] С. С. Недорезов, ЖЭТФ **51**, 1575 (1966).
[33] И. О. Кулик, Письма ЖЭТФ **6**, 652 (1967).
[34] И. М. Лифшиц, А. М. Косевич, ДАН СССР **91**, 795 (1953).
[35] М. Я. Азбель, ЖЭТФ **34**, 754 (1958).
[36] И. М. Лифшиц, А. В. Погорелов, ДАН СССР **96**, 1143 (1954).
[37] A. V. Gold, Phil. Trans. Roy. Soc. (London) **A251**, 85 (1958); A. V. Gold, M. G. Priestley, Phil. Mag. 5, 1089 (1960); M. Gunnersen, Phil. Trans. Roy. Soc. **A249**, 299 (1957).
[38] И. М. Лифшиц, А. М. Косевич, Изв. АН СССР (сер. физ.) **19**, 395 (1955).
[39] D. Shoenberg, Phil. Trans. Roy. Soc. (London) **A255**, 85 (1962); D. Shoenberg, J. J. Vallentin, LT—10 3, 67 (1967).
[40] A. B. Pippard, Proc. Roy. Soc. (London) **A272**, 192 (1963).
[41] М. Я. Азбель, Е. Г. Скроцкая, ЖЭТФ **47**, 1958 (1964).
[42] А. С. Давыдов, И. Я. Померанчук, ЖЭТФ **9**, 1294 (1939).
[43] И. М. Цидильковский, В. И. Соколов, И. М. Аксельрод, ФМиМ **16**, 318 (1963).
[44] C. G. Grenier, J. M. Reynolds, J. R. Sybert, Phys. Rev. **132**, 58 (1963); Е. П. Вольский, ЖЭТФ **46**, 2035 (1964); Н. Е. Алексеевский, Т. И. Костина, ЖЭТФ **48**, 1209 (1965); Н. Б. Брандт, Л. Г. Любутина, ЖЭТФ **47**, 1711 (1964);
G. E. Smith, G. A. Baraff, J. M. Rowell, Phys. Rev. **135A**, 1118 (1964).
[45] М. Я. Азбель, Н. Б. Брандт, ЖЭТФ **48**, 1206 (1965).
[46] Н. Б. Брандт, Л. Г. Любутина, Н. А. Крючкова, ЖЭТФ **53**, 134 (1967); Н. Б. Брандт, Е. А. Свистова, Г. Х. Табиева, Письма ЖЭТФ **4**, 27 (1966); Н. Б. Брандт, Е. А. Свистова, Т. В. Горская, ЖЭТФ **53**, 1274 (1967).
[46a] Н. Б. Брандт, Е. А. Свистова, Ю. Г. Каширский, Л. В. Линько, ЖЭТФ **56**, 65 (1969).
[46b] Н. Б. Брандт, Е. А. Свистова, Р. Г. Валеев, Письма ЖЭТФ **6**, 724 (1967).
[47] L. D. Landau, E. M. Lifschitz, Elektrodynamik der Kontinua, Akademie-Verlag, 3. Aufl., Berlin 1974.
Original: Л. Д. Ландау, Е. М. Лифшиц, Электродинамика сплошных сред, Физматгиз, 1958, § 30.
[48] J. H. Condon, Phys. Rev. **145**, 526 (1965).
[49] И. А. Привороцкий, Письма ЖЭТФ **5**, 280 (1967); ЖЭТФ **53**, 1755 (1967).
[49a] J. H. Condon, R. E. Wolstedt, Phys. Rev. Lett. **21**, 612 (1968).
[49b] И. А. Привороцкий, УФН **97**, 547 (1969).
[50] М. Я. Азбель, Письма ЖЭТФ **5**, 282 (1967); ЖЭТФ **53**, 1751 (1967).
[51] J. J. Quinn, Phys. Chem. Solids **24**, 933 (1963).
[52] М. Я. Азбель, В. Г. Песчанский, ЖЭТФ **49**, 571 (1965).
[53] А. М. Косевич, ЖЭТФ **35**, 738 (1958).
[54] М. Я. Азбель, ЖЭТФ **53**, 2131 (1967).
[55] И. М. Лифшиц, А. М. Косевич, ЖЭТФ **29**, 730 (1955); **33**, 88 (1957); J. Phys. Chem. Solids **4**, 11 (1958).
[56] И. А. Привороцкий, М. Я. Азбель, ЖЭТФ **56**, 388 (1969).
[57] М. Я. Азбель, ЖЭТФ **46**, 929 (1964); ДАН СССР **159**, 703 (1964).
[58] Ф. И. Ицкович, ЖЭТФ **50**, 1425 (1966).

[59] Ф. И. Ицкович, ЖЭТФ **51**, 301 (1966).
[60] Ф. И. Ицкович, ЖЭТФ **52**, 1720 (1967).
[61] Ф. И. Ицкович, ЖЭТФ **53**, 705 (1967).
[62] М. И. Каганов, И. М. Лифшиц, К. Д. Синельников, ЖЭТФ **32**, 605 (1957).
[63] И. О. Кулик, Г. А. Гогадзе, ЖЭТФ **44**, 530 (1963).
[64] A. R. Calawa, R. H. Rediker, B. Lax, A. L. McWhorter, Phys. Rev. Lett. **5**, 55 (1960).
[65] В. Г. Барьяхтар, В. И. Макаров, ДАН СССР **149**, 64 (1962).

Zu Teil III

[1] L. D. Landau, E. M. Lifschitz, Elektrodynamik der Kontinua, Akademie-Verlag, 3. Aufl., Berlin 1974.
Original: Л. Д. Ландау, Е. М. Лифшиц, Электродинамика сплошных сред, Гостехиздат, 1958.
[2] В. И. Смирнов, Курс высшей математики, т. IV, Гостехиздат, 1951.
[3] И. М. Лифшиц, М. И. Каганов, УФН **87**, 389 (1965).
[4] Л. Д. Ландау, ЖЭТФ **30**, 1058 (1956); **32**, 59 (1957).
[5] В. П. Силин, ЖЭТФ **33**, 495 (1957).
[6] Л. Д. Ландау, ЖЭТФ **35**, 97 (1958).
[7] J. M. Ziman, Electrons and Phonons, Oxford at the Clarendon Press 1960.
Дж. Займан, Электроны и фононы, ИЛ, 1962.
[8] Е. Г. Бровман, Ю. Каган, ЖЭТФ **52**, 557 (1967).
[9] М. И. Каганов, И. М. Лифшиц, Л. В. Танатаров, ЖЭТФ **31**, 232 (1956).
[10] Е. С. Боровик, ДАН СССР **91**, 771 (1953); В. Л. Гинзбург, В. П. Шабанский, ДАН СССР **100**, 445 (1955); М. И. Каганов, В. Г. Песчанский, ЖЭТФ **33**, 1261 (1957).
[11] R. E. Peierls, Quantum Theory of Solids, Oxford at the Clarendon Press 1956.
Р. Пайерлс, Квантовая теория твердых тел, ИЛ, 1956.
[12] Р. Н. Гуржи, ЖЭТФ **47**, 1415 (1964).
[13] Л. Д. Ландау, И. Я. Померанчук, ЖЭТФ **7**, 379 (1937).
[14] И. Я. Померанчук, ЖЭТФ **35**, 992 (1958).
[15] Ю. Каган, А. П. Жернов, ЖЭТФ **53**, 1744 (1967).
[16] Ю. Каган, А. П. Жернов, ЖЭТФ **50**, 1107 (1966).
[17] Z. Kondo, Progr. Theor. Phys. **32**, 37 (1964); А. А. Абрикосов, УФН **97**, 403 (1969).
[17a] А. А. Абрикосов, Physics **2**, 21 (1965); С. В. Малеев, ЖЭТФ **53**, 1038 (1967); В. Л. Гинзбург, С. В. Малеев, ЖЭТФ **55**, 1483 (1968).
[17b] М. Я. Азбель, М. И. Каганов, ЖЭТФ **27**, 762 (1954); K. Fuchs, Proc. Camb. Phil. Soc. **34**, 100 (1938); R. B. Dingle, Proc. Roy. Soc. **A201**, 545 (1950); Б. Н. Александров, М. И. Каганов, ЖЭТФ **41**, 1333 (1961).
[17c] Р. Н. Гуржи, УФН **94**, 689 (1968).
[18] В. Л. Гинзбург, в сб. «Памяти А. А. Андронова», Изд-во АН СССР, 1955, стр. 622.
[19] S. R. de Groot, P. Mazur, Non-Equilibrium Thermodynamics, North-Holland Publishing Company, Amsterdam 1962.
С. Х. Гроот, П. Мазур, Термодинамика неравновесных процессов, изд-во «Мир», 1964.
[20] M. Kohler, Ann. d. Phys. **32**, 211 (1938).
[21] См., например, J. Z. Olsen, B. Luti, Helv. Phys. Acta **31**, 713 (1958).

[22] M. C. Jones, E. H. Sondheimer, Phys. Lett. **11**, 112 (1964).
[23] Е. С. Боровик, В. Г. Волоцкая, Н. Я. Фогель, ЖЭТФ **45**, 46 (1963).
[24] С. В. Вонсовский, Я. С. Шур, Ферромагнетизм, ОГИЗ, 1948 (см., кроме того, М. И. Каганов, в сб. «Магнитная структура ферромагнетиков», Изд-во АН СССР, 1960, стр. 79).
[25] М. И. Каганов, В. Г. Песчанский, в сб. «Исследование энергетического спектра электронов в металлах», изд-во «Наукова думка», Киев, 1965, стр. 4.
[26] Л. С. Дубинская, Диссертация. Ленинград, ИПАН, 1969.
[27] М. Я. Азбель, ЖЭТФ **44**, 983 (1963); М. Я. Азбель, В. Г. Песчанский, ЖЭТФ **49**, 572 (1965).
[28] И. М. Лифшиц, М. Я. Азбель, М. И. Каганов, ЖЭТФ **31**, 63 (1956).
[29] R. V. Coleman, A. I. Funes, J. S. Plaskett, C. M. Tapp, Phys. Rev. **133A**, 521 (1964).
[30] W. G. Chambers, Proc. Phys. Soc. **81**, 877 (1963).
[31] Е. С. Боровик, ЖЭТФ **30**, 262 (1956).
[32] В. Г. Волоцкая, ЖЭТФ **45**, 49 (1963); C. C. Grimexs, A. F. Kip, Phys. Rev. **132A**, 1991 (1963); A. C. Thorsen, T. G. Berlincourt, Phys. Rev. **A270**, 417 (1962); K. Okumura, J. M. Templeton, Phil. Mag. **7**, 1239 (1962); D. Shoenberg, P. J. Stiles, Proc. Roy. Soc. **A281**, 62 (1964).
[33] P. B. Alers, R. T. Webber, Phys. Rev. **91**, 1060 (1953); G. N. Rao, N. H. Lebouni, C. G. Grenier, J. M. Reynolds, Phys. Rev. **133A**, 141 (1964).
[34] Ф. Г. Басс, М. И. Каганов, В. В. Слезов, ФМиМ **5**, 407 (1957).
[35] Е. С. Боровик, ЖЭТФ **23**, 91 (1952).
[36] L. Esaki, Phys. Rev. Lett. 8, 4 (1962).
[37] С. Г. Калашников, ФТТ **6**, 2435 (1964).
[38] И. М. Лифшиц, В. Г. Песчанский, ЖЭТФ **35**, 1251 (1958).
[39] И. М. Лифшиц, В. Г. Песчанский, ЖЭТФ **38**, 188 (1960).
[40] В. Г. Песчанский, Диссертация, Харьковский гос. университет, 1959.
[41] Н. Е. Алексеевский, Ю. П. Гайдуков, И. М. Лифшиц, В. Г. Песчанский, ЖЭТФ **39**, 1201 (1960).
[42] Е. С. Боровик, ЖЭТФ **23**, 83, 91 (1952).
[43] Ю. П. Гайдуков, ЖЭТФ **37**, 1281 (1959).
[44] W. A. Harrison, Pseudopotentials in the Theory of Metals, New York 1966. В. А. Харрисон, Псевдопотенциал в теории металлов, изд-во «Мир», 1968.
[45] М. И. Каганов, В. Г. Песчанский, ЖЭТФ **35**, 1052 (1958).
[46] Н. Е. Алексеевский, Н. Б. Брандт, Т. И. Костина, ДАН СССР **105**, 46 (1955).
[47] М. И. Каганов, А. М. Кадигробов, А. А. Слуцкин, ЖЭТФ **53**, 1335 (1967).
[48] Е. С. Боровик, В. Г. Волоцкая, ЖЭТФ **48**, 1554 (1965).
[49] М. Я. Азбель, ЖЭТФ **44**, 983 (1963).
[50] Г. А. Зайцев, ЖЭТФ **45**, 1267 (1963); Г. А. Зайцев, С. В. Степанова, В. И. Хоткевич, ЖЭТФ **48**, 760 (1965).
[51] М. Я. Азбель, В. Г. Песчанский, ЖЭТФ **49**, 572 (1965).
[52] М. И. Каганов, А. М. Кадигробов, И. М. Лифшиц, А. А. Слуцкин, Письма ЖЭТФ **5**, 269 (1967).
[53] L. M. Falicov, P. R. Sievert, Phys. Rev. **138A**, 88 (1965).
[54] В. Г. Песчанский, ЖЭТФ **52**, 1312 (1967).
[55] E. H. Sondheimer, Phys. Rev. **80**, 401 (1950).
[56] E. N. Adams, T. D. Holstein, J. Phys. Chem. Solids **10**, 254 (1959).
[57] М. Я. Азбель, В. Г. Песчанский, ЖЭТФ **52**, 1003 (1967).
[58] В. Г. Песчанский, ЖЭТФ **54**, 137 (1969).

[59] В. Г. Песчанский, М. Я. Азбель, ЖЭТФ **52**, 1003 (1967); **55**, 1980 (1968).
[60] Г. А. Зайцев, С. В. Степанова, В. И. Хоткевич, Тезисы, Москва, 1966.
[61] Г. А. Зайцев, С. В. Степанова, В. И. Хоткевич, Proceedings of the International Conference, Zürich 1968.
[62] Ю. А. Богод, В. В. Еременко, Л. Н. Губовой, Phys. Stat. Solids **28**, 155 (1968); Ю. А. Богод, В. В. Еременко, Л. К. Чубова, ЖЭТФ **56**, 32 (1969).
[63] W. S. Boyle, F. S. L. Hsu, J. E. Kunzler, Phys. Rev. Lett. **4**, 278 (1960); J. Lepage, M. Garber, F. J. Blatt, Phys. Lett. **11**, 102 (1964).
[64] М. Я. Азбель, М. И. Каганов, М. И. Лифшиц, ЖЭТФ **32**, 1188 (1957).
[65] Ю. А. Бычков, Л. Э. Гуревич, Г. М. Недлин, ЖЭТФ **37**, 534 (1959).
[66] Л. Э. Гуревич, Г. М. Недлин, ЖЭТФ **37**, 765 (1959).
[67] М. С. Бреслер, Р. В. Парфенов, С. С. Шалыт, ФТТ **8**, 1776 (1966).
[68] И. М. Лифшиц, ЖЭТФ **32**, 1509 (1957).
[69] А. А. Абрикосов, ЖЭТФ **56**, 1391 (1969).
[70] А. М. Косевич, В. В. Андреев, ЖЭТФ **38**, 882 (1960); **43**, 1061 (1962).
[71] Н. Н. Боголюбов, Проблемы динамической теории в статистической физике, Гостехиздат, 1947; К. П. Гуров, ЖЭТФ **17**, 614 (1947).
[72] Titeica, Ann. Phys. **22**, 129 (1935).
[73] N. W. Asrchoft, Phil. Mag. 8, 2055 (1963); W. A. Harrison, Phys. Rev. **118**, 1182 (1960).
[74] Ю. Н. Образцов, ФТТ **6**, 414 (1964); **7**, 573 (1965).

Zu Teil IV

[1] H. London, Proc. Roy. Soc. **A176**, 522 (1940).
[2] A. B. Pippard, Proc. Roy. Soc. **A191**, 385 (1947).
[3] G. E. Reuter, E. H. Sondheimer, Proc. Roy. Soc. **A195**, 336 (1949).
[4] М. Я. Азбель, ЖЭТФ **39**, 1138 (1960).
[5] М. Я. Азбель, ЖЭТФ **39**, 400 (1960).
[6] Э. А. Канер, ЖЭТФ **34**, 658 (1958).
[7] М. Я. Азбель, Э. А. Канер, ЖЭТФ **32**, 896 (1957); Phys. Chem. Solids **6**, 113 (1958).
[8] R. Chambers, Proc. Phys. Soc. (London) **A65**, 458 (1952).
[9] М. И. Каганов, М. Я. Азбель, ДАН СССР **102**, 49 (1955).
[10] A. B. Pippard, Trans. Roy. Soc. **A250**, 325 (1957).
[11] М. С. Хайкин, ЖЭТФ **39**, 212 (1960).
[12] Proc. 18-th Int. Conf. on Low Temp. Phys., Univ. of Toronto Press, Toronto, Canada (1961); A. F. Kip, D. N. Langenberg, B. Rosenblum, G. Wagoner, Phys. Rev. **108**, 494 (1957); E. Fawcett, W. W. Walsh, Phys, Rev. Lett. 8, 476 (1962); J. F. Koch, A. F. Kip, Proc. 9-th Int. Conf. on Low Temp. Phys., part B, Columbus, Ohio, Plenum Press, New York (1965).
[13] М. Я. Азбель, ДАН СССР **100**, 437 (1955).
[14] Э. А. Канер, ДАН СССР **119**, 471 (1958); ЖЭТФ **45**, 1430 (1963); D. M. Sparlin, D. S. Shreiber, Proc. 9-th Int. Conf. on Low. Temp. Phys., part B, Columbus, Ohio, Plenum Press, New York (1965), p. 823.
[15] Е. П. Вольский, В. Ф. Гантмахер, ЖЭТФ **42**, 1416 (1962); **44**, 811 (1963).
[16] Я. Г. Дорфман, ДАН СССР **81**, 765 (1951).

[17] R. B. DINGLE, Proc. Roy. Soc. **A212**, 38 (1952).
[18] G. DRESSELHAUS, A. KIP, C. KITTEL, Phys. Rev. **92**, 872 (1953); B. LAX, H. ZEIGER, R. DEXTER, F. ROSENBLUM, Phys. Rev. **93**, 1418 (1954).
[19] М. Я. Азбель, М. И. Каганов, ДАН СССР **95**, 41 (1954).
[20] R. G. CHAMBERS, Phil. Mag. **1**, 459 (1956).
[21] Э. А. Канер, ЖЭТФ **33**, 1472 (1952).
[22] В. Г. Песчанский, В. С. Лехциер, ЖЭТФ **46**, 764 (1964).
[23] М. Я. Азбель, В. Г. Песчанский, Письма ЖЭТФ **5**, 26 (1967); ЖЭТФ **54**, 477 (1968).
[24] B. LAX, Rev. Mod. Phys. **30**, 122 (1958).
[25] E. FAWCETT, Phys. Rev. **103**, 1582 (1956).
[26] П. А. Безуглый, А. А. Галкин, ЖЭТФ **33**, 857, 1076 (1957); **34**, 237 (1958); A. F. KIP, D. N. LANGENBERG, B. ROSENBLUM, G. WAGONER, Phys. Rev. **108**, 414 (1958); М. С. Хайкин, ЖЭТФ **37**, 1473 (1959); **39**, 513 (1960); **42**, 27 (1962); **43**, 59 (1962).
[27] D. N. LANGENBERG, A. F. KIP, B. ROSENBLUM, Bull. Amer. Phys. Soc. **3**, 416 (1958); A. F. KIP, D. N. LANGENBERG, T. W. MOORE, Phys. Rev. Lett. **7**, No. 4 (1961); Phys. Rev. **124**, 359 (1961); D. N. LANGENBERG, T. W. MOORE, Phys. Rev. Lett. **3**, 328 (1959); J. F. KOCK, D. STRADLING, A. F. KIP, Phys. Rev. **133**, A240 (1964).
[28] П. А. Безуглый, А. А. Галкин, ЖЭТФ **34**, 236 (1959); G. YOUNG, Phil. Mag. **7**, 2065 (1962); G. E. AUBREY, Phil. Mag. **5**, 1001 (1960); М. С. Хайкин, Р. Т. Мина, ЖЭТФ **42**, 35 (1962); **45**, 1304 (1963); **51**, 62 (1966).
[29] П. А. Безуглый, А. А. Галкин, ЖЭТФ **37**, 1480 (1959); J. S. CASTLE, B. S. CHANDRASEKHAR, J. A. RAYNE, Phys. Rev. Lett. **6**, 409 (1961); М. С. Хайкин, Р. Т. Мина, ЖЭТФ **48**, 111 (1965); Письма в ЖЭТФ **1**, 34 (1965); **1**, 3 (1966).
[30] J. K. GALT, F. R. MERRITT, W. A. YAGER, K. W. DAIL, Phys. Rev. Lett. **2**, 282 (1959); L. K. GALT, F. R. MERRITT, The Fermi Surface, John Wiley and Sons Inc., New York 1960, p. 159.
[31] D. N. LANGENBERG, T. W. MOORE, Phys. Rev. Lett. **3**, 137 (1959); E. FAWCETT, Phys. Rev. Lett. **3**, 139 (1959); F. W. SPONG, A. F. KIP, Phys. Rev. **137A**, 431 (1965); T. W. MOORE, F. W. SPONG, Phys. Rev. **125**, 846 (1962); C. C. GRIMES, A. F. KIP, F. W. SPONG, R. STRADLING, Phys. Rev. Lett. **11**, 455 (1963); А. А. Галкин, В. П. Набережных, В. А. Мельник, ФТТ **5**, 201 (1963).
[32] S. FONER, H. J. ZEIGER, POWELL, W. M. WALSH, LAX, Bull. Amer. Phys. Soc. **11**, 1, 117 (1956); **47**, 879 (1964); **49**, 107 (1965); L. C. HEBEL, Phys. Rev. **138**, 1691 (1965); Y-HAO-KAO, Phys. Rev. **129**, 1122 (1963); B. LAX, K. J. BUTTON, H. J. ZEIGER, L. M. ROTH, Phys. Rev. **102**, 715 (1956); G. E. AUBREY, J. Phys. Chem. Solids **19**, 321 (1961); TINKHAM, Phys. Chem. Solids **3**, 128 (1957); J. K. GALT, W. A. YAGER, F. R. MERRITT, B. B. CERLIN, H. W. DAIL, Phys. Rev. **100**, 748 (1955); G. B. GALT, W. A. YAGER, F. R. MERRITT, B. B. CERLIN, A. D. BRAILSFORD, Phys. Rev. **114**, 1396 (1959).
[33] A. E. DIXON, W. R. DATARS, Solid State Comm. **3**, 377 (1965); A. RON, M. REVZEN, Phys. Lett. **20**, 106 (1966).
[34] T. W. MOORE, G. E. SCHENECTADY, Phys. Rev. Lett. **16**, 581 (1966).
[35] D. G. HOWARD, Phys. Rev. **190A**, 1705 (1965).
[36] D. N. LANGENBERG, J. A. MARCUS, Phys. Rev. **136A**, 1383 (1964).
[37] C. C. GRIMES, A. F. KIP, Phys. Rev. **132**, 1991 (1963).
[38] E. FAWCETT, W. M. WALSH, Phys. Rev. Lett. **8**, 476 (1962); W. M. WALSH, Phys. Rev. Lett. **12**, 161 (1964).
[39] J. K. GALT, F. R. MERRITT, P. N. SCHMIDT, Phys. Rev. Lett. **6**, 458 (1961); C. C. GRIMES et al., Phys. Rev. Lett. **11**, 455 (1963); M. P. SHOW, T. G. ECK, Proc. 9-th Int. Conf. on Low Temp. Phys., part B, (1965), p. 761.

[40] W. R. Datars, Phys. Rev. **126**, 975 (1962); Canad. J. Phys. **39**, 1922 (1961); **40**, 1784 (1962); W. R. Datars, R. N. Dexter, Phys. Rev. **124**, 75 (1961); W. R. Datars, J. Vanderkley, Bull. Amer. Phys. Soc. **11**, 9, 598 (1964).
[41] T. G. Eck, M. P. Shaw, Proc. 9-th Conf. on Low Temp. Phys., part B, (1965), p. 759.
[42] R. G. Chambers, Canad. J. Phys. **34**, 1395 (1956).
[43] E. J. Blount, Phys. Rev. Lett. **3**, 114 (1960).
[44] G. E. Everett, Phys. Rev. **128**, 2564 (1962); J. Kirsch, A. G. Redfield, Bull. Amer. Phys. Soc. **11**, 7, 477 (1962); J. F. Koch, A. F. Kip, Phys. Rev. Lett. **8**, 478 (1962).
[45] R. G. Chambers, Proc. Phys. Soc. **86**, 305 (1965); **88**, 695, 701 (1966).
[46] C. C. Grimes, A. F. Kip, F. W. Spong, R. Stradling, P. Pincus, Phys. Rev. Lett. **11**, 455 (1963); F. W. Spong, A. F. Kip, Phys. Rev. **137A**, 431 (1965).
[47] P. E. Bloomfield, Тезисы ЛТ-Х, Москва, 1966; Э. А. Канер, А. Я. Бланк, там же; Phys. Chem. Solids **28**, 1735 (1967).
[48] М. С. Хайкин, ЖЭТФ **42**, 27 (1962); Р. Т. Мина, М. С. Хайкин, Письма ЖЭТФ **1**, 34 (1965); D. G. Koward, Phys. Rev. **140A**, 1705 (1965).
[49] М. Я. Азбель, В. Г. Песчанский, Письма ЖЭТФ **5**, 26 (1967); ЖЭТФ **54**, 477 (1968).
[50] М. С. Хайкин, ЖЭТФ **41**, 1773 (1961); **42**, 27 (1962); **43**, 59 (1962).
[51] H. Suzuki, K. Ariyama, J. Phys. Soc. Jap. **17**, 704, 1077 (1962).
[52] W. W. Walsh, C. C. Grimes, G. Adams, L. W. Rapp, Proc. 9-th Int. Conf. on Low. Temp. Phys., part B (1965), p. 765.
[53] Э. А. Канер, ЖЭТФ **44**, 1036 (1963).
[54] V. F. Gantmacher, Progr. Low Temp. Phys. **5**, 181 (1967); Э. А. Канер, В. Ф. Гантмахер, УФН **94**, 123 (1968).
[55] В. Ф. Гантмахер, ЖЭТФ **43**, 345 (1962).
[56] О. В. Константинов, В. И. Перель, ЖЭТФ **38**, 161 (1960).
[57] Э. А. Канер, В. Г. Скобов, ЖЭТФ **45**, 610 (1963); **46**, 1106 (1964).
[58] В. Г. Скобов, Э. А. Канер, ЖЭТФ **46**, 1809 (1964).
[59] Э. А. Канер, В. Г. Скобов, ЖЭТФ **46**, 273 (1964).
[60] Э. А. Канер, В. Г. Скобов, УФН **89**, 367 (1966).
[61] Ф. Г. Басс, А. Я. Бланк, М. И. Каганов, ЖЭТФ **45**, 10 (1963).
[62] J. Aubrey, R. Chambers, J. Phys. Chem. Solids **3**, 128 (1957); S. Buchsbaum, J. Galt, Phys. Fluids **4**, 1514 (1961); J. Kirsh, P. Miller, Phys. Rev. Lett. **9**, 421 (1962); P. Miller, R. Herring, Phys. Rev. **128**, 126 (1962); М. С. Хайкин, В. С. Эдельман, Р. Т. Мина, ЖЭТФ **44**, 2190 (1963); **49**, 1965 (1965); М. С. Хайкин, В. С. Эдельман, Л. А. Фальковский, ЖЭТФ **45**, 826, 1704 (1963).
[63] F. Rose, M. Taylor, R. Bowers, Phys. Rev. **127**, 1122 (1962); M. Taylor, J. Merritt, R. Bowers, Phys. Rev. **129**, 2525 (1963); I. I. Quinn, S. Rodriguez, Phys. Rev. **128**, 2487 (1962); A. B. Pippard, Rept. Progr. Phys. **23**, 176 (1960); R. Bowers, C. Lengendy, F. Rose, Phys. Rev. Lett. **7**, 339 (1961); P. Cotti, O. Wyder, A. Quattropani, Phys. Rev. Lett. **1**, 50 (1965).
[64] A. Libchaber, R. Veilex, Phys. Rev. **127**, 774 (1962).
[65] W. M. Walsh, P. M. Platzman, Phys. Rev. Lett. **15**, 784 (1966).
[66] A. K. Jonscher, Brit. J. Appl. Phys. **15**, 365 (1964).
[67] А. А. Абрикосов, Л. А. Фальковский, ЖЭТФ **43**, 1089 (1963).
[67a] В. П. Силин, ЖЭТФ **35**, 1243 (1958).
[67b] S. Schultz, G. Dunifer, Phys. Rev. Lett. **18**, 283 (1967).
[67c] В. П. Силин, Спиновые волны в неферромагнитных металлах (дополнение к монографии А. И. Ахиезера, В. Г. Барьяхтара и С. В. Пелетминского «Спиновые волны», изд-во «Наука», 1967).

[68] М. Я. Азбель, С. Я. Рахманов, Письма ЖЭТФ **9**, 252 (1968).
[68a] Э. А. Канер, В. Г. Скобов, ЖЭТФ **46**, 1106 (1964).
[68b] М. Я. Азбель, С. Я. Рахманов, ЖЭТФ **57**, 983 (1969).
[68c] М. Я. Азбель, С. Я. Рахманов, ФТТ **11**, 3183 (1969).
[69] И. М. Лифшиц, ЖЭТФ **40**, 1235 (1961).
[69a] И. М. Лифшиц, М. Я. Азбель, А. А. Слуцкин, ЖЭТФ **43**, 1464 (1962).
[70] М. Я. Азбель, Г. А. Бегиашвили, Письма ЖЭТФ **3**, 201 (1966).
[71] М. Я. Азбель, Л. Б. Дубовский, Письма ЖЭТФ **5**, 414 (1967).
[72] L. D. Landau, E. M. Lifschitz, Quantenmechanik, Akademie-Verlag, 5. Aufl., Berlin 1974.
Original: Л. Д. Ландау, Е. М. Лифшиц, Квантовая механика, Физматгиз, 1963.
[73] Е. П. Вольский, ЖЭТФ **43**, 1120 (1962); 46, 2035 (1964).
[74] М. С. Хайкин, Р. Т. Мина, В. С. Эдельман, ЖЭТФ **43**, 2063 (1962); J. E. Aubrey, N. W. A. March, Nature **205**, 894, 4974 (1965).
[75] М. Я. Азбель, ЖЭТФ **34**, 969 (1958).
[76] М. Я. Азбель, ЖЭТФ **34**, 1158 (1958).
[77] D. C. Mattis, G. Dresselhaus, Phys. Rev. **111**, 403 (1958).
[78] G. Feher, A. F. Kip, Phys. Rev. **98**, 337 (1955).
[79] A. W. Overhauser, Phys. Rev. **89**, 689; **92**, 411 (1953).
[80] R. J. Elliott, Phys. Rev. **96**, 266 (1954).
[81] В. В. Андреев, В. И. Герасименко, ЖЭТФ **35**, 1210 (1958).
[82] Н. Н. Боголюбов, К. П. Гуров, ЖЭТФ **17**, 614 (1947).
[83] F. Dyson, Phys. Rev. **96**, 349 (1955).
[84] М. Я. Азбель, ДАН СССР **99**, 519 (1954).
[85] D. I. Blochinzew, Grundlagen der Quantenmechanik, Deutscher Verlag der Wissenschaften, Berlin 1953.
Original: Д. И. Блохинцев, Основы квантовой механики, Гостехиздат, 1949, § 62.
[86] Criswold, A. F. Kip, C. Kittel, Phys. Rev. **82**, 951 (1952).
[87] R. Levy, Phys. Rev. **102**, 31 (1956).
[88] М. С. Хайкин, ЖЭТФ **39**, 899 (1960).
[89] G. E. Smith, J. K. Golt, F. R. Merritt, Phys. Rev. Lett. **4**, 276 (1960).
[90] R. B. Lewis, T. R. Carver, Phys. Rev. Lett. **12**, 693, 695 (1964).
[91] L. C. Hebel, Blount, G. E. Smith, Phys. Rev. **138A**, 1636 (1965).
[92] М. Я. Азбель, В. И. Герасименко, И. М. Лифшиц, ЖЭТФ **31**, 357 (1956); **32**, 1212 (1957); **35**, 691 (1958); Phys. Chem. Solids **1**, 164 (1956).
[93] J. I. Kaplan, Phys. Rev. **115**, 575 (1959).
[94] H. C. Torrey, Phys. Rev. **104**, 563 (1956).
[95] М. Я. Азбель, И. М. Лифшиц, ЖЭТФ **33**, 792 (1957).
[96] Э. И. Рашба, УФН **84**, 557 (1964).
[97] P. E. Bloomfield, Bull. Amer. Phys. Soc. **11**, 8, 206 (1963).
[98] G. E. Smith, L. C. Hebel, S. J. Buchsbaum, Phys. Rev. **129**, 154 (1963).
[99] М. Я. Азбель, ФТТ **4**, 568 (1962).
[100] Э. А. Канер, ЖЭТФ **33**, 1472 (1957).
[100a] В. Г. Песчанский, Письма ЖЭТФ **7**, 489 (1968).
[101] М. С. Хайкин, ЖЭТФ **12**, 152 (1961).
[102] J. F. Koch, A. F. Kip, LT-9, **B818** (1965).
[103] J. F. Koch, C. C. Kuo, Phys. Rev. **143**, 430 (1965).
[104] М. С. Хайкин, ЖЭТФ **55**, 1966 (1968).
[105] М. С. Хайкин, Письма ЖЭТФ **4**, 113 (1966).
[106] A. P. Van Gelder, Phys. Lett. **22**, 7 (1966).

[107] TSU—WEI NEE, R. E. PRANGE, Phys. Lett. **25A**, 582 (1967); R. E. PRANGE, Phys. Rev. **171**, 737 (1968).
[108] Л. П. Питаевский, ЖЭТФ **34**, 942 (1968).
[109] Р. Н. Гуржи, М. Я. Азбель, Хао Бай Линь, ФТТ **5**, 759 (1963).
[110] Р. Н. Гуржи, ЖЭТФ **35**, 965 (1958).
[110a] М. И. Каганов, В. В. Слезов, ЖЭТФ **32**, 1496 (1957).
[111] М. И. Каганов, И. М. Лифшиц, ЖЭТФ **45**, 948 (1963).
[112] J. C. SLOUCZEWSKI, P. R. WEISS, Phys. Rev. **109**, 272 (1958).
[113] Р. Н. Гуржи, М. И. Каганов, ЖЭТФ **49**, 941 (1965).
[114] М. С. Хайкин, УФН **96**, 409 (1968).
[115] И. М. Лифшиц, ЖЭТФ **26**, 551 (1954).
[116] R. G. CHAMBERS, Proc. Phys. Soc. 78, 941 (1961).

Anhang II

[1] Ю. Каган, Е. Г. Бровман, ЖЭТФ **52**, 557 (1967).
[2] В. М. Конторович, ЖЭТФ **45**, 1638 (1963).
[3] А. И. Ахиезер, М. И. Каганов, Г. Я. Любарский, ЖЭТФ **32**, 837 (1957).
[4] Л. Д. Ландау, Е. М. Лифшиц, Механика сплошных сред, Гостехиздат, 1953.
[5] М, И, Каганов, В. Г. Песчанский, ФТТ **9**, 3670 (1967); **5**, 3215 (1963).
[6] А. И. Ахиезер, ЖЭТФ **8**, 1330 (1938).
[7] L. D. LANDAU, E. M. LIFSCHITZ, Statistische Physik, Akademie-Verlag, 4. Aufl., Berlin 1975.
Original: Л. Д. Ландау, Е. М. Лифшиц, Статистическая физика, изд-во «Наука», 1964, § 54.
[8] A. B. PIPPARD, Phil. Mag. **46**, 1104 (1955).
[9] А. Б. Мигдал, ЖЭТФ **34**, 1438 (1958); W. KOHN, Phys. Rev. Lett. **3**, 393 (1959).
[10] P. L. TAYLOR, Phys. Rev. **131**, 1995 (1963).
[11] А. М. Афанасьев, Ю. Каган, ЖЭТФ **43**, 1456 (1962).
[12] М. И. Каганов, А. И. Семененко, ЖЭТФ **50**, 630 (1966).
[13] L. D. LANDAU, E. M. LIFSCHITZ, Elektrodynamik der Kontinua, Akademie-Verlag, 3. Aufl., Berlin 1974.
Original: Л. Д. Ландау, Е. М. Лифшиц, Электродинамика сплошных сред, Гостехиздат, 1957, § 62.
[14] A. B. PIPPARD, Phil. Mag. **2**, 1147 (1955).
[15] В. Л. Гуревич, ЖЭТФ **37**, 71 (1959).
[16] Э. А. Канер, В. Г. Песчанский, И. А. Привороцкий, ЖЭТФ **40**, 214 (1961).
[17] Э. А. Канер, ЖЭТФ **43**, 216 (1962).
[18] В. Л. Гуревич, В. Г. Скобов, Ю. Д. Фирсов, ЖЭТФ **40**, 786 (1961).
[19] В. Л. Гуревич, Ю. М. Гальперин, С. В. Ганцевич, ЖЭТФ **56**, 1728 (1969).

Anhang III

[1] R. J. BALCOMBE, Proc. Roy. Soc. **A275**, 113 (1963).
[2] Е. С. Боровик, В. Г. Волоцкая, ЖЭТФ **48**, 1554 (1965).
[3] R. A. PARKER, R. J. BALCOMBE, Phys. Lett. **27A**, 197 (1968).
[4] R. LÜCK, Phys. Status Solidi **18**, 49 (1966).
[5] E. M. GUNNERSEN, Phil. Trans. Roy. Soc. **249**, 299 (1957).

[6] M. G. Priestley, Phil. Mag. 7, 1205 (1962).
[7] Е. П. Вольский, ЖЭТФ **46**, 123 (1964).
[8] W. L. Larson, W. L. Gordon, Phys. Rev. **156**, 703 (1967).
[9] T. W. Moore, F. W. Spong, Phys. Rev. **125**, 846 (1962).
[10] А. А. Галкин, В. П. Набережных, В. А. Мельник, ЖЭТФ **44**, 127 (1963).
[11] В. П. Набережных, В. П. Толстолужский, ЖЭТФ **46**, 18 (1964).
[12] F. W. Spong, A. F. Kip, Phys. Rev. **137**, 431 (1965).
[13] Р. Т. Мина, В. С. Эдельман, М. С. Хайкин, ЖЭТФ **51**, 1363 (1966).
[14] П. А. Безуглый, А. А. Галкин, А. И. Пушкин, ЖЭТФ **44**, 71 (1963).
[15] G. N. Kamm, H. V. Bohm, Phys. Rev. **131**, 111 (1963).
[16] K. Fossheim, T. Olsen, Phys. Status Solidi **6**, 867 (1964).
[17] H. P. Aubauer, Phys. Rev. **155**, 673 (1967).
[18] J. F. Koch, T. K. Wagner, Bull. Amer. Phys. Soc. **11**, 170 (1969).
[19] V. Heine, Proc. Roy. Soc. **A240**, 261 (1957).
[20] B. Segall, Phys. Rev. **131**, 121 (1963).
[21] N. W. Ashcroft, Phil. Mag. **96**, 2055 (1963).
[22] Н. Е. Алексеевский, В. С. Егоров, ЖЭТФ **55**, 1153 (1968).
[23] B. R. Watts, Phys. Lett. **3**, 284 (1963); Proc. Roy. Soc. **A282**, 521 (1964).
[24] T. L. Loucks, P. H. Cutler, Phys. Rev. **133**, 819 (1964).
[25] T. L. Loucks, Phys. Rev. **134**, 1618 (1964).
[26] J. H. Terrell, Phys. Rev. **149**, 526 (1966).
[27] Н. Е. Алекеевский, В. С. Егоров, ЖЭТФ **46**, 1205 (1964).
[28] K. S. Nelson, J. L. Stanford, F. A. Schmidt, Phys. Lett. **28A**, 402 (1968).
[29] L. F. Mattheiss, Phys. Rev. **139**, 1893 (1965).
[30] R. N. Zitter, Phys. Rev. **127**, 1471 (1962).
[31] J. S. Dhillon, D. Shoenberg, Phil. Trans. Roy. Soc. **A248**, 1 (1955).
[32] L. S. Lerner, Phys. Rev. **130**, 605 (1963).
[33] Н. Б. Бранд, Т. Ф. Долголенко, Н. Н. Ступоченко, ЖЭТФ **45**, 1319 (1963).
[34] Y. Eckstein, J. B. Ketterson, Phys. Rev. **137**, 1777 (1965).
[35] C. G. Grenier, J. M. Reynolds, J. R. Subert, Phys. Rev. **132**, 58 (1963).
[36] R. J. Balcombe, A. M. Forrest, Phys. Rev. **151**, 550 (1966).
[37] Kao Yi-Han, Phys. Rev. **129**, 1122 (1963).
[38] В. С. Эдельман, М. С. Хайкин, ЖЭТФ **49**, 107 (1965).
[39] D. H. Rencker, Phys. Rev. **115**, 303 (1959).
[40] А. П. Королюк, ЖЭТФ **49**, 1009 (1965); **51**, 697 (1966).
[41] Y. Sawada, E. Burstein, L. Testardi, J. Phys. Soc. Japan **21**, 760 (1966).
[42] S. Masc, Y. Fujimori, H. Mori, J. Phys. Soc. Japan **21**, 1744 (1966).
[43] М. С. Хайкин, В. С. Эдельман, ЖЭТФ **47**, 878 (1964).
[44] V. F. Gantmaher, Progr. Low. Temp. Phys. **5**, 181 (1967).
[45] L. S. Lerner, Phys. Rev. **127**, 1480 (1962).
[46] А. А. Абрикосов, Л. А. Фальковский, ЖЭТФ **43**, 1089 (1962).
[47] L. G. Ferreira, J. Phys. Chem. Solids **29**, 357 (1968).
[48] E. Fawcett, Phys. Rev. **128**, 154 (1962).
[49] D. M. Sparlin, J. A. Marcus, Phys. Rev. **144**, 484 (1966).
[50] R. F. Girvan, A. V. Gold, R. A. Phillips, J. Phys. Chem. Solids **29**, 1485 (1968).
[51] E. Fawcett, W. W. Walsh, Phys. Rev. Lett. **8**, 476 (1962).
[52] Р. Германн, В. С. Эдельман, ЖЭТФ **53**, 1563 (1967).
[53] W. M. Walsh, C. C. Grimes, G. Adams, L. W. Rupp, Proc. IX. Conf. Low. Temp. Phys., vol. B, New York, 1965, pp. 765.
[54] T. L. Loucks, Phys. Rev. **143**, 506 (1966).
[55] J. O. Dimmock, A. J. Freeman, R. E. Watson, J. Appl. Phys. **36**, 1142 (1965).

[56] A. J. Freeman, J. O. Dimmock, R. E. Watson, Phys. Rev. Lett. **16**, 94 (1966).
[57] S. C. Keeton, T. L. Loucks, Phys. Rev. **146**, 429 (1966); **168**, 672 (1968).
[58] Н. Е. Алексеевский, Ю. П. Гайдуков, ЖЭТФ **37**, 672 (1959).
[59] W. A. Reed, J. A. Marcus, Phys. Rev. **126**, 1298 (1962).
[60] J. A. Munarin, J. A. Marcus, P. E. Bloomfield, Phys. Rev. **172**, 718 (1968).
[61] A. Goldstein, S. Foner, Phys. Rev. **146**, 442 (1966).
[62] T. W. Moore, Phys. Rev. Lett. **18**, 310 (1967); Phys. Rev. **165**, 864 (1968).
[63] M. Surma, Acta Phys. Polon. **32**, 677 (1967).
[64] П. А. Безуглый, А. А. Галкин, С. А. Жеваго, ЖЭТФ **47**, 825 (1964); ФТТ **7**, 480 (1965).
[65] A. Fukumoto, M. W. Stradberg, Phys. Rev. **155**, 685 (1967).
[66] J. C. Slater, G. F. Koster, J. H. Wood, Phys. Rev. **126**, 1307 (1962).
[67] D. E. Saule, J. W. McClure, L. B. Smith, Phys. Rev. **134**, 453 (1964).
[68] S. J. Williamson, S. Foner, M. S. Dresselhaus, Phys. Rev. **140**, 1429 (1965).
[69] S. J. Williamson, M. Surma, H. C. Praddaude, R. A. Patten, J. L. Furdyna, Solid State Comm. **4**, 37 (1966).
[70] R. F. O'Brien, S. Foner, Phys. Lett. **25**, 310 (1967).
[71] M. S. Dresselhaus, J. G. Mavroides, IBM J. Res. **8**, 262 (1964).
[72] W. A. Reed, E. Fawcett, Phys. Rev. Lett. **9**, 336 (1962), Phys. Rev. **131**, 2463 (1963); **136**, 422 (1964).
[73] A. Isin, R. V. Coleman, Phys. Rev. **137**, 1609 (965).
[74] A. V. Gold, J. Appl. Phys. **39**, 768 (1968).
[75] S. Wakon, J. Yamashita, J. Phys. Soc. Japan **21**, 1712 (1966).
[76] J. H. Wood, Phys. Rev. **126**, 517 (1962).
[77] L. F. Mattheiss, Phys. Rev. **134**, 970 (1964).
[78] E. Justi, Phys. Zs. **41**, 563 (1940).
[79] Ю. П. Гайдуков, ЖЭТФ **37**, 1281 (1959).
[80] S. Shoenberg, Phil. Trans. Roy. Soc. **A255**, 1 (1962).
[81] A. S. Joseph, A. C. Thorsen, Phys. Rev. **140**, 2046 (1965).
[82] J. P. Jan, J. M. Templeton, Phys. Rev. **161**, 556 (1967).
[83] D. N. Langenberg, S. M. Marcus, Phys. Rev. **136**, 1383 (1964).
[84] R. W. Morse, A. Myers, C. T. Walker, Phys. Rev. Lett. **4**, 605 (1960).
[85] H. V. Bohm, V. J. Easterling, Phys. Rev. **128**, 1021 (1962).
[86] D. J. Roaf, Phil. Trans. Roy. Soc. **A255**, 135 (1962).
[87] Е. С. Боровик, ДАН СССР **69**, 768 (1949).
[88] Е. С. Боровик, В. Г. Волоцкая, ЖЭТФ **38**, 261 (1960).
[89] Ю. П. Гайдуков, ЖЗТФ **49**, 1049 (165).
[90] G. B. Brandt, J. A. Rayne, Phys. Lett. **12**, 87 (1964); Phys. Rev. **132**, 1512 (1963).
[91] W. J. O'Sullivan, J. E. Shirber, J. R. Anderson, Phys. Lett. **27A**, 144 (1968).
[92] A. J. Hughes, A. H. Lettington, Phys. Lett. **27A**, 241 (1968).
[93] Р. Т. Мина, М. С. Хайкин, ЖЭТФ **48**, 111 (1965); **51**, 62 (1966).
[94] J. A. Rayne, B. S. Chandrasekhar, Phys. Rev. **125**, 1952 (1962); **129**, 652 (1963).
[95] R. J. Balcombe, E. W. Guptill, M. H. Jericho, Phys. Lett. **13**, 287 (1964).
[96] В. Ф. Гантмахер, И. П. Крылов, ЖЭТФ **49**, 1054 (1965).
[97] N. W. Ashcroft, W. E. Lawrence, Phys. Rev. **175**, 938 (1968).
[98] W. R. Datars, S. Tanuma, Phys. Lett. **27A**, 182 (1968).
[99] S. Tanuma, Y. Ishizawa, H. Nagasawa, T. Sugawara, Phys. Lett. **25**, 669 (1967).
[100] T. L. Loucks, Phys. Rev. **144**, 504 (1966).
[101] S. L. Altmann, C. J. Bradley, Proc. Phys. Soc. **92**, 764 (1967).
[102] Н. Е, Алексеевский, Ю. П. Гайдуков, ЖЭТФ **43**, 2094 (1962).
[103] D. C. Tsui, R. W. Stark, Phys. Rev. Lett. **19**, 1317 (1967).
[104] J. G. Anderson, W. F. Love, Bull. Amer. Phys. Soc. **8**, 258 (1963).
[105] A. D. Grassic, Phil. Mag. **9**, 101 (1964).

[106] D. C. TSUI, R. W. STARK, Phys. Rev. Lett. **16**, 19 (1966).
[107] J. K. GALT, F. R. MERRITT, J. R. KLAUDER, Phys. Rev. **139**, 823 (1965).
[108] M. P. SHAW, T. G. ECK, D. A. ZYCH, Phys. Rev. **142**, 406 (1966).
[109] J. D. GAVENDA, B. C. DEATON, Phys. Rev. Lett. **8**, 208 (1962).
[110] M. R. DANIEL, L. MACKINNON, Phil. Mag. **8**, 537 (1963).
[111] D. F. GIBBONS, L. M. FALICOV, Phil. Mag. **8**, 177 (1963).
[112] B. C. DEATON, Phys. Rev. **136**, 1096 (1964).
[113] N. H. ZEBOUNI, R. E. HAMBURG, H. J. MACKEY, Phys. Rev. Lett. **11**, 260 (1963).
[114] А. А. Марьяхин, В. П. Набережных, Письма ЖЭТФ **3**, 205 (1966).
[115] В. П. Набережных, А. А. Марьяхин, В. А. Мельник, ЖЭТФ **52**, 617 (1967).
[116] R. G. GOODRICH, R. C. JONES, Phys. Rev. **156**, 745 (1967).
[117] R. C. JONES, R. G. GOODRICH, L. M. FALICOV, Phys. Rev. **174**, 672 (1968).
[118] W. A. HARRISON, Phys. Rev. **118**, 1190 (1960).
[119] R. W. STARK, L. M. FALICOV, Phys. Rev. Lett. **19**, 795 (1967).
[120] R. G. CHAMBERS, B. K. JONES, Proc. Roy. Soc. **A270**, 417 (1962).
[121] P. A. PENZ, Phys. Rev. Lett. **20**, 725 (1968).
[122] J. R. REITZ, A. W. OVERHAUSES, Phys. Rev. **171**, 749 (1968).
[123] D. SHOENBERG, P. J. STILES, Proc. Roy. Soc. **A281**, 62 (1964).
[124] C. C. GRIMES, A. F. KIP, Phys. Rev. **132**, 1991 (1963).
[125] H. J. FOSTER, P. H. MEIJER, E. V. MIELCZAREK, Phys. Rev. **139**, 1849 (1965).
[126] J. TRIVISONNO, M. S. SAID, L. A. PAUER, Phys. Rev. **147**, 518 (1966).
[127] T. G. BLANEY, Phil. Mag. **17**, 405 (1968); **20**, 23 (1969).
[128] J. R. PEVERLEY, Phys. Rev. **173**, 689 (1968).
[129] J. F. KOCH, T. K. WAGNER, Phys. Rev. **151**, 467 (1966).
[130] P. S. PEERCY, W. M. WALSH, L. M. RUPP, P. H. SCHIDT, Phys. Rev. **171**, 713 (1968).
[131] F. S. HAM, Phys. Rev. **128**, 2524 (1962).
[132] V. HEINE, A. ABARENKOV, Phil. Mag. **9**, 451 (1964).
[133] N. W. ASHCROFT, Phys. Rev. **140**, 935 (1965).
[134] J. H. CONDON, J. A. MARCUS, Phys. Rev. **134**, 446 (1964).
[135] S. L. ALTMANN, A. P. CRACKNELL, Proc. Phys. Soc. **84**, 761 (1964).
[136] Н. Е. Алексеевский, Ю. П. Гайдуков, ЖЭТФ **38**, 1720 (1960).
[137] R. W. STARK, T. G. ECK, W. L. GORDON, Phys. Rev. Lett. 8, 360 (1962); Phys. Rev. **133**, 443 (1964).
[138] M. G. PRIESTLEY, Poc. Roy. Soc. **A276**, 258 (1963).
[139] M. G. PRIESTLEY, L. M. FALICOV, G. WEISZ, Phys. Rev. **131**, 617 (1963).
[140] R. W. STARK, Bull. Amer. Phys. Soc. **11**, 169 (1966).
[141] R. W. STARK, Phys. Rev. **162**, 589 (1967).
[142] T. G. ECK, M. P. SHAW, Proc. IX. Conf. Low. Temp. Phys., vol. B, New York, 1965, p. 759.
[143] E. W. HARTMANN, J. M. LUTTINGER, Phys. Rev. **151**, 430 (1966).
[144] J. B. KETTERSON, R. W. STARK, **156**, 748 (1967).
[145] L. M. FALICOV, Phil. Trans. Roy. Soc. **A255**, 55 (1962).
[146] L. M. FALICOV, M. H. COHEN, Phys. Rev. **130**, 92 (1963).
[147] L. M. FALICOV, A. B. PIPPARD, R. R. SILVERT, Phys. Rev. **151**, 498 (1966).
[148] Н. Е. Алексеевский, Ю. П. Гайдуков, ЖЭТФ **37**, 672 (1959).
[149] J. E. KUNZLER, J. R. KLAUDER, Phil. Mag. **6**, 1045 (1961).
[150] A. J. FUNES, R. V. COLEMAN, Phys. Rev. **131**, 2084 (1963).
[151] J. R. KLAUDER, W. A. REED, C. E. BRENNERT, J. E. KUNZLER, Phys. Rev. **141**, 592 (1966).
[152] D. SHOENBERG, Nature **183**, 171 (1959).
[153] A. S. JOSEPH, A. C. THORSEN, Phys. Rev. **134**, 979 (1964).
[154] A. S. JOSEPH, A. C. THORSEN, E. GERTNER, L. E. VALBY, Phys. Rev. **148**, 569 (1966).

[155] D. N. Langenberg, T. W. Moore, Phys. Rev. Lett. **3**, 328 (1959).
[156] A. F. Kip, D. N. Langenberg, T. W. Moore, Phys. Rev. **124**, 359 (1961).
[157] J. R. Boyd, J. D. Gavenda, Phys. Rev. **152**, 645 (1966).
[158] R. E. McFarlane, J. A. Rayne, C. K. Jones, Phys. Lett. **24**, 197 (1967).
[159] E. J. Zornberg, F. M. Mueller, Phys. Rev. **151**, 557 (1966).
[160] Е. Е. Старцев, Н. В. Волькенштейн, Н. А. Новоселов, ЖЭТФ **51**, 1311 (1966).
[161] G. Leaver, A. Myers, Phil. Mag. **19**, 437 (1969).
[162] R. Herrmann, Phys. Status Solidi **25**, 661 (1968).
[163] П. А. Безуглый, С. Е. Жеваго, В. И. Денисенко, ЖЭТФ **49**, 1457 (1965).
[164] А. А. Галкин, С. Е. Жеваго, Т. Ф. Бутенко, Укр. физ. ж. **13**, 1106 (1968).
[165] В. В. Бойко, В. Н. Гаспаров, И. Г. Гвердцители, Письма ЖЭТФ **6**, 737 (1967); ЖЭТФ **56**, 489 (1969).
[166] W. H. Lomer, Proc. Phys. Soc. **84**, 327 (1964).
[167] T. L. Loucks, Phys. Rev. **139**, 1181 (1965).
[168] A. P. Jeavons, G. A. Saunders, Phys. Lett. **27A**, 19 (1968).
[169] M. G. Priestley, L. R. Windmiller, J. B. Ketterson, Y. Eckstein, Phys. Rev. **154**, 671 (1967).
[170] J. Vanderkooy, W. R. Datars, Phys. Rev. **156**, 671 (1967).
[171] Ishizawa Yoshio, J. Phys. Soc. Japan **25**, 160 (1968).
[172] W. R. Datars, J. Vanderkooy, J. Phys. Soc. Japan **21**, 657 (1966).
[173] Y. Shapira, S. J. Williamson, Phys. Lett. **14**, 73 (1965).
[174] J. B. Ketterson, Y. Eckstein, Phys. Rev. **140**, 1355 (1965).
[175] L. M. Falicov, S. Golin, Phys. Rev. **137**, 871 (1965).
[176] S. Golin, Phys. Rev. **140**, 993 (1965).
[177] P. J. Lin, L. M. Falicov, Phys. Rev. **146**, 441 (1966).
[178] Н. Е. Алексеевский, Ю. П. Гайдуков, ЖЭТФ **36**, 447 (1959).
[179] M. J. G. Lee, Proc. Roy. Soc. **A295**, 440 (1966).
[180] E. Fawcett, W. A. Reed, Phys. Rev. Lett. **9**, 336 (1962); J. Appl. Phys. **35**, 754 (1964).
[181] A. S. Joseph, A. C. Thorsen, Phys. Rev. Lett. **11**, 554 (1963).
[182] D. C. Tsui, R. W. Stark, Phys. Rev. Lett. **17**, 871 (1966).
[183] D. C. Tsui, Phys. Rev. **164**, 669 (1967).
[184] J. Ruvalds, L. M. Falicov, Phys. Rev. **172**, 509 (1968).
[185] J. Yamashita, M. Fukuchi, S. Wakon, J. Phys. Soc. Japan **18**, 999 (1963).
[186] J. C. Phillips, Phys. Rev. **133**, 1020 (1964).
[187] E. Fawcett, W. A. Reed, R. R. Soden, Phys. Rev. **159**, 533 (1967).
[188] Н. Е. Алексеевский, К. Х. Бертель, А. В. Дубровин, Г. Э. Карстенс, Письма ЖЭТФ **6**, 637 (1967).
[189] W. A. Reed, R. R. Soden, Phys. Rev. **173**, 677 (1968).
[190] A. C. Thorsen, T. G. Berlincourt, Phys. Rev. Lett. **7**, 244 (1961).
[191] Н. Е. Алексеевский, Ю. П. Гайдуков, И. М. Лифшиц, В. Г. Песчанский, ЖЭТФ **39**, 1201 (1960).
[192] R. C. Young, Phys. Rev. **152**, 659 (1966).
[193] J. G. Anderson, R. C. Joung, Phys. Rev. **168**, 696 (1968).
[194] A. V. Gold, M. G. Priestley, Phil. Mag. **5**, 1089 (1960).
[195] J. A. Woolam, Phys. Lett. **27A**, 246 (1968).
[196] M. D. Staflen, A. R. Vroomen, Phys. Status Solidi **23**, 675, 683 (1967).
[197] J. E. Craven, R. W. Stark, Phys. Rev. **168**, 849 (1968).
[198] J. F. Koch, A. F. Kip, Phys. Rev. Lett. **8**, 473 (1962).
[199] М. С. Хайкин, ЖЭТФ **42**, 27 (1962).

[200] М. С. Хайкин, С. М. Черемисин, ЖЭТФ **54**, 69 (1968).
[201] T. Olsen, J. Phys. Chem. Solids **24**, 649 (1963).
[202] М. С. Хайкин, ЖЭТФ **41**, 1773 (1961).
[203] В. Ф. Гантмахер, ЖЭТФ **44**, 811 (1963); **46**, 2028 (1964); **48**, 1576 (1965).
[204] M. Miasek, Phys. Rev. **130**, 11 (1963).
[205] G. Weisz, Phys. Rev. **149**, 504 (1966).
[206] Н. Е. Алексеевский, Н. Н. Михайлов, ЖЭТФ **46**, 1979 (1964); **54**, 350 (1968).
[207] Н. Е. Алексеевский, Г. Э. Карстенс, В. В. Можаев, ЖЭТФ **46**, 1979 (1964).
[208] J. J. Vuillemin, M. G. Priestley, Phys. Rev. Lett. **14**, 307 (1965).
[209] J. J. Vuillemin, Phys. Rev. **144**, 396 (1966).
[210] F. M. Mueller, M. G. Priestley, Phys. Rev. **148**, 638 (1966).
[211] A. J. Freeman, A. M. Furdyna, J. O. Dimmock, J. Appl. Phys. **37**, 1256 (1966).
[212] Н. Е. Алексеевский, Г. Э. Карстенс, В. В. Можаев, Труды X Междунар. конф. по физике низких температур, т. 3, М., изд. ВИНИТИ, 1967, стр. 169.
[213] M. D. Staflen, A. R. Vroomen, Phys. Lett. **19**, 81 (1965).
[214] J. B. Ketterson, M. G. Priestley, J. J. Vuillemin, Phys. Lett. **20**, 452 (1966).
[215] L. R. Windmiller, J. B. Ketterson, Phys. Rev. Lett. **20**, 324 (1968).
[216] R. Fletcher, L. Mackinnon, W. D. Wallace, Phys. Lett. **25**, 395 (1967).
[217] A. R. Mackintosh, Bull. Amer. Phys. Soc. **11**, 215 (1966).
[218] Н. Е. Алексеевский, В. С. Егоров, Б. Н Казак, ЖЭТФ **44**, 1116 (1963).
[219] W. A. Reed, E. Fawcett, R. R. Soden, Phys. Rev. **139**, 215 (1965).
[220] A. S. Joseph, A. C. Thorsen, Phys. Rev. Lett. **11**, 67 (1963); Phys. Rev. **133**, 1546 (1964); **150**, 523 (1966).
[221] C. K. Jones, J. A. Rayne, Phys. Rev. **139**, 1876 (1965).
[222] L. R. Testardi, R. R. Soden, Phys. Rev. **158**, 581 (1967).
[223] L. F. Mattheiss, Phys. Rev. **151**, 450 (1966).
[224] P. T. Colleridge, Phys. Lett. **15**, 223 (1965); Proc. Roy. Soc. **295**, 458 (1966).
[225] J. B. Ketterson, L. R. Windmiller, S. Hörnfaldt, Phys. Lett. **26**, 115 (1968).
[226] J. M. Dishman, J. A. Rayne, Phys. Lett. **20**, 348 (1966).
[227] W. R. Datars, A. E. Dixon, Phys. Rev. **154**, 576 (1967).
[228] J. M. Dishman, J. A. Rayne, Phys. Rev. **166**, 728 (1968).
[229] G. B. Brandt, J. A. Rayne, Phys. Rev. **148**, 644 (1966).
[230] A. E. Dixon, W. R. Datars, Solid State Comm. **3**, 377 (1965); Phys. Rev. **175**, 928 (1968).
[231] S. C. Keeton, T. L. Loucks, Phys. Rev. **152**, 548 (1966).
[232] K. Okumura, I. M. Templeton, Phil. Mag. **7**, 1237 (1962).
[233] P. T. Colleridge, Phys. Lett. **22**, 367 (1966).
[234] Н. Е. Алексеевский, Ю. П. Гайдуков, ЖЭТФ **41**, 354 (1961).
[235] J. E. Shirber, Phys. Rev. **131**, 2459 (1963).
[236] A. V. Gold, Phil. Trans. Roy. Soc. **A251**, 85 (1958).
[237] J. R. Anderson, A. V. Gold, Phys. Rev. **139**, 1459 (1965).
[238] P. J. Tobin, D. J. Sellmyer, D. J. Averbach, Phys. Lett. **28A**, 723 (1969).
[239] М. С. Хайкин, Р. Т. Мина, ЖЭТФ **42**, 35 (1962).
[240] R. C. Young, Phil. Mag. **7**, 2065 (1962).
[241] A. S. Mackintosh, Proc. Roy. Soc. **A271**, 1344 (1963).
[242] T. L. Loucks, Phys. Rev. Lett. **14**, 1072 (1965).
[243] К. Ш. Агабабян, Р. Т. Мина, В. С. Погосян, ЖЭТФ **54**, 721 (1968).
[244] Н. Е. Алексеевский, Ю. П. Гайдуков, ЖЭТФ **42**, 69 (1962).

[245] H. J. Fink, Phys. Lett. **13**, 105 (1964).
[246] A. C. Joseph, A. S. Thorsen, Phys. Rev. **138**, 1159 (1965).
[247] D. C. Howard, Phys. Rev. **140**, 1705 (1965).
[248] V. J. Easterling, H. V. Bohm, Phys. Rev. **125**, 812 (1962).
[249] S. Chatterjee, S. K. Sen, Proc. Phys. Soc. 87, 779 (1966), **91**, 749 (1967).
[250] W. E. Christensen, Phys. Status Solidi **31**, 635 (1968).
[251] Yu. A. Bogod, V. V. Eremenko, Phys. Status Solidi **11**, 51 (1965).
[252] G. S. Fleming, T. L. Loucks, Phys. Rev. **173**, 685 (1968).
[253] A. P. Cracknell, Phys. Lett. **24**, 263 (1967).
[254] S. Epstein, H. J. Juretschke, Phys. Rev. **129**, 1148 (1963).
[255] L. S. Lerner, P. C. Eastman, Can. J. Phys. **41**, 1523 (1963).
[256] J. Ketterson, Y. Eckstein, Phys. Rev. **132**, 1885 (1963).
[257] G. W. Rao, N. H. Zebuoni, C. G. Grenier, J. M. Reynolds, Phys. Rev. **133**, 141 (1964).
[258] L. R. Windmiller, Phys. Rev. **149**, 472 (1966).
[259] S. Tanuma, Y. Ishizawa, S. Ishiguro, J. Phys. Soc. Japan **21**, 662 (1966).
[260] И. Б. Брандт, Н. Я. Миника, Чжэнь Ган-чон, ЖЭТФ **51**, 108 (1966).
[261] W. R. Datars, J. Vanderkooy, IBM J. Res. Developm. **8**, 247 (1964).
[262] Y. Eckstein, Phys. Rev. **129**, 12 (1963).
[263] O. Beckman, L. Eriksson, S. Hörnfaldt, Solid State Comm., **2**, 7 (1964).
[264] L. Eriksson, O. Beckman, S. Hörnfaldt, J. Phys. Chem. Solids **25**, 1339 (1964).
[265] T. Fukase, T. Fukuroi, J. Phys. Soy. Japan **21**, 751 (1966).
[266] А. Р. Королюк, Л. Я. Мацаков, ЖЭТФ **52**, 415 (1967).
[267] L. M. Falicov, P. J. Lin, Phys. Rev. **141**, 562 (1966).
[268] A. R. Mackintosh, L. E. Spanel, R. C. Young, Phys. Rev. Lett. **10**, 434 (1963).
[269] J. C. Milliken, R. C. Young, Phys. Rev. **148**, 558 (1966).
[270] R. C. Young, Phys. Rev. **163**, 667 (1967).
[271] M. G. Priestley, Phys. Rev. **148**, 580 (1966).
[272] J. A. Rayne, Phys. Rev. **131**, 653 (1963).
[273] Y. Eckstein, J. B. Ketterson, M. G. Priestley, Phys. Rev. **148**, 586 (1966).
[274] J. B. Coon, C. G. Grenier, J. M. Reynolds, J. Phys. Chem. Solids **28**, 301 (1967).
[275] P. Soven, Phys. Rev. **137**, 1706, 1717 (1965).
[276] A. C. Thorsen, T. G. Berlincourt, Phys. Rev. Lett. **7**, 244 (1961).
[277] J. H. Condon, Bull. Amer. Phys. Soc. **11**, 170 (1966).
[278] W. L. Dahlquist, R. G. Goodrich, Phys. Rev. **164**, 944 (1967).
[279] Н. Е. Алексеевский, В. С. Егоров, Письма ЖЭТФ **1**, 31 (1965).
[280] A. C. Thorsen, A. S. Joseph, L. E. Valby, Phys. Rev. **162**, 574 (1967).
[281] D. J. Boyle, A. V. Gold, Phys. Rev. Lett. **22**, 461 (1969).
[282] R. L. Gupta, T. L. Loucks, Phys. Rev. Lett. **22**, 458 (1969).
[283] A. J. Arko, J. A. Marcus, W. A. Reed, Phys. Lett. **23**, 617 (1966); Phys. Rev. **176**, 671 (1968).
[284] B. R. Watts, Phys. Lett. **10**, 275 (1964).
[285] G. B. Brandt, J. A. Rayne, Phys. Rev. **132**, 1945 (1963).
[286] J. E. Graebner, J. A. Marcus, Phys. Rev. **175**, 659 (1968).
[287] W. D. Wallace, N. Tepley, H. B. Bohm, Y. Shapira, Phys. Lett. **17**, 184 (1965).
[288] W. D. Wallace, H. V. Bohm, J. Phys. Chem. Solids **29**, 271 (1968).
[289] L. M. Falicov, M. J. Zuckermann, Phys. Rev. **160**, 372 (1967).
[290] K. Okumura, I. M. Templeton, Phil. Mag. **8**, 889 (1963).
[291] K. Okumura, I. M. Templeton, Proc. Roy. Soc. **A287**, 89 (1965).
[292] W. A. Reed, G. F. Brenner, Phys. Rev. **130**, 565 (1963).
[293] R. W. Stark, Phys. Rev. **135**, 1698 (1964).
[294] A. C. Thorsen, L. E. Valby, A. S. Joseph, Proc. IX Conf. Low. Temp. Phys., vol. B, New York, 1965, p. 867.

[295] A. S. Joseph, W. L. Gordon, Phys. Rev. **126**, 489 (1962).
[296] R. J. Higgins, J. A. Marcus, Phys. Rev. **137**, 1172 (1965).
[297] В. А. Вентцель, А. И. Лихтер, А. В. Руднев, ЖЭТФ **53**, 108 (1967).
[298] J. K. Galt, F. R. Merritt, W. A. Yager, Phys. Rev. Lett. **2**, 292 (1967).
[299] В. П. Набережных, В. А. Мельник, ЖЭТФ **47**, 873 (1964).
[300] M. P. Shaw, P. J. Sampath, T. G. Eck, Phys. Rev. **142**, 399 (1966).
[301] J. O. Henningsen, Phys. Status Solidi **22**, 441 (1967).
[302] А. А. Галкин, А. П. Королюк, ЖЭТФ **38**, 1688 (1960).
[303] D. F. Gibbons, L. M. Falicov, Phil. Mag. **8**, 177 (1963).
[304] A. Myers, J. R. Bosnell, Phil. Mag. **13**, 1273 (1966).
[305] W. A. Harrison, Phys. Rev. **126**, 497 (1962); **129**, 2512 (1963).
[306] A. C. Thorsen, A. S. Joseph, Phys. Rev. **131**, 2078 (1963).
[307] T. L. Loucks, Phys. Rev. **159**, 554 (1967).
[308] D. J. Sellmyer, P. A. Schroeder, Phys. Lett. **16**, 100 (1965).
[309] J. T. Longo, P. A. Schroeder, D. J. Sellmyer, Phys. Lett. **25A**, 747 (1967).
[310] J. P. Jan, W. B. Pearson, Y. Saito, Proc. Roy. Soc. **A297**, 275 (1967).
[311] H. Amar, K. H. Johnson, K. P. Wang, Phys. Rev. **148**, 672 (1966).
[312] J. P. Yan, W. B. Pearson, Y. Saito, M. Springford, I. M. Templeton, Phil. Mag. **12**, 1271 (1965).
[313] B. W. Veal, J. A. Rayne, Phys. Lett. **6**, 12 (1963).
[314] E. Fawcett, J. Phys. Chem. Solids **4**, 320 (1961).
[315] G. E. Smith, Phys. Rev. **115**, 1561 (1959).
[316] A. B. Pippard, Phil. Trans, Roy. Soc. **A250**, 325 (1957).
[317] E. Fawcett, Proc. Roy. Soc. **A232**, 519 (1955).
[318] A. T. Stewart, J. B. Shand, J. J. Donaghy, J. H. Kusmiss, Phys. Rev. **128**, 118 (1962).
[319] S. Berko, Phys. Rev. **128**, 2166 (1962).
[320] R. W. Williams, A. R. Mackintosh, Phys. Rev. **168**, 679 (1968).
[321] S. Berko, J. Zuckerman, Phys. Rev. Lett. **13**, 339 (1964).
[322] D. R. Gustafson, A. R. Mackintosh, D. J. Zaffarano, Phys. Rev. **130**, 1455 (1963).
[323] R. P. Gupta, T. L. Loucks, Phys. Rev. **176**, 848 (1968).
[324] E. C. Snow, Phys. Rev. **158**, 683 (1967).
[325] J. H. Wood, Phys. Rev. **146**, 432 (1966).
[326] S. Chatterjee, S. K. Sen, Proc. Phys. Soc. (J. Phys. C) **1**, 759 (1968).
[327] J. P. Yan, J. Phys. Chem. Solids **29**, 561 (1968).
[328] M. J. G. Lee, L. M. Falicov, Proc. Roy. Soc. A-304, 323 (1968); Phys. Rev. 178, 953 (1969).
[329] B. Vasvary, A. O. E. Animalu, V. Heine, Phys. Rev. **154**, 535 (1967).
[330] J. R. Subert, H. J. Mackey, K. L. Hathcox, Phys. Rev. **166**, 710 (1968).
[331] O. K. Andersen, A. R. Mackintosh, Solid State Comm. **6**, 285 (1968).
[332] R. Lück, Phys. Status Solidi **18**, 59 (1966).
[333] P. E. Lewis, P. Lee, Phys. Rev. **175**, 795 (1968).
[334] J. T. Longo, P. A. Schraeder, D. J. Sellmyer, Phys. Rev. **182**, 658 (1969).
[335] J. P. Jan, W. B. Pearson, Y. Saito, M. Springford, I. M. Templeton, Phil. Mag. **12**, 1271 (1965).
[336] C. Miziumski, A. W. Lawson, Phys. Rev. **180**, 749 (1969).
[337] J. R. Andersen, S. S. Lane, Phys. Rev. **B2**, 298 (1970).
[338] A. G. Beattie, Phys. Rev. **184**, 668 (1969).
[339] W. A. Reed, J. H. Condon, Phys. Rev. **B3**, 504 (1970).
[340] R. D. Brown, Phys. Rev. **B2**, 928 (1970).
[341] J. W. Dooley, N. Tepley, Phys. Rev. **187**, 781 (1969).
[342] W. Van Haeringen, H. G. Junginger, Solid State Comm. 7, 1723 (1969).

[343] W. J. O'Sullivan, A. C. Switendick, Phys. Rev. **B1**, 1443 (1970).
[344] A. J. Hugenes, J. P. G. Shepherd, Proc. Phys. Soc. **C2**, 661 (1969).
[345] S. Tanuma, W. R. Datars, H. Doy, A. Dunswortn, Solid State Comm. 8, 1107 (1970).
[346] W. R. Datars, J. R. Cook, Phys. Rev. 187, 769 (1969).
[347] J. D. Gavenda, F. H. S. Chang, Phys. Rev. 186, 630 (1969).
[348] A. Libchaber, G. Adams, C. C. Grimcs, Phys. Rev. **B1**, 361 (1970).
[349] S. Chatterjea, D. K. Chakraborti, J. Phys. **C3**, 120 (1970).
[350] R. E. Borland, J. R. A. Cooper, J. Phys. **A3**, 253 (1970).
[351] G. W. Kamm, Phys. Rev. **B1**, 554 (1970).
[352] B. Perrin, G. Weisbuch, A. Libchaber, Phys. Rev. **B1**, 1501 (1970).
[353] M. J. G. Lee, Phys. Rev. 187, 901 (1969).
[354] C. S. Ih, D. N. Langenberg, Phys. Rev. **B1**, 1425 (1970).
[355] E. I. Zornberg, Phys. Rev. **B1**, 244 (1970).
[356] M. H. Holloran, J. H. Condon, J. E. Graebener, J. E. Kunzler, F. S. L. Hsu, Phys. Rev. **B1**, 366 (1970).
[357] L. F. Mattheiss, Phys. Rev. **B1**, 373 (1970).
[358] G. W. Kamm, J. R. Andersen, Phys. Rev. **B2**, 2944 (1970).
[359] J. B. Ketterson, L. R. Windmiller, Phys. Rev. **B2**, 4813 (1970).
[360] J. B. Ketterson, F. M. Mueller, L. R. Windmiller, Phys. Rev. 186, 656 (1969).
[361] V. L. Melnik, I. V. Svechkarev, Phys. Status Solidi 33, 33 (1969).
[362] T. E. Bogle, J. B. Coon, Phys. Rev. 177, 1122 (1969).
[363] R. T. Coleridge, J. Low, Temp. Phys. 1, 577 (1969).
[364] R. E. Hamberg, C. G. Grenier, J. M. Reynolds, Phys. Rev. Lett. 23, 236 (1969).
[365] Y. Ishizawa, W. R. Datars, Phys. Rev. **B2**, 3875 (1970).
[366] F. A. Capocci, P. M. Holtman, D. Parsons, M. J. Priestley, J. Phys. **C3**, 208 (1970).
[367] W. L. Dahlquist, R. G. Goodrich, Phys. Rev. 196, 944 (1967).
[368] J. C. Shaw, G. E. Everet, Phys. Rev. **B1**, 537 (1970).
[369] E. H. Hygh, R. M. Welch, Phys. Rev. **B1**, 2424 (1970).
[370] J. Trivisonno, J. A. Murphy, Phys. Rev. **B1**, 3341 (1970).
[371] F. J. Arlinghaus, Phys. Rev. 186, 609 (1969).

Sachverzeichnis

Kolibri 360 GmbH
Ferdinand-Jühlke-Straße 7
99095 Erfurt, Deutschland
produktsicherheit@kolibri360.de